重庆出版集团
科学学术著作出版基金资助

中国历史时期
植物与动物变迁研究

The Changes of the Plant and Animal
in China in Historical Periods

■ 文焕然等 著
■ 文榕生 选编整理

重庆出版集团 重庆出版社

图书在版编目(CIP)数据

中国历史时期植物与动物变迁研究 / 文焕然等著;文榕生选编整理. —重庆:重庆出版社,2019.9
ISBN 978-7-229-14221-6

Ⅰ.中… Ⅱ.①文… ②文… Ⅲ.①植物地理学—中国—文集 ②动物地理学—中国—文集 Ⅳ.①Q948.52-53 ②Q958.52-53

中国版本图书馆CIP数据核字(2019)第107377号

中国历史时期植物与动物变迁研究
The Changes of the Plant and Animal in China in Historical Periods
文焕然等 著 文榕生 选编整理

责任编辑:傅乐孟 赵长杰
责任校对:杨 媚
装帧设计:彭平欣

重庆出版集团
重庆出版社 出版

重庆市南岸区南滨路162号1幢 邮编:400061 http://www.cqph.com
重庆出版社艺术设计有限公司制版
重庆市国丰印务有限责任公司印刷
重庆出版集团图书发行有限公司发行
E-MAIL:fxchu@cqph.com 邮购电话:023-61520646
全国新华书店经销

开本:890 mm×1 240 mm 1/16 印张:27.5 字数:800千
2019年9月第1版 2019年9月第1次印刷
ISBN 978-7-229-14221-6
定价:68.00元

如有印装质量问题,请向本集团图书发行有限公司调换:023-61520678

内容提要

本书精选为我国历史生物地理研究作出开创性贡献的已故著名历史地理学家文焕然先生个人及与他人合作作品25篇,分作历史植物地理与历史动物地理上下两编。

书中采用古生物、考古、现代动植物研究,以及 ^{14}C 断代法、孢粉分析等多学科的研究成果与多种研究方法,尤其是古文献记载结合实地考察方法,对中国历史时期的森林、竹林和柑橘、荔枝等植物与海洋动物、扬子鳄、孔雀、鹦鹉、亚洲象、大熊猫、野马、野驴、双峰驼、麝、獐、长臂猿、金丝猴和犀牛等濒危或已灭绝的珍稀野生动物进行了物种鉴别,深入研究了它们的地理分布与变迁状况,并对影响其变迁的诸因素进行了探讨,较系统地反映了我国在历史生物地理领域的研究成果,是自然科学与人文科学融合研究的有益尝试。

此外,为更多地反映该领域的新进展,本书出版时增补了文榕生先生对珍稀野生动物的研究新作,以及学术界对文焕然先生的评价,共计11篇,作为附录,供读者参考。

本书不仅适合地理、历史地理、生物、林业、气象、环境、生态、自然史等专业人士阅读,而且可供历史、人口、社会、经济等多种专业师生和有关科研工作者参考使用。

A Brief Summary

Twenty—five papers were carefully selected in this book, which contain a history of living plants and animals in China in historical periods—written by the famous history—geographer Wen Huanran in collaboration with other notable researchers.

The part one of the book gives a historical perspective into plants that were found in historical periods. The part two details the animals inhabiting China during those different historical periods.

The book contains information on various research methods, including modern techniques of ^{14}C analysis, spore and pollen analysis, and ancient historical record with the current field survey. It gives prospective summary about the change in the distribution of forest in China throughout history, also change in the distribution of bamboo, orange, litchi etc. throughout different historical period. Furthermore this book examines changes in the patterns of distribution of animals throughout history in China, by examples of disappeared or rare animals such as *Alligator sinensis*, *Pavo muticus*, Psittacidae, *Elephas maximus*, *Ailuropoda melanoleuca*, *Equus przewalskii*, *Equus hemionus*, *Camelus bactrianus*, *Moschus*, *Hydropotes inermis*, *Hylobates*, *Rhinopithecus*, Rhinocerotidae, and the changes in the environment which affected the distribution of wildlife. The book gives a broad view of the distribution and changes of those plants and animals, the factors which affected the changes and distribution. This book represents the current research development in China on the field of plant and animal geography. It is a new trail result of a hybrid of natural science combined with the humanities study.

Furthermore, in order to reflect the new progress in this field, 11 new papers of Mr. Wen Rongsheng's research on rare wildlife and the Scholars' comment on Mr. Wen Huanran were added to the book as appendices for readers' reference.

The chapters in this book encompass many different areas of research, including geography, history geography, biology, climatology, environmental science, ecology, natural history etc., and can be used by both professors and students to gain a broad knowledge into the social—economical and environment changes that have occurred in China throughout history.

作者名录

高耀亭(1931—1992)

中国科学院动物研究所研究员

何业恒(1918—2004)

湖南师范大学地理系教授

江应梁(1910—1988)

云南大学历史系教授

谭耀匡(1934—1998)

中国科学院动物研究所研究员

文焕然(1919—1986)

中国科学院地理研究所研究员

文榕生

中国科学院文献情报中心研究馆员

张济和

北京市园林绿化局高级工程师

LIST OF CONTRIBUTORS

Gao Yaoting(1931–1992)
Professor of Zoology
Institute of Zoology
Chinese Academy of Sciences
Zhongguancun, Beijing 100080, China

He Yeheng(1918–2004)
Professor of Geography
Department of Geography
Hunan Normal University
Yuelushan, Changsha 410006, Hunan, China

Jiang Yingliang(1910–1988)
Professor of History
Department of History
Yunnan University
52 Cuihu Beilu, Kunming 650091, Yunnan, China

Tan Yaokuang(1934–1998)
Professor of Zoology
Institute of Zoology
Chinese Academy of Sciences
Zhongguancun, Beijing 100080, China

Wen Huanran(1919–1986)
Professor of Geography
Institute of Geography
Chinese Academy of Sciences
917 Building, Andingmenwai, Beijing 100101, China

Wen Rongsheng
Professor // Professor of Library Science
Library of Chinese Academy of Sciences
Zhongguancun, Beijing 100190, China

Zhang Jihe
Senior Engineer of Gardens
Beijing Municipal Bureau of Parks
141 Xizhimenwai Dajie, Beijing 100044, China

目 录

上编　历史植物地理

下编　历史动物地理

附 录

注:标"*"者为2006年增补的内容,标"**"者为2017年增补的内容。

CONTENTS

PART I : Historical Plant Geography

PART II : Historical Zoogeography

APPENDIX

Note: marked "*" contents was supplemented in 2006, marked "**" contents was supplemented in 2017.

修订再版说明

《中国历史时期植物与动物变迁研究》(下文简称《研究》)并非一般意义上的"论文集",主要是其中不少于1/4作品的篇幅相当于数篇一般学术论文,而说其是专著[1]也不过分。

《研究》的精装本(1995年)与平装本(2006年)皆早已售罄,它们分别获得"西南西北地区优秀科技图书奖"一等奖、"中国科学院自然科学奖"二等奖与"2006年度全国城市出版社优秀图书奖"一等奖、入选"新闻出版总署第一届'三个一百'原创出版图书出版工程"。据悉,该书被美国(国会图书馆、波士顿大学图书馆、哥伦比亚大学图书馆、加州大学伯克利分校图书馆、匹斯堡大学图书馆、耶鲁大学图书馆、芝加哥大学图书馆、普林斯顿大学图书馆等)、英国(不列颠图书馆)、日本(国会图书馆、东京大学图书馆等)、中国台湾("中央"图书馆)、中国香港(香港大学图书馆、香港公共图书馆等)等多家著名图书馆收藏。国内多家高校将其列为考研指定参考书之一,还不时获得读者需求《研究》的信息……反映这一著作在国内外皆获得较高评价。

历史地理学是古老而年轻的学科:若说它古老,主要是因为其前身"沿革地理学"的形成可上溯至先秦(如《尚书·禹贡》《周礼·职方》《山海经》《穆天子传》等);而讲它年轻,主要是因为现代意义上的"中国历史地理学"迟至1950年代初才得以确立;已故中科院竺可桢副院长就明确提出要把作为历史学附庸的"历史地理学",改造为现代地理学分支学科,建成现代科学"历史地理学"。而就目前本人浅识,历史地理学固然不是历史学附庸,但将其"改造为现代地理学分支学科"的提法也值得商榷。因为(广义的)地理学固然主要是人类对地球表层自然环境综合体的空间格局及其时空变化的研究,但可以,也完全应该通过不同时期的研究差异,将其划分为古地理学、历史地理学与(即狭义的"地理学")现代地理学3个不同阶段;其中古地理学与历史地理学的分界在于人类文明的出现、原始农业的兴起,使得地球表层自然环境综合体的变化增加了人类活动影响因素,进而产生人文地理。

现今,人们将历史地理学称为"显学"之一,主要基于:1980年,主要从事人文地理的著名学者谭其骧与侯仁之当选中国科学院地学部委员(即中科院院士),也就是说他们的学术成就得到社会科学与自然科学双方面认可。1983年,谭其骧院士作为我国首批文科博士生导师。已经发表、出版大量历史地理学术论文、专著、地图集等;其中谭其骧主编的《中国历史地图集》是迄今最权威的历史政区地图集,被评为新中国社会科学最重大的两项成果之一;葛剑雄主编的《中国人口史》是国家新闻出版署"九五"规划重点图书、上海哲学社会科学"九五"规划重点课题研究成果;谭其骧主编的《中华人民共和国国家历史地图集》(共3册)第一册刚出版,即获得第三届中国出版政府奖。北京、上海、西安、杭州、武汉、广州、重庆、太原、天津等地多所科研机构、高等院校有历史地理研究机构或群体。除院士外,现又有陈桥驿、石泉、周振鹤、葛剑雄等成为相当"学部委员"的著名学者,而历史地理方面的高级

---

[1] 对于"图书"的定义有:第一,图书:凡篇幅达48页以上并构成一个书目单元的文献(文献类型.http://www.docin.com/p-590432104.html);此一般是32开本书。第二,一般而言,超过4万—5万字的,可以称为学术专著(专著.http://baike.baidu.com/link?url=hWIB04irEU9jlfNKG8uhZ1wIBPAEWwL1bPWdLjEoG0bvEMJnZMyuoAsSk3L1L-dv1pDaVAgHTDDp6HQrMOQi7Ke1U2kZpYxMF9PcHcvu-Gya;http://www.baike.com/wiki/专著)。

研究学者已不胜枚举。可以说，成为"显学"的主要是指历史人文地理学研究。

但是历史自然地理则不然，从20世纪60年代初，中科院设立独立学科组①"历史地理组"是明确研究全国性的历史自然地理机构，文焕然是首任组长；之后，经过合并、更名，使这方面研究由盛转衰；未曾料想到最后竟撤销这一建制，颇令不少专家、学者扼腕。对于历史自然地理研究，中国具有得天独厚的条件：幅员辽阔，东西延续近70经度，南北跨50余纬度。地质、地形、地貌丰富多彩，尤其是地球第三极主要处于我国境内。生态环境的多样性，产生并孕育着生物多样性，使得研究内容繁多并可以相互印证。更为重要的是中华民族的文明没有中断，文字记载可以延续3 600多年，与古生物、考古研究可以衔接。这些，使得世界上不少学者对此只能望而兴叹。尽管我们利用的资料并非秘不可宣，尽管中外学者皆可接触前人流传下来的非物质文化遗产，但是能够充分发掘、利用的屈指可数。有人将研究中国历史动物地理学称之为不少学者眼中的"烫手山芋"，弃之可惜，尝之不能，并不过分。然而，当我毫无经费支持的历史动物地理研究形成论文发表，却主要由于资金而频频"难产"，这大概也是其为"冷门"之一的重要原因。

当《研究》的主要作者、先父文焕然研究员百年诞辰将至，我们筹划将他在历史自然地理学方面做出较突出贡献的历史气候变迁、历史植物地理学、历史动物地理学3个分支学科分别出版或再版相关著作，这既是表达对先行者的缅怀，也是便于后学参考、利用的实际行动，更是展示"中国名片"②之一的良好机遇，当即得到重庆出版社与山东科学技术出版社在第一时间的积极回应与热情支持。重庆出版社的同志还专为此事多次调研，具体操作，促成此事。

虽然先父与我本人出版的多部历史自然地理著作，基本上皆获得出版基金资助，但《研究》是我们首次，也是在出版学术专著最困难时期的著作，我们永远不会忘记。此外，《研究》在出版过程及之后，原责编叶麟伟编审倾注了大量心血，却屡次利用"职权"删除我在致谢中提及她（虽是作者正当表达，也是惯常作法），像叶麟伟编审这样业务精、人品好、处处为作者着想的编辑现今已不多见（她当选为全国人大代表实至名归）。

在我进行历史自然地理研究的长期过程中，得到陈桥驿、陈述彭、关君蔚、侯仁之、贾兰坡、康乐、刘东生、马世骏、邱占祥、施雅风、石泉、孙儒泳、谭其骧、吴新智、吴征镒、吴中伦、阳含熙、张广学、章申、郑度、周成虎等院士、资深教授，安志敏、曹江雄、陈昌笃、陈传康、陈文芳、邱香平、樊宝敏、范正一、方慧、冯绳武、高德、高松凡、葛全胜、桂文庄、何凡能、何林、何业恒、贺庆棠、胡秉华、胡长康、胡厚宣、胡善美、胡振宇、华林甫、黄盛璋、黄向阳、黄祝坚、江应梁、孔昭宸、李宝田、李明、李润田、李拴科、李欣海、李泉、廖克、林日杖、刘浩龙、刘某承、刘宗弼、陆巍、吕春朝、马逸清、牟重行、钮仲勋、祁国琴、乔盛西、卿建华、全国强、盛福尧、史念海、司锡明、宋正海、孙成权、孙惠南、孙坦、汪松、王贵海、王平、王守春、魏辅文、吴宏岐、吴绍洪、奚国金、先义杰、解焱、辛德勇、徐启平、徐钦琦、徐兆奎、许平、许越先、杨奇森、杨思谅、杨毅芬、姚岁寒、叶麟伟、印嘉佑、于希贤、翟乾祥、曾昭璇、张家诚、张建勇、张钧成、张荣祖、张雨霁、张忠、赵千钧、郑景云、郑平、周宁丽、周序鸿、朱江户、朱士光、邹逸麟等专家学者给予我颇多支持、帮助，值得我永远感谢！尽管岁月无情，一些先生已然驾鹤西行，但即使是

① 相当于研究室（中国科学院地理研究所所志：1940—1999.北京：科学出版社，2016）

② 邱占祥院士在推荐拙作《中国珍稀野生动物分布变迁（续）》时说道："由于我国得天独厚地具有近五千年的文字记录的历史，这一部分的资料的整理和正确诠释在全世界来说都是绝无仅有的。"何林（研究员、中科院文献情报中心党委书记）指出："我们隆重推出的专家与他们的专题报告是属于古老而年轻的历史地理学范畴，是对千百年来传承下来的中华文明的继承与发掘，也是各国学者可望而不可即的研究成果。从这方面看，我本人认为，'中国历史地理学'具有悠久历史、深厚积淀、证据可靠且无间断、不可企及等特点，完全可以作为中国科学研究的一张名片。"（历史动物地理与环境变迁.http://idea.cas.cn/viewconf.action?docid=52406）他们的评价虽然不低，但实事求是地说，对于历史自然地理来说也是恰如其分的。

滴水之恩，没齿难忘，再次谨致谢忱。

此次修订再版，在内容与形式多方面都有所变化。主要涉及到的是：

1. 出版社对本书的版式、开本、装帧等都进行了重新设计、安排，无疑又是一次重新的较大投入。

2. 为保持精装本与平装本入选原文的风貌；我们基本上没有对内容进行改动，仅对文字勘误，并将法定计量单位、符号等的书写格式按现行规范排版；而对一些新变化（主要是政区与拉丁学名等），则以"（2017年注）"予以反映。

3. 受增加篇幅限制，此次在正文部分仅增补1篇何业恒教授生前提出各方影响较好的《历史时期"三北"防护林区的森林》。

4. 先父百年诞辰，我们考虑将学术界对他研究工作的评价（摘录）、他本人著作目录等，尤其是谭其骧院士的一篇序言（既包含他们40年交往的深情，又实事求是对先父的工作作了评价，还有对科研工作的准确理解）作为增补的重点，或许更有助于读者对他的了解。

5. 原文所称"本世纪"，为避免读者误解，现一般皆改为"20世纪"。

6. 原文中一些较长的引文，为了清楚区分，改用楷体。

7. 为厘清某些描述，对个别原文中的某部分增设自然段。

8. 文后参考文献，尽可能增补相关信息，同时按照《中华人民共和国国家标准：文后参考文献著录规则（GB/T 7714—2005）》格式或原理置换。

9. 本书中增补成单元的内容，凡2006年增加部分，用"*"标注；凡2017年增加部分，用"**"标注。

10. 为反映历史动物地理研究领域的新进展，并增加新物种研究内容，介绍相关信息，同时也是因没有科研经费而遭变故的本人3篇近年研究历史动物地理的新作增补为"附录"。

岁月无情，先父辞世已过30余载，当年与他共同开创历史动物地理学研究的专家江应梁、高耀亭、谭耀匡、何业恒诸教授已先后驾鹤西去。不变的是，他们生前筚路蓝缕、同心协力留下的无价的原创性精神财富不仅将永存，而且为我们开辟出值得拓展的研究领域。

尽管在修订再版时，再次得到合作者与逝者亲属的支持，谨再次致谢！尽管我们又时隔多年而失联，但我仍然铭记合作专家的贡献。敬请各位专家亲友们见到此书，请与我联系（E-mail: wenrs@mail.las.ac.cn），以便呈上样书留念。

窃以为，如果人们通过阅读本书有所收获，那将是本书作者、选编整理者和出版者由衷期望和感到欣慰的。

文榕生

2017年6月于北京中关村

写在平装本（2006年）出版时

当我得到责编第一时间通知的消息（重庆出版社决定以1995年精装本为基础，重排出版《中国历史时期植物与动物变迁研究》）时，尽管并非空穴来风，但我还是感到十分意外。

回首往事，从某种意义上说，此次"意外"又是以往一系列"意外"促成的。历史生物地理是一门十分弱小的新兴分支学科，作为该学科领域代表作之一的本书在最初筹备出版时，首先"意外"地得到不少院士及专家、学者的支持；1988年，重庆出版社初设科学学术著作出版基金，我们积极申请，又"意外"地获得资助，尽管由于种种原因迟至1995年才正式出版；一般史地著作发行量并不大，重庆出版社却"意外"地首印2 000册，更不料几年前本书精装本却"意外"地销售告罄，且不时得到读者需求的信息。

此外，本书精装本刚刚出版，便首获"西南西北地区优秀科技图书奖"一等奖，随后又获得"中国科学院自然科学奖"二等奖。令人"意外"的是，本书的姊妹篇——《中国历史时期冬半年气候冷暖变迁》（首批获得中国科学院科学出版基金资助，科学出版社1996年出版）也获得中国社会科学院颁发的第二届"郭沫若中国历史学奖"二等奖。这反映历史自然地理学研究成果得到传统划分上"自然科学"与"社会科学"双方专家的肯定。最近，我们了解到，这两部荟萃历史自然地理研究成果的著作不仅被多学科专家、学者引用，而且在不少发达国家的大型图书馆皆有收藏。这说明越是民族性的，就越是国际性的；就是研究中国问题，其影响也并不局限于国内，同时也得到国外学术界的关注（有国外学者在参考、利用本书精装本后主动与我们联系）。

近年，在一些专家、学者的不懈倡导下，不少人经过不断对比、反复、反思，重新认识到我国传统文化的博大精深，历史地理研究成果对我国古籍的发掘只是"冰山一角"，"国学"在复苏，我们更加深刻地认识到，人为地将学科间的"分"、"合"绝对化就是形而上学、非理性的，尤其是属于综合性学科的历史地理学更有必要汲取各相关学科有益的理论、方法和成果，才能够不断创新、可持续发展，而本书时有需求的现象，正反映出其他学科也在主动、积极地融合，这正是科学研究返璞归真的趋势。

在日益市场化的环境中，出版社不得不有所盈利方能得以生存，本书的重排出版又一次表明，重庆出版社并非以出版基金"作秀"（若此，仅初印一批即可），而确实是兼顾到支持科学发展与读者的需求，的确难能可贵。尽管目前科研成果出版难的情况有所好转，但仍有不少民间科研人员，既极难获得"课题"经费或"基金"资助，又要面对不断攀升的"审稿费"、"版面费"，这往往使他们一些颇有价值的研究成果难以面世。由此看来，本书的重排出版是值得庆幸的。

研究历史时期生物的地理分布与变迁，必然要从浩如烟海的历史文献中提取证据，不仅工作量极为浩繁，而且需要丰富的自然科学与社会科学知识，还要反复鉴别具体物种及其所处时间与空间，在广泛存在的同物异名与异物同名及讹误中辨别，才能做到沙里淘金。正因为如此，这一领域研究的难度更大，投身于此的专家、学者寥寥。然而，这方面研究既是续接相关物种从地质时代到现代间不可缺少的环节，可使它们的演化史完整，又是研究生态环境系统，乃至探讨人与自然的关系等相关诸多问题所不可忽视的。

有关专家、学者都希望这一研究工作能继续开展和深入下去,期许在已有的基础上,从广度尤其是深度上进一步充实和提高。尽管由于种种原因,本人难以全身心地投入这方面的研究,但在不少专家、学者、同事,甚至素昧平生人士的支持与帮助下,继承前辈之志,我孰能不竭尽绵薄?聊以自慰的是,多年来我完成的一些作品已得到方家的肯定。

本书精装本出版以来,又得到关君蔚、李文华、孙儒泳、阳含熙、章申、郑度、张广学等院士,安志敏、陈昌笃、陈传康、冯祚建、高德、贺庆棠、胡长康、胡振宇、华林甫、孔昭宸、李明、李栓科、廖克、牟重行、乔盛西、卿建华、全国强、石泉、宋正海、汪松、魏辅文、吴宏岐、吴绍洪、辛德勇、徐启平、徐钦琦、杨奇森、杨毅芬、姚岁寒、翟乾祥、张家诚、赵千钧、郑平、周成虎等专家、学者的肯定与支持,谨致谢忱。

此次重排出版,并不是简单地将精装本再印刷,而在内容与形式等方面都有所变化。主要涉及:

1. 出版社对本书的版式、开本、装帧等都进行了重新设计、安排,无疑是一次重新的较大投入。

2. 为保持精装本入选原文的风貌,我们没有对内容进行改动,仅对文字勘误,和将法定计量单位、符号等的书写格式按现行规范排版;而对一些新变化,则以"选编者注"予以反映。此外,为方便阅读,将篇后注改为了脚注,并对参考文献著录项目进行了充实。

3. 本书正文增补篇目用"※"号标注之。其中,《历史时期宁夏的森林变迁》是据未定稿新整理的,是父亲当年应宁夏回族自治区林业厅邀请从事森林变迁研究的成果之一,现将它收入,既聊补与此相关的论文不能一一入选之憾[1],又可为迄今关于宁夏森林变迁研究依然寥寥之现状增添一抹绿色,还可较全面地展示父亲研究"三北"地区森林变迁之貌。增补的另一篇文章是《中国野生犀牛的古今分布变迁》,它虽已发表过,但考虑到系统研究犀牛分布变迁时缺少相关的分布变迁图,故将其收入。

4. 为反映历史动物地理研究领域的新进展,并增加新物种研究内容,介绍相关信息,特将本人近年研究历史动物地理的新作选用5篇作为"附录"。

5. 精装本受当时条件限制,插图质量难以尽如人意。此次,尽管仍受黑白图限制,但为了尽可能增加相关信息,改善阅读使用效果,几乎对所有插图都进行了重新设计和制作。其中地图经过国家测绘局审查,审图号:测技检字〔2006〕第250号。

6. 为方便读者使用,插图中所涉及到的地名,均对照2005年出版的《中华人民共和国行政区划简册》公布的新地名进行了检查和更新。

7. 将原说明动植物分布地点的各图注统一改为更加准确、清晰的表格形式来表述。

在本书平装本出版之际,衷心感谢哈佛大学医学院(Harvard University Medical School)常保林研究员与Cherry Kingsley博士(Ph.D from Oxford, Great Britain)接受邀请,对本平装书的"内容提要"和"目录"的英文翻译部分进行审校。

也非常感谢中国科学院地理科学与资源研究所地图室张忠副研究员根据草图用计算机绘制地图。

岁月无情,此值父亲谢世20周年,当年与他合作的专家江应梁、高耀亭、谭耀匡、何业恒诸教授已先后驾鹤西去。然而,他们生前筚路蓝缕、同心协力留下的无价的原创性精神财富不仅将永存,而且为我们开辟出新的值得拓展的研究领域。

此次重排出版,再次得到合作者与逝者亲属的支持,谨此致谢。窃以为,如果人们通过阅读本书有所收获,那将是本书作者、选编整理者和出版者由衷期望和感到欣慰的。

文榕生

2006年4月于北京中关村

---

① 如:陈加良,文焕然.宁夏历史时期的森林及其变迁.宁夏大学学报(自然科学版),1982(1)。

谭 序[①]

    人类用科学仪器对较大范围的气候变化进行观测记录不过百余年的历史（在个别地点进行的观测记录有更长的时间），且范围一般都很小。由于气候变化的周期往往要数十年、数百年，甚至更长的阶段，仅仅依靠这些资料来进行研究显然是远远不够的。因此要探索和揭示气候变化的长期规律，就不得不借助于前人对气候变化直接或间接的记载，并且根据科学原理，结合实地考察，进行鉴别和分析。从甲骨文开始，中国拥有世界上数量最多、内容最丰富、涉及范围最广的文献记载，在这方面可谓得天独厚。

    但是要把这一优势转化为科学研究的现实，却并不是轻而易举的。主要困难有两点：一方面是，尽管中国也有像清代的黄河水情、皇城雨量等相当集中而系统的记载档案，但绝大多数资料是非常分散的，其中的大部分还不是气候变化的直接记录。要从卷帙浩繁的文献中发现、搜集、整理出这些资料，需要付出极其艰巨的劳动。另一方面，由于历史条件的限制，长期流传中不可避免的缺漏讹误和古今自然、人文地理环境的变迁，要鉴别这些资料的真伪，区分它们的正误，理解它们的真实含义，判断它们的科学价值就更加困难。这就要求研究者不仅能够熟练运用地理学的理论和手段，而且具有坚实的历史文献学基础；不仅能够对文献资料作精确的考证和深入的发掘，而且善于通过多学科的比较和实地考察来加以验证。

    最近一二十年看到一些论著，往往免不了有这两方面的缺点。有的地理学家不重视资料工作，不是误用了第二手的或错误的资料，就是对资料作了不正确的理解，或者把最重要的时间、地点搞错了。尽管他们运用的理论和手段是先进的，所得出的结论和找到的"规律"却根本靠不住。还有一些研究人员在文献资料上尽了很大的努力，却不会运用科学的研究方法，只能做些简单的归纳和排比；或者不懂科学原理，使不少有可能取得的成果失之交臂。还应指出，由于这是一个新的研究领域，既缺乏

---

    ① 谭其骧（1911—1992），著名历史学家、历史地理学家，中国历史地理学科主要奠基人和开拓者之一，中国科学院院士。主编《中国历史地图集》是迄今最权威的中国历史政区地图集，被评为新中国社会科学最重大的两项成果之一；还主持编撰了《中华人民共和国国家历史地图集》（已出版的第一册获第三届中国出版政府奖）、《中国历史大辞典》等大型图书。他是中国地理学会的发起人之一，历任理事；曾任国务院学位委员会历史学科评议组成员、中国史学会常务理事、上海市史学会副会长及代会长等；历任复旦大学历史系主任，中国历史地理研究所所长，复旦大学校务委员会委员；是中国首批文科博士生导师之一。

    据葛剑雄先生说明，"本文根据谭其骧先生生前在1991年11月的两次口授写成。因先生患病住院，后又去世未及审阅，如有与原意出入处，应由我负责"。

    该序刊登在先父另一专著《中国历史时期冬半年气候冷暖变迁》（科学出版社，1996年）。谭老之序不仅实事求是，而且感情丰富，还有一些今天看来仍十分重要的观点。由于本书刊载的序言已囊括多位历史地理学界泰斗、权威专家，现为纪念先父诞辰100周年修订此书，我们特将谭老之序作为此书首序，不仅由于谭老是先父授业恩师，并始终支持先父终身从事历史自然地理学研究，而且也使开创历史地理学界泰斗们共聚一堂，便于读者了解情况。

现成的经验，又没有捷径可走，取得的成果也不一定在短期内得到学术界的承认和肯定，所以具备了这两方面条件的学者而又愿意选择这一研究方向的，更是屈指可数了。

文焕然先生就是一位既具备这两方面条件，又决心为这门学科献身的学者。他毕业于浙江大学史地系，又经过研究生阶段的深造，从40年代起就选择了历史时期的气候变迁这一研究方向，并且先后得到了竺可桢、卢鋈、胡厚宣、吕炯等先生的关怀和指导。他所搜集和运用的资料范围之广、数量之大，鉴别之精和发掘之深，是很少有人能够与他相比的。这是他40年如一日，勤勤恳恳，严肃谨慎，锲而不舍所取得的成果。正是有了这样牢固的基础，又结合和运用了文物、考古、气候、物候、孢粉分析、^{14}C断代、古生物和现代动植物等方面的资料和成果，他才对中国近8 000年来冬半年气候冷暖变迁规律得出了自己的结论。说这本书凝聚了他毕生的心血，是一点也不过分的。

由于这方面的研究成果在国内外都还很少，也由于我自己的学识有限，我不敢说他的结论一定全部正确。但我可以肯定这是一项开创性的成果，具有重大的学术意义，并且提供了极有价值的丰富资料，为这门学科打下了一块坚实的基石。

从40年代在浙江大学与焕然先生相识，我与他有过40年的密切来往，深知他的学识和为人。尤其使我感动的是，在他生命的最后几年，他不顾严重的疾病和工作中的困难，仍然孜孜不倦地从事研究和著述，每次见面或来信所说的总还离不开这个题目。我记得最后一次在北京见到他时，他非常艰难地步行到我的住地。他告诉我，他正在锻炼步行以恢复体力，还随身带着一只小板凳，以便途中体力不济时可以小憩片刻。同时请求我放心，他所承担的《国家历史地图集》①中的几幅地图一定如期完成。我相信他的毅力必定能战胜疾病，却没有料到他竟如此快就离开了我们。

可以告慰焕然先生的是，在他逝世四年后，经过哲嗣榕生的整理，又得到中国科学院科学出版基金和科学出版社的支持，这部遗著终于得以问世。榕生要我写序，我感到义不容辞，因此写上这些话，既作为对逝者的纪念，也希望他的贡献和著作受到应有的重视，这门学科能后继有人，不断进步。

谭其骧

---

① 此地图集全称为《中华人民共和国国家历史地图集》。

期待着文焕然先生关于历史动植物
地理研究的专题论文
能够以论文集的专著早日出版

（代　序）

历史地理学作为现代地理学的组成部分,在我国还是一门十分年轻的学科,只是在新中国成立之后,才开始得到从理论到实践上的全面发展。文焕然先生在历史自然地理学方面是开辟我国历史植物地理和历史动物地理专题研究新领域的先驱之一。在西方,关于植物和动物历史地理学的研究——特别是历史植物地理学的研究,早在20世纪30年代已有专著问世。例如苏联著名植物地理学家吴鲁夫(E.B.Вулъф)的《历史植物地理学引论》,即是一部重要著作,广为流传(有中文译本,1960年科学出版社出版)。该书第一章明确指出:"植物历史地理学与动物历史地理学,是历史地质学直接的延续。"因此,这是研究历史时期自然环境演变的必不可少的部分。在我国,文焕然先生的专题论文,开始填补了这方面研究的空白。如能把他的30多篇专题论文,编辑为专书出版发行,必将有益于我国历史动植物地理学的发展,并有助于历史时期我国自然环境演变的研究。

北京大学地理系

侯仁之

1988年8月21日

吴　序

文焕然同志去世已经6年多了，在生前没有把他的全部论著汇总出版。最近文榕生同志接过其父亲的接力棒，在于希贤教授的指导和协助下，整理编选出《中国历史时期植物与动物变迁研究》专著，这不仅完成了文焕然同志的遗愿，更为历史动植物变迁和气象变迁科研文献库增加了重要内容。

文焕然同志长期在竺可桢先生的指导与支持下，从事我国历史植物、动物变迁的研究，并紧密联系气候和其他因素变迁的关系。文焕然同志学风严谨，调查考察几十年如一日，勤奋钻研，锲而不舍，撰写了多篇论文。在研究方法上，采用了古生物、考古、文献查阅、实地考察、^{14}C断代和孢粉分析等技术，进行多学科的综合研究。文焕然同志从事科学研究认真而虚心。生前，他到各研究机构向有关专家教授请教和商讨，广泛征求意见，务求记述和结论翔实可靠。文焕然同志知识面广，有扎实的功底。他在植物方面的研究，尤其注意森林植被的变迁。在本专著中收集有关森林变迁的论文就有5篇。除《中国森林资源分布的历史概况》一文外，在地区上包括西北地区的内蒙古、青海和新疆，华南地区的两广南部及海南岛。他特别重视竹子的自然分布和栽培区的历史变迁（这也是竺可桢先生的思想）。他在植物变迁研究中对其他种类如柑橘、荔枝也很重视。文焕然同志对于动物地理分布的历史变迁的研究也很重视，涉及到野象、野犀牛的变迁；另外还包括珍稀濒危动物物种，如大熊猫、野马、野驴、野骆驼、长臂猿和鹦鹉的分布历史变迁。他还研究爬行动物如扬子鳄等的历史变迁。

本专著共收集论文22篇。多数是文焕然同志生前发表的论文，有的与其他同志合作撰写。这些文章分散发表于各类自然科学刊物中。另外，有3篇是未发表过的遗稿，现经文榕生同志整理，列入本专著之中，这是很有价值的。

总之，本专著内容丰富，学术性强，是一本出色的我国植物、动物历史变迁纪实专著，可供植物学、动物学、林学及气象、环境、生态等方面的科学工作者参考，也是有关学科的有益教材。

文焕然同志生前同我们多次交谈。今日能出版他的专著，深感欣慰，特为之序。

吴中伦

1993年5月27日于北京

史　序

　　焕然先生平生博大好学，撰述不辍，积累篇章，为数非少。其哲嗣榕生世兄为之缀辑成书，俾其毕生精力所寄，留为世用。

　　焕然先生专治历史地理之学，数十年如一日，未稍懈怠。历史地理之学包括广泛，举凡历史自然地理和历史人文地理皆在其范畴之中。而历史自然地理和历史人文地理又各有分支。焕然先生于其中气候、土壤等自然现象的演变更多地致力，故其所撰述，亦以这些方面为最多。历史地理本为有用于世之学，气候、土壤又关系国计民生，故焕然先生于这些方面皆能殚精竭虑，费尽心力。这是焕然先生多年的抱负，思欲以其所得，有助于社会的发展。

　　事物都时时在变化之中。这应是尽人皆知的规律。可是说到具体，往往就不尽然。诸如对于自然现象就不乏这样的事例。一年之中，节令频易，寒燠互见，这是常理。若是往前回溯，远至千百年前，固仍各有其寒燠，仿佛无所差异。但在悠久时期间，前后的差异在所难免，而且有时还相当悬殊。因而对有关的事物，就不能没有影响。这些不容易避免的变化，却并非尽人都可理解。现在黄河流域森林稀少，中游各处，更是诸山皆童。有些人由此上推，因之而谓千百年前，亦和现在相似，那时山上山下皆无树木，更是说不上森林的。森林的繁育延续和气候的关系十分密切。现在黄河流域森林稀少，诚然是受到气候的影响，可是远在上古，黄河流域的气候在一些时期较现在为热，雨量也因之较多，而谓那时也和现在一样诸山皆童，那就不一定恰当了。

　　焕然先生研治历史时期的气候，对于事物演变的规律多有阐明，明确指出古今气候的不同，不能以今例古，这样就可以纠正一些人错误的认识。不能谓上古之时，黄河中游各地就少有森林。那时不仅气候和现在不同，影响到森林的发育扩展，而且由于各地气候的不同，也影响到当时植物的生长。焕然先生以汉时为例证，反复申论。那时橘枳栽培地区的变化就足以作为说明，其实橘过淮而为枳，气候差异的影响远在当时已是人所习知的常理，不意到现在反来还须多加申论。竺可桢先生为近代研治古今气候演变的名家，其所撰述殆已成定论。竺可桢先生早年已有古今气候演变不同的创见，其定稿则在其晚年。焕然先生的有关撰述，有的就在竺可桢先生定稿之前，这样深入探索，对整个问题的阐明，应该说是有助力的。

　　历史地理之学，虽为晚近新兴的学科，论其渊源所在，则当在2 000年以前。不过那时称为沿革地理学，而历史地理学则为现代的称谓，这不仅是称谓不同，内容亦有差异。研治地理自以能亲至其处作实地考察为宜。这在沿革地理学的学者本已成为常规，可是后来却多以文献记载为主。治此学者，往往足不出户，而指点江山，视为当然。历史地理学初始建立，实地考察尚未成为习惯，焕然先生即已率然先行，不以文献记载自缚，这在当时应该说是难得的。

焕然先生论述古今气候的变化，经常提到竹。远在西周春秋之时，黄河流域产竹是很多的。《诗·卫风·淇奥》所歌咏的"瞻彼淇奥，绿竹猗猗"，就常为论者所征引，而渭川千亩竹，成为普通人家与王侯比富的产业，就见于《史记·货殖列传》的记载。东汉初年，还曾伐淇园之竹，制箭克敌。像这样的记载，不少见于秦汉以后的文献之中。可是到了明清，就很少有人提到。为什么如此？这是耐人寻味的。

焕然先生为了探索黄河流域的产竹，曾经到处奔波。有一次来到西安，亲至户县、长安县考察。户县以前为鄠县，以前的杜县就在今长安县的东北。鄠、杜竹林为汉时人士所经常称道，也是渭川竹林的一部分。渭川现在不是就不产竹，只是细干疏叶，不易编成器物。我的故乡为平陆小县。旧日县城濒临黄河，城外河畔，到处竹林，郁郁葱葱，蔚为奇观。我举以告，焕然先生就即日命驾，前往审视。这样的精神令人钦佩。后来三门峡水库筑坝，水位抬高，平陆旧城亦在淹没计划之中，因而先期拆毁，竹林亦皆砍伐罄尽。当时若焕然先生稍一迟疑，便失之交臂。后来三门峡水库降低水位，旧县城可以不淹，可是竹林却未能复原。我每过其地，怀念焕然先生的治学精神，辄为之徘徊留连，不能自已。

研治土壤的变化，较之历史时期气候尤为费力。古今气候变化，时时散见于文献记载之中，爬罗剔抉，犹可略见痕迹。而有关土壤的记载，战国秦汉之后，率多阙如，往往须于字里行间，稍稍得其梗概。可是焕然先生却锲而不舍，期能获得其间的奥秘。正是由于有这样的精神，所得亦殊不少。

然而更值得称道的，则是焕然先生对于历史时期动物分布地区的研究。前面曾经提到过，历史地理学分为历史自然地理和历史人文地理两大类。两大类中又各有分支。历史自然地理除了研究气候、土壤，还研究地形、水文、植被、动物等项。地形、水文以及植被等和气候、土壤等，研究者甚多，成就亦殊不少，独于动物的变化问津者却甚稀少。这当然是较为困难的工作。焕然先生却奋力向这方面发展，而且也取得了相当的成就，可以说是补苴了这个学科中的缺门项目，如何不令人称道？

焕然先生捐馆已经多年，缅怀故人，不禁泫然。今观其遗文得以辑印出版，私心颇为庆幸，因之略述以前交往旧事及其治学成就，弁诸篇首，谅为当世同行所乐闻的。焕然先生泉下有知，若能获悉其遗文得以行世，亦当释然于怀，并为之欣慰不置。

史念海　谨序

1993年6月

陈 序

文焕然先生生前是我的老友，我们曾经合作共事，有过一段值得纪念的回忆。现在，他的遗作（包括他生前发表过的以及与其他学者合作的）《中国历史时期植物与动物变迁研究》一书，经过其哲嗣榕生君的仔细整理以后，行将出版，我为此而感到由衷的高兴。

焕然先生和我是1963年在杭州举行的中国地理学会第三次代表大会暨支援农业学术年会中认识的。当时，他是中国科学院地理研究所历史地理组的负责人，而我是杭州大学地理系经济地理教研室主任，我们在这次全国性的学术会议中都加入了历史地理学组。当时，历史地理学界的前辈如谭其骧、侯仁之、徐近之等学者，也都是这个组的成员，焕然先生和我在这个组中算是后进的中年学者。我们不仅在会上相处甚得，会后也继续保持通信联系。我在会上提出的论文《古代绍兴地区天然森林的破坏及其对农业的影响》，不久在《地理学报》发表，我立刻把抽印本寄他，获得了他随即写来的许多热情洋溢的鼓励。可惜接着到来的"文革"，中断了我们的联系。

"文革"结束以后，学术界又重新开始活动。由中国科学院已故竺可桢副院长担任主编的、规模巨大的《中国自然地理》各卷，分头进行编纂。《历史自然地理》卷于1976年冬在西安举行编纂会议，焕然先生和我又一次见面，并且共同负责卷中的《历史时期的植被变迁》一章。根据会上许多学者提出的意见，会后，在我们经过反复地通信讨论以后，他决定在1977年暑期从北京到杭州，与我共同完成这一章的撰写。这年7月初，他冒暑来到杭州，开始寓居杭大，由于当时全国九个省市正在合作翻译一套世界各国的地理文献，我是浙江省翻译组的负责人，翻译组规模庞大，事情极繁，每天上门谈问题的人应接不暇，根本无法坐下来工作，于是就迁居到西湖边上的新新饭店，那里环境清幽，风景秀丽，本来可以安心写稿，可惜由于地点仍在杭州，数日以后，登门言谈翻译问题的人，仍然络绎不绝。这样，我们才下决心离开杭州，搬到绍兴，在卧龙山下的绍兴饭店进行我们的撰写工作，约有一个半月之久。在这一个半月之中，我们同室而居，朝夕切磋，并且到著名的会稽山作了野外考察。不仅基本上完成了初稿，而且也从此结下了深厚的学术友谊。

《中国自然地理·历史自然地理》最后于1982年在科学出版社出版，我是此书的三位主编之一，全书的章节次序以及作者的姓名安排等等，都是由我处理的。《历史时期的植被变迁》这一章，虽然最后也由我定稿，但稿内提供的资料，多数都是焕然先生的，所以在作者姓名的排列中，我当然把他的名氏置于我之上。却接到他一封充满谢意的信，表扬我在作者姓名排列上的谦逊，使我非常惭愧，因为这实际上正是他的谦逊。

此后，我们仍多次在各种学术会议上见面，在北京、西安和其他一些地方。每次见面，他总要找一个机会与我彻夜长谈，不厌其详地告诉我他的研究计划，而且充满信心。由于我担任的社会工作较多，常常影响专业研究的时间，对他专心致志的精神和惟日孜孜的毅力，感到既羡慕，又崇敬。的确，我们之间的每一次谈话，现在回忆起来，宛如在昨天一样。

他的身体素质本来很好，回忆在绍兴工作的一个多月时间中，他身体的各方面都比我强。到会稽山考察植物地理的一次，正是盛夏酷暑，烈日当头，野外考察是相当艰苦的，但他却表现得步履轻松，强健有力。我比他小好几岁，但在这一天翻山越岭的过程中，他常常走在我的前头。80年代中期，他得了一场大病，从此，体质就衰弱下来。1986年暑期，《中华人民共和国国家历史地图集》在北京怀柔水库开会，他抱病参加。由于糖尿病的折磨，他不仅形容消瘦，而且步履维艰。我很为他的身体担心，但他却仍然对学术事业充满信心，与我侃侃而谈，让我知道，他在大病以后，又已经完成了好几项研究任务。对我来说，这实在是一种鼓励和鞭策。不幸的是，这次见面竟成了我们的永诀。以后就接到了他辞世的噩耗，我确实曾经为我失去这样一位益友而感到无比的哀痛和怅惘。

焕然先生的治学为人都是值得学习的。他治学的特点是坚强的意志力和无比执著的事业心。他以历史时期植物和动物的变迁研究为己任，也就是历史植物地理与历史动物地理的研究。在历史地理领域中，这两个分支的研究是具有很大难度的。重要的原因之一是资料分散，搜集这方面的资料，真如大海捞针，查索竟日而一无所获的情况往往有之。正因为如此，加上他工作过细，因而进度不免稍慢，但他本着人一为之己十之、人十为之己百的精神，夙兴夜寐，加班工作，最后终于获得成功。至于他的为人，则忠厚诚恳四字，或许可以概括尽致。对于这方面，与他打过交道的朋友们，大概都有这样的感觉，这也是他在学术界能够获得不少合作者的原因。

现在，焕然先生的遗著（包括他生前发表过的以及与其他学者合作的）就要公之于世。这里的二十几篇论文，所探讨的都是我国历史时期植物与动物的变迁过程。正如前面所指出的，所有这些资料的搜集、整理、分析、研究，具有很大的难度。而且，论文除了探讨几种植物、动物在历史时期消长和分布的变迁以外，同时还探讨了围绕这些植物、动物变迁的生态环境的变迁。所以这些论文所探讨的，不仅是事物的现象，而且涉及事物的本质和规律性。这些论文在学术上的价值，当然是不言而喻的。

历史地理学中的历史植物地理和历史动物地理这两门分支学科，由于焕然先生生前的奔走倡导，近年以来已经获得了较大的发展和进步。溯昔抚今，令人精神为之振奋。而回首与焕然先生合作共事的日子，更感遐想无穷。承榕生君之嘱，爰为之序。

陈桥驿

1993年5月于杭州大学

邹　序

　　本书主要作者文焕然先生是著名的历史地理学家,湖南益阳人。他1943年毕业于浙江大学史地系,同年以优异成绩考取了在浙江大学任教的我国现代历史地理学奠基人之一谭其骧教授的研究生。从此,他以毕生的精力投身于我国的科学事业,数十年来孜孜不倦,锲而不舍,直至生命的终止。他留下的数百万字的研究成果,对建设和发展历史地理学科有着重要的价值。本书所集结的论文就是其中的主要部分。

　　历史自然地理是历史地理学的重要组成部分。人类社会的所有活动都离不开特定的时间和空间。历史时期不同地域人类社会的生产方式和生活方式,无不打上自然环境的烙印。简言之,就是无不受到自然环境的制约。这种制约在生产力不发达的条件下更为显著。同时,人类社会的各种活动又不断在改造和影响着自然环境,随着生产力的发展,这种影响日趋扩大和深化,以至于破坏了人类生态环境的平衡。当前环境保护已成为世界上各国政府和科学界最为关注的问题,决不是偶然的。

　　我国是一个幅员辽阔、自然条件纷繁复杂的国家。历史时期以来自然环境有过很多的变化,有的是自然要素本身的变化,但更多的是人类各种活动(政治或经济)施加于自然界而引起的变化。这两种变化又是相互交叉、互为因果的。因此,复原原始环境的面貌,探究其变化的原因、过程、后果及其规律,是历史自然地理学的基本任务。这种研究,对于今天的环境保护工作有着重要的参考意义。

　　自然环境诸要素中,气候是最重要的要素。气候的变化不仅直接影响到其他自然要素的变化,同时还将更深层次地影响到人们的生产、生活,甚至思想意识和文化形态。因此,无论研究历史自然地理还是历史人文地理,气候变迁无疑是首位重要的课题。

　　文焕然先生长期以历史时期我国自然环境变迁为主要研究方向。早在50年代,他就出版了《秦汉时代黄河中下游气候研究》一书,这是新中国成立以来第一本研究历史气候变迁的专著。以后,他又在野生珍稀动物的分布变迁、我国森林植被分布变迁领域里做了开创性的工作。他发表的《历史时期中国森林的分布及其变迁》《历史时期"三北"防护林地区森林的变迁》《历史时期中国野象的初步研究》《历史时期中国马来鳄分布的变迁及其原因的初步研究》《中国野生犀牛的灭绝》《近五千年来豫鄂湘川间的大熊猫》等一系列论文,奠定了我国历史地理学一个分支——历史动物地理学的基础,不仅在国内,在国际上也受到广泛的重视。由于他的论著对今天我国的环保工作有着十分重要的参考价值,曾获得过国务院环境办公室和林业部的好评。

　　文先生是一位真正的学者,他对事业的热爱超过了他的生命。记得80年代初,编绘《中华人民共和国国家历史地图集》工作刚刚开展,有一次在北京原华侨饭店召开工作会议,讨论分工问题。文先生闻讯后不顾自己已患上严重的糖尿病,某日清晨6时余就从郊区住处赶到饭店来向谭其骧教授请求安排任务。当时我也在场,我被他这种对事业的执著追求、对工作的高度热情深深感动了。隔了几年,有一次在北京郊区怀柔县开编委会,那时他双眼几乎失明,还由人搀扶着参加了会议,并在会上作了积极的发言,在座者无不为之动容。现在回忆起来,当时的情景还萦回在心头。他的过早去世,恐怕与他的过分操劳不无关系。在今天知识贬值、学术凋零的社会环境下,像文先生这样的知识分子实在太令人怀念了。

文先生为人诚恳谦和、忠实厚道,为学严谨朴实、刻苦勤奋。他在历史地理领域里辛勤耕耘数十年,为我们留下一笔宝贵的财富。人类文明就是靠一代代人加砖添瓦堆砌起来的大厦。文先生一生谨慎,搞科研十分认真负责,引用资料十分丰富,结论则字斟句酌,决不草率,因此他的成果自成一家,有长期保留的价值。我们感谢重庆出版社能将文先生散见在各种刊物上的论文结集出版,其中还有不少尚未发表过的更是弥足珍贵。在当前"文化快餐"盛行的社会风气下,能够出版这样专门性的学术专著,不能不反映出版社领导同志的卓越见识。

我和文先生不能算很熟,只是在几次集体科研项目中一起共事过。但对他的为人、为学一直是十分敬佩的。他和我虽然都是谭其骧教授的学生,然而无论从资历还是学问而言,他都是前辈。以我的浅陋本不宜为他的文集作序,承他的哲嗣榕生兄再三相约,不禁想写上几句,只能算对文先生的追思和怀念吧!

邹逸麟

1993年5月23日

前　言

北京大学城市与环境学系　于希贤

人类赖以生存的地理环境处于经常的不断变化与发展之中,不变化、不发展的地理环境是不存在的。由于生存环境的变化,也必然促使人类社会发生明显的变化。

历史地理学研究的对象是人类历史时期地理环境的变化。这种变化一方面是由于人类的活动引起的。特别是近几百年来,人类的活动对地理环境的改变起到了越来越重要的作用。另一方面自然界本身也处在不断的变化发展之中。这种变化发展有时和缓平静,有时剧烈动荡,长期以来是地理环境在大范围内变化发展不可忽视的突出因素。历史地理研究的主要工作,是查明各地区人类历史时期不同时段上地理环境的状况,复原以至再现不同历史时期各地区地理环境的面貌。只有查清事实、查清地理环境发展的近期历程中,各时段的剖面的真实状况,以图弄清地理环境变化的过程,才可能进一步研究地理环境变化发展的规律,并说明当前地理环境的形成和特点,为规划和布局今天以至预见将来的环境的发展动向服务。

人类的活动随着人口的剧增、生产能力的巨大提高,已越来越成为促使地理环境变化的活跃因素。历史时期气候的变迁,是历史自然环境变化发展的主导因素。以植物(乃至于植被类型)和动物为标志的生物界,是人类社会与自然环境相互接触的纽带。不同动物、植物种群的分布,不同植物种属的萌芽期、分蘖期、开花期、果实成熟期的变迁,不同习性的动物的分布、繁衍、迁徙、灭绝,都是地理环境变迁的一面镜子。所以,要研究人类历史时期地理环境的变迁,要建立具有现代科学意义的历史地理学,那么研究历史时期动物和植物的变迁,研究人类历史时期气候的变迁,就是不可缺少的重要环节。

在动植物变迁这一重要学术领域里,苏联著名植物地理学家吴鲁夫(E.B.Вулъф)于1932年出版其名著《历史植物地理学引论》(《Введение в историческую географию растений》)一书。此书一经出版,就一版再版,并于1943年被翻译成英文;1960年又被翻译成中文出版。他在书中提出:"历史植物地理学的目的,是研究现存植物种属的分布,根据它们现在与过去的分布来阐明各植物区系的起源及其发展史,从而给我们一把了解地球历史的钥匙。"这一学术领域"是历史地质学直接的延续"。其工作是"生物学家根据活的有机体现在的分布及其过去的生境的有关资料……在重建地球过去景观及其历史的工作上做出贡献"。吴鲁夫又说:"历史植物地理学的目的,不仅要阐明植物种的起源及其分布的历史,也要同等地阐明植物区系的发展史。"其研究的方法主要是根据第三纪的植物化石和今天当地的植物种属的比较来完成。其研究的基础知识和学科的训练是地质学、生物学、古生物地史学和古气候学。其研究的内容是"植物分布区的起源"、"植物分布区的结构"、"分布中心"、"分布边界"、"植物地理分布中的人为因素"、"植物地理分布中的自然因素"等等。其研究的时间跨度,常常是从第三纪至现在的几百万年间。

而近几千年以来,特别是有文字记载以来近期的动植物的变化,外国学者囿于文献不足,常常可望而不可即。他们有的只是在小范围内、少数地区研究火山喷发前后植物种属与植物区系的变迁。

中国拥有世界上数量最多、内容最丰富、涉及范围最广的文献资料。如游记、笔记、正史典籍、文物考古资料、甲骨文、金文、地方史和地方志中,有着浩如烟海的丰富内容,为历史时期动植物变迁的研究提供了广阔的前景。如何利用这些文献以发挥中国科学研究的特长,并填补外国学者之不足是中国历史地理工作者的历史使命。要利用这些科学文献,以取得科学研究成果,这首先需要有关学者有驾驭这些材料的能力与具备有关生物学的基础,并了解国内外本学术领域研究的前沿。

文焕然先生以其滴水穿石之毅力,积40余年从不间断的努力,手抄笔录,披沙拣金,从卷帙浩繁的文献中发现、搜集和整理出竹林、荔枝、森林、亚洲象、马来鳄、孔雀、长臂猿、犀牛、扬子鳄、大熊猫、鹦鹉、猕猴、猩猩、野马、野驴、野骆驼在中国各历史时期的分布和变迁的状况。这为国际生物界、地理界研究"人与生物圈"的重大课题,独辟蹊径开创了这方面新的学术领域。在这具有中国文化科学特色的学术领域中,文焕然先生无疑是一位勇闯难关、深入探险的勇士。他以其独特的朴实无华的学风,破释出了各种古动物、古植物在当时中国古籍上的名称,今天是国际上通用名称的何种动植物种属。要破释这些困难的密码,要找寻到这大量的科学资料,不仅要求能熟练地运用动物学、动物地理学,植物学、植物地理学以及地理学的理论、概念、方法和手段,还需要有坚实的历史学的基础,熟悉查阅与运用历史文献。要洞悉这些文献在长期流传中的缺漏讹误,要鉴别这些资料的真伪,区分其正误,鉴定其真实含义,判断其科学价值,这就必须有其熟练的历史文献学的基础。文焕然先生还善于通过野外的实地考察和运用多学科的比较研究来得出科学的结论。文焕然先生正是通过如此艰苦的努力以图弄清历史时期动物分布、植物变迁的状况,以图弄清近8 000年来的气候变迁。他研究的范围北起黑龙江,南至海南岛及南海诸岛;西起新疆,东达东海之滨,可以说遍及整个中国地区。这些都体现在本书的特色之中,这也是文焕然先生在学术上独特的贡献。

通过这本《中国历史时期植物与动物变迁研究》,可以在我们面前展示一幅探索中国近几千年来大自然变迁过程的轮廓与画卷。从中可以看到森林植被变迁的大致过程,看到当今世界上许多珍稀动物,如孔雀、野象、犀牛、野马、野驴、长臂猿、扬子鳄、马来鳄、野生鹦鹉、大熊猫、金丝猴等等在历史上并不珍稀。有的曾广为分布、数量很多,只是近几百年,甚至是近百年、近几十年才大为减少,甚至已经在中国灭绝了的。

是文焕然先生首先公布并揭示了这一客观事实:距今7 000年前后,亚洲象分布的最北界线在今北纬40°左右,约在今天的北京附近都有野象分布。这一现象断断续续持续到距今3 000年前后。距今2 500年至1 000年间,野象还活动于今天的长江流域,至今已南移至北纬16°以南。这几千年中野象至少有3次北返的现象,其北返与气候转暖有关。

再如,大熊猫是我国特有的珍稀动物,当今世界以此为无价的活宝。它憨厚可爱,深受全世界许多国家的人民喜爱。今天它仅残存于四川盆地西北山缘及相邻的陇东南与陕南山区。而历史上它曾于江南、华北一带广有分布,数量远较今日为多。直至20世纪20年代,大熊猫才在江南、华北灭绝。人类的活动,森林植被的大规模破坏,是大熊猫灭绝的主要原因。总之,赖有文焕然先生开创性的研究,才揭示了我国许多大自然变迁之谜!读者只要细读本书,便可知文焕然先生十分勤奋,创见极多。

令人尊敬的文焕然先生与世长辞至今已6年有余。当年他从事这一重要研究课题时,正是极"左"思潮泛滥的时期,其工作受冷遇。文先生坚信"献身科学事业的人是不怕受挫折的,只有不懈的努力奋斗,才能成功",他在极其简陋的生活条件和工作条件下坚持工作,敢于攀登,锲而不舍,不畏险阻。时间是一把锋利的剑,它能拨开迷雾,使之显露科学的真伪。时至今日读者可以从本书中看到文先生的学术精神与科学成就了!

当年他争分夺秒勤奋工作,正当他准备撰写大型科学专著,万事俱备之时,无情的病魔过早地夺走了他的生命。现在,可以告慰文焕然先生的是,哲嗣文榕生同志,经千辛万苦的努力,得到"重庆出版社科学学术著作出版基金"的大力支持,选编整理出了文先生已发表和尚未来得及发表的论文20余篇(单独撰写或与他人合作撰写),汇成本书出版,实现了文先生的遗愿。

因敬佩文先生的学识与人品,又受文先生临终之托,特撰此"前言"并作纪念。

1993年4月27日于蔚秀园

历史植物地理
Historical Plant Geography

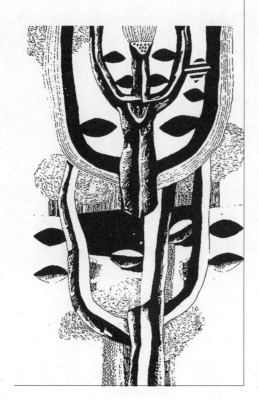

王小珊 绘

1 | 中国森林资源分布的历史概况

文焕然　何业恒

一、引　言

森林是国家的重要资源,林业是国民经济的一个重要组成部分。新中国成立以来,我国林业的发展曾经是较快的,森林覆盖率由新中国成立初的 8% 提高到 12.7%,但主要由于人为的原因,森林资源的恢复受到过严重的挫折。林业的落后,不仅使木材供需矛盾尖锐,而且是我国自然灾害频繁的一个根本原因。为了迅速改变这种状况,必须努力植树造林,扩大森林覆盖面积,彻底改变我国自然旧貌。本文试从历史植被的角度出发,在整理分析历史文献的基础上,结合地理、植物、动物、古生物及考古、孢粉分析、调查访问等方面的资料,探讨历史时期中国森林资源的分布概况。在时间上,我们主要是从第四纪最末一次冰期以后,即距今约 7 000 年以前的裴李岗[1]和磁山文化期以前开始。因为,此后原始农业出现,天然森林资源的面貌随之逐渐地发生变化。通过这些资料的分析,对于认识我国古代多林以及古代森林的分布情况和效益,也许是有帮助的。

二、中国古代森林地带天然森林的分布

距今约七八千年前,我国天然植被的分布,从东南向西北,大致可以分为森林、草原、荒漠 3 个地带。顾名思义,这 3 个地带各以森林、草原、荒漠为主,除此以外,又各有森林或草原或森林草原等并存。由于各地区的自然条件不同,各自的树种、森林结构和林相又有差别,这反映了我国森林资源的丰富性和多样性。

我国东部和中部的森林地带,从北到南,天然森林的分布,也有显著的差异,大体可以分为如下5 区:

1. 大兴安岭北段的寒温带林

古代本区大部分为森林所覆盖。据 6~8 世纪古籍记载,本区气候寒湿而多积雪,拥有多量的鹿、貂等野生动物①。直到 18 世纪,这里仍然"松柞蓊郁"[2],"林薮深密","河水甘美",山内有虎、豹、熊、狼、野猪、鹿、狍、堪达汉(驼鹿)等兽[3]。19 世纪时,本区大部分仍然"丛林密箐,中陷淤泥(沼泽)",大兴安岭西坡"蓊郁尤甚,(落叶)松、柞蔽天,午不见日,风景绝佳"[4]。说明直到晚近,本区的天然植被仍以落叶松(又称异气松、意气松)为主,并有落叶阔叶的柞(蒙古栎)。此外,历史文献还提到樟子松、

---

① 见:《魏书·失韦传》《旧唐书·室韦传》《新唐书·室韦传》和《太平寰宇记》卷 199 等。

桦、榆等,一直具有寒温带林的特征。值得注意的是,现在本区仍拥有全国面积最大的天然森林,木材蓄积量居全国首位。落叶松是大树,树高可达 30 m,胸径常在 50 cm 以上,木材通直坚硬,是建筑和工业上有名的用材。

2. 小兴安岭和长白山地的温带林

本区包括小兴安岭、长白山地和三江平原。据吉林敦化全新世沼泽孢粉的分析,全新世早期(距今约 10 000～7 500 年),该地以松属、桦属树种为主,是一种针叶、阔叶混交林。全新世中期(距今约 7 500～2 500 年),由于气候转暖,松属和阔叶树种(栎、椴、榆或桦等属)占优势。全新世晚期(距今约 2 500 年以来),气候转冷凉,松属(还有一些冷杉属、云杉属等)占优势,阔叶树减少[5]。从汉到唐的历史文献多提本区"处山林之间"、"出好貂"、"貂鼠"、"土多貂鼠"[①]等,也反映本区多森林植被。

清代文献称本区的密林为"窝集"[6],现代则称为"树海"或"林海"。其中有名可考的达数十处,较大的其长在数十千米以上[②],如吉林到宁古塔(今黑龙江省宁安县)途中的大乌稽(窝集)长 30 km,小乌稽长 20 km。据清吴振臣《宁古塔纪略》,康熙二十年(1681 年),他与父母从宁古塔经船厂(今吉林省吉林市)返北京,经过大、小乌稽时有此见闻:

> 进大乌稽,古称黑松林,树木参天,槎牙突兀……绵绵延延……不知纪极;车马从中穿过,且六十里。初入乌稽,若有门焉;皆大树数抱,环列两旁,洞洞然不见天日;惟秋冬树叶脱落,则稍明。……其中多峻岭巉崖,石径高低难行。其上鸟声咿哑不绝,鼯鼬狸鼠之类,旋绕左右,略不畏人。微风震撼,则如波涛汹涌,飕飕飒飒,不可名状。……是夕宿于岭下,帐房临涧,洞水淙淙然,音韵极幽闽。……兵丁取大树皮二三片,阔丈余,放地上,即如圈篷船,尽可坐卧。……迨夜半,怪声忽起,如山崩地裂,乃千年来古树,忽焉摧折也。……穿过小乌稽,经过三十里,情景亦相似。

这是一段对历史时期长白山地天然森林极为生动的描述,除介绍窝集中的树木高大茂密、自生自灭外,还提到林中的动物和水流等的一些情况。从这段文献中可以看出:

(1)窝集,"古称黑松林","皆大树数抱","惟秋冬树叶脱落,则稍明",说明这里的树木比大兴安岭的寒温带林,更加高大茂密。据其他古籍记载,本区树种有松、桦、栎、椴、榆等,与敦化沼泽全新世孢粉分析基本相类似。这里的树种较寒温带林中为多,且不是以落叶松为主,而是以红松较多,为针叶、落叶阔叶混交林,反映温带林的某些特点。巨大的红松,可高达 35 m,胸径 1 m 以上,树干浑圆挺直,树形极为壮观,是优良的建筑材料之一。

(2)树上"鸟声咿哑不绝","鼯鼬狸鼠之类,旋绕左右",其意是树上活动的鸟兽颇多。据其他历史文献提到,本区密林中树上活动的兽类有貂、灰鼠等;它们都是野生的毛皮兽,貂中的紫貂尤为著名,它与林下草本植物人参以及林外的乌拉草合称"关外(东北)三宝"。

(3)"千年古树",反映出天然森林古老的一些特点。一直到现在,本区仍保存相当面积的天然森林,为我国主要木材基地之一。

此外,古代黑龙江、松花江、乌苏里江江流一带的三江平原,多沼泽。除沼泽地为沼泽植被外,还有茂密的森林。

3. 华北的暖温带林

本区位于温带林以南,包括辽东山地丘陵、辽河下游平原、冀北山地、黄土高原东南部、渭河平原、

---

① 见:《三国志·魏志·挹娄传》《后汉书·挹娄传》《新唐书·黑水靺鞨传》等。
② 见:(清)吴振臣《宁古塔纪略》,《嘉庆重修一统志》卷 67 和卷 68,(清)何秋涛《朔方备乘》卷 21《艮维窝集考》等。

· 4 ·

豫中和豫西山地丘陵、华北平原及山东山地丘陵。

根据从鸭绿江口至长兴岛沉积层孢粉组合和放射性碳年龄分析,辽宁南部在中全新世,以栎属等阔叶树为主,松属花粉自下而上增加。到了晚全新世,成为针叶、落叶阔叶混交林,森林范围缩小,蕨类和草本植物面积扩大,占据了广大的平原、河谷、海滩等地[7]。目前辽南地区以松(赤松、油松)-栎(槲栎、辽东栎、麻栎)林为代表的植被,正反映晚全新世以来的情况。《禹贡》提到青州(约指泰山以东,今山东省境内)"厥贡"有"松","其篚檿丝"。檿,古称山桑,即柞,又名栎。说明2 000多年前,山东山地丘陵的植被也是以松-栎林为代表的暖温带林,与辽东山地丘陵基本上是一致的,也说明我国柞蚕丝的利用起源很早,至今辽东和山东山地丘陵仍是我国柞蚕丝最主要的产地。

又据北京市平原泥炭沼的孢粉分析[8],证明全新世这里的天然植被,兼有森林、草原以及湿生和沼泽等植被。就中全新世而言,森林植物以栎属和松属居多,并混有榆、椴、桦、槭、柿、鹅耳枥、朴、胡桃、榛等属的乔、灌木,与现在北京一带山地的天然植被基本相似。

从裴李岗、磁山、仰韶、大汶口、龙山等新石器时代文化遗址中出土的木炭或木结构房屋[1,9]等,以及作为当时主要狩猎对象——鹿的存在,反映新石器时代早、中、晚期,华北东部,特别是华北平原不少地方有森林、草原分布。

又从安阳殷墟古生物发掘中大量的四不像鹿、野生水牛,不少的竹鼠,数量不等的狸、熊、獾、虎、豹、黑鼠、兔、獐以及象、犀、马来貘等动物遗骨[10],殷墟出土的甲骨文[11],说明距今三四千年前,殷墟一带有森林、草原、沼泽存在;竹鼠是适宜在温暖环境中生存的动物,专以食竹根和竹笋为生,反映这里有相当面积的竹林存在;有热带的象、马来貘等存在,说明当时气候较今为暖;这里动物的成分,较之寒温带和温带林区,都要复杂得多。

古代冀北山地,也大多为森林所覆盖。辽金时代,曾经在燕山采伐过林木,明嘉靖二十年(1541年)前,燕山仍是"重冈复岭,蹊径狭小,林木茂密"[12]。清代方志提到这一带不少山地有森林分布,并有灵长类动物成群活动①。现在这里还有些森林和灵长类动物残存,可以为证。

现在的永定河,含沙量比较大,但在1 000多年前的情况却大不相同。《水经·㶟水注》引《魏土地记》称永定河为清泉河,就是因为当时沿河一带森林多、水流清的缘故。山西省北部应县佛宫寺释迦塔是一座宏伟壮丽的木塔,建立于辽代清宁二年(1056年),如今仍然耸立在恒山以北的桑干河畔,它是用附近大量木材建成的[13],因此又是古代永定河上游多天然森林的有力见证。明马文升《为禁伐边山林木以资保障事疏》记载,成化年间(1465～1487年)以前,"复自偏头(关)、雁门、紫荆,历居庸、潮河川、喜峰口直至山海关一带,延袤数千余里,山势高险,林木茂密,人马不通"[12]。说明直到15世纪下半叶,恒山、五台山、太行山北端、西山、军都山、燕山等山地,还有不少森林分布。

太行山及其山东一些山地丘陵,古代也为森林所覆盖。《诗经·商颂·殷武》:"陟彼景山,松柏丸丸",所指就是今安阳西部山区一带。3世纪初,修建邺(今河北省临漳县西南)宫室,于上党(治所在壶关,今山西省长治市北)"取大材"[14]。直到4世纪初,滹沱河洪水曾将上游许多大木冲漂到中下游②。20世纪50年代以前"光岭秃山头",四料俱缺的河南林县,在五代、北宋时,还是河北地区用材的供给地之一③。这些都说明古代太行山一带森林植被的丰富。以林县为例,据古籍记载,树种有槲、栗、楸、榆、椴、桐、杨、槐、银杏、漆、松、柏、桧等以及一些竹林。太行山中南段山麓,有华北历史上较大的竹

---

① 见:《图书集成·方舆汇编·职方典》卷11,卷56,卷63,以及永平府遵化州等志。
② 见:《晋书》卷6《元帝纪》、卷19《五行志下》、卷105《石勒载纪》,以及(元)纳新《河朔访古记》等。
③ 见:明万历《彰德府志》卷2,民国二十一年《林县志》卷14等。

林,如淇水流域的淇奥,丹河、沁河下游的博爱、沁阳都是。

上述资料都反映暖温带林的一些特点,较前述的寒温带和温带林为复杂、茂密。

关于古代黄土高原东南部的天然植被,《诗经》中有不少记载,例如,《大雅·文王之什·旱麓》提到北山(今岐山)林木茂密;《大雅·荡之什·韩奕》记载梁山(今陕西省韩城市、黄龙县一带)有森林,还有沼泽等植被;《秦风·小戎》描述"西戎""在其板屋",说明古代渭河上游以西一带,也有不少森林分布;《唐风·山有枢》叙述古代汾河下游,山(山地)有枢、栲、漆、隰(低地)有榆、杻、栗等树木。

在西安半坡新石器时代的遗物中,有大量的榛子、栗子、朴树子,还有不少的竹鼠等骨骼以及鱼钩和多种鱼骨[15],说明距今 6 000 年前,浐河不仅常年有水,而且多鱼,沿河一带还有不少森林和竹林分布,与现在的情况大不一样。

4. 华中、西南的亚热带林

在上述暖温带林以南,包括广义的秦岭、大巴山、四川盆地、贵州高原、江南山地丘陵、浙闽山地丘陵、南岭山地,两广山地丘陵北部、长江中下游平原(以上概括为华中),以及云南高原的北部、中部、青藏高原的东南部(以上概括为西南)等地,是历史时期我国天然森林植被区域中面积最大的一区。

(1)长江中下游平原 据江西省南昌市洗药湖泥炭的孢粉分析[16],反映 8 000 多年前,洗药湖孢粉组合中是以常绿阔叶(栲属为主,并有冬青、杨梅属等)、常绿针叶(松、杉等属)为主,杂有少数落叶阔叶(枫香、柳、乌桕等属)的混交林。

从安徽省安庆市怀宁打捞长江水下古木的古土样孢粉分析①,反映距今 5 000 多年前,古树所处的长江平原是一片茂盛的亚热带落叶阔叶混交林,还有水生、沼泽等植被存在,附近山地丘陵,则有由松属组成的森林分布。平原森林中的乔木以落羽杉、栎、枫香、桦、冬青、榆、柳等属为多,还有杉科、柏、枫杨、桤木、漆、栲、乌桕、油桐等属。此外,还有海金砂、凤尾蕨等属。上述植物反映南北过渡类型的特点:它一方面有热带、亚热带植物,如喜湿热的狭叶和柳叶海金砂,落叶乔木的油桐、乌桕等属,常绿乔木或灌木的冬青等属;另一方面又有温带的落叶阔叶树种桦属等。

此外,对新石器时代浙江良渚文化遗址出土的竹、木、芦苇等[9],以及在良渚等地出土的稻谷、稻壳、菱等[17]加以研究,足以说明长江中下游平原地区古代森林、竹林、水生植被和沼泽植被的广泛分布。

(2)秦岭山地 据近年河南省淅川县下王岗遗址中,从仰韶文化到西周文化层的动物群的分析[18],说明数千年前,这一带有茂盛的森林和野生竹林,并有稀树草地、灌木丛和水生植被等。从战国到秦汉的文献,提到秦岭有不少的亚热带树种,如豫章、楠、棕等。19 世纪初,秦岭南坡仍有大面积的"老林"[19],现在这里还有天然林分布,可以证明。

明末清初,王夫之《噩梦》中提到 17 世纪秦岭东端、巫山、荆山、武当山、桐柏山、大别山、霍山等地,曾被列为"禁山"。这一方面反映这些山地有相当广大的森林植被分布,另一方面又说明封建统治阶级为了自身的利益,也有自然保护区的划分。

(3)江南山地丘陵 《史记·货殖列传》:"江南卑湿……多竹木。""江南出楠、梓、姜、桂。"《汉书·地理志下》:"江南地广,民食鱼稻,以渔猎山伐为业。"这些都可以反映古代江南天然森林的繁茂。宋洪迈《容斋随笔·三笔》:"丁谓为玉清昭应修宫使,所用潭(治所在今湖南省长沙市)、衡(治所在今湖南省衡阳市)、道(治所在今湖南省道县)、永(治所在今湖南省永州市)、鼎(治所在今湖南省常德市)之梌、楠、楮,永、澧(治所在今湖南省澧县)之梾、樟,潭之杉……"说明当时楠、楮、樟、杉等亚热带林木在

---

① 中国科学院地理研究所地貌室孢粉实验室 1975 年提供资料。

今湖南分布很广泛。明永乐四年(1406年)建北京宫殿,在湖广、江西、浙江等省大量砍伐树木,历时多年,也反映江南森林资源之多。

(4)浙闽山地丘陵 从浙江省余姚市河姆渡遗址出土叶片已鉴定的部分树种来看,有壳斗科的赤皮桐、栎、苦槠,桑科的天仙果,樟科的细叶香桂、山鸡椒、江浙钓樟等[20],这些树种在现今浙江省仍然分布很广,都是属于亚热带常绿阔叶林的组成部分。

春秋时代,今浙江会稽山地和四明山地是一片茂密的森林,称为"南林"[21]。"南林"拥有豫章、棕榈、檀、栎、柘以及松、栝、桧等许多树种,并有众多的竹林。至于福建,直到北宋后期,仍然被称为"闽越山林险阻,连亘数千里"[22]。至20世纪50年代初期,闽、赣两省交界地区,还有一些天然林和竹林分布。

南岭山地和两广山地丘陵北部:古代同样是森林茂密,天然植被发育良好。直到19世纪初,永州一带瑶族等地区,仍有不少天然林分布[23],今湖南省宜章县与广东省乳源县间的莽山,还有小面积的天然林残存①,也是证明。

(5)四川盆地和贵州高原 历史时期的天然植被,也是以亚热带森林为主。《史记·货殖列传》:巴蜀地饶"竹木之器",其他汉晋文献多提到本区森林茂密,而且竹林"夹江缘山",十分普遍②。历史时期贵州梵净山的天然森林不少,并有灵长类等野生动物[24]。直到现在,梵净山山腰以上仍然保存着一些天然常绿阔叶林。

(6)云南高原的中部和北部 据滇池的孢粉分析,全新世早期,昆明一带由于气候较今凉爽,因而森林植被以栎属、松属为主,还有一定数量的铁杉、桦木、水冬瓜。到全新世中期,昆明一带气候转趋暖热,因此栲属发展成为森林植被的主要成分。栎属、铁杉、云杉极少。到全新世晚期,昆明一带气候又趋凉爽,因而栲属大减,松、栎二属激增,形成与目前滇中植被相类似的松-栎混交林③。历史文献中,晋常璩《华阳国志》卷4《南中志》提到滇池一带"原田,多长松,皋有鹦鹉、孔雀"等,可印证古代云南东部的天然植被为亚热带森林。

(7)青藏高原东南部 唐代碑刻:"沈黎界上,山林参天"[25],可说明这里天然植被的茂密。明王朝在四川砍伐大木,多在本区东部[12]。18世纪初以前,珞巴(今西藏自治区墨脱县等地)曾向波密王贡献藤、竹筒等物④。现在藏南的东喜马拉雅山南翼山地尚保存着我国面积最大、最完整、储积量最多的亚热带常绿阔叶林。这里藤类很多,竹类也不少,藤类有的长达200~300 m。

5. 华南、滇南、藏南的热带林

本区包括福建省福州市以南、台湾省、两广山地丘陵的中部和南部、海南省、南海诸岛(以上概括为华南)、云南高原南部(滇南),以及藏南东喜马拉雅山南翼山地海拔900~1 000 m以下地区(藏南)等地。本区大多数地处低纬度,又濒临热带海洋,自古气候常燠,无雪霜或少霜雪,因此植被茂密,以热带森林为主。

从广州一带出土的水松木[26]及广州秦汉造船工场遗址的木材鉴定[27],说明公元前3世纪前后,广州一带有水松、格木、樟(香樟)、薯(阿丁枫)及杉等高大乔木构成的森林。由于地区开发较晚,人口密度一般较小,两广大部分地方到宋代仍然"山林翳密"⑤,广西山区直到18世纪有的森林犹称"树

---

① 林业部调查规划处1979年3月提供资料。
② 见:(汉)扬雄《蜀都赋》(《全后汉文》卷51)和(晋)左思《蜀都赋》(《全晋文》卷74)。
③ 中国科学院植物研究所古植被研究室孙湘君1976年提供资料。
④ 中国社会科学院民族研究所李坚尚1977年1月提供资料。
⑤ 见:《宋史·地理志》。

海"[28]，滇南更是山高林密，"榛莽蔽翳"，"草木畅茂"，"山多巨材"[29]。

本区热带海洋中的台湾、海南及南海诸岛，历史时期也以茂密的热带林为主。以台湾为例，早在三国时代的文献，就记载了这里的"大材"和"大竹"，元汪大渊《岛夷志略》提出此处"树木合抱"。事实上，本区较高山地区，由于气候、土壤等垂直差异，还有亚热带、暖温带，甚至温带等森林分布。目前阿里山存在的"神木"，树龄高达 3 000 多年到 5 000 多年[30]，则古代台湾森林的多样和茂密可以想见。

由于历史时期，本区是全国气候最湿热的一区，因而植物种类繁多。除上述的水松等外，古籍记载的还有桃椰、槟榔、椰子、荔枝、龙眼、榕、桂、紫荆、铁力木、麒麟竭（血竭）、八角茴香、沉香、降真香等，其中水松是我国特有树种。从用途来说，紫荆、铁力木是名贵木材，椰子、荔枝、龙眼是著名的果树，桂、八角茴香、沉香、降真香是驰名中外的香料，麒麟竭是珍贵的药材。

本区藤本植物也很多，藤州（今广西藤县）以产藤而得名，古代岭南以制作藤品而著名，这些都说明本区藤本植物的重要。由于有些藤本植物缘树木，缠绕树上，更增加了热带林相的阴密。

古代本区热带林中，树木比较高大，加以树干上有很多藤本植物，附寄生植物，甚至乔木寄生在乔木上，使得热带林相更为复杂阴暗，植物资源更为丰富多彩。

古代本区还有不少热带竹林，不仅竹子种类较多，竹茎一般也比较高大。

历史时期本区的沿海，还有热带红树林，南海诸岛有热带灌木林。此外，有些地方还有沼泽植被、草地植被。

直到现在，海南省、台湾省、滇南及藏南东喜马拉雅山南翼山地海拔 900～1 000 m 以下地区，还有不少天然热带林分布。

综上所述，可知历史时期我国森林地带，从北到南，树种由少到多，林相越来越茂密，森林资源也越来越丰富，因而华南、滇南、藏南的热带林，是全国植物种类最多，森林资源最丰富多彩的部分。

三、中国古代草原地带的天然森林

中国古代草原地带位于森林地带以西。历史时期它虽以草原为主，但它与森林地带的毗邻地区，以及它的内部的一些山地，也有天然森林草原或森林分布。

1. 北部温带草原的天然森林

北部温带草原，包括大兴安岭南段、呼伦贝尔高原、东北平原、内蒙古高原东部和中部，以及黄土高原的西北部。从古代记载中可以看出，这里的天然植被，除草原外还有森林。

（1）东北平原的森林草原　历史时期东北平原的天然植被以森林草原为主。以平原西部的科尔沁为例，近代科尔沁逐渐成为沙漠化地区之一，西拉木伦河、西辽河平原等地有沙丘植被分布。但古代这一带却不是这样。远的不说，就以 17 世纪上半叶而论，清太宗皇太极（1627～1643 年）曾经在科尔沁左翼前旗（今辽宁彰武县）到张家口一带设置不少牧场，被称为"长林丰草，讹寝咸宜……凡马、驼、牛、羊之孳息者，岁以千万计"[31]。就反映出当时从东北平原西部，经大兴安岭南段，到张家口一带的内蒙古高原南部，植被以森林草原为主。内蒙古东部浑善达克沙漠，现在尚有松树残根，也可为证。

据沙漠工作者实地考察，现在这里沙丘与河床、水泡子、甸子地交错分布，在个别垄岗丘陵上还有松、榆、栎、槭等零星乔木。这些遗痕，正反映科尔沁沙区曾经是河湖交错森林草原的风光[①]。从现在气候条件来说，科尔沁一带年降水量为 300～500 mm，是我国现在西北内陆自然条件最优越的沙区，

---

① 中国科学院兰州沙漠研究所朱震达 1978 年提供资料。

也说明这一带原来是森林草原属实。

(2)大兴安岭南段的森林草原 古代大兴安岭南段的天然植被也以森林草原为主。除上文所述的"长林丰草"外,清汪灏《随銮纪恩》[32]记载更加翔实。康熙四十二年(1703年),汪灏随康熙北巡,八月二十八日(10月8日)到大兴安岭狩猎,详记了当时看到的植被情况:

> 灏等从豹尾崦岭北行……十里过一涧,仍沿岭脊而东,百草连天,空旷无山,天与地接,草生积水,人马时时行草泽中,不复知为峻岭之颠。落叶松万株成林,望之仅如一线。……日将晴,乃折而南,渐见山尖林木在深林中。下马步行……沿岭树多无名,果如樱桃,蒙古所谓萬布里赖罕是也。

这是对大兴安岭南段山地森林草原中的落叶松、草原、沼泽植被翔实的描述。下文还提到这天猎获不少巨鹿和一只石熊,也反映森林草原中的动物资源概况。据现代自然地理工作者和地植物工作者实地考察,证实了汪灏所述的情况[①]。

(3)冀北山地西段的天然植被 冀北山地西段是内蒙古高原中张北高原部分的南面边缘。据元周伯琦《扈从北行前记》,至正十二年(1352年),他跟元顺帝妥懽帖睦尔赴上都[故址在今内蒙古正蓝旗东约20 km的闪电河(即滦河上游)北岸],从张家口以东地区穿过本山地的车坊到沙岭之间,沿途150多 km,"皆深林复谷村坞僻处",过沙岭"北皆刍牧之地,无树木,遍地地椒、野茴香、葱韭,芳香袭人。草多异花五色,有名金莲花者,似荷而黄"。说明14世纪中叶,沙岭以南有森林,以北为草原,这些植被生长良好,覆盖较密。

明代著作《译语》一书,记载当时守边大臣叙述嘉靖二十二、二十三年(1543~1544年)亲眼看到这一带的植被情况,颇为详细:

> 惟近塞则多山川林木及荒城废寺,如沿河十八村者,其丘墟尚历历可数。极北则平地如掌,黄沙白草,弥望无垠,求一卷石勺水无有也,渴则掘井而饮。

我国北方少数民族小王子常居于此,"名曰可可的里速,华言大沙窊也"。

大沙窊西南的一些地方,"予嘉靖癸卯(二十二年,公元1543年)夏,奉命分守口北道时,与元戎提兵出塞,亲见园林之盛,翁郁葱茜,枝叶交萌。……中多禽兽",每秋,少数民族必来射猎。

似乎大沙窊南的一些地方,"山深林密","不便大举[自注:房(指我国北方少数民族)谓悉众而来为大举]"。

"大沙窊之南(似指东南)"一些地方,"重峦叠嶂","苍松古柏环绕于外者,不知几十百里","予嘉靖甲辰(二十三年,公元1544年)春"到此。这里不仅反映森林分布相当广,林相茂密,而且山地森林以北,有草原、荒漠存在。

(4)黄土高原西北部的森林草原 《史记·货殖列传》叙述战国至汉初,山西"饶材、竹、谷、𬙋、旄"等林牧特产,这个"山西"包括陕北、陇东等地。《山海经·五藏山经·西次四经》也有白于山(在今陕北)"上多松柏,下多栎檀"的记载。这些都说明在2 000多年前,黄土高原西北部的天然植被为森林草原。由于历代封建统治者的大量砍伐,使本地区的森林遭到破坏。例如北周(557~581年)时,"京洛材木,尽出西河(约指今山西离石、中阳、石楼、汾阳、介休、灵石等地)"[33]。唐开元(713~741年)时,

---

① 北京师范大学地理系周廷儒1976年、内蒙古大学生物系刘钟龄1976年分别提供资料。

"近山(指长安附近)无巨木,求之岚(约指今山西岢岚县)、胜(州名,辖境约相当今内蒙古准格尔旗一带)间"[34]。宋真宗(998~1022年)时,大兴土木,修建道宫,"岚、万(州名,辖境约相当今山西离石县一带)、汾阴(辖境约相当今山西万荣县西北)王柏"[35],也是砍伐的对象。11世纪50年代,"三司岁取河东木植数万,上供。岩谷深险,趋河远,民力艰苦"[36]。13世纪时,吕梁山、芦芽山的林木,被大量砍伐,编成木筏,顺黄河、汾河而输出,成为"万筏下河汾"[37]。

兰州东南的岔山,在清雍正以前,"山水清秀,竹木翁郁,且宜耕牧"[38]。甘肃省靖远、会宁、静宁间的屈吴山,在清中叶以前,"茂林修竹,多獐、鹿、狐、兔"[38]。静宁、庄浪、华亭间的小陇山,也是"竹树林薮,猛兽窟巢"[38]。陕北的葭州(今佳县)西三十里(15 km),有"桃子园、箭括坞",以"多产桃树、竹箭"而得名[39]。

由于森林破坏,造成黄土高原严重的水土流失,贻害至今。

(5)阴山山地的森林草原 阴山在公元前3世纪,就是"草木茂盛,多禽兽"[40]的地方。从公元5世纪北魏"就阴山伐木,大造工具"[41],"再谋伐夏"[42]以来,到17世纪末,还是山西木材的供给地之一①。直到20世纪初,阴山仍保持着森林草原的特色②。

2. 青藏高原和帕米尔地区草甸和草原中的天然森林

古代青藏高原中部和南部,包括羌塘高原的中部和南部,黄河源及帕米尔等地区的天然植被主要是草甸和草原。和上述温带草原一样,在本区和森林或荒漠地带毗邻的地区以及区内的一些山地中,也有森林草原或森林存在。近年对青海省乐都县一带原始社会晚期氏族墓地发掘的结果证明,约在4 000年前,这里有松、柏、桦等树木生长③。直到18世纪上半期,西宁府(约包括今青海省东北部贵德县附近以下黄河流域的大部分地区,日月山以东湟水流域及大通河下游等地)一带的乔木有"柳(自注:'尖叶、鸡爪二种。尖叶木坚细,可为器')、白杨、青杨、檀、榆、楸、桦、柏……松(自注:'二种')、柽(自注:'可为矢')……";草本植物有沙葱、野韭、大黄、麻黄、羌活、红花、大蓟、小蓟、荆芥、茨蒺、柴胡、升麻、甘草、秦艽等,还有竹类、蕨类等[43]。西宁县(今市)西4 km的翠山,"苍翠可爱,秋时上有红叶","多牦牛、麚麖"。西宁县(今市)东南的顺善林山,"产松、桦木"。大通卫(今县)北的松树塘,"青松茂草"。卫治西北的柏树峡,"遍生柏木,与松树塘之松,堪与匹焉"[43]。足见西宁府一带的基本植被类型,以落叶阔叶林、针叶林为主,还有草甸、草原及竹林,与目前情况相类似。本区南缘的济咙(今西藏吉隆县)直到清代仍多松、柏等树,多雕鹗等野生动物[44],说明森林草原或森林也是本区的过渡性植被。值得注意的是,吉隆县现今尚保存一定面积的森林,其中长叶云杉、长叶松区是我国目前仅有的分布区④。

四、中国古代荒漠地带的天然森林

荒漠地带位于我国西部内陆,包括内蒙古西部、宁夏的大部分、甘肃的河西走廊、青海柴达木盆地、新疆、羌塘高原的北部及帕米尔地区等地。这些地区由于历史时期气候干燥,因而荒漠分布很广,植被稀少。但在较低平地区中水源充足之处,以及冷湿的较高山地,都有天然森林的分布。

1. 较低平地区的天然森林

古代本地带较低平地区,如盆地底部、河谷平原、走廊低地等,天然植被以荒漠为主,但在河边、湖

① 《清实录·圣祖实录》卷193,康熙三十八年,工部复议山西巡抚倭伦疏言及得旨中语。
② 清光绪三十四年《土默特旗志》卷8《食货》:"其植,松、柏间生,桑、椿尤少,榆、柳、桦、杨,水限山曲稍暖处丛焉,而杨、柳之繁如腹部。""其兽,狼、獾、狐、虎、豹、鹿及黄羊、青羊之类。"
③ 中国社会科学院考古研究所王杰1978年提供资料。
④ 中国科学院综合考察委员会韩裕丰1979年3月提供资料。

畔或地下水较为丰富的地方(如洪积扇前缘地下水溢出带),却有天然森林分布。这里树林青翠,与荒漠植被稀少,成为两个显著不同的自然景色。

据《汉书·西域传》载,在 2 000 多年前,塔里木盆地中的楼兰(今新疆罗布泊以西,库鲁克库姆东部,后改称鄯善)"地沙卤,少田",主要为荒漠地区,但"多葭、苇、柽柳、胡桐(胡杨)、白草",可见有不少胡桐林等天然植被分布。这与当时北河(中下游一部分相当今塔里木河)注入蒲昌海(今罗布泊)一带[45],水源较今充足是分不开的。胡桐即今之胡杨,是杨树的一种,为我国西北沙漠地区土生土长的优良树种之一[46]。由于它的各部富含碳酸钠盐,在林内常见树干伤口积聚大量苏打,因此,被称为"胡桐泪"或"胡桐律"①,这就是现今所称的"胡杨碱"。胡杨碱不仅是当地人食用碱的重要来源,也是做肥皂的原料之一,唐代《新修本草》还把它列为药物之一。

清徐松《西域水道记》提到 19 世纪初,"玉河(今叶尔羌河)两岸皆胡桐夹道数百里,无虑亿万计"。

清萧雄《西疆杂述诗》卷 4 自注中指出:19 世纪末,"(新疆)多者莫如胡桐。南路盐池东之胡桐窝,暨南八城之哈喇沙尔、玛拉巴什,北路如安集海、托多克一带皆一色成林,长百十里";"南八城水多,或胡桐遍野,而成深林;或芦苇丛生而隐大泽,动至数十里之广";"哈喇沙尔之孔雀河,河口泛流数十里,胡桐杂树,古干成林,有阴沉数千年者,若取其深压者用之,其材必良"。

谢彬《新疆游记》更详述 20 世纪初他游历新疆许多河边、湖畔等地所目击的林木情况。

就河西走廊来说,清冯一鹏《塞外杂识》记述 18 世纪上半叶,张掖"池塘宽广,树木繁茂,地下清泉,所在涌出"。清祁韵士《万里行程记》叙述 19 世纪初,他经过河西走廊时,"路出抚彝(今甘肃临泽县)……林树苍茫"。"自临水启行,田畴渐广,草树葱茏。距肃州(今甘肃省酒泉市)益近,林木尤多"。上述史料中最多的是人工林,但从这些绿洲水边人工林的生长茂密来看,在一定程度上也反映出这一带历史时期曾有过不少天然林的存在。

2. 较高山地的天然森林

历史时期荒漠地带的较高山地有更为广大的天然森林分布着,也和荒漠景观迥然不同。

(1)祁连山地及河西走廊的其他山地 古籍中如《西河旧事》称祁连山"有松柏五木,美水草,冬温夏凉,宜牧畜养"②。《元和郡县图志》卷 40《甘州·张掖县》:祁连山"多材木箭竿"。清陶保廉《辛卯侍行记》卷 4:祁连山"山木阴森",大的"逾合抱"。这些都说明古代祁连山有天然山地针叶林的分布。

祁连山北面的焉支山(约为今龙首山与祁连山之间),据《凉州记》,该山"有松柏五木,其水草茂美,宜畜牧,与祁连同"。

历史时期河西走廊山地有天然森林覆盖的还不少,现以清凉州府为例。据乾隆八年《清一统志》卷 164《凉州府·山川》,柏林山,在古浪县东南,"上多柏"。黑松林山,在古浪县东,"上多松"。松山,在武威县东,"上多古松"。青山,在武威县东,"上多松柏,冬夏常青"。此外,平番县(今永登县)东北的"大松山","山多大松"。这些天然的山地针叶林,都只是历史时期河西走廊山地天然林的一部分。

(2)天山山地 天山是一个巨大的山系,横亘新疆中部,将新疆分为南北两路。天山下部受大陆性气候的影响,极为干燥,南坡尤甚,向上气候逐渐转为冷湿,山顶终年积雪。大致随着海拔的增加,温度和湿度发生相应的变化,植物分布也表现出明显的垂直分布。早在《汉书·西域传上》就指出乌孙"山多松樠",说明 2 000 多年前乌孙境内的天山等地,就有针叶林的分布。近年在昭苏夏塔地区墓葬填土发掘的木炭,经 ^{14}C 测定,也是 2 000 多年前的东西[47],可为印证。

---

① 见:(唐)李勣、苏敬等《新修本草》中的"胡桐泪"条。
② 见:《史记·匈奴传·索隐》引。

13 世纪初,耶律楚材经过天山西段时,留有"万顷松风落松子,郁郁苍苍映流水"[48]的诗句。到 19 世纪末,清萧雄《西疆杂述诗》卷 4《草木》自注中进一步指出:

> 天山以岭脊分,南面寸草不生,北面山顶则遍生松树。余从巴里坤,沿山之阴,西抵伊犁,三千余里,所见皆是,大者围二三丈,高数十丈不等。其叶如针,其皮如鳞,无殊南产(按:作者是湖南省益阳县人)。惟干有不同,直上干霄,毫无微曲,与五溪之杉,无以辨。

这里明确指出天山北坡有针叶林带的存在,而南坡则无,直到现在,仍然如此。

天山北坡东段巴里坤松树塘一带的森林,在清人诗文中,也有不少记载,如"南山(今新疆巴里坤哈萨克自治县南的天山北坡)松百里,阴翳东师(今新疆吉木萨尔县南)东。参天拔地如虬龙,合抱岂止数十围"[49]。"巴里坤南山老松高数十寻,大可百围,盖数千岁未见斧斤物也。其皮厚者尺许"[50],等等,这些虽不无夸大,但说明针叶林是天然林,植株高大古老,却是毋庸置疑的。

天山北坡中段,清萧雄《西疆杂述诗》卷 4 自注提道:19 世纪 80 年代,他游博克达山,至峰顶,"见(松树)稠密处,单骑不能入,枯倒腐积甚多,不知几朝代矣"。可见这里针叶林的茂密、古老。

关于历史时期天山南坡东段,据唐代古碑记载,贞观十四年(604 年),唐王朝军队曾经大量砍伐伊吾(今新疆哈密市)北时罗漫山(天山南坡的一部分)的森林①。这时罗漫山的位置,大致与北坡松树塘相对应。

天山山间有许多大小盆地和宽谷,特别是天山西段,山谷交错,更为复杂。这些谷地(如伊犁河谷以北的果子沟一带)和盆地边缘的山地,也有森林分布,这里就不一一叙述了。

(3)阿尔泰山山地 《长春真人西游记》上记载,13 世纪初,金山(今阿尔泰山)"松桧参天,花草弥谷"。《新疆图志》卷 4《山脉》描述,20 世纪初,阿尔台山(今阿尔泰山)"连峰沓嶂,盛夏积雪不消。其树多松桧,其药多野参,兽多貂、狐、猞猁、獐、鹿之属"。直到现在,这里仍是我国荒漠地带山地的重要天然林之一。

此外,新疆北部中苏交界诸山,据元刘郁《西使记》,13 世纪中叶,常德从蒙古高原穿过准噶尔盆地,渐西有城叫业满(今新疆额敏县),西南行过孛罗城(今新疆博乐市),"山多柏不能株,骆石而长"。说明当时这一带有些天然山地针叶林分布。

明代以前,贺兰山地有"林莽"②。据现代林业工作者实地考察,此山还有树木残迹,可以佐证③。

荒漠地带的天然森林,是珍贵的自然资源,它不仅是木材等的重要来源,还可稳定高山积雪,涵养水源,为绿洲的农牧业发展提供极为有利的条件。

五、结 语

从以上论述可以看出:

(1)我国古代是个多林的国家,森林覆盖率较今为广,当时多是天然森林,森林的分布也是比较均衡的。

---

① 见:唐左屯卫将军姜行本勒石碑文(清嘉庆《三州辑略》卷 7《艺文门上》引)。
② 见:《明一统志》卷 37《陕西·宁夏卫·山川》等。
③ 北京林学院关君蔚 1979 年 3 月提供资料。

（2）我国古代天然森林的分布，从北到南表现明显的纬度地带性；从东到西表现明显的经度地带性，从山下到山上，随着海拔高度的不同，表现明显的垂直分带。这样，就更反映了我国森林资源的多样性和丰富性。

（3）历史时期中国森林分布的变迁是巨大的，这与中国"人与生物圈"的变化，也就是与中国自然环境及人类活动的变迁，是紧密相联的。当然，历史时期中国森林分布的变迁与自然条件，特别是与气候条件也有一定的关系，如塔里木盆地森林变迁受塔里木河水系的变迁和常见的盛行风引起塔克拉玛干南缘沙丘移动的影响；两广地区椰子等的分布变迁，受公元 1050 年以后，特别是公元 1450 年左右以来多次"特大寒潮"的影响，都是明显的例子。统治者的大兴土木，军事行动的影响，帝国主义的掠夺，乱砍滥伐，毁林开荒，刀耕火种等等，对森林都有不同程度的影响，但以毁林开荒为最严重（刀耕火种是原始的毁林开荒）。值得注意的是，这种变迁不是直线式的减少，而是经过多次反复的。

（4）历史时期中国森林面积日益缩小的后果是十分严重的。它不仅使得中国大部分地区森林资源从丰富变成贫缺，甚至木料、燃料、饲料、肥料俱缺；更严重的是人类活动打破了大部分地区生态系统的平衡，使得我国不少地区水土流失或风沙危害日趋严重（或二者兼备），旱涝等自然灾害日益加剧，从而严重影响这些地方的农业生产和人民生活。

（5）破坏森林是世界许多国家经历过的道路。有些国家在付出巨大代价，接受惨痛教训之后，已逐渐转向恢复和发展森林。我国的情况也是这样。现在，我国已经制定并公布了《中华人民共和国森林法（试行）》，恢复和加强了各级林业领导与科研机构，着手制订林业规划，开展"三北"防护林建设。我国是个多山的国家，我国绝大多数山地都适宜于造林，经过若干年的艰苦努力，就会出现青山绿水、林茂粮丰的喜人景象。

（原载《自然资源》1979 年第 2 期，本次发表时对个别内容作了校订）

参 考 文 献

[1] 安志敏. 裴李岗、磁山和仰韶：试论中原新石器文化的渊源及发展. 考古，1979(4)

[2] (清)方式济. 龙沙纪略. 黑龙江学务公所图书科，1909

[3] (清)图理琛. 异域录. 上海：商务印书馆，1936

[4] (清)徐宗亮. 黑龙江述略

[5] 周昆叔，等. 吉林省敦化地区沼泽的调查及其孢粉分析. 地质科学，1977(2)

[6] (清)杨宾. 柳边纪略. 上海：商务印书馆，1936

[7] 中国科学院贵阳地球化学研究所第四纪孢粉组，14C 组. 辽宁省南部一万年来自然环境的演变. 中国科学，1977(6)

[8] 周昆叔，等. 北京市附近两个埋藏泥炭沼泽的调查及其孢粉分析. 中国第四纪研究，1965，4(1)

[9] 郭沫若. 中国史稿(初稿). 第 1 册. 北京：人民出版社，1976

[10] 德日进，杨钟健. 安阳殷墟之哺乳动物群. 中国古生物杂志，丙种第 12 号第 1 册，1936

[11] 胡厚宣. 气候变迁与殷代气候之检讨. 中国文化研究汇刊，第 4 卷上册，1944

[12] (明)陈子龙，等. 明经世文编. 北京：中华书局，1962

[13] 张畅耕，等. 从应县木塔看大同盆地的历史地震. 山西地震，1977(2)

[14] 梁习传. 见：(晋)陈寿. 三国志. (宋)裴松之注. 卷 15. 魏志. 北京：中华书局，1959

[15] 中国科学院考古研究所，陕西省西安半坡博物馆. 西安半坡. 北京：文物出版社，1963

[16] 王开发. 南昌西山洗药湖泥炭的孢粉分析. 植物学报，1974，16(1)

[17] 夏鼐. 长江流域考古问题. 考古，1960(2)

[18] 贾兰坡,张振标.河南淅川县下王岗遗址中的动物群.文物,1977(6)

[19] (清)严如熤.老林说.见:三省边防备览

[20] 浙江省博物馆自然组.河姆渡遗址动植物遗存的鉴定研究.考古学报,1978(1)

[21] (汉)赵晔.吴越春秋.上海:商务印书馆,1937

[22] 食货志.见:(元)脱脱,等.宋史.卷136.北京:中华书局,1977

[23] 风俗考.生计.见:(清道光)永州府志.卷5

[24] (清)张澍.续黔书.卷8.上海:商务印书馆,1936

[25] 唐古木碑.见:明一统名胜志.四川名胜志.卷30

[26] 徐祥浩,黎敏萍.水杉的生态及地理分布.华南师院学报(自然科学版),1959(3)

[27] 广东农林学院林学系木材学小组.广州秦汉造船工场遗址的木材鉴定.考古,1977(4)

[28] (清)赵翼.檐曝杂记.卷3.台北:文海出版社,1973

[29] (明)朱孟震.西南夷风土记.上海:商务印书馆,1936

[30] 吴壮达.台湾地理.北京:商务印书馆,1957

[31] 舆地考.见:清朝文献通考.上海:商务印书馆,1936

[32] (清)王锡祺,等.小方壶斋舆地丛钞.第1帙

[33] 王罴传.见:(唐)令狐德棻,等.周书.北京:中华书局,1971

[34] 裴延龄传.见:(宋)欧阳修,等修.新唐书.北京:中华书局,1975

[35] 宫室土木.见:(宋)洪迈.容斋随笔.三笔.卷11.上海:上海古籍出版社,1978

[36] (宋)韩琦.忠献韩魏公家传.卷4

[37] 律诗五言.芦芽山.见:(金)赵秉文.闲闲老人滏水文集(四部丛刊本).卷6.上海:商务印书馆,1929

[38] (清)陈梦雷,等编.古今图书集成.方舆汇编.职方典.上海:中华书局,1934

[39] 延安府.葭州.见:明一统名胜志.卷11

[40] 匈奴传下.见:(汉)班固.汉书.(唐)颜师古注.上海:商务印书馆,1958

[41] 世祖太武帝本纪.见:(北齐)魏收.魏书.北京:中华书局,1974

[42] (宋)司马光编.资治通鉴.北京:古籍出版社,1956

[43] 地理志.见:(清乾隆)西宁府新志.卷4,卷8

[44] (清)和宁.西藏赋.见:西藏图考.卷8

[45] 河水注.见:(北魏)郦道元.水经注.上海:商务印书馆,1935

[46] 秦仁昌.关于胡杨林与灰杨林的一些问题.见:新疆维吾尔自治区的自然条件(论文集).北京:科学出版社,1959

[47] 中国科学院考古研究所实验室.放射性碳素测定年代报告(一).考古.1972(1)

[48] 过阴山(天山北坡)和人韵.见:(元)耶律楚材.湛然居士文集.卷2.上海:商务印书馆,1937

[49] (清)沈青崖.南山松树歌.见:(清)和宁.(清嘉庆)新疆省三州辑略.卷8.艺文门下.台北:成文出版社,1968

[50] (清)和宁.西陲纪略.见:(清)和宁.(清嘉庆)新疆省三州辑略.卷7.艺文门上.台北:成文出版社,1968

克什克刺,就是现在的克什克腾旗[①]。"半个山",指山地一坡陡峻,另一坡平缓的意思;因为大兴安岭介于东北平原与内蒙古高原之间,从平原看去,山势高峻;从高原看来,就不是山了,所以叫"半个山"。半个山的松林,"甚似江南……树林翁郁,宛如村落;水边榆柳繁茂,荒草深数尺"[1],真是一派森林草原好风光!

这个森林的范围,据(明)罗洪先《广舆图》卷二《朔漠图》,"自庆州西南至开平,地皆松,号曰'十里松林'"。明代庆州的治所在今内蒙古巴林右旗西北的察罕木伦河源的白塔子(察罕城);开平治所在今内蒙古正蓝旗东闪电河北岸。巴林右旗与西乌珠穆沁旗相毗邻,也就是与前述索伦山脉的西南段相连接,正说明整个大兴安岭南段,都有森林分布。除森林外,还有草原。这里不妨引(清)汪灏《随銮纪恩》[②]一文加以说明。康熙四十二年(1703年),汪灏随康熙北巡,八月二十八日(10月8日)到兴安岭狩猎,当时的情况是:

> 灏等从豹尾窝岭北行……十里过一涧,仍沿岭脊而东,白草连天,空旷无山,天与地接,草生积水,人马时时行草泽中,不复知为峻岭之巅(巅)。落叶松万株成林,望之仅如一线。……日将晡,乃折而南,渐见山尖林木在深林中。下马步行,穿径崎岖。久之,乃抵岭足。沿岭树多无名,果如樱桃,蒙古所谓葛布里赖罕是也。

这是对大兴安岭南段森林草原的真实记载。在下文,还提到他们当天猎获不少巨鹿,还有一只石熊,也反映出森林草原中的动物资源概貌。

大兴安岭南段及其东南麓丘陵森林的破坏和东北其他山地一样,主要在19世纪以后,在日本帝国主义的铁蹄下,遭到肆意破坏的结果。

现在昭乌达盟的白音敖包(在今克什克腾旗境内),还有一片红皮云杉组成的沙地云杉林,是因为在蒙古史上被认为是"神林"而保存下来的。30多年前,这片林子的面积还有5 900 hm²,当时这里古木葱葱,牧草丰盛,被誉为"美丽的山头"和绿色的宝库。然而近20年来,由于虫灾和乱砍滥伐,森林面积锐减为2 400 hm²,使敖包山变成荒山秃岭,森林草原沙漠化严重[5][③]。

(三)呼伦贝尔

呼伦贝尔是我国著名的草原之一。除草原外,也有森林分布。今海拉尔河沿岸的牙克石是喜桂图旗的治所。喜桂图,蒙古语意思是有森林的地方。现在牙克石附近虽然没有森林了,但在语言上却记录了这里的森林历史情况[6]。

民国十八年(1929年)《呼伦贝尔·林业》记载:19世纪末,在呼伦贝尔境内共有4个林场,即呼伦贝尔北部,海拉尔河及其支流,海拉尔河以南,伊敏河及其支流的上游4处。林场的面积,在呼伦贝尔境内的就有5 700 hm²。这些在名义上都是林场,实际上却是毁林的机构,而主权主要掌握在沙俄手里,由于沙俄的残酷掠夺,呼伦贝尔的森林遭到严重的破坏。

呼伦贝尔以南,今内蒙古东部的天然植被主要是草原,这里就不一一叙述了。

---

① (清)张穆《蒙古游牧记》卷3,克什克腾部。
② 《小方壶斋舆地丛钞》第一帙。
③ 《救救红皮云杉林》,光明日报,1979—05—26。

二、华北北部的天然森林

华北北部包括冀北山地东段到辽西山地丘陵，冀北山地西段、山西高原西北部到内蒙古一带。

历史时期，冀北山地东段到辽西山地丘陵为森林地带。根据《燕山南麓泥炭的孢粉组合》分析[7]和北票、朝阳出土木炭、木椁残片的^{14}C年代测定①，说明6 000～7 000年前到2 000～3 000年前，从燕山南麓到辽西山地丘陵，有森林分布，树种从以栎属的阔叶林为主，逐步演变到以松属的针叶林为主。《战国策·燕策》《史记·货殖列传》《汉书·地理志下》都提到燕有"鱼盐枣栗之饶"。(北魏)贾思勰《齐民要术·种栗》也提到燕山一带饶榛子。辽金时代，曾在燕山采伐过林木。元代都山号称"林木畅茂"[8]。《明经世文编》记载：

> 自偏头、雁门、紫荆，历居庸、潮河川、喜峰口，直至山海关一带，延袤数千余里，山势高险，林木茂密，人马不通[9]。

> 居庸东去，旧有松林数百里，中有间道，骑行可一人[10]。

都说明这里森林的茂密。辽西的万松山"绵亘东西四百余里，……山多松，因名"②。其实除松以外，还有榆、梓等林木③，不过以松林为最多罢了。

冀北山地东段以北，据乾隆四十六年(1781年)《热河志》卷4《围场》：

> 周一千三百余里，南北二百余里，东西三百余里。东北为翁牛特界，东及东南为喀喇沁界，北为克西克腾界，西北为察哈尔正兰旗界，西及西南为察哈尔正兰、镶白二旗界，南为热河厅界。

约包括今河北省冀北山地以北，辽西山地丘陵西北和内蒙古东南一部分。同书还提道：

> 国(满)语谓哨鹿，曰木兰。围场为哨鹿所，故以得名。

据光绪《围场厅志》卷14，木兰"四面皆立界限，曰柳条边"，"围场为山深林密，……草原广阔"的地方，"历代之据有此地者，皆立于驻牧，故自古多未垦辟"。

围场东北至翁牛特旗，恰好与东北平原西南部相接。这里"山深林密"，"草原广阔"，说明当时从冀北山地东段以北，辽西山地丘陵西北到内蒙古东南部的天然植被，也是森林草原，和东北平原西部、大兴安岭南段是一致的。

冀北山地西段的森林草原，明代《译语》一书有较详细的记载。这本书中有当时守边大臣叙述嘉靖二十二三年(1543～1544年)亲眼看到的情况，也比较真实。

> 惟近塞，则多山川林木及荒域废寺，如沿河十八邨者，其丘墟尚历历可数。极北，则平地如

---

① 例如北票丰下遗址出土木炭及朝阳六家子出土木椁残片的^{14}C测定，见《放射性碳素测定年代报告(四)》.考古，1977(3)。

② 见：《明一统志》卷25《辽东都指挥使司》。

③ 见：《元一统志》卷2《辽阳等处行中书省·大宁路·山川》。

掌,黄沙白草,弥望无垠,求一卷石勺水无有也,渴则掘井而饮。(我国北方少数民族小王子常居于此,)名曰可可的里速,犹华言大沙窝也。

(大沙窝西南的一些地方,予嘉靖癸卯(二十二年)夏,奉命分守口北道时,与元戎提兵出塞,亲见园林之盛,翡郁葱蓓,柯叶交荫。……中多禽兽。(每秋,少数民族必来射猎。)

(似乎大沙窝以南的一些地方山深林密,不便大举。

[大沙窝之南(按:似指东南)的一些地方,]重峦叠嶂,苍松古柏环绕于外者不知几十百里……予嘉靖甲辰(二十三年)春(到此)。

根据文中"守口北道","提兵出塞",大沙窝似指今张家口到张北一带。这一带以南,"山深林密",多"苍松古柏",以北,有草原,甚至有荒漠存在。

历史时期,山西高原西北部的天然植被,也是森林草原。《史记·货殖列传》:"龙门碣石北,多马、牛、羊、旃裘、筋角"。反映战国至西汉,龙门碣石北的特产全是畜产品。碣石,似指河北昌黎县境碣石山;龙门,即今禹门口所在的龙门山,正在渭河平原与汾涑流域的北边分界线上。可见战国至西汉初,从今晋西南的龙门向东北斜贯今山西境内的一线,可将全省分为农业区和畜牧区,晋西北草原不少,所以多"马、牛、羊、旃裘、筋角"。但晋西北与晋北还有许多森林。

关于晋北的森林,前面已经提到,《明经世文编》中还有更多的材料说明。如明嘉靖二十年(1541年)以前"山西沿边一带树木最多,大者合抱干云,小者密比如栉"①。"马水口沿边林木,内边修者百里,次者数十里,荆紫关、……倒马关、茨沟营等处亦不下数十里,此皆先朝禁木,足为藩篱"②等等。沿长城一带的森林,尚且如此茂密,长城以南多林木,就可无须赘述了。这些林木,在当时主要是军事上的意义,对于保卫国都北京的安全,是不可缺少的条件,所以一些人士,对于破坏边关林木,表示极大的关注。

华北北部森林破坏的历史是很早的,远的不说,就以金代以后来说,13世纪时,金在吕梁山、芦芽山大量砍伐林木,编成木筏,顺黄河、汾河而输出,成为"万筏下河汾"③。元代在西山伐木④,并在滦河流域伐木造船⑤。明成化(1465~1487年)以后,

大同、宣府规利之徒,官员之家,专贩筏木,往往雇觅彼处军民,纠众入山,将应禁树木,任意砍伐。……贩运来京者,一年之间,岂止百十万余[9]。

还有采薪贸易,烧柴为炭[11],开木市⑥等名义,对森林进行乱砍滥伐,无怪当时有人提出,这样下去,"再待数十年,山林必为之一空矣"[9]。特别是明代与少数民族作战,在华北北部实行"烧荒"政策。《明实录·英宗实录》卷98记述:正统七年(1442年)十一月,锦衣卫指挥金事王瑛言八事,其中第一事:

① 《明经世文编》卷416,吕坤《摘陈边计民艰疏》。

② 《明经世文编》卷338,汪道民《经略京诸关疏》。

③ (金)赵秉文《滏水文集》卷6《律诗五言·芦牙山》。

④ 《元史》卷6《世祖纪》至元三年十二月丁亥之后:"建大安阁于上都[在今内蒙古正兰旗东约20 km闪电河(即滦河)北岸],凿金口,导卢沟水,以漕西山木石"。

⑤ 见:《方舆纪要》卷11《直隶顺天府》。

⑥ 《明史》卷328《朵颜传》提到嘉靖二十二年(1543年)罢新设木市,万历二十九年(1601年)复宁前木市。

近年烧荒者远不过百里,近者五六十里,朝马来侵,半日可至。向者甘肃[军镇名。明九边之一。镇守地区相当今甘肃嘉峪关以东,黄河以西及青海西宁市附近一带。总兵官驻甘州卫(今甘肃张掖)],今者义州(卫名,治所在今辽宁义县),屡被扰害,良以近地水草有余故也。乞勒边将遇深秋率兵约日同出数百里外,纵火焚烧,使胡马无水草可恃。

同书卷 99,正统七年(1442 年)十二月庚戌,翰林院编修徐埕[(清)顾炎武《日知录》卷 29《烧荒》引注"后改名有贞"]言五事,其中第一事亦请宜于每年九月尽,

> 敕坐营将官巡边,分为三路:一出宣府(军镇名。明九边之一,镇守地区相当今河北省西北部内外长城一带。总兵官驻今河北宣化县),以抵赤城(古堡名。故址在今河北赤城县),独石(在今河北赤城县北),一出大同(军镇名。明九边之一。治所在今大同市北),以抵万全(治所在今河北宣化),一出山海(明为山海卫,今河北秦皇岛市山海关区),以抵辽东[如为都司名,治所在定辽中卫(今辽阳市);如为军镇名,镇守总兵官驻广宁(今辽宁北镇市)]。各出塞三五百里,烧荒哨瞭。如遇虏寇出没,即相机剿杀。……疏入,上命兵部同五府管事官议行。

这样,每年连续的烧荒,使森林遭到更为严重的破坏。

清至新中国成立前,又在晋北、张北高原等地大肆垦殖,破坏林草,造成风沙危害,水土流失的严重局面①。

张家口附近今昔森林的变迁,就是一个很好的例证。民国二十四年(1935 年)《张北县志》卷 1《地理志上·山脉》还提到县内的一些山地如黄草梁山、黑林沟山、杨老公山、大南沟山、鼻子山、红花背山、野鸡山、大南山、西庙沟山等,"山背"都"产生林木",有"山杨"、"山桦"等树种,"可作建筑椽木之用"。足见当时长城附近还有一些森林。历史时期,

> (口北是)一片水草丰富的草原,……有名的口马,就出产在这里。(由于清代到新中国成立前,在这里滥垦滥伐,使)农田面积一天天在扩大,牧场便一天天缩小起来。(一些残存的森林,也遭到彻底的破坏。到 1937 年,在这里)举眼一看,满目荒凉,满山都是石头,连一棵小树也看不见了[12]。

就是在张家口以南的宣化县城,也是"沙子又屯得和城墙一样高"[13]。可见变化是何等的巨大啊!新中国成立以来,在张北一带造了一些林,但还很不够。

永定河下游今昔的变化,也是一个很好的例证。北魏末期(约公元 5 世纪)以前,永定河下游有"清泉河"之称②,说明当时沿岸一带的植被良好。元代破坏永定河中下游西山等地的森林等植被[2],使永定河中下游流域水土流失日趋严重,含沙量剧增,下游经常泛滥,河道迁徙不定,出现"浑河"及"小黄河"③的名称。到康熙三十七年(1698 年)大修卢沟桥以下堤堰,并"挑浚霸州(治所在今河北霸

---

① 历史时期,华北地区的风沙危害和水土流失严重,由于前人论述很多,此处不赘,只着重永定河、滦河流域的情况加以探讨。
② 见:《水经·灅水注》引《魏土地记》。
③ 《元史》卷六四《河渠志·卢沟河》:"浑河,本卢沟水"。又"卢沟河,其源出于代地(今山西北部与河北西北部等地),名曰小黄河,以流浊故也"。

县）①等处新河已竣"，康熙才改称"永定河"②。其实当时永定河并不永定，仅仅改名而已。

滦河上游支流伊苏河（今伊逊河）和武烈河，在清康熙时还能行船，（清）汪灏《随銮纪恩》记载康熙四十二年（1703 年），康熙北巡时，曾从黄土坎（今承德县境）乘船沿武烈河③而下直到热河上营（今承德市）。康熙北巡回来时，又从唐山营行宫（今唐三营，属河北隆化县）乘船沿伊苏河而下达喀喇河屯行宫（今河北承德市滦河镇）④。但 1975 年，我们在承德市调查，伊逊河与武烈河中早已无舟楫之利了。这主要都是山林破坏的结果。

三、西北草原地带的天然森林

西北草原地带包括从内蒙古阴山南北，经陕北、宁夏南部、甘肃东南部到青海东北部的广大地区。

宁夏乌兰布和（约东经 105°）到内蒙古鄂尔多斯和阴山一带，现在是半荒漠和荒漠地区，但历史时期的情况不是这样。

据研究，乌兰布和沙漠北部，在 2 000 多年前还是原始的大草原。西汉曾在这里设置窳浑、临戎、三封 3 个县，为当时朔方郡 10 县中最西的 3 个县，进行大规模的农业垦殖。到公元前 1 世纪前后，出现了垦区的繁荣。大约距今 1 000 多年以来，逐渐形成为沙漠[14]。

根据历史文献、实地调查和航空照片判读，在毛乌素沙区发现 10 多个古城遗址，说明鄂尔多斯古代的情况也不是现在这样。这一地区是历史上有名的"卧马草地"⑤。公元 5 世纪初，匈奴族人赫连勃勃曾经在鄂尔多斯一带建立夏国，都城位于红柳河北岸的统万城（今陕西靖边县红墩界乡白城子村）。当时统万城的自然环境，据赫连勃勃自己的称赞是"临广泽而带清流，吾行地多矣，未有若斯之美"。广泽是历史上有名的奢延泽，清流即红柳河。那时统万城的附近，并没有沙漠，而是草原、广泽和清流，自然景色确实是美好的。又据史书记载，该城宫殿城垣宏伟壮丽，现存西北隅敌楼遗迹，高达 24 m，建城时，号称纠集人工 10 万。这样一座大城，也绝不可能建造于沙漠之中。它的附近必须有广大的农牧业基地，才可以供应城市人口与政府开支。

唐开元年间（713～741 年），为了修建宫殿，"近山（指长安附近）无巨木"，还"求之岚（州名，约指今山西岢岚一带）、胜[州名，治所在榆林（今内蒙古准格尔旗东北十二连城）]间"⑥。据研究，毛乌素地区的沙漠，开始于唐以后，特别是明以后的过度垦殖。

现在的阴山树木不多，但在公元前 3 世纪末，却是"草木茂盛，多禽兽"⑦的地方。北魏始光四年（427 年），"乃遣就阴山伐木，大造工具"⑧，"再谋伐夏"⑨。到清康熙三十八年（1699 年），阴山还是山西木材的供给地之一⑩。

光绪三十四年（1908 年）《土默特旗志》卷 8《食货》：

---

① 现为霸州市（2017 年注）。
② 见《清实录·圣祖实录》卷一八九，康熙三十七年七月癸巳。
③ 《水经·濡水注》作武烈水（《四部备要》本），今写作武烈河。《随銮纪恩》称武烈河为"热河"。我们为了避免与一般所称"热河"混淆，在这里改为武烈河。
④ 见《小方壶斋舆地丛钞》第一帙。
⑤ 北京大学地质地理系徐兆奎、中国科学院冰川冻土沙漠研究所 1974 年提供资料。
⑥ 见《新唐书·裴延龄传》。
⑦ 见《汉书》卷 94《匈奴传》下。
⑧ 见《魏书》卷 44 上《世祖太武帝本纪》。
⑨ 见《资治通鉴》卷 120。
⑩ 见《清实录·圣祖实录》卷 93。

其植松、柏间生，桑、椿尤少，榆、柳、桦、杨，水隈山曲稍煖处丛焉，而杨柳之繁如腹部。

其兽狼、獾、狐、虎、豹、鹿及黄羊、青羊。

可见到 20 世纪初，阴山还反映出森林草原的景色。

贺兰山在唐代和明代以前，还有森林分布①，据现代林业工作者实地考察，此山还有树木残迹，可以为证②。

历史时期，从今陕西北部、宁夏南部到甘肃东北部这一草原地带，也有不少森林分布。

据研究，战国末年，秦长城的东端，始于内蒙古托克托县黄河右岸的十二连城，向西南越秃尾河上游，过今榆林、横山县北，再缘横山山脉以北西去，一直到今甘肃榆中县一带。又经过秦至西汉的维修扩建，多植榆为围栅，成为当时长城附近的一条绿色长城，这就是秦汉以前的榆谿塞。这条绿色长城纵横宽广，却远远超过真正的长城③。

唐宋时代，陕北淳化县，"山林深僻"④陇东的临泾（今甘肃镇原县稍西），"草木畅茂"⑤。米脂西北的银州城（今陕西横山县境内）南，到处丛生柏树，而且这些柏林，伸展到了无定河沿岸⑥。米脂东北的麟州（今陕西神木县），以产松木著名⑦。再往东北为丰州（今陕西府谷县正北），"草莽林麓"⑧而多榆柳⑨。反映了唐宋时代陕北、陇东等地的一些森林情况。

明清时期，据弘治《延安府志·物产》，乔木有桑、松、柏、槐、柳、椿、楸、榆、桐、青枫、段（椵）等。兽类有虎、狼、狐、鹿、獐、黄鼠、黄羊、野猪等。乾隆二十六年（1761 年）《合水县志·山川》："子午山，一名桥山，在合水县（今县）东五十里"，"南连耀州（今县⑩），北抵葭州（今佳县），东接延安（今延安⑪）。诸木丛攒，群兽隐伏，绵亘八里余里"。又称："东山草木多丛生于两山之坳，人或不能到，虎狼依栖，狐兔出没……"由于当时林密草丰，因此在县东七十里的凤川，"其水清沏，多鸥、鹭"。明末清初，合水人口仅 500 多户，到乾隆二十六年，增加到 9 000 多户⑫，"外来者多就此采薪烧炭，卖以糊口……而必用驴驮"⑬。合水县还有牡丹园、桑园子、梨树庄、枣树庄、杏树庄、榆树庄、椿树庄、柏树庄等等，由于滥垦滥伐，到乾隆二十六年（1761 年）大多"仅存其目"⑭，原有 8 景，"今其景多不存"⑮。综上所述，可见从明

---

① 见：《元和郡县图志》卷 4《灵州》。《明一统志》卷 37《陕西·宁夏卫·山川》。

② 北京林学院关君蔚教授 1979 年 3 月提供资料。

③ 陕西师范大学副校长史念海教授 1979 年 1 月提供资料。

④ 宋淳化四年（993 年）建为淳化县，"按：太子中舍人黄观言，此地山林深僻，多聚'盗贼'，遂建为县以镇之"（《永乐大典》卷 8089《城学》引《元一统志》）。

⑤ 《旧唐书》卷 152《郝玼传》"临泾草木畅茂"。两唐书的《郝玼传》都提到临泾城的再建事。《旧唐书》具体说是唐元和三年（808 年）郝玼通过泾原节度使段佐请求唐王朝批准建立的。据史念海教授的研究和实地调查，知郝玼再建的临泾城，就在今甘肃镇原县稍西一点（《历史时期黄河中游的森林》）。

⑥ 《宋会要辑稿·兵》27，西夏曾占据银州城，城以南到处柏树丛生，西夏反倒借此阻挡来兵进攻。

⑦ 《全唐诗》卷 125，王维《新秦郡松树歌》。

⑧ （宋）司马光《温国文正司马公集》卷 21《论复置丰州札子》提到北宋庆历（1041～1048 年）初以后，环丰州城数十里皆"草莽林麓"而已。

⑨ （宋）司马光《温国文正司马公集》卷 9《三月晦日登丰州故城》。

⑩ 现属铜川市（2017 年注）。

⑪ 现为宝塔区（2017 年注）。

⑫ 见：乾隆《合水县志·村堡》。

⑬ 见：乾隆《合水县志·风俗》。

⑭ 见：乾隆《合水县志·田园》。

⑮ 见：乾隆《合水县志·形胜·八景》。

代到清乾隆二十六年(1761年),陕北、陇东一带的森林等植被也是比较好的①。

《汉书·地理志》:"天水、陇西,山多林木,民以板为室屋"。说明汉代渭水上游一带多天然森林。其实古代泾水上游也有不少的森林。《山海经·五藏山经·西次二经》:"高山,其木多棕,其草多竹,泾水出焉"。高山即六盘山,"多棕"、"多竹"可以反映2 000多年前,六盘山的森林和竹林等植被情况。《金史·张中彦传》:

> 正隆(1156~1161年)营汴京新宫,中彦采用关中林木,青峰山巨木最多,而高深阻绝,唐宋以来不能致。中彦使构崖驾壑,起长桥数十里,以车运木,若行平地,开六盘山水洛之路,逐通汴梁。

汴梁就是现今河南的开封市,青峰山似在六盘山一带,"开六盘山水洛之路",似为疏浚泾水。这样,才便于把巨木运到汴梁去。"山青",与"水秀"是分不开的。历史时期,泾渭清浊纠缠不清[15],实质上,反映这两条河流域植被的演变情况。(清)陶保廉《辛卯侍行记》叙述19世纪初,他在泾州(治所现在今甘肃泾川②)所看到的情况:

> 泾州……群峦缭绕,烟树苍茫,极有致。……城依山临水,形胜最佳。西有泾汭二水,清流映带,心为洒然。因忆泾渭清浊,聚议纷纷。……今观泾水清甚,足验其误。

由于植被覆盖良好,除水清以外,这一带的山泉是不少的。仅以庆阳城附近而言,据乾隆二十七年(1762年)《庆阳府志·山川》就有城西的清水泉,"水澄彻,冬温夏凉,味甘"。城西的尤泉,"其水甘冽"。城北麻家煖泉,"其水清甘,不冻不涸"等等。水清泉多,正是当时林茂草丰的反映。

历史时期兰州、靖远、平番(今甘肃永登县)地处草原地带的西北缘,这里山地也有森林分布,如北宋末(12世纪初),怀戎堡(今甘肃靖远县东北)东的"屈吴山、大神山、小神山皆林木森茂,峰峦耸秀",因而"山涧泉流数脉",灌溉便利③。到清初,神术山仍"多林木,涧多甘泉",古代曾经引以灌溉;屈吴山也是"岩壑间多泉流"④。

(唐)诗人岑参《岑嘉州诗集》卷3《题金城临河驿楼》诗:"庭树巢鹦鹉,园花隐麝香"。反映当时金城(今兰州市)有野生鹦鹉和麝。《新唐书》卷40《地理志·陇右道·兰州金城郡》,"土贡":有"麝香",清代历次《兰州府志》和《皋兰县志》⑤都记载当时皋兰县(治所在今兰州市)的物产中的鹦鹉和麝,也说明古代兰州一直有森林分布。

平番县西100 km的旗子山、椊子山,在清雍正元年(1723年)时,仍然"密松四围";城西南的平顶

---

① 历史时期,陕北高原南部边缘为草原与森林的接触地带,有不少天然森林,如《诗经·大雅·文王之什·旱麓》记载北山(今岐山)林木茂密;《诗经·大雅·荡之什·韩奕》提到了梁山(今陕西韩城、黄龙一带)有森林和熊、罴等森林动物,还有沼泽等植被。乾隆四十九年《韩城县志·物产》叙述韩城县在过去是个"山水秀丽,草木丛倩"的地方。县中五寺山"幽绝人寰",牡丹山的牡丹开花时,"香闻十里",苏山山麓多柿树,"霜后满山红色可爱"(同书《山》)。那时黄龙山一带"高松柏阴","濠水清且碧"[(明)左懋第《牛心峡观泽流》,载乾隆县志卷14《艺文·五言诗》]。"韩山广松,平地亦宜松、槐、柏、桐、楸、榆、柳之盛,望之蔚然而深秀也"(同书《物产》)。"山水都丽,草木丛倩,楼馆参差,望之如图画",所以有"小江南"的称号[康熙《韩城县志》《乾隆县志·物产·前言》)]。由于滥垦滥伐,不仅山林遭到破坏,也使"山童","熊罴靡睹","用是他徙"(乾隆县志《物产》)。

② 现为泾县。

③ (宋)张安泰《建设怀戎堡碑记》,载道光十三年《靖远县志》卷6《碑记》。按:怀戎堡建于崇宁二年(1103年),又见《宋史》卷87《地理志·陕西·秦凤路·会州》。

④ 康熙《靖远卫志》(道光《靖远县志》卷2《山川》引)。

⑤ 如道光《兰州府志·田赋志·物产》;乾隆《皋兰县志·物产》;光绪《皋兰县志·舆地志下·物产》等。

山,为县境主山之一,到乾隆十四年(1749年)还多巨蛇,城西北60 km的马牙雪山,仍"冬夏积雪",该山有"松林",可以涵蓄雪水,灌溉山麓田地约百顷①。反映清代,平番县境一些山地的森林概貌。

自唐安史之乱(755~763年)以后,今陕北、宁南、陇东北一带,编户大增,使原来的"荒闲陂泽山原",不断加以垦辟②。明成化九年(1473年)到弘治年间(1488~1505年),为了防遏河套一带蒙古奴隶主各部南下,在陕北一带兴筑边墙,分为"大边"和"二边"。"大边"即现存的陕北长城,"二边"不是一道城墙,而是利用地形稍加人工修筑的一条"城垣"。在两道边墙之间,称为"夹道",并在"夹道"地区兴建了一系列城堡。随着长城沿线城堡的逐渐修建,驻屯各堡的人马也大为增加。各堡在修建时所需木料,各处军民日常所需粮食、燃料,马匹牲畜所需饲料,都取给于当地。于是决定"尽力开垦",使"数百里间,荒地尽耕,孳畜遍野",引起林木草原的严重破坏。18世纪中叶以后,清政府又以"借地养民"、"移民实边"等名义,沿红柳河、黑河、榆林河、秃尾河、窟野河等自南向北开垦,造成风沙危害,水土流失的严重局面,贻害至今③。

陕北、内蒙古一带,由于长期大规模滥垦、滥牧,倒山种地,轮歇撩荒,导致土地沙化,流沙吞没大片牧场和农田。据光绪《靖边县志·杂志》记述,

> 陕北蒙地……周围千里,大约明沙、扒拉(巴拉,即固定、半固定沙地草场)、碱滩、柳勃(柳湾)居十之七八,有草之地仅十之二三,即使广为开辟,势必得不偿所失。

可见清末本区情况,已与现在相类似。目前流沙甚至越过长城分布,埋没神木至榆林、榆林至横山、横山至杨桥畔一带的长城,不少地方的长城内外,几乎没有差别,都为流沙所分布。由此可见,历史上长期的民族战争,移民驻军屯垦,特别是明清以来的放垦,大规模破坏植被,使原有固定沙地和各种沙性地面重新发生沙地,"就地起沙",导致流沙成片发生,普遍分布④,这是贻害至今的一个恶果。

贻害至今的另一个恶果是水土严重流失。陕北、宁南、陇东一带,大部分为黄土所覆盖。黄土结构松散,容易受到暴雨的冲刷,更由于长期滥开耕地,破坏森林和草原,也使地面得不到植被的保护,暴雨一来,水土大量流失。一方面造成耕作层日益瘠薄,单产长期很低(5 kg上下)。这样越垦越穷,越穷越垦,恶性循环,使农田基本建设长期搞不上去,低产面貌也难以得到改变[16]。另一方面,大量泥沙冲刷、淤积,严重威胁黄河下游的安全。据统计,黄河每年流经三门峡的泥沙,新中国成立初期约13×10^8 t,目前已增加到16×10^8 t。这16×10^8 t泥沙中,约有11×10^8 t,即70%来自黄土丘陵沟壑区[17]。这11×10^8 t中,又有约60%(6.52×10^8 t),来自陕西一省[16]。

青海东北部,据近年对乐都一带原始社会晚期氏族墓地发掘的结果,证明这里在距今约4 000年以前,有松、柏、桦等木生长⑤。积石山一带的东北,元代还是"草木畅茂"⑥。直到18世纪上半叶,西宁府(约包括今青海省贵德以下黄河附近的大部分地区,日月山以东湟水流域及大通河下游等地)一带的乔木有"柳、白杨、青杨、檀、榆、楸、桦、……松、柽……",草本植物有沙葱、野韭、大黄、麻黄、羌活、红花、大蓟、小蓟、荆芥、茨藜、柴胡、升麻、甘草、秦艽等,还有竹类、蕨类⑦等。西宁县(今市)西4 km的翠

---

① 见:乾隆《平番县志·山川·地理志及平番县水利》。
② 复旦大学谭其骧教授1976年提供资料。
③ 北京大学地理系王北辰1975年提供资料。
④ 中国科学院兰州冰川冻土沙漠研究所等1974年4月提供资料。
⑤ 中国社会科学院考古研究所青海队王杰1978年提供资料。
⑥ (元)潘昂霄《河源记》。
⑦ 见:乾隆《西宁新府志》卷8《地理志·物产》。

山,"苍翠可爱,秋时上有红叶","多牦牛、灵麝"。西宁县东南 85 km 的顺善林山、"产松、桦木"。大通卫(今县)北的松树圹,"青松茂草"。卫治西北的柏树峡,"遍生柏木,与松树圹之松,堪与匹焉"①。足见西宁府一带的基本植被类型,以落叶阔叶林、针叶林为主,还有草甸、草原及竹林,与目前情况相类似。

四、西北荒漠地带的天然森林

西北荒漠地带包括内蒙古的西部、宁夏的一部分、甘肃的河西走廊、青海的柴达木盆地、新疆、羌塘高原的北部及帕米尔地区等地。这些地区由于历史时期气候干燥,因而荒漠分布很广,植被稀少。但在较低平地区水源充足之处,以及冷湿的较高山地,都有天然森林的分布。由于羌塘高原北部及帕米尔等地暂不在"三北"防护林区内,因此本文暂不论述。

(一)较低平地区的天然森林

古代,本地带较低平地区,如盆地底部、河谷平原及走廊低地等,天然植被以荒漠为主,但在河边、湖畔或地下水较为丰富的地方(如洪积扇前缘地下水溢出带),却有天然森林分布。这里树林青翠,与荒漠植被稀少,成为两个显著不同的自然景色。

据《汉书·西域传》,在 2 000 多年前,塔里木盆地中的楼兰(今新疆罗布泊以西,库鲁克库姆东部,后改称鄯善),"地沙卤,少田",但"多葭、苇、柽柳、胡桐、白草"。说明当时蒲昌海(今罗布泊)以西一带有不少芦苇、柽柳、胡桐分布。

胡桐即今之胡杨,是杨树的一种,为白垩纪、老第三纪孑遗的特有植物。胡杨林由胡杨和灰杨所组成,但灰杨在耐旱、耐盐方面不如胡杨,它的分布没有胡杨广,所以一般统称为胡杨林[18]。胡杨是一种速生乔木,树高一般 10 多 m,最高的达 28 m 以上,树干粗的可数人合抱,树龄可超过百年,具有耐旱耐盐的特点。它的侧根长可达 10 多 m,能从土壤中吸取大量的水分,并能在树体内贮存。对于荒漠地区土壤和地下水中所含的盐分(如碳酸钠盐),它也能吸收容纳,甚至将一部分排出体外。由于它的各部富于碳酸钠盐,在林内常见树干伤口积聚大量苏打,被称为"胡桐泪"或"胡桐律"②,这就是现今所称的"胡杨碱"。

胡杨林在改良气候、阻挡风沙中所起的作用是非常巨大的,由于它的树干高大,绿荫浓密,在塔里木河炎热的夏季,其下凉爽宜人,成为荒漠地区的"清凉世界"[19]。由于它的树干高大,又有庞大的侧根,林带可以形成立体林墙,对于防风固沙起着很大的作用。除胡杨、灰杨外,还有柽柳(红柳)、梭梭等。它们虽都是灌木,但抗旱、抗盐、抗风的能力很强,也是荒漠地区良好的固沙树种。

胡杨林主要分布在塔里木盆地,也见于天山北路、甘肃河西走廊和青海柴达木盆地等地。

(清)徐松《西域水道记》卷 1 提到 19 世纪初,"玉河(今叶尔羌河)两岸皆胡桐夹道数百里,无虑亿万计"。(清)吴其濬《植物名实图考》卷 35《木类·胡桐泪》:"今阿克苏之西,地名树窝子,行数日程,尚在林内,皆胡桐也"[20]。

(清)萧雄《西疆杂述诗》卷 4,自注中指出,19 世纪末,

---

① 见:乾隆《西宁新府志》卷 4《地理志·山川》。
② (唐)李绩,苏敬等《新修本草》卷 5《胡桐泪》。

（新疆）"多者莫如胡桐，南路如盐池东之胡桐窝，暨南八城之哈喇沙尔、玛拉巴什，北路如安集海、托多克一带，皆一色成林，长百十里。南八城水多，或胡桐遍野而成深林，或芦苇丛生而隐大泽，动至数十里之广"。

哈喇沙尔之孔雀河，河口泛流数十里，胡桐杂树，古干成林，倒积于水，有阴沉数千年者，若取其深压者用之，其材必良。

20世纪初，谢彬考察新疆时，对塔里木盆地胡杨林的分布，在他的《新疆游记》一书中，逐日都有记载，比较详尽。现以该书的部分资料结合前人记述，在19世纪到20世纪初，塔里木盆地胡杨林分布，主要有下列地区：

1.巴楚地区

主要分布于叶尔羌河与喀什噶尔河之间的广大地区。

《新疆游记》巴楚县：

东西五一百七十里，南北五百二十里，……洼卤少田，多胡桐、柽柳。

发十一台（属巴楚县）西南行，道旁胡桐、红柳，丛翳连绵，人行其中，不觉暑气。间有沙窝，亦非长途。

（自巴楚西南行，）沿途胡桐低树，夹道连绵。

自楚巴以来，连日皆在北河北岸行，或远或近，均在眼底。……而红柳、胡桐，继续弥望，昔所称为树窝子，是也[21]。

这一地区胡杨分布的特点是一般连绵不断。

2.民丰一带

以尼雅河附近为最多，西自洛浦起，东至雅可托和拉克。

《新疆游记》：

（发洛浦，约东行，至白石释，）回语曰伯什托和拉克，译言五株胡桐也。（阿不拉子，）拦外一家，胡桐数株。

（发尼雅，）入沙窝。十里，胡桐窝子。八里，沙窝尽。行碱地，多胡桐。三里，离树窝，行旷野，道旁仅见红柳、短芦。三十里，胡桐窝子，树大合抱，且极稠密，月下望之，疑为村庄。五里，树窝尽，过小沙地，复入树窝，皆胡桐。……下流入尼雅河。

（发英达雅，）流沙多碱，旱芦丛生。……道左右数里以外，皆有海子。……右海之东，左海之西，皆有胡桐，茂密成林。五里，道南多胡桐树。……道北远山多树木。询之导者云：自此至且末，道北数十里外，皆胡桐不断。

（发雅通古斯，）雅可托和拉克。回语雅可，尽头；托和拉克，胡桐；谓过此即无胡桐也[21]。

这一带胡桐分布的特点是断断续续。

3.车尔臣河沿岸

《新疆游记》：

入且末境,住栏杆,……栏杆四围多胡桐,大皆合抱。

(发安得悦,道旁)胡桐相望。

(卡玛瓦子,)胡桐三五,交枝道左。(又二十余里,)胡桐窝子。四十六里,树塘,译言树木条
达参天也。……树木葱郁,广十余里。

(发青格里克,东北行,)恒见枯死红柳、梧(胡)桐,堆弃道旁。

(发塔他浪,)庄田弥望,胡桐成林,芦苇丛生,地味肥沃。

(塔哈提帕尔)译言胡桐成阴,夏可乘凉也。

(发阿哈塔子墩,)东偏北行,二里,胡桐窝子[21]。

这一段的胡桐,分布也比较连绵,但有不少枯死胡桐。

4.塔里木河下游

包括若羌到尉犁及孔雀河到罗布泊一带。

《新疆游记》:

(若羌县),东西九百零五里,南北八百五十里,……其地沙卤,少田,多胡桐、柽柳、葭苈、
野麻。

(发破城子,北偏西行)"四十里,胡桐窝子,胡桐成林,广达数里。

(到托罗托和的,)自此循塔里木河岸行,胡桐、红柳,丛生道左"。……是日(八月二十五日)
行一百二十五里,[从阿拉竿(今阿拉干)至夜密苏],沿途草湖弥望,胡桐亦多。

(尉犁县)东西一千二百里,南北三百六十里,……其地夐旷沈斥,饶赤柽、胡桐、沙枣,草多席
箕、葭苈[21]。

这一带的胡桐林,历史文献记载最早,分布也很广。

5.塔里木河中游

主要在塔里木、渭干等河两岸,以北岸胡桐生长较好,南岸较差。

从以上可以看出,塔里木盆地的胡杨林主要散见于塔克拉玛干沙漠的边缘,成为环状分布。其所
以如此,是与水源分不开的。在荒漠地区,水源是极宝贵的。尽管胡杨林具有耐旱的特点,但总得有
一定的水源供给才行。因此,凡是水源供给比较充足的地方,胡杨林生长就好,如果缺乏水源供应,胡
杨林就会枯死。

在这宽广茂密的胡杨林中,栖息着许多飞禽走兽,有老虎、野猪、鹿、狼、野骆驼等。(清)萧雄《西
疆杂述诗》卷4《鸟兽》:"密林遮莽虎狼稠,幽径寻芝麋鹿游"。"林薮之中,并藏马鹿焉,安娴无损
于人"。

塔里木盆地天然森林植被的变迁,可以胡杨林的变迁为代表,而胡杨林的变迁又与塔克拉玛干沙
漠和塔里木等河的变迁相联系。由于胡杨林分布的地区不同,变迁情况又有差别:

(1)塔里木河中游

据考古工作者和沙漠工作者实地考察,在塔里木河中游现在的河道以南50 km余的大沙漠中,有
一道道作东西方向的干河床[22,23],这些干河沿岸都有胡杨、红柳的分布。由于河道自南向北迁徙,这
些森林的生长情况,北部较好,越往南越差,而且大都已经枯死,说明水分条件的变化,形成南北自然
景观的差异。

（2）塔里木河下游

塔里木河是一条游荡性河流，它的下游迁徙更多，这是自然的因素。除此以外，还有人为的原因。《汉书·西域传上》：楼兰国首城扜泥城，当时有"户千五百七十，口万四千一百，胜兵二千九百十二人"。《水经·河水注》，西汉"将酒泉、敦煌兵千人至楼兰屯田，起白屋，召鄯善、焉耆、龟兹三国兵各千，横断注滨河，……大田三千，积粟百万"。说明楼兰一带虽然"地沙卤，少田"，但还是适合农业生产的。这与当时北河（中下游的一部分相当于今塔里木河）注入蒲昌海，水源较今充足是分不开的。后来，因为北河距楼兰越来越远，胡杨林等逐渐枯死。

到20世纪30年代，楼兰废墟周围已经全部变成荒漠[24]。据70年代卫星照片判读，塔里木河下游胡杨林已经很少，其中铁干里克以下，就看不到胡杨林了。

（3）塔克拉玛干的南缘

由且末往西经民丰、于田、和田、皮山、叶城一带，这是历史时期有名的"丝绸之路"的南路。《汉书·西域传上》，西汉时的精绝国（即尼雅遗址，遗址在今民丰县北150 km的塔克拉玛干沙漠中，干涸的尼雅河两岸[25]），王治精绝城，户四百八十，口三千三百六十，胜兵五百人。

唐代还有精绝国，玄奘《大唐西域记》卷12：

> 媲摩川（即今克里雅河）东入砂碛，行二百余里至尼壤城（即尼雅）。周三四里，在大泽中。泽地热湿，难以履涉。芦草荒茂，无复途径，唯趋城路，仅得通行，故往来者莫不由此城焉。

反映当时尼雅所在地的自然条件是沼泽地，沼泽植物生长繁茂。"趋城路"并未提及流沙，可见当时大道沿线的山前平原，还没有大面积的流沙分布，距沙漠的南缘还有一段距离。

（清）萧雄《西疆杂述诗·古迹·阳关道》自注：

> （汉之）精绝、戎卢、小宛诸国，皆湮没于无踪，竟沦入翰海（即沙漠，沧桑之变，一至于此）。

1918年，谢彬从叶城到若羌，沿途见到许多戈壁、流沙沙窝，不少破城子、废墟，胡杨林和枯胡杨断续分布。

在20世纪70年代，根据卫星照片判读，车尔臣河两岸的胡杨林，也几乎绝迹。

造成上述古今迥异现象的原因，主要是由于塔克拉玛干沙漠在常年优势风的作用下，沙漠中的流动沙丘，顺着主风方向向沙漠外缘移动，使历史时期没有沙丘的地方出现沙丘。除此以外，还有人为的因素，例如，根据访问，在塔克拉玛干的南缘，原来不仅有红柳，还有胡杨林，那时流沙不进入绿洲。由于破坏森林，导致流沙侵入[1]。

（4）巴楚地区

这一地区的胡杨林面积也大为缩小，这主要与叶尔羌河和喀什喀尔河（墨玉河）流域的垦殖和灌溉用水的增加有关[2]。

总之，上述各地区胡杨林的变迁，情况是很复杂的。限于篇幅，不能一一详细分析。但总的是自然因素和人为因素都有，而且交错存在。其中人类的经济活动影响最大。塔里木盆地自汉代特别是

---

① （清）萧雄《西疆杂述诗·古迹·阳关道》自注。中国科学院沙漠研究所朱震达1977年提供资料。

② 见：《新疆图志·实业·林》。

清代以来,由于屯垦事业的发展,人口不断增加,农业也随着发展。但另一方面,由于人类不合理(滥砍、滥垦、滥牧等)的经营,导致胡杨林的破坏,水系变迁,风沙危害加速。

由于森林等植被的破坏,也影响到野生动物的变迁。在这里,原来较多的老虎、野猪、野骆驼等,现在有的已经灭迹(如罗布泊的水獭等),有的已经不可常见了(如野骆驼等)。

关于河西走廊,(清)冯一鹏《塞外杂识》记述18世纪上半叶,

> 张掖郡,即今甘州府;池塘宽广,树木繁茂,地下清泉所在涌出。

(清)祁韵十《万里行程记》叙述19世纪初,他经过河西走廊时,

> 路出抚彝(今甘肃临泽),……林树苍茫。……自临水启行,田畴渐广,草树葱茏。距肃州(今甘肃酒泉)益近,林木尤多。

上述史料中大多是人工林,但从这些绿洲水边人工林的生长茂密来看,在一定程度上,也反映出这一带在历史时期,曾经有过不少天然林的存在。

(二)较高山地的天然森林

历史时期,荒漠地带的较高山地,分布着更为广大的天然森林,也和荒漠成为两种迥然不同的自然景观。

1.祁连山地及河西走廊其他山地

古籍中如(隋唐时期)《西河旧事》称祁连山,"有松柏五木,美水草,冬温夏凉,宜牧畜养"[1]。唐代《元和郡县图志》卷40《甘州·张掖县》,祁连山"多材木箭竿"。(清)陶保廉《辛卯侍行记》卷4也称,祁连山"山木阴森",大的"逾合抱"。这些都说明古代祁连山有天然针叶林的分布。这些天然森林,对于涵养水源,调节气候,起到很大的作用,破坏它们,必然引起生态性灾难的后果。古代河西走廊的繁荣,是与祁连山丰富的森林资源分不开的。

祁连山北面的焉支山(约为今龙首山一带),据(后凉)段龟龙《凉州记》,该山"有松柏五木,其水草茂美,宜畜牧,与祁连同"。

历史时期,河西走廊山地有天然森林覆盖的还不少,现以凉州府为例。据乾隆八年《清一统志》卷164《凉州府·山川》记载,

> (柏林山,在古浪县东南,)上多柏。
>
> (黑松林山,在古浪县东,)上多松。
>
> (松山,在武威县东,)上多古松。
>
> (青山,在武威县东,)多松柏,冬夏常青。

这些山地针叶林,都只是历史时期河西走廊山地天然森林的一部分。

---

① 见:《史记·匈奴传·索隐》引。

2.天山山地

天山是一个巨大的山系,横亘新疆中部,将新疆分为南北两路。天山下部受大陆性气候的影响,极为干燥,南坡尤甚,向上气候逐渐转为冷湿,山顶终年积雪。大致随着海拔的增加,温度和湿度发生相应的变化,植物分布也表现出明显的垂直分布。

关于天山植被的垂直分布,(清)景廉《冰岭纪程》对托木尔峰地区有较详细的记载:景廉于咸丰十一年(1861年),

> (九月初二)束装就道。
> (初五过索果尔河,一路)遍岭松柏,……低枝碍马,浓翠侵肌。
> (初六,过土岭十余里后,至特克斯谷地草原,)荒草连天,一望无际。
> (直至初八日,均在草地中行进,其地)多鼠穴,时碍马足。(鼠害为草原之特征)
> (初九,入山,)一路长松滴翠。
> 十一日,宿特莫尔苏(即不札特山口前托拉苏)。
> 十二日,即经雪海,抵冰岭。
> 十三日,小住。
> [十四日复南行,过穆索尔河(即木扎尔特河),途经山岭,]自冲至顶,寸草不生,大败人意。
> (十五日之行,)始见山巅间有小松点缀成趣。
> (十六日,终日在石迹中行,出破城子,又过数小岭,始)山势大开,平原旷远,心目为之一豁。
> [十七日至阿拉巴特台(即盐山口),]林木蔚然。

从上述半月余日程记载中,可以看出,当时托尔峰地区,从山顶以下,大致可以分为冰雪带、高山草甸带、森林带、草原带等。

关于天山森林的记载,先秦《山海经·五藏山经·北次一经》:

> 敦薨之山,其上多棕、枏,其下多茈草,敦薨之水出焉,而西流,注入泑泽,实惟河源。

按:"河源"之河,指黄河(古人误认塔里木河是黄河之源);"泑泽",即罗布泊;"敦薨之水"指开都河,流入博斯腾湖,复从湖中流出,下游称孔雀河。故"敦薨之山"即天山南坡中段。这说明当时天山南坡中段有森林分布,其下则有草原分布。

《汉书·西域传上》记载,我国西北的乌孙,"山多松、樠",反映2 000多年前,乌孙境内的天山等地,就有针叶林的分布。近年,在昭苏夏塔地区墓葬填土发掘的木炭,经^{14}C测定,也是2 000多年前的东西[26],可以得到印证。

13世纪初,耶律楚材经过天山西段时,曾有"万顷松风落松子,郁郁苍苍映流水"[27][①]的诗句。

到19世纪末,(清)萧雄在《西疆杂述诗》卷4《草木》自注中进一步指出:

> 天山以岭脊分,南面寸草不生,北面山顶则遍生松树。余从巴里坤,沿山之阴,西抵伊犁,三千余里,所见皆是,大者围二三丈,高数十丈不等。其叶如针,其皮如鳞,无殊南产(按:作者是湖

---

① 耶律楚材此处所称"阴山",指天山北坡。

南益阳县人）。惟干有不同，直上干霄，毫无微曲，与五溪之杉，无以辨。

这里明确指示，历史时期，天山北坡有很长的针叶林带存在属实，但萧雄说天山南坡"寸草不生"，并非普遍现象，据历史文献记载，天山南坡西段、中段、东段都有些森林分布，只是不像北坡那样连绵很长罢了。

天山北坡东段　巴里坤松树塘一带的森林，在清人诗文中，也有不少记载。如"天山（巴里坤南的天山北坡）松百里，阴翁（荫翕）东师（今新疆吉木萨尔南）东，参天拔地如虬龙，合抱岂止数十围"①。"巴里坤南山老松高数十寻，大可百围，盖数千岁未见斧斤物也。其皮厚者尺许"②等等。这些虽不无夸大，但说明针叶林是天然林，树木高大古老，却是毋庸置疑的。

天山北坡中段　（清）萧雄《西疆杂述诗》卷 4 自注提到 19 世纪 80 年代，他游博克达山，至峰顶，"见（松树）稠密处，单骑不能入，枯倒腐积甚多，不知几朝代矣"。可见这里针叶林的茂密、古老。

天山南坡西段　历史时期，从托木尔峰地区到库车一带，也有不少的森林分布。历史文献记载，汉代龟兹（今库车）一带的白山（今天山支脉的铜厂山）山中"有好木铁"③。清嘉庆以前，千佛洞（在今拜城以东），"树木丛茂，并未见洞口"④。光绪末年，库车东北面的山上仍有"松柏"⑤。

1918 年，谢彬从伊犁翻越天山到库车，在焉耆、库车分界附近，已经是天山南坡，沿途看到"万年良木，积腐于野"，"杂树葱郁"，"苍翠皆松"，"腐坏良材，入眼皆是"[21]。也可反映天山南坡西段多森林。

结合汉、唐、清等代史料记载，天山南坡西段或山麓附近有不少铜铁冶炼场所⑥，当时冶铜一直以伐木烧炭为燃料⑦。早期炼铁似以木炭为燃料[7]，冶炼规模颇大[7]，亦可印证历史时期这一带山地森林不少。

天山南坡中段　古代也有些森林分布，上述先秦著作《山海经》提到敦薨之山的森林外，就以清代而论，杨应琚《火州灵山记》，18 世纪，

　　火州安乐城（今新疆吐鲁番市）西北百里外，有灵山在焉，……入山步行十数里，双崖门立，……上有古松数株，垂枝伸爪，……山中草木丛茂，皆从石隙中生，多不知名。

此灵山，即博格多山的南坡，从杨应琚所描述的植被情况来看，"草木丛茂"，反映有些灌木丛和草地，"古松数株"，似乎是山地天然针叶林的遗迹。

天山南坡东段　据唐代古碑记载，贞观十四年（640 年），唐王朝军队曾经大量砍伐伊吾（今新疆哈

---

① （清）沈青崖《南山松树歌》（嘉庆《三州辑略》卷 8《艺文门下》引）。
② 见：《西陲纪略》（嘉庆《三州辑略》卷 7《艺文门上》引）。
③ 见：《太平御览》卷 50 引《西河旧事》。
④ 见：嘉庆《三州辑略·山川门》。
⑤ 见：光绪三十四年《库车直隶州乡土志》。
⑥ 《汉书·西域传》记载：龟兹"能铸冶，……"，《大唐西域记》卷 1 提到，屈支（今库车一带）土产黄金、铜、铁、铅、锡。新疆的考古工作者，在库车的县西北的阿艾山和东北的可可沙（即科克苏），都曾发现汉代的冶铁遗址。距可可沙不远，还有汉代冶铜遗址 2 处（王炳华 1975 年提供资料）。
　　（北魏）郦道元《水经·河水注》引《释氏西域记》："屈支，北二百里有山，夜则火光，昼日但烟。人取此山石炭，治此山铁，恒充三十六国用"。
⑦ 《新疆图志·实业·林》："拜城，产铜地也。赛里木、八庄岁供薪炭之需。旧林砍伐无遗，有远去三四百里采运者。大吏檄令遍山栽培，以备烧铜之用，所活者十九万株"。《新疆游记》184 页，更具体说明这个铜矿，每年上缴二三万斤，化炼皆用土法，需松炭极多。说明这一带松树林不少，不仅有天然林，还有人工栽培。

密地区)北时罗漫山(天山南坡的一部分)的森林①。这时罗漫山的位置,大致与北坡松树塘相对应。哈密南面为大南湖。宣统《哈密直隶厅乡土志》,同治年间,"民户或逃窜南湖丛林,……南大湖水草成泽,杂木丛生"。也反映天山南坡东段有森林。

天山山间有许多大小盆地和宽谷,特别天山西段,山谷交错,更为复杂。这些谷地(如伊犁河谷以北的果子沟一带)和盆地边缘的山地,也有不少森林分布。在历代文献中,有不少记载,例如,有的记载这一带:

> 阴山(今天山)顶有池(今赛里木湖),池南树皆林擒,浓阴翁郁,不露日色[28]。

有的描述:

> 沿天池(今赛里木湖)正南下,左右峰峦峭拔,松、桦阴森,高逾百尺,自巅及麓,何啻万株②。

有的提道:"谷中林木茂密"③。有的描写:

> (从北入山南行,)忽见林木蔚然,起叠嶂间,山半泉涌,细草如针。心其异之,停前翘一首,则满谷云树森森,不可指数,引人入胜……已而峰回路转,愈入愈奇。木既挺秀,具干霄蔽日之势;草木荡郁,有苍藤翠鲜之奇。满山顶趾,缩错罕隙,如入万花谷中,美不胜收也④。

这些记述,反映古代天山西段北支果子沟一带,林木茂密,风光秀丽,也与荒漠的自然景观截然不同。

新疆深处大陆中心,干燥少雨。塔里木盆地年降水量仅 50 mm 左右。准噶尔盆地较多,也在 250 mm 以下,东边仅 50 mm 左右。而天山由于地势较高,年降水量却在 300 mm 以上,最多处可超过 600 mm[29]。加以气温低,蒸发少,多成固体降水。天山南北的农牧业,"全恃雪水消注灌溉"⑤。古籍称天山为"群玉之山"、"雪山"、"凌山",都说明天山冰雪是一个巨大的"天然水库"的意思。《新疆图志·实业·林》记载:

> 故隆冬,积雪遮阴于万松之下,天煖渐融释,自顶至根,涓涓不绝。千枝万脉,积流成渠。自春徂冬,不涨不竭。若木濯山童,则雪水见晚。消泻无余,田禾必有乏水之患。

破坏天山的森林,必然给天山南北的农牧业生产带来极为不利的影响。

天山森林的破坏,从汉代屯田时即已开始,但主要是在清代以后。(清)徐松《西域水道记》卷4《巴勒喀什淖尔所受水》:提到清代在"济尔喀朗河翰置船厂,每岁伐南山(天山)木,修造粮艘"。《新疆识略·木移》提到伊犁南北山场森林的破坏情况。同书《财赋》,还提到乾隆、嘉庆间,清代在伊犁设立铅厂、铁厂、铜厂,征收木税等。这些厂都用土法提炼,每年消耗的木炭必大为增加。

---

① 唐左屯卫将军姜行本勒石碑文(嘉庆《三州辑略》卷7《艺文门上》引)。
② (元)李志常《长春真人西游记》记载13世纪初,丘处机见闻。
③ 见:(清)松筠《新疆识略》卷4《伊犁舆图·伊犁·山川》。
④ 见:(清)祁韵士《万里行程记》。
⑤ 见:《新疆图志·实业·林》。

破坏森林,引起天山南北生态环境许多变化。据冰川工作者研究,从 19 世纪以来,天山雪线后退数十米至百米左右[30]。《新疆图志·实业·农》:"自设立行省后,人口稠密,地气转移,雨旸时若,非复曩时气候"。

阿尔泰山山地　据金末元初(13 世纪初)在李志常《长春真人西游记》卷上,记载他们亲眼看到"松桧参天,花生弥谷"。清末《新疆图志》卷 4《山脉》提到 20 世纪初,阿尔台山(今阿尔泰山)如下:

> 连峰沓嶂,盛夏积雪不消。其树多松桧,其药多野参,兽多貂、狐、猞猁、獐(实际是麝)、鹿之属。

直到现在,这里仍是我国荒漠地带山地的重要天然针叶林区之一,此外,新疆北部中苏交界诸山,据(元)刘郁《西使记》,13 世纪中叶,常德从蒙古高原穿过准噶尔盆地,渐西有城叫业满(今新疆额敏县),西南行过索罗城(今博乐县①),"山多柏,不能株,骆石而长"。

此后,据《新疆图志》卷 28,塔城西南的巴尔鲁克山,译言树木丛密。"长二百余里,宽百里或数十里,多松、桧、杨、柳"。说明历史时期,这一带也有一些天然山地针叶林的分布。

总之,荒漠地带的天然森林,是珍贵的自然资源,它不仅是木料等的重要来源,还可以稳定高山积雪,涵养水源,为绿洲农牧业的发展,提供极为有利的条件。破坏山地森林,就会使得高山积雪减少,影响了雪水,不利于绿洲农牧业生产,这是一个重要的历史经验教训。

五、历史的经验值得注意

综观上述,可知历史时期"三北"防护林区,无论是东北西部、华北北部和整个西北地区,都有不少的森林分布。长期以来,"三北"地区风沙危害、水土流失严重,"四料"(燃料、肥料、饲料、木料)俱缺,农业生产低而不稳,除大气环流等自然因素以外,主要是由于长期的毁林开荒,破坏了自然界生态平衡的结果。因此,在"三北"地区大力造林种草,营造带、片、网相结合的防御风沙,保持水土的防护林体系,逐步改变这一地区的自然面貌和农牧业生产条件,这是历史发展的需要,也是造福于子孙后代的重大战略措施。

我国从东南向西北有农业区、半农半牧区、牧业区的存在,这是长期形成的。历史时期,凡在宜林宜牧地区片面强调发展农业的,都引起不良的后果,既破坏了林业和牧业,也使农业得不到发展,过去在这方面的教训是很多的。毛主席早就指出,"农、林、牧三者互相依赖,缺一不可,要把三者放在同等地位"。今天我们建设"三北"防护林,一定要紧密结合农田基本建设和基本草场建设。在地区安排上,要因地制宜,做到宜农则农,宜林则林,宜牧则牧,促进农、森、牧的全面发展。

我国各族人民有无限的创造能力。各地积累了不少经验,又形成许多乡土树种,只有从各地的实际情况出发,充分发挥劳动人民的智慧和力量,才可以加速"三北"防护林的建成。

"三分种,七分管",说明森林的管理与保护也很重要。孟子:"斧斤以时入山林,材木不可胜用也"。管理中最重要的是不能随便砍伐。因此,加强对现有森林的保护与管理,这也是历史时期重要的经验之一。

---

① 现为博乐市(2017 年注)。

六、未来的展望

可以设想，随着"三北"防护林的建设，水土流失，风沙危害，将会逐渐克服，林茂粮丰，牛羊成群的局面，也将逐渐出现。展望未来，我们是满怀信心的。

要改变"三北"地区的自然面貌和经济面貌，除目前正在进行的第一期工程外，还要进行第二期、第三期以至多期工程，可能要经过几代人的长期努力，才能完成，因此，任务又是艰巨的。

为了加速"三北"防护林的建设，除林业部门加强工作以外，还应有各方面的支援和配合，这样才有利于"绿色长城"的早日建成。

（原载《河南师大学报》1980 年第 1 辑，本次发表时对个别内容作了校订）

参 考 文 献

[1] 李素英. 明成祖北征纪行初编. 禹贡半月刊，1935：3(8)

[2] 刘慎谔，等. 东北木本植物图志. 北京：科学出版社，1955

[3] 吉哲文. 统一的多民族国家的历史见证. 光明日报，1977-11-25(3)

[4] 徐曦. 东三省纪略. 卷 7，边塞纪略. 下，洮儿河流域·森林. 上海：商务印书馆，1915

[5] 中国科学院内蒙古宁夏综合考察队. 内蒙古自治区及东北东部地区林业. 北京：科学出版社，1981

[6] 翦伯赞. 内蒙访古. 北京：文物出版社，1963

[7] 刘金陵，李文漪，等. 燕山南麓泥炭的孢粉组合. 第四纪研究. 1965：4(1)：105－117

[8] (元)孛兰肹，等撰；赵万里，辑. 元一统志. 卷 2，辽阳等处行中书省·大宁路·山川. 北京：中华书局，1966

[9] (明)马文升. 为禁伐边山林木，以资保障事疏//(明)陈子龙等. 明经世文编. 卷 63. 北京：中华书局，1962

[10] (明)郑晓. 书直隶三关图后//(明)陈子龙等. 明经世文编. 卷 218. 北京：中华书局，1962

[11] (明)庞尚鹏. 酌陈备边末议以广屯种疏//(明)陈子龙等. 明经世文编. 卷 218. 北京：中华书局，1962

[12] 杨寒生. 察北概况. 禹贡半月刊，1937：7(8－9)

[13] 纪国宣. 宣化县文献述略. 禹贡半月刊，1937：7(8－9)

[14] 侯仁之，等. 乌兰布和北部沙漠的汉代垦区//治沙研究. 第七号. 北京：科学出版社，1965

[15] 史念海. 论泾渭清浊的变迁. 陕西师大学报(哲学社会科学版)，1977：(1)

[16] 西北大学地理系. 陕西农业地理. 西安：陕西人民出版社：1979(9)：138－139

[17] 童大林，等. 关于西北黄土高原的建设方针问题. 光明日报，1978-11-29

[18] 秦仁昌. 关于胡杨林与灰杨林的一些问题//中国科学院新疆综合考察队. 新疆维吾尔自治区的自然条件. 北京：科学出版社，1959

[19] 中国科学院植物研究所. 中国植被区划(初稿). 北京：科学出版社，1960

[20] (清)吴其濬. 植物名实图考. 北京：商务印书馆，1957

[21] 谢彬. 新疆游记. 上海：中华书局，1932：119－204，251－254，255－265，268－282

[22] 黄文弼. 塔里木盆地考古记. 北京：科学出版社，1958

[23] 朱震达. 塔里木盆地的自然特征. 地理知识，1960：(4)

[24] 陈宗器. 罗布淖尔与罗布荒原. 地理学报，1936：3(1)

[25] 新疆博物馆考古队. 新疆大沙漠中的古代遗址. 考古，1961(3)

[26] 佚名. 放射性碳素测定年代报告(一). 考古，1972(1)：52－56

[27] (元)耶律楚材. 过阴山和人韵//湛然居士集. 卷 2. 上海：商务印书馆，1937

[28]（元）耶律楚材. 西游录. 北京：中华书局，1981

[29]中国科学院新疆综合考察队. 新疆水文地理. 北京：科学出版社，1966

[30]施雅风. 五年来中国冰川学、冻土学与干旱区水文研究. 科学通报，1964(3)

3 历史时期内蒙古的森林变迁

文焕然遗稿　文榕生整理

一、概　述

内蒙古自治区横卧于祖国的北陲(在北纬 37°30′~53°20′,东经 97°10′~126°02′),是我国跨经度最长的省区,东西绵延 2 400 km,总面积 118.3 万 km²,约占全国总土地面积的 1/8。我国历史时期存在的森林、草原、荒漠 3 种类型的天然植被地带,内蒙古全都含有,尤以草原和荒漠 2 种占全区的绝大部分[1]。

森林是陆地生态系统的主体,是植被的重要组成部分,它先于人类出现在我们这个星球上。森林适应着自然条件的变化,并随之产生变迁,但同时它又是自然环境中生物圈的主要成分之一,它的生长、分布状况,对自然环境产生较大的影响。人类是在森林的哺育下出现、成长、壮大、发展起来的,随着人类活动能力的加强,对自然环境的影响也日益增大,特别是对野生动植物的利用和改良、分布、变迁等都施加了影响,成了新的重要因素。

内蒙古是人类早期栖息活动的地区。远在 30 万年前的"大窑文化"就发现于呼和浩特市郊区的大窑村[2],更新世晚期的"河套人"首先发现于乌审旗萨拉乌苏河流域;此后,在海拉尔、扎赉诺尔(属满洲里市)、阿木古郎(苏尼特右旗)等地发现距今 1 万年前的古人类遗址;再后,又陆续发现有"富河文化"(在巴林左旗富河沟门等地)、"仰韶文化"(在清水河县白泥窑子等地)、"红山文化"(在赤峰市等地)、"龙山文化"(在包头市转龙藏、伊金霍洛旗朱开沟等地)等一系列新石器时代遗址[3~8]。原始农业开始时,内蒙古天然植被分布的大势,由东向西,依次为:寒温带森林地带、温带森林草原地带、干草原地带、荒漠地带。森林在这些地带的分布亦顺此次序逐步减少,有如今天,然而历史时期内蒙古森林的规模及其覆盖率却远大于并高于今天。

据统计,到 1949 年,内蒙古全区仅剩下 913.9 万 hm² 森林。其中原始林 629.47 万 hm²,天然次生林 280 万 hm²,人工林 4.47 万 hm²,零星树木 1 103 万株;森林覆盖率 7.7%。20 世纪 50 年代后,经过多方努力,情况有所好转。现今内蒙古森林 83% 的面积和 94% 的蓄积量集中于呼伦贝尔盟和兴安盟[9],即大兴安岭一带。

由于内蒙古地域广阔,自然地理条件差异性甚大,植被分布呈现较明显的地带特征。因此,我们按内蒙古植被的各个地带,从东向西分区讨论森林的变迁情况。

二、寒温带森林地带的森林

内蒙古的寒温带森林地带主要指现今大兴安岭北部(约洮儿河以北)。本区的森林现今仅莫尔道嘎—满归一线的西北部为尚未开发的原始林区;莫尔道嘎—满归一线以南至免渡河以北,为正在开发的林区;免渡河以南,只在交通不便的地区,尚保留有面积不等的原始森林。全区森林覆盖率为48.1%,比起我国大多数地区已相当高了,但在历史时期,甚至晚至19世纪以前,这个地带几乎全部为森林植被所覆盖。

大兴安岭距海较近,其纬度在我国属于较高位置,降水量大,蒸发量小,尤其是大兴安岭北部,气候寒冷,生长的天然森林为寒温带针叶林,是西伯利亚大森林在我国境内的延续。

自古以来,本区由于气候寒湿,人烟稀少,森林一直保存比较完好,但已开始向沼泽方向发展。

商周时代的肃慎(亦称为息慎、稷慎)人的游猎活动曾到达本区。

据《魏书》卷1《序纪》,本区为古代我国北方拓跋鲜卑人的原始狩猎游牧地区。当时称大鲜卑山为"幽都之北,广漠之野,畜牧迁徙,射猎为业"的地区,这正反映了古代寒温带针叶林区人们原始的经济活动的某些情况。近年来,考古工作者在鄂伦春自治旗首府阿里河镇西北10 km处发现的嘎仙洞("石庙"即"石室")以及洞内石壁上古人刻下的祝文"太平真君四年(443年)"等文,正与《魏书》卷100《乌洛侯传》的记载吻合[10]。说明了这一带寒温带针叶林生长的历史悠久。

历史文献中记载:北魏到唐代(约公元4世纪末至10世纪初),失韦地区"下湿。夏则城居,冬逐水草,亦多貂皮。……用角弓,其箭尤长";"兵器有角弓楛矢,尤善射。时聚戈猎,事毕而散。……夏多雾雨,冬多雾霰"[①]。表明本区气候寒湿而多积雪,有大量的鹿、狐、貂等森林野生动物栖息,人类的经济活动以依赖天然生物资源的渔猎为主,天然植被具有寒温带森林的特征。

直到18世纪初,这里仍然"松柞蓊郁"[11],"林薮深密,溪河甚多","河水甘美,虽洼处停潦之水亦美无异","河内所产之鱼,种类甚多,亦有鳇鱼,大者有一二丈许,其索伦达呼尔(即达斡尔族)人渔捕此鱼进贡。山内有虎、豹、野猪、鹿、狍、堪达汉(或作堪达韩,即驼鹿)等兽","不种田地,以打牲射猎资生,无庐舍……游牧"[12]。甚至19世纪的文献中仍称本区大部分"丛林密箐,中陷淤泥(沼泽)",大兴安岭西坡"蓊郁尤甚","(落叶)松、柞蔽天,午不见日,风景绝佳"[13]。说明直到晚近,本区的天然植被仍以寒温带森林为主,并有水生植被和沼泽植被等分布。

历史文献中提到本区的树种有落叶松(又称异气松、意气松)[14]、柞(蒙古栎)、樟子松、桦、榆等[15,16],更反映本区的森林以寒温带针叶林为主。现今,本区树种以兴安落叶松为多(在内蒙古境内的大兴安岭部分,其蓄积量占自治区的44.5%,面积占28%),还有樟子松、偃松、西伯利亚刺柏、兴安圆柏、白桦、榆树及少量的红皮云杉、新疆五针松(在满归、阿龙山等地有几十株,被鄂温克族人供作神树)[17]。

如今本区虽仍拥有全国面积最大的天然森林,其蓄积量也居全国之首,但都无法与历史时期的兴盛景象相比,并且主要限于莫尔道嘎—满归一线的西北部。免渡河以南的森林,在1896～1945年间,经沙皇俄国、日本帝国主义及官僚、富商等人为的掠夺性砍伐,加以林火等灾害,致使本区南部及东、西两侧森林,特别是铁路两侧及河流两岸运输便利地方的森林遭受严重破坏。

20世纪40年代末,随着国民经济的恢复和发展,国家大力建设林区,本区成为一个以林为主的经济区,为国家用材的主要供给基地,在经济建设方面发挥了很大作用,这是不可否认的。但是由于长

---

① 据《魏书》卷100《失韦传》及《旧唐书》卷199下《室韦传》。《新唐书》卷219《室韦传》:"滨散川谷,逐水草而处……每戈猎即相啸聚,事毕去……其气候多寒,夏雾雨,冬霜霰。……器有角弓、楛矢,人尤善射。"《太平寰宇记》卷199:北室韦,"气候最寒,冬则入山,居土穴中,牛畜多冻死,饶獐鹿,射猎为生。凿冰没水而网射鱼鳖。地多积雪,惧陷坑阱,骑木而行。俗皆捕貂为业,冠狐貂,衣鱼皮。"

按《魏书》的"失韦"与《旧唐书》《新唐书》的"室韦"及《太平寰宇记》的"北室韦",都是指6～8世纪时居住在大兴安岭北部的我国古代同一少数民族。

期以来,人们对本区森林资源长远的、综合的作用认识不足,单纯从采伐利用出发,重采轻造,重采轻护,采育严重失调,以致本区森林资源逐年减少,林分质量逐年下降。同时,随着采伐的扩大,本区人口急剧增加,现有人口已达200万以上,农牧业比重也逐渐上升①。大兴安岭东西两侧和南部,森林线不断后退,耕地与建筑物面积相应扩大,这对于恢复森林生态系统及发挥本区山地森林对东北平原和内蒙古高平原的天然生态屏障等作用越来越不利。只有坚持以林为主的发展方向,实行以营林为基础的建设方针,才能既维护森林生态系统作用,同时又源源不断为国家提供建设用材。

三、温带森林草原地带的森林

内蒙古的温带森林草原地带包括洮儿河以南,阴山以东的大兴安岭南部、大兴安岭东南麓丘陵、辽嫩平原及东北部高平原等地。本区地域较广,森林仅次于寒温带森林地带,再分若干亚区进行探讨。

1. 大兴安岭南部的天然森林

大兴安岭南部现今山地森林覆盖率为12.26%,丘陵地带的森林覆盖率仅7.76%①。在历史时期这些地区的森林远不是这种情景。

据20世纪30年代初《兴安屯垦区第一期调查报告》称,从阿尔山以南,大兴安岭岭脊起,东西宽100 km,南北长200 km的范围内,"此间多单纯之巨大黄花松林,及黄花松、白桦,山杨之混淆(交)林。大木参天,茫无际涯,林况之盛,以此为最,实为斧斤向未一入之区"。并称那里鹿、熊、狐、貉、狼、豹等野兽甚多,可为狩猎资源②。这类调查是比较粗糙的,但反映当时本亚区山地偏北地区有不少天然森林则是事实。

《东三省纪略》卷7称,索伦山为大兴安岭南部东出的一部分:

> 周围二千余里,凡扎萨克图(今兴安盟科尔沁右翼前旗,即乌兰浩特市)、镇国公(今属科尔沁右翼前旗)、乌珠穆沁(今锡林郭勒盟,分为东、西乌珠穆沁旗)、扎鲁特(今旗,属哲里木盟)诸旗皆其绵亘处也,其中森林茂郁,垂数千年,高十丈,大数围之松木遍地皆是。[15]

这些亦可反映迟至本世纪初,大兴安岭南部的偏北地区森林不少。

大兴安岭南部偏南地区虽然缺乏千年左右前森林草原植被的具体记载,但从辽代帝王多次在本亚区不少地方避暑、行猎,以及爱羡风光之美(风水好)而选择为陵墓之地等,也可反映当时天然森林草原分布之广。

辽代帝王避暑地如缅山,在狼河(今乌尔吉木伦河)内陆水系的源头一带,辽圣宗耶律隆绪曾多次在此山避暑,后改名永安山[18];怀州(今昭乌达盟巴林左旗西)西山(似近大兴安岭)有清凉殿,"亦为(似道宗耶律洪基等)行幸避暑之所"③。

辽代帝王狩猎之地如黑岭,又名庆云山,在黑河(今查干木伦河)源头以西,圣宗耶律隆绪、兴宗耶律宗真等曾在此打过猎[18,19]。圣宗喜爱这里的风光绮丽,命死后将其葬于此地,后建永庆陵[20]。辽

---

① 廖茂彩:《内蒙古自治区林业区划》,内蒙古自治区林业区划办公室,1981年6月(油印)。

② 国民党兴安区屯垦公署秘书处:《兴安屯垦区第一期调查报告》(屯垦第一年工作概况),1934年4月。

③ 《辽史》卷32《营卫志中》:"夏捺钵无常所,多在吐儿山。……吐儿山在黑山东北三百里,近馒头山。"同书卷37《地理志一》中《上京道·上京临潢府》有"兔儿山"。按:兔儿山即吐儿山。疑馒头山在索伦山一带,吐儿山似也是大兴安岭南部的一部分。

庆州(今巴林左旗西北大兴安岭的一部分):

> 本太保山黑河之地,岩谷险峻。穆宗建城,号黑河州,每岁来幸,射虎障鹰……以地苦寒,统和八年(990年),州废。圣宗秋畋,爱其奇秀,建号庆州。[20]

《辽史》载:上京临潢府(治今巴林左旗南波罗城)有平地松林[20]。《辽史》的本纪和游幸表记载辽代帝王到平地松林游幸及狩猎的不胜枚举[1]。

明《译语》称:

> 克忒克剌,即华言半个山,山甚陡峻,远望如坡,故名。傍多松、桧、榆、柳及佳山水,按:即古之平地松林矣。[2]

克忒克剌就是现在的克什克腾旗[21]。半个山指山地一坡陡峻,另一坡平缓的意思,因为大兴安岭介于东北平原与内蒙古高原之间,从平原看去,山势高峻;从高原看来,就不是山了,所以叫半个山。半个山的松林,"甚似江南……树林翁郁,宛如村落,水边榆、柳繁茂,荒草深数尺"[3],真是一派森林草原的好风光!

这片森林的范围,据明罗洪先《广舆图》卷2《朔漠图》,"自庆州西南至开平,地皆松,号曰千里松林"。明庆州治今巴林右旗西北的察罕(查干)木伦河源的白塔子(察罕城),开平治今正蓝旗东闪电河北岸。《中国历史地图集》的"临潢府附近"图,将平地松林标在潢河[沙(西)拉木伦河]源头附近,今克什克腾旗东、林西县西南,南达今河北省围场县北境[22]。这两种看法大致相同,主要差异是《广舆图》的西界到了开平一带。元代一些文献记载上都称东北是有松林的,近年实地考察,今克什克腾旗,西拉木伦河以北尚有针叶林1 500余亩[4],以南约200亩,在西拉木伦河南岸唐家店有一株360年的油松古树,树高18 m,胸径112 cm,称为"内蒙古油松二王"[5]。足见《广舆图》的说法是正确的。

为了进一步弄清森林与草原的分布情况,不妨看清汪灏《随銮纪恩》所描述的:康熙四十二年(1703年)汪灏随玄烨北巡,八月二十八日(10月8日)到大兴安岭狩猎,情况是:

> 灏等从豹尾窑岭北行……十里过一涧,仍沿岭脊而东,百草连天,空旷无山,天与地接,草生积水,人马时时行草泽中,不复知为峻岭之颠。落叶松万株成林,望之仅如一线。……日将晴,乃折而南,渐见山尖林木在深林中。下马步行,穿径崎岖。久之,乃抵岭足。沿岭树多无名,果如樱桃,蒙古所谓葛布里赖罕是也。[23]

这是对大兴安岭南部和汉威坝东段森林草原的真实记载,其下文还提到当天他们猎获不少巨鹿和1只石熊,也反映出森林草原中的动物资源概貌。现代自然地理工作者和地植物工作者的实地考

---

① 如《辽史》卷3《太宗纪》:天显十二年(937年),"夏四月甲申,幸平地松林,观潢水源。"同书卷4《太宗纪》,卷8《景帝纪》,卷12、卷13、卷15《圣宗纪》,卷18《兴宗纪》等都载有秋或七八月猎于平地松林。
② 见《纪录汇编》卷161。
③ 《明成祖北征纪行初编》,载《禹贡半月刊》第3卷,第12期。
④ 1亩=0.066 7 hm²。
⑤ 内蒙古林学院林学系冯林1981年11月提供资料。

察,也证实了汪灏所描述的情况①。

大兴安岭南部及其东南麓丘陵的森林,如同东北其他山地一样,主要是 19 世纪以后受到人为的破坏。现在昭乌达盟的白音敖包(在今克什克腾旗境内),还有一片红皮云杉组成的沙地云杉林,这是因为它们在蒙古史上被认为是"神林"而保存下来的。30 多年前,这片红皮云杉林的面积还有 5 900 hm²,当时这里古木葱葱,牧草丰盛,被誉为"美丽的山头"和绿色的宝库。近 20 年来,由于虫灾和乱砍滥伐,森林面积锐减为 2 400 hm²,使敖包山变成荒山秃岭,森林草原沙漠化严重。在锡林郭勒盟原种畜牧场乌拉苏太以南 3 km 的沙丘阴坡,有残存的红皮云杉林,很可能过去曾与白音敖包的红皮云杉林相连[24]。

2. 大兴安岭东南麓丘陵的天然森林

本亚区现在基本上是一个以农为主、农牧林结合的经济区。农耕面积 810 万亩,草场面积 3 550 万亩,有林地面积 326 万亩,森林覆盖率为 7.76%。植被基本上为草甸草原和典型草原,森林植被除河谷坡地有人工杨柳林外,还有榆树疏林,山杏、锦鸡儿、胡榛子、绣线菊、小黄柳、沙蒿等灌丛散布各地②。

历史时期这一带的森林植被与今大不相同。近年来发现的昭乌达盟南部敖汉旗大甸子村遗址(东经 120°,北纬 42°20′)出土的朽木和墓葬填土中的植物孢粉研究表明,计有油松、桦、云杉、蔷薇和菊科的花粉,其中以油松为主,说明在距今 3 420±85 年以前,这里的植被以暖温带针阔叶混交林为主,气候较今为暖湿,当时人们种植谷子,饲养家畜,过着兼营农牧的生活[25]。

由于公元 916~1115 年辽代的政治中心就在本亚区附近,因而对这一带森林的情况记载也较多。如上述辽代的"平地松林",即东起本亚区,西达大兴安岭南部一带。

《辽史》提到上京道有松山州(今巴林左旗东南),中京道也有松山州。松山(今赤峰市西),可能是当时这一带多针叶林分布的缘故。

《金史》卷 24《地理志》:临潢府,"有天平山(今扎鲁特旗西北)、好水川(今扎鲁特旗西,似已无水),行宫地也,大定二十二年(1182 年)命名"。同书卷 8《世宗记》大定二十五年(1185 年)五月"壬寅,次天平山好水川","六月甲寅,猎近山"。综合来看,天平山、好水川既为金代行宫,又为帝王巡幸、打猎的地方,反映当时这一带草木茂盛。

20 世纪初,上引《东三省纪略》提到索伦山在札萨克图、镇国公等旗的老林,一部分海拔较高的属大兴安岭南部外,一部分海拔较低的应属大兴安岭东南麓丘陵。又《哲盟实剂》记载:

> 哲里木盟十旗之中,天然森林所在皆有。与哲盟之札赉特(今兴安盟扎赉特旗)、札萨克(今伊克昭盟伊金霍洛旗)、镇国公、札萨克图(此二地皆在今兴安盟科尔沁右翼前旗)、图什业图(似为呼和浩特市的土默特左旗与包头市的土默特右旗一带)、达尔罕(今乌兰察布盟达尔罕茂名安联合旗)各旗北面界相毗连者为索伦山……东为布特哈旗(今呼伦贝尔盟扎兰屯市),西北均为大兴安岭群山连续不绝。其面积之广,木材之繁,郁郁榛榛,天然一绝大财源也。应以索伦山为森林地点,所产约分松、桦、柞、楸、椴、杨及五道木七种,惟松最多,曰异气松,巨者高约十丈,径可四尺,最细者径亦二寸,杨、柳次之,余又次之。统计全境各种树木约十七万万之多。[16]

① 北京师范大学地理系周廷儒、内蒙古大学生物系刘钟龄 1976 年提供资料。
② 廖茂彩:《内蒙古自治区林业区划》,内蒙古自治区林业区划办公室,1981 年 6 月(油印)。

这对当时大兴安岭东南麓丘陵的天然森林不无夸大,但尚称概括性描述。

3. 辽嫩平原的天然森林

本亚区是东北平原的组成部分,现在植被以草甸草原、典型草原为主。森林植被除杨、柳、榆、油松等人工林外,尚有榆树疏林及山杏、胡枝子、椴、枣等灌丛散布各地。科尔沁右翼前旗大青沟还残留有水曲柳、黄菠萝、春榆、核桃等阔叶林。现有森林覆盖率仅 5.64%。本亚区现在气候为半湿润至半干旱类型,年降水量 400~500 mm;现在土壤为暗栗钙土、黑壤土和淡黑钙土,土壤有机质含量不少;水资源比较丰富,西辽河干支流的径流量相当大,地下水位多在 1~3 m,水质良好①。根据这多种情况来看,本亚区是适宜森林草原生长的,可见古代森林面积应该远较现今为广。

据《辽史》记载,辽代帝王"猎于潢河"之举屡见载籍②,说明当时潢河(今西拉木伦河)沿岸多野生动物栖息,反映该流域草木茂盛。如今西拉木伦河沿岸草木稀少,野生动物也少见了,与过去迥异。

辽代广平淀(今哲里木盟奈曼旗西北与昭乌达盟交界的西拉木伦河支流老哈河下游)是当时帝王冬捺钵③的地方。据《辽史》卷 32《营卫志中》称,广平淀"本名曰白马淀。东西二十余里,南北十余里。地甚坦夷,四望皆砂碛,木多榆、柳。其地饶沙,冬月稍暖,牙帐多于此坐冬……"可见,当时广平淀一带虽已经多砂碛,但榆、柳树仍多,可见草木不少。如今这一带却砂碛更广,草木稀少了。

此外,辽代潢河流域平原湖淀尚多,如沿柳湖(今地待考),为辽代帝土多次捕天鹅、消暑之地,看来《辽史》中所称沿柳湖沿岸有不少柳树。

上文所引《哲盟实剂》提到哲里木盟札赉特、镇国公、札萨克图等旗的森林,除一部分在大兴安岭东南麓丘陵外,一部分是在嫩江平原的森林。

总之,从上述大兴安岭南部及其东南麓丘陵和辽嫩平原的历史记载、考古资料以及残存林木的遗迹等看,可知古代这些地区是有不少天然森林分布的。当时这一带生态环境是平衡的,或基本上是平衡的,对农林牧等业生产的有利条件是很多的。但是后来,特别是清末以来,由于人为的种种破坏性行为、自然灾害的侵袭,也造成本地区森林等天然植被大为缩小,山丘地区水土流失严重,平原沙漠化厉害,不仅影响到当地人们的生产与生活,而且使危害波及到辽河和松花江下游。因此,必须针对上述地区的不同情况营造并保持不同的森林。例如:在大兴安岭南部以保护山地水源涵养林为主,在大兴安岭东南麓以建设防护林为主,在辽嫩平原则要以防护、固沙林为主。

4. 东北部高平原的天然森林

本亚区现在不仅有气候以半干旱类型为主的呼伦贝尔、锡林郭勒二高平原,还有些半湿润气候地带,因而植被以草原为主。沿大兴安岭西麓为森林草原或草甸草原,呼伦贝尔高平原西南部沙地有樟子松疏林,浑善达克(小腾格里)沙地有云杉林、榆树林等,森林覆盖率仅为 1.53%。乌兰察布高平原现在气候全部为半干旱型,大陆性气候色彩更为显著,因而植被主要为荒漠草原,森林覆盖率仅 0.23%①。

但古代的森林覆盖也较现今广。今海拉尔河沿岸的牙克石市曾是喜桂图旗的治所,喜桂图的蒙语意思是有森林的地方。现在牙克石附近虽然森林不多了,但在语言上却记录了这里曾为林海的历史状况[26]。民国十八年(1929 年)《呼伦贝尔·林业》上记载着 19 世纪末在呼伦贝尔境内的 4 个大林场,即呼伦贝尔北部、海拉尔河及其支流、海拉尔河以南、伊敏河及其支流的上游等处。这些林场的面

---

① 廖茂彩:《内蒙古自治区林业区划》,内蒙古自治区林业区划办公室,1981 年 6 月(油印)。

② 如《辽史》卷 68《游幸表》,太宗四年(929 年)、七年(932 年);卷 6《穆宗纪》,应历十三年(963 年);卷 15《圣宗纪》,开泰三年(1013 年);卷 16《圣宗纪》,太平元年(1021 年)等。

③ 所谓"捺钵",就是"住坐处"或"行在"的意思。冬捺钵主要是避寒,猎虎,与大臣议论政事以及接受外族或外国使节朝贺。

积较大,在呼伦贝尔境内的就有 5 700 km²。这些在名义上都是林场,但实际上都是毁林的机构,并且由沙俄人掌管。在他们的残酷掠夺下,这一带的森林遭到严重的破坏。但也反映出当年这些地方森林的兴盛景象。

又据民国十九年(1930 年)出版的《兴安区屯垦第一年工作概况·林产·罕达街森林状况》称,罕达街森林,"在大兴安岭之西,将军庙址迤北一带之地",主要林木为"油松的单纯林","其他如黄花松、白桦、黑桦等,虽亦有杂生其间,但为量不多,向未经斧钺,仍保有其原始状况","森林面积约为二百方里,材积约二百万"。这些数字虽不很精确,但也可反映历史时期呼伦贝尔高平原的天然森林显然远较今为多。

1980 年,内蒙古林学院的专业人员在乌兰察布高平原四王子旗西北塔布河下游的哈沙图查干淖尔附近(东经 111°15′,北纬 40°50′),发现两片天然胡杨林,共 120 多株,面积约 8 亩[27]。这是我国分布在草原区荒漠草原带的胡杨林,也是我国分布最东的胡杨林。据说过去这里曾有过胸径 30 cm 以上的大树,在 20 世纪 60 年代后半期至 70 年代前期被砍伐,现在还残留着树木的伐根。河道两侧还有零星沙丘,沙丘上生长着柽柳灌丛①。这不仅是"三北"地区森林历史变迁上的新资料,为我们在其他地区考察提供了启示,而且为当地盐碱地造林提供了优良树种的示范,在生产上也有实用意义。

四、干草原地带的森林

在内蒙古,温带森林草原地带以西,与之接壤的是干草原地带。历史时期这里地带性植被为干草原,但在阴山山地丘陵防护林区中的阴山山地和其以南的部分丘陵等地曾经有天然森林分布。

1. 阴山山地的天然森林

如今阴山山地的森林已是残败景象,在阴山东段森林覆盖率为 6.46%,西段仅为 0.08%②。然而历史时期,阴山的天然森林广布繁茂,可从以下几个方面证实。

(1)阴山岩画所反映的数千年来天然森林的情况　文物考古工作者近年在阴山西段狼山,西起阿拉善左旗,中经磴口县,东至乌拉特后旗,东西长约 300 km、南北宽约 40~70 km 的深山沟谷的岩石上,找到千余幅岩画,内容丰富多彩,其中以动物画为最多,有:马、牛、山羊、岩羊、团羊、马鹿、长颈鹿、狍子、罕达犴、狐狸、野驴、骡、驼、狼、虎、豹、龟、犬、蛇、鹰等各种飞禽走兽[28]。罕达犴等为森林动物,马鹿、狍子等为森林与灌丛动物,岩羊等为草原动物,狐、狼、虎、豹等为肉食性动物。

从这些动物的存在(古人只有见过,才可能将它们的形象描绘在岩画上),大致可以反映出从数千年前到千多年前的阴山山地,包括狼山一带的森林、灌木、草本植物的天然分布,这里植物生长茂盛,肉食、植食、杂食性飞禽走兽出没于茂草密林之中,动植物的生态处于平衡状态,有不少天然森林,也有不少天然草原,不少野生动物。

(2)阴山以南的平原及以北的高平原的召庙等建筑物所用木材,反映的数百年来阴山天然森林的情况　阴山以南的土默特平原、后套平原的集宁、卓资、呼和浩特、土默特左旗、土默特右旗、包头、乌拉特前旗、五原、临河、杭锦后旗、磴口等市县旗,阴山以北的后山丘陵及乌兰察布高平原等地区的察哈尔右翼后旗、察哈尔右翼中旗、四王子旗、武川、达尔罕茂明安联合旗、固阳、乌拉特中旗、乌拉特后旗等旗县,明清时期,特别是清代,在这一带相继建立了不少召庙[29,30]。到乾隆年间,仅呼和浩特至少

---

① 内蒙古林学院林学系冯林 1981 年 11 月提供资料。
② 廖茂彩:《内蒙古自治区林业区划》,内蒙古自治区林业区划办公室,1981 年 6 月(油印)。

已有召庙 40 余个,大的召庙有数百僧人。

这些召庙的建筑需用大量的木料,它们的屋柱有不少是来自阴山上的数百年古树。上述召庙的广泛分布(当然还有更南一些地区较大建筑物也是取材于阴山古树),说明当时阴山林木之丰富,历史也更远久。这也是近数百年来,阴山山地有广大森林存在的有力见证。

(3)阴山残留的森林、森林动物及现在气候、土壤条件等所反映的百多年来森林的情况 阴山东段现有天然林 572 565 亩,其中白桦林 550 845 亩;阴山西段天然林 272 805 亩,白桦林 59 310 亩。阴山天然林总面积达 845 370 亩,白桦林 610 155 亩,油松林 36 690 亩。现在阴山天然树种有白桦、山杨、云杉、油松、侧柏、杜松、辽东栎、蒙椴、茶条槭、黄榆、白榆等乔木;有虎榛、绣线菊、枸子木、黄刺梅、山杏、柄扁桃等灌木[①]。

从这些残存林分可以看出百多年前,阴山的天然森林是较今为广的。现今,阴山还有狍等森林动物、石鸡等灌丛鸟类,说明历史上阴山山地的森林、灌丛等远较今天繁茂,范围也远较今广,森林、灌丛动物也较今多[②]。

据现代林业工作者的研究,现在阴山东段虽地处典型草原地带,山的下部属于半干旱气候,但海拔 1 700 m 以上的山地,即针、阔叶混交林带—针叶林带的山地,其气候近似林区的气候,适宜森林的生长和发育。又,大青山的山地土壤以褐土类为主,在阳坡分布有淡黑钙土,在集约的人工措施下,造林也可获得成功。只是在低山部分为栗钙土,不利于林业发展[31]。

(4)历史文献记载的有关阴山森林的情况 据《汉书·匈奴传》:"阴山东西千余里,草木茂盛,多禽兽,本冒顿单于(公元前 209 年至公元前 174 年在位)依阻其间,治作弓矢,来出为寇,是其苑囿也。"这是西汉元帝竟宁元年(前 33 年)中郎侯应提到公元前 3 世纪末至公元前 2 世纪末,阴山山地"草木茂盛,多禽兽"的兴盛景象,当时匈奴冒顿单于曾以这里景色秀丽而作"苑囿",植被丰富而作"治作弓矢"的基地,这与阴山岩画互相印证,充分说明古代阴山山地有广大的天然森林、广大的天然草原,并有丰富的野生动物资源。

到北魏太武帝(世祖)拓跋焘在位时,泰常八年(423 年),他的大臣长孙嵩、长孙翰、奚斤等提道:"宜先讨大檀,及,则收其畜产,足以富国;不及,则校猎阴山,多杀禽兽,皮肉筋角以充军实,亦愈于破一小国。"[32]稍后,"神䴥四年(431 年)十一月丙辰,北部敕勒、莫佛、库若干率其部数万骑,驱鹿数百万,诣行在所,帝因而大狩,以赐从者,勒石漠南,以纪功德"。太延二年(436 年),"冬,十有一月,己酉,行幸固阳(今县,在包头北),驱野马于云中(今托克托东北,当时辖境相当今土默特右旗以东,大青山以南,卓资县以西,黄河南岸及长城以北地区),置野马苑。"[33]由此可见,到公元 5 世纪,阴山山地的鹿等野生动物仍然很多,既是当时的狩猎对象,也是生活在阴山山地各游牧民族谋生的资源之一,同时反映了当时该地区森林等植被完好。

丰富多彩的野生动物,正是当时阴山山地森林草原兴旺景象的反映。北魏始光四年(427 年),"乃遣就阴山伐木,大造工具"[33],"再谋伐夏"[34]。这也可证明。

16 世纪下半叶的《夷俗记》记载:"(大青山)千里郁苍……厥木惟乔","彼中松柏连抱,无所用之"[③]。可见当时阴山山地天然森林仍然分布很广,且有不少古老的针叶林木。当时本亚区为蒙古族阿勒坦汗(1507～1582 年)所统治,到 16 世纪下半叶,阴山以南的呼和浩特地区经济已有了相当程度

---

① 内蒙古林学院林学系冯林 1981 年 11 月提供资料。

② 1981 年 11 月中旬,作者应林业部"三北"局委托,借赴内蒙古林学院到"三北"地区 12 省市林业工程技术干部短期进修班讲《"三北"地区森林历史变迁》之便,到阴山古路板林场调查访问所得资料。

③ 《宝颜堂秘籍本》引。

的发展,呼和浩特成为蒙汉杂居、农牧兼有的地区。当时山西北部一带的汉族人民为了逃避明朝政府的残酷压榨,纷纷走避口外,主要从事农耕,还有一些蒙族人也由游牧转为农耕,在这里定居,当时蒙族人把这些蒙汉杂居的村镇称为"板升"①。一直到现在,在呼和浩特市境内及其附近的一些县份,还有许多仍称为某某板升(一般都已省称为某某板)。例如笔者1981年冬曾到呼和浩特市东北20 km许的古路板林场访问。古路板地处大青山南麓,当呼(呼和浩特市)—武(武川县)公路的大沟口,林场即管辖附近的大青山。这些板升的房屋原来是用阴山的木料建筑的。后来由于阴山的林木大减,因而现今建房使用的木料也少得多了。16世纪时,阿勒坦汗为自己建筑了一个规模宏大的城郭和宫殿,称为"大板升"。整个宫殿有七重,分朝殿和寝殿,所用的梁柱和门窗等各种木料都取材于大青山。这些也都反映16世纪时阴山山地林木之多。

到清康熙三十八年(1697年),阴山还是山西木材供给地之一[35]。咸丰十一年(1861年)张曾撰《归绥识略》卷5《山川·阴山》:

> 阴山即今之大青山也,在归化城(今呼和浩特市)北二十里,东接察哈尔境,迤北而西,直抵鄂尔多斯,以黄河为界,北有数口,皆通大漠,高数千仞,广三百余里,袤百余里,内产松、柏林木,远近望之,岚光翠霭,一带青葱,如画屏森列。

同书还提到当时归化城东北及西的3个有林木的谷地,似为阴山山地的一部分。

> 红螺谷:城东北三十五里,蒙古名乌兰察布(自注:《辑要》作"五蓝义柏",音近,无定字),即四子部落等会盟所也。谷内产松柏树。
> 喀喇克沁谷:亦在蒙古名城东北四十五里,即今演放炮位之喀喇沁沟也。谷产材木,与红螺谷同。
> 黑勒库谷:在城西七十里,谷内尽松柏树。

可见到19世纪60年代初,阴山东段的大青山还有不少森林,其中针叶树颇多。

直至20世纪初,光绪三十四年(1908年)《绥远旗志》卷2《山水》还提到上述红山(即红螺谷)和黑勒库谷的针叶林。又据光绪三十四年(1908年)《土默特旗志》卷8《食货》,"其植,松、柏间生,桑、椿尤其少,榆、柳、桦、杨水隈山曲稍暖处丛焉,而杨、柳之繁如腹部。""其兽,狼、獾、狐、虎、豹、鹿及黄羊、青羊之类。向多猎者,近少材武之人矣。""其禽,……野则雉、鹳、沙鹅之属。"当时的土默特旗约指今土默特左旗、呼和浩特市、土默特右旗一带,从这里也可看出阴山东段大青山一带森林草原的景色。

历史时期,阴山山地有的部分由于是禁山,到19世纪末仍然森林茂盛,甚至到20世纪初,还是与阴山其他非封禁山的森林面貌大不相同。例如阴山东段的乌拉山,据民国二十二年(1933年)《绥远概况》上册称,

> 包头县天然森林在乌拉山,该山横贯县北境,长二百八十余里,宽三十余里。……松、柏、桦、榆、杨、柳,随处皆有,面积凡三万余顷,尤以松、柏、桦为最多。十之二三皆系成材。乌拉山之支峰,有大桦背山,有桦木数百顷,极为厚密,十之五六皆成材。光绪十九年(1893年),该山以西起

---

① 《呼和浩特简史》释道:"'板升'一作'拜牲',蒙古语,原意为房屋,引申作为村庄、小市镇,即居民点。"

火,时经半年,延烧数十里。民国六年(1917 年)乌拉山后起火,亦焚烧数月,毁林甚多,极为可惜!该山归乌拉特三公旗所有,向为禁山,内中宝藏甚富,迄今仍未开发。

据内蒙古林学院林学系杨玉琪往那一带实地考察,在沟底、荒山或杨、桦林冠下,从低山到海拔 2 000 m 以上均有很多松、柏火烧残桩,可以为证。在桦背林区铁密图两座茅庵杨树沟底(海拔 1 900 m,相对高度 900 m,距山外 20 km),还发现埋于地下仅几十厘米处的油松伐倒木残骸,表层虽已腐朽剥落,但保存下的木质部直径也达 40~60 cm。说明古代乌拉山有老林。

总之,从阴山岩画,阴山南北地区的召庙等建筑物所用木料,阴山残留的森林、森林动物及现在的气候、土壤等多方面情况,历史文献记载以及现今的实地考察综合来看,历史时期阴山山地的天然森林分布很广,且生长茂盛。

2. 阴山山地以南丘陵的天然森林

阴山山地以南丘陵主要指鄂尔多斯高平原及其东北的凉城、清水河等地。现今本亚区森林覆盖率仅 4.3%。在凉城县的蛮汗山还有天然林残存,以白桦、山杨为主,还有辽东栎、大果榆、紫椴等树种,有极少量青杆遗留在山顶部分[31]。准格尔旗的天然林集中分布在该旗南部羊市塔、川掌、五字湾等处,属神山林场管辖,共有天然林 24 000 余亩,其中侧柏 18 000 亩、杜松 4 000 亩、油松 1 000 余亩。有的分布在黄土沟壑的沟坡上,为地带性的油松林,与陕西省府谷县的天然林连成一片。其中五字湾的松树湾有棵最古老油松,树龄竟达 890 年,可称为"中国油松王"。有的分布在黄土覆盖的石质山地上,为黄土地区的山地森林[36]。暖水镇旁有许多留在土中尚未腐朽的大树根[37]。这些都是古代本亚区森林的残迹,其中有的标志着这里千百年前有面积较大的针叶林分布。在羊市塔东南 10 km 处的瓦贵庙,据说迄今还是一个尚未开垦的林区。当地森林茂密,树种有油松、榆树等 10 多种。林区素无道路,行人穿行困难。由此往西北,在东胜市东南 50 余 km 处的西召,还留有清光绪十三年(1887 年)所立的碑,碑上提到当地有苍松翠柏。直到现在,这一带侧柏、油松还是茂盛[38]。这些至少也是数百年前森林的遗迹。

又据北京林业大学水土保持系关君蔚告知,今东胜到包头间的树林召(今达拉特旗治所)有一座沙山叫响沙山,山麓有响沙寺。树林召到响沙寺之间有一片榆树林,树龄据估计为 400~600 年,树下还有榆树的更生苗。这也是古代森林的残迹。

据文物考古工作者的发掘,在达拉特旗、托克托县、清水河县、准格尔旗等地的仰韶文化遗址中,就有砍伐树木用的盘状器、砍伐器等。在托克托县海生不浪村东面的遗址,面积达 15 万 m²,遗址中有居住过的房屋残迹,这些房屋有的用树木作柱。在准格尔旗、清水河县等地的龙山文化遗址中,石器的制作技术水平显著提高,削砍器具更加锋利,提高了砍伐树木的效率[39]。反映在数千年前,准格尔旗、清水河县等地是有不少树木的,可能有森林分布。

近年来在杭锦旗东南桃红巴拉[40]、杭锦旗西霍洛才登和准格尔旗东南瓦尔吐沟出土的匈奴墓群和东胜县漫赖一带出土的汉墓,棺椁都是用原木制成的,原木直径一般为 20~30 cm,有的达 40 cm,木料都是松柏木,所用的原木数量很多,一副椁盖用原木达数十根。据研究,这些墓主都不是王侯一级的贵人,竟用了如此多的原木,可见这些原木来自附近林中。又从墓藏出土文物中见有仿鹿、虎等形状的制成品。

这些是汉代鄂尔多斯高平原东部有不少森林的有力见证。

据史念海研究,秦昭襄王为了防御匈奴人南下,曾在沿边地区修筑了一条长城,这条长城在鄂尔多斯高平原的一段是经过窟野河支流束会川而到托克托县黄河右岸的十二连城,当时还在长城外面培植了一条和长城平行的榆林,称为榆谿塞。这条榆谿塞到西汉中叶,还曾予以补缀,不过这已离开长城遗址,而到了今窟野河的上源,即到今伊金霍洛旗附近。这里如今是半干旱的草原地带,在秦汉时代却能培植榆谿塞,说明在经营榆谿塞以前,应该早已有森林[38]。

再结合汉唐文献来看,《后汉书·郭伋传》载:东汉初年,并州牧郭伋行部到西河美稷(治今准格尔旗西北),有童儿数百,各骑竹马于道次迎拜。这反映当时美稷一带有竹子生长。今准格尔西北一带虽没有竹类分布,但《新唐书·裴延龄传》称:开元年间(713~741 年),为了修建宫殿,"近山(指长安附近)无巨木",还"求之岚(州名,约指今山西岢岚一带)、胜(州名,治今准格尔旗东北十二连城)间"。联系本亚区古今一些丘陵森林、竹林分布来看,可见古代本亚区森林、竹林分布较今为广属实。

五、荒漠地带的森林

内蒙古干草原地带以西为荒漠地带,本区森林主要在"贺兰山水源林"和"阿拉善高平原荒漠"两个亚区。

1. 贺兰山地的天然森林

贺兰山地坐落在银川平原与阿拉善高平原间,为一南北走向山地,南北长 270 km,东西宽 20~35 km。以分水岭为界,东坡属宁夏回族自治区,西坡属内蒙古。土地面积 110 万亩,其中现有耕地 0.3 万亩;天然林 363 225 亩,其中云杉林 271 010 亩,油松林 63 810 亩,山杨林 23 031 亩。林下灌木主要有小叶忍冬、虎榛、枸子木等。

贺兰山林区的高山部分呈现以青海云杉和油松等针叶树种为优势的稳定林分结构,这是大自然的直接孑遗。其历史悠久,可以追溯到原始状态的森林一般特征,主要优势树种和基本群落结构一如现今。这一带森林的历史变迁只是环境变化,林线上升,林相残破,平均立木直径缩小,林木生长率低,应该是过伐林,只是低海拔山地的山杨等森林才是次生的天然林。贺兰山针叶林分中每每可见残留着众多的粗大伐根,伐桩有一人多高,直径达 1 m 以上者,其上原先残枝现多已成檩、梁之材,伐桩分布广,有的达到分水岭。有些树龄达到四五百年者,被称为"恶霸"树,是现今抚育与采伐的主要清理对象。这就有力地证实了贺兰山并非自古以来就是以中、小径材为主的残破林区。

贺兰山见诸史料记载是始于《汉书·地理志》,当时叫"卑移山"。但关于山上森林记载,则始于唐代文献中。当时因山上有树木,色白,远看如驳马,北方游牧民族语称驳为贺兰[41],是因树而得山名。可见到了唐代,山上的森林还可以称道。

西夏很重视贺兰山,驻扎重兵 5 万,人数仅次于国都兴庆府(治今宁夏银川市),是七大重兵驻扎地之一。西夏并视贺兰山为皇家林囿,李元昊不仅在兴庆府城营建"逶迤数里,亭榭台池并极其胜"的避暑宫殿,更在贺兰山上,"大役民夫数万于山之东,营离宫数十里,台阁十余丈"[42]。天盛十七年(1165 年)国戚任得敬更役使民夫 10 万大筑灵州城(今宁夏灵武县),并为他的驻地翔庆军司修更加雄伟的宫殿[42]。西夏这些建筑之宏伟,用材之粗大,可见于后来乾隆年间《宁夏府志》卷 3《地理·山川·宁朔县·贺兰山》的记载:元昊避暑宫遗址尚存,"樵人于坏木中得钉长一二尺",由此可窥其一斑。在王公贵族的带头影响下,贺兰山上大兴土木之风盛行,后来的方志记载:"山上有颓寺百余所"[43]。这些记载固然说明了贺兰山森林在西夏时遭受一段严重破坏,但又首先反映了贺兰山森林当时还是颇为壮观的,尚堪支撑如此巨大的木材耗费。

明万历末年(17 世纪初)以前,贺兰山森林元气大伤,浅山已经"陵谷毁伐,樵猎蹂践,浸浸成路"[44,45],但高山地带还一定程度地保留了"深林隐映"[46]和"万木笼青"[47]的景观。到清乾隆时,据乾隆四十五年(1780年)《宁夏府志》称,贺兰山,"山少土多石,树皆生石缝间"。这说明,可能由于贺兰山部分地区的森林迭遭破坏,以致水土流失渐趋严重,形成少土多石的现象。同书并称:"其上高寒,自非五六月盛夏,巅常戴雪,水泉甘洌,色白如乳,各溪谷皆有。以下限沙碛,故及麓而止,不能溉远。"说明山顶林木尚不少,有利涵养水源,因此冬季积雪颇多,到夏季高温期才融化成水,尚能到达山麓。这些情况与今大不相同,都反映200年前,贺兰山的森林也较今多,因而当时的生态环境也较今为好。更值得注意的是同书指出,"山后林木尤茂密",说明当时贺兰山西坡的森林较东坡的更好。这固然由于西坡为阴坡,较冷湿,更有利于森林的生长发育;但更主要的是在于西坡开发较晚,当时人口远较东坡稀少,且主要为牧区,古代山上森林受人为活动的影响似较小,保护得较好。

总之,对贺兰山现有天然林的溯源及历史文献的有关记载,都充分说明历史时期贺兰山为荒漠地带山地的天然森林所广泛覆盖,西坡林木尤茂密。不仅向山地以东银川平原和山地以西阿拉善高平原人民提供丰富的森林资源,并且在涵养本山地及山地以下部分荒漠地区的水源等方面作用也很大。如今,由于历史上长期屡遭破坏,山地森林面积大大缩小,使得森林资源大减,水土流失日趋严重。贺兰山南段黄渠口,20世纪60年代以来客观上起到封山育林的作用,沟底杂灌郁郁葱葱,坡上树木向坡下延伸,许多地方林木又恢复了青春,多种野生动物也再次繁衍起来了。

2. 阿拉善高平原荒漠的天然森林

阿拉善高平原的植被以荒漠类型为主,但河流沿岸和湖盆周围水源较多处,也有一些天然森林分布。如今森林覆盖率仅0.62%,有天然胡杨林、柽柳林、沙枣林、琐琐林等。这里水草丰美,畜群相对集中。

历史上本亚区森林分布应该较今为广,据《史记·匈奴列传》《汉书·匈奴传》及居延木简等记载,出土文物,以及该地区保留的烽燧、城墙、居民点、井渠、耕地等遗迹,充分说明本亚区西北部的居延地区为西汉时的重要垦区,当时这一带有个大湖——居延泽,在今苏古诺尔和嘎顺诺尔的东南方,它的上源为距其南200 km外的祁连山上的雪水。祁连山的积雪融化,汇为黑河,流为弱水,现亦称额济纳河,一直向北偏东,穿过沙漠和戈壁,在古代注入居延泽。古居延泽现在已经接近干涸,弱水下游西移,注入现今的苏古诺尔与嘎顺诺尔,古今环境大不相同了。

西汉武帝出兵河西走廊,打通了"丝绸之路",并建立了武威、张掖、酒泉、敦煌4郡。太初三年(前102年),汉王朝为了保卫"丝绸之路",就将弱水下游直到居延泽边的三角洲建为军垦区,北、西、东南三面有军事防线包围起来,在居延泽的西面兴建了居延城,为这一地区的统治中心。汉代的居延属国、居延城、居延侯宫和东汉建安的西海郡等都在此范围内。当时这一带水源丰富,不仅水草丰美,沿河地带的胡杨林、柽柳林也应是茂密的,因而农业兴盛,出产的粮食能够满足驻军的需要。以后经过多次变化,其中比较重要的是西夏(威福军)及元(亦集乃路)的垦区规模较两汉为小,其主要城市——黑城,坐落在居延城的南面。到元末明初的战争中,黑城被毁,水源断绝,垦区也随之废弃。到明代中叶,因为经济活动以河西走廊本身为主,弱水下游的灌溉水源大减,加之河流挟带泥沙的淤积,使得东支河床淤高,因而河水向地势较低的西支流去。这样使黑城垦区三角洲的河床变成干涸河床,居延泽因水源补给减少而逐渐干涸。水源条件的变迁,必然影响森林,使得沿河地带的胡杨林、柽柳林等枯死,废弃的垦区也逐渐成为沙漠化的地区[48,49]。

1927年9月,徐旭生与瑞典人斯文·赫定(Sven Hedin)领导的西北科学考察团在包头到额济纳河之间旅行。经过阿拉善高平原,没有遇到常流,只有少数间歇河,胡杨林也少见,仅在9月16日遇到一片。他们在蒙古高原旅行数月几乎全不见树木,"而忽遇此,则喜出望外,真意中事"。9月27日在黑城遗址附近见到一些当时保护大城的营垒,"墙上有孔甚多,皆系当年贯木的地方,木材现存者不少,且有突出墙外二三尺者,不知何用"[1]。由此可反映古代黑城附近有森林存在。

9月28日,从黑城废墟西行,"途中颇有杨林",再过一支流,始到额济纳河干流,在河边树林中搭帐篷,"坐在帐中,望见对岸云林掩映,实为天然极美妙的一幅画图。……(在北方)实不多见,况我们在两月沙漠旅行之后,忽然遇见这样一个休息的地方,宜乎同人相见,'全欣欣然有喜色'也"。10月17~19日赴索果(苏古)诺尔附近郡王府拜会郡王,顺额济纳河而北,有时乘船,有时骑骆驼,沿途一般为森林,但也有些戈壁或流沙间断,"从杨林或红桎林穿过来,或穿过去,步步引人入胜"。有的地方,"林木较原住所更大,风景颇佳";有的河段,"河宽不过十二三公尺(m),两岸茂林深密,枝叶相交,若行'碧洞'中";有的河段,河岸"林中时闻鸟声"。并且,从新修郡王府的三四十间房屋所用木料全都由当地取材。可见,当时额济纳河下游两岸林木不少。又从离郡王府数里处,见"地下横死木颇多,既立者有一半已死,余者亦枯郁不茂"。林木的衰败景象当时已显现出,可见20世纪20年代以前森林分布当更广,生长当更好。从当时河水深可行舟,说明水源尚不小;再从"黄流滚滚"[1]来看,当时河流含沙量是不少的,这也反映了林木已遭破坏,水土流失趋于严重。

如今由于祁连山森林面积大大缩小,山地积雪、融雪、涵养水源的情况也都大大变化了,以致额济纳河的水源大减,加以其中上游农田大增,修建了不少水库,进而使额济纳河下游断流,苏古诺尔和嘎顺诺尔两个湖面也大大缩小,额济纳河下游的胡杨林、桎柳林等有不少枯死。因此,对祁连山水源林如何护养栽植,对额济纳河整个流域的林业如何规划,是青海、甘肃、内蒙古等省(区)不容忽视的问题。

六、森林变迁的缘由

森林的变迁,除了植物种类自身适应能力的差异而外,主要是由于自然环境与人类活动的影响。

1. 自然环境的影响

森林的出现先于人类的产生,内蒙古天然森林的分布同样首先是由于大自然的天造地设。在第四纪最末一次冰期以后,青藏高原的隆起,我国阶梯状地形特点,使暖湿气流因距离较远、地形的影响等,难以达到西北内陆,造成内蒙古由东向西降水量逐渐减少,因而相应地由东向西呈现出森林地带、草原地带和荒漠地带。虽然在3个地带都有天然森林分布,森林覆盖率却是呈递减趋向。我国历史时期气候由温暖向寒冷的阶段性变迁过程中,呈现明显的气候带南移[2],使得内蒙古森林中的一些适宜较暖环境的阔叶树种逐渐南移,或在本区消失;同时,针叶树种(尤甚是北方针叶树种)增多、扩大,在相当长时期保持着完好状态。

灾害性气候、林火、火源变化、严重的病虫害等无不损害着森林的完好,直至今日,它们仍然对森林构成极大的威胁。

1987年5~6月间,人为引起、燃烧了28天的大兴安岭特大林火,初步估计过火面积100万 hm²,其中森林面积约65万 hm²,烧毁贮木场存材75万 m³,损失的木材约占全国木材产量的2%,还有大量其他人、财、物损失[50]。这是近几十年来最严重的森林大火,那里的落叶松和樟子松需100~140年才能成材。

前述乌拉山以西1893年发生森林大火,"经半年,延烧数十里";1917年"乌拉山后起火,亦焚烧数

---

① 徐旭生:《徐旭生西游日记》,西北科学考察团。
② 文焕然、文榕生著:《中国历史时期冬半年气候冷暖变迁》,科学出版社1996年版。——选编者(2006年)

月,毁林甚多"。贺兰山森林历史上火灾频繁,但因山高坡陡土层薄,遗址难以留存。已发现的6处古炭迹中,海拔最低的达1 680 m,火灾发生最早的距今4 000±77年,经鉴定炭核,全为针叶材炭。历史上发生的林火一般只能靠其自生自灭,焚烧达"数月"、"半年"之久,既说明当时森林面积之大,也反映损失之惨重。

森林有涵养水源之功能,但林木生长又离不开水。贺兰山、祁连山的森林面积大大缩小,造成河水大减、断流现象。额济纳河上中游的河水分配不当,更加剧了其下游东、西河的缺水,苏古诺尔和嘎顺诺尔两湖面积大大缩小,河流下游沿岸的胡杨、柽柳林等枯死不少,沙漠化的危险在逼近。森林、草原的消亡之日,便是沙漠化的开始之时。黑城的兴衰,就是显著的例子。

严重的森林病虫害被称之为不冒烟的森林火灾。人工纯林、生态环境失去平衡等,都使森林抵御病虫害的能力减弱,一旦遭受病虫害的袭击,往往造成大面积的危害,损失同样是巨大的。仅20世纪70年代中期以来,每年因各种病虫为害,至少要损失1 000多万 m³ 的生长积材。目前,全国尚有60%的受害林木未能得到及时的防治[9]。

2. 人类活动的影响

森林是人类的故乡,然而人类在相当长时期都没有意识到:毁灭森林就是断送人类生存的前途。

人类在早期,数量尚稀少,并且以采摘和狩猎为生,对森林等天然植被并不造成直接的或显著的危害。随着人口的不断增加,人类活动能力不断增强,对森林变迁的影响力增大,成为不可忽视的重要因素。

西辽河平原森林的变迁即是一例。西辽河平原的天然森林草原的开发历史很早,从奈曼旗、库伦旗、科尔沁左翼后旗、通辽县、开鲁县、科尔沁左翼中旗和扎鲁特旗等处先后发现许多富河文化和红山文化遗址,说明在距今四五千年前,西辽河一带开始有原始农业。原始农业的出现,意味着人类对天然植被(森林、草原等)有着较显著的影响,用栽培植被来取代天然植被。据历史文献记载,辽代以前的6~7世纪时,人们在潢河(今西拉木伦河)与土河(老哈河)之间已"追逐水草,经营农业"[51]。10世纪初,辽代在潢河以北建立上京(今巴林左旗东南波罗城),并在潢河两岸建立了不少州县,先后迁移安置了许多被俘的汉族、扶余族等农民[52],因而农业进一步发展。到10世纪中叶,辽海地区已发展成为"编户数万,耕垦千余里"[53]的农业地区。近年文物考古工作者在西拉木伦河流域发现辽、金时代大量的文化遗址和遗址中出土的文物[54],证明当时这一带农业曾有较大的发展。现在这些遗址大多在沙区中了[48,49]。说明随着森林草原被不断垦殖,还有放牧、樵柴等活动的加剧,必然使得植被遭受较大破坏。到12世纪的金代,已有"土瘠樵绝,今令所徙之民,姑逐水草以居"[55]的地区出现,可见当时已有沙漠化问题了。

不过13世纪以后,由于元、明两代政治中心南移,本亚区农垦规模缩小,因而天然植被逐渐有所恢复,沙漠化问题也得到不同程度的减缓,这样,本亚区到17世纪上半叶的清初,又成为"长林丰草"之地。

但是生态环境趋向平衡的好景是不长的。18世纪中叶以后,清代推行放价招民垦种政策,垦殖的结果,固然短期内增加不少粮食①,然而,不合理的开垦、耕种②及樵柴等,使得本亚区的次生森林草原又遭破坏,出现斑点状流沙与固定、半固定沙丘交错分布的景象。据历史文献记载,近200多年来,科

---

① 《蒙古族简史》称:"据乾隆三十七年(1772年)统计,哲、昭、卓三盟的仓储积谷约四十万石。"

② 《黑龙江述略》卷6:"郑家屯……其地产粮食甚多……蒙古人不耐耕作,每播种下地,天雨自生,草谷并出,亦不知耘锄,一经荒芜,则移而之他。"

尔沁草原东部西辽河以南垦殖较早,如今养息牧河以北已变成流沙区域;西辽河以北农垦较晚;至于老哈河以西一带,由于是在稍为恢复的沙漠化土地上再行沙漠化,因此成为流动沙丘为主的沙漠化区域。

从内蒙古人口的变迁亦可看出,它与内蒙古的森林变迁有密切的联系(表3.1)。内蒙古的人口在3 000年前甚至不足10万人,2 000年前才达100余万人,此后的1 900年间长期徘徊在200万人左右,20世纪以来则成倍增长。内蒙古的人口增长往往以迁移增长为主,如秦汉时期汉族人迁入内蒙古,以及清代的移民实边等。移民的流动,对内蒙古人口的增减影响较大[2]。蒙古族及北方少数民族一般以游牧、渔猎为主,而移民则擅长农耕,因而移民的大量涌入内蒙古,往往造成内蒙古农牧界线的北移,并曾达到阴山以北,天然森林、草原植被为栽培植被所替代;反之,则使农牧界线南移,次生森林、草原植被有所恢复。如此反复拉锯,不仅使森林日益减少,更使今鄂尔多斯高原南部和陕北毗邻一带的毛乌素地区不断沙漠化,成为我国风沙危害严重地区之一[56]。

表3.1 历史时期内蒙古人口变迁简表

年　代	人口数量/万人	备　注
约公元前1267年(商周时期,武丁二十九年)	5～10	中部及南部的鬼方、工方匈奴人口
公元前265年(战国时期)	50以上	
公元2年(汉元始二年)	175	
公元742年(唐天宝元年)	153.3	
公元1000年(辽统和十八年)	200.8	
公元1570～1582年(明隆庆、万历年间)	179.5	
19世纪初	215	
公元1912年	240.3	
公元1937年	463	
公元1949年	608.1	
公元1982年	1 936.9	

注:据《中国人口·内蒙古分册》[2]表2～17改编。

人类的过量狩猎活动也直接或间接地危害着森林。早期的人类曾采取过"火田"(以火烧森林驱赶野兽,便于捕获)的狩猎方式,这一原始的狩猎方式不免酿成森林大火。上文多次提到帝王贵族的大规模狩猎活动,杀死捕获的野生动物则是大量的。野生动物与野生植物是相互依存而保持生态平衡的双方,一旦一方受损过重,将危及另一方。野生动物在大规模的狩猎活动中突然大量丧生,也不免使森林病虫害增加。

然而,历代统治者的大兴土木,战火的蔓延,沙俄、日寇的劫掠等,更使内蒙古森林遭受灭顶之灾。上文数次提到帝王贵族为建城池,盖宫殿、造庙宇,屡次兴师动众,大肆砍伐巨木,许多大好森林毁于一旦。官僚、富豪、巨商也趁机组织人工进山掠伐,许多原始森林被砍尽伐绝。森林是战车、武器制造的取材之地,交战各方出于战略、战术的考虑,也往往采取纵火焚烧森林的"火攻"之计,以求获胜;战后的重建与垦殖,都使森林大遭破坏。如日寇为对付大青山抗日游击队,对阴山的森林大肆焚烧破坏;为镇压中国人民的抗日斗争,把各城镇周围和交通线两侧的森林全部搞光[56]。19世纪末,沙俄靠不平等条约入侵我国,开始劫掠森林资源,搞光了黑龙江南岸数千米范围内的森林[57]。中东路的建成,沙俄更加速了对森林资源的掠夺,"铁路沿线昔日均为广大森林所被覆,自与东省铁路公司立伐木合同后,迄今不过三十年,沿铁路两侧五十里内的森林均被砍伐净尽,近更向远方采伐有达百余里之远者"[①]。这是大片原始森林毁灭的记录。直至今日,荒山秃岭仍历历在目。沙俄在本地区及东北的许多地区大规模地滥砍滥伐,并大肆掠夺这些地区的森林动物等资源[②]。随后,接踵而至的日寇更加紧掠夺森林等资源,他们同沙俄一样采取极不合理的掠夺式采伐方式,如拔大毛(指大树),采大留小,采好留坏,只管采伐,不管更新等,使森林遭到极为严重的破坏[②]。他们还大肆掠夺我国煤、金等矿产资源[①]。白(城)—阿(尔山)铁路的修筑,使日寇进一步扩大了对林木的掠夺,10 余年内,乌兰浩特、索伦、五盆沟、白狼、阿尔山等地森林被洗劫一空,至今白—阿线东段的荒山仍未恢复成林。据估计,日寇侵占的 14 年内掠走木材在 1 亿 m^3 以上,其中大兴安岭占绝大比重[③]。沙俄侵占的时间更长,劫掠的木材不会低于日寇。

七、结 语

通过整理分析历史文献,结合地理、考古、动物、植物、林业、人文等方面的资料,辅以一些地点的实地考察访问,综上所述,我们可以明确以下几点:

其一,历史上内蒙古的天然森林的分布近似今天,即从东向西逐渐减少;然而历史上不论从整个内蒙古全区来看,还是具体到各地区,森林的分布范围远较现在为广,林木生长较今茂密,生态环境也较今优越。

其二,内蒙古的森林变迁经过数度的广阔→缩小→恢复→再缩小→有所恢复的反复。森林最后的大紧缩约从清代至 20 世纪 40 年代末,然而各地区具体时间先后不同,程度也有差异。50 年代以来,林木又有所恢复,但其中亦有所反复。

其三,造成森林缩减的重要原因,除树种本身的适应能力大小而外,主要是由于自然环境的变易与人类活动的影响。前者的影响一直存在,而后者的作用日益增强。人类既可毁灭森林,进而危及自己的生存,也可通过自己的努力,保护和恢复森林,改善自己的生存环境,造福子孙。

其四,恢复改善内蒙古的生态环境,一定要做到因地制宜。区别不同情况,退耕还林,退耕还牧,首先从草→灌→林方面逐步恢复植被。在造林时,既要考虑长远的改善生态环境,又要满足人们近期生活、生产等方面对森林资源的实际需要,营造防护林、防风固沙林、涵养水源林、用材林、经济林等不同种类和用途的森林,以杂木林取代人工纯林。

参 考 文 献

[1] 文焕然,陈桥驿.历史时期的植被变迁.见:中国科学院《中国自然地理》编辑委员会.中国自然地理.历史自然地理.北京:科学出版社,1982

[2] 宋迺工.中国人口.内蒙古分册.北京:中国财政经济出版社,1987

[3] 汪宇平.伊盟萨拉乌苏河考古调查简报.文物,1957(4)

[4] 汪宇平.内蒙伊盟南部旧石器时代文化的新收获.考古,1961(10)

[5] 内蒙古博物馆,内蒙古文物工作队.呼和浩特市郊区旧石器时代石器制造场发掘报告.文物,1977(5)

[6] 中国科学院考古研究所内蒙古工作队.内蒙古巴林左旗富河沟门遗址发掘简报.考古,1964(1)

---

① 《历史森林史略及民国林政史料》。

② 《清季外文史料》《东三省政略》《东三省纪略》《沙俄侵占中国东北史资料》《清代黑龙江流域的经济发展》等。

③ 农林部林业局 1975 年提供资料。

[7] 汪宇平.内蒙古清水河县白泥窑子村的新石器时代遗址.文物,1961(9)

[8] 内蒙古文物工作队,内蒙古博物馆.内蒙古文物考古工作三十年.见:文物出版社编.文物考古工作三十年.北京:文物出版社,1979

[9] 中国林业年鉴 1949～1986.北京:中国林业出版社,1987

[10] 陈启汉.鲜卑拓跋部的发迹地终于找到了.历史知识,1981(2)

[11] (清)方式济.龙沙纪略.黑龙江学务公所图书科,1909

[12] (清)图理琛.异域录.上海:商务印书馆,1936

[13] (清)徐宗亮.黑龙江述略.卷 1.哈尔滨:黑龙江人民出版社,1985

[14] (清)清圣祖.康熙几暇格物编.4 集

[15] 徐曦.东三省纪略.上海:商务印书馆,1915

[16] 万福麟修.(民国二十一年)黑龙江志稿(线装本).北平(北京),1932

[17] 赵光仪.关于西伯利亚红松在大兴安岭的分布及我国红松西北限的探讨.东北林学院学报,1981(3)

[18] 圣宗纪.见:(元)脱脱,等.辽史.卷 15～17.北京:中华书局,1974

[19] 兴宗纪.见:(元)脱脱,等.辽史.卷 18.北京:中华书局,1974

[20] 地理志.见:(元)脱脱,等.辽史.卷 37.北京:中华书局,1974

[21] 克什克腾部.见:(清)张穆.蒙古游牧记.卷 3.台北:文海出版社,1965

[22] 谭其骧主编.中国历史地图集.第 6 册.上海:中华地图学社,1975

[23] (清)汪灏.随銮纪恩.见:小方壶舆地丛钞.第 1 帙

[24] 救救红皮云杉林.光明日报,1979-05-26

[25] 孔昭宸,杜乃秋.内蒙古自治区几个考古地点孢粉分析在古植被和古气候上的意义.植物生态学与地植物学丛刊,1981,5(3)

[26] 翦伯赞.内蒙访古.北京:文物出版社,1963

[27] 朱宗元.内蒙古中部草原区发现天然胡杨林.植物生态学与地植物学丛刊,1981,5(3)

[28] 盖山林.举世罕见的珍贵古代民族文物:绵延二万一千平方公里的阴山岩画.内蒙古社会科学,1980(2)

[29] 附召庙.见:(清光绪三十三年)土默特志.卷 6.祀典

[30] 戴学稷.呼和浩特简史.北京:中华书局,1981

[31] 中国科学院内蒙古宁夏综合考察队.内蒙古自治区及东北西部地区林业.北京:科学出版社,1981

[32] 长孙嵩传.见:(北齐)魏收.魏书.北京:中华书局,1974

[33] 世祖太武帝纪.见:(北齐)魏收.魏书.卷 4.北京:中华书局,1974

[34] (宋)司马光编.资治通鉴.北京:古籍出版社,1956

[35] 杨玉琪.乌拉山次生林区针叶林现状及今后发展意见.巴盟林业科技,1979(6)

[36] 冯林.古松巡礼.内蒙古林业,1980(1)

[37] 史念海.《河山集》二集自序.陕西师大学报(哲学社会科学版),1980(2)

[38] 史念海.两千三百年来鄂尔多斯高原和河套平原农林牧地区的分布及其变迁.北京师范大学学报(哲学社会科学版),1980(6)

[39] 内蒙古大学蒙古史研究室.内蒙古文物古迹简述.呼和浩特:内蒙古人民出版社,1976

[40] 田广金.桃红巴拉的匈奴墓.考古学报,1976(1)

[41] 保靖县.见:(唐)李吉甫.元和郡县图志.卷 4.关内道.灵州.北京:中华书局,1983

[42] (清)吴广成.西夏书事.影印清道光六年刊本.北平(北京):隆福寺文奎堂,1935

[43] 贺兰山.见:(明嘉靖)宁夏新志.卷 1.山川

[44] (明)陈子龙,等.明经世文编.北京:中华书局,1959

[45] (明)王邦瑞.西夏图略序.见:王襄毅公文集

[46](明)吴鸿功.巡行登贺兰山.见:(明万历)朔方新志.卷4.艺文

[47](明)尹应元.巡行登贺兰山.见:(明万历)朔方新志.卷4.艺文

[48]朱震达,等.中国沙漠概论.修订版.北京:科学出版社,1980

[49]朱震达,刘恕.中国北方地区的沙漠化过程及其治理区划.北京:中国林业出版社,1981

[50]大兴安岭森林大火全部熄灭.半月谈,1987(11)

[51]食货志.见:(元)脱脱,等.辽史.北京:中华书局,1974

[52]地理志.见:(元)脱脱,等.辽史.北京:中华书局,1974

[53]宋琪传.见:(元)脱脱,等.宋史.北京:中华书局,1977

[54]吉哲文,等.统一的多民族国家的历史见证.光明日报,1977-11-25

[55]地理志上.见:(元)脱脱,等.金史.卷24.北京:中华书局,1975

[56]文焕然.历史时期中国森林的分布及其变迁.云南林业调查规划,1980(增刊)

[57]魏声和.鸡林旧闻录.见:(民国二年)吉林地志

4 | 历史时期青海的森林

文焕然原稿　文榕生整理

青海省地域辽阔,仅次于新疆、西藏、内蒙古,是我国位居第四的省(区),面积 7 215.14 万 hm^2,约占全国面积的 13.4%。然而近代青海却是个少林省份,森林面积小,分布分散,林业用地面积 303.73 万 hm^2,占全省土地面积的 4.2%。其中有林地仅 19.45 万 hm^2,疏林地 9.4 万 hm^2,灌木林 161.33 万 hm^2,未成林造林地 2.67 万 hm^2,森林覆盖率只有 0.3%[1]。并且青海现有森林主要分布在北部、东北部、东南部及南部的局部边缘山区,因而不利于环境保护,不利于农牧业生产、工业布局及能源需求等。青海又是我国最大的河流——长江、黄河的发源地,由于森林破坏而不利于长江、黄河,特别是黄河上游水源的涵养,径流的调节,水土的保持,等等。

1981 年 9 月黄河上游百年一遇的洪水,主要是由于大气环流异常,但与黄河上游森林遭受破坏也有一定的影响,更引起举国的重视。

一、历史时期青海天然森林分布概貌

青海省人类活动的历史悠久,近年许多距今约 5 000 年以前的新石器时代遗址在青海各地发现[2~5],标志着人类对青海的自然环境,特别是对野生动植物的利用及它们的分布变迁产生越来越大的影响。

历史时期,青海的天然森林分别分布在温带草原、温带荒漠与青藏高原高寒植被区 3 个地区,以下分别叙述。

(一)温带草原中的天然森林

这里主要指青海东北部黄(青海境内黄河下段)湟(湟水)地区,指同仁、贵德、海晏稍西一线以东及门源以南,包括西宁、大通、湟源、湟中(以上属西宁市),乐都、民和、化隆(以上属海东地区),门源南部、海晏大部(以上属海北州),同仁东部、尖扎(以上属黄南州),贵德东部(属海南州)等 14 个市县的全部或部分地区。本区地带性的天然植被为温带草原,是我国广大的温带草原地带的西南部,与甘肃的温带草原毗连,但其中不少山地由于地形原因,气候比较湿润,因而也有天然森林分布。一般为森林与灌丛、草地交错分布,阴坡往往较冷湿,有森林分布;阳坡却较干暖,多为灌丛、草地。

1. 新石器时代遗址文物反映的天然森林

青海新石器时代的马家窑文化有马家窑(距今 5 000 年左右)、半山(距今 4 500 年左右)、马厂(距今 4 000 年左右)3 种类型,其遗址主要分布在大通、湟中、乐都、民和、互助、化隆、循化等县的湟水流域和黄河沿岸。其后的齐家文化遗址分布在乐都和大通,辛店文化遗址分布在民和、大通等地,卡约文化遗址在本区分布也很广。

在这些文化遗址发掘出的墓葬很多,埋葬用了木框、木棺(有的是用原木挖成独木舟式的木棺),用原木、树枝和杂草覆盖,填土,或竖插木棍和树枝封门,或洞口插木等[2~5]。许多地方大量墓葬使用了巨大的原木或木材,有力地说明了在数千年前新石器时代青海东北部的山地有天然森林广布①。

据参加乐都柳湾墓葬发掘的王杰 1976 年介绍,墓葬中所用木料有松(似云杉、油松之类)、柏、桦等,反映当时这一带天然森林以针叶林为主,与今不无相似之处。

2. 汉代文献和出土文物反映的天然森林

汉神爵元年(前 53 年),赵充国两次上屯田奏疏涉及到青海天然森林,是珍贵的史料之一。赵充国第一次屯田奏疏:

> 计度临羌(今湟源镇海堡)东至浩亹(治今青海民和与甘肃永登间),羌虏故田及公田,民所未垦,可二千顷以上,其间邮亭多坏败者。臣前部士入山,伐材大小六万余枚,皆在水次。愿罢骑兵,留弛刑应募,及淮阳、汝南步兵与吏士私徒者,合凡万二百八十一人,用谷月二万七千三百六十三斛,盐三百八斛,分屯要害处。冰解漕下,缮乡亭,浚沟渠,治湟陿(今西宁市东)以西道桥七十所,令可至鲜水(今青海湖)左右。[6]

赵充国第二次屯田奏疏:

> 臣谨条不出兵留田便宜十二事。步兵九校,吏士万人,留屯以为武备,因田致谷,威德并行,一也。又因排折羌虏,令不得归肥饶之墬(地),贫破其众,以成羌虏相畔之渐,二也。居民得并田作,不失农业,三也。……至春省甲士卒,循河湟漕谷至临羌,以视羌虏,扬威武,传世折冲之具,五也。以闲暇时下所伐材,缮治邮亭,充入金城(治允吾县,今甘肃永靖西北),六也。……治湟陿中道桥,令可至鲜水,以制西域,信威千里,从枕席上过师,十一也。[6]

综合上述两次奏疏看,可知:

(1)从"入山""伐材大小六万余枚",可见当时湟水流域山地天然林木不少;又从木有大有小,可见其中有不少是原始林。

(2)从"冰解漕下",缮"乡亭"或"邮亭","浚河渠","治湟陿以西道桥七十所,令可至鲜水左右",可见伐木地点似主要在湟陿以西至鲜水一带。又称"临羌东至浩亹","其间邮亭多坏败者",也许湟陿以东也有砍伐木材处。

(3)木材以水运,并且在战争中曾"虏赴水溺死者数百",表明当时湟水的水量远较现今丰富,从其水的涵养情况亦可反映当时湟水流域的森林资源丰富。

20 世纪 50 年代以来,对本区两汉时期墓葬的发掘显示:西宁、乐都、大通、湟中、互助、民和等地墓葬较为集中,且墓中用木料不少,西宁山陕台木椁墓使用木料达 80 余 m³(当然这是当时地方官吏的墓),也反映了汉代本区森林广布的实况[2~5]。

---

① 历史文献也曾记载青海东北部、柴达木盆地及青南高原一带的植被,如《后汉书》卷 87《西羌传》提到数千年前,传说中的舜时,羌部族人"所居无常,依随水草,地少五谷,以产牧为主"。后来,秦厉公时(公元前 476~前 443 年在位),羌无戈爱剑从秦逃回,羌人推以为豪。"河湟间少五谷,多禽兽,以射猎为事,爱剑教之田畜,遂见敬信。"这些也反映当时青海东北部等地天然草木不少,并早有原始农业。

3. 南北朝、隋、唐、宋初时的天然森林

南北朝时，分布在本区的吐谷浑：

> 于(黄)河上作桥，谓之河厉，长百五十步，两岸垒石作基陛，节节相次，大木纵横，更相镇压，两边俱平，相去三丈，亦大材，以板横次之，施钩栏，甚严饰。[①]

按：河厉就是吐谷浑在今青海境内黄河上所建的桥，所用大材及木料是不少的。反映当时附近一带有不少林木分布。

隋大业五年(609年)，炀帝亲率大军到本区与吐谷浑作战，曾"大猎于拔延山"。并曾"诏虞部量拔延山南北周二百里"[7,8]。按：拔延山在今化隆西北，处河湟之间，既在这里大猎，又命虞部测量，可见当时野生动物必不少[②]，因而也反映当时草木是茂盛的。

《元和郡县图志》卷79《陇右道》：廓州(治今化隆西南)，贡赋，开元(713～741年)贡有"麝香"；《旧唐书》卷40《地理志·陇右道》：廓州宁塞郡(治今化隆西南)，土贡，同。《新唐书》卷40《地理志·陇右道》，鄯州西平郡(治今乐都)土贡有"牸犀角"。按："牸"音"字"，牸犀角即雌犀牛的角。《太平寰宇记》卷150《陇右道·鄯州(自注："废")》，"土产"有"牸(牸)犀"。按：当时鄯州治湟水(今乐都)，唐上元二年(761年)为吐蕃所据，因此废置。麝香是麝所产，麝的栖息地以森林和灌木林为主；我们国家历史时期的犀牛有三种，其中小独角犀是比较耐寒的，即使在冬季降些雪的地区也能够生存，它是森林动物，也喜在沼泽中栖息[9]。这些野生动物的分布，正反映了隋代到北宋初本区有不少森林、灌木林，还有草地、草甸及沼泽存在[③]。

1980年9月初，笔者同青海省林业科学研究所赵广明等访问了湟中县塔尔寺。该寺建筑使用了不少木材。大金瓦殿是主殿，初建于明嘉靖三十九年(1560年)，后于清康熙五十年(1711年)扩建。尤其是大经堂，有168根大柱，其中9根，一人可抱，直径约80 cm以上，估计是300年以上的古树制成。大经堂初建于明万历三十四年(1606年)，后经扩建、重建，才具现在规模。这些大木柱应该是当时从塔尔寺附近森林中砍伐来的，可见距今千年左右以前，本区是有原始森林分布。

4. 元明时代的天然森林

元至元十七年(1280年)都实奉元世祖忽必烈命探寻黄河源，亲自观察到青海东部河湟地区及青海南部高原一带有不少自然景象。延祐二年(1315年)潘昂霄笔录了一些都实的见闻，著有《河源记》一书[④]。该书提到13世纪末，积石州(治今循化)以上黄河两岸的山都是草山、石山；至积石方林木畅茂。不过笔者认为，此"积石"不是积石州而应是积石山(即阿尼玛卿山)，因为从清代以后的记载及现今情况来看，贵德以上黄河两岸还有不少断续的森林分布，13世纪末的森林分布不会比如今还少。

明代本区天然森林的分布，不仅前述塔尔寺在明代修建时所用木材之多之大可以证明外，还有1976年在大通黄家寨大哈门村西发掘的明总兵柴柱国及其母子之墓4座可以说明。柴墓有木质棺

---

① 北魏郦道元《水经·河水注》引刘宋段国《沙州记》约公元5世纪时事。唐徐坚《初学记》大意同。

② 《嘉统志》卷269《甘肃·西宁府·山川》："拔延山：……《元和志》，拔延山在化成县东北七十里，多麋鹿……"

按：清孙星衍校本《元和郡县图志》卷39《陇右道·廓州·化成县》："扶延山，在县东北十多里，多麋鹿。"清张驹贤考证："旧志及乐史并作拔延山，官本别有专条，十里作七十里，南本从之。"

③ 《隋书·炀帝纪》大业五年，炀帝杨广率大军到本区，五月丙戌，"梁浩门，御马度而桥坏，斩朝散大夫黄亘及督役者九人"。当时在浩门建桥，史虽未明言用木材，但从上述汉赵充国修缮道桥和南北朝时吐谷浑建桥都用了不少木料来看，隋修梁浩门桥也必用了木料。从此可以反映出当时这一带有森林分布。

④ 逊敏堂丛书本，中国科学院图书馆藏。

椁,椁为松木质(可能是云杉、油松之类)[2~5],也反映当时大通有针叶林分布。

据《明一统志》卷37《陕西·陕西行都指挥使司》"土产"部分,西宁卫(治今市)出产有"马鸡:嘴脚红,羽毛青绿",说明当时产蓝马鸡;此外,还有"山鸡:顶黑毛,羽斑色"。按:蓝马鸡和山鸡都是森林和灌木林中的野生动物,它们的存在正反映当时本区有不少乔、灌木林分布。

5. 清代文献反映的本区天然森林

清代文献对本区天然森林情况记载较详细、较具体。按当时本区天然森林的分布,约可分为湟水流域和黄河上游下段2个亚区。

(1)湟水流域亚区　湟水流域诸山有林的,据清代文献记载,约自西而东有下列诸山。

> 翠山:在(西宁)县(今市)西八十里西石峡外,此山连延至日月山,苍翠可爱,秋时上有红叶。……余(杨应琚)名之曰翠山。[10]

宣统二年(1910年)《丹噶尔厅志》又提道:

> 翠山在(丹噶尔厅)城(今湟源县)正南四十里,一字连锁,连峰插天,清奇秀丽,有纤月笔架之形,共十二峰,皆笋削挺立,春秋冬三季,积雪不消,土人称谓华石山……湟水经其西……今则此山间有山豹,猎者每获之焉。

可见直到本世纪初,翠山一带还有一定面积的林木分布。

湟源县柏林寺所在山,"柏林寺:在城西四十里,翠柏参天,浓荫蔽地,山巅寺迹尚存"[11]。可见此山在19世纪末以前有不少柏树分布。

> 瀑布山:在城西二十五里阳坡沟,山腰有泉,悬流而下,势如瀑布。又绿树荫浓映带……①
> 隔板山:在城西二十五里,叠嶂嵯峨,高山云表,万树排列,如隔如架,故名。[11]

宣统二年(1910年)《丹噶尔厅志》则载:

> 隔板山在城西南丁未方四十五里,东科寺北山……山坳万树排列隔架,山阴戴角之鹿,囊香之獐(即麝),往往而栖止。

二书所载隔板山距城的距离不同,这是由于所指地点有差异之故。但记载的动植物情况反映出林木茂盛。

札藏寺与柏林嘴一带的林木:

> 札藏寺小林:距城西三十余里,札藏寺对面南山垠,大小松桦共约千余林,亦禁采伐,为札藏寺僧所有之产也。附近西北相距十余里,柏林嘴地方,惟余小柏数十,无人培植,难期长养成林矣。①

---

① 清宣统二年《丹噶尔厅志》卷2《地理志·山川》,卷3《森林》,卷6《山脉》。

可见这一带过去森林面积较大,有人培植则尚有小林,否则就只有稀疏的残存了。

东科寺一带的林木:

拉莫勒林:距城南三十余里白水河庄迤南,占地约二百亩,松桦相杂,虽有大树,而不甚茂密。此林为东科寺僧产业,偷采私伐为寺僧所查禁,故延蔓丛生,占地颇广。

药水峡小林:距城南三十余里药水峡山。阴处随在丛生,然断续相间,不甚繁殖。近年寺僧始议护持,故材仅拱把,无甚大者。树皆桦属,成林中材尚在数十(年)后也。

东科寺南山林:距城南五十余里东科寺南山,内占地约二百亩,松桦二种大树最多,松尤盛。其根之径有二尺余者,然以柯条横生,自根至顶,不折一枝,故盘曲臃肿,粗糙多节,木材反致不佳。盖僧俗以寺前树林为供佛之品,故自建寺至今,未经斫伐,葱茏特甚。番僧喜培森林,此林近寺,培植尤易也。①

反映了这一带历史上天然林应更广阔茂盛,受到保护的森林尚可见其原始面貌,保护不力的则林相残败。

曲卜炭小林:距城南十里曲卜炭庄南山垠,占地约十余亩,林甚茂密,树亦略大,可比响河尔。林中起小庙一间,此庄父老奉此林为神树,不敢采其条枝。相传伐木有祟,故护持惟谨,林虽小而颇茂者以此。①

八宝山:在城东北里许,向东连续延绵数十里,直出西石峡外,北界西宁县属之拉沙尔陕(峡),皆此山一脉,色相宛同,形势陡峻,壁立千仞,冈陵重叠,崖涧纵横,怪石巉岩,苍翠可爱,土人称为北华石山。①

西石峡:在厅城东五里入峡口。府志所谓戍峡。其曰西石峡者,特自郡城言之,沿土人俗呼之便耳。……故西宁兵备道鄂云布有海藏咽喉之题。而河南峰峦,白杨、红桦之属,不种自生,可培之森林二十余里,皆是。惟响河尔、阿哈丢两处,特称蓊郁,远岫烟雨,白云红叶,宛然画中美景也。前任同知黄文炳有山高水长之句。①

响河尔林:距厅城东十五里响河尔庄,湟水南山坡,自垠至顶皆是,占地纵横约四十亩,树高一丈至二丈余,根径五六寸至八九寸。峡中林木,此为最大。然只桦一种。材中车□②头者亦鲜。迤东山坡,又有一林,占地约十余亩,树虽不大,而茂密整齐,培护得法,繁殖可望。此二林为响河尔一庄公同产业,及众人鬻伐,以济公用,私家不得采取。①

阿哈丢林:距城东十里湟水南阿哈丢庄南山塆。自山垠至岭,纵横占地约二百余亩,树株高丈余,根径一二寸至四五寸,而稀疏不甚繁殖。有桦、杨两种。迤东南灰条沟口又有一林,占地可四十亩,亦颇繁殖,而树株不甚高大。此二林皆附近田土,农家所有,以数户之力保护扶直(植),不能禁偷采者之纷至沓来也。毗连南山一带,遍地萌蘖(蘖),特以保存之南(难),而森林转少也。①

以上几处林木面貌是与保护情况相关的,历史上森林分布的状况仍依稀可见。

---

① 清宣统二年《丹噶尔厅志》卷2《地理志·山川》,卷3《森林》,卷6《山脉》。
② "□"为原书字不清者,下同。

　　鳌头山:在城东二十里西石峡河北,响河尔东,奇峰兀起,形似鳌头。临河一湾,如锦屏环插,烟岚隐约,苍翠欲滴。……峡南北诸峰之秀,以此山为尤最也。[①]

　　隆藏林山:在(西宁)县东南一百四十里,多松木。[10]

按:隆藏林山即今湟中县群峡林场一带。

　　大通县的峡门山(大通西北 20 km)"树木扶流,水声激沸",大寒山(即今达坂山,在大通北 20 余km)"茂林流泉",松树塘(在今达坂山麓)"青松茂草,怪石流泉",拔科山(大通北 25 km)"多溪涧,民间以为畜牧之地,巅多林木"[10]。

　　我们 1980 年 8 月底到这一带调查访问,先过峡门山之东,见此山已基本无林,只有草地灌丛;再到松树塘(今宝库林场),道旁山地仍有些天然林分布;从峡门山往北到松树塘的山地为达坂山,如今森林断续分布,许多地方已垦殖到山腰,甚至到达山顶,面貌大变。

　　大通卫治永安城西北的柏树塘,"遍生柏木,与松树塘之松,堪并匹焉",燕麦山(在大通东 30 km)"山长亘五六十里,其山多松"[①]。燕麦山森林在清代原属郭莽寺产,雍正元年(1723 年)寺被焚毁;雍正十年(1732 年)重建,改名广惠寺,附近山林即为该寺产。1943 年《青海志略》:

　　　　该寺对面一带山岭森林约有数十百里,尽系松柏,大者可数抱,均为寺产。其已垦熟之田约有四万余亩,其未垦之荒地与山地为数甚多。

　　1980 年 8 月我们访问这一带时,广惠寺现为峡东林场办公处,该场现为大通县最大的林场。访问之日,正值雨后天晴,云杉郁闭成林,连绵不断,野鸟飞翔;林外草地灌丛,一片绿茵,黄色蘑菇点缀其间;溪水潺潺,景色宜人。这与湟水流域广大童山,迥然不同。林场虽距西宁市数十千米,仍有不少人乘车来此旅游。

　　五峰山(在西宁北 40 km)"山胁左右有大泉二,余泉不计焉,林壑之美,最为湟中胜地","沿溪多椵、柽木,族(簇)生交阴,上多鹍莺声。……兹山高而锐,峰众而多穴,有泉流以益其奇,烟云以助其势,草木禽鸟以致其幽"[10]。明万历二十四年(1596 年)都御使田乐与兵备道副使刘敏宽即始在五峰山设厂冶铁[12,13]。然百余年后五峰山仍有林,有鸟,泉多且水充沛;更说明历史上这里林木之繁茂。五峰山下的平谷,"两溪交流,草木畅茂"[10],也反映了当时植被尚良好。至 20 世纪 40 年代末,五峰山的林木仅存数十亩,如今此山在互助西部,接近大通,仍有一定面积的林木分布。

　　涌翠山,又名加尔多山(在大通北 30 km,今互助五峰寺一带),"其上多产林木,夏秋望之蔚然";阿刺古山(今乐都东 50 km),"有林木,山顶平坦,可以耕牧"[10],如今还有面积不大的山杨林;九池岭(今乐都古鄯南),"上多松、杉,野花秀丽可爱,下有泉九眼"[11],现古鄯仍有残林。

　　清末,城市中的古树等也可反映历史上天然林的一些情况,如冯燨(清碾伯知县)《凤山书院碑记》提到道光二十一年(1841 年)书院内,"古树荫翳,花竹丛植"。又有圃,"桧杏交柯"[11]。说明当时碾伯(今乐都)城树木高大,且多,可成林。

　　现今,互助的森林资源还很丰富,森林面积约 120 万亩,北山是该县最大的天然林区,生长着松、柏、杨、桦等树种,栖息着獐、鹿、熊、狐等野生动物。门源是半农半牧区,农区面积 1 900 余 km²,牧区面积 3 900 余 km²,深山丛林中有大量野生动物。

---

　　① 　清宣统二年《丹噶尔厅志》卷 2《地理志·山川》,卷 3《森林》,卷 6《山脉》。

总之,上述森林只是历史存留下的一部分而已,结合清代以前的情况来看,可知历史上湟水流域的天然森林分布应更广。

(2)黄河上游下段亚区 本亚区指青海境内龙羊峡以下黄河流域的森林,亦即清代贵德所、厅(治今县)和循化厅(治今县)的森林。

《厅志》[①]:"旦布山:在多巴寨,厅治西南一百八十里,林木茂盛。"后则未提林木。[11]

《厅志》:"达任山:在多巴寨,厅治西南一百八十里,林木茂盛。有达任寺。"后称"山多大木,上有达任寺"。

《厅志》:"速右山:在沙卜浪塞(寨),厅治西南一百八十里,林木茂盛,有叶冲寺。"后来称:"山多大木,上有叶冲寺。"[11]

《厅志》:"角木山:在错勿日塞(寨),厅治西南一百七十里,有小林。"后则未提森林[11]。

《厅志》:"多力山:在加卧寨,厅治西南一百六十里,林木茂盛。有卡错寺。"按:多力山即今大力加山。后文章未提林木。[11]

《厅志》:"迨赫弄山:在加卧寨,厅治西南一百六十里,有树木。"按:迨赫弄山即今德恒隆。后则未提这一带树木[11]。

《厅志》:"元固山:在查汗大寺□,厅治西六十里,有小林。"后称"山多大木"[11]。

《厅志》:"撒弄山:在旦郡庄,厅治八十里,林木亦盛。"后亦称"山多大木"[11]。

《厅志》:"宗务山:在下龙布寨,厅治西八十里。下临黄河,所谓宗务峡也。山广博,林木茂盛。自建循化城,凡有兴作木植,皆资于此。城内外人日用材薪亦取给焉。浮河作筏,顺流而下,高一二丈,围皆三四寸许,坚实不浮,斧以斯之,悉供薪火,移之内地,皆屋材也。"后称"林木茂盛,居民薪材多取给焉"[11]。按:宗务山即今宗吾占郡。

《厅志》:"泥什山:在哈家寨,厅治南三百三十里,有小林。"后却"山多大木"[11]。

《厅志》:"寨木力山:在哈家寨,厅治南三百三十里,有小林。"后亦"山多大木"[11]。

《厅志》:"料东山:在火力藏寨,厅治二百五十五里,有树木。"后同样"山多大木"[11]。

《厅志》:"观音山:在火力藏寨,厅治南二百里,有树木。"但后未提此地树[11]。

《厅志》虽记载有林之山15座,但纂志者称:"皆未及躬履其地,图籍亦无所考,询各寨歇家而录之,名实或不无错误,当徐为访核。"[①]从前后近百年的记载判断,达任、速右、元固、撒弄、泥什、寨木力、料东等七山似为历史上有天然林分布;宗务山前后都记载"林木茂盛",也相类似。其余七山则仅早期记载有林木。

今化隆县一带在史籍中也见有林记载。

"砍圪塔山:在(碾伯)县南一百九十里,后有林木。"[10]该山似在今乐都与化隆间,或在化隆境内。

"顺善林山:在(西宁)县东南一百七十里,产松、桦木。"[10]此山即今化隆的雄先林场。

"泉集山:在城西南一百二十里,林木丛杂。"[11]清代巴燕戎格厅治今化隆县。

循化周环小积石、大力加、宗务等山,全县海拔平均2 300 m,境内山峦叠嶂,滚滚黄河经尖扎流来,此外尚有清水河及街子河,水源丰富,适宜林木生长。今其境内的孟达山仍有保存完好的原始森林,并于1980年建立了保护森林生态系及珍贵树种的孟达自然保护区。历史上这一带森林当更多,但循化处农牧交界线一带,加之清中叶以前此地屡历战乱,到雍正七年(1729年)筑循化城时,附近已缺木材,需从100 km外取所用之材:"上龙布(似今冬果林区)白佛番子地方有大林木……从河扎筏顺

---

① 此处指清乾隆五十七年(1792年)修,道光末年增补《循化厅志》卷2《山川》。

流而下"[14]；乾隆十二年(1747年)化隆乩思，"上下三十余里，山坡高险，林木丛生"[10]；乾隆五十七年(1792年)的循化，"今起台、边都城一带山上无树木"，但循化附近10处渡口用"木洼"①渡人。

综此，可见：①本亚区到清中叶仍有多处天然林，并有直径1m左右的巨木可为"木洼"或木筏，在此之前天然林当更广；②筑循化城取材自100km外，而前述旦布山等七山绝大部分距厅治75～85km，可见它们的林木较少或消失较快，致后来未再提及；③本亚区森林的大量迅速消失，主要起自清中叶，人为破坏是一个主要原因；④在地形险峻，交通运输不便的黄河支流、支沟、沿岸等处还保存有较大的森林。

总之，历史时期青海东北部地带性植被为温带草原，但是山地由于地形关系，气候较冷湿，有不少森林。直到18世纪上半期，西宁府(约包括今青海东北部贵德以下黄河流域的大部分地区，日月山以下湟水流域及大通河下游等地)一带的乔木有：柳(自注：尖叶、鸡爪2种，尖叶木坚细，可为器)、白杨、青杨、檀、榆、楸、桦、柏……松(自注："2种")、柽(自注："可为矢")等；草本植物有沙葱、野韭、大黄、麻黄、羌活、红花、大蓟、小蓟、荆芥、茨藜、柴胡、升麻、甘草、秦艽等，此处还有竹类、蕨类，等等[10]。足见古代本区一带山地以针叶、落叶阔叶林为主，还有草甸、草原及竹林，与今不无相似之处。

(二)温带荒漠中的天然森林

1. 祁连山地的天然森林

祁连山地处于青海柴达木盆地、青海湖盆地及湟河谷地与甘肃河西走廊之间；在行政区划上，是在青海的海北、海西州及海东区与甘肃的酒泉、张掖、武威等区之间。祁连山在古籍中有"祁连"、"雪山"、"天山"、"白岭山"、"南山"等称呼。

至今，祁连山地仍有原始林、过伐林及一些千年左右的祁连圆柏[15~17]，这些都充分证明历史时期祁连山地，特别是在青海境内部分早有天然森林分布。

古籍虽大多只记载河西走廊祁连等山的森林植被，很少具体提到青海部分的情况，但由此还是大致可推断当时青海祁连山地的情况。

有关祁连山地森林的史料，可追溯到公元前2世纪，匈奴曾达到这一带②，祁连山地成为他们的重要畜牧基地。元狩二年(前121年)汉武帝派兵攻下河西走廊，赶走了匈奴，相继设置了酒泉、武威、敦煌、张掖4郡[18]，打通了"丝绸之路"。匈奴失掉了祁连山地，悲歌："亡我祁连山，使我六畜不蕃息"③，可见当时祁连山地在畜牧业上作用之大。

祁连山地迄今仍是我国西北重要的畜牧基地之一，不仅由于其植被垂直带上既有山腰以下的草地，又有高山草甸和草地，并有终年积雪的冰川，水源丰富，而且在于山腰有广大的山地针叶林，这有利于积雪，涵养水源，使这里自古以来森林茂密，水草丰美，成为重要的畜牧基地。

南北朝(420～589年)时《西河旧事》称：

---

① "木洼"，据乾隆五十七年《循化志》称，"以整木大一围有余者为之，长可八尺，其上挖槽，人坐其中，深广约俱二尺……头尾各有一孔，以椽木贯之，或两或三，联为一如筏"。

② 《史记·大宛列传》称月氏居于敦煌、祁连之间。《后汉书·西羌传》也提到属于大月氏别种的湟中月氏胡，旧时居于张掖、酒泉之地。汉文帝初年(前174年前后)，匈奴击败月氏，月氏大部徙，河西走廊一带遂即被匈奴占领。元狩二年，汉在河西大败匈奴。匈奴北退后，汉在河西相继设置郡县。

③ 《史记·匈奴列传》唐司马贞《索隐》引。

　清张澍辑《西河旧事》(二西堂丛书本)。

　《史记》唐张守节《正义》引，"亡"作"失"。

祁连山在张掖、酒泉二郡界上，东西二百余里，南北百余里，有松柏五木，多水草，冬温夏凉，宜牧畜养。

这不仅印证了西汉初祁连山地宜畜牧的说法，更明确指出了祁连山地有山地针叶林分布。

唐到北宋初的《元和郡县图志》《旧唐书》《新唐书》及《太平寰宇记》等提到了凉州（治今武威市）、甘州（治今张掖市）、肃州（治今酒泉市）、瓜州（治今安西县东南）及沙州（治今敦煌县）五州中的一些山，它们所处地理位置在上述州县的南面，地势高耸，不少终年积雪，初称为"雪山"[①]、"天山"[②]、"白岭山"[③]、"祁连山"[④]，可见它们都是祁连山地的一部分。这些山，有的"夏涵霜雪，有清泉茂林，悬崖修竹"[19]；有的"多材木箭竿"[20]；有的有"松柏"[21]；有的"美水丰草，尤宜畜牧"，有鹿类等野生动物[22]；有的"上有美水茂草，山中冬温夏凉，宜牛羊，乳酪浓好"[④]。可见当时祁连山地有茂密的山地针叶林，丰富的水草，尤宜畜牧，饶野生动物资源。

清顺治（1644～1661年）《甘镇志》与乾隆八年（1743年）修、嘉庆（1796～1820年）重修的《清一统志》及乾隆后清代历朝凉、甘、肃等府县对祁连山地的森林、树种及野生动物记载较详，我们将位于这些府县以南、东南、西南及西，地势高耸，终年积雪的山[⑤]，都作为祁连山地的一部分。约有：

棋子山、樟子山："在［平番县（今永登县）］城西二百里，两山相连，崎岖险峻，密松四围"，是少数民族居住区。清雍正元年（1723年），清军镇压少数民族时，曾"用大斧砍伐树木"[23]。

石门山：（古浪）县东南五十里，石壁相向若门，松柏、寺观层布，一县胜景。[24]

（古浪县）黄羊川东南石门排立，峡中水流，两山松涛与波声相应，琳宫绀宇更参差山麓间……[25]

黑松林山：（古浪）县东南三十里，昔多松，今无，田半。[24]

（古浪县）南三十里，为黑松堡，昔则松柏丸丸，于今牛山濯濯。[26]

第五山：（武威）县西一百二十里，炭山堡西南，清泉茂林，悬岩石室，昔隐士所居，尚有石床、石几诸遗迹。[27]

武威市天梯山丘藏寺：峰峦耸起，树木荫蔽。[28]

云庄山：（永昌）县东南五十里，丰林茂木，时有云气笼罩其上。[29]

---

① 《元和郡县图志》卷40《陇右道下》载：凉州姑臧县（今武威市凉州区），"姑臧南山：一名雪山，县南二百三十里。"甘州张掖县（今张掖市甘州区），"雪山：在县南一百里，多材木箭竿。"瓜州晋昌县（今安西县东南），"雪山：在县南六十里，积雪夏不消，东南九十里，南连吐谷浑界。"

② 《旧唐书》卷40《地理志·陇右道》："凉州天宝县（今永昌县），县南山曰天山，又名雪山。"

《太平寰宇记》卷152《陇右道》：凉州昌松县（今古浪县西北），"南山，一名天山，一名雪山，山阔千余里，其高称是，连绵数郡，美水草，尤宜畜牧。"

③ 《太平寰宇记》卷152《陇右道》：凉州昌松县白岭山，"在（昌松）县西南，山顶冬夏积雪，望之皓然，乃谓之白岭山"。

④ 《元和郡县图志》卷40《陇右道下》：甘州张掖县，"祁连山：在县西南二百里张掖、酒泉二界，上有美水茂草，山中冬温夏凉，宜牛羊，乳酪浓好，夏泻酥，不用器物，置于草上不解散……"

《新唐书》卷40《陇右道》：甘州张掖县有祁连山。

《太平寰宇记》卷152《陇右道》：甘州张掖县祁连山与《元和郡县图志》相类似。

⑤ 清顺治《甘镇志》："祁连山：［甘州五卫（今张掖市甘州区）］等城南一百六十里，连亘凉□（甘），东西延袤千余里，本名天山，匈奴呼天山曰祁连，故名，又名雪山。"

清乾隆十四年（1749年）《五凉考治六德集全志》卷4《古浪县志》："天梯山：县西南七十里，即古雪山，四时积雪。"清徐思靖在1744～1747年作《天梯雪霁》诗序："祁连即天梯山，东接太白，西连葱岭，四时积雪，高不可极（及），河右诸郡皆见，而在县治者玉屏耸立。"

同书卷1《武威县志》："不毛山：县东、南、西一带诸山极高处，常积雪，无草木。"

青松山:(永昌)县西南八十里,一名大黄山,一名焉支山,连跨数邑,草木蕃盛,药材杂出其中,常有积雪。[29]

祁连山:"在(高台)县南一百二十里。""此山峰峦峻极","四时积雪盈巅,如银堆玉砌,望之皎然,盛夏冰消,水灌黑河,利溥、张、抚、高、毛等县,山多野兽,草木繁茂,猎牧皆宜,矿产五金俱备。"[30]

雪山:在张掖县南一百里,多林木箭筹。[31]

榆木山:在(高台)所(今高台县)南四十里,产榆树,故名。东起黎园,西尽暖泉,延长百余里。[32]

白城山:在高台县西南八十里,石磴曲折,有林泉之胜。[33]

祁连山地:"松:生(肃州)南山中,其叶类杉,短而粗,非如内地长针。"[34]按:此"松"似为青海云杉。"柏:生(肃州)南山。"[34]"松:产(东乐县,今民乐县)祁连(山)中,有高六七丈,大数围者。"[35]"松:针叶乔木也,生(高台县)祁连山中,四时青翠可爱,干直而坚,为建筑良材。"[36]张掖祁连山"山木阴森",大的"逾合抱"[37]。

以上记载反映祁连山地历史上有天然山地针叶林。

正由于清代祁连山地森林仍然相当广布,富水草,不仅有利于山上畜牧业发展,而且冰雪融水,供给山麓绿洲水源。

祁连山:在(东乐)县(今民乐县)城南一百二十里……洪水、虎喇大、都麻等河皆发源于此。冬夏积雪,望之皎然。山中美水草,利畜牧。匈奴歌曰:"失我祁连山,使我六畜不蕃息。"盖谓此也。[38]

甘州少雨,恃祁连积雪以润田畴。盖山木阴森,雪不骤化,夏日渐融,流入弱水,引为五十二渠,利至溥也。[37]

清嘉庆七年(1802年)苏宁阿《八宝山(甘州南之祁连山)松林积雪说》进一步阐述:

甘州人民之生计,全依黑河(弱水上游)之水。于春夏之交,其松林之积雪初溶(融),灌入五十二渠溉田。于夏秋之交,二次之雪溶(融)入黑河,灌入五十二渠,始保其收获。

若无八宝山一带之松树,冬雪至春末,一涌而溶(融)化,黑河涨溢,五十二渠不能承受,则有冲决之水灾。至夏秋二次溶(融)化之雪微弱,黑河水小而低,则不能入渠灌田,则有极旱之虞。

甘州居民之生计,全仗松林多而积雪,若被砍伐不能积雪,大为民患,自当永远保护。

可见祁连山地的森林状况之优劣,关系到环境与生态,更关系到山下的广大地区人民的安危。然而,那里的森林还是遭到较大破坏,80多年后的光绪十六年(1890年):

设立电线,某大员代办杆木,遣兵刊(砍)伐,摧残太甚,无以荫雪,稍暖遽消,即虞泛溢。入夏之雨,又虞旱暵。怨咨之声,彻于四境。[37]

这概括地总结了祁连山地森林破坏带来的一系列危害之典型例证。

总之,祁连山地的森林不仅影响当地的农牧业生产,同时还影响到山地以北甘肃河西地区,内蒙古高原西部以及山地以南的柴达木盆地、青海湖盆地等的农牧业生产。所幸的是目前祁连山南坡和大通河中下游还保存有大面积的天然林,据调查,主要是次生林,乔灌木林面积为 36.29 万 hm²,林木蓄积 550 万 m³,以寒温性针阔叶林为主,主要树种有青海云杉、祁连圆柏以及青杆、油松、桦、山杨等[1]。因此,保护与发展祁连山地的森林是迫切重要的问题。

2. 柴达木盆地的天然森林

柴达木盆地也为温带荒漠气候,但天然森林分布较少。记载这一地区的历史文献资料不多,20 世纪才见有文献提到这里的森林。《青海志略·林业》提到都兰(似治今乌兰)、巴隆、宗巴等地有森林分布[39]。如今柴达木林区面积还有 8 万多 hm²,其中有林地 1.9 万多 hm²,主要分布在希里沟(属乌兰县治)、香日德(今属都兰县)等 6 地[40]。乌兰和都兰二县还有残败的原始桧柏林分布①。20 世纪 50 年代初,青海省农林厅的工作人员在柴达木盆地诺木洪以北 60 km 的艾姆尼克山麓(海拔 2 710 m)发现天然梭梭林一大片;到 1979 年调查,这片梭梭林仍达南北宽 3～5 km,东西断续长约 120～140 km,这是我国目前已知面积最大、保存比较完整的原始梭梭林②。这些都说明柴达木盆地古代的森林并不是不值一提,更不能认为历史上这里没有森林。

1959 年以来,在都兰县诺木洪搭里他里哈遗址及巴隆、香日德等地发现的诺木洪文化③,显示约从距今 5 000 年到秦汉以前,遗址有木结构房屋[41]。反映了当时这一带是有一定面积的森林分布,才便于人们取材建房。

本亚区为传统的牧业区,主要是 20 世纪 50 年代以后新开发的农业区。现有 6 000 多万亩④丰美的草原和 300 多万亩肥沃的可耕地。森林以梭梭、白刺等灌木林为主,也有部分圆柏、云杉等乔木林,野生动物主要有野牛、野驴、黄羊、石羊、猞猁、扫雪、旱獭、草猫、狐、熊、麝、獐(麝)、豹及天鹅、野鸭、雉等[13]。据最近调查,这一带的柽柳、沙拐枣、胡杨面积有 34.77 万 hm²。1986 年还在都兰县试办了国际猎场[1]。

(三) 青藏高原高寒植被区的天然森林

本区位于柴达木盆地、祁连山地及青海东部温带草原区以南,亦即布尔汗布达山、青海南山及贵德、同仁一线以南,大致包括青海南部、青藏高寒植被区的东部。

本区地势海拔较高,山脉高度多在 5 000 m 以上,各山脉间多为海拔 4 000 m 以上的高原,为高寒的荒丛、草甸地带。仅本区东部的共和、贵南、兴海及同德一带地势较低,黄河及其支流切割较深,形成许多台地及谷地,谷地内有许多阶地,海拔在 2 500～3 000 m 之间,气候较为温暖,尚适宜林木生长。东南部长江上游支流麻尔柯河的班玛,及金沙江上游的玉树,澜沧江上游等河谷地带,海拔也较低,气温也较高,尚有不少天然林分布,其中有些迄今还保存着不同程度的原始面貌。

本区文献上有关历史时期森林的记载虽很少,但我们可以从现存原始林残迹及有关的资料来反映不同时期的森林状况。

1. 文物反映的新石器时代的天然森林

50 年代以后在海南州的贵南、共和等县及黄南州等地,先后发现了不少新石器时代遗址,出土了

---

① 青海省都兰林场 1980 年 9 月提供资料。
② 青海省农林厅 1980 年 9 月提供资料。
③ 根据诺木洪搭里他里哈遗址第五层出土的用羊毛线所织成的毛巾,用 ¹⁴C 测定距今 2 795±115 年,树轮校正年代为距今 2 905±1 040 年。可见,诺木洪文化,大体上说,其上限不会早于齐家文化,下限约在秦汉以前。
④ 1 亩＝0.066 7 hm²。

大量文物,其中有陶器、瓮棺等[2～5],反映当时人们伐木烧炭,制造陶器、瓮棺等,其燃料当取自本地林木,表明有森林存在。

但是,在已发掘的墓葬中尚未见原木之类出土,这与青海东部温带草原区墓葬中有较多的原木显然不同。这似乎与两地天然森林的多寡悬殊,有密切的关系。

2. 汉代至清末的天然森林

西汉神爵元年(前 61 年)赵充国第一次上屯田疏:"今先零羌杨玉将骑四千及煎巩骑五千,阻石山木,候便为寇。"[6]唐颜师古注:"谓依阻山之木石以自保固。"按:当时先零羌分布在湟水源头,以及今贵德、尖扎一带,后者正是青海南部高寒植被区的东北缘,地形险峻,如今还有不少天然林的残迹,印证了古代天然林较多。

东汉永元年间(89～104 年),护羌校尉贯友,"夹逢留大河筑城坞,作大航,造河桥"[42]。到刘宋吐谷浑的阿才当权时,又在龙羊峡以上的今贵南、兴海二县间黄河上建过桥。按当时"筑城坞,作大航,造河桥",所用木材必不少,这些木料当取之于附近森林,反映当时这一地区有较多的森林。

3. 本世纪以来的天然森林

1914 年,周希武从甘肃兰州,经西宁、湟源赴玉树,过大河坝后在 11 月 15 日宿班禅玉池,记述道:

> 呼呼乌兰河流域土质膏腴,水草丰美,迤东滨黄河一带。至于郭密地势较低,森林、矿产所在多有,气候温暖,开垦尤易。[43]

反映了郭密一带为滨河谷地,当时森林广布。

据调查,绰罗斯南右翼头旗,东至恰布恰河,东北至恰布恰峡,东南至保离滩,均与辉特旗地交界;南至"郭密番卡",与"郭密番"交界;西南至朵巴搭连山,与和硕特南右翼末旗交界;西至札科次汉山,与喀尔喀旗交界;西北至外莲沟,北至赛前山,均接青海。"沿河一带,树木成林,可樵可猎。""沿河林木如猬,大者径五尺余,殆千年之产,不可伐。工师往取者,先与地主标明树数议价,率众工至深林,搭工厂,逐日操锯斧入山,应造梁柱椽板等式,就其地制成,结束顺流而下。倘偶冲散飘浮,沿岸为人捞取,亦不追求,复偕地主往验,地主计其所失而偿之。"[44]从其木价之低,"林木如猬",可见这一带森林广大茂密;又从"殆千年之产",可见至少有些为原始林。

据 50 年代中期周立三等调查,

> 黄河在贵德以上两岸有林地断续分布,共 30 多处。主要分布在兴海南部加扎一带,同德拉加寺以北及西部居卜一带,贵南莫曲沟。其中 60% 为原始林,树种以云杉最多(约占 30%),龙柏次之(约占 20%～30%),及少数桦、杨。兴海南部的云杉平均胸径 30(毫米),高 15 米,最高者 40 米,每亩平均有 40 株,十分茂密。[45]

近年的调查表明,本区呈西北—东南,或东—西走向的西倾山脉、巴颜喀拉山脉及唐古拉山脉都存有大量的原始森林,以寒温性针叶林为主。西倾山南部多原始林,北部是次生林,树种有青海云杉、紫果云杉、祁连圆柏及桦、山杨等,乔灌木林面积为 24.22 万 hm²。巴颜喀拉山全部是原始森林,主要树种为紫果云杉、川西云杉、鳞皮云杉、冷杉等,乔灌木林面积为 60.58 万 hm²。唐古拉山森林主要分布在澜沧江和金沙江流域,树种有川西云杉、大果圆柏、细枝圆柏和少量桦树等,乔灌木林面积为 33.94 万 hm²[1]。

海南州的林业资源丰富,以云杉、圆柏等为大宗,在黄河两岸以及积石山北麓生长着大片原始森林,全州森林面积达 6 万余 hm²。在果洛州的班玛、玛沁等县,有大面积的原始森林,树身高大,生长茂密,面积约 4 000 余 km²,树种主要有云杉、冷杉、桦、柏、松等。玉树州的东南部有原始大森林,硕茂葱茏,以乔木林较多,灌木林次之,树种有云杉、红松、柏等。玉树县江西林区绵延 40 km,面积约 4 万余 hm²,杉林高达 20 m,直径 40 余 cm。昂欠地区的林区更大,估计有 6 万余 hm²[13]。

二、历史时期青海森林变迁概况

历史时期,青海森林变迁的总趋势,在演变形式上是按原始林→次生林→灌丛→草地→荒山秃岭的方向衰败,在林木数量上是按集中连片→断续点状→进一步缩小→残遗状态→彻底消失的方向灭绝,进而引起生态环境的不断恶化,这从自然景观的变化与自然灾害的频繁出现等方面都可以得到印证。然而,这种恶化程度并非直线式地发展,而是随着自然与人文多种因素的相互作用而呈波状起伏变化、发展。

限于资料,我们只能以青海东北部为重点,兼及其他地区;从较典型的农牧界线交替入手,结合其他,来划分森林变迁的几个阶段。

(一)汉代以前,天然森林分布最广

从距今 5 000 年左右至汉代以前,青海主要是羌人分布地区。公元前 3 世纪,秦王朝在甘肃东南部设置郡县,并迁移内地人民实边,进行屯垦。秦之疆土,"东至海暨朝鲜,西至临洮(今岷县)、羌中①,南至北向户,北据河为塞,并阴山至辽东"[46],其西界仅一部分处于今甘青交界,大部分在青海以东,以黄河为界[47]。因此,当时甘肃人口大增,不少森林和草地等天然植被面积缩小,而农作物等栽培植被面积扩大。但青海仍然主要是羌人分布区,当时秦从临洮(今甘肃岷县)向北修筑了一道长城,它正处于今甘青两省交界地区的东面,成为东面的农耕区与西面的游牧区之间的一道人为界线。

总之,本时期青海的羌人等以畜牧、狩猎为主要生产方式,当然也从事一些农业生产,但后者是次要的。就是自然条件较好的青海东部,当时也是人口稀少。因而当时青海森林和草原等天然植被虽然也受到人类活动的一些影响,但是这种影响还是很微小的。因此当时这一带的森林和草原大体保持着原始状态,是青海天然森林分布最广的时期。

(二)汉代至元代,森林面积相对缩小与恢复时期

青海省,特别是青海东北部从汉代到元代是我国农牧民族的接触地带,农牧界线历史上在这一地区屡有推移,标志着天然植被与栽培植被的多次进退。

西汉逐诸羌,始元六年(前 81 年)在青海东部置金城郡(治今甘肃永靖西北、湟水南岸,接近今甘青两省交界地区),辖境相当今兰州以西,青海湖以东的(黄)河、湟(水)流域和大通河下游以东,即包括今青海境内的破羌(治今民和西北、乐都东)、安夷(治今西宁东南)及临羌(治今湟源东南)等县[47]。

神爵元年(前 61 年),赵充国奏:"计度临羌东至浩亹(治今青海民和与甘肃永登间),羌虏故田及公田,民所未垦,可二千顷以上"[6],可见当地原有一些农田。赵充国击破先零羌,遂在临羌、浩亹之间条件较好的宽谷平川,引水灌溉,实行军事屯田,其部属万余人,屯田二百余顷,因而青海东部农田水利大进一步,农牧界线西移到临羌一带。但为时不久,翌年赵充国被召回洛阳,罢屯兵[6,48]。因而青

---

① 羌人在殷、周时部分曾杂居中原,"羌中"意即此。

海东部的农田面积又大为缩小。元始四年(4 年),置西海郡(治今海晏三角城)[①],"筑五县,边海亭燧相望"[49],屯垦区西推到湟水源头,为西汉在青海东部垦区最大时期。但王莽失败后,羌人又还据西海,郡废弃,屯兵撤,农牧界线又东移。

东汉永元十四年(102 年),曹凤上书建议要建复西海郡,广设屯田[42,50,52],被汉王朝采纳,拜他为金城西部都尉,屯田西海郡龙耆城(今海晏三角城),并修缮郡城。元兴元年(105 年)曹凤的建议付诸实施[42,50,51]。青海的农牧界线再度西移到湟水源头一带。但没有维持几年,"其功垂立,至永初中诸羌叛,乃罢"[42]。永初二至三年(108~109 年),护羌校尉曾因此徙于张掖。从此以后,西海郡地一直就不在汉朝控制之内。据研究,自东汉末年西海郡徙治于居延,直到隋炀帝复置西海郡前,青海的西海郡始终处在羌人势力范围之内[50,51]。不过三国时魏的西平郡(治今西宁市)的龙夷即治今海晏[52]。此后西晋时的西平郡[52],十六国时前赵与后赵的西平郡[53],前凉的西平郡[53],前秦的西平郡(治今西宁市)[53],后凉的西平郡(治今西宁市)[53],南凉的西平郡[53]等的西界都将今海晏包括在内。至于北魏的鄯善镇(治今乐都县)[53],西魏的鄯州、西平郡(治今乐都县)[53],北周的鄯州、乐都郡(治今乐都县)[53]等西界却在今海晏以东。看来从三国魏到十六国时的南凉,青海农牧界线仍在湟水源头;到北朝的北魏迄北周,青海的农牧界线东移到湟水源头,即今海晏以东。

从西晋永嘉年间(307~312 年)到隋大业五年(609 年)分布在青海东部农牧界线以西的为吐谷浑。他们主要从事畜牧,"随逐水草,(以)庐帐为室,肉、酪为粮"。畜牧业很发达,青海周围是水草丰盛的牧场,故多产良马、牦牛和杂畜,其中以"青海骢"尤为著名。也有原始农业,种植大麦、蔓菁、菽粟等[54]。

大业五年,隋大败吐谷浑,降伏其部众 10 万余人,得六畜 30 余万头。于是隋朝在"自西平(今乐都县)临羌城以西,且末以东,祁连以南,雪山以北,东西四千里,南北二千里"[55]的吐谷浑故地设置了河源(治今兴海县东南,黄河西岸)、西海(治今天峻县东南,青海湖西岸附近)、鄯善(治今新疆若羌县)、且末(治今新疆且末县南)4 郡,调发罪人为戍卒,大开屯田,并运粮来供应[②],以捍卫通西域的南路。这样,农牧界线向西南推移,使青海湖盆地及青海南部高原东北部的草原和森林损毁不少。不久,至隋末,吐谷浑伏允起来恢复故地[54~56],农牧界线又向东北推移,一些栽培植被又逐渐恢复成次生的草地、灌丛,甚至成为次生林。

唐龙朔三年(663 年),吐蕃攻入吐谷浑,占据了其游牧地区,大部分吐谷浑部落归附唐[54~56]。从此青海境内农牧界线的推移,主要表现为唐朝与吐蕃的争夺。其中农牧界线向西南推移较大的时期有两次:

第一次为高宗永隆二年(681 年),黑齿常击败吐蕃后,又曾在河源一带广置烽戍 70 余所,开屯田5 000 余顷,岁收 500 万石[③]。

第二次为玄宗天宝八年(749 年),哥舒翰派兵攻拔石堡城(西宁市西南,日月山东 10 km)后,"遂以赤岭(今日月山)为西塞,开屯田,备军实"[57]。天宝十三年(754 年),当时青海农牧界线推移到青海湖、河西九曲以西[58],似为唐代青海农牧界线向西南推移较大的地带。

---

① 据《汉书·王莽传》。
又 20 世纪 50 年代以来,在三角城址内出土一只用花岗岩雕成的石虎,座前刻有"西海郡始建国□河南"的篆字铭文。
② 见:《隋书》卷 3《炀帝纪·大业五年》《隋书》卷 67《裴矩传》《太平寰宇记·陇西道》《资治通鉴》卷 181《隋纪五·大业四年与五年》。
③ 见:《旧唐书》卷 5《高宗纪下·调露二年》《新唐书》卷 3《高宗纪·永隆元年》《新唐书》卷 141《吐蕃传上》《资治通鉴》卷 202《唐纪·高宗永隆元年》。

但这两次农牧界线向西南推移的时间都不很长。唐末,吐蕃尽没河湟。从分为 3 个时期的 3 幅"唐时期全图"上可以清楚看到:随着吐蕃的日益强盛,唐代早、中期,唐吐交界基本上在青海湖东岸的河湟一带;到晚唐,唐吐交界已远移至灵州(今宁夏吴忠市)、原州(今宁夏固原市)、秦州(今甘肃秦安县西北)、成州(今甘肃和县西北)一线,农牧界线亦由东经 100.9°左右,东移至东经 106°多[58]。这是历史上农牧界线东移较大的一次。

北宋熙宁三年(1070 年)王安石任宰相后命王韶逐吐蕃,经略河湟。宋先后设置,划分熙河、永兴、秦凤等路,并设熙州、鄯州(治今西宁市)、湟州(治今乐都县稍南)、廓州(治今化隆回族自治县西南,黄河北岸)、积石军(治今贵德县稍西)等州城①。从"辽、北宋时期全图"及"秦凤路图"[59]均可看出北宋西逐吐蕃,改鄯州为西宁州(今西宁市),农牧界线虽西移,但仍未达到唐代早、中期的范围,还在今湟源以东。当时设置于这一带的甘州(今甘肃张掖市)、西宁州(今西宁市)、河州(今甘肃临夏市)、洮州(今甘肃临潭县)、熙州(今甘肃临洮县)等几个茶马互市点,将它们连接起来也表明了当时农牧界线之所在。

南宋偏安于江南,当时吐蕃、西夏、金都涉足于青海,以前二者为主,西夏取得湟水流域②,并占据较长时间。西夏以农牧业为主要经济,其中汉人一般从事农业,大多数党项羌和吐蕃、回鹘人则以畜牧业为主。他们"赖以为生"的农业区在"东则横山(今陕西北部无定河上游),西则天都(今宁夏海原县东,清水河上游)、马衔山一带"③,即西夏的东南部;其他地方则以畜牧为主,可见湟水流域也不例外,当时是畜牧为主的地区。

1227 年,蒙古军攻取积石、西宁等州城,随后尽破西夏城邑,西夏主睍被杀,西夏亡④,其境归于元朝。

元代由山西移民,设宣慰司进行屯垦,但垦区有限,以牧为主的状况无多大改观。

(三) 明代至 20 世纪 40 年代,森林加速消失时期

明代以前,青海东部地区长期处于一个农牧业相互反复进退时期。从明代起,青海绝大部分已统

---

① 《宋史·王韶传》:王韶在熙宁元年上《平戎策》三篇,主张:"欲取西夏当先复河、湟"。

　　《续资治通鉴长编》卷 247 引吕惠卿为王韶作《墓志铭》中:"于是西直黄河,南通巴蜀,北接皋兰(今兰州),幅员逾三千里"。

　　吴天墀《西夏史稿》(四川人民出版社,1983 年 2 版):

　　熙宁四年(1071 年)"宋置洮河安抚司,经略河、湟、牵制西夏"。

　　熙宁五年(1072 年)"宋军夺取吐蕃武胜城,置镇洮军,又升为熙州。……宋置熙河路,以王韶为经略安抚使。宋分陕西为永兴、秦凤两路"。

　　熙宁六年(1073 年)"宋取吐蕃所据河、岷诸州之地"。

　　熙宁七年(1074 年)"宋将王韶破结河族,断吐蕃与夏国通路"。

　　元符二年(1099 年)"吐蕃内哄,宋取青唐,置鄯州,以邈川置湟州"。

　　元符三年(1100 年)"宋以湟、鄯州乱,乃任蕃部首领分知两州"。

　　崇宁三年(1104 年)"宋屯重兵于熙河路,尽复鄯、廓二州之地。宋改鄯州为西宁州"。

　　大观二年(1108 年)"宋复洮州,攻西蕃溪哥城,建积石军"。

② 吴天墀《西夏史稿》:

　　绍兴元年(1131 年)"南宋停颁历日于夏国。……金兵连下熙、河诸州,尽得关中南山以北地"。

　　绍兴六年(1136 年)"夏取乐州(治今乐都县),复取西宁州(治今西宁市)"。

　　绍兴七年(1137 年)"夏请地于金,金以积石(治今贵德县)、乐、廓(治今化隆县西南,黄河北岸)三州地与之;夏得湟水流域,立国以来之版图,以此时为最大"。

③ 《资治通鉴长编》卷 466,引吕大忠语。

④ 《新元史·太祖纪》。

　　《西夏史稿》:1227 年,"成吉思汗留兵攻中兴府,自率师渡河攻积石州,进入金境,连破临洮府及洮、河、西宁三州。蒙古军尽破西夏城邑……帝睍力屈请降。成吉思汗病死于清水县行宫;诸将遵遗命,取睍杀之,西夏立国一百九十年,至此灭亡"。

一于中央政权。1375～1397年,明朝在柴达木地区设置安定、阿端、曲先、罕东4卫,随后4卫归西宁卫统辖,西宁卫隶属陕西行都司管辖。因而青海农业,尤其是东部地区的农业逐步得到巩固,并且渐趋发展。

明代重视屯垦,当时"屯田遍天下,而西北为最,开屯之例,军以十分率,以七分守城,三分种田"[60]。洪武二年(1369年)大将徐达西征,开始在洮西屯田,随后又在西宁设卫(治今西宁市)[61]。以屯养军,以军隶民,招募各地汉、回人移入本区开垦①。西宁地区的"达民",也大半占有一小块土地,从事耕作②。从此,本区农业有了相当大的进展。

黄河(贵德以下)、湟水、浩门河(门源附近)等流域的耕地面积都显著增加。据"明代各都司卫所屯田及其粮银额数"统计,陕西都司并行都司的屯田数由原来的4 245 672亩猛增到16 840 404亩,较其他都司卫超出900万亩以上[62],其中有相当数量当是本区新增的。不过明末青海耕地仍以湟水流域为主,计有70万亩左右,黄河流域和浩门河流域共计不过数万亩而已[10]。

随着清代政治势力的扩张,垦殖的范围更加扩大。从顺治到乾隆的百余年中,全国垦田面积总额由顺治十八年(1661年)的549.3万余顷增至乾隆三十一年(1766年)的741万余顷,到嘉庆十七年(1812年)又增至790万余顷,这已超过了明万历时期耕地面积,但黑龙江、吉林、内蒙古、新疆、西藏、青海等地田亩则根本未计入,清政府在边疆地区如科布多、伊犁、哈密、乌鲁木齐、西宁、于田等地,施行屯田[63]。在青海,除已提到的西宁外,如在湟水流域的乐都、湟源等县,广大的浅山和中山地区也都开始耕垦。

《甘肃道志》载:清道光初,陕甘总督那彦成拟乘戡定野番之威,在助勒盖(似在今青海南部高原植被区东北缘)一带设防屯兵,卒以经费无着,不果施行。光绪三十四年(1908年),在西宁设垦务总局,并在贵德和湟源设黄河南、北两分局,计划垦地9万亩,垦殖范围包括今贵南、共和、海晏、巴燕等县地,但不久即告停顿。

从青海人口变动情况也可看出对耕地需要量的增减。据统计,西汉元始二年(2年)凉州金城郡有38 470户,西晋太康初年(3世纪80年代)凉州金城郡有2 000户,清嘉庆二十五年(1820年)西宁府有53 625户③,清宣统年间(宣统年间调查,1912年汇造)青海有68 323户[62]。历史上的人口统计多不包括流动人口,因而游牧人口也必然排除在外。随着居民的增加,垦殖农田亦随之增多,才可维持他们的生计。

明清时期,青海东部地区以外各地垦殖也很发达,开辟农田不少,有的远达青海湖盆地以南的高原及以西的柴达木盆地等地区。这一带虽有些地方在公元1世纪及7世纪时曾经开拓过,但不久即行荒废,成为次生的草地、灌丛,甚至成为次生林。

近代重行垦殖,建立稳定的农业据点,还是咸丰八年(1858年)后的事。当时蒙古游牧民族从青海湖以南的高原地区向海北退去,才使农牧兼营的藏族进入这里来垦殖。本世纪前半叶,柴达木盆地东部和海南高原又有汉、回等民族迁入,进一步开垦。

20世纪50年代前,青海的森林更受到肆无忌惮的滥砍、滥伐、滥垦,官僚军阀的掠夺性破坏。1940年,马步芳命马步鸾调集一个旅并"征调大通、互助、门源三县民夫及马车,并力砍伐大通鹞子沟

---

① 《甘青农牧交错地区农业区划初步研究》称:"回民移入始于唐代,但甘肃临夏、甘南两专区的回族和循化的撒拉族大部系此时(明代)移入。"

② 《明英宗正统实录》卷22,正统元年九月。

③ 据《中国历代户口、田地、田赋统计》甲表88,有208 603人,按户均3.89人折算;另外,同书乙表77上户均高达8人以上,似有误,不用。

森林,凡椽材以上全部砍光,未为一年夷为平地"[64]。1943 年,马步芳修建私邸"馨庐"时,曾征调民夫8 000 余名,"由互助、贵德、大通、循化等处采运柏木、松木和果木,每日采伐征用的车马络绎不绝……费时达一年之久"[64],到 1949 年前,青海全省森林仅残留下 145.6 万 hm²。

(四) 20 世纪 50 年代以来,森林的相对恢复与发展

50 年代以来的几十年中,由于指导思想、政策及人们认识等的一些波动,反复,工作上的一些失误,青海森林也经历了:恢复(约 1949～1957 年)→破坏(约 1958～1962 年)→短期恢复(约 1963～1966 年)→较严重破坏(约 1967～1976 年)→恢复与相对发展(1977 年至现在)这样一个极为复杂的森林进退和资源消长的过程。但较 50 年代前的满目疮痍、残败林相,青海森林总体上是得到了相对的恢复与发展。

50 年代以来,森林由纯自然状态变为国民经济的组成部分,结束了几千年来自生自灭的历史,许多林区和残遗林分得到恢复与发展,森林质量确有提高,人工林的面积大大增加,"三北"防护林工程及其他造林工程的开展,新林面积以年均 10 余万亩的速度递增。森林也由 1949 年前的 145.6 万 hm² 增加到 1979 年的 303.73 万 hm²,森林覆盖率达 0.3%。本世纪末青海森林(含灌木林)将达到 3 586 万亩(不含新造幼林),加上四旁树,覆盖率将提高到 3.3%[1]。

现青海省耕地达 881 万多亩[13],比 1949 年的 681.65 万亩[①]又有所增加。但耕地的 2/3 分布在日月山以东的原农耕区湟源、湟中、西宁、大通、互助、乐都、民和、化隆、循化、门源和贵德等湟水流域和黄河沿岸地区,1/3 的新垦区在柴达木盆地、海南州等原盐碱地或灌溉便利地区。同时,近年实行退耕还林、还草,使营林、造林的面积呈上升趋势。

三、青海森林兴衰之原因

青海森林的数度衰损与兴盛,尤其是遭受劫难,究其原因,则是多方面的,主要有:

(1)生产方式的差异 历史时期,我国汉民族较早即由采摘渔猎的生产方式转变为农耕,以从事农业为主要生产活动,而北方少数民族则较多保持以狩猎、畜牧为主的生产活动。例如居住于青海的羌、吐谷浑、吐蕃、蒙古、鲜卑、哈萨克等民族都更注重于畜牧业;而在民族演化过程中出现的回、土、撒拉、藏等民族,受汉族的影响,也多从事农业或采用半农半牧的生产方式。渔猎畜牧等生产活动方式较多地依赖于天然植被,森林等也因此得以广泛分布,生长茂盛或得到恢复发展;而农耕则是以栽培植被取代天然植被,由于人类的无知,过多地看重眼前利益,盲目地发展农耕垦殖,致使森林遭受破坏,进而使人类受到自然界的惩罚。

(2)战争殃及森林 历史上本地带的农牧界线进退标志着栽培植被与天然植被范围的推移,它们往往伴随着战争,战火直接或间接地摧残着森林。唐贞观九年(635 年)吐谷浑与李靖作战时,就"尽火其莽,退保大非川"[65],按大非川在今共和西南切吉旷原一带,火焚之地当在日月山以东,"其莽"自然包括森林在内。清初,年羹尧平定罗卜藏丹津之乱时,"乃放火烧山(祁连山),由南北两麓分途冲入……在酒泉至敦煌一段山中,战争最为激烈,该处天然林一炬成焦土,以至无树,至今不能更生"[②]。仅此二例,便可见其毁林之一斑。大规模战争的交战双方往往有大量人员投入,吐蕃王与唐兵交战时拥

---

① 据青海省农林厅《青海省农业、林业、农垦统计资料 1949～1982》。
② 祁连山国有林管理处:《祁连山概况》,1943 年。

有"精骑四十万"。如此众多人马的宿营、运输、工具、武器、燃料等,非有大量的木材难以支撑,所用之材自然要取之森林。

(3)大量的建筑用材　建筑用材也是惊人的。战争破坏的各项生产、生活设施需要重建。如汉代赵充国就修桥 70 座;唐代在黄河上曾建有大桥和浮桥(飞梁)6 座,其中 5 座毁于战火[66]。仅乾隆十年(1745 年)修建西宁湟水上的惠民桥时就用了 2 328 根木材[10],其他桥梁的建筑用材可想而知。清雍正元年(1723 年)官兵焚毁佑宁寺和广惠寺,十年后又重建;马步芳也曾毁色航寺、达日江寺,在焚毁达日江寺时,殃及"寺院周围的森林也为大火燃着,夜间火光触天,虽在百数里外,犹能望见,燃烧达七八天之久"[64]。明万历四年(1576 年)重修西宁卫城时,用砖 124.5 万块,石灰 2.6 万石,"其材木薪之属,则伐山浮河,便而取足,数不可得也。"①难怪张希孔称:"因往代兵燹之后,树木砍伐殆尽。"筑循化城时只得从上百千米外取材。就是平时营建也需大量木材。清顺治十六年(1659 年)蒙古族卜儿孩的后代麦力斡"于此(大通河)伐木陶瓦,大营宫室,使其长子南力木居之"[10],以及民间"居板屋"[67]习俗,都离不开大量的森林资源。

(4)不当的开发与垦殖　垦殖不仅指战后的屯垦、生产的恢复与发展,而且随着人口的增加而扩大。垦殖是以牺牲原有的天然植被,代之以栽培植被;其间滥垦、滥伐现象不可避免;放火烧荒是垦殖之初的惯用方法,一旦火势失控,往往蔓延成灾。早期,人们屯垦地多选择在河谷两岸的平坦之处,对森林的影响有限,随着屯垦规模的日益扩大,生长林木的山坡也逐步被侵占,造成林地的缩减。

(5)采伐过度　长期以来,木材作为主要燃料也使不少林木灌丛丧失殆尽。青海东部的煤炭资源不多,14 世纪末才有所开发,开采技术落后,产量很少,到 1947 年日产不达 100 t,仅能供西宁等几地少数人使用。而在此期间,青海人口成倍增加,消耗的燃料亦成倍地增长。前述循化城虽然周围缺林木,却将宗务山的成材木作为燃料,直到 50 年代后,该城的燃料大部分依然取自文都、香玉、朵楞、宁巴、协昌等地的灌木林,每日取燃料木材达百驮以上。民和、乐都、湟源、贵德、同仁、尖扎、门源、共和等县亦是这样。1944 年,共和"柳梢沟南山之北城,有矮柳约十(平)方里,倒淌河至湟源途中,常见驴群驮载此柳"[68],现在,"柳梢沟"已徒有虚名,山生柳灌丛几乎被砍挖殆尽。消耗燃料多的冶铁、烧窑业的发展,更使燃料紧张。人们由烧木,进而烧灌木,最后烧草或根,柴越打越远,说明森林植被的日益减少,水土流失也越来越严重。

(6)自然灾害的影响　自然界的风沙、干旱、林火、病虫害、寒冷等不时影响着森林。到第一次森林资源清查时②,全省还有火烧迹地 8.5 万亩;玉树州的乩扎林区的老火烧迹地至今仍然历历在目,这个总面积达百余万亩的原始林区竟被多次林火反复烧成残败的林相;江西林区近 200 年内的大面积火烧迹地就有 5 处;在大通河林区的珠固沟上段,1956 年调查时的旧火烧迹地范围长达 10 余 km,这些足以说明林火的危害程度。近年的调查统计,青海全省遭病虫害林发生面积达 120 万亩,其中严重受灾面积 23 万亩,尤以人工林的受害程度最烈。1982 年调查,柴达木和海南部分地区的人工林病虫害发生株数占总株数 74%,玉树江西林区成熟、过熟林心腐率达 32%,青杨林的心腐病感染率更高达98%。全省近年共防治病虫害林面积 24.1 万亩,对更多的遭害林尚爱莫能助。

由此看来,造成青海森林古今巨大变迁的原因是多方面的,综合起来就是自然因素与人文因素这两大主要的外界因素影响。

---

①　(明)张问仁《重修西宁卫城记》。
②　青海省林业局:《青海省森林资源清查资料》(附说明书),1964 年。

四、结　语

综上所述,我们有以下几点看法:

(1)由于青海的地理、气候等条件的恶劣,使得历史时期森林并非为这一地区的主导植被,森林覆盖率也处于较低的水平。然而,青海早期森林覆盖率仍远高于现今,林木的分布也更广于现今。这种古今森林分布的巨大变迁曾经历过多次反复,以 2 000 多年来的变化较为显著,尤以明代(14 世纪中叶)以来至本世纪中叶为甚,随着时间的推移,青海森林每况愈下,造成生态环境的恶性循环。

(2)造成今青海森林稀少的原因是多方面的,归纳起来既有自然因素,也有人文因素,两大因素综合作用,相互影响,相互制约。由于人文因素的增大,作用加强,导致由较多森林向较少森林变化速度的加快;在人类活动的影响下,森林也曾多次有所恢复,因而在恢复生态环境的过程中,尤应重视发挥人类的积极作用。森林遭受的破坏,除有数次是受战争影响较大外,一般是以人类的经济活动为主导的影响,50 年代以后的几次反复更是如此,因而人们在开发利用自然界的过程中要采取科学的态度,运用正确的政策和措施,保持生态平衡,否则将遭致大自然的报复。

(3)发展生产要根据当地自然条件、生态环境特点、劳动力、资源等实际情况,或宜农,或宜林,或宜牧。宜农地区也应增加各类林木,宜林与宜牧地区更应尽早退耕还林、还草。首先,在沙漠边缘,水土流失严重地区要坚决采取封沙育草、封山育林相结合的措施,这也是建造防护林体系行之有效的办法。

(4)根据青海地处温带草原、温带荒漠和高寒高原的特点,恢复营造森林,在一些地方往往要循着恢复草被→灌丛→乔木这样渐进的方法才能奏效。既不可急于求成,也不可时紧时松,更不可任其自生自灭,要着重于实效。同时,要注意营造混交林,而不要营造品种单一的人工纯林,这样既有利于防治病虫害,也有利于吸引各类动物,以保护小环境的生态平衡。

(5)造林要因地制宜,统筹规划。既要考虑长远的改善环境,恢复生态平衡,又要注意到近期的发展生产,安排好群众的生活,科学地规划好防护林、用材林、经济林、薪炭林以及特殊用途林等。

(6)森林、环境、野生动物保护等有关法律、政策的制定、施行后,一定要认真执行,保持稳定。森林的毁坏往往在于一旦,而恢复它却需要较长的时间,甚至多少代人的奋斗,因而有关的各项工作要持之以恒。

参 考 文 献

[1] 中国林业年鉴 1949~1986.北京:中国林业出版社,1987

[2] 安志敏.青海的远古文化.考古,1957(7)

[3] 青海省文物管理处考古队,北京大学历史系考古专业.青海乐都柳湾原始社会墓葬第一次发掘的初步收获.文物,1976(1)

[4] 青海省文物管理处考古队,中国科学院考古研究所青海队.青海乐都柳湾原始社会墓地反映出的主要问题.考古,1976(6)

[5] 青海省文物管理处考古队.青海省文物考古工作三十年.见:文物出版社编.文物考古工作三十年.北京:文物出版社,1979

[6] 赵充国传.见:(汉)班固.汉书.卷 69.上海:商务印书馆,1958

[7] 炀帝纪.见:(唐)魏征,等.隋书.卷 3.北京:中华书局,1973

[8] 礼仪志三. 见:(唐)魏征,等. 隋书. 卷 8. 北京:中华书局,1973

[9] 文焕然,何业恒,高耀亭. 中国野生犀牛的灭绝. 武汉师范学院学报(自然科学版),1981(1)

[10] 山川. 见:(清乾隆十二年)西宁府新志. 卷 2. 地理志

[11] (清光绪九年)西宁府续志

[12] 艺文志. 见:(民国八年)民国大通县志

[13] 陈超,刘玉清. 青海地方志书介绍. 长春:吉林省地方志编纂委员会,1985

[14] (清乾隆五十七年)循化志

[15] 中国科学院兰州冰川冻土研究所祁连山冰雪利用研究队. 祁连山冰川的近期变化. 地理学报,1980,35(1)

[16] 卓正大,等. 祁连山地区树木年轮与我国近千年(1059～1975)的气候变迁. 兰州大学学报,1978(2)

[17] 张先恭,等. 祁连山圆柏与我国气候变化趋势. 见:全国气候变化学术讨论会论文集(1978 年). 北京:科学出版社,1981

[18] 谭其骧选释. 汉书:地理志. 北京:科学出版社,1959

[19] 凉州姑臧县第五山. 见:(宋)乐史. 太平寰宇记. 卷 152. 陇右道. 上海:商务印书馆,1936

[20] 甘州张掖县雪山. 见:(唐)李吉甫. 元和郡县图志. 卷 40. 陇右道下. 北京:中华书局,1983

[21] 甘州张掖县祁连山. 见:(宋)乐史. 太平寰宇记. 卷 152. 陇右道. 上海:商务印书馆,1936

[22] 凉州番和县南山. 见:(宋)乐史. 太平寰宇记. 卷 152. 陇右道. 上海:商务印书馆,1936

[23] 山川. 见:(清乾隆十四年)五凉考治六德集全志. 卷 5. 平番县志. 地理志

[24] 山川. 见:(清乾隆十四年)五凉考治六德集全志. 卷 4. 古浪县志. 地理志

[25] (清)徐思靖. 石峡涛声. 见:(清乾隆十四年)五凉考治六德集全志. 卷 4. 古浪县志. 艺文志. 诗歌

[26] 疆域图说. 见:(清乾隆十四年)五凉考治六德集全志. 卷 4. 古浪县志. 地理志

[27] 山川. 见:(清乾隆十四年)五凉考治六德集全志. 卷 1. 武威县志. 地理志

[28] 疆域图说. 见:(清乾隆十四年)五凉考治六德集全志. 卷 1. 武威县志. 地理志

[29] 山川. 见:(清乾隆十四年)五凉考治六德集全志. 卷 3. 永昌县志. 地理志

[30] 山川. 见:(民国十年)高台县志. 卷 1. 舆地上

[31] 山川. 见:嘉统志. 卷 266. 甘肃. 甘州府

[32] 山川. 见:(清顺治)甘镇志. 地理志

[33] 山川. 见:嘉统志. 卷 278. 甘肃. 肃州府

[34] 物产. 见:(清乾隆)肃州新志. 肃州

[35] 物产. 见:(民国十二年)东乐县志. 地理

[36] 物产. 见:(民国十年)高台县志. 卷 2. 舆地下

[37] (清)陶保廉. 辛卯侍行记. 台北:文海出版社,1982

[38] 山川. 见:(民国十二年)东乐县志. 卷 1. 地理

[39] 许崇灏(公武). (民国三十二年)青海志略

[40] 青海农业地理编写办公室. 青海农业地理. 西宁:青海人民出版社,1976

[41] 青海省文物管理委员会,中国科学院考古研究所青海队. 青海都兰县诺木洪搭里他里哈遗址调查与试掘. 考古学报,1963(1)

[42] 西羌传. (宋)范晔. 后汉书. 卷 87. 北京:中华书局,1965

[43] 周希武. 玉树土司调查记:宁海纪行. 上海:商务印书馆,1920

[44] 生人. 绰罗斯南右翼前旗牧地大略. 地学杂志,1919(1)

[45] 周立三,等. 甘青农牧交错地区农业区划初步研究. 北京:科学出版社,1958

[46] 秦始皇本纪. 见:(汉)司马迁. 史记. 上海:商务印书馆,1958

[47] 谭其骧主编. 中国历史地图集. 第 2 册. 北京:地图出版社,1982

[48] 四裔考十. 见：(宋)马端临. 文献通考. 卷333. 上海：商务印书馆，1936

[49] 翦伯赞. 秦汉史. 第2版. 北京：北京大学出版社，1983

[50] 和帝纪. 见：(宋)范晔. 后汉书. 北京：中华书局，1965

[51] 黄盛璋. 元兴元年瓦当与西海郡. 考古，1959(11)

[52] 谭其骧主编. 中国历史地图集. 第3册. 上海：中华地图学社，1975

[53] 谭其骧主编. 中国历史地图集. 第4册. 上海：中华地图学社，1975

[54] 吐谷浑传. 见：(后晋)刘昫. 旧唐书. 北京：中华书局，1975

[55] 吐谷浑传. 见：(唐)魏征，等. 隋书. 卷38. 北京：中华书局，1973

[56] 吐谷浑传. 见：(宋)欧阳修，等. 新唐书. 北京：中华书局，1975

[57] 玄宗纪. 见：(宋)欧阳修，等. 新唐书. 北京：中华书局，1975

[58] 谭其骧主编. 中国历史地图集. 第5册. 北京：地图出版社，1982

[59] 谭其骧主编. 中国历史地图集. 第6册. 北京：地图出版社，1982

[60] 张炼. 屯田议. 见：(清)李元春选. 关中两朝文抄. 卷7

[61] 谭其骧主编. 中国历史地图集. 第7册. 北京：地图出版社，1982

[62] 梁方仲. 中国历代户口、田地、田赋统计. 上海：上海人民出版社，1980

[63] 翦伯赞. 中国史纲要. 第3册. 第2版. 北京：人民出版社，1979

[64] 陈秉渊. 马步芳家族统治青海四十年. 西宁：青海人民出版社，1981

[65] 李靖传. 见：(宋)欧阳修，等. 新唐书. 北京：中华书局，1975

[66] 青海省公路交通史编写办公室. 青海交通史资料选辑. 5～6辑，1982

[67] 吐蕃传. 见：(元)脱脱，等. 宋史. 北京：中华书局，1977

[68] 杨叔容. 青海林业调查报告. 林讯，1944,1(3)

5 历史时期宁夏的森林变迁[*]

文焕然遗稿　文榕生整理

一、概　述

宁夏回族自治区地处我国大西北,位于黄河的河套西部,东南部跨黄土高原,是以山地、高原为主,呈现南北狭长形态的省区之一。

当季风到达处于内陆的宁夏时,已经十分微弱,形成当地温带大陆性半湿润-干旱气候环境。植被状况固然可以反映相对应的气候,然而现今宁夏的森林覆盖率仅2.2%(全国平均水平为12.7%),居于全国各省(自治区、市)之下游;加之天然林与灌丛数量少,又分布在高山峻岭之间,更给人以濯濯童山之感。难道这些可以完全归罪于大自然的"造化"吗?

追溯古人类在宁夏的活动,现已知超过30 000年:灵武县(今灵武市)水洞沟遗址具有从旧石器延续到新石器时代的文化遗存,中卫县(今中卫市沙坡头区)长流水也采集到属于旧石器时代的石器,都可以证明人类在宁夏地区活动的历史悠久。宁夏的新石器时代文化遗存,初步查明有"甘肃仰韶文化"(分布在宁南)、"齐家文化"[除北部地区外,也主要分布在宁南的固原(今原州区)、海原、隆德、西吉等县;遗址分布稠密,堆积层厚]、"细石器文化"(广泛分布在宁夏境内的黄河两岸各县以及以北地区)[1]。就目前所知,宁夏原始农业起始于"甘肃仰韶文化"(有磨制的斧、穿孔的锤斧、锛、凿、矛头、玉锛等),据^{14}C测定为公元前5000~前3000年[2],亦即先民们已在开垦原始林、草地为农田,直接影响森林。

宁夏自然环境的地区差异十分显著,现辖区划分为两个地带,即南部暖温带草原地带和北部中温带半荒漠地带。其分界线大致由盐池县麻黄山北缘、小罗山南麓,经海原县李旺,过清水河,到关桥、干盐池一线[3]。此线与干燥度为2和年降水量为350 mm的等值线大致吻合,与灰钙土和黑垆土、荒漠草原和干草原的分界线基本一致。但历史上这条界线可能曾在现今之北几十千米的地方,因为其北的红寺堡迟至明代还有史料记载,表明它是草木茂盛的地方。显然在明代以前,红寺堡以南并不是现今的荒漠草原景观。此外,南部暖温带草原地带,其中以六盘山主脉为中轴,折向西北与月亮山、南华山和西华山山脉,向四周扩展的广大区域,历史上应属于森林草原型区。

---

　　[*] 本文系本书(平装本)新增篇章。它与其他论述森林变迁文章已形成系列,故将原稿(在第一作者生前已基本成文)题名《宁夏并非自古即童山濯濯》改为现名。

二、历史时期的天然森林概况

第四纪最末一次冰川以后,多种自然现象的文献记载和实物证据以及实地考察等①各方面研究表明,距今 8 000～2 500 年前是我国历史时期气温最高阶段[4],使得动植物分布显示出古今迥异现象。我国森林覆盖率在 2 500 年前曾超过 50%,其后才逐步降低。因此,对于宁夏历史时期的森林类型划分与现代的不尽一致。历史时期的宁夏森林植被类型,由南向北分属于森林草原、干草原和半荒漠草原 3 个不同的类型区。

(一)森林草原区的森林概况

本区与《宁夏农业地理》区划的"六盘山阴湿区"[3]相当,即包括泾源县全部、隆德县东部、固原县(今原州区)西南部、西吉县东部和海原县南部,还包括"西海固半干旱区"的一部分(即原州区中部、海原县中部、西吉和隆德县西部以及同心与盐池县南部的部分高海拔地带)。

现今,本区仅西兰公路以南高山部位有较大面积的杨、桦、栎、椴等天然次生林和少量华山松分布,公路以北仅有几处天然林孑遗。

但在古代,尤其是早期,这一广阔区域几乎为森林和高草原相间的大好植被所覆盖。

1. 历史文献反映本区的森林

《山海经·五藏山经·西次二经》:"高山……其木多棕,其草多竹。泾水出焉,而东流注于渭。"所谓"高山",即今隆德县东南六盘山脉主峰之一——米缸山(海拔 2 942 m),是泾河的主源之一。反映距今 2 000 多年前,气候温湿,六盘山一带草木繁茂的自然景观。

《史记·货殖列传》:"秦代倮②畜牧,至众……畜至用谷量马牛。秦始皇帝令倮比封君,以时与列臣朝请。"意即:秦时,今原州东南有一称做"倮"的富豪经营畜牧业。由于其牲畜太多,收圈时无法按"头"计算,只得用"山谷"来计量马牛的数量。秦始皇由于其富有,而令倮比照有封地的贵族,按时兴大臣那样到朝廷谒见皇帝。发达的畜牧业,尤其是毗邻"其木多棕,其草多竹"地带,这种植被不可能仅仅是高草原,而应是现今称之为"立体草原"的森林草原。正因为植被大好,所以才使"山多材木,民以板为室屋"的所谓"秦风"盛行,且经久不衰③。

更始(23～25 年)时,班彪(公元 3～54 年。字叔皮,东汉史学家)离国都长安(今西安市西北)来到高平(今原州区),曾作《北征赋》抒发政治上颇不得志的心情,但其中对原州自然环境有几句难得的描述:

> ……跻高平而周揽兮,望山谷之嵯峨。野萧条以莽荡,回千里而无家。风发以飘飘兮,谷水催以扬波。飞云雾之杳杳,涉积雪之皑皑。雁邕邕以群兮,鸡鸣以哜哜[5]。

---

① 当时的海平面高出现今 10 余 m,野生亚洲象的分布北界向北推进约北纬 15.5°,野生犀牛的分布北界变化并不亚于野生亚洲象,扬子鳄遗存大量出现在现今分布地之北的山东,还有孔雀、鹦鹉、长臂猿等动物与竹、柑橘、荔枝、梅、楠木、桃榔、椰子、槟榔等植物的分布北界北移等。

② 人名。《汉书·货殖传》作"乌氏嬴",当是同一人。

③ 《汉书·地理志》记载朱赣论各地风俗:"天水、陇西,山多材木,民以板为室屋。"史念海指出:汉代的天水郡不仅辖渭河上游,而且还辖祖厉河上游一带(史念海.历史时期黄河中游的森林.见:河山集:二集.北京:生活·读书·新知三联书店,1981)。西吉、隆德就在渭河上游,而西吉西部的月亮山大坪一线以西属祖厉河上游,今饱尝干旱之苦;而距今近 2 000 年前,却也有大量的木板建屋而风行,反映古今状况变迁之大。

其大意是：登原州眺望，山势嵯峨，草木深邃，人烟稀少，风大浪急，云雾弥漫，白雪皑皑，大雁群翔，鹍鸡（黄白色，似鹤的禽类）哜哜。此说虽不无夸大，但按照生态学观点，原始林野之貌跃然纸上。

东汉初年的植被状况依然如此。公元32年，光武帝刘秀征伐隗嚣，行军路线就选在一条常人以为不适宜行军的苦水谷[6]。反映因当地森林繁茂所阻，大队人马不便通过。

北魏太平真君七年（446年），太武帝拓跋焘为征仕而筹措军粮，下令薄骨律镇（治今灵武市西南）的镇将刁雍，会同高平（今原州区）、安定（治今甘肃泾川县）、统万（治今陕西靖边县北）3镇，共出车5 000乘，从河西（约指今银川至青铜峡一带）运50万石屯谷到沃野镇（治今内蒙古乌拉特前旗黄河南岸附近）。熟悉官场的刁雍，深感此项任务十分艰巨，责任重大，于是上表朝廷，大谈陆运不如水运"多快好省"，提出在牵屯山（今六盘山最高峰米缸山）①之次造船200艘的建议，得到太武帝的嘉许和同意[7]。刁雍的意图显而易见，即如若军粮不能按时运到而耽误了打仗，好推卸责任于辖牵屯山的高平镇。但刁雍的建议本身至少可以说明两点：其一，1 500多年前，今原州一带森林茂盛，且材多轻盈耐湿、适宜造船用的松木；其二，当时清水河上游就可以泛舟，否则，在米缸山一带造好的船舫怎么送入黄河，付诸实际运粮？由这些可以推论，今原州一带森林广覆，且清水河河水充盈，反映当时宁南山区良好的森林状况。

北魏郦道元在《水经·河水注》中两次提到高平川水（今清水河）支流中有三国魏的行宫存在。据清代董祐诚考证，其行宫就在当时原州（今原州区）北的硝河和须灭都河流域[6]。当时兴建行宫、大殿必须选择"风水"上好之处。森林、植被是"风水"的主要成分，可见当时林木繁茂。据1981年实地调查，原州城北90 km、始建于北魏的须弥山石窟古刹（是国家重点保护文物），在现今已裸露的红砂岩石缝中还孑遗着一批散生天然油松大树，胸围在61～83 cm不等，估计树龄有500年左右。值得注意的是，这些树干多通直饱满，树冠比为1/3，少数1/2，干旱矮化现象不明显，下木既有林区常见的虎榛子，也有干草原代表植物之一的芨芨草，还有两者之间的山榆树、山桃等。这些下木的聚合反映了森林环境经漫长岁月的反复破坏，演变至今所残存的动态痕迹。倘若北魏时须弥山也像今天这样，古刹庙宇是不可能建筑于此的，天然油松也不可能自然更新，更不会长大成材。

西魏（535～556年）在今宁南一带进行过一些相当规模的狩猎活动。《周书·文帝纪》：大统十四年（548年），"太祖（宇文泰）奉魏太子巡抚西境……出安定（治今甘肃泾川县），登陇（今六盘山）……至原州（今原州区），历北长城，大狩"。《周书·史宁传》记载史雄随父史宁到牵屯山（今米缸山），"奉迎太祖（宇文泰），仍从校猎，弓无虚发"。既然是帝王、太子亲出"大狩"或"校猎"，固然有其政治、军事意义，但捕猎野生动物的场面和数量当不会微不足道，否则在临近地区不会一再举行类似活动。这间接反映了由于当时森林、灌丛及草地植被良好，使原州城以北到头营一带，六盘山及其周围野生动物丰富。

唐代，萧关（今海原县李旺堡附近）还是"数多带箭麇"[8]。"箭麇"是对松柏枝叶的形容，说明当时李旺堡附近松柏占相当比重。果然，1981年李旺堡西北30 km的关桥有3根古柏出土，印证了历史上柏类是这一带的乡土树种之一。那么李旺堡以南广大区域，尤其是六盘山应当更是如此。值得注意的是，唐代六盘山地一带以养马为主的畜牧业大发展，当时陇右郡牧使所辖4州8监就以原州（今原州区）为中心，跨秦（治今甘肃秦安县西北）、渭（治今甘肃陇西县西南）、会（治今甘肃靖远县）、兰（治今

---

① 关于"牵屯山"的今天所在地问题。据《元和郡县图志·关内道·灵州》牵屯山"在今（唐元和年间）原州高平县（即高平，今原州区），即今笄头山，语讹亦曰沂屯山，即牵屯"。《太平寰宇记·关西道·灵州·迥乐县》说牵屯山在原州高平县，也叫笄头山。谭其骧主编的《中国历史地图集·第四册 东晋十六国、南北朝时期》指出：北魏时的"牵屯山"位于今六盘山地的米缸山。不过造船之事求于是泛指，包括清水河上游的开城以北和原州一带。

甘肃兰州市)4州之地,"东西约六百里,南北约四百里","其间善水草腴田皆隶之"。诸牧监大多处在今宁南的乌氏、木峡等地。唐麟德中(664～665年),放牧马至"七十万六千匹";唐天宝中稍衰,至天宝十三年(754年),总计马牛凡"六十万五千六百零三匹"[①]。畜牧业规模,概可想见。尽管当时马牛饲料有不少是人工种植,但仍然是以天然植被为主。由此,也可以反映七八世纪时,六盘山及其毗邻的广大地区森林、灌丛、草原植被良好。在森林草原地带,草类植被好,木本植被当然也就相应兴盛。而后,由于吐蕃族多次南侵,致使这些牧监相继废弃。《旧唐书·元载传》记载:唐大历八年(773年),宰相元载分析原州一带情况时提道:"原州当西塞之口,接陇山之固,草腴水甘,旧垒存焉。吐蕃此毁其垣墉,弃之不居。其西则牧监故地……"就是指此。

宋代将领刘平之弟刘兼济,后"徙知笼竿城。(西)夏人寇边,众号数万,兼济将兵千余,转战至黑松林,败之"[9]。"笼竿城",在今隆德县西北,葫芦河流域一带[②]。当时这里能以"黑松林"命名,可见当地松树之多。

11世纪,西夏李元昊为宠爱的新皇后在天都山(今海原县西华山)大修宫苑,"南牟内有七殿"、"府库馆舍"等。尽管宋元丰四年(1081年)被宋军焚毁,但次年西夏又修[10~12]。清光绪《海城县志》记述:"天都山一名西山,在县西四十里,宋太宗三年(986年)陷于(西)夏,臣野利当守此,号天都大王,山下有(李)元昊避暑宫遗址"。天都山既是军事重镇,又适宜避暑,西夏在此兴建宫苑,建后焚毁,毁而复修,可见一定有可供大兴土木之材,反映当时林木资源相当丰富。

《金史·张中彦传》记载:

> 正隆(1156～1161年)营汴京(今河南开封市)新宫,中彦采运关中材木,青峰山巨木最多,而高深阻绝,唐宋以来不能致。中彦使构崖驾壑,起长桥十数(数十)里,以车运木,若行平地。开六盘山水洛之路,遂通汴梁(今河南开封市)。

虽然"青峰山"具体在何处待考,但从"开六盘山水洛之路"的"水洛",既似主指金代水洛县(今甘肃庄浪县)[②],又似兼指当时的水洛水[③](今水洛河)。水洛水似发源于六盘山地西侧的河流,源头在今宁南泾源县西部,流经甘肃庄浪县,注入今葫芦河,再南经天水地区,注入渭河。看来,青峰山就是六盘山地的一部分(可能在今米缸山之南)。水洛水上游山高谷深,因此张中彦派人从六盘山地至当时水洛县治,架设数十里长桥,用车先将木料运到河谷较宽的水洛县,再转水路运木至汴梁。

六盘山美好风光深为蒙古、元代帝王将相所青睐。成吉思汗1227年征战西夏时,曾在此避暑。忽必烈也曾在此驻扎(1253年)、避暑(1254年)。蒙哥也曾驻于此(1258年)[④]。尔后,忽必烈继位为元世祖,复又于固原(今原州区)开城建府治,封第三王子为安西王,并在开城西北设"斡耳朵"[⑤]。安西

---

① 据《元和郡县图志·关内道·原州》《全唐诗》卷561,以及《册府元龟》卷621与《新唐书·兵志》等。
② 据谭其骧主编的《中国历史地图集·第六册 宋、辽、金时期》。
③ 按《水经·渭水注》有水洛水。据《水经注图》水洛水在清代称"水落川"。《图书集成·方舆汇编·职方典》卷551《陕西·平凉府·山川考》和《嘉庆重修一统志》卷298《甘肃·平凉府·山川考》都作"水洛川"。甘肃平凉专员公署1963年制作的《庄浪县行政区划图》上作"水洛河"。谭其骧主编的《中国历史地图集·第六册 宋、辽、金时期》将今"葫芦河"在金代作"瓦亭川"。本文姑称为"水洛水"。
④ 见:《元史》《新元史》《蒙兀儿史记》。
⑤ 《元史·地理志》记载:在开城封王子建府治。宣统元年(1909年)《甘肃新通志·舆地志·古迹》:斡耳朵在开城西北,"巨础于清末尚存"。

王曾在六盘山东麓建避暑楼(王府)[①]。谁能想到,现今童山濯濯的开城梁,元代竟然是显赫军事重镇,是开城府、州治所。由此可证明,六盘山及其北段的自然环境及其主要成分森林,就是到了距今700多年前的元代,其美好风光还能一再使帝王流连。

2. 历史文献反映周边的森林

宁夏南部森林草原区深深地镶嵌于甘肃东部,虽然二者在行政区划上分离,但在自然环境方面是属于同一类型地带,历史过程紧密相连,因此环绕宁南的甘肃文献记载,对于研究宁南森林变迁史,有直接的参考价值。

六盘山西北的宋怀戎堡故地(今甘肃靖远县打拉池附近)据宋代《建设怀戎堡碑记》描述:屈吴山和大、小神山都是"林木森茂,峰峦耸秀"[②]的地方。那么,在屈吴山附近东面的宁夏海原西华山和东南的宁夏西吉月亮山的森林情况应更好一些,至少也应相仿。

与六盘山纬度相当的甘肃静宁县也林木繁茂。1726年成书的《古今图书集成·方舆汇编·职方典》卷551《平凉府志山川考》记载:"孙家山:在州南一百五十里,派接秦、陇诸山,号陆海林薮。""玉山:在州南一百五十里,其中沃野广阔,山势环抱,溪水潆洄,松桧花竹,菁葱掩映。"

清甘肃庄浪州(今庄浪县)山地是六盘山脉的南延。《古今图书集成·平凉府志山川考》记述:"樱桃花源:在县西三十里,花时其地如雪。"

甘肃华亭县在泾源县南。明天顺五年(1461年)完成的《明一统志·陕西·平凉府·山川》有:"桦岭山:在华亭县东五十里,多桦树。"明正德(1506~1521年)《华亭县志·河谷》记述:"华亭高山水泉通利,往年林麓郁畅,风气未舒,田少而沃,山寒而喜旱。近来林竭山童,风敞日暄,稍畏旱矣,而雨不时,得水泉灌溉之利,田亩需焉。"说明正德前后状况变化巨大。不过,清嘉庆《华亭县志》记载:华亭县到乾隆末年还是有不少森林的,当时赵先甲作《登仙姑山记》:"华亭之西十里,有仙姑山焉……尾邻西山,竹树烟云,若翠屏然……时维九月……黄花缀地,枫林霜叶,殷然如醉,寺竹千竿,秋风摩戛,古柏青松,干霄直上。"又撰《游龙们洞记》:"至山下,仰是树木阴翳,如无路。然从林中盘折而上,旁多古木,奇形莫可名状……东面山脊环抱,上皆苍松翠柏,宛然如画。西出一岭……谷中陡,间多芍药、紫荆,诸花烂漫。绿鸟红雀,不知其名。跻景山巅,古木参天,四望甚远。"

再看泾源县东北的甘肃平凉县(今平凉市崆峒区)。《十六国春秋》记载:"赫连定胜光二年(429年)畋于阴盘(今崆峒东南)"[③]。"畋"即狩猎。赫连定是割据一方的大封建主,这种载入史册的狩猎,反映了5世纪初,崆峒一带的野生动物兴盛与森林草原的繁茂。明嘉靖《平凉府志·平凉县·物产》载"兽"有:"猴,昔多害稼。生获者勿杀,剥其首皮,反覆于后,纵之逐其群,皆惊走数十里避之。"说明当时栖息于林木的猕猴在平凉县不少。同书也记载华亭县有猕猴。从《图书集成》与嘉庆《华亭县志》仍记载有"猴"看,说明直到清中叶,这一带依然有猕猴,可以间接引证当时的森林情况。

3. 出土古木传递的古森林信息

近年,围绕六盘山的宁南6县相继出土古木(图5.1)。从某种意义上说,古木所承载的关于古森林的大量信息更胜于文献记载。研究结果表明:

(1)古木确系当地所产　经考察:1980年8月26日于泾源县小南川头道沟口出土的Ⅳ号古木长

---

① 见:《明一统志·陕西·平凉府·山川》。另据《人民日报(海外版)》1993年4月29日报道,位于六盘山东麓宁夏固原县(现原州区)开城乡的元代安西王府(东西宽1km,南北长3km)遗址最近被考古工作者发现,该王府始建于1273年,后于元成宗大德十年(1306年)毁于地震。

② 据道光《靖远县志·碑记》引。按怀戎堡建于宋崇宁二年(1103年),又见《宋史·地理志·陕西·秦凤路·会州》。

③ 据《太平寰宇记·关西道·原州》引。(清)汤球《十六国春秋辑补·夏赫连定》作胜光二年十月。

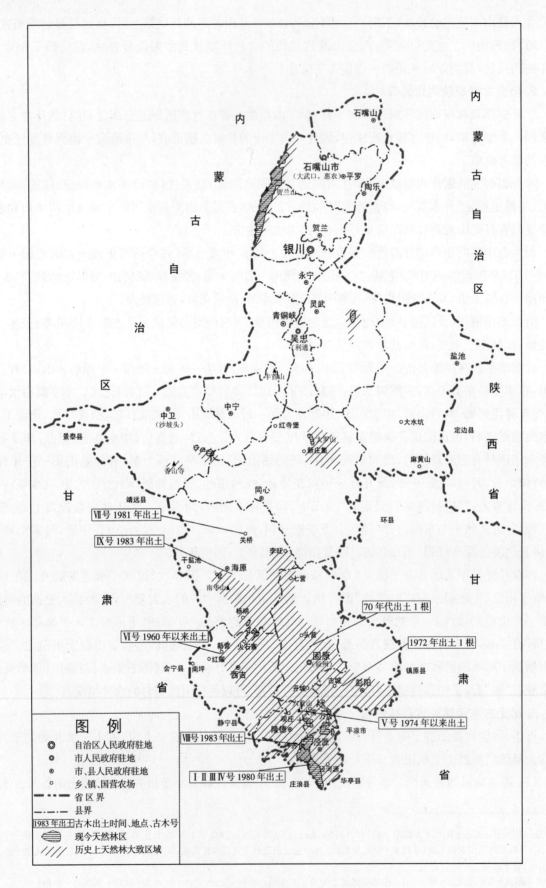

图 5.1　宁夏天然林历史变迁示意图

9.6 m(不包括古木露头时被群众先期锯走的一节),大头直径 67.8 cm;木身残留 10 多根长约 1 m,粗 3~5 cm 的纤弱侧枝茬桩。与Ⅳ号同时出土于同一河床的Ⅰ,Ⅱ,Ⅲ和Ⅺ等号古木,以及与Ⅰ和Ⅺ号同一树种的固原县(今原州区)大湾河马场Ⅴ号,固原县(今原州区)苏台大漫坡Ⅷ号和海原县五桥沟林场Ⅸ号等,与Ⅳ号同一树种的固原县(今原州区)开城郭庙Ⅹ号等,均为当地所产。

1981 年海原县关桥出土的 3 根圆柏古木,其中之Ⅶ号是带着树根的 2.1 m 残段,出土时基本直立土中。海原县南的西吉县新营涧子沟出土的Ⅵ号古木残片与Ⅶ号同为圆柏。

由此证实这些古木并非外来木,而是当地历史上生长的林木代表。

(2) 古木具有丰富的物种信息　送检的 10 个标号古木标本,经电镜木材结构学鉴定,有:云杉属(*Picea* sp.;Ⅰ,Ⅷ,Ⅸ,Ⅺ)、冷杉属(*Abies* sp.;Ⅱ)、落叶松属(*Larix* sp.;疑为红杉 *L. potaninii*;Ⅳ,Ⅹ)、连香树(*Cercidiphyllum japoncum*;Ⅲ)、圆柏(*Tuniperus chinensis*;Ⅵ,Ⅶ)。

除了待检树种外,可能还有油松[①]等树种,可能还有辽东栎、桦等阔叶树种。可以看出,古森林是以云杉、落叶松为优势的针叶林,其中云杉贯穿南北高海拔地带,北部以圆柏占优势。阔叶树种中,出现类似银杏那样高大、长寿、材质堪为大用的连香树。这些对于开阔视野,推动发展六盘山区造林、选育树种,以及水源涵养林区结合木材生产等森林经营,应当会有所启迪。

Ⅳ号古木按测树学复原,生前树高至少超过 30 m;在其 67.8 cm 断面上有 470 圈年轮;树干通直饱满少节,侧枝纤细,生前已濒死。可以推断该树生长于雨雪丰沛、气候寒冷的环境,且在高度郁闭的林分中,反映了当时林海雪原郁郁葱葱的景象。

送检的 4 个标号古木标本经[14]C 测定它们的入土年代分别是:Ⅳ号距今 7 000±80 年(南京大学数据)[②]、Ⅴ号距今 8 900±120 年(中国科学院地理研究所数据)、Ⅶ号距今 1 300±135 年(中国科学院地理研究所数据)、Ⅷ号距今 8 300±360 年(中国科学院地理研究所数据)。值得提出的是,Ⅳ号古木分别独立在 3 处进行[14]C 测定,中国科学院地理研究所测试为距今 7 300±120 年,兰州大学地理系测试为距今 7 130±80 年,二者与南京大学地理系的结果都相仿(稍许出入在于送检样本选取部位不同),完全可靠、可信。除Ⅶ号圆柏是南北朝至唐代产物外,余者皆新石器时期入土的,从Ⅴ号到Ⅳ号就纵跨 1 900±200 年的漫长岁月;如果Ⅶ号也列入,古木历史跨度更长达 7 600±255 年之遥,可谓源远流长。Ⅶ号圆柏是在古林区最北缘低海拔处 1 000 多年前入土的,可以认为低纬度、高海拔的六盘山应当有高于圆柏林水平的针叶林原生植被,这已从古文献考证中得到印证。民国二十四年(1935 年)《隆德县志》记:"美高山(今米缸山):在城东南十里,极高而秀,故曰美高。虽无庵观祠宇只缀,而万树苍松,蔚然深秀。诗曰:'秀耸东峰美指高,苍松万树衬鹅毛。'另诗又曰:'晓来佳气凝浓翠,万古青松销陇干。'"胸径 1.3 m 的Ⅴ号云杉古木就在米缸山附近出土,与抄录于清乾隆以前旧志中古诗的描述基本吻合。

(3) 古六盘山地是非常辽阔的林区　从出土古木的地理位置看,它不仅在现今林区腹地呈集团性出现(如Ⅰ~Ⅳ号与Ⅺ号等),而且有现林区外缘的(如Ⅴ,Ⅶ和Ⅹ号,西北方向的月亮山麓Ⅵ号,南华山北坡Ⅸ号),甚至黄土区北缘的关桥也有 3 根古木同地点一次出土(如Ⅶ号等)。在古六盘山,林区北陲左达须弥山—南华山—西华山;而以月亮山出土古木最多,似为古林区的中心地带之一;原州东山、海原中部至少是林区边缘疏林灌丛过渡地带。

联系现实残存的天然森林植被孑遗,从六盘山东西山林区跨过西兰公路,沿六盘山主脉及其两侧

---

① 如北京林业大学关君蔚就从西吉县采集到标本。
② 由于南京大学地理系的数据最靠近边材外缘,即最接近实际入土时间,故本文采用之。

次高山北上,瓦亭、挂马沟、大湾、黄茆山、河川、官庄、张易、红庄、马都山、沙沟、赵千户、张家山等都有小片天然残林迹地;北到须弥山,至今还散生天然油松残林千余株;折向西,有杨明、李俊、火石寨、扫竹岭等天然残林1 300多万 hm²,南华山灵光寺天然桦林几十公顷,连同天然灌丛达200 hm²;向西,经西华山达甘肃靖远县屈吴山有天然乔灌林1 333万 hm²①。

对比古今,可以看到历史上确实存在过由最南端的大雪山直到西、南华山,主脉东西伸展入黄土区纵深的广大森林至森林草原区;而现今的六盘山林区只不过是古林区剧烈退缩于南隅高山之巅的最后一个孑遗而已。

(4)古林区原生森林植物群落的变迁并不遥远 Ⅰ号古木大头直径77 cm,生长370多年,总的看来生长非常缓慢;特别是它入土前的135年才在断面半径上生长了9 cm,既说明古木生前早已进入过熟阶段,也不能不反映了入土前的异常寒冷气候,与中国历史时期冷暖变迁规律是吻合或基本吻合的[4]。

这些古木的两端横断面都保留了一种巨大外力强砸折断的明显痕迹,绝非斧锯所致,可以断定是因为强烈地震形成的山崩地陷才入土的。据查,1785年前后最大的一次地震是乾隆年间的黑城地震。如果这些古木是因这次地震入土的,说明它们生长在14世纪下半叶到18世纪中叶(元末至清初)。从古木出土后的腐朽程度看,除了Ⅳ号外,都是外表腐朽2～3 cm,内部仅因松脂溶化而呈灰暗色,材质完全可供利用,估计入土不大可能超过200多年,因为古木出土地点的生境多为低温高湿,Ⅰ号古木完全浸在水中。但入土时间也不可能更近,因为1805年清代学者祁韵士路过Ⅴ号古木出土点附近时,实录那里已"求一木不可得见"[13]。当然,地震是植物群落演变的一种强力突变因素,但绝非根本原因。六盘山古代以云杉等为优势的森林植物群落体,为什么在这么短暂的时间内消失,还有待深入研究。

(二)干草原和半荒漠草原的森林概况

干草原区相当于《宁夏农业地理》区划的"西海固半干旱区"[3]的大部,即固原(今原州区)东、北部,隆德县北部,西吉县中、西南部,海原县北部;半荒漠区即在干草原区以北的全部区域。因两区古森林概况及变迁情况大致相同,故合并论述。

1. 历史文献反映本区的森林

尽管未见早期古文献中直接的森林记载,但我们还是通过一些与森林有密切关系的记载反映当时森林状况。

(1)贺兰山林区森林状况 《史记·平准书》:汉元鼎五年(前112年),汉武帝"北出萧关(今原州区),从数万骑,猎新秦中"。宁夏北部,至少黄河以东是当时"新秦中"辖区,既然"新秦中",说明规模很大,可猎野生动物甚多。《汉书·地理志》:北地郡灵州县(今永宁县),"有河奇苑,号非苑"。据唐代颜师古注:"苑谓马牧也……二苑皆在(灵州)北焉"。按:汉代灵州县治今宁夏北部,当时就有两个载入官册的牧马苑。联系汉武帝大规模狩猎的史实,反映古代宁北也是地广人稀,植被畅盛,草原、森林、灌丛必然广布其间。

贺兰山见诸史料记载始于《汉书·地理志》,当时它叫"卑移山"。但记载山上森林,则始于唐代文

---

① 甘肃省林业局靳增华副处长1980年9月提供书面材料。

献。《元和郡县图志·关内道·灵州·保静县》记载：当时因山上有树木，色青白，远看如驳马[①]，古代北方民族称"驳"为"贺兰"[14]。因树而得山名，可见唐代山上森林是可以称道的。

宋代时，西夏很重视贺兰山，是7大重兵驻守地之一，驻兵5万人，仅次于京城兴庆府（今银川市）[②]。西夏并视贺兰山为皇家林囿，李元昊不仅在府城营建"逶迤数里，亭榭台池并极其胜"的避暑宫殿，更在贺兰山上"大役民夫数万于山之东，营离宫数十里，台阁十余丈"[③]。其实，在李元昊称帝前，其祖李继迁早在1002年即令其弟李继瑗和牙校李知白等督领民夫建造宫室、宋庙，暂定都于西平（今灵武市）[15]。天德十七年（1165年），国戚任得敬野心勃勃，阴谋篡西夏，欲以仁孝（西夏皇帝）处瓜沙（分别为今甘肃敦煌市和酒泉市肃州区），已据灵夏（分别为今灵武市和陕西横山县），于是役民夫十万，大筑灵州城，为他的任所翔庆军监军司修筑更加雄伟的宫殿[④]。西夏大兴土木之频繁，建筑之豪华，用木之巨大，可从后世史载"元昊建此避暑遗址尚存，人于朽木中尝有拾铁钉长一二尺者"[16]，窥见其一斑。在王公贵族的带头影响下，贺兰山上大兴土木之风，明代"山上有颓寺百余所"[16]，其中大抵皆西夏所遗[⑤]。这些记载固然说明贺兰山（应该还有罗山）林木在西夏时遭到一段严重破坏，但又反映出当时贺兰山、罗山森林颇为壮观，尚能支撑如此长期而巨大的木材耗费。

到了明代，贺兰山森林元气大伤，"为居人畋猎樵牧之场"；至少在浅山一带，森林"皆产于悬崖峻岭之间"[⑥]。

（2）罗山林区森林状况　罗山林区的历史记载，最早见诸于宋代文献。北宋重建威州（今同心县韦州）时，陕西转运副使郑文宝道：此处"（唐）故垒未记，水甘土沃，有良木薪秸之利"。实际上，"文宝发民负水数百里外……又募民以榆、槐杂树及猫、狗、鸦鸟者，厚给其直。地舄卤，树皆立枯，西民甚苦其役……"[⑦]在这里，砍取灌丛以供薪秸之利是可以的，但谋取"良木"则大成问题。因尽管郑文宝"厚给其直"，重赏栽树，却"树皆立枯"。所以必然要同罗山联系起来，作为重建威州的一个有利条件，才是可以思议的。同贺兰山相似，罗山才能提供支撑重建威州的良木之需。这也既说明罗山林区历史上的又一次浩劫，又反映当时森林资源的丰富。

明《嘉靖宁夏新志·韦州·山川》："蠡山（罗山古名）：在城西二十余里，峰峦耸翠，草木茂盛，旧不知何名。洪武（1368～1398年）中庆府长史刘昉以其形似（蠡）名之。"

清嘉庆《灵州志迹》："大蠡山……其上层峦叠嶂，苍翠如染……四旁皆平地，屹然独立，上多奇花异卉，良药珍禽……庆藩府诸幕皆在其下，旧有宫殿，今毁。"

在明代，罗山西北和西南的红寺堡与徐冰水周围数百里都是草木繁茂之所在[17]。因此反映，当时罗山林区边缘的灌丛应分布到清水河边。罗山东与"溪间险恶，豹虎所居"的古代"枸子山"[⑧]遥遥相望。说明山地森林源远流长。

---

① 原字是"駮马"，"駮"通"驳"。1988年《辞源：修订本：1～4合订本》释义二中指出：1)毛色青白相杂之马。亦指青白相杂的树木。2)黑白颜色相杂。引申为混杂、不纯。而《辞海》释"駮"义相似。

② 见：《西夏书事》卷12。

③ 见：《西夏书事》卷18。

④ 见：《西夏书事》卷37。

⑤ 见：清乾隆《宁夏府志·山川·贺兰山》。

⑥ 明《嘉靖宁夏新志·山川·贺兰山》记述："说者或谓林木采尽，恐通入寇之路。殊不知木皆产于悬崖峻岭之间，非虏骑之所至昔，使林木可遏寇，岂特严于禁止，尤宜勤于栽植。"

⑦ 见：《宋史·郑文宝传》。

⑧ 明《嘉靖宁夏新志·韦州·山川》："□子山在三山南。"按"三山"又在"（韦州）城东百里"。可见，"枸子山"在韦州城东百里的三山之南，或许就是现今盐池县的麻黄山。

2. 历史文献反映周边的森林

原州之东的甘肃庆城县。《元混一方舆胜览·陕西·庆阳府》记载:景山,在安化县(今庆城县)[①]"木石奇怪,其间多獐(实为麝)、鹿、猿、猱之属"。明嘉靖《庆阳府志·山川》也提到景山多产"獐(实为麝)、鹿、猿、猱之属",所称"猿"、"猱"及上文的"猴"都是"猕猴"[18];"物产"指出:"昔吾乡合抱参天之林木,麓连亘于五百里之外,虎、豹、獐(实为麝)、鹿之属得以接迹于山蔽。"可见元明时期的安化县产猕猴,这与多林木、果实是紧密联系的。

原州之东北的甘肃环县。《元混一方舆胜览·陕西·庆阳府》记载:环州(今环县)"马岭……有果实、猿、鸟,岩洞幽遂(邃),莫穷其源"。明嘉靖《庆阳府志·山川》记述:"第二将山:在府城北一百二十里,峰峦高耸,林木茂盛",似指今环县情况。

据史念海考证,现今内蒙古准格尔旗与杭锦旗古代都有过较大面积的森林分布[19]。西汉时,阴山的森林就开始有所记载,当时阴山不仅森林广大,且多兵家用材[20]。贺兰山、罗山的森林与阴山的森林同属一个类型,如果前二者在历史上不是更好,也应当是大致相仿。

3. 现有天然林溯源

贺兰山与罗山两林区现仍有大片森林的现实存在,说明自然环境虽然严酷,但只要有一定海拔高度的抵消作用,还是可以有较好的森林。

两林区的高山部分都是以青海云杉和油松等针叶树种为优势的稳定林分,这是历史的直接孑遗,其渊源可以追溯到原始森林的一般特征:主要优势树种和基本群落结构,一如现今;历史变迁的,只是在人为活动深化的影响下,自然条件恶化,从而导致动植物物种及其群落简化,林线上升,林相残破,树种平均直径缩小,立木生长率降低。这同六盘山林区有重大区别,贺兰山与罗山两林区应该称为过伐林,顶极优势树种没有变,只是低海拔垂直带的山杨、灌木林才是次生的过渡性的天然林,只要排除人为的破坏影响,它们就能顽强地向顶极群落进展。

探究这些过伐林得以保存的原因,可从历史自然条件来看。由于贺兰山东斜面山势峻急,切割深烈,山中尚无农垦条件,更无一河流发源于此,人口无从向山中扩散。罗山历史早期人为活动微弱,也由于运输困难,从古至今,无不以单株径级择伐方式利用之。只是择伐的径级,随着历史的发展,日益缩小而已。因而,两林区的针叶林分中,每每残留粗大伐桩,以贺兰山为著(伐桩有直径1 m以上、高过于人者,其上常残留枝叶,现多成檩、梁之材)。旧伐桩分布广,直达分水岭;桩龄不乏300年以上的,称为恶霸树,是现今抚育清理的主要对象。这就有力地证实了两林区并非自古以来就是以中、小径木材为主的残破林区。

4. 古炭核传递的古森林信息

贺兰山森林历史上火灾频繁,但由于山高、坡陡、土层薄,考察中仅发现6处(属于前山4处,后山2处)炭灰、炭核。通过对古炭核的树种识别和[14]C断代测定,联系海拔等现场考察,发现贺兰山油松资源一直处在严重的历史衰退趋势之中。

6处古炭迹中,海拔最低(1 680 m)、历史最久([14]C测定,距今4 000±77年)的是新沟柴渠门第3号炭迹。检得的炭核,经树种鉴定,全为针叶材炭,其中油松材炭占95.4%。即使假定这里的炭迹是先民烧臭油的遗迹(新中国成立前,这一带有用油松树烧臭油治疗牲畜皮肤病的习惯),也并不妨碍证明古代这里曾至少是油松占优势并相当集中的油松、山杨林生长之地,因为山中背运松材不可能,也

---

① 《元混一方舆胜览》:"景山,在安化县数里之外",误。而明嘉靖《庆阳府志·山川》(作:"在府城西一百一十里")与《明一统名胜志·陕西名胜志》(作:"在府城西一百里")较符合实际。

无必要舍近求远。而现代,这一海拔高度属于灰榆、杜松等耐旱乔灌木疏林层,油松仅少有孑遗[21]。也就是说,同4 000年前比较,贺兰山油松、山杨林分布的层下海拔高度,已由古代1 700 m上升到现今的2 000 m,至少上升300 m。

西峰沟皇城第5号炭迹(距今2 600±85年,海拔2 030 m)的炭核中,针叶材炭占75.9%,其中油松占67.2%,显然油松是明显优势。现今,这个海拔高程是山杨占优势的油松、山杨林层下界。不妨设想:如果把第5号炭迹所反映的林分,向历史远处推移1 400年达到第3号炭迹成炭的时间,那么同一时限海拔2 030 m处的油松优势程度,前者肯定要超过后者;既然第3号炭迹处油松已占优势并相当集中,那么几乎可以肯定第5号炭迹当时油松占绝对优势或近似油松纯林程度。因此,现代海拔1 680～2 030 m属于耐旱乔灌林层(以山杨为优势的油松、山杨林层),它显然是从约4 000年前以油松为优势的油松、山杨林层(油松占绝对优势或近似油松纯林层),逐步变迁而来的。这种变迁呈现出垂直梯度关系,这种梯度关系在山地森林中,在上下极限内是普遍存在的。

特别值得注意的是,在后山哈拉乌沟北沟第2号炭迹(海拔2 180 m)的垂直剖面,自上而下呈现5层炭烬层与黄土层相间的复合炭迹点,它显然系5次洪积而成。鉴于第5层不尽完整,故对第4层炭核进行^{14}C测定,测得距今2 090±33年;炭迹点地面近侧方有云杉大树错落成行,树龄估计120年。不难断定,该炭迹点是距今2 090±33年到距今120年前逐次形成的。经分层炭核树种鉴定(表5.1),可以看到以下情况:

表5.1 第2号炭迹分层炭核树种鉴定状况

自上而下炭层编号数序	炭核总质量/g	植物类型成分/%		针叶炭中/%		
		针叶炭	阔叶炭	云 杉	油 松	杜 松
2-1	77.8	96.8	3.2	54.5	45.5	0.0
2-2	130.2	98.9	1.1	38.8	61.0	0.2
2-3	54.6	100.0	0.0	23.1	76.9	0.0
2-4	57.4	100.0	0.0	1.4	98.6	0.0
2-5	89.0	100.0	0.0	1.1	97.2	1.7

(1)各层阔叶树种都微不足道,反映哈拉乌沟2 180 m海拔以上林区历史上大面积森林火灾都发生在针叶林时代,火灾迹地上阔叶林的更新只能是过渡的、暂短的,且不会发生大面积火灾。

(2)在针叶炭中,云杉由1.1%的极个别比例逐次增加到54.5%的优势;到现代,特别是在海拔2 180 m以上的哈拉乌林区,几乎全是云杉纯林。而油松恰恰相反,它的比例由97.2%逐渐降至45.5%;到现代,整个哈拉乌沟北沟绝无一株油松存在。这雄辩地证明:至少2 000年前,油松分布上限,远远超过现今油松、山杨林层2 400 m,少量到2 700 m高度。联系当代也无油松分布的黄渠口沟,也从海拔2 010 m处的第6号炭迹中检到油松炭核的事实,可以看出油松不仅作上下限收缩,而且也作水平方向的区域收缩。

区域综合勘察队的高正中也无不深为贺兰山油松更新忧虑不已[22]。古今研究殊途同归,更说明贺兰山油松资源历史衰退趋势被发现的翔实性。

三、历史时期前期的森林变迁

人类在宁夏活动的历史悠久,对当地天然林植被虽不无影响,但宁夏向为边远之域,同历史上政治、经济、文化中心的关中、晋南、河南伊洛河下游及黄河下游相比,尤其同这些地方的平原相比,它的开发显得较晚,森林变迁的历史相对也就较短。

由于宁夏古代人口稀少,远古时期人们对森林植被的开发利用程度,同森林的再生能力相比,可以说微不足道,故探讨这里森林变迁可以略去秦以前的情况。

(一) 秦汉至北朝时期的森林变迁

秦汉及其以后,宁夏森林植被出现第一次转折性的大变化,但在宁夏南北有所区别,故分别论述。

1. 宁北地区的森林变迁

公元前215年,秦始皇派蒙恬率大军沿黄河两岸屯垦。以后,汉武帝等更进一步发展了屯垦事业,大规模兴建了汉渠等水利工程体系。近年来考古发现的城址遍布宁夏南北。此外,汉代墓群在吴忠(今吴忠市利通区)、中卫(今沙坡头区)、贺兰、银川、固原(今吴忠市原州区)等地有大量发现,吴忠(今利通区)、贺兰、固原(今原州区)等地还发现了新莽和东汉的墓葬[1]。可见秦汉时代,农耕民族对宁夏,特别是宁北的影响之大。

经秦汉两代积极经营,宁夏平原出现了第一个引黄灌区,农业生产力巨大飞跃,使地处荒漠的宁夏平原成了"沃野千里,谷稼殷积","牛马衔尾,群羊塞道"①的人工绿洲。这固然是人类改造自然的一次胜利,但同时又是以牺牲四周植被,尤其是贺兰山等山地森林为代价的。人口骤增,又兴修浩繁的水利工程,能源和建材的需求,量大而急,岂有不就近大肆砍伐林木之理。汉文帝采纳晁错的建议,募民徙塞下居;晁错复奏疏:

> 使(募民)先至者安乐而不思故乡,则贫民相慕而劝往矣。臣闻古之徙远方以实广虚也,相其阴阳之和,尝其水泉之味,审其土地之宜,观其草木之饶,然后营邑立城,制里割宅,通田作之道,正阡陌之界,先为筑室,家有一堂二内,门户之闭,置器物焉。民至有所居,作有所用,此民所以轻去故乡而劝之新色(邑)也。为置医巫,以救疾病,以修祭祀,男女有昏(婚),生死相恤,坟墓相从,种树畜长,室物完安,此所以使民乐其处而有长居之心也。②

这是汉文帝经营北方边境的政策,尔后汉武帝多次大量募民迁徙,开发宁夏平原,当然不可能有什么例外。正如马克思指出:

> 文明和产业的整个发展,对森林的破坏从来就起很大的作用,对比之下,对森林的护养和生产,简直不起作用。[23]

上述垦成与移民等活动,使贺兰山、罗山等山地森林遭受破坏,迫使天然林区激烈大收缩。

现毗邻的阿拉善左旗巴音浩特原达理扎王爷府(海拔1 560 m)内有几株青海云杉大树,似系人工移栽,所处位置土壤、水分条件较好。但在如此干燥的阿拉善荒漠环境中,能枝叶青翠,巍然孤立生长,至今不衰,也堪称奇迹。联系到古代生态环境未破坏前的气候植被状况,贺兰山(罗山当亦相同)云杉纯林垂直分布带的下限,在秦汉前不应当是现今的海拔2 400 m,至少应当是2 000 m;油松、杜松、山杨、桦木等林带很可能一直分布到山麓。

---

① 见《后汉书》卷77。
② 见《汉书·爰盎、晁错传》。

北魏时期,从刁雍建议在今原州造船一事可以看出:尽管其中包含官场勾心斗角因素,但经过秦汉及其以后的大量耗费,贺兰山至少在交通较方便的浅山区已没有造船巨木(前文已提到贺兰山存在大量直径1 m以上活的大伐桩);否则,刁雍建议就会舍近求远而缺乏说服力,太武帝也不会轻易表示"甚善",更不会要求"自可永以为式"[7],形成制度。

2. 宁南地区的森林变迁

将"板屋"流风、班彪《北征赋》、三国魏在今原州秦长城以北建行宫,以至北魏刁雍造船建议和论证清水河可泛舟行船等一系列史实联系起来看,虽经反复战乱[诸如秦汉之际到西汉初期朝那(今原州区东南)为汉与匈奴之间要塞的一部分①,也系东汉初光武帝与隗嚣争夺的地区之一,在十六国时也出现过一些战乱],还有人口变化[如晋代有相当数量的人迁居高平州(今原州区),后来又有不少人徙于牵屯(今米缸山)②],使森林等植被(重要是平川和丘陵地区)受到相当的开发利用和破坏,但这里明显的森林变迁起始时间要晚于宁北。

同时,森林草原地带植被自然恢复能力较强,所以除了平川、丘陵辟为农田外,山地森林遭受破坏的速度比宁北缓慢。

宁南这个时期森林明显变迁之地,要算六盘山北段到甘肃子午岭北段之间的大片土地,也即由今原州北,东部到庆阳,畜牧区变为了农业区,森林、草原为大面积的农田所代替,长期以来未能恢复[24]。

(二)唐至元时期的森林变迁

此阶段不仅再次出现严重影响森林的现象,而且范围更扩大。

1. 宁北地区的森林变迁

宁夏平原的垦殖、农耕在唐宋时继续发展,人口日益增加,这些对贺兰山、罗山等处森林的消极影响继续扩大。尤以西夏的200年间,因其政治、军事、经济和文化建设的需要,仅皇室营造宫殿,动辄就大役民夫数万甚至10万,加以与宋、辽、金征战频繁,且有不少规模较大的战役,从而使人力、物力的损耗都较大[12]。它造成既是贺兰山、罗山森林的第二次比较集中而深刻的破坏,也是西华山森林的第一次比较集中而深刻的大破坏。

唐宋及其前后人口迁徙、农牧业交替等变迁,也曾使森林植被多次得到休养生息,并有一定程度的恢复和发展。但这些间或性的恢复和发展对秦汉和西夏这样集中的大破坏,是起不了多少平衡作用的。因贺兰山、罗山地处草原和半荒漠,森林生态系统十分脆弱,遭遇一次比较彻底的破坏,没有相当长的时间是无法恢复原貌的,低海拔浅山区不少地方甚至要从积累土壤开始。对此,宋代深感忧虑的有识之士发出了保护森林的呼吁。明《嘉靖宁夏新志》收录的宋代张舜民《西征》诗曰:"灵州城下千株柳,总被官军砍作薪。他日玉关归去路,将何攀折赠行人。"

值得注意的是,早在北朝,就见有人工果园的记载。如夏赫连勃(407~425年在位)曾在黄河中今

---

① 例如,《史记·匈奴列传》记载:冒顿悉复收故河南塞,至朝那、肤施。《史记·孝文本纪》记载:前十四年(前166年),匈奴入边,攻朝那塞。

② 《水经·河水注》:"《十六国春秋·西秦录》,乞伏国仁五世(祖)有祐邻者,晋初率户五万,迁居高平川……"(清)汤球《十六国春秋辑补·西秦录·乞伏国仁》记述:"……其后有祐(清代校者注:'一作拓')邻者,即国仁五世祖也。晋秦始初,率户五万(清代校者注:'一作千')迁于夏缘,部众稍盛。鲜卑鹿结七万余落屯于高平川,与祐邻迭相攻击。鹿结败,南奔略阳,祐邻尽并其众,因迁居高平川。祐邻卒,子结(清代校者注:'一作浩')权立,迁于牵屯。结权卒,子利那立,击鲜卑吐赖于乌树山,讨尉迟渴权于大非川,收众三万余落。"

灵武西南的河渚(沙洲)上置有"果园"①。唐以后就更多了,如唐韦蟾《送卢潘》诗曰:"贺兰山下果园成,塞北江南旧有名。水木万象朱户暗,弓刀千骑铁衣明。"②

元代依旧是战乱与垦荒交替。元至元元年(1264年),因战乱,西夏、中兴等路行省"民间相恐动,窜匿山谷","(郎中董)文用镇之以静,民乃安"。古渠唐徕、汉延、秦家等,由于"兵乱以来,废坏淤浅",久用失修,郭守敬继修"皆复其旧","垦水田若干","民之归者"不少,"悉授田种,颁农具"③。"(至元)八年(1271年),拜(袁裕为)监察御史,俄有旨授西夏、中兴等路新民安抚副使,兼本道巡行劝农副使,奉直大夫,佩金符。时徙鄂民万余于西夏,有司虽与廪食,而流离颠沛犹多。裕与安抚使狄吉请于朝,计丁给地,立三屯,使耕以自养,官民便之。"又言:"西夏羌、浑杂居,驱良莫辨,宜验已有从良者,则为良民。从之,得八千余人,官给牛具,使力田为农。"④许多人战后返故里,重建家园;远地万余人移入和当地少数民族8 000余人务农,也得以建立家园。尽管史籍所载安置效果不无夸大,但起码的修建房屋,制作农具,整修渠道等水利设施,一定会集中伐取贺兰山、罗山等地森林,势在必行。

2. 宁南地区的森林变迁

唐代,前文已提到畜牧业大发展。

北宋时,宋及金与西夏等对这里争夺颇为激烈且长期。北宋与金先后以今原州为镇戎军驻所。为了维持所驻重兵,都曾长期大事屯垦。北宋咸平四年(1001年),陕西转运使刘综上言:

> 臣等昨阅视本军,其川原甚广,土地甚良,若置屯田,厥利实博(溥)。盖镇戎军一万约刍(储)粮四十余万,约费茶盐五十余万。倘更令远郡输送,则其费益多。臣请于军城四面置一屯务,开田五百顷,置下军二千人,牛八百头,以耕种耘之。又于军北及木峡口,军城前后,各置堡塞(寨),使其分居,无寇则耕,寇来则战。仍请就命知军李继和为屯田制置使……行之累年,必有成绩矣。

宋真宗对此疏奏嘉许并同意⑤。

后来,金兴定三年(1219年),石盏女鲁欢以河南路统军使为元帅右都督,行平凉元帅府事,也力主屯田,他上言:

> 镇戎……东西四十里,地无险阻,当夏人往来之衢……如此则镇戎可城,而彼亦不敢来犯。镇戎军所在官军多河北、山西失业之人,其家属仰给县官,每患不足。镇戎土壤肥沃,又且平衍,臣裨将所统几八千人,每以迁徙不(可能有误)常为病。若授以荒田,使耕且战,则可以御备一方,县官省费而食亦足矣。

金宣宗亦嘉许并同意此疏[25]。可见金屯垦的规模比宋更大,且都说是"川原甚广","又且平衍",事实上丘陵、沟壑亦所不免,即或垦殖于川,薪秸良木之需必求之于山。所以,历史上屯田是六盘山一带森林变迁的主要因素之一。

---

① 《水经·河水注》:"河北又有薄骨律镇城,在河渚上,赫连果城也。桑果余林,仍列州(洲)上(清杨守敬《水经注疏》:'按《十道志》《寰宇记》引并作桑果榆林,列植其上')……"

② 见《全唐诗》卷566。

③ 《元史·董俊传附董文用传》《新元史·董俊传附董文用传》《元史·郭守敬传》《新元史·郭守敬传》和《明一统志·宁夏卫》提到董文用修垦安民事,明《嘉靖宁夏新志·宁夏总镇》也提到董文用、郭守敬等修渠等事。观清毕沅《续资治通鉴》卷177。

④ 见《元史·袁裕传》《新元史·袁裕传》和明《嘉靖宁夏新志·宁夏总镇·袁裕条》。

⑤ 见《资治通鉴长编》卷50。《宋史·食货志·屯田》基本相同。

虽屯垦并非直线式的发展，但也不曾完全停止。如金末，有的地区经战乱后屯田有所荒废，森林、灌丛和草原似曾有所恢复，但到元代，屯田又有发展。至元九年(1272 年)安西王"驻兵六盘山"①。至元十年(1273 年)"安西王封守西土，既立开成路，遂改为广安县(今原州区开城)，募民居止，未几户口繁夥。至元十五年(1278 年)升为州，仍隶本路"②。至元十八年(1281 年)"命安西王府协济户及南山隘口军，于六盘等处屯田"。至元二十九年(1292 年)枢密院臣奏："延安、凤翔、京兆五路籍军三千人，桑哥皆罢为民，今复其军籍，屯田六盘。从之。"元贞二年(1296 年)"自六盘至黄河立屯田，置军万人"③，人口增加，屯垦扩大，加之反复征战和无节制的采伐林木(如北宋王朝建立后，采伐的重点就西移到甘肃武山洛门镇④。当时秦州人常潜入属于西夏的区域砍伐烧炭之材)[26]，使当地森林植被难以恢复。

可以说，唐宋时期是宁南六盘山森林植被遭到第一次大破坏的时期。

(三) 明至民国时期的森林变迁

此阶段近 600 年，固有政治开明与腐败、经济发展与凋敝、社会动乱与兴平之别，但森林植被总的损耗，则是越到近期范围越大，程度越深。可以概言，这个时期是宁南森林的第二次、宁北森林的第三次历史性大破坏时期。

1. 明代的森林变迁

明"洪武五年(1372 年)废(宁夏府)，徙其民于陕西"。据研究，当时军队将银川、灵武、鸣沙洲(在今中卫市沙坡头区东北)等地居民迁到关内，致银川(当时称宁夏)成为一座"空城"，使宁夏北部成为一个真空防御带[27]。然而不久，洪武"九年(1376 年)……立宁夏卫……徙五万之人实之"⑤。人口猛减猛增，大出大进，使得生活、生产资料损失极大，进而必然给森林、草原植被带来灾难性的影响。

明成化十年(1474 年)在宁夏河东始筑边墙时，为防御游牧民族南侵，曾把"草茂之地筑之内"⑥，可见当时长城沿线天然植被繁茂。尔后，军屯、民屯兴盛，以今盐池县城西南 45 km 的"铁柱泉城"遗址为例：在 1536 年筑城时，"……水涌甘洌，是铁柱泉。日饮数万骑弗之涸，幅员数百里，又皆沃壤可耕之地。北虏入寇，往返必败于兹"⑦。"其堡周围空闲肥沃土地又广，合委官拨给，听其尽力开垦。"⑧明魏焕记道："先年套内零贼不时进至石沟、盐池及固(固原，今原州区)、靖(靖边营，在今陕西靖边县南)各堡抢掠，花马池(今盐池县)一带，全无耕收。自筑外大边以后，零贼绝无，数百里间，荒地尽耕，孳牧遍野，粮价亦机平。"⑨长城成了农垦区的北界，由于气候和地力关系，边垦边撂，致使后来沙化。

前文提到，明代贺兰山森林"皆产于悬崖峻岭之间"。浅山一带早已"陵谷毁伐，樵猎蹂践，浸浸成路"⑩，但深山区还一定程度地保持"深林隐映"和"万木笼青"⑪。山下荒漠植被也较今为好：清康熙三十六年(1697 年)学者高士奇随康熙征讨噶尔丹，从今宁夏黄河西岸北行，直抵(今内蒙古磴口)，见"地多柽柳甚密，两岸新蒲可充馔，沙上丛柳，为矢极佳，列子所谓朔蓬(柠条)之干也。金桃枝，皮如桃而

---

① 见《元史·世祖纪》。
② 见《元史·地理志》。
③ 见《元史·世祖纪》。
④ 见《元史·成宗纪》。
⑤ 见：明《嘉靖宁夏新志·宁夏总镇·建置沿革》。
⑥ 见：明《嘉靖宁夏新志》卷 1。
⑦ 见：明《嘉靖宁夏新志》卷 3。
⑧ 见：张萱《西园闻见录》卷 65。转引自：侯仁之. 从人类活动的遗址探索宁夏河东沙区的变迁. 科学通报，1964(3)：228
⑨ 见：魏焕《西园闻见录》卷 54。转引自：侯仁之. 从人类活动的遗址探索宁夏河东沙区的变迁. 科学通报，1964(3)：228
⑩ 见：《明经世文编》卷 228，王邦垲《王良毅公文集·西夏图略序》。
⑪ 见：明万历《朔方新志》卷 4，吴鸿功、尹应元各同名诗《巡行贺兰山》。

金色,开黄花如迎春,不香,对之转增凄淡"①。

宁南情况也类似。当时实行所谓"开中"办法,即凡商贩若要贩盐,必先运粮至边地,换得"盐引"(执照)后,方可领盐发卖。这一举措极大地刺激了就近在今原州一带开荒种粮[24]。16世纪初,总制陕西诸路军务秦纮上疏道:今原州以北有可开荒地数十万顷,韦州(在今同心县)以东至花马池(今盐池县)也不下万顷。请进行屯垦。"卒行(秦)纮策"②。

按当时"顷"即百亩,"数十万顷"就是几千万亩。据《宁夏农业地理》,清水河流域面积才1.45万 km²,折2 175万亩③,南部山地现有川、坡耕地也只有1 052万亩[3]。实际上并没有那么多荒地,明代也没有力量开垦那么多荒地,但却反映要迎合朝廷想多开荒的心态,完全可以证明的是当时荒地多,使得森林等植被曾有所恢复。

明嘉靖《庆阳府志·物产》记述:

> 昔吾乡合抱参天之林木,麓连亘于五百里之外,虎、豹、獐(麝)、鹿之属,得以接迹于三蔽。据去旧志(约指弘治)才五十余年,而今檩、橼不具,且出薪于六七百里之远,狐、兔之类无所栖矣。此又不可概耶? 嗟夫! 岂尽皆天人事渐致哉,往往斧斤不时,已为无度,而野火之不禁,使百年地力,一旦成烬,此其濯濯之由也。

固原(今原州区)、庆阳地域相近,历史变迁过程相仿,借此作为固原(今原州区)的写照,应当是真切的。

2. 清代的森林变迁

清代,人口增长的压力(表5.2)使残余森林进一步受到摧残。

表5.2　400多年来宁夏北部人口、田亩变迁简表

统计时间	人口	田亩	人均田亩	材料来源与重要说明
明嘉靖十九年(1540年)	249 222(丁口43 243)	1 514 828	6.1	《嘉靖宁夏新志》卷1、卷3。系不完全统计,人口中包括官吏870人,兵32 187人
明万历四十五年(1617年)	281 455(丁口56 291)	1 883 205	6.7	万历《朔方新志》卷1。丁口为"今额",田亩为"原额"
清乾隆四十五年(1780年)	1 352 525	2 322 634	1.7	乾隆《宁夏府志》卷7
清嘉庆二十五年(1820年)	1 392 815	2 331 707	1.7	《嘉庆重修一统志》卷264
民国十五年(1926年)	390 977	2 635 774	6.7	(民国)《宁夏省朔方道志》卷9
民国三十三年(1944年)	720 477	2 465 560	3.4	1946年出版《宁夏资源志》。已剔除内蒙古磴口县

　　注:1.本表并非专题研究成果,因历史情况复杂,限于时间,考证不够,仅供参考。

　　2.表中"丁口"系根据周源和资料[28]。清代顺、康、雍时期沿明制,赋役以"丁口"计征;康熙"盛世滋生人丁,永不加赋"政策,促成了雍正"摊丁入亩",直至乾隆六年(1741年)始定"大、小、男、妇(即人口)悉数造报"。所以乾隆六年以前,包括明代,都以"丁口"计数;乾隆六年以后才造报"人口";"丁口"和"人口"的比例以"1:5"折算为宜。

---

① 引自 (清)高士奇《扈从纪程》,见《小方壶斋舆地丛抄》第1帖。

② 见:《明经世文编》卷68载,秦纮《秦襄毅公奏疏·论固原边事疏》《明史·秦纮传》,明《嘉靖宁夏新志·宦碛·秦纮》。

③ 1亩=0.066 7 hm²。

从表5.2可以看出,清嘉庆二十五年(1820年)宁北人口达到历史顶峰,乾隆四十五年(1780年)稍次之。清史研究中,有"康熙之治,乾隆盛世,嘉道中落,咸同动乱"说法。宁北出现的嘉庆人口高峰,可能是乾隆盛世自然滑动的结果,也许还有其他具体的地方历史因素。乾隆四十五年宁北人口达135万[比163年前的明万历四十五年(1617年)的28万人口增加107万人口,净增3.8倍。当时宁北人口占全国人口的0.48%[28],比现今的0.2%还高1.4倍],但在册耕地仅增加了43万亩,净增23%,人均占有耕地由万历四十五年(1617年)的6.7亩降至1.7亩最低点。按清学者洪亮吉据当时的实际生产力水平,于乾隆五十八年(1793年)估计说:"一人之身,岁得四亩,便可得生计矣。"[①]这同前、后代许多中外学者的估计接近,甚至吻合。虽然人均耕地同"生计"关系的弹性很大,但1.7亩不及4亩的半数,超过一般可能性,这就不能不影响到"生计"。只有大量不在册的开荒地存在与发展,才能支撑"乾隆盛世"局面。

据研究,17世纪中叶,清王朝由禁垦改为放垦,使明末撂荒有所恢复的河东沙地,复又垦殖。18世纪中叶,清政府为了"借地养民"、"移民实边",又继续大量开荒,长城沿线现今沙漠化的大规模发展乃明清尤其是清代开荒政策的产物[②]。

1780~1926年的146年间,宁北人口锐减为39万,竟十者不及其三。这固然与清中期至中华人民共和国成立前政局混乱致统计脱漏有关,但人口锐减是毫无疑义的。这首先又是同天灾人祸直接相连:道咸以降,迭遭兵燹;同治之变,十室九空;宣统三年(1911年),又值战乱;民之死亡以数万计,户口凋零,职是之故。光绪三十一年(1905年)《隆德县志》载:"自经同治杀劫后,全县属地十庄九空。"1920年大地震,隆德死亡男女2万多丁口;1929~1930年死于饥疫战乱者不少万余,"生齿有减无增"。晚清时固原(今原州区)一带"官树砍伐馨尽,山则童山,野则旷野,民间炊□,悉赖搜僻辟荆榛,并无煤矿可以开采"。"承平之时,薪已如桂。"[③]

即使是人口正常自然增长年代,只要人类不能理性处理其本身与生存环境的关系,森林的破坏总是难以避免的,更何况历史上的大幅度人口升降。清汪士铎指出:

> 人多之害。山顶已殖黍稷,江中已有洲田,川中已辟老林,苗洞已开深箐,犹不足养天地之力穷矣。即使种殖(植)之法既精,糠核亦所吝惜,蔬果尽以助食,草木几无孑遗,犹不足养,人事之权殚矣。[④]

这虽是对全国而言,但毁林开荒,开垦到山顶,以至草木荡然无存,犹不足食,酷似针对宁夏而言。

宣统元年(1909年)隆德县在册田亩213 823亩,其中属于道光二十五年(1845年)招垦后查出的(私田)就有100 894亩,"奉旨豁免不计钱粮"[⑤]占47%。

贺兰山林区在15世纪末,是"为居人狩猎樵牧之场",故明弘治年间从边防考虑曾予封禁,只能驻兵的军事林区禁止樵牧[⑥]。实际能否封住,颇值得怀疑。到清代,尤其"乾隆盛世","百余年来外番宾

---

① 见:《洪北江诗文集》。转引自:周源和. 清代人口研究. 中国社会科学,1982(2)
② 据朱震达等《陕北宁夏长城沿线及河西走廊的沙漠化历史过程和资源开发利用的途径》一文,见1981年中国地理学会沙漠分会成立大会学术交流材料。
③ 见:宣统元年《固原州志·艺文·劝种树株示》,光绪丙午(光绪三十三年,1907年)春。
④ 见:《乙丙日记》卷3。转引自:周源和. 清代人口研究. 中国社会科学,1982(2):161~188
⑤ 见:宣统元年《甘肃新通志·建置志·贡赋·隆德县》。
⑥ 见:嘉靖《嘉靖宁夏新志》卷1。

服,郡人橠桷薪樵之用,实取材焉"①。当时银川城内不仅有米市、猪市、骡马市,同时还有木市、柴炭市,征税中也就有"木税"这一项②。可见伐禁一开,更难能节制,森林只能反复遭到涂炭。

明清森林历史变迁同以往一样,亦非直线进展,间或也有缓和和恢复的阶段。六盘山林区二龙河施业区,现今有不少山地天然次生林是覆盖在古代废弃的梯田之上的。在整治黑石岩苗圃时,挖出石门坎、石碾盘,特别是石狮等多件遗物。野猪沟口还在古梯田下方残留一株约200年树龄基径1.3 m的人工二青杨活树茬桩。显而易见,这一带曾是汉族农耕区,并达到相当规模,黑石岩苗圃是古居民点,很可能是个不小的古集镇③。据泾源当地近百岁回族老人回忆,他于同治年间由陕西渭南老家逃难辗转到此时,现今住地和广大农田当时多为高大桦木、青冈和茂密的沙棘所覆盖④。《回族简史》记述:清同治八年(1869年)左宗棠进兵甘肃镇压回民起义后,将4大起义中心的宁夏金积堡陕籍回民2万余人,移至化平(今泾源一带)[29]。

凡交通方便之处,尤其历代越经六盘山的东西国道及其两侧,除了栽植有"左公柳"外,森林、树木被破坏后,永未复苏。这条由京师去新疆的国道,经宁夏的路线是:从甘肃平凉的安国镇进入宁夏的蒿店,经瓦亭、和尚铺(坡)翻越六盘山,下至杨家店,再经隆德城、沙塘、神林(木)、联财(乱柴)出境至甘肃静宁。至中华人民共和国成立前,途经者多有记述当地植被情况,典型者如:

1805年,学者祁韵士沿此路线一直走到甘肃金县(今榆中县西北)猪嘴驿,始一扫沉闷心情,实录曰:

> (猪嘴驿)乃金县辖,在西山下,林木森森,蔚然入目,盖数日来童山如秃,求一木不可得见。至是,始觉生趣盎然。⑤

1842年,政治家林则徐被发配新疆,行至六盘山巅,记下:"其沙土皆紫色,一木不生,但有细草"⑥。

1916年,学者谢彬沿道至山顶,记述:

> 登高遥览,峻岭百重,绝壁万仞,众峰环抱,如卷蕉叶……元史屡称元主避暑六盘山,当时森林,必甚丛蔚;今则童山濯濯,不堪游憩矣。[30]

迫于"风水"恶化,灾害频发,危及到封建王朝的统治基础,至晚清时不得已"劝谕各属,广种树木,预弭和灾□,而兴地利",广颁告示的官员不乏其人。甘肃的陶模《种树兴利示》在纵谕兴办林业的6大好处之后,宣布了一系列重要政策,如:

> 有能增种至五万株以上者,官给奖赏。有无故戕树一株者,罚种两株,富民罚钱一千文。……(种树)除自有土地外,能将无主官荒,各地开种各项树木者,准其报明本管(亦辖当时的宁夏、固

---

① 见:清乾隆《宁夏府志·山川·贺兰山》。
② 见:清乾隆《银川小志》。
③ 据宁夏林业厅陈加良1981年调查。
④ 据蔡学周、汪愚等1960年在兴盛公社调查。
⑤ (清)祁韵士《万里行程记》,见:《问彩楼舆地丛书》第1集。
⑥ (清)林则徐《荷戈纪程》,见:《林文忠公三种本》。

原)地方官立章,作为永业,免纳银粮。其有主荒地,自此次劝谕后,应勒令本主随时种植,如迟至五年尚未种植者,即从无主论,有人取以种植者,听勿许旧时地主出面阻挠。

固原(今原州区)知州王学伊在《劝种树株示》进一步告示:

> 此种树一节,尤为此间百万生灵命脉所系也……其能种百株以上者,奖给花红银牌;种千株以上者,奖给匾额;万株以上者,禀请奖给顶戴。自种之后,一不准居民私伐,二不准牧竖动摇,三不准往来行人随意攀折,四不准拉骆驼脚户任驼擦痒。

自同治十年(1871年)到光绪三十四年(1908年),仅固原(今原州区)一地,就有提督、总兵、知州等不下20人[①],亲自栽树,意在推动护树、栽树,大兴地利,实则推而无动,山河破碎,与日俱增。

3. 民国时期的森林变迁

民国时期,森林状况每况愈下。1946年,王战[31]研究贺兰山和罗山林区后报告道:

> 贺兰山(林区)范围较广,价值最大,屏列于宁夏平原之西,自古负盛名,往游者特多……(由于)山前(即东斜面,宁夏现今管辖范围)人烟稠密,建筑繁宏,需木材特多,故森林破坏甚剧,只余宕骨一列,暴露于云表而已……加以羊群牧放,践踏所及,小道不可数计,以故表土剥落,多为雨水冲奔。(所以林区之间,)童秃之处占极大多数。(只是)分水岭脊稍东之谷中,有云杉、油松、杨及桦木等……其地权与产权均属国有,现由宁夏省政府及阿拉善旗(现已划归内蒙古)政府监督并利用之……惟以山前需材甚多,价格高昂,越山伐采者日众。

1937～1939年只要向阿旗政府交纳1元/(人·年),即可入山任伐木1年之久。1940～1942年,则按“根”计税:桁条由0.06元/根,逐年增至0.10元/根、0.15元/根;椽子由0.005元/根,逐年增至0.02元/根、0.03元/根。木材山价:1937年桁条0.50元/根,逐年增至15元/根;椽子由0.10元/根,逐年增至2元/根。所伐木材由牲畜驮至定远营(今巴音镇)或省垣(今银川市)及平(罗)、贺(兰)、宁(即宁朔,今分属青铜峡市与永宁县)3县出售。

> (罗山林区)孤峰鹤立,林木苍翠,屹然于沙漠之中,犹如翰海之蓬岛也……罗山与贺兰山隔黄河对峙,距仅百里,自然环境大致相似,森林分布亦同。

罗山自山麓至山巅分别是:①灌木林带:由山麓起至混交林下界,灌木丛生,种类繁夥……尤以刺栌子、笼柏木、山榆、枸子木、黄蘖刺、红蘗刺等为主,秋变红色,遥望如染,若彩裙镶边焉。本带杂草苗茂,种类极多,石露土薄,为摧毁最早且极烈之区,现(指1946年)附近居民,仍就近采薪,破坏无已。②混交林带:……主要树种为云杉、油松、山杨、山柳及桦木等……土层肥厚之处,云杉生长优良,与油松等混生,有恢复纯林之趋势……惟本带内山杨、桦木及山柳占大多数,生长亦茂,分布在罗山中部,秋变黄色,远眺犹罗山系锦带焉。本带林下灌木尚夥,有小叶金银木、胭脂柳、茶蔗子、毛珍珠、金蜡(腊)梅及野蔷薇等,杂草亦茂,阳坡尤其,实以林相过于稀疏之所致也。③云杉林带:自混交林以上至

---

① 见:清宣统元年《固原州志》卷9与卷11。

山巅,均为云杉纯林,少有其他树种……惟本带以滥伐之故,林相欠佳,未能郁闭,仅立木度密处枯枝落叶,积厚7～10 cm,湿度增大,苔藓竞生,灌木杂草渐渐绝迹,身入其境,不复有荒漠之感。

> (以上三林带,秋季远瞩,呈红、黄、青三色,鲜艳夺目,分界极清。因)罗山森林任人采伐,不顾林木大小,大施斧锯,小者充椽,大者供檩……采伐者多系附近贫民,现(指1946年)可用之树木已寥若晨星。故采伐者亦日少一日,惟采薪者,仍不乏人。油松不适成材,即遭摧毁,殊甚痛惜!

最值得注意的是,王战介绍了当时贺兰山(罗山当雷同)的林副产品——桦树皮:"含单宁颇富,宁夏制革业均赖此种树皮之单宁制革。贺兰山中部以下此树昔年极夥,近年采剥颇繁,已残存无几,且均为稚树。"宁夏向为牧区,制革业一直有相当规模。既然赖之以供给单宁之需,其量当不在少数,据《宁夏资源志》载,"年产(单宁)量约两三万斤。"看来,这个产量恐非出自20世纪40年代(因贺兰山与罗山当时桦木已成稀见之树),可能是30年代。

民国时期,宁南平川和交通方便之处,已几无森林可言。山地森林萎缩成块状分布于六盘山的一些高山阴坡,多为毁林迹地。

民国二十四年(1935年)《隆德县志》"林业表"中当时有面积2～80亩不等的森林18处。其中"苏家台子"有林80亩,今"苏家台林区"则有林2万多亩。据调查,国民党军队曾在此剃光头般烧木炭达5次之多[①],因此估计当时林木面积要大大超过"80亩",但林子不会像现在这样好。又如该县志表列"清凉寺"有林10亩,实际到20世纪50年代经封山育林,还有萌芽梢林一二千亩,到70年代才被砍光。可见明清时代,这里森林虽已稀少,但还有一定规模;民国年间,又经一场破坏,留下的只是一些迹地而已。

大山之东,据前文泾源近百岁回族老人介绍,当时泾源县森林要比大山之西的广大且完全。

同样都是毁而复生的次生萌芽林,据固原(今原州区)杨诚忠介绍,30年代,他在穆家营子(今西吉县城)扛长工时,对面山上还有绵延不断的天然白杨林(如果不是山杨,至少应是河北杨),估计千亩左右,平川地高草灌丛密布,失群羊只常藏匿其间。长工们常视出外寻找失羊为苦差。尤其是雨后草丛涩滞,行走困难。可见30年代的西吉草木植被还是不错的。

民国《固原县志》记述当地森林:

> 蒿店镇之清水沟、三关口、张易镇之野鸡岘、头营镇之马家圈子、石桥子以及后来划归海原县李俊之东沙沟、元套子、官马套子、地弯、韭菜坪、龙湾、红锦州、马圈沟等皆林地,南区较多……须弥山,产油松,色鲜翠可爱。以窃伐者多,故粗不过椽。

人工植树造林,据《宁夏资源志》,川区农户渐次有自发插栽树木者,"或植渠堤,或绕屋舍,或点缀于寺庙"。据统计,1939～1944年6年间共造林1 800余万株(经复核为1 760余万株),约27 597亩(表5.3)。种柳树近86万株(表5.4)。

尽管在1939～1941年曾"督导农民营造乡公有林"近792万株,占该阶段造林总数的76%,但成效甚微,可能同杨堃惊叹"惜乎……成活者只有百分之一二耳"[32]相仿。否则,1942年以后"乡公有林"怎会突然销声匿迹了呢?

---

① 据汪愚1958年调查材料。

《宁夏资源志》记载:马鸿逵为粉饰其"承平之治",面对"乡公有林"的失败而成立"省农林处",不仅亲兼处长,更决定推行"兵工造林",划全省为5个造林推广督导区,"各以所在地驻军最高军事长官兼任推广督导员,切实督导兵工造林"。3年内共造林721万多株,折合近11 300亩,"成效显著,(林木)成活率较已往提高"。这大概就是中华人民共和国成立之初,宁夏人民从历史上接收下来的7 400亩人工林中的主要部分。

表5.3　宁夏省1939～1944年造林统计表

指标	1939～1941年			1942～1944年	1939～1944年共计		
	公有林	国有林	小计	国有林	公有林	国有林	总计
林木/株	7 916 838	2 506 764	10 423 602	7 211 357	7 916 838	9 718 121	17 634 959
折合面积/亩	12 389	3 923	16 312	11 285	12 389	15 208	27 597

注:1.宁夏省当时仅辖灌区9县。

　　2.林木面积按当时造林平均密度639株/亩折算。

表5.4　宁夏省1939～1944年种植柳树统计表　　　　　　单位:株

植树类别	1939年	1940年	1941年	1942年	1943年	1944年	合计
沿渠植树	4 150	24 510					28 660
沿公路植树	36 619	96 314	55 000	66 398	52 788	45 109	352 228
省垣各机关植树			53 550	63 596		12 132	129 278
民众植树					290 000	59 486	349 486
总计	40 769	120 824	108 550	129 994	52 788	116 727	859 652

注:宁夏省当时仅辖灌区9县。

(四) 中华人民共和国成立后的林业概况

中华人民共和国成立后,宁夏森林状况也有所起伏。

1. 森林植被的恢复

中华人民共和国成立以来,宁夏林业建设从"普及护林护山"开始,接着开展"大力植树造林",特别是1956年毛泽东主席发出"绿化祖国"的号召后,人工造林事业有了很大发展,1980年普查落实的保存面积有102万亩。

天然林也有过恢复发展阶段。早在1950年,原宁夏省人民政府针对贺兰山、罗山远见卓识地发布了《五一二号通令》,禁止擅自入山,并禁伐、禁牧、禁火和禁垦。六盘山林区也遵循当时甘肃省的法令,开展了封山育林。3处天然林区在法制和群众的有效保护下,得到历史近期以来最好的休养生息,森林又重新沿着其历史上的退却路线,有层次地先草后木、先灌后乔、先阔叶后针叶地向海拔低处扩展。

贺兰山浅山属典型荒漠草原,曾经栽树树不活,但封禁10多年后,几乎所有山口,都先沟畔后坡面地长起了灰榆、杜松、酸枣和蒙古扁桃等先锋耐旱植丛。罗山现已成为荒坡的外缘坡面,1958年时丛状分布着灌丛,冲沟里的小灰榆伸展很远,直达村头。六盘山情况更好,由于残林迹地中残留着大量树木营养体,一经封护,就行萌芽更新,形成林分。林区内现有林木基本上是小径木的中幼林,就是

50 年代初开始封山育林而取得成效的证明。

2. 森林植被再遭破坏

尽管 1959~1961 年困难时期对林区的封护有过松动，但比较彻底、不宣而废则始于 60 年代中期以后，"十年动乱"的贻害至今不绝，滥牧、滥垦、滥砍现象依然十分严重。贺兰山山前洪积扇地带，本是传统牧场，是驰名中外的"滩羊"的家乡，由于工农业生产、城镇挤占和羊只不切实际地发展，绵羊养殖逐步变为了山养，牲畜进入林区纵深放牧，直至分水岭。

六盘山林区不仅林牧矛盾尖锐，而且滥开山荒，甚至深入林区腹地，加上乱砍滥伐，毁林搞副业以及森林火灾的消耗，使已有起色的林区再次收缩倒退回去。

20 世纪 50 年代，贺兰山林区北界在石嘴山苦水沟，现在实际上只到汝箕沟一线，管辖范围南退 17 km，面积约 30 万亩，已完全荒山化，成了固定牧场。罗山林区，原辖大、小罗山，管辖面积共 18 万亩；到 60 年代被迫放弃了小罗山，剩下 10.8 万亩。六盘山林区，原来总面积 222 万亩，70 年代收缩为 160 万亩。

管辖面积收缩，意味着森林面积减少。六盘山林区 1964 年和 1975 年两次森林调查，乔灌森林从 52 万亩锐减为 42 万亩，减少 20% 左右。罗山向有"罗山戴帽，长工睡觉"和"罗山一年有 72 场巡山雨"的谚语，现今也不灵验了。冲沟中灰榆等灌丛回缩约 1.5~3.5 km。六盘山林区受破坏强度更大，60 年代"五锅梁"还是郁郁葱葱的林区腹地，前去工作的人员竟曾迷路于林中，现今几乎全部童山秃岭。1979 年，林区深处的二龙河竟将近断流，反映生态环境变迁的烈度。

现有林多系天然次生林。贺兰山林区主要林型有云杉纯林、云杉-山杨混交林、油松-山杨混交林、山杨纯林以及散生灰榆等。其森林覆盖率为 11.28%，以青海云杉林面积最大。罗山林区的树种有青海云杉、油松、山杨等，尽管还有白桦，但数量少，长势较差，混杂于针阔混交林或落叶阔叶林中。罗山区域覆盖率仅 8.2%，林区覆盖率为 27.8%。六盘山林区的树种有华山松、油松、辽东栎、山杨、白桦、红桦、糙皮桦等，森林覆盖率仅 4.2%。

3.认识宁夏天然林的重要作用

宁夏 3 处主要天然林虽然面积不是很大，质量不高，破坏又严重，但它们在宁夏生态环境系统中还是占有重要地位，要下决心保护好。

以贺兰山为例。它对银川平原确有削减西伯利亚寒流，阻挡腾格里沙漠东侵之功，古今无不誉之为银川平原的天然屏障。但此说并未注意到山上植被状况及其深刻的"风水"意义。贺兰山山体庞大，坡陡，暴雨多，是银川平原的主要洪水之源。有的山沟森林多，植被好，洪水少，甚至不起洪，这就是森林水源的效应。研究表明，山坡如有 1/3 为林地，并配置合理，林内枯枝落叶层又保存完好，即使出现特大暴雨，水文状况总是能够得到控制和调节，不致成灾。反之，稍有大雨，即成灾害。贺兰山东斜面 20 多年来大范围暴雨成灾纪录，最近的一次是 1975 年 8 月 5 日，苏峪口和大武口两沟流域因森林状况差异，形成水文状况的鲜明对比（表 5.5）。

表 5.5　森林对洪水的影响

流域名称	平均降水量 /mm	积水面积 /km²	降水总量 /万 m³	乔灌森林面积 /hm²	森林覆盖率 /%	径流深 /mm	洪水总量 /万 m³	洪峰流量 /(m³·s⁻¹)	径流系数
苏峪口	154.4	50.5	780	2 141	42.4	32.3	163	211	0.21
大武口	79.9	574.0	4 586	0	0	40.0	2 110	1 330	0.46

注：大武口沟径流系数原材料为 0.50，经用洪水总量同降水量之比检验，应为 0.46。

　　大武口沟由于毫无森林可言,径流系数达到 0.46,洪峰流量为 1 330 m³/s,冲毁农田 1.9 万亩、房屋 1 200 间,淹死牲畜 560 头,受到的损失很大。而苏峪口沟虽然降水量几乎大 1 倍,因森林覆盖率达到 42.4%,径流系数才 0.21,洪峰流量仅 211 m³/s,水文部门未见灾情记载,至少说明灾情轻微。

　　一个面积才 50.5 km² 的苏峪口沟流域,由于有 42.4% 的森林覆盖,一次暴雨中就截持了 165 万～195 万 m³ 的水量[①]:一部分水蒸发空中,增加了空气湿度;一部分水渗到土壤中去,化作涓涓泉水。可以想见,整个贺兰山林区所能截持的水量,对于丰富半荒漠地区地下水资源和促进农作物生长起到了一定的调节作用。

　　1958 年同心县遭受大旱,一些地方颗粒无收,而罗山脚下的几个村庄竟有三四成收获。其中很重要的原因就是罗山林区涵养的水分。

　　因此,现有天然林区虽残破,但仍然是自然界历史性地留给宁夏的一份珍贵的财富,具有经济、环境保护、科学研究和爱国主义教育等重大意义,也是改造宁夏山川自然面貌的基地。恢复植被,保持人与自然的和谐不容忽视。

四、生态环境成分的相互依存

　　人类的生存与发展,必然需要开发、利用自然界。森林是陆地自然界中能量和物质循环功能比较强大的生态系统,进展演替和自我恢复能力都很强,能够周而复始地向人类提供生活、生产资料及美好环境。我们竖看历史,是森林养育了人类,毫无过分之处。几千年来,尤其是近几百年来,人类肆意开发、利用自然的盲目性,在人口增长因素推动下,反复超越森林(当然也包括草原等)生态系统的内在调节机制,破坏了并在相当程度上继续破坏着人类自己的摇篮。

　　宁夏自然生态系统的稳定性能本来就比较脆弱,即使是相同程度的破坏,在这里影响的深度和广度往往更加严重。自然环境恶化的结果,也就导致生态性灾难肆无忌惮地报复于人类。

　　宁南黄土丘陵沟壑区面积辽阔,占南部山区的 70%,草木植被在早期即被破坏殆尽,此后稍有自然恢复,但紧接着不是过度放牧,就是重复开垦。在隆德、西吉一带黄土丘陵沟壑区目前垦殖率高达 37%～45.7%。当地老人谈道:80～60 年前还是沙棘丛生的地方,现在不是坡耕农田就是童山秃岭,水土流失十分严重,河流输沙量很大。以清水河为例,输沙 7 241 万 t/a;河水暴涨暴落,径流 85% 集中在每年的 7～9 月;枯水期河流细小以至断流。宁夏沙地面积辽阔,风沙危害严重。如盐池县城西南 45 km 的铁柱泉城遗址,乃 400 多年前所建,流传有"铁柱泉的芨芨能锥鞋"之说;而今城内荒无人居,高大城门洞大半已被沙埋;城中之泉,渺无踪影。城南地势低洼,呈现严重盐渍化现象[33]。严重的水土流失和土壤沙化,加重了干旱灾害,不仅严重危害农、牧业发展,而且侵袭城镇交通。

　　随着生态系统的逐步失调,作为系统组成成分的动植物物种日愈简化,系统自我恢复的功能日愈降低,有的直至走向系统的崩溃。出土古木和古文献证明,六盘山及其周围曾是以云杉、冷杉和松、柏为优势树种的古林区,现在仅孑遗少量华山松,成了杨、桦、栎多代萌芽次生林区。海原灵光寺小块天然萌芽次生林中,山杨等又全然灭绝,剩下清一色的乔木白桦。贺兰山、罗山两林区的桦木曾是数量较多的伴生树种,可以支撑宁北制革业的单宁之需,现却成为稀有树种,正处于全面消失的前夕。

　　古代宁夏野生动物不仅种类繁多,而且种群庞大。自汉代以来,屡屡引帝王将相来此大狩。

---

　　① 用"森林涵养量＝0.5×森林覆盖率×苏峪口沟降水总量"试算,得 165 万 m³;用"截持水量＝(大武口沟径流系数－苏峪口沟径流系数)×苏峪口沟降水总量"试算,得 195 万 m³。

唐《元和郡县图志·关内道·灵州·贡赋》称,开元贡有:麝香、鹿皮、鹿角胶、野马(野马、野驴)皮、乌翎、杂筋等。主要反映的是多种有蹄类动物。

《新唐书·地理志·关内道·灵州》提到"土贡"有:麝、鹿革、野马(野马、野驴)、野猪黄、雕、鹘等。

据宋人叶隆礼的《契丹国志·西夏国贡进物件》载,有出自宁夏的沙狐皮1 000张,还有鹘等。有新增物种。

《宋史·食货志·互市舶法》记述西夏和宋朝进行榷场贸易,宋"以香药、瓷漆器、姜、桂等易(西夏的)蜜蜡、麝脐、毛褐(褐马鸡)、羱羚角……翎毛"。又有新增物种。

《寰宇记·关西道·灵州·土产》记有:麝香、鹿皮、鹿角胶、野马(野马、野驴)皮、野猪黄、乌鹊翎、白鹘翎、杂筋等。再次出现新增物种。

明代,宁夏仍有:虎、土豹、熊、麝、狍、野豕、羱羊、青羊、黄羊、野马(野马、野驴)、獾、狼、豺、狐、沙狐、野狸、夜猴儿、黑鼠、黄鼠等兽类,马鸡、鹦鹉、雕、鹰、鹘等禽类[①]。

清代文献记载的宁夏野生动物与明代类似。灵武的雕羽成了驰名各地的特产之一[②],说明当地的野生动物物种没有显著变化。

20世纪,随着林灌草等植被遭受的破坏日益严重,加以对野生动物的捕杀,到民国十五年(1926年)《朔方道志》已出现:虎"不多见","野马""今已不多见",麝香"亦不甚多"的记载。40年代时,贺兰山野兽有:石羊、山羊、黄羊、鹿、麖(麝的不同种)、麝、狼、狐、野猪、獾、松鼠等,"近年来(指1946年以前)以森林破坏,已不适于生长,故为量日减"。罗山"副产物亦尚多……动物中有狼、狐、野猪、獾、土豹及黄羊等,亦以森林极度破毁,野兽无处栖息,又时遭附近居民射击,亦不若往昔之繁衍矣"。[31]

现今,六盘山残存狍、獾、雉、锦鸡、麝、野猪和土豹(20世纪60年代前时有猎获),贺兰山尚有马鹿、麝、马鸡、青羊、扫雪(石貂)、沙鸡、石鸡,大型猛兽虎、熊、野猪等早已灭绝。近几年曾大量使用剧毒农药灭鼠,大量殃及狐、鹰、鸮等肉食动物。食物链变化,使啮齿类和兔大量繁殖,不少地方竟成灾害。

动植物物种及其种群变化,综合地反映了生态环境的变迁。从某种意义上说,物种的减少或消失,也有可能是造成生态环境恶化的主要因素。

五、结 语

通过探讨宁夏森林的历史变迁,我们得到一些启示。

1. 充分研究并顺应植被演替规律

宁夏是个特殊少林的省区之一。新中国成立后人工造林事业虽有一定发展,但天然林和灌丛保存过少,又多分布在高山峻岭之间。这对于环境保护、农牧业生产、工业布局和人民生活改善,特别是广大山区农村能源的要求,很难在较短时期内产生积极影响。

但宁夏自古以来并非如此。不仅南部森林、草原镶嵌布列广大地区,而且北部山地、沙荒地也分布着大面积的天然森林、灌丛、草原植被。值得注意的是:在天然森林垂直分布的下限,即相当多的次高山和大平坦沙荒地,诸如盐池麻黄山、灵武刘家沙窝、同心豫旺、小罗山、红寺堡、徐斌水、贺兰山冲积扇地、中卫香山、天景子山以及米缸山、海原南华山、西华山、西吉月亮山、固原(今原州区)西山、云

---

① 见:明《嘉靖宁夏新志·宁夏总镇·物产》和明嘉靖《平凉府志·固原州及隆德县·物产》等。
② 见:《图书集成》、清乾隆《宁夏府志·地理·物产》和清宣统《固原州志·贡赋志·物产》等。

雾山等,都曾有过大面积森林、灌丛,在宁夏自然生态系统中占有很大比重,具有重要意义。

因此,在恢复天然植被和发展人工植被的努力中,要充分重视并研究历史变迁所揭示的植被演替规律,并在实施中顺应之。恢复植被,不仅要注意影响作用大的乔木,而且要注意灌木。在多数条件差的地方,要首先注意灌木。在有些地方,甚至要首先关心草被。

2. 发展、合理利用与保护不可偏废

宁夏森林历史变迁很大,这固然同大气环流的变迁有关,但最主要的是与人类盲目地追求眼前利益的短期行为有关。

宁北森林破坏较晚,但反复性大,破坏较彻底。迫使森林在大范围内收缩、消失的原因,除了不合理谋取木材、燃料和火灾、战乱耗费,以及地震等自然灾害等共性因素外,主要是林牧矛盾。宁南则主要是农林和薪柴不足的矛盾。

新中国成立后,我们曾一度摆脱盲目性,在恢复植被方面取得很大成绩;但后来因机械执行"以粮为纲"的方针而前功尽弃,某些地方的生态环境恶化程度甚至超过以往,逼使人类不得不迁移而避之。

人类的生存与发展离不开森林,只有合理利用资源,才能永续长存。但在目前生态环境日益恶化的情况下,首先恢复与保护森林等自然资源的举措应当尽早付诸实施。待生态环境恢复到相当程度,对森林资源的合理利用与持续保护依然不可偏废。

3. 统筹兼顾,因地制宜

人工建造宁夏防护林体系,必须同保护和发展大范围的天然植被相结合,才能事半功倍。这既为20世纪60年代中期以前恢复植被的实践所证实是行之有效的举措,也得到国务院〔1980〕108号文件的肯定。

恢复植被,以至造成适宜林木生长的良好环境,不能仅凭主观愿望,而应当注意因地制宜。要把"三北"防护林的营造,同封山育林,封沙育灌、育草相结合,循序渐进,才能发挥自然力在改造宁夏山川中的巨大作用。

4. 植被多样,优势互补

自然界中只有万物和谐共处,才能更有利实现良性循环。森林的完好与长存,除了与之相适宜的土壤、水分、气候等条件外,还需要动植物的多物种共处,形成互补,以增强其抵御自然灾害的能力。

尤其是人工造林,往往树种单纯,林栖动物种类稀少,抵御病虫害的能力脆弱。一旦遭受病虫害袭击,人工纯林往往形成大面积损害。我国仅20世纪70年代中期以来,每年因病虫害至少要损失1 000多万 m³ 生长积材的严重性应引以为戒。

参 考 文 献

[1] 宁夏回族自治区博物馆考古组. 宁夏三十年文物考古工作概况. 见:文物编辑委员会编. 文物考古工作三十年. 北京:文物出版社,1979:154~159

[2] 辞海编辑委员会编. 辞海:1979 年版. 缩印本. 上海:上海辞书出版社,1979:222

[3] 《宁夏农业地理》编写组. 宁夏农业地理. 北京:科学出版社,1976

[4] 文焕然,文榕生. 中国历史时期冬半年气候冷暖变迁. 北京:科学出版社,1996

[5] (汉)班叔皮. 北征赋. 见:(南朝梁)萧统编. 文选. (唐)李善注. 北京:中华书局,1977

[6] (北魏)郦道元. 水经注. 王光谦校. 成都:巴蜀书社,1985

[7] 刁雍传. 见:(北齐)魏收. 魏书. 北京:中华书局,1974

[8] (唐)朱庆余.望萧关.见:(清)曹寅,等编.全唐诗.北京:中华书局,1960

[9] 刘平传附刘兼济传.见:(元)脱脱,等.宋史.北京:中华书局,1977

[10] (宋)李焘.续资治通鉴长编.北京:中华书局,1985

[11] (清)徐松辑.宋会要辑稿.北京:中华书局,1957

[12] 吴天墀.西夏史稿.成都:四川人民出版社,1980

[13] (清)祁韵士.万里行程记.上海:商务印书馆,1936

[14] (唐)李吉甫.元和郡县图志.北京:1983

[15] 钟侃,等.西夏简史.银川:宁夏人民出版社,1979:23

[16] (明)胡汝砺纂修.嘉靖宁夏新志.(明)管律重修.银川:宁夏人民出版社,1982

[17] 固原州.见:(清)顾祖禹,等编.读史方舆纪要.上海:中华书局,1955

[18] 文焕然,何业恒,徐俊传.华北历史上的猕猴.河南师大学报(自然科学版),1981(1)

[19] 史念海.两千三百年来鄂尔多斯高原和河套平原农牧地区的分布及其变迁.北京师范大学学报(哲学社会科学版),1980(6)

[20] 文焕然.历史时期中国森林的分布及其变迁.云南林业调查规划,1980(增刊)

[21] 冯显逵,等.六盘山、贺兰山木本植物图鉴.银川:宁夏人民出版社,1979

[22] 高正中.贺兰山林区天然更新规律的探讨.宁夏农业科技,1982(6)

[23] 马克思恩格斯全集.中共中央马克思恩格斯列宁斯大林著作编译局,编译.第24卷.北京:人民出版社,1972:272

[24] 史念海.历史时期黄河中游的森林.见:河山集:二集.北京:生活·读书·新知三联书店,1981

[25] 石盏女鲁欢传.见:(元)脱脱,等.金史.北京:中华书局,1975

[26] 温仲舒传.见:(元)脱脱,等.宋史.北京:中华书局,1977

[27] 周逸.六百年来宁夏人口的变迁.宁夏日报,1981-01-04

[28] 周源和.清代人口研究.中国社会科学,1982(2)

[29] 回族简史编写组.回族简史.银川:宁夏人民出版社,1978:46～51

[30] 谢彬.新疆游记.上海:中华书局,1923:36

[31] 王战.宁夏之森林.林讯,1946(2～3)

[32] 杨堃.宁夏省林业调查概要.中国建设,1932,6(5)

[33] 侯仁之.从人类活动的遗址探索宁夏河东沙区的变迁.科学通报,1964(3)

6 | 历史时期新疆森林的分布及其特点

文焕然

新疆维吾尔自治区位于我国西北边陲,深居欧亚大陆腹地,远离海洋,内部又为高山分隔成若干巨大内陆盆地,受海洋影响甚小,形成极端干旱的大陆性气候,地表长期受强烈的风力作用,在天山南北两大盆地中,形成了以荒漠为主的地理景观。塔克拉玛干沙漠和库尔班通古特沙漠就是我国著名的两大沙漠。

在干旱区,森林的分布在很大程度上受水分的制约,而水是这里十分活跃的因素。因此,河川径流、湖泊、沼泽,以及水的分布,决定了新疆森林的地域分布。相反,由森林的分布也可以从某种程度上看出这里不同区域水分条件的差异。

从现代新疆森林的分布,我们可以通过历史的尘沙,透视出历史时期森林分布的概况。在塔里木盆地和准噶尔盆地中,周围高峻挺拔的山地汇集了高山融冰化雪和山地降水,形成了径流。大多数河流流出山口就消失在山麓洪冲积扇上,只有汇水面积巨大、径流丰富的河流可以穿越沙漠,形成大河。如塔里木河,就是由叶尔羌河、喀什噶尔河、阿克苏河、和田河汇流而成。这种盆地的森林具有两个不同的情况:①在河流两岸,由河川径流补给地下水,在河流两岸形成带状的荒漠河岸林(又叫吐加依林),由于地下水的影响范围有一定的限度,因此荒漠河岸林一般仅数百米,成为走廊式林带;②在高大山地的山麓,由于洪冲积扇下渗水流受到其前缘细土带的阻挡,形成潜水溢出带。这样,有利的水分条件也为森林的分布提供了有利的条件。如塔里木盆地南北、昆仑山和天山山麓的潜水溢出带,植被条件往往较好。在古代"丝绸之路"穿越的地方往往经过这一带。

除去平原森林外,新疆还有山地森林。虽然新疆地处干旱地区,但巨大的山系,高峻的山峰,有的能拦截经过这里的西风气流,形成山地固体或液体的降水。因此,新疆的高大山系成了干旱海洋中的"湿岛",垂直地带为山地森林的发育和分布创造了条件。由于新疆的降水有北疆多于南疆、西部多于东部、迎风坡多于背风坡等特征,新疆的阿尔泰山、天山北坡山地水分条件相对较好,森林在山地适当地段生长良好,而地处新疆南部的昆仑山、阿尔金山干旱程度十分深刻,山地森林很少分布。

我们研究新疆历史时期的森林分布,不仅可以窥见出当地森林的发展变化过程,同时也可以认识到这里森林发生发展的某些特点和规律,为我们建设绿洲、开发新疆提供有益的借鉴。

一、历史时期天然森林的分布概况

人类在新疆生活的历史很悠久,距今约3 000年以前的新石器时代遗址已发现多处[1,2]。新疆原始农业开始时,荒漠可能已经分布很广,植被很少,但在平原区水源充足之处以及冷湿的中山带,都有天然森林分布。因此,当时新疆天然森林的分布大势可概括为如下两大部分。

（一）中山带的天然森林

历史时期新疆的中山带，分布着广大的天然森林。

天山山地：天山是一个巨大的山系，天山较低部分受大陆性气候的影响，极为干燥，南坡尤甚，到山腰逐渐转为冷湿，山顶终年积雪，植物分布具有明显的垂直分布特点。

关于天山植被的垂直分布，清代景廉《冰岭纪程》（1861年）对托木尔峰地区有较详细的记载：

> 景廉于咸丰十一年（1861年）九月初二"束装就道"，初五过索果尔河，一路"遍岭松（指雪岭云杉 Picea schrenkina）、松（指叉子圆柏 Sabinia seniglobosa）……低枝碍马，浓翠侵肌"。初六，过土岭十余里后，至特克斯谷地草原，"荒草连天，一望无际"。直至初八日均在草地中进行，其地"多鼠穴"，"时碍马足"，鼠害为草原之特征。初九入山，"一路长松（指雪岭云杉）滴翠"。十一日宿特莫尔苏（即木扎特山口前托拉苏）。十二日即经雪海，抵冰岭。十三日小住。十四日复南行，过穆索河（即木扎尔特河），途经山岭，"自踵至顶，寸草不生，大败人意"。"十五日之行，始见山巅间有小松（指雪岭云杉），点缀成趣"。十六日，终日在石碛中行，出破城子，又过数小岭，始"山势大开，平原旷远，心目为之一豁"。十七日至阿拉巴特台（即盐山口），"林木蔚然"。

从上述记载中，可以看出，当时托木尔峰地区，从山顶以下，大致可以分为冰雪带、高山、草甸带、森林带、草原带等。

另外，1918年《续修乌苏县志》也提到当时天山北坡垂直带：

> 南山麓为土山，土山上则草山，草山尽则松（指雪岭云杉）山，又上为雪山，以次渐高各有涧水限之，人迹至松（指雪岭云杉）山而止。

按：土山即前山带。

关于天山森林的记载，两千多年前成书的《山海经·五藏山经·北次一经》："敦薨之山，其上多棕楠，其下多茈草，敦薨之水出焉，而西流，注于泑泽，实惟河源。"按"河源"之河指黄河（古人误认为塔里木河是黄河之源）。"泑泽"即罗布泊，"敦薨之水"指开都河，流入博斯腾湖，复从湖中流出，下游孔雀河，而"敦薨之山"即天山南坡中段。此棕、楠及茈草究竟为何树、何草，今人看法不一，待进一步研究，但是能够说明当时天山南坡中段有森林分布，其下则有草原分布，毋庸置疑。《汉书·西域传上》：我国西北的乌孙，"山多松（指雪岭云杉）、槲（指西伯利亚落叶松 Larix sibirica）"，反映2 000多年前乌孙境内的天山等地，就有针叶林的分布。近年在昭苏夏塔地区墓葬填土发掘的木炭，经过^{14}C测定，也是2 000多年前的遗物[3]，可以得到印证。

13世纪初，耶律楚材经过天山西段时，曾有"万顷松（指塔克松，即雪岭云杉）风落松子，郁郁苍苍映流水"[1]的诗句。到19世纪末，清萧雄在《西疆杂述诗》卷4《草木》自注中进一步指出：

> 天山以岭脊分，南面寸草不生，北面山顶则遍生松树（指雪岭云杉）。余从巴里坤，沿山之阴，西抵伊犁，三千余里，所见皆是，大者围二三丈，高数十丈不等。其叶如针，其皮如鳞，无殊南产

---

① （元）耶律楚材《湛然居士集》卷2《过阴山和人韵》。按：这里"阴山"是指天山北坡。

（按：作者是今湖南益阳县人）。惟干有不同，直上干霄，毫无微曲，与五溪之杉，无以辨。

　　这里明确指出，历史时期天山北坡有绵延很长的温带山地针叶林带存在，属实；但萧雄说天山北坡"山顶遍生松树"，则未免夸大；天山南坡"寸草不生"也不是普遍现象。据历史文献记载，天山南坡的西段、东段都有些森林分布，只是不像北坡那样连绵很长罢了。

　　天山北坡东段巴里坤松树塘一带的森林，在清人诗文中，也有不少记载。如"天山（巴里坤南的天山北坡）松（指西伯利亚落叶松）百里，阴翳车师（今新疆吉木萨尔县境）东，参天拔地如虬龙，合抱岂止数十围"[①]；"巴里坤南山老松（指西伯利亚落叶松）高数十寻，大可百围，盖数千岁未见斧斤物也。其皮厚者尺许"[②]。按当时文人描述这里的西伯利亚落叶松原始林中的乔木高大的数字虽有夸大，但它们生长比较高大却是事实。

　　天山北坡中段的森林，乌鲁木齐地区，地处天山之阴，气候凉爽，水草丰茂，土地肥沃，为历史上我国少数民族游牧之地。元末、明初，该地区为别失八里的一部分。据明陈诚等于永乐十五年（1417年）访问该地，在《西域番国志》中载：当时别失八里"不建城郭宫室，居无定向，惟顺天时，逐趁水草，放牛马以度岁月"。"不树桑麻，不务耕织"，而"广羊马"。这一带"有松（今乌鲁木齐东70余km黄山有西伯利亚落叶松，由此向西则为雪岭云杉）、桧（今阿尔泰方枝柏 *Sabina pseudosabina* 较多，天山方枝柏 *S. turkestanica* 较少）、榆（指白榆 *Ulmus pumila*）、柳（指准噶尔柳 *Salix songonica* 和成氏柳 *S. wilhemlsiana*）、细叶梧桐（指小叶胡杨 *Populus diversifolia*）"。清萧雄（19世纪80年代）游博格达山，至峰顶，"见［松（指雪岭云杉）树］稠密处，单骑不能入，枯倒腐积甚多，不知几朝代矣"[4]。20世纪初，谢彬在他的《新疆游记》中亦记载乌鲁木齐地区"多葭菼（指芦苇 *Phragmites communis* 和芨芨草 *Achmatherum splendens*）、柽柳（指多枝柽柳 *Tamarix ramosissima*）、胡桐（胡杨 *Populus, diversifolia*），草原广畜牧，多煤炭"[5]。这些虽不无夸大，但说明当时天山北坡有针叶林，相当茂密而古老，至于平原地区有胡桐林等则毋庸置疑。

　　历史时期天山南坡西段，从托木尔峰地区到库车一带，也有不少的森林分布，历史文献记载，汉代龟兹（今库车县）一带的白山（今天山支脉的铜厂山）山中"有好铁"[③]。清嘉庆以前，千佛洞（在今拜城县东），"树木丛茂，并未见洞口"[6]。光绪末年库车东北面的山上仍有"松（指雪岭云杉）、柏（指叉子圆柏）"[7]。

　　1918年谢彬从伊犁翻越天山往库车，经巴音布鲁克，过大尤尔都斯盆地，沿巴音果勒河而上，旅途所见，"左山古松（指雪岭云杉），何只万章，沿沟新杨（指山杨 *Populus davidiana*，密叶杨 *P. densa*），亦极丛蔚"，"松杨益茂，苍翠宜人"，他在那里行走一天，如处身于"公园"里。翻过一达坂，进入库车境内，又见"万年良木，积腐于野"，沿库车河而下，河岸两旁，"杂树葱郁，足荫难行"。从库车往西行，在库车与拜城之间的山地里，"松（指雪岭云杉）林环绕，茂密可爱，腐坏良材，入眼皆是"[5]。谢彬的记述还反映天山南坡西段或山麓附近有不少铜铁冶炼场所。当时冶铜一直以木炭为燃料，早期炼铁也是

────────────

　①　（清）沈清崖《南山松树歌》（清嘉庆《三州辑略》卷8《艺文门下》引）。
　②　《西陲纪略》（清嘉庆《三州辑略》卷7《艺文门上》引）。
　③　《太平御览》卷50引《西河旧事》。

如此。从冶炼铜铁的规模颇大,也可印证历史时期这一带山地森林不少[①]。

天山南坡中段古代也有些森林分布,上文提到敦薨之山的森林外,就以清代而论,杨应琚《火州灵山记》载:18世纪,"火州安乐城(今新疆吐鲁番)西北百里外,有灵山在焉。……入山步行十数里,双崖门立……上有古松(指雪岭云杉)数株,垂枝伸爪……山中草木丛茂,皆从石隙中生,多不知名"。此灵山即博格多山的南坡,从杨应琚所描述的植被情况来看,"草木丛生",反映有些灌木丛和草地;"古松数株",似乎是山地针叶林的遗迹。

至于天山南坡东段,据唐代古碑记载,贞观十四年(640年)唐朝军队曾经大量砍伐伊吾(今新疆哈密市)北时罗漫山(天山南坡的一部分)的森林[②]。这时罗漫山的位置,大致与北坡松树塘相对应。

天山山间有许多大小盆地和宽谷,特别是天山西段,山谷交错,更为复杂。这些谷地(如伊犁河谷以北的果子沟一带)和盆地边缘的山地,也有不少森林分布,历代文献中多有记载。诸如有的记载这一带,"阴山(今天山北坡)顶有池(今赛里木湖),池南树皆林檎(即野苹果 Malus sieversii),浓阴翁郁,不露日色"[③]。有的描述"沿天池(今赛里木湖)正南下,左右峰峦峭拔,松(指雪岭云杉)、桦(天山桦 Betula tianschanica),阴森,高逾百尺,自颠及麓,何啻万株"[④]。有的提到"谷中林木茂密"[8]。有的描写从北入山南行,"忽见林木蔚然,起叠嶂间,山半泉涌,细草如针,心甚异之,停前翘首,则满谷云树森森,不可指数,引人入胜"。"已而峰回路转,愈入愈奇。木既挺秀,具有干霄蔽日之势,草木翁郁,有苍藤翠鲜之奇。满山顶趾,绣错罕隙,如入万花谷中,美不胜收也"[⑤],等等。虽其中有些夸大,但大致反映古代天山西段北支果子沟一带,林木茂密,风光秀丽,与荒漠自然景观截然不同的景色。

阿尔泰山山地:据金末元初(13世纪初),耶律楚材《湛然居士文集》卷1《过金山用前人韵》:

> 雪压山峰八月寒,羊肠樵路曲盘盘。
>
> 千岩竞秀清人思,万壑争流壮我观。
>
> 山腹云开岚色润,松巅风起雨声乾。
>
> 光风满贮诗囊去,一度思山一度看。

描述了当时秋天,他经过金山(今阿尔泰山)所见的雪峰、松(指西伯利亚落叶松,若在金山西部,则已有西伯利亚红松 Pinus sibirica)林等景色。接着,丘处机等也路过金山,在其弟子李志常《常春真人西游记》卷上,记载他亲眼看到:"松(西伯利亚落叶松或红松)、桧(指西伯利亚红杉 Picea obovata)参天,花生弥谷。"清末《新疆图志》卷4《山脉》提到20世纪初,阿尔台山(今阿尔泰山)"连峰沓嶂,盛夏积雪

① 《汉书·西域传》记载:龟兹,"能铸冶……"

《大唐西域记》卷1提到,屈支(今库车一带)土产黄金、铜、铁、铅、锡。

(北魏)郦道元《水经·河水注》引《释氏西域记》:"屈支,北二百里山,夜则火光,昼日但烟。人取此山石炭,冶此山铁,恒充三十六国用。"

王炳华《从出土文物看唐代以前新疆的政治、经济》(载《新疆历史论文集》,新疆人民出版社,1978年版)称,在库车县西北的阿艾山和东北的可可沙(即科克苏),都曾发现汉代的冶铁遗址。距可可沙不远,还有汉代冶铜遗址两处。

《新疆图志·实业·林》:"拜城产铜地也,赛里木、八庄岁供薪炭之需,旧林砍伐无遗,有远去三四百里来运者。大吏檄令遍山栽培,以备烧铜之用,所活者十九万株。"

《新疆游记》更具体说明拜城铜矿每年上缴二三万斤,化炼皆用土法,需松炭极多。反映这一带针叶林不少,不仅有天然林,也有人工栽培的。

② 唐左屯卫将军姜行本勒石碑文(清嘉庆《三州辑略》卷7《艺文门上》引)。

③ (元)耶律楚材《西游录》记载13世纪初的情况。

④ 《长春真人西游记》卷上记载13世纪初的情况。

⑤ (清)祁韵士《万里行程记》记载19世纪初天山西段的情况。

不消。其树多松(指西伯利亚落叶松、西伯利亚红松)、桧(指西伯利亚冷杉、西伯利亚云杉),其药多野参,兽多貂、狐、猞猁、獐(麝)、鹿之属"。直到现在,这里仍是我国荒漠地带山地的重要天然针叶林区之一。

此外,新疆北部准噶尔西部山地,据元刘郁《西使记》记载:13世纪中叶,常德从蒙古高原穿过准噶尔盆地,渐西有城叫叶满(今新疆额敏县),西南行过索罗城(今博乐市),"山多柏(指西伯利亚刺柏 *Jumperus sibirica*)不能株,骆石而长"。此后,据《新疆图志》卷28,塔城西南的巴尔鲁克山,译言树木丛密,"长三百余里,多松(指雪岭云杉)、桧(指西伯利亚刺柏)、杨(指苦杨)、柳(指塔城柳 *Salix tarbagataica* 和细穗柳 *S. tenuigullis*)"。上述史料说明历史时期这一带也有一些天然山地针叶林分布。

总之,上述山地的天然森林是珍贵的自然资源,它不仅是木材的重要来源,还可以稳定高山积雪,涵养水源,为绿洲农牧等业的发展提供极为有利的条件。破坏山地森林,就会使高山积雪减少,影响了水源,不利于绿洲农牧等业的生产,这是一个重要的历史经验教训。

(二)平原区的天然森林

古代南疆盆地底部,河谷平原地区天然植被以荒漠为主,但在河边、湖畔或潜水较丰富的地方(如洪积扇前缘潜水溢出带),却有天然森林分布。这里树木青翠,与荒漠植被稀少成为两个显著不同的自然景色。

据《汉书·西域传》记载,远在2 000多年前,位于塔里木河下游的楼兰国境(楼兰在塔里木盆地东端,于公元前77年改为鄯善),就是一个虽"地沙卤、少田",但"多葭苇(指初生的芦苇 *Phragmites communis*)、柽柳(指多枝柽柳 *Tamarix ramosissima*)、胡桐(指胡杨 *Populus diversifolia* 和灰杨 *P. Pruinosa*)、白草(指芨芨草)"的地区。至今楼兰遗址周围仍保留着大片枯死了千余年的胡杨林。这些枯死的胡杨,树干粗大,直径50 cm以上的大树屡见不鲜。并且常可发现需二三人可合围的树干。据估计,楼兰全盛时期,楼兰城周围的森林覆盖率不低[①]。及至19世纪初,罗布泊以西的塔里木河下游地区,依然是"林木深茂","胡桐丛生"[9]。叶尔羌河的"两岸胡桐,夹道数百里,无虑亿万计"[9]。至19世纪末叶,巴楚该河沿岸的玛拉尔巴什还是"密林遮苇虎狼稠,幽径寻芝麋鹿游"的森林茂密、野兽出没之地[4]。1895年3月,斯文·赫定(S. Hedin)一行沿叶尔羌河进塔克拉玛干大沙漠时,他们"交替地经过森林和稠密的草地,内有很多野猪"[10]。本世纪初,谢彬从柯坪进巴楚县境,西南行,"道旁胡桐(指灰杨)、红柳(指多枝柽柳、细穗柽柳 *Tamarix leptostachys*),丛翳连绵……人行在其中,不觉暑气。间有沙窝,亦非长途。胡桐老干,裂皮溜汁,俗呼'胡桐泪'"[5]。可见塔里木盆地的沿河地带,历史上曾经有胡杨林分布,直到本世纪初,那里还有不少胡杨林存在。

胡桐即今之胡杨,是杨树的一种,为白垩纪、老第三纪孑遗的特有植物[11]。胡杨林由胡杨和灰杨组成,但灰杨在耐旱、耐盐方面不如胡杨,它分布没有胡杨广,所以一般统称为胡杨林[11]。胡杨是一种速生乔木,树高一般10多m,最高的达28 m以上,树干粗的可数人合抱,树龄可超过百年,具有耐旱耐盐的特点,它的侧根长可达10多m,能从土壤中吸收大量的水分,并能在树体内贮存,甚至将一部分排出体外。由于它的各部富于碳酸钠盐,在林内常见树干伤口积聚大量苏打,被称为"胡桐泪"或"胡桐律"[②],这就是现今所称的"胡杨碱"。

胡杨在改良小气候、阻挡风沙中所起的作用是非常巨大的,由于它的树干高大,绿荫浓密,在塔里

---
① 据中国科学院新疆地理研究所陈汝国提供实地考察资料。
② (唐)李勣、苏敬《新修本草》卷5《胡桐泪》。

木河炎热的夏季,其下凉爽宜人,成为沙漠地区的"清凉世界"[12]。由于它的植株高大,又有庞大的根系,林带可以形成立体林墙,对于防风固沙起着很大的作用。除胡杨、灰杨外,还有桎柳(指红柳)、梭梭(指南疆和北疆准噶尔盆地戈壁、沙漠上生长的梭梭 *Haloxylon ammodondron*,库尔班通古特沙漠中有白梭梭 *H. persicun*)等。它们虽都是灌木,但抗旱、抗盐、抗风的能力很强,也是荒漠地区良好的固沙树种。

胡杨主要分布在塔里木盆地,也见于天山北路。

除上列文献记载历史时期新疆的一些胡杨林外,《植物名实图考》卷 35《木类·胡桐泪》载:"今阿克苏之西,地名树窝子,行数日程,尚在林内,皆胡桐也。"[13]

清萧雄《西疆杂述诗》卷 4,自注中指出:19 世纪末,(新疆)多者莫如胡桐,南路如盐池东之胡桐窝,暨南八城之哈喇沙尔(今焉耆回族自治县)、玛拉巴什(今巴楚县)、北路如安集海、托多克一带,皆一色成林,"长百十里"。"南八城水多,或胡桐遍野而成深林,或芦苇丛生而隐大泽,动至数十里之广"。"哈喇沙尔之孔雀河,河口泛流数十里,胡桐杂树,古干成林,倒积于水,有阴沉数千年者,若取其深压者用之,其材必良"。

19 世纪末 20 世纪初,一些中外人士到新疆旅行考察时,对塔里木盆地的胡杨林有较详细的记载,其中尤其是谢彬 1918 年在塔里木盆地四周旅行时,对沿途胡杨林的记载较详,并在他的《新疆游记》一书中逐日进行了描述,根据该书的部分资料和前人记载,当时塔里木盆地的胡杨林分布主要有下列地区:

1. 巴楚等地河岸

胡杨林主要分布在叶尔羌河、喀什噶尔河之间的河岸等地区。

除前述徐松、吴其濬、萧雄等已提到这里的胡杨林外,再如 1889 年,俄国人别夫错夫(M. B. Певцов)描述叶尔羌河右岸麦盖提以下,是连续的林带,宽度约有 20 多 km,在巴楚地区的叶尔羌河和喀什噶尔河之间是一片较广的胡杨林,"这片杨树林东西长约 150 km,南北宽约 70 多 km"[14]。

后来,瑞典人斯文·赫定所绘的塔里木盆地森林分布图(以下简称"赫图"),喀什噶尔河沿岸的森林从喀什噶尔(今新疆疏勒县)附近起,叶尔羌河沿岸的森林从莎车附近起,沿河分布一直到喀什噶尔、叶尔羌与阿克苏三河相汇处一带[15]。更较全面地标志了这一带森林分布的简貌。

自巴楚(今县)西南行,"沿途胡桐低树,夹道连绵"。"自巴楚以来,连日皆在河北岸行,或远或近,均在眼底。……而红柳(指细穗柽柳、多枝柽柳)、胡桐,继续弥望,昔所称树窝子是也"[5]。不仅描述了这一地区沿河有胡杨分布的特点是一般沿河连绵不断的,而且说明了这里的胡杨林有的是较为茂密的。

2. 和田河沿岸

1886 年,普尔热瓦尔斯基(H. M. Пржевалъский)沿和田河而行时,看到"沿和田河有很茂盛的胡杨林,有马鹿、老虎,经常看到有 5～7 峰一群的野骆驼"[16]。

从"赫图"看,和田河沿岸的森林分布从和田以南起一直向北穿过塔克拉玛干沙漠;北到与阿克苏河相会处及其以东塔里木河沿岸阿拉尔的下游[15],不过分布似较巴楚等地稀疏,其中必有胡杨林。

3. 克里雅河沿岸

从"赫图"看,克里雅河沿岸的森林分布从于田附近起,一直向北分布到塔克拉玛干沙漠的中心偏北地带[15],不过分布比较巴楚等地为稀疏,其中也有胡杨林。

4. 民丰等地河岸

胡杨林分布以尼雅河附近为最多,西自洛浦起,东至雅克托和拉克。

1890 年,别夫错夫记载了胡杨林在尼雅河一直分布到大麻扎以北 20 多 km 处,河床上都生长着茂密的胡杨林[14]。

"赫图"又表明,尼雅河从尼雅(今民丰县)附近以下,安迪尔河从安迪尔(今安迪尔兰干,属民丰县)附近以下都有森林分布,这里也不及巴楚等地茂密[15],其中当然也有胡杨林。

谢彬 1918 年撰写的《新疆游记》载:发洛浦,约东行,至白石驿,"回语曰伯什托和拉克,译言五株胡桐也"。阿不拉子,"栏外一家,胡桐数树"。发尼雅,"入沙窝。十里,胡桐窝子。八里,沙窝尽,行碱地,多胡桐。三里,离树窝,行旷野,道旁仅见红柳(指细穗柽柳、多枝柽柳)、短芦(指生态变异的矮芦苇)。三十里,胡桐窝子,树大合抱,且极稠密,月下望之,疑为村庄。五里,树窝尽,过小沙地,复入树窝,皆胡桐。……下流入尼雅河"。发英达雅,"流沙多碱,旱丛丛生"。"道左右数里以外,皆有海子。……右海之东,左海之西,皆有胡桐,茂密成林。五里,道南多胡桐树。……道北远山多树木。询之导者云:自此至且末,道北数十里外,皆胡桐不断"。发雅通古斯,"雅克托和拉克。回语雅克尽头,托和拉克胡桐,谓过此即无胡桐也"[5]。这一带胡桐分布的特点,是断断续续。

5. 车尔臣河沿岸

1886 年普尔热瓦尔斯基曾到这里,他记述:

> 沿着车尔臣河分布着一条乔木和灌木带,它的宽度在车尔臣河中游渡口的地方,宽达 8~10 km,但很快就缩小到 2~3 km,然后到车尔臣(今且末县)附近,又重新达到原先的宽度,沿河谷生长的树林只有胡杨。[16]

1890 年别夫错夫记载了车尔臣河两岸胡杨林的分布情况:

> 车尔臣河谷地生长着胡杨林、灌木丛和芦苇丛。里面栖居着野猪和野鸡。在塔他浪下面的布古鲁克村附近密林中栖息着马鹿,在这个村东南面的沙漠中,可以见到野骆驼常常在冬季跑到车尔臣谷来,胡杨林从塔他浪往北分布的距离有一天的路程远,然后是一天路程远的灌木丛,接着又是森林,这片森林向北延伸有多远,塔他浪的居民谁也不知道,因为他们谁也没有走到那么远的地方。[14]

此后,"赫图"表明,车尔臣河从车尔臣(今且末县)附近以下,沿岸也有森林分布,较巴楚等地沿岸为稀疏[15]。

谢彬 1918 年撰写的《新疆游记》载:"入且末境,住栏杆……栏杆四周多胡桐,大皆合抱。"发安得悦,道旁"胡桐相望"。卡玛瓦子,"胡桐三五,交枝道左"。又二十余里,"胡桐窝子。四十六里,树塘,译言树木条达参天也"。"树木葱郁,广十余里"。发青格里克,东北行,"恒见枯死红柳、梧(胡)桐,堆弃道旁"。发塔他浪,"庄田弥望,胡桐成林,芦苇丛生,地味肥沃"。"(塔哈提帕尔)译言胡桐成荫,夏可乘凉也"。发阿哈塔子墩,"东偏北行二里,胡桐窝子"[5]。这一段的胡桐,分布也比较连绵,但有不少枯死的胡桐,堆弃在路边。

6. 塔里木河下游沿岸

塔里木河下游主要指若羌到尉犁及孔雀河到罗布泊一带。除前述萧雄已提到孔雀河下游一带的胡杨林外,稍后,"赫图"显示:孔雀河沿岸从库尔勒附近以下,塔里木河河岸从杨格库里(今尉犁县东南群克)以下,都有森林分布[15]。

《新疆游记》载："(若羌县)东西九百零五里,南北八百五十里……其地沙卤少田,多胡桐(指胡杨,少量灰杨)、柽柳(指多枝柽柳,刚毛柽柳 Tamarix hispida)、葭苇(指芦苇、假苇拂子茅 Calamagrostis pseudophragmites)、野麻(指两种不同野麻:Poacynum hendersonii 和小花野麻 Trachomitun lancillium)。"发破城子,北偏西行,"四十里,胡桐窝子,胡桐成林,广达数里"。到托罗托和的,"自北循塔里木河岸行,胡桐、红柳,丛生道左"。"是日(八月二十五日)行一百二十五里,[从阿拉竿(今阿拉干)至密苏,]沿途草湖弥望,胡桐亦多"。尉犁县,"东西一千二百里,南北三百六十里。……其地夐旷沈斥,饶赤柽(指柽柳,包括多枝柽柳、刚毛柽柳、短穗柽柳 Tamarix laxa)、胡桐(指胡杨)、沙枣(指尖果沙枣 Elaeagnus oxycapa 和大果沙枣 E. moorcroftii),草多席箕(指芨芨草)、葭苇(指芦苇、假苇拂子茅)"[5]。这一带的胡桐林,历史文献记载最早,分布也较广。

7. 塔里木河中游河岸

指阿克苏、喀什噶尔、叶尔羌等河相汇处到群克之间的塔里木河干流及其支流渭干河等河岸。

据"赫图",这段塔里木河干流及其支流渭干河等沿岸都有森林分布,其中包括了胡杨林[15]。

从上述可知,塔里木盆地的胡杨林主要散见于塔克拉玛干沙漠的边缘,即盆地边沿潜水溢出带,成为环状分布。并在一些穿过沙漠的较大河流两岸,如喀什噶尔、叶尔羌、阿克苏、和田、克里雅、车尔臣、孔雀及塔里木等河沿岸都有胡杨林等分布。其所以如此,是与水源分不开的。在荒漠地区,水源是极宝贵的。尽管胡杨林具有耐旱的特点,但总得有一定的水源供其生长需要。因此,凡是水源供给比较充足的地方,胡杨林生长就好,如果缺乏水源供应,胡杨林就会枯死。

在这些较茂密的胡杨林中,栖息着许多飞禽走兽,有老虎、野猪、鹿、狼、野骆驼等。《西疆杂述诗》卷4《鸟兽》自注:

南八城多胡桐(指胡杨)、芦苇,"其中多虎、狼、熊、豕(猪)等类,如黄犊,出没莫测",故新疆一带人人出必持棒,"为防狼也。猪熊类猪而喜坐,毛泽粗黑,状凶恶,前脚有掌,能持木石。野猪大者三四百斤,嘴长力猛,最伤禾稼"。"林薮之中,并藏马鹿焉,安栖无损于人"。

二、历史时期森林的变迁

新疆历史时期森林的变迁亦可按森林分布的大势分为两部分来探讨。平原地区森林的变化以塔里木盆地的胡杨林为代表,中山带森林的变迁以奇台、乌苏间的天山北坡针叶林为代表。

(一)塔里木盆地胡杨林的变迁

历史时期塔里木盆地胡杨林的变迁与塔克拉玛干沙漠、塔里木河等的变迁以及人类活动的影响是紧密相联系的。由于胡杨林分布的地区不同,变迁情况和原因又有差别。

1. 塔里木河中游河岸

据考古工作者和沙漠工作者实地考察,在塔里木河中游现在的河道以南数十千米的大沙漠中,有一道道作东西方向的干河床[17,18],这些干河沿岸都有胡杨、红柳的分布。由于河道自南向北迁徙,这些森林的生长情况,北部较好,越往南越差,而且大都已经枯死,说明水分条件的变化,形成南北自然景观的差异。

2. 塔里木河下游河岸

塔里木河是一条游荡性河流,它的下游迁徙更多,这是自然因素。除此以外,还有人为的原因。

《汉书·西域传上》:楼兰国首城圩泥城,当时有"户千五百七十,口万四千一百,胜兵二千九百十二人"。《水经·河水注》:西汉"将酒泉、敦煌兵千人至楼兰屯田,起白屋,召鄯善、焉耆、龟兹三国兵各千,横断注滨河……大田三千,积粟百万"。说明楼兰一带虽然"地沙卤,少田",但还有适合农业生产的地方。这与当时北河(中下游的一部分相当于今塔里木河)注入蒲昌海,水源较今充足是分不开的。后来因为北河距楼兰越来越远,胡杨林等逐渐枯死。到20世纪30年代,楼兰废墟周围已经全部变成荒漠[19]。

50年代末,中国科学院地理研究所王荷生等人在塔里木河下游沿岸实地考察,亲眼看到胡杨林尚沿着老河床稀疏分布①。

到70年代,据卫星照片判断,塔里木河下游河岸的胡杨林已经很少,其中铁干里克以下就看不到胡杨林了。

3. 塔克拉玛干沙漠的南缘

由且末往西经民丰、于田、和田、皮山、叶城一带,这是历史时期有名的"丝绸之路"的南路。《汉书·西域传上》:西汉时的精绝国(即尼雅遗址,遗址在今民丰县北150 km的塔克拉玛干沙漠中,干涸的尼雅河两岸[20]),"王治精绝城,户四百八十,口三千三百六十,胜兵五百人"。唐代还有精绝国,玄奘《大唐西域记》卷12载:"媲摩川(即今克里雅河)东入砂碛,行二百余里至尼壤城(即尼雅)。周三四里,在大泽中,泽地热湿,难以履涉。芦草荒茂,无复途径。唯趋城路,仅得通行,故往来者莫不由此城焉……",反映当时尼雅所在地的自然条件是沼泽地,沼泽植物生长繁茂。"唯趋城路"并未提及流沙,可见当时大道沿线的山前平原,还没有大面积的流沙分布,距沙漠的南缘还有一段距离。《西疆杂述诗·古迹·阳关道》自注:汉之"渠勒、精绝、戎卢、小宛诸国,皆湮没于无踪,竟沦入翰海(即沙漠),沧桑之变,一至于此"。

1896年斯文·赫定从和田沿和田河的东支流玉龙哈什河进入塔克拉玛干沙漠,发现废墟,有死杨树的甬道和枯干的杏树园[10]。

1918年谢彬从叶城到若羌,沿途见到许多戈壁、流沙、沙窝,不少破城子、废墟,胡杨林和枯胡杨断续分布。在70年代,根据卫星照片判断,车尔臣河两岸的胡杨林,也几乎绝迹。造成上述现象的原因,主要是由于塔克拉玛干沙漠在常年盛行干热风的作用下,沙漠中的流动沙丘,顺着主风方向向沙漠外缘移动,使历史时期没有沙丘的地方出现沙丘,不少地方的胡杨林因干旱而死亡。除此以外,还有人为的因素。例如,根据访问,在塔克拉玛干的南缘,原来不仅有红柳,还有胡杨林,那时流沙没进入绿洲。后来,由于破坏森林,才导致流沙侵入②。

4. 巴楚等地河岸

乾隆二十三年(1758年)大小卓和之乱时,清将兆惠率兵三千,因穷追小卓和,河桥断塌,被迫在巴楚南面的喀喇乌苏(意为黑水,今叶尔羌城附近)之南掘壕扎营固守,小卓和以数万之众围攻,从乾隆二十三年(1758年)到乾隆二十四年(1759年)达3个月之久,史称黑水营之役[2]。据严赓雪研究,当时这一带本是一个茂密而且具有相当面积的胡杨林区,从3个月战斗中烧柴一项看,破坏的胡杨林已极为可观③。以后,由于长期以来不合理利用,这里沿河的胡杨林的面积大为缩小,这主要与叶尔羌河和喀什噶尔河流域河岸的垦殖和灌溉用水增加有关[21]。

---

① 1985年10月,笔者向王荷生请教有关塔里木下游胡杨林的变迁情况时,所得到的情况介绍。这些情况已概括在中国科学院植物研究所《新疆植被及其利用》一书内(科学出版社,1978年版)。

② 中国科学院兰州沙漠研究所朱震达1977年提供他实地访问资料。

③ 1982年新疆八一农学院严赓雪提供研究资料。

总之，上述各地区胡杨林的变迁，情况是很复杂的，限于篇幅，不能一一分析。但总的说来，既有自然因素，又有人为因素。一般是自然和人为因素错综而相互影响，其中以人为因素为主导。影响塔里木盆地胡杨林的自然因素以河流的改道及盛行干热风的影响为主；人为因素对胡杨林的影响，有垦荒，乱砍滥伐，滥樵，滥牧，水利措施不当，战争等。以近300年来说，战争的影响曾经可能是某些地方的主要因素之一。

20世纪50年代以来，由于人口的增长，燃料的缺乏，水利措施不当，上游截流筑坝，以及其他不合理的经济活动，等等，塔里木盆地的胡杨林资源正在减少。据新疆林业勘察设计院的航视调查，1979年的调查资料与1958年中国科学院和新疆农垦勘测大队调查的资料相比，塔里木盆地胡杨林面积由52.86万hm² 减至28.05万hm²，减少46.94％；总蓄积量由540万m³ 减至128.16万m³，减少76.27％[22]。新疆深处大陆中心，干旱少雨。塔里木盆地年降水量仅50 mm左右；准噶尔盆地年降水量较多，在250 mm以下，东部也只50 mm左右。而天山由于地势较高，年降水量较多，在300 mm以上，最多处可超过6 000 mm。加以气温较低，蒸发量较少，多成固体降水。天山南北的工农林牧业用水，几乎全恃雪水融注灌溉。古籍称天山为"群玉之山"、"雪山"、"凌山"，等等，都说明历史时期长期以来，天山冰雪一直是一个巨大的"天然水库"的意思。天山的积雪与当地的森林有密切的关系，破坏天山的森林，必然给天山南北的工农林牧业生产带来极为不利的影响。

（二）天山森林的变化

天山森林的变化，从汉代屯田时即已开始，但主要是在清代以后。如《西域水道记》卷4《巴勒喀什淖尔（即巴尔喀什湖）所受水》提到清代在"济尔喀朗河置船厂，每岁伐南山（天山）木，修造粮船"。《新疆识略·木移》记载伊犁南北山场森林的破坏情况。同书《财赋》还提到乾隆、嘉庆间，清代在伊犁设立铅厂、铁厂、铜厂，征收木税等。这些冶炼厂都采用土法，每年消耗的木炭必大为增加。

又如阿古柏父子盘踞新疆广大地区时期，力兴土木，在阿克苏、喀喇沙尔（今焉耆回族自治县）、托克逊、吐鲁番等地建筑行宫。其中阿克苏行宫，根据费尔干纳的式样兴建的，以穷极奢华闻名；而吐鲁番宫殿也是"壮阔逾常"[2,23]。阿古柏父子建筑宫殿所耗木料不少，这些木材是从天山一带森林中砍伐而来的，造成对森林的破坏。

又如光绪初，经过阿古柏、白彦虎之乱，"天山南北"到处是断墙颓壁，一片瓦砾。乌鲁木齐、喀喇沙尔及伊犁将军驻地的惠远城（今伊宁市西）等城市都相类似[2]。就连乌鲁木齐南部山隘达坂城，在乾隆三十五年（1770年）纪昀所作《乌鲁木齐杂诗》第19首，吟咏当地曾为有林之地，也由于白彦虎等负隅顽抗8个月[光绪二年（1876年）六月十一日至光绪三年（1877年）三月一日]，森林似受较大破坏，荡然无存；又由于那里地处风口，百余年来恢复不起来。这样大规模的、广泛的破坏，一毁一建，天山等地森林遭受破坏之厉害，概可想见。严赓雪认为："因战争使新疆森林破坏，可能是近300年来的一个主要原因，这是指山区的天然林"，而阿古柏、白彦虎之乱延祸森林最烈的看法，是正确的。

天山北坡中东段森林，其分布与农牧等业生产相互交织，20世纪50年代前多次遭到人为的严重破坏。新中国成立以来，天山北坡，特别是奇台县至乌苏县之间，经济发展很快，林区所在的前缘地带，人口密集，交通方便，工矿企业多，对木材消耗量大。70年代以前，天山北坡中东段林区，曾为新疆木材生产的重要基地，生产商品木材占全疆半数以上。这种就地采伐、就地供应的结果，势必加大了对天山北坡中段针叶林的破坏程度。采伐最为严重的，首先是前山地带的森林。因为这些地区，地势较平缓，交通便捷，作业条件好，故滥伐程度更严重，有的甚至反复来回砍伐，出现了"推光头"现象，致使森林下限上升，林地面积日益缩小。如巴里坤县松树塘一带，原先密布着落叶松林，后因滥伐过度，现已成为草原,只残存着一些零星散布的树木和没有腐朽完的伐根。乌鲁木齐的南山林区和石河子南部山区的森林,解放后被采伐的程度也十分严重。在滥伐过度的同时,森林的更新十分缓慢,在砍伐的迹地里,往往是旧账未清,又欠新账。

天山北坡中东段森林人为的过度采伐,自 70 年代以后,随着伊犁林区和阿尔泰林区的开发,情况才略有改变。尽管如此,由于那里的森林处于较发达的经济区,因此,受害是最为严重的[①]。

三、结 语

综上所述,我们有如下几点看法:

(1)新疆古代森林分布是较今为广的。不仅一些中山带天然森林较今为广;就是平原地区,特别是河流沿岸,天然森林更较今为广。值得注意的是山地森林的下限一般是较今为低的,也曾经有灌丛分布,这些在新疆生态系统中占一定比重和相当重要的意义。因此在今后新疆绿化工作中,特别是发展新疆的防护林工作中,不仅要注意乔木,在一些自然条件较差的地方,要先注意灌木,甚至要先重视草被。

(2)历史时期新疆森林的变迁是相当大的。其原因很多,归纳起来,既有自然的,也有人为的;但一般是自然和人为两因素综合而相互影响,互相制约的;除清代曾明显地受战争影响较大外,一般以人类的经济活动为主导。20 世纪 50 年代前,人们开发利用自然界过程中有许多带有盲目性的举动;后来,人们曾一度摆脱过这种盲目性,取得了很大成果。但是后来片面地执行"以粮为纲",又使新疆森林遭到破坏。经过数次反复,人们的认识有所提高。现在是在恢复和发展植被的基础上,发展生产;而在发展生产的同时,更要注意种草植树,加强绿化工作,改善并保护生态环境。

(3)在新疆营造防护林体系过程中,行之有效的办法是建造防护林体系必须与封山育林、封沙育草相结合。只有这样,才能事半功倍。

关于新疆森林的变迁和生态环境变化的深入分析,限于篇幅,将另文论述。

(原载《历史地理》第 6 辑,本次发表时对个别内容作了校订)

参考文献

[1] 新疆维吾尔自治区博物馆,新疆社会科学院考古研究所. 建国以来新疆考古的主要收获. 见:文物考古工作三十年. 北京:文物出版社,1979

[2] 新疆社会科学院民族研究所. 新疆简史. 第 1 册. 乌鲁木齐:新疆人民出版社,1980

[3] 中国科学院考古研究所实验室. 放射性碳素测定年代报告(一). 考古,1972(1)

[4] 自注. 见:(清)萧雄. 听园西疆杂述诗. 卷 4. 上海:商务印书馆,1935

[5] 谢彬. 新疆游记. 上海:中华书局,1929

[6] 山川门. 见:(清)和宁. (清嘉庆)新疆省三州辑略. 台北:成文出版社,1968

[7] 库车乡土志

[8] 伊犁舆图. 伊犁山川. 见:(清)松筠. 新疆识略. 卷 4. 台北:文海出版社,1965

[9] (清)徐松. 西域水道记. 卷 2. 台北:文海出版社,1965

[10] S. 赫定我的探险生涯. 上册. 孙仲宽译. 西北科学考察团,1933

---

① 陈汝国 1981 年底提供研究资料。

[11] 秦仁昌. 关于胡杨与灰杨林的一些问题. 见:新疆维吾尔自治区的自然条件(论文集). 北京:科学出版社,1956

[12] 中国科学院植物研究所. 中国植被区划. 北京:科学出版社,1960

[13] (清)吴其濬. 植物实名图考. 北京:商务印书馆,1957

[14] Певцов М В. Путешествие в кашгарию и кун-лунъ. Москва:1949

[15] Hedin S. Scientific results of a joureny in Central Asia:1899~1902. Stokholm:Lithographic Institute of the General Staff of the Swedish Army,1905

[16] Пржевальский Н М. Четвертое путешествие в центральной азии. 1888

[17] 黄文弼. 塔里木盆地考古记. 北京:科学出版社,1958

[18] 朱震达. 塔里木盆地的自然特征. 地理知识,1960(4)

[19] 陈宗器. 罗布淖尔与罗布荒原. 地理学报,1963(1)

[20] 新疆博物馆考古队. 新疆大沙漠中的古代遗址. 考古,1961(3)

[21] 郭敬辉,等. 新疆水文地理. 北京:科学出版社,1966

[22] 录叙德,等. 塔里木盆地胡杨林航视调查报告. 新疆林业,1980

[23] 陕甘新方略. 卷 303

7 两广南部及海南的森林变迁

文焕然遗稿　文榕生整理

两广南部及海南指今广西防城、钦州、浦北、陆川,广东高州等市县的北境以南,包括雷州半岛、海南省及南海诸岛等地区,大致相当于清代廉、高、雷、琼4府辖境①。本区有许多全国独具的特点,研究本区森林的变迁有重要意义。

一、自然环境特征

本区的北境基本位于北纬23°附近以南,最南伸入北纬4°(曾母暗沙),是全国纬度最低的一个地区,自然环境有如下一些特征。

1. 长夏无冬

年平均气温在15℃以上,1月平均气温也在10℃以上,根本没有冬季;年降水量1 500 mm以上,是全国降水量最多的地区之一,气候总的特征是湿热。

明嘉靖(1522～1566年)《钦州志·气候》载:

> 五岭以南,界在炎方,廉、钦又在极南之地,其地少寒多热,夏秋之交,烦暑尤盛。隆冬无雪,草木鲜润,或时暄燠,人必扬扇。当暑遇雨,或作盛凉。

清康熙十一年(1672年)《雷州府志·气候志·气候》载:

> 雷山势平衍……晴则甚热,阴则转凉,一岁之间,暑热过半,入秋为甚。隆冬值晴或至挥扇……晨起积雾四寒。

高温、高湿、多雾、多风是本区气候的4个特点,特别是夏秋的台风常带来极大危害。

2. 林木繁茂

由于本区气候湿热,树木终年生长茂盛。宋寇准贬雷州司马时作《题曹氏因参》诗:"登临时一望,海树与云平"[1],说明当时雷州半岛树木的高大茂密。直到清初,这里仍有不少大树。

---

① 清嘉庆二十三年(1818年)4府辖:廉州府包括今广西壮族自治区的合浦县(府治)、浦北县、北海市、灵山县、钦州市、防城各族自治县等县市,高州府包括今广东省高州县(府治)、茂名市、化州县、吴川县、廉江县等县市,雷州府包括今广东海康县(府治)、廉江县、遂溪县、徐闻县等县市,琼州府包括今海南省和南海诸岛。

遂溪西自三家山至石城之横山①,西至海南,抵海康迄徐闻之海岸一带,皆树大海,延袤数百里,人烟稀少②。徐闻县东三十里有耳聋山,高十丈,广五十里,"树林茂密,林樵者呼不相闻,故名"③。

清彭钰《平"寇"功绩序》载:

> (州)之西滨大海,与廉(州)络绎,大山丛箐,绵数百里。[1]

琼州一带的森林情况,从唐段公路《北户录》中,也可反映出。书中提到从琼州境到黎山、吉阳军(今海南省三亚市)一带,"峰峦秀拔","多高山大木"[2]。直到 20 世纪 50 年代初,海南省还有热带原始林 10 多万亩,足见历史时期其面积之广。

清赵翼《檐曝杂记》:"余行归顺州(今广东顺德县),途中有紫楠木七十余株,皆大五六十抱。"此言不免夸大,但这里树木的高大却是事实。

除了林木茂密高大外,还有多种珍贵树种。

> 钦州海山有奇材二种:一曰紫荆木,坚类铁石,色比燕脂,易直合抱,以为栋梁,可数百年;一曰乌婪木,用以为大船之柂(柁),极天下之妙也。④
>
> 沉香,岭南诸郡悉有之……交干连枝,岗岭相接,千里不绝。[3]
>
> 思櫚木生两江(广西南部)峒壑,入清水中,百年不腐。④

海南省中部到唐宋时还有"巨竹"[2]、"苏木"[4]、"沉香"[3]。高州(今县,属广东)的茂岭岗,因"草木郁茂,四时不凋,故名。"[2]茂名市的由来,也可能由于这种情况。

此外,还有榕树、荔枝、龙眼(廉州果产以龙眼为最著)、甜柚、槟榔(以前琼州、廉州为著)、桂、花梨木(出合浦,而生必以高山之巅,冬夏常青,自为林,无杂树)[5]、铁力木(出钦州等地,又称铁梨木)、筋竹(叶小多刺,丛生箐密,惟合浦产之)、益智(合浦多),等等。藤本植物多达几百种,主要有白藤、毗藤等。

3. 野生动物多种多样

据清道光十五年(1835 年)《廉州府志·物产》,"兽属"有:虎、豹、鹿、象、犫牛、犫猿、狐狸(有数种)、狒狒(俗呼山笑)、山马(按:即水鹿)、龙狗、猴、豺、山猪、麏(按:即赤鹿)、羚羊、熊、山攒(似牛角叉)、狗熊、山羊、獭,等等。"禽属"有孔雀等 40 多种。"蛇属"有巨蟒等 10 多种。

以象而论,这一带是秦代的象郡,其由来是因为产象。《太平府志》载:

> 洪武十八年(1385 年),十万山象出害稼,命南通侯率兵二万驱捕,立驯象卫于郡。

可见到明代时这里野象仍多。同时还产一种特殊的黑象。唐段公路《北户录·象鼻》载:

---

① 按:横山在今廉江县西南,遂溪过去属石城县(1914 年改为廉江县)。
② 清康熙十一年(1672 年)《雷州府志·舆地志·沿革》《食货志·户口》《艺文志》《食货志·田赋》。
③ 清康熙《徐闻县志》《灾祥》《鱼课》。
④ (宋)周去非《岭外代答》《器用门》《花木门》《禽兽门》。

广之属城循州（治今广东省惠州市）、雷州皆产黑象，牙小而红，堪为笏裁，亦不下舶来者。

宋代记载：

> 虎，广中州县多有之，而市有虎，钦州之常也。城外水壕，往往虎穴其间，时出为人害。村落则昼夜群行，不以为异。①

《广东考古辑要·犗牛》：

> 犗牛，即犕牛（也作"封牛"）。郭璞《尔雅注》：犕牛"领上肉犕肤起，高二尺许，状如橐驼，肉鞍一边。健行者日三百余里。今交州合浦徐闻县出此牛"。

从这些动物的分布反映出本区热带森林的特点：象、山犀、犗牛、熊等都是热带森林动物；猿、狒狒、猴等是攀缘动物，它们以树枝、叶、果和青草为生，没有森林便难以生存。虎、豹等肉食性动物是以植食性动物的广泛分布而存在的。从上述动物的广泛分布，反映出这里热带森林的丰富。

4. 多瘴气

唐刘恂《岭表录异》卷上："岭表山川盘郁结聚，不易疏泄，故多岚雾作瘴。人感之多病，腹胀成蛊。"明崇祯（1628～1644年）《恩平县志·地理志·气候》："若瘴疠之疟，新（似新宁，今台山市）、恩（今恩平县）俱有，而阳春（今阳春市）为盛，故古称恩、春为瘴乡。"清乾隆三十九年（1774年）《琼州府志·舆地志·气候》："地居炎方，多热少寒，秋冬雷，水土无多患。……惟黎峒中，多瘴气，乡人入其地即成寒热。"

从自然环境来说，瘴气是热带森林气候的表现之一，其特点是云雾多，湿度大，闷热。这种环境，枯枝落叶多，土壤中含腐殖质多，水中含腐殖酸等也较多，微生物生长繁殖迅速，饮食稍不注意易生疾病。自从热带森林开发后，湿度降低，云雾减少，瘴气也就少了，瘴气的变化也反映了热带森林的变迁。

二、森林植被的演变过程

本区处于我国最南部，为商贾之所必由[6]，历来为我国与中南半岛和东南亚群岛交往的一个地区，交通地位重要。从广西钦州独料遗址[7]，以及粤西南、雷州半岛与海南岛地区的岗丘、沙丘遗址[8]的发掘表明原始农业早已在本区兴起。秦始皇统一岭南后，于公元前214年设置南海、桂林和象郡，"以谪徙民五十万戍五岭，与越杂处"，其中象郡主要在本区，栽培植被开始较大规模地代替天然植被[9]。到了汉代，"自合浦、徐闻入海，得大州，东西南北方千里，武帝元封元年（前110年），略以为儋耳、珠崖郡……男子耕农，种禾稻苎麻，女子桑蚕织绩"[10]，经魏晋南北朝至唐肃宗至德元年（756年）设高、恩、雷、崖、琼、儋等州[11,12]。据雍正《钦州志·户役志》称，汉代钦州只有2 538户，8 980口；唐代有3 700户，10 146口，经历800多年，人口只增1 000多，说明栽培植被代替天然植被的发展过程是比较缓慢的。而热带植物的生长迅速，足以弥补当时人类的垦殖，故岭南被视为瘴疠之地、流放

---

① （宋）周去非《岭外代答》《器用门》《花木门》《禽兽门》。

场所。

到了北宋,本区的开发有较大的发展。至和元年(1054 年),张纮任雷州(辖今海康、徐闻、遂溪 3 县及湛江市)知州,其《思亭记》称:"阖境生聚仅三万……然而田畴盈眺,绿荫蔽野,民居其间,凿井翻田,以食以供。"[1]

靖康之变,宋室南渡后,在本区修建了不少塘、陂、湖、渠,对生产的发展起了一定作用。雷州的罗湖在宋代不断扩大湖区灌溉,以利种植,在咸淳八年(1272 年)仿杭州西湖建筑形式环湖建 8 座亭,改称西湖。

> 雷郡滨海近郭,东南平畴数万顷,居民数千户,飓(台)风时作,咸潮涨溢,田禾庐舍屡被浸没,宋绍兴间(1131~1162 年),经界司始要胡簿筑堤以御之。
>
> 乾道五年(1169 年),知军事戴邵以前堤尚隘,复于胡簿堤外增筑,尽包滨海斥卤之地,高广倍前,垦田数百顷,名曰陈宝,因陈氏建言而成也。①

雷州如此,他处情况可想而知。"靖康之变"后,中原农业人口大量南迁,其中不少移入本区。宋蔡绦《铁围山丛谈》:"吾以靖康丙午岁(元年,1126 年)迁博白(今县,属广西)……十年后,北方流寓者日益众。""容介桂、广间,渡江以南,避地留家者众。"[2]仅钦州宋代有 20 552 户[12],较之唐代猛增 5 倍多。户口增加,垦殖发展,损害天然植被亦烈。

雷州 3 县(指今徐闻、海康、遂溪)在元至正二十八年(1368 年)有 91 134 户(实算有 101 086 户),经元末、明初的战乱,至洪武二十四年(1391 年),全州只有 45 325 户,较之元代减少一半多;至成化八年(1472 年),又减至 23 428 户;景泰(1450~1456 年)后一直到康熙初(1662~1672 年),连年的战乱以及康熙时实行"迁海"政策,强迫沿海居民迁走,驻守军队等,使"人民散亡,因地荒芜"。至 1672 年,雷州 3 县仅存 4 223 户②。

前述钦州在宋代有 20 552 户,到明洪武二十四年(1391 年)减至 952 户,清康熙二十年(1681 年)再减至 464 户,几乎只有宋代的 1/50[12]。

当时这一带的情况,据顺治十三年(1656 年)张纯禧《扬抚西海疏》记,

> 入雷州境界,三面环海,一望旷莽,荒凉之状,臣不能悉也。(每夜宿,)又与虎为伍。(七月十五日,始至雷州城中,)瓦砾满地……城外新招残黎……编草为窝。②
>
> 顺治十年(1653 年),徐(闻)大饥,病伤,虎伤,人民死者殆尽。先是,壬辰(九年)、癸巳(十年),土人张彪与骆家兵相杀,连年不解,继复荒残,人饥,瘴发,阖室而死,百仅存一二焉。③
>
> 岁在顺治丁亥(四年,约 1647 年)以来,"狼"兵之扰,重以"两寇"之后,加以迁徙(指"迁海"政策),流离逋亡,十不存一。雷户口二万四千有奇,今止五千矣,税项一万三千有奇,今止二千四百矣。③
>
> 按雷属田地,明代租征一万三千顷有奇,而今止二千四百余顷也。田地荒芜,户口凋蔽……百里内外无村落。②

---

① 清嘉庆十六年(1811 年)《雷州府志·地理志·山川·海康县》《地理志·堤岸》《名宦》。
② 清康熙十一年(1672 年)《雷州府志·舆地志·沿革》《食货志·户口》《艺文志》《食货志·田赋》。
③ 清康熙《徐闻县志》《灾祥》《鱼课》。

由于人口锐减,田地荒芜,耕作粗放。道光《廉州府志·舆地·风俗》载:"合浦……民垦山为活,刀耕火种。"同书《舆地·气候》载:"昔钦州农民播种之后,不粪不耘,旱潦听天。"就这样,使次生植被又有所发展。遂溪、海康、徐闻一带,"皆树大深海","树林深翳","绵延数百里"。廉州(今广西合浦)一带"荒烟蔓草"。由于"山深林密",虎患又有所增加,"牧子行人被其吞噬者不可屈指数"[13]。康熙二十八年(1689 年)徐闻一带"招民开垦"[13]。顺治时(1644~1661 年),"豁免荒税十之四五"①。乾隆十一年(1746 年),"诏广东高、雷、廉三郡,山岗硗瘠,听民开垦,永免升科"[14],还"分给牛种"[15]。在这样一些优惠政策下,到嘉庆十五年(1810 年),雷州全府民屯户达到 185 214 户,男女 628 392 人,较之康熙十一年(1672 年)时增加 40 多倍。据《嘉庆重修一统志》,过去钦州"余荒未辟",自乾隆中叶以来,"附山凿沟引泉,筑堤筑坝蓄水,近河造水车龙骨以激水。天时抗旱,则有水以资灌溉。修圳开渠,遇水可以消纳。分秧栽插,加粪耘籽,事久讲求。林间荒地,尽行开辟。不惟瘠土变为沃土,而沧海且多变为桑田……生谷之地,无不尽垦"。

农业的发展,幽林的开辟,瘴气也随之消失。道光《廉州府志·舆地·气候·增辑》载:

> 廉郡旧称瘴疠地,以深谷密林,人烟稀疏,阴阳之气不舒。加之蛇蟆毒虫,怪鸟异兽,遗移林谷,一经淫雨,流溢溪涧,山岚暴气,又复乘之,遂生诸瘴。……今则林疏洞豁,天光下照,人烟稠密,幽林日开。合(浦)、灵(山)久无瘴患,钦州亦寡。惟王光、十万暨四峒接壤交趾界,山川未辟,时或有之,然善卫生者,游其地亦未闻中瘴也。

据《旧志》[民国三年(1914 年)《灵山县志·舆地志·气候》引]载,

> 灵山处于苍崖翠壁之中……昔人视之为瘴疠之区……今则人物蓄殖,烟瘴自消,中州之人,或谪或官,来至斯土,俱得安全。

由于荒地垦殖,生产发展,森林减少,野生动物也随着减少。

本区开发的过程,区内各地也有差别。一般说来,雷州半岛、廉州、钦州、高州南部以及海南岛北部开发较早,次生林经过了多次的交替。北部山地(十万大山、云开大山)和海南岛南部山地(黎母岭和五指山)开发较迟,海南岛山地至今尚保存一定面积的原始林。

人类的经济活动,特别是"刀耕火种"的方式,对森林的演替产生最深刻的影响。"刀耕火种"的耕作方式,是将森林砍伐后,放火烧灰,接着在此迹地上耕种。栽种的作物各地有异,但一般以番薯、木薯、玉米、旱稻为主。不施加肥料,如此耕作下去,经过几年,土壤越来越瘠薄,作物产量日益降低,只得弃耕荒芜,而植被的自然演替也就在这时开始进行。经过若干年后,次生林生长起来,地力逐步恢复,当恢复到一定程度时,再次放火烧山,进行耕作。这样的轮垦制度,在各地几乎相同,但时间长短不尽一致,一般是每 8~10 年轮垦一次。

由于各地原生植被的差别和各地所处的环境不同,因此植物演替的方式也有差别。

在山地热带雨林区,开始演替时,最初侵入一块旷地上的,可能是许多个种;特别是在森林附近地区,物种的来源比较丰富,侵入的物种可能更多。许多种植物侵入以后,并不是都能得到发展,只有那些生长迅速的、活力较强的先锋阳性种类才能首先取得优势地位。因此,在次生演替前期的各阶段

---

① 清嘉庆十六年(1811 年)《雷州府志·地理志·山川·海康县》《地理志·堤岸》《名宦》。

中,几乎都是由一两个种占优势,但发展到后期阶段,群体的结构发生变化,由单层次变为多层次,林冠由比较整齐变为参差不齐,种类成分也逐渐变得复杂,最后由单种优势种群落变为多优势种群落。

在较低平地区的撂荒地上,开始长出一些草木和半灌木的先锋种类。最初,草本还占一定的地位,随后,草本受灌木的压制,得不到发展,形成以灌木占优势的群落。以后乔木发展,灌木和草本相对减少,成为以乔木占优势的群落[16]。

这种自然演替,只要不再经过人为的干扰,便可逐步为幼年次生林所代替,最后得到恢复。但在漫长的历史时期,经过多次的"刀耕火种",使森林的生态条件不断恶化,使林地最后变为草地,甚至成为寸草不生的荒地。

由于人们长期掠夺性的垦辟,使本区不少地方逐渐变成荒坡、秃岭、草原、灌丛,雷州半岛和海南岛等西部沿海地区,出现的沙荒地也不少,造成不少地方缺乏木料、饲料、燃料,水土流失日趋严重,干旱、水涝、风沙、寒害等自然灾害频繁,与过去森林广布、山清水秀、野生动物资源丰富多样,形成鲜明的对照。

三、寒害对本区森林植被的影响

历史时期气温的冷暖是有变化的。公元 1050 年左右以前,如东汉末年和东晋时的寒冷[17],对本区植物造成冻害。自公元 1050 年,特别是公元 1450 年左右以来,本区温度变化的总趋势同样是较前一时期更低。其中突出表现是冬半年出现不少冰、雪、霜冻等现象,"寒冷"、"大寒"、"特大寒"、"极大寒"现象更为频繁①,使本区不少地方发生"草木枯","树木皆枯","榔、椰萎败","竹木多陨折","杀禾","杀薯",以及造成对人类和鸟兽鱼类等的危害②。

1110~1111 年冬,本区遭"极大寒",据《岭外代答·风土门·雪雹》载,

> 杜子美诗:"五岭皆炎热,宜人独桂林。梅花万里外,雪片一冬深。"盖桂林尝有雪,稍南则无之。他州土人皆莫知雪为何形。钦之父老云:"数十年前,冬常有雪,岁乃大灾。"盖南方地气常燠,草木柔脆,一或有雪,则万木僵死。明岁土膏不兴,春不发生,正为灾害,非瑞雪也。

1506~1507 年冬,本区又遭"极大寒",正德《琼台志》卷 41《纪异·祥瑞附》载:"正德丙寅(元年)冬,万州雨雪。"万州今为海南省万宁县(北纬 18.8°),当时降雪,可见寒冷异常。

1526~1527 年冬,本区大寒。道光《廉州府志》卷 21《事记》载:明嘉靖五年十二月,廉州府"大雨雪"。自注:"池水冰,树木皆折,民多冻死。"康熙《合浦县志》、民国三十六年(1947 年)《钦县志》所载都基本相同,但作"树木皆枯"或"草木皆枯"。

1655~1656 年冬,本区再遭"极大寒"。据康熙《乐会县志·地理志·形胜》载,"近丙申(顺治十三年)正月,寒霜大作,岁荒民饥,遇冻多死,兽禽鱼鸟多殒殁,榔椰凋落,草木枯萎。"

1684~1685 年冬,本区"特大寒"。见《肖志》:康熙二十三年,"冬十一月,琼山(今海南琼山县)雨雪,卉木陨落,椰榔枯死过半。"[18]

---

① 文焕然、高耀亭、徐俊传:《近六七千年来中国气候冷暖变迁初探》,1978(中国科学院地理研究所油印)。

② 如《舆地纪胜》卷 117《广南西路·高州·景物下》《岭外代答》卷 6《器用门·舟楫附·柂》《太平寰宇记》卷 169《岭南道·儋州·土产》《本草衍义》卷 13,《舆地纪胜》卷 124《广南西路·琼州·景物下》《琼管志》(转引自《舆地纪胜》卷 127《广南西路·吉阳军·风俗形胜》)等。

1737～1738 年冬,本区"特大寒"。见道光《万州志》卷 7《前事略》:乾隆二年冬,"万州陨霜,椰、榔俱萎"。

1815～1816 年冬,本区"特大寒"。见光绪《定安县志》:嘉庆二十年,"冬,寒雨连旬,陨霜杀秧,草、木、槟榔多枯"。又见光绪《澄迈县志》:"嘉庆二十年冬十一月,天降大雪,榔、椰树木多伤。"道光《万州志》卷 7:嘉庆二十年,"冬,旱,严寒,树木枯死其半"。

1892～1893 年冬,本区又再遭"极大寒"。据民国十二年(1923 年)《陆川县志》载,光绪十八年(1892 年)十一月二十七日,"大雪,厚二尺余,鳞介亦冻死"。民国三年(1914 年)《钦州志》载:光绪十八年十一月二十八日,"大雪,平地若敷棉花,檐瓦如挂玻璃,寒气刺骨,牛羊冻死无数,为空前未有之奇"。民国三十一年(1942 年)《合浦县志》载:光绪十八年"冬十一月二十九日,大雪,垂檐如玻璃,水面结冰厚寸许"。许瑞棠《珠官脞录》卷 4 载:

> 合浦地入热带,虽际隆冬少大雪。前清壬辰冬,雪深盈尺,飞紫(絮)瓢(飘)玉,鱼鸟多冻死。人争敲叶拾雪,贮于瓦瓶,越夏吸之,殊清湛。

宣统《琼山县志》卷 28 载:光绪十八年,"十一月,大雨雪,寒风凛冽,前所未有,贫者冻死,溪鱼多浮水面,箣竹尽枯,(琼山)县屯昌(今县)一带更寒甚"。

如上所述,可知 11 世纪以来,寒冷现象对本地区人类和动植物的危害是严重的,尤其是公元 1450 年左右以来,本区的寒冷天气频繁,影响更大,使荔枝、椰子和槟榔等植物的分布北界逐渐南移。

广西荔枝分布的北界,12 世纪末在桂林东北,宋范成大《桂海虞衡志·志果》载:"荔枝,自湖南界入桂林,才百余里便有之。"17 世纪时,《徐霞客西游记》第 3 册提出,只有桂林才有荔枝分布①。18 世纪初,桂林尚有荔枝[19],而到 18 世纪末,荔枝却不能在桂林生长了[20]。现今广西荔枝大片栽培的北界,却在桂林以南的浔江谷地一带,如苍梧、藤县、桂林等地②。

椰子和槟榔在广西的分布,据历史文献记载,在唐、宋时代,不仅郁林州(今广西玉林市一带)的椰子和槟榔生长良好,而且能够结实。晚唐到宋初,南流县(今广西玉林市)"土人多种(椰子树)"[21,22]。据《元朝混一方舆胜览》卷下《湖广等处行中书省·郁林州·风土》载,13 世纪时,郁林州产"槟榔木、椰子木"。《元一统志》,椰子"今(元初)广西诸郡皆有之,惟(郁林)州为最"③。可见当时椰子分布的北界,应在郁林州北。现在广西椰子、槟榔分布的北界,却到了玉林以南的防城县一带②。很明显,上述热带、亚热带植物分布北界的南移,与公元 1450 年左右以来冬半年的寒冷现象有密切的关系。

四、森林植被的恢复

20 世纪 50 年代以来,由于我们工作中出现的一些失误,森林植被的发展亦出现起伏,但总趋势是森林得到恢复与相对发展。在雷州半岛修建了青年运河等水利工程,营造了防护林带。树种为桉、木麻黄和台湾相思等热带速生乔木。经过长期经营管理,如今一行行高大的林木纵横雷州半岛,构成一个完整的防护林网,森林覆盖率已经上升到 15%[23]。近年,林业部和广东、海南省联营,在广东台山

---

① 北京图书馆藏抄本。
② 广西植物研究所苏宗明、广西科委农业地理组莫大同 1978 年提供资料。
③ 《永乐大典》卷 2339《梧字·梧州府·土产·郁林州》引《元一统志》。

和海南营造速生丰产林,设计面积达 14.33 万 hm$^{2[24]}$。1963~1979 年,在广西合浦营造以木麻黄、窿缘桉为主要树种的沿海防护林,造林保存面积 7 万 hm^2,连同原有林在内达 10.3 万 hm^2,森林覆盖率从 7% 增加到 30.6%[24]。

经过多年的努力,森林的面积有了较大的恢复、增加,改善了环境。据观察,林带内的风速只有林外的 1/3,蒸发量比原来降低约 20%,土壤水分和空气湿度也随着增加,寒害也有所减轻,为作物生长创造了较好条件,使热带作物面积得到扩大。

五、结　语

两广南部及海南是我国领土最南部分,在交通和国防上都占有重要地位。这里具有高温多湿的气候,树木生长繁茂,还有多种多样的野生动物资源,是我国今后发展热带经济作物和饲养热带珍稀动物,以及亚热带、温带作物制种与提供早熟品种的比较理想的地区。

历史时期本区森林植被经过了多次的、反复的演替,这种演替往往影响到环境和动物的变迁。这种演替受人为的影响很大,其中尤以长期的、反复的"刀耕火种"为最。此外,还受寒冷的危害,使得荔枝、椰子、槟榔等许多经济林木的分布北界逐渐南移。

在两广南部,特别是海南省等地发展热带经济作物,是我国实现"四化"的需要。根据以往的经验,在发展中,除保护现有的原始林以外,还应发展热带林木,使森林面积逐步占到土地总面积的 1/3 左右,这对于环境保护,防御寒潮、台风、旱涝等自然灾害,保障热带经济作物的发展,都是很有必要的,何况热带林木本身又具有很大的经济价值。

造林要统筹规划,合理分布各类林木,以混交林的优势取代人工纯林的缺陷;同时要保持有关政策、法律的稳定性和连续性。

(原载《河南大学学报(自然科学版)》1992 年第 22 卷第 1 期)

参考文献

[1] (清嘉庆十六年)雷州府志. 艺文志下

[2] (宋)王象之. 舆地纪胜. 台北:文海出版社,1971

[3] (宋)寇宗奭. 本草衍义. 卷 13. 上海:商务印书馆,1937

[4] (宋)乐史. 太平寰宇记. 卷 169. 上海:商务印书馆,1936

[5] (晋)嵇含. 南方草木状. 上海:商务印书馆,1956

[6] (清)吴锡绶. 驿"盗"说. 见:(清嘉庆十六年)雷州府志. 艺文志下

[7] 广西壮族自治区文物工作队. 三十年来广西文物考古工作的主要收获. 见:文物考古工作三十年. 北京:文物出版社,1979

[8] 广东省博物馆. 广东考古结硕果　岭南历史开新篇. 见:文物考古工作三十年. 北京:文物出版社,1979

[9] 秦始皇本纪. 见:(汉)司马迁. 史记. 上海:商务印书馆,1958

[10] 地理志. 见:(汉)班固. 汉书. 上海:商务印书馆,1958

[11] 事纪. 见:(清嘉庆十六年)雷州府志. 沿革志

[12] 户役志. 见:(清雍正)钦州志

[13] 灾祥. 见(清宣统三年)徐闻县志. 舆地志

[14] (清道光)遂溪县志

[15] 世纪. 见:(清乾隆)廉州府志

[16] 广东省植物研究所. 广东植被. 北京:科学出版社,1976

[17] 竺可桢. 中国近五千年来气候变迁的初步研究. 考古学报,1972(1)

[18] 事记. 见:(清光绪补刊)琼州府志. 卷42. 杂志

[19] 物产. 见:(清雍正)广西通志

[20] 桂林府. 见:(清嘉庆五年)广西通志. 卷89. 舆地略. 物产

[21] 南流县. 见:(宋)乐史. 太平寰宇记. 卷265. 岭南道. 郁林州. 上海:商务印书馆,1936

[22] 景物下. 见:(宋)王象之. 舆地纪胜. 卷121. 广南西路. 郁林州. 台北:文海出版社,1971

[23] 森林镇碧海,林网护农田. 光明日报,1978-12-30

[24] 中国林业年鉴 1949~1986. 北京:中国林业出版社,1987

8 二千多年来华北西部经济栽培竹林之北界

文焕然遗稿　文榕生整理

一、前　言

我国竹类分布的北部地区在西北①和华北②，多为人工栽培。以经济栽培竹林（以下简称经济林）而论，在华北的分布以西部为主，历史悠久，面积也较大。

历史时期竹类分布北界的变迁，不仅直接关系到南竹北移，北方竹林栽培与生产，而且可作为气候变迁研究的重要证据之一，对于研究人类与环境问题也有一定的参考价值。

笔者1947年曾在中国地理学会年会上提出竹类变迁问题[1]，又经多年的深入研究，对华北西部经济林北界变迁有了进一步认识。

二、现代竹林分布北界概况

现代华北西部经济林分布北界，大致西起甘肃东南部渭河上游的天水一带，中经六盘山南麓、千河上游、渭河平原南部、中条山南段、太行山东南麓，东迄河北西南部漳河沿岸的涉县一带。其中主要有甘肃的天水，宁夏的隆德、泾源，陕西的陇县、眉县、周至、户县、蓝田、华县，山西的永济、芮城、平陆、垣曲，河南的沁阳、博爱、辉县，河北的涉县等地，经济林在一些沟谷、山麓，平原等背风向阳，水源丰富处散布。其范围约西自东经105.7°，东止东经113.6°；北起北纬36.5°，南达北纬34.1°（图8.1和表8.1）。经济林面积大者千亩以上，小者也有数十亩或数亩，呈不连续的斑点状分布。其中以河南博爱许良镇一带为最，总面积在万亩以上，是现今华北最大的经济林。

组成上述地区经济林的竹种一般为刚竹属（*Phyllostachys* Sieb. et Zucc.），种类约10余种。以刚竹（*Ph. sulphurea* cv. Viridis.）、斑竹（*Ph. bambusoides* f. *lacrima-deae* Keng f. et Wen）、甜竹（*Ph. flexuosa* A. et C. Riviere）、筠竹（*Ph. glauca* f. *yunzhu* J. L. Lu）、淡竹（*Ph. glauca* McClure）、毛竹[*Ph. heterocycla* var. *pubescens*（Mazel）Ohwi]等为主。

栽培竹林的北界则高于经济林。据调查，山西太原南郊的晋祠（约北纬37.6°）和交城玄中寺（约北纬37.8°）等地有小片观赏竹林。纬度更高的华北北部，如北京地区有多处栽培悠久、至今仍存的竹林。诸如故宫、中山公园、劳动人民文化宫、北海公园、中南海、恭王府、美术馆、紫竹院、动物园、亚运

---

① 例如位于祁连山北麓的张掖、武威，位于青藏高原的西宁、卓尼等地，都有竹类生长的记载。
② 本文所谓"华北"是自然地理意义上的，即指长城以南，秦岭、淮河以北，黄河中下游一带地区。

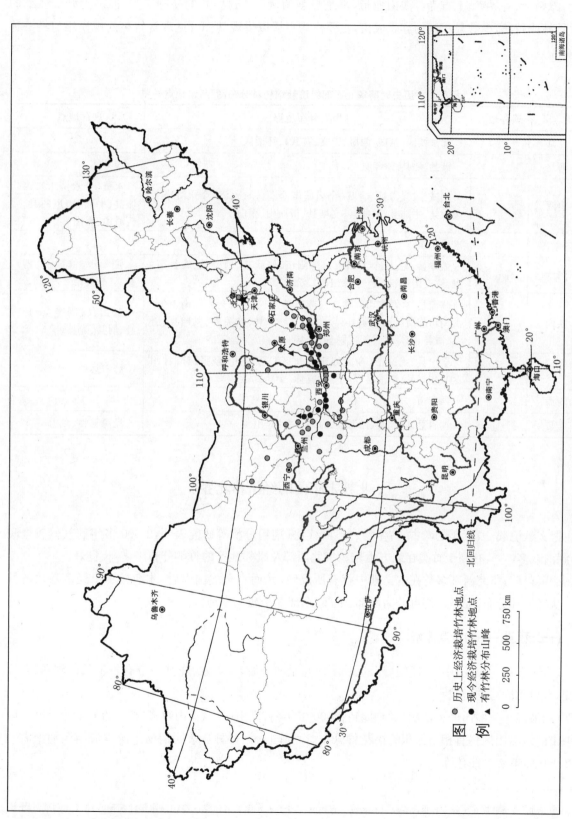

图 8.1 历史时期华北西部经济栽培竹林分布图

图
例

⊚ 历史上经济栽培竹林地点
● 现今经济栽培竹林地点
▲ 有竹林分布山峰
北回归线

0   250   500   750 km

村、北京大学、清华大学、颐和园、圆明园等低平地区,卧佛寺、樱桃沟花园、香山公园、玉泉山等谷地低坡处,潭柘寺、香界寺、上方寺等浅山地带,都是显著的例子。这些竹的品种不少,但多为秆低径细的小片竹林或竹丛,少数较粗高的亦难成亩,主要作为点缀以供观赏。可见观赏竹林的规模难与经济林匹敌。

表 8.1 "历史时期华北西部经济栽培竹林分布图"所示地点一览

地　区	遗存地点	历史分布地点	现存地点
北京		北京城区(东城、西城、崇文、宣武)、怀柔区	
河北		涉县、磁县、永年县	涉县
山西		阳城县、襄汾县、运城(今运城市盐湖区)、永济(今永济市)、芮城县、平陆县、垣曲县、交城县、析城山、霍山	永济(今永济市)、芮城县、平陆县、垣曲县、析城山、霍山
内蒙古		准格尔旗	
河南	辉县市	孟津县、孟县(今孟州市)、沁阳市、修武县、博爱县、辉县市、淇县、安阳市、林县(今林州市)、济源市	沁阳市、修武县、博爱县、辉县市
陕西		临潼县(今西安市临潼区)、蓝田县、周至县、户县、渭南市(今渭南市临渭区)、华阴县(今华阴市)、华县、潼关县、凤翔县、眉县、陇县、南郑县、洋县、勉县、佳县	蓝田县、周至县、户县、眉县、陇县
甘肃		会宁县、武威市(今武威市凉州区)、张掖市(今张掖市甘州区)、华亭县、庄浪县、静宁县、成县、文县、卓尼县	静宁县
青海		西宁市	
宁夏		西吉县、隆德县、泾源县、海原县、六盘山	泾源县、六盘山

三、北魏末年前的经济林北界

据文献记载[①]及近年的考古、古生物、^{14}C 断代法、孢粉分析等研究表明,2 000 多年前气候较今暖湿,湖泊众多[2~4],有利于竹类在北方生长。华北西部及毗邻地区的竹类分布广,生长良好。

战国以前,华北西部多竹在古文献中就有所反映,然而直至战国以后,才渐显示出经济栽培的性质。从经济林分布情况看,约可分为西部、中部、东部 3 个较集中地区。

(一)西部——洛泾渭流域

《诗·秦风·小戎》中"竹闭绲縢",反映渭河与千河上游,今天水、陇县一带有竹生长。到西、东周之交,有以竹制弓的记载[②]。

《山海经·五藏山经·西次二经》提到 2 000 多年前,高山(今六盘山)"多竹"。直到如今,泾源、隆德一带的六盘山区仍有相当面积的松花竹分布[③],可作扫帚、鞭杆。表明渭河上游支流与泾河上游一带 2 000 多年来一直有竹。

---

① 诸如《禹贡》《周礼·职方》《吕氏春秋·有始览·有始》《淮南子·地形训》《尔雅·释地》《水经注·河水注》《元和郡县图志》《畿辅丛书本》等。

② "竹闭绲縢"的时代,据《诗小序》称:"美襄公也"。秦襄公时代在公元前 777~前 766 年,当时是西周与东周之间。

③ 南京林产工业学院熊文愈 1978 年 9 月提供资料。

《史记·货殖列传》记述了战国至汉初陇东、陕北的渭、泾、北洛河上游及其迤西一带[5]"饶材、竹、谷、纑、旄"等林牧业特产。表明这一带有竹类生长,且数量不少,可属经济林。

清代文献记载了陇东的靖远、兰州、会宁、静宁、庄浪、华亭,宁南的海原、西吉、隆德、泾源,以及陕北的佳县等地有竹。

《后汉书·西羌传》等记载东汉时天水一带羌民暴动,以竹竿为武器,反映当地竹林资源较丰富。再从所用竹径较粗、纤维强度颇大看,似属刚竹类。

渭河下游,从西安半坡发掘出距今 6 000 年左右的竹鼠、獐、貉等兽骨及鱼钩、鱼骨[6],表明当时这一带水丰多鱼,森林、竹林繁茂,野生动物出没其中。古文献还记载了今西安、户县一带有不少野生犀牛[2~4]。《穆天子传》记载有这一带战国前的竹林。

《汉书》称汉代渭河平原盩厔(在今周至县东)、鄠(在今户县北 1 km)、杜(在今西安东南)、长安(在今西安西北)"竹箭之饶",而盩厔与鄠县的竹竿尤为著名。《史记·货殖列传》更称:"渭川千亩竹……此其人皆与千户侯等"①。《汉书·地理志》道:"鄠、杜竹林"可与"南山(指秦岭)檀柘"相媲美。汉代文赋,诸如《史记》中司马相如称宜春宫(在今西安市南)"览竹林之榛榛";《汉书》中杨雄曰:"望平乐(馆名,在当时上林苑中,约今西安市西),径竹林";《后汉书》中班固道:"商、洛缘其隈,鄠、杜滨其是,源泉灌注,坡地交属。竹林、果园、芳草、甘木";《文选》有张衡《西京赋》吟:"编町成篁",等等,描绘了当时这一带的竹林。

周至与户县一带产竹量多质优,成为当时官营竹园之一,汉代起设官管理,称司竹长丞[7,8]。西汉末年,义军领袖霍鸿曾以该园为根据地②,说明其面积相当大。

《长安志》载:"晋地道记:司竹都尉治鄠县,其园周百里,以供国用。"可见至西晋竹园仍完好。东晋偏安江左,华北处于混乱状态,竹官废置[7,8],竹林仍在,但又一度沦为战场③。《魏书》等称北魏才恢复了"司竹都尉"[7,8]。

(二)中部——太岳、中条山与汾河流域及以北地区

《山海经·五藏山经·中次一经》指出中条、太岳山地(霍山在内)的一些山中,2 000 多年前多木多竹。

虽然文献直接记述本时期这些地区竹类分布的不多,但我们可以从其他方面印证。首先,从中条山东麓的山西芮城(北纬34.6°)匼河发掘出中更新世早期的野生亚洲象及德氏水牛、肿骨鹿、扁角鹿等化石[9],汾河下游岸边的山西襄汾丁村(北纬36°多)的古动物群化石中发现有晚更新世早期的野生亚洲象化石[10],太行山西北桑干河畔的河北阳原(北纬 40.1°)丁家堡水库和化稍营公社大渡口村分别发现 3 000 年前的野生亚洲象、赤鹿、厚美带蚌、巴氏丽蚌、黄蚬等化石[11]来看,亚洲象的栖息离不开冬暖、水源充分及大量食物等,而前两点也是竹类生长的重要条件,况且厚美带蚌、巴氏丽蚌、黄蚬等目前仅在江南才有,野生亚洲象更限于滇西南以南少数地区[3,4]。其次,春秋时董安于修建晋阳城(在今山西太原南,约北纬37.7°)时,宫殿的围墙内藏苇箭、竹子、木板,外砌砖石,所贮大批竹材后果然发挥重大作用,根据当时社会情况综合考虑,这些竹子的来源当不会太远。再次,《后汉书·郭伋传》载:"始至行部,到西河美稷,有童儿数百,各骑竹马,于道次迎拜。"美稷在今内蒙古准格尔旗(北纬

---

① 据《元和郡县志·关内道·京兆府·盩厔县·司竹园》,"司竹园在县东十五里,史记曰:渭川千亩竹"。《长安志·县·盩厔·司竹监》亦主张此说。可见《史记》所称在今陕西周至与户县一带。

② 《汉书·翟方进传》《水经注·渭水注》等都有记载。

③ 《晋书·苻健载记》《魏书·苻健传》称:东晋永和六年(350 年),杜洪据长安,苻健引兵至长安,杜洪奔司竹,健入而都之。

39.6°)西北,长城以北,当时能够产竹,今却不能生长。

综上所述,并参考邻近地区情况,我们认为当时至少在汾河下游及太岳山南部以南地区应有相当面积的经济林。

(三)东部——卫漳流域

这一带的经济林主要集中于冀西南,豫北的卫河(包括支流淇河)、漳河一带,以淇水流域为著。

从殷墟(河南安阳西北,北纬36°)发掘出的3000多年前的古生物化石看,不仅有同西安半坡相似的种类(竹鼠、獐、貊等),还有同河北阳原相同的(貊、亚洲象等),并有圣水牛、犀牛、马来貘等[12,13],表明当时这一带有相当面积的森林、竹林,不少河湖沼泽。甲骨文中的卜辞:"王用竹,若。"(《乙》六三五〇)"叀竹先用。"(《后》下二一·二)"贞,其用竹……羌,叀酒彤用。"(《存》二·二六六)说明了竹子在日常生活中的使用,可见有经济林。

明代以前,河南林县有竹林分布①。

淇域之竹,《诗·卫风·淇奥》称:"瞻彼淇奥,绿竹猗猗……绿竹青青……绿竹如簧",可见生长茂密。再从同书《竹竿》称:"籊籊竹竿,以钓于淇"看,竹径较细,似属淡竹类。

辉县发掘的战国晚期墓葬内发现有竹编遗存[14],可为这一带有竹的旁证。

淇域当时著名的官营竹园——淇园(在今河南淇县西北17.5 km)汉代始见记载,规模大,面积广,为当时华北重要的经济林区之一。竹材主要供治河和制箭用。

如《史记·河渠书》《汉书·沟洫志》载,汉元封二年(前109年)堵塞黄河瓠子(在今河南濮阳市西南)决口时,因"是时东郡(当时瓠子属东郡)烧草,以故薪柴少,而下淇园之竹以为楗"。汉河平元年(前28年)又堵东郡决河,"以竹落长四丈,大九围,盛以小石,两船夹载而下之。三十六日河堤成",可见用竹之多。以致东汉安帝时(公元107~125年)再治河用材却未提到竹,似当时产竹剧减。

又如《淮南子》称淇域之竹宜制箭。《东观汉记》更指明东汉初寇恂伐淇园竹,治矢(箭)百余万。

从淇域之竹用作"楗"、"落"、"矢"来看,可以断定其品种有刚竹、淡竹、华西箭竹[Fargesia nitida (Mitford)Keng f. ex Yi]等。

至"(曹)魏、晋,河内(今河南沁阳)、淇园竹,各置司守之官"[7,8],从事管理。晋左思《魏都赋》称:"南瞻淇澳,则绿竹纯茂",并以产笋著名。

东晋战乱,竹官废置[7,8],北魏才得以恢复。北魏初期,淇园尚存②,然郦道元(466或472? ~527年)撰《水经注·淇水注》却称:"今通望淇川,无复此物(指竹林)。"

此外,河南辉县、山阳县、山西阳城县等地亦有竹类记载。《三国志·魏志》称苏门山(在辉县)一隐者"有竹实数斛",竹实乃竹类果实,并不多见,说明苏门山一带有相当面积的竹林,似有经济林。苏门山西南的山阳县也有竹林分布③。沁水流经晋豫之交的太行山谷地④与今阳城县析城山(太行山一

---

① 据清乾隆《林县志》卷3、民国二十一年(1932年)《林县志》卷14等。
② 据《魏书·李пять传》,"车驾将幸邺,平上表谏曰:'……将讲武淇阳,大司邺魏,驰骋骤于绿竹之区,骋骧骧于漳、滏之壤。'""淇阳"、"绿竹之区"当指淇域竹林。再据《魏书·世宗纪》巡幸一事在北魏景明三年(502年)九月,可见在此之前,淇园仍在。
③ 《水经注·清水注》:"义径七贤祠东,左右筼筜列植,冬夏不变贞萋。"
《永乐大典》:"白鹿山,东南一十五里有嵇公故居,以居时有遗竹焉。"
《太平御览·竹部》引《述征记》:"仙(山)阳县城东北二十里有中教大夫嵇康宅,今悉为田墟,而父老犹种竹木。"
这些反映魏晋至北魏,山阳的七贤祠及嵇康故居有竹林,但尚难肯定为经济林。
④ 《水经注·泌(? 沁)水注》称:沁水流经晋豫交界的太行山谷地,"又南五十余里,沿上下,步径栽通,小竹细笋,被于山诸,蒙笼拔密,奇为翳荟也"。可见北魏有野生细竹林。

部分)^①也有野生细竹林分布。

从竹类的自然分布、种类变化、生态环境、营养积累等综合分析,我们认为细秆或矮生竹是竹类为适应较恶劣环境长期演变而成的。如果以这类竹分布为主,似可表明该地区为竹类分布的边缘地区。据文献记载及多方面的研究表明,北魏末期以前,华北西部经济林的分布纬度以中部为高,西部次之,东部最低。

四、东西魏至金代的经济林北界

此阶段华北西部经济林分布的最北地区约有泾渭上游及北洛河、渭河平原西北部、渭河平原南部、中条山一带,以及太行山东南麓 5 个地区。

(一)泾渭上游及北洛河

五代以前,陕西西部及渭水上游一带经济林更广。史称唐天复四年(904 年),陇(今陕西陇县)、凤(治今陕西凤县)、洋(治今陕西洋县)、梁(治今陕西南郑县)等州广大地区旱甚,忽山中竹无巨细皆放花结子,饥民采之舂米而食,珍如粳糯。……数州之民,皆挈累入山,就食之;至于溪山之内,民人如市^②。所称不无夸大,然反映竹林颇多,则不容置疑。

渭水上游的秦州(治所在今甘肃天水市)一带,杜甫于唐乾元二年(759 年)在该地作的诗中有 5 首提到当地之竹,更有《石龛》《铁堂峡》《秦州杂诗》等 3 首明确描述当时秦州山地及秦州东2.5 km的铁堂峡、东南 25 km 的东柯谷等地多竹,是供制箭、簳等用的经济林,还记述了他自秦州赴同谷县(今甘肃成县)途中所见的竹林^[15]。

本区其他长期有竹地点,本文按时代涉及,此处不赘述。

(二)渭河平原西北部

本区的凤翔,在唐宋时代就有竹林记载,苏东坡的《李氏园》^[16]即作了描述。南宋初,凤翔号称"平川尽处,修竹流水,弥望无穷"^③。反映平原、山麓竹林颇多,有经济林分布。

(三)渭河平原南部

周至、户县一带为本阶段华北经济林重要地区,其主要部分称司竹园^④。除西魏情况不详,北周未设官外,历代均设官治理^⑤。《元和郡县志》称该园"周回百里",苏轼称"官竹园十数里不绝"^[16],面积之大与《晋地道记》所称晋代的相当。

唐代可竹园产竹及副产品供宫廷、百司之帘、笼、筐、篓、食用笋^[7,8],以及每年修架蒲州(今山西永济县治)黄河百丈浮桥^[17]等用材。据《孝肃包公奏议》称,北宋司竹园一次供澶州(今河南濮阳治)、河

---

① 《水经注·泌(？沁)水注》称析城山:"山甚高峻,上平坦,山有二泉,东浊西清,左右不生草木,数十步外多细竹。"似为野生细竹林。

② 清雍正《陕西通志·祥异》引《玉堂闲话》:"自陇而西,迨于褒梁之境,数千里内,尤阳。"按:陇指陇州,褒指褒城(今分归勉县和汉中市),梁指梁州,"西"为"南"之讹。数州大致指陇、凤、梁、洋等州。

③ (宋)郑刚中《西征道里记》(丛书集成本)载他在绍兴乙未年到这一带的游记。不过干支有错误,具体年代难定。

④ 《唐六典·司农寺·司竹监》称司竹监之一,"今在京兆鄠、盩屋"。《太平寰宇记·关西道·凤翔府·司竹监》:"今皇(宋)朝惟有盩屋、鄠一监,属凤翔。"

⑤ 详见《隋书》《唐六典》《旧唐书》《新唐书》《太平寰宇记》《元丰九域志》《舆地广记》《宋史》和《金史》等。

中府(今山西永济县治)治河与修架浮桥用竹就达 150 万竿以上。此外,还要供作他用,该园面积之大,产竹之多可以想见。金代明文规定园中产竹供河防用为主;皇族官府使用之余,副产品等还出售,《金史》称该园仅"余边刀笋皮卖钱三千贯",而"苇(非竹类,卖)钱二千贯"。

据《旧唐书》《新唐书》《张天祺先生行状》①、《金史》等称,司竹监人员多达数十百人许,亦可反映该竹园之大。

隋唐时,该园还成义军根据地,或兵家必争之地②,反映园大竹多,其幽深,致"近官竹园往往有虎",路经需有人护送[16],与其逼近长安不无关系。

此外,周至杏林庄"竹园村巷鹿成群"③,帝京(长安)"竹树萧萧"④,沣上"万木丛云出香阁,西连碧涧竹林园"⑤,户县草堂"寺在竹之心,其竹盖将十顷"⑥("将十顷"约近千亩),金代草堂一带仍"竹梢缺处补青山"[18],可见至金代,周至、户县等地仍有其他经济林。

再有,西安⑦、蓝田⑧、临潼⑨、华阴⑩等地都有竹林分布的记载。

(四) 中条山一带

本区经济林分布于蒲州(今山西永济县治,曾称河中府)、虞乡(今运城)、芮城(今县)等地,以蒲州较重要。

《太平寰宇记》的蒲州土产中有竹扇,表明当地有经济林。蒲州境内中条山上栖岩寺,北宋有"千竿竹",金代亦有诗提及该寺竹⑪。虞乡与芮城间的王官谷为中条山名胜之一,水源充足,成为当时产竹区之一,宋代有"绿玉峡中喷白云,溉田浇竹满平川"之句[19]。金代《积仁侯昭佑庙记》道:该地"东接王官,山峦花竹,数里不断"⑫。

这些表明中条山一带当时确有经济林,但永济黄河浮桥用竹仍需仰周至、户县司竹园,又说明中条山区产竹数量及竹林质量等不及司竹园。

平陆县西北的大通岭也为中条山一部分,唐代建有竹林寺,相传该寺有竹成林⑬。

本区经济林北界较上一阶段呈南移趋势较显著。

(五) 太行山东南麓

本区经济林分布重点较上阶段有很大变化,主要表现在由淇域的淇园转至怀州河内县(今河南沁

---

① 清乾隆《凤翔县志》引。
② 见:《旧唐书》《新唐书》《资治通鉴》《册府元龟》等。
③ (唐)卢纶《卢户部诗集·早春归盩厔旧居(即杏林庄)》(清康熙席启寓琴川书屋刻唐人百家诗本)。
　《全唐诗》、乾隆《盩厔县志·古迹·杏林庄》引此诗,"村巷"都作"相接"。这样反映竹多之意更明显。
④ 《全唐诗·扈从鄠杜间奉呈刑部尚书舅崔黄门马常侍》诗。乾隆《鄠县新志》引此诗,题称《扈从鄠杜诗》,内容基本相同,"萧萧"作"丛丛"。
⑤ (唐)韦应物《韦刺史诗集(又名《韦江州集》)·寓居沣上精舍寄于(? 予)张二舍人》(四部丛刊本)。清乾隆《鄠县新志》同。但《全唐诗》中题目多"诗七首",又"于"作"予"较妥。
⑥ 《二程全书·明道文集·游鄠山》诗,咏《草堂》一首注语,宋嘉祐五年(1060 年)作。
⑦ (唐)白居易《白氏长庆集》中《朝回游城南》《池上篇并序》《全唐诗》中楼烦《东郊纳凉忆左威卫李录事收昆季太原参军之首并序》等。
⑧ (唐)王维《辋川集》中《竹里馆》《全唐诗》中储光羲《夏日寻蓝田唐丞登高宴集》等。
⑨ 《全唐诗》中王建《原上新居》与《县丞厅即事》等。
⑩ 《北齐书·杨愔传》等。
⑪ 见:清乾隆《蒲州府志·艺文》引北宋黄震《游栖岩寺》和金代张瓒《栖岩寺》诗。
⑫ 清光绪《虞乡县志·艺文》。该庙在运城东南 4 km 吴阎村凤翅山,为中条山一部分。
⑬ 清乾隆《平陆县志》卷 11《古迹·竹林寺》和卷 2《山川·大通岭》都有记载。

阳县)。

虽有个别文献提到淇域"竹树夹流水"[20],"野竹交淇水"①,但只能反映淇域仍有竹,却远非昔日之盛。

沁阳之竹在北魏前虽缺文献可考,然其纬度较低(北纬35°),在黄河、沁河、丹河组成的河网低平地区,适宜竹类生长,且唐代设置司竹监,与陕西的并重[7,8],取代了当年淇园,为新兴的重要经济林区。唐代称"桑竹荫淇水之西"②,似指此。但竹官曾一度被废②。除官营竹园外,当地还有些私竹林,唐代有"今朝西渡丹河水,心寄丹河无限愁。若到庄前竹园下,殷勤为绕故山流"[21]之句。

沁阳东北的博爱在唐、宋、金时代与沁阳同治,有经济林记载[22]。

沁阳以西,太行山南麓的济源也有经济林,宋代称"竹不减淇水","县郭遥相望,修篁百亩余"[23],"竹树萧森百亩宫"及描绘济源多处竹林③。金代济源仍"竹杪参差不尽山",龙潭"一径通幽竹深处"[18]。可见竹林之盛。

辉县苏门早有竹,宋代邵雍吟苏门山麓安乐窝"潇潇微雨竹间霁"[24]。城西万泉,"金时道流杨太元建太清宫于中央,树以竹木"[24],这一带为现今经济林之一。

综观上述,可见本阶段经济林北界有所南移,秦晋一带中部为著,太行山东南麓一带次之。经济林面积大小不一,不连续分布。周至、户县一带司竹园仍完好,沁阳为新兴官竹园,淇园在北魏末已衰败,淇域仍有残竹。从竹径细,出笋晚④,竹材主要供编制日用竹具及制作箭、簳,治河、修桥等用项看,似仍为淡竹、刚竹、箭竹等类型。

五、元代至今的经济林北界

本阶段经济林可考的主要有泾渭上游及北洛河、渭河平原南部、中条山一带,以及太行山东南麓四处。渭河平原西北部似有经济林分布。

(一) 泾渭上游及北洛河

本区这一阶段有竹分布的记载多见明清文献。

清道光《兰州府志》称道光十二年(1832年)兰州仍有竹生长。

《图书集成·方舆汇编·职方典》载:

> (屈吴山,)在(靖远)卫(今甘肃靖远县)东七十里,茂林修竹……界会(指今会宁县)、静(指静宁州,今改县)。
>
> 静宁、庄浪(今县)西(? 东)暨华亭(今县),有火焰山、宝盖山、麻庵山、大小十八盘山、湫头山、笄头山、龙家峡、美高山,北抵六盘山,南北二百里,东西七十里,皆小陇山也。竹树林薮。

---

① 宋之明《为皇甫怀州让官表》。清康熙、乾隆《怀庆府志》同。

② 详见成化《河南总志·怀庆府志》,顺治、康熙、乾隆《怀庆府志》及光绪《河南县志》等。

③ 详见清顺治《怀庆府志·古迹·窦氏园》,乾隆《济源县志》中宋王公孺《题济渎》、黄庭坚《题草堂》、文彦博《月泉》、陈尧咨《赠贺兰真人》、钱昆《宿延庆院》、王岩叟《延庆寺》,以及《续济源县志》中宋富弼《题龙潭》等的诗句。

④ 赞宁《竹谱·鄠社(杜)竹笋》中释《汉书》载秦地"鄠杜竹林"语说:"鄠杜多竹而劲小,西夏结干笋,岂不是乎?"同书《渭川笋》称:"史记所指渭川千亩竹,笋晚,四月方盛。"

乾隆《清一统志·陕西·平凉府》载：

> （美高山，）在华亭县西北，与隆德县接界，亦曰高山。《山海经》："泾水出高山。"
> 《府志》：笄头西北曰高山，即《山海经》所称也。亦名老山，又名美高山，产松竹草。

可见陇东、宁南六盘山一带2 000多年来一直产竹，至今仍有竹林分布。

北洛河上游的陕北佳县箭括坞，明弘治十七年（1504年）到清嘉庆十五年（1810年）间以"多产竹箭"闻名①，实际产竹应更早。为何如今干旱少林的佳县百多年前却有箭竹林长期分布？综合分析，离该地不远的桃李坞引清泉浇灌②是重要因素，箭括坞当同样有充足的灌溉水使竹生长良好。

（二）渭河平原南部

周至、户县一带官竹园，元置司竹监，明称司竹大使。后来"竹渐耗，正统（1436～1449年）中，募民种植，层秦藩，后废"③。康熙、乾隆《盩厔县（周至县）志》均未提设竹官，"然皆民间自为种植，无复有专司其事者矣"[25]，但要纳官税，并保持到40年代末[26]。官竹园规模大，经济林生长良好，内有竹鼷活动[25]。后竹园衰败，明末清初仍无起色，到乾隆五十年（1785年）才"丛篁密篆，绿水蓦涧，不减当时"[25]。

周至的其他竹林，如县东30 km建于元代的筠溪亭，康熙年间"茂林修竹"；县东斑竹园之竹，"其大如椽，其密如簪"[27]，生长良好。

户县草堂寺一带宋为千亩竹，明正德十五年（1520年）却"根株尽矣"[28]。明末称："近时草堂绝无（竹林），而他所尚有之也"，并提到该县物产中木类有竹，蔬类有笋，又称有"纸、竹，可以负鬻"，云云[29]。乾隆时户县竹类有"木竹、紫竹、墨竹、斑竹、诗竹"，也称"蔬有竹笋"[28]。清末撰《鄠县（户县）乡土志》称竹类"常产"有木竹、墨竹、斑竹，"特产"有紫竹，并产竹笋。竹制品有竹帘、竹篮、竹笠、竹筛、扫帚等。

可见周至、户县一带经济林尚多，竹种有紫竹、刚竹、淡竹等多类。

华州（治所在今陕西华县）明代至1949年前经济林亦多。明隆庆《华州志》称州内"唐村地瘠民贫，率习为竹器之艺，已数百家"，所需竹材必不少。本地明代多竹庭园亦多④，栽竹较普遍。清代称竹为当地木本植物中较多的一种，又刘氏园"多竹，竹岁入可数十千"[30]。《华州乡土志》载当地产竹，有竹荫（竹笋）、竹制品；华州输出之品"独竹制器物为大宗"，又称"蔬若笋、藕、山药，东输至华阴，西输至西安、三原止矣"。可见经济林多且重要。当地竹林主要分布在城南、秦岭北麓诸峪口一带⑤，反映竹林分布与水源关系密切。

---

① 《明一统名胜志·延安府·佳州》："桃园子、箭括坞，俱在（佳）州西三十里，以其地多产桃树及竹箭也。"明弘治十七年（1504年）《延安府志·佳州》提到箭括坞"多竹"。从地名有"箭"，似产"竹箭"而得名，当地产竹应早于此。清嘉庆十五年（1810年）《佳州志》："竹箭坞：在（佳）州西箭坞埏，多产竹箭，今废。"可见至此竹箭坞之竹渐无。

② 清嘉庆《佳州志·古迹》："桃李坞：西下州城，逾佳芦川，一岭秀出，下多桃李，林间有亭，亭前有池，引西山清泉，由木槽而达于亭池，曲折回旋，约数十丈，潺潺可爱。"

③ 《元史·世祖纪》、清嘉庆《重修一统志》、乾隆《盩厔县志》《读史方舆纪要》。

④ 《明一统志舆图备考》《方舆胜览》等列举华州多竹庭园有：汕园、郭徽君宗昌园、刘氏园、区园、溪园、淇园、漪园、令鼎山房、湄园、隐玉园、新兴园等。

⑤ 《续华州志》称明代多竹庭园分布在城南为主，并道："今考近渭川无竹，独胜于南郊诸园。"《华州乡土志》："傍山（秦岭）东西峪口多竹园，总计之有二千亩。"又道："太平河，州东郊，其源出太平峪五眼泉，北流经城内，其地竹园甚多。"

此外,渭南①、眉县②、蓝田③、临潼④、潼关(在平原南部)⑤、凤翔(在平原北部)⑥等地也有竹林分布的记载。

(三) 中条山一带

本区经济林以永济为主,运城、平陆等地也有分布。

永济之竹径细,出笋晚,可食⑦,似属淡竹类。永济"山上清泉山下渠,村村竹树自扶疏",栖岩寺一带明代"竹声清杂水声寒",清代"栖岩寺底竹千亩";万固寺一带元代"万竹争映带",清代"陡觉炎威失,深山六月寒。直排峰万笋,况有竹千竿";栖岩寺到万固寺间亦有竹林[31]。永济东南 6 km 玉簪山纯阳宫一带也有竹分布[31,32]。可见永济多竹,这与地势高耸、夏凉、阴湿等有密切关系。其竹出售[31],当为经济林。

运城境内中条山的王官谷一带元人吟:"望入王官饶水竹,路经虞坂乍耕桑。"[32]明代亦多竹,清代号称:"修篁茂密,溪水暗流,拨竿寻径,宛然陶公结庐处。"[33]经济林之盛可见一斑。

平陆县境内中条山的竹林寺一带,乾隆《平陆县志》称明代还"风逗竹声晴作雨",清时却"旧闻古寺竹成林,入晚霜鲸落远音",似乾隆时竹已少。

(四) 太行山东南麓

本阶段经济林分布在河南的济源、孟县、沁阳、博爱、修武、辉县、安阳与河北的涉县、永年县、磁县等地,以沁阳最为重要。

沁阳的经济林元初即很重视,设竹官,并一度将所产竹列为政府专卖物之一,后才弛禁,停税⑧。明代非官营,当地之竹曾列为怀庆府首要土产,清化镇(今博爱县治)的笋亦列为怀庆府重要土产⑨。当时竹林主要分布于城北的万北、利下二乡一带[34],县城、清化镇、许良村(当时属万北乡,今博爱许良镇)3 地之间及其附近地带,沿溪渠分布,明李梦阳"夹溪修竹带青葱"即指此。其中以许良竹坞的竹林为著[22]。清代亦无竹官,然竹为沁阳木类之一,清初将其竹列为主要贡物之一,康熙年间才裁免。当时经济林以清化镇和竹坞一带为主⑩,帝王文人墨客都有描绘。并称:"腴田百顷","养成斑竹如椽大,到处湘帘有泪痕"[35],"民间引水种竹、溉地,约计一千四百余顷"[36],其中相当部分为经济林,有甜竹、斑竹等。还具体记载了城西北 20 km 的悬谷山、悬谷寺,城东北 15 km 的九峰寺,城东北 20 km 的月山宝光寺等地之竹林[35]。

---

① 《明一统志·西安府》、光绪《新续渭南县志》等。
② 清乾隆《凤翔府志》、宣统《眉县志》等。
③ 《明一统志·西安府》、清光绪《重修辋川志》、胡元熯《续游辋川记》等。
④ 清乾隆《临潼县志》等。
⑤ 清康熙《潼关厅志》等。
⑥ 清康熙《凤翔府志》、雍正《凤翔县志》等。
⑦ 明嘉靖《蒲州志》称当地水中有竹。清乾隆《蒲州府志》有周景柱《咏(永济)竹》诗序称:"蒲中产竹,既小于江南,其萌倍细,供馔正似荻芽耳。茁亦其晚。乡园[指浙江遂安(今淳安)]首发,即多成竹矣。"同书《物产·竹笋》:"山西无竹,而蒲独有竹,地稍近西南,冬候微和,故莳得长焉。然竹无大者,渭滨千亩,多迹殊逊。惟风雨枝叶潇洒数丛,欣见此君,复乃抽萌,亦甚细,但胜荻芽耳。以晋中仅有,故记之。"
⑧ 《元史·世祖纪》:"至元三年(1266 年),申严河南竹禁,立拱卫司。"当时河南包括沁阳一带在内。至元二十二年(1285 年)才弛怀孟路(指沁阳一带)竹货之禁。但竹税颇重,完泽等称:"怀孟竹课,岁办千九十三锭,尚书省分赋于民,人实苦之,宜停其税。"至元二十九年(1292 年)才停税。
⑨ 《明一统志·怀庆府·土产》、成化《河南总府·怀庆府·土产》等。
⑩ 清顺治、康熙、乾隆《怀庆府志》《嘉庆重修一统志》,光绪《河内县志》。

济源的经济林登高可见,乾隆《济源县志》道:"回头城郭日初临,翳眼松篁林乍茂。"该书及顺治、乾隆《怀庆府志》,嘉庆《续济源县志》等还记载了竹园沟、龙泉寺、龙潭延庆寺、金炉山等处之竹分布。

孟县元代为孟州治所,乾隆《孟县志》记载了元代即已著名的竹园村竹园,明代孟州"花竹鲜妍"。康熙、乾隆《怀庆府志》都引明代尚企贤称孟州"梅蹬花竹,比屋皆然"。反映当时孟县有经济林。

辉县元初亦要交竹税。《明一统志·卫辉府》,成化《河南总志·卫辉府》,康熙《卫辉府志》和康熙、乾隆《辉县志》等的物产、土产中都提到竹。当地竹林大致以城西太行山东坡或东麓为主,点状分布。历史较久的苏门山与七贤祠(竹林寺)一带竹林仍在[①],苏门山与七贤祠间的北、中、南湖寺[②]、万泉[37]等处富水源与竹林,平地水泉充足的卓水泉附近之筠溪轩[③]等地都有相当面积的竹林。

淇县之竹北魏已衰败,但元刘执中道:"淇水之旁,至今为美竹。"明刘基《淇园》、徐文溥《谒武公祠》等诗句中描绘了当时淇域之竹,并称:"今耿家湾武公祠下亦有竹,人传以为古淇澳地,非是。"[38]明《毛诗草木鸟兽虫鱼疏广要》对郦、刘在不同时代记述淇域之竹林迥异,认为:"岂淇园之竹,在后魏无复遗种,而至宋(?元)更滋茂乎?"可见淇域之竹后又有所恢复,以元代为盛。

此外,修武县北 25 km 的百家岩,在明嘉靖二十四年(1545 年)"竹树阴合,弗见天日"[35]。安阳马蹄泉至珍珠泉一带,光绪二十三年(1897 年)仍"两阜夹水,竹树覆之"[39]。可见这些地方有一定面积竹林。

河北的永年"摇空修竹万竿稠,月照丛阴掩画楼"[40];涉县漳河两岸有栽培苦竹[*Pleioblasius amarus*(Keng)Keng f.]的习惯[④],其经济林至少有几十年历史;磁县的遂初园"广修三十亩有奇,竹数千竿,花木称是"[18],绿野亭"万竿翠竹",州署拜祥轩曾"种花莳竹"[41]。这一带虽种竹面积不一定大,但却是经济林分布最北地带。

元李衎《竹谱详录》:"甜竹生河内,卫辉、孟津皆有之,叶类淡竹,亦繁密。大者径三四寸,小者中笔管,尤细者可作扫帚。笋味极甘美,以司竹监禁制,故人罕得而食,又名筲竹。"可见元代今孟津、沁阳、博爱、修武、辉县、淇县一带都有竹分布。

本阶段经济林变化较大的有 3 处:一为元代淇县之竹一度有所恢复,明清时又缩小;二为本世纪初涉县成为经济林分布最北地区;三为周至、户县一带与沁阳、博爱一带为重要经济林区,且前者明末清初变化较大,产竹量一度减少,后者却比较稳定。

六、影响经济林分布变迁的因素

2 000 多年来,华北西部经济林并非一成不变,探究影响它们分布变迁的主要因素约有以下几点:

(1)竹类自身 据研究,作为热带、亚热带植物的竹类生长对温度和水分的要求甚于其他条件。分布于我国北部的竹类一般秆较矮,径较细,这是它们为适应北方冬季气温较低、较干旱,生长期较短的环境,长期变异的结果。它们对外部环境有一定的适应程度,当环境之恶劣超过一定限度时,竹类难以生长,分布就要受到影响。同时竹类生长亦有一定的盛衰期,外部环境的优劣只能起延缓或推进作用。

(2)自然灾害 对近 8 000 年来气候变迁的研究表明:气候变化的趋势是阶段式地转冷,具体气候

---

① 《明一统志》、清顺治《怀庆府志》、康熙《辉县志》、王介庭《游百泉日记》等。
② 清康熙、乾隆《辉县志》,李梦阳《李空同集》。
③ 清康熙《卫辉府志》,康熙、乾隆《辉县志》,许衡《鲁斋遗书》等。
④ 邯郸专署 1963 年 1 月 8 日复中国科学院地理研究所函中称。

是冷暖相间,有如波状起伏变化,既非直线式地下降,亦非一般的波动[3],这对并不耐寒的竹类生长有很大影响。具体在本区,如渭河平原一带,汉天凤二年(15年)、唐贞元十二年(796年)、唐元和八年(813年)、清道光三十年(1850年)等年代冬雪深数尺至一二丈,竹柏或死或枯[①];洛阳一带汉延熹八年(165年),汉永康元年(167年)前,冬大寒,并有连续大寒,"杀鸟兽,害鱼鳖",城旁松竹"伤枯"或"皆为伤绝"[②];辉县清道光十一年(1831年)大雪,"平地深三尺许","竹木冻死无算"[42]。又如:《资治通鉴·后晋记》道:五代晋齐王天福八年(943年)华北"蝗大起,东自海壖,西距陇坻,南逾江淮,北抵幽蓟,原野、山谷、城郭、庐舍皆满,竹木叶俱尽"。再如前述唐天复四年(904年)大旱,陇,凤,洋,梁等州山中竹无巨细皆"放花结子"。可见冻、雪、旱、蝗等恶劣气候及虫灾对竹类生长很不利,甚至造成毁灭性打击。

(3)生态环境　直到战国后期,黄河中下游地区天然植被并无较大变化,森林和草原完好,湖沼支流多,水量丰富,水土流失轻微[2]。因此汉代长城外的西河美稷等地有竹生长。后来,黄土高原上的生态环境发生了巨大变化,干旱、少林,水土流失严重,竹类分布逐渐南移并日渐稀少。生态环境的变化对竹类生长的影响并非无足轻重。

(4)人类活动　经济林不同于天然植被,它依靠人工选择适当地域,从选种、栽植、浇灌、施肥,到合理采伐、更新等各个环节精心栽种培护,以弥补自然生态环境的某些缺欠。社会的动乱,无法抗御的自然灾害等,往往使人类自顾不暇,甚至采取破坏性行为,都损害、危及经济林的生长。历史上,人类的战争、生产、生活都需要大量的竹木材料,农牧界线的多次推移,破坏了天然植被,造成土地瘠薄、裸露,水土流失,肥力下降,气候干旱,温差增大,生态环境恶化,黄河中下游是典型一例[2]。十八九世纪以来我国人口急剧增长[43],需要更多的土地生产粮食以果腹,在生产力低下时,必然要挤占竹林地。前述周至、户县一带竹园多次成为战场,而辉县卓水泉,"兵乱以来,荒芜不治,鞠为樵牧之场"[44],管理失调,水利失修,致竹林严重缺水,对竹林"竭园伐取",使"竹日益耗",直至灭绝[22]。可见人类活动对经济林有更大的影响。

七、结　论

综上所述,我们对于历史上华北西部经济栽培竹林的研究可以得出以下几点看法:

(1)历史上华北西部经济栽培竹林的分布呈面积大小不一、不连续的斑点状。一般分布在避风向阳、冬温较高、热量较多、水源充足、灌溉便利的地区。其品种与今所栽植的无根本性变化。

(2)历史上经济栽培竹林的分布北界有所南移,汉代以前其最北地区似在北纬40°左右的西河美稷(今内蒙古准格尔旗西北),现今似在北纬36.5°的河北涉县以南。其变迁幅度之所以小于同时期一些热带、亚热带代表性动植物,主要是它含有人工栽培之因素。

(3)较为重要的经济栽培竹林地区,先是周至、户县一带的司竹园和淇水流域的淇园,后为周至、户县一带和沁阳一带的司竹监,今在博爱一带。并非一脉相承,而是有所变化。

(4)经济栽培竹林的南移与变迁并非直线式地变化,而是呈现一定的阶段性和反复;变迁幅度也不一致,以西、中、东三部分来看不是平行南移,尤以中部的秦晋高原一带最为显著。

---

① 《汉书》、《汉记》、《旧唐书》、《文献通考》、白居易《村居苦寒诗》、民国二十三年(1934年)《续修陕西省通志稿》等。
② 《后汉书》《资治通鉴》《初学记》等。

（5）影响经济栽培竹林分布变迁的主要因素有竹类本身、自然灾害、生态环境、人类活动等方面。

（原载《历史地理》1993年第11辑，上海人民出版社）

参考文献

[1] 文焕然. 黄河流域竹类之变迁. 地理学报,1947,14(3～4)

[2] 文焕然. 历史时期中国森林的分布及其变迁. 云南林业调查规划,1980(增刊)

[3] 文焕然,徐俊传. 距今约8 000～2 500年前长江、黄河中下游气候冷暖变迁初探. 见:中国科学院地理研究所编. 地理集刊第18号:古地理与历史地理. 北京:科学出版社,1987

[4] 文焕然遗稿,文榕生整理. 再探历史时期的中国野象分布. 思想战线,1990(5)

[5] 谭其骧. 何以黄河在东汉以后会出现一个安流的局面. 学术月刊,1962(1)

[6] 李有恒,韩德芬. 陕西西安半坡新石器时代遗址中的兽骨骼. 古脊椎动物与古人类,1959,1(4)

[7] 司竹监. 见:(唐)张九龄,等. 唐六典. 司农寺. 台北:文海出版社,1968

[8] 司竹监. 见:(宋)乐史. 太平寰宇记. 关西道. 凤翔府. 上海:中华书局,1936

[9] 贾兰坡,王建. 山西旧石器的研究现状及其展望. 文物,1962(4～5)

[10] 裴文中. 山西襄汾县丁村旧石器时代遗址发掘报告. 中国科学院古脊椎动物与古人类研究所甲种专刊,1958,1

[11] 贾兰坡,卫奇. 桑干河阳原县丁家堡水库全新世中的动物化石. 古脊椎动物与古人类,1980,18(4)

[12] 德日进,杨钟健. 安阳殷墟之哺乳动物群. 中国古生物杂志,丙种第12号第1册,1936

[13] 杨钟健,刘东生. 安阳殷墟之哺乳动物群补遗. 中国科学院历史语言研究所专刊之十三,考古学报,1949(4)

[14] 中国科学院考古研究所. 辉县发掘报告. 见:考古学专利,甲种,中国田野考古报告,第1号. 北京:科学出版社,1959

[15] (唐)杜甫. 分门集注杜工部诗(四部丛刊本). 上海:商务印书馆,1929

[16] (宋)苏轼. 集注分类东坡先生诗(四部丛刊本). 上海:商务印书馆,1929

[17] (唐)张说. 蒲津桥赞. 见:张说之文集(四部丛刊本). 卷13. 赞. 上海:商务印书馆,1929

[18] (金)赵秉文. 闲闲老人滏水文集(四部丛刊本). 上海:商务印书馆,1929

[19] (宋人撰)王官瀑布. 见(清乾隆)蒲州府志. 艺文

[20] (唐)高适. 自淇涉黄河途中作十三首. 见:(清)曹寅,等编. 全唐诗. 卷212. 北京:中华书局,1960

[21] (唐)元微之. 西归绝句十二首. 见:元氏长庆集(四部丛刊本). 上海:商务印书馆,1929

[22] 史棣祖. 历史时期河南博爱竹林的分布和变迁初探. 河南农学院科技通讯(竹子专辑),1974(12)

[23] (宋)司马光. 温国文正司马公文集(四部丛刊本). 上海:商务印书馆,1929

[24] (清康熙)辉县志

[25] (清乾隆)盩厔县志

[26] (民国)重修盩厔县志

[27] 盩厔. 见:(清康熙)陕西通志. 古迹. 西安府

[28] (清乾隆)鄠县新志

[29] (明万历)鄠县志

[30] (清康熙)续华州志

[31] (清光绪)永济县志

[32] (清乾隆)蒲州府志

[33] (清乾隆)虞乡县志

[34] 均粮移稿. 见:(明万历)河内县志. 艺文

[35] (清乾隆)怀庆府志

[36] 运河水. 见:(清)傅泽洪. 行水金鉴. 台北:文海出版社,1969

[37] (清康熙)辉县志

[38] (清顺治)淇县志

[39] 王介庭. 游安阳珍珠泉记. 地学杂志,1922,13(6～7)

[40] (清乾隆)永年县志

[41] (清康熙)磁州志

[42] (清道光修,光绪补订)辉县志

[43] 文焕然. 历史时期中国野马、野驴的地理变迁. 见:历史地理. 第 10 辑. 上海:上海人民出版社,1992

[44] (元)王盘. 筠溪轩记. 见:(清康熙)辉县志

9 北京栽培竹林初探

文焕然　张济和原稿　张济和　文榕生整理

北京是我国竹林分布最北地区[1]，人工栽培竹林的历史悠久，并取得一定成效。我们在以往对竹类研究的基础上[1~7][2]，试图通过探讨北京栽培竹林的分布与变迁，从中得到收益，为绿化与美化首都，发展北方的栽培竹林尽自己的绵薄之力。

一、各个历史时期栽培竹林分布概况

北京地区早有竹林分布，这从历史上大熊猫这类以食竹类为生的动物曾分布到北京一带可以证实。人工栽培竹林的历史也很久远，但目前见之于文字记载的北京栽培竹林则始于金代。

（一）金元时期的栽培竹林

金贞元元年（1153 年）三月，定北京为中都（故址约在今北京城区的西南角以西部分地区；大城位置相当于今北京宣武区西部的大半，大城中部的前方为皇城，故址在今广安门以南）。据《金史·世宗纪》，大定九年（1169 年）五月，金世宗完颜雍称："宫中竹有枯瘁者，欲令更植，恐劳人而止"，可见今北京西南城区一带当时栽培有竹。金代宫中种有竹，距今也已 800 多年，而实际栽竹年代应更早。

除皇宫外，当时一些庙宇也有竹。金大定十年（1170 年），竹林禅寺（今潭柘寺）第七代了奇禅师"示化竹林"[8]，看来该寺当时已有竹林了。大定二十六年（1186 年）碑文记载：香山大永安寺（今香山公园内）的翠华殿，"辑之西叠石为峰，植松竹，有亭临泉上"[9]。说明 12 世纪，城西的香山等地也有竹子。

元代建都北京，放弃了历代相沿迄金中都的故址（亦即今莲花池以东），在其东北部另筑新城［约在今北京城区的北部及以北部分地区，宫城取金代离宫——大宁宫附近（即今中海和北海，当时南海还不存在）］，称为大都。竹林的栽培有所扩展，文献记载也较以往多，一些庙宇和官宦的私园都栽植有竹。

烟霞崇道宫（今西便门外 1 km 白云观），元元贞二年（1296 年）碑文称："其地居高爽土沃泉甘，竹

---

① 河北承德避暑山庄的竹子栽培，文献记载始见于乾隆十七年（1752 年），清高宗《御制三十六景诗·延薰山馆》，此后，《热河志》卷 31《行宫·静好堂》条及同书乾隆十九年（1754 年）弘历《静好堂》诗序等也提到当地竹子。

据我们实地调查，承德原有竹子毁于何时已不可考，而避暑山庄在 20 世纪 40 年代以来曾数次从北京引种竹子，并且竹子在那里越冬时地上部分需包扎保护，否则即枯死，一直未能成林。此外，避暑山庄中还有一些盆栽佛肚竹。

我们认为北京怀柔红螺寺（北纬 40.4°）的竹林是目前我国栽培竹林的北界。

② 文焕然《战国以来华北西部经济栽培竹林北界初探》（中国科学院地理研究所 1963 年油印稿）曾被一些著名学者引用，为飨读者，已重新整理，修改为《二千多年来华北西部经济栽培竹林之北界》，初刊于《历史地理》1993 年第 11 辑，本书亦收入。

林茂盛"①,反映当时有的竹林长势良好。

廉园(即元初廉野云私园,在今草桥一带)有竹,至大元年(1308年)八月许有壬等游此,即席填词,描述园景,"松枯石润,竹瘦霜清"。王士熙游廉园附近万柳堂外玩芳亭,也作诗提到竹子[10]。

遂初堂之竹,《明一统志·顺天府·官室·遂初堂》载:"在府南,元詹事张九思别业,绕堂花竹,水石之胜,甲于都城。"②

上述所举的几处栽培竹林显然都在当时元大都之城南。然而,京城别处还有竹,元蓟丘人(今北京市人)李衎称:太学(今国子监,在城东北)内有曲竹[11],北瑾城山中有笙竹③。

(二)明清时期的栽培竹林

明代再建都北京,基本沿用元朝大内的旧址稍向南移,周围加凿了护城河,随后又拓展了旧皇城的南、北、东三面。这不仅帝王,而且皇亲、勋戚和大官僚等也在北京大兴土木,营造园林。清代沿袭明代,不仅私园和庙宇的园林经营与明代类似,而且对皇家园林进行了超过明代的大规模兴建。因而明清时期北京的园林超过以往任何时代,这使得株型优美、名贵典雅的竹子亦随之栽培更加普遍。

1. 私园中的竹林

明代北京私园很多,种竹不少,其中栽培竹林面积较广的有武清侯李伟的晼园、太仆米万钟的勺园及万驸马的曲水园等。

晼园和勺园在海淀。明代海淀水面远较今广大,明代刘侗、于奕正(1635年)《帝京景物略》卷5《西城外·海淀》载:

> 水所聚曰淀。高梁桥西北十里,平地出泉焉,潏潏四去……为十余奠潴。北曰北海淀……淀南五里,丹陵沜。沜南,陂者六,达白石桥,与高梁水并。沜而西,广可舟矣,武清侯李皇亲之园。方十里……园中水程十数里,舟莫或不达……乔木千计,竹万计,花亿万计,荫莫或不接。园东西相直。米太仆勺园,百亩耳,望之等深,步焉则等远。……覆者皆柳也,肃者皆松,列者皆槐,笋者皆石及竹。

晼园在今北京大学西门外一带,勺园则在今北京大学校园内。昔日这一带水乡泽国,竹木繁茂。史籍称晼园"竹万计","上有竹万个"[11],"中有竹万个"[12],"所有水边竹,为存林下风"[13];提到勺园,"帝城十里米家园,山水行回竹树繁"[14],"竹多宜作径,松老恰成关"[15],"盘盘磴磴转幽居,户牖玲珑竹映除"[16]。其中有的不无夸大,但当时两园,特别是晼园的竹林面积较广。当时海淀的水面较今为大,灌溉十分便利,林木繁茂等造成竹林生态环境优越,却是事实。

明代城内东部的曲水园之竹,据《帝京景物略》卷2《城东内·曲水园》,

> 驸马万公曲水家园,新宁远伯之故园也。燕不饶水与竹,而园饶之。水以汲灌,善渟焉,澄且鲜。府第东入,石墙一遭,径迢迢皆竹。竹尽而西,迢迢皆水。曲廊与水而曲,东则亭,西则台,水其中央。

---

① 以《永乐大典》卷4654《天字》引《元一统志·烟霞崇道宫》为主,参考《宸垣识略》卷13《郊坰·白云观》。
② 明万历《顺天府志》卷1《地理志·古迹》大意同。
③ 《竹谱详录》卷5《竹品谱·笙竹》:"都城北瑾城山中者笋出四五月",似乎当时北京城北山中有野生竹类,是非待考。

按曲水园在今安定门内大兴胡同东，饶水竹即为该园特点，今园已不存。

此外，明代在西城外万驸马的白石庄（今西直门外白石桥北）有"竹一湾"[17]。城东部的冉驸马宜园（在今外交部街）有"风遗竹径响"[18]之诗句；成国公园（今什锦花园胡同东）明人描述为"竹子千余竿，丛梢减青翠"[19]，"荒径亭初址，新畦竹又筠"[20]。城北部的英国公园（今后海北）有"竹之族"[21]等。反映明代北京私园中有一些大小不等的竹林、竹丛。

清代私园中栽培有竹的也不少，如恭王府花园[22]等处以竹为景。

2. 寺庙及附属园林中的竹林

明清时期北京的寺庙及附属园林中多栽植有竹，仅《长安客话》和《帝京景物略》中就记载了近20处，其中栽培面积较大的有潭柘寺、碧云寺水泉院、卧佛寺（水尽头）及龙华寺等。

潭柘寺之竹，如前提到，金代可能就有竹林存在。《明一统志》卷1《顺天府·山川·潭柘山》载：

> 潭柘山，在府西八十里，山磅礴，连拥三峰……金建寺于上，亦以山名寺，周围多修竹。

按《明一统志》于天顺五年（1461年）上表，可见在此之前，潭柘山曾有较大面积的竹林。

明末，曹学佺撰《明一统名胜志》，其中《直隶名胜志·顺天府·西山》亦称：

> 西山以潭柘寺为最胜，"潭柘者山上柘树一株，屈曲如虬，斜旁二潭，潭水磅礴，绕峰而出。金元建寺于其顶，修竹葰娟，冬夏常青，悦人心目，不减江南之趣。"

而崇祯八年（1635年）成书的《帝京景物略》卷7《西山下·潭柘寺》却没有提到竹子，森林似也较少。清初，孙承泽《天府广记》卷35《岩麓·聚宝山》称，潭柘山，"志所谓老柘美竹乌有矣"。可见明末清初，这里的竹林曾遭到破坏。

清康熙三十七年（1698年）又在潭柘寺前后栽种了一些竹[23]。其后，康熙和乾隆在游该寺所题赐榜和书联中，均提及那里的竹林，如："松竹清泉"，"松竹幽清"，"暗水流花径，清风洒竹林"[23]等。当时一些文人墨客也作了一些有关潭柘寺竹类的诗篇[24]。

这里目前尚存的几片竹林，栽培年代虽不详，但有关人士介绍说1949年以前已有之。

碧云寺（今碧云寺水泉院一带）的竹，《长安客话》卷3《碧云寺》载：

> 卓锡泉傍一柳，累累若负瘿，形甚丑拙，众呼为瘿柳。柳左堂三楹……前临荷沼，沼南修竹成林，疏疏潇碧，泉由竹间流出。岩下琢室为屋，正对竹林①。

《天府广记·岩麓·聚宝山》还载：

> （碧云寺）又前盘柏为屏，屏前竹一方区，细如椿皮黄金，数千百枝葱葱，鸟嘤嘤者。

也反映明清时这里有竹林，并且与水源充足是分不开的[25]。

卧佛寺的竹，明代文人游寺诗称，"清风无已时，疾徐在深竹"[26]，"虫彩飞椿象，禽音窜竹鸡"[27]。

---

① 《天府广记·碧云寺》大意同。

所谓"竹鸡",不无夸大,但从现在卧佛寺仍栽培了较大面积的竹林推断,当时这一带林木更茂密,水源更较充足,具有"深竹",野生动物较多,却是事实。《日下旧闻考·卧佛寺禅堂联》:"苔益山文古,池添竹气清。"说明清代卧佛寺仍然较为阴湿多竹。

从卧佛寺到水尽头的竹林,《帝京景物略·西山上·水尽头》描述:

> 观音石阁(今卧佛寺万松亭北,阁已不存,就其址建亭一座)而西,皆溪,溪皆泉之委;皆石,石皆壁之余。其南岸皆竹,竹皆溪周而石倚之。燕故难竹,至此林林亩亩,竹大始枝,笋大犹箨,竹粉生于节,笋梢出于林,根鞭出于篱,孙大于母。……花者,渠泉而役乎花,竹者,渠泉而役于竹,不暇声也。

书中并引明人诗句:"每泉分一枝,为竹万竿绿。"[28]

清初,孙承泽居"退谷",其《天府广记》卷35《岩麓·附退谷》称:

> 水源头(即明所称水尽头)一涧最深,退谷在焉。后有高峰障之,而卧佛寺及黑门诸刹环蔽其前,冈阜回合,竹树深蔚,幽人之宫也。

这些不仅生动地描述了这一带竹林广布的盛况,而且从"竹皆溪周","渠泉而役于竹","每泉分一枝","冈阜回合","后有高岭障之"等描述中,可以看出这一带具有充足的水源和有山丘屏障寒潮的优越生态环境。

龙华寺在明北京城内北部,建于明成化三年(1467年)。据《帝京景物略》卷1《城北内·龙华寺》及同书引明冯有经诗句,知那里有水有竹。《宸垣识略·内城》载清康熙二十二年(1683年)改龙华寺为瑞应寺,当时高士奇还作有《龙华寺看新竹》诗,可见到17世纪80年代,这里还有一定面积的竹林分布。

3. 皇家园林中的竹林

清代皇家园林中种竹面积较大的是以圆明园为中心的西部园林群,如圆明园、清漪园(即后来的颐和园)[①]、静明园(今玉泉山)[②]、静宜园(今香山公园)[③],这些规模宏大的皇家园林中不仅无园不竹,而且分布点多,面积也大。

以圆明园为例,当时此园40景中就有"天然图画"、"平湖秋月"等一些以竹为主要栽培植物之一的景区。《日下尊闻录·天然图画》载弘历《御制圆明园诗·天然图画》诗引:"庭前修篁万竿,与双桐相映。"同书卷5《平湖秋月》又引弘历词:"倚山面湖,竹树蒙密。"说明这些地方竹子不少。

静明园的"风篁清听",《日下尊闻录》称:"风篁清听:地为静明园十六景之一。高宗皇帝词引:'竹

---

① 《帝京景物略·西山下·西堤》引明李言恭《湖上》诗:"郊原水竹幽,落日竟淹留。"按:西堤是当时西湖(在城西北)的堤,《湖上》诗所提到的竹应指今颐和园昆明湖一带的。

② 《帝京景物略·西山上·罕山》引明丁乾学《黑山,同履中、幻林二衲》诗。按:"黑山"即"罕山",今青龙桥北黑山汇,在玉泉山北。

③ 清静宜园,约当今香山公园。金代大永安寺翠华殿已有竹栽培。《帝京景物略·西山上·香山寺》载明代文人游香山寺作诗提到竹子的有王世贞、许宗鲁、王在晋及恽向四人。咏洪光寺(今香山公园内)之竹作诗的有陈沂、宗发二人。

清代静宜园璎珞岩之竹,据《日下尊闻录》卷2:"璎珞岩:静宜园二十八景之一。在带水屏山之西,横云馆之东,有泉侧出。其厅亭三楹。为绿筠深处。圣祖仁皇帝题额。"又乾隆十三年冬清高宗《初定金川,静宜园驻跸》诗也提到此处的竹(见《高宗诗文十全集》卷1)。

近水则韵益清,凉飔暂至,萧然有渭滨淇澳之想。'"反映这里有竹林分布。

清漪园澄辉阁东南有座3层楼,清高宗书额称:"山色湖光共一楼",并作诗:"渭竹环临水,岩楼出竹梢。"[29]楼出竹林中,可见竹林面积不小,景色宜人。

此外,还有不少以竹为配景和点缀的,如清西郊长春园(今清华大学内)的玉玲珑馆[30],清城内西苑(今中南海和北海公园)的丰泽园(今毛主席故居)[31]、静谷(今丰泽园)①、听鸿楼[32]、澄怀堂后院[33]、无逸斋[34]、云绘楼(今楼已迁到陶然亭)[35]及琼华岛(今北海公园内)[36]等处,不胜枚举。值得注意的是《清实录》载:康熙三十一年(1692年)四月辛丑,圣祖在丰泽园澄怀堂"召尚书库勒纳、马齐等入","又命看澄怀堂后院所栽修竹⋯⋯上指示曰:'北方地寒风高,无如此大竹'"。说明只要选择向阳避寒的小环境,有充足水源,认真护养,北京仍然可以栽培大竹的。

(三) 现代的栽培竹林

清末至20世纪40年代末,随着一些园林和庙宇的变迁与损毁,北京竹子栽培曾一度衰落。随后,竹子栽培虽然在一段时期仍受到城郊庙宇、宅园变迁的影响,但是又随着城市绿化事业和公园建设的发展,涌现出许多新的竹林、竹丛栽培点。由于20世纪70年代后期"南竹北移"科研工作的推动,特别是近十年来城市绿化美化工作的飞跃发展,北京竹子栽培也达到了空前规模。

目前看来,北京栽培竹林仍处在历史上形成的竹林分布范围内,然而它们的分布密度和广度都大大超过了以往任何时期。

明清两代遗留下的皇家园林,从西郊的三山五园到皇城内的西苑三海,以至紫禁城内的御花园,今天不论是作为公园开放,还是作为中央机关驻地,其中栽培的竹子都得到了保护和发展,圆明园遗址公园内重新栽植了竹子。一些古寺名刹中的竹林也受到保护,其中著名的潭柘寺、卧佛寺、大觉寺、红螺寺等处竹林面积均有所扩大。潭柘寺的金镶玉竹、黄槽竹等还被列为名木,重点保护。历史上竹林分布较为集中的地区,如白石桥至高粱桥的长河沿岸,什刹海沿岸等处的公园、绿地,甚至庭院内仍有大量的竹林、竹丛。而新的园林建设中更广泛使用竹子作为绿化美化的材料之一,使栽培竹林、竹丛普及到城区、近郊区,甚至远郊区县的各级各类公园中,如陶然亭公园、宣武艺园、大观园、丰台花园、昌平公园,等等,不胜枚举。紫竹院路分车带栽植竹子成功,为竹类应用于城市道路绿化提供了经验。新建大型公共建筑如宾馆、饭店、各类场馆等,其绿地内竹子的应用也较普遍,有的面积也较大,如亚运村中心花园、炎黄艺术馆、北京图书馆(新馆)等。至于分散在各单位专用绿地和住宅院内、楼旁的竹林、竹丛已较广泛,难于统计。

值得提及的是,地处西郊卧佛寺的北京市植物园,自20世纪70年代初开展竹亚科植物引种和抗寒竹种筛选的课题研究以来,已获得一定成果,使北京地区露地栽培的竹种由60年代有记录的2属、6个种或变型,增加到现今的6属,51个种、变种或变型(具体名录见表9.1)[6],使其成为黄河以北栽培竹种最多的竹子专类园。而以竹为特色的紫竹院公园,80年代即完成了面积达百余亩的以竹为主题植物的筠石苑建设。近年来,紫竹院公园更每年栽竹以10万计,努力建设以竹造景、以竹取胜的华北第一竹园。现在虽然北京已有不少苗圃、花圃和公园可以提供母竹,但是近10余年来每年春季仍从河南等地调入母竹。可见北京竹子的栽培确实处于空前发展时期。

---

① 据张济和1981年搜集的清高宗中南海静谷联领。

表 9.1　北京市植物园露地栽培竹种名录

序号	栽培竹种名称	
1	巴山木竹*	*Bashania fargesii* (E. G. Camus) Keng f. et Yi
2	短穗竹	*Brachystachyum densiflorum* (Rendle) Keng
3	华四箭竹	*Fargesia nitida* (Mitford) Keng f. ex Yi
4	阔叶箬竹	*Indocalamus latifolius* (Keng) McClure
5	御江箬竹	*In. migoi* (Nakai) Keng f.
6	箬叶竹	*In. longiauritus* Hand Mazz.
7	善变箬竹*	*In. varius* (Keng) Keng f.
8	肿节少穗竹	*Oligostachyum oedogonatum* (Z. P. Wang et G. H. Ye) Q. F. Zheng et K. F. Huang
9	黄古竹*	*Phyllostachys angusta* McClure
10	石绿竹*	*Ph. arcana* McClure
11	黄槽石绿竹	*Ph. arcana* f. *luteosulcata* C. D. Chu et C. S.
12	罗汉竹	*Ph. aurea* Carr. ex A. et C. Riviere
13	黄槽竹*	*Ph. aureosulcata* McClure
14	黄秆京竹	*Ph. aureosulcata* f. *aureocaulis* Z. P. Wang et N. X. Ma
15	京竹	*Ph. aureosulcata* f. *pekinensis* J. L. Lu
16	金镶玉竹*	*Ph. aureosulcata* f. *spectabilis* C. D. Chu et C. S. Chao
17	五月季竹	*Ph. bambusoides* Sieb. et Zucc
18	寿竹*	*Ph. bambusoides* f. *shouzhu* Yi
19	斑竹	*Ph. bambusoides* f. *lacrima-deae* Keng f. et Wen
20	白哺鸡竹*	*Ph. dulcis* McClure
21	甜竹	*Ph. flexuosa* A. et C. Riviere
22	淡竹*	*Ph. glauca* McClure
23	变竹	*Ph. glauca* var. *variabilis* J. L. Lu
24	筠竹	*Ph. glauca* f. *yunzhu* J. L. Lu
25	水竹	*Ph. heteroclada* Oliver
26	实心竹(木竹)	*Ph. heteroclada* f. *solida* (S. I. Chen) Z. P. Wang et Z. H. Yu
27	红竹(红壳竹)	*Ph. iridenscens* C. Y. Yao et S. Y. Chen
28	美竹*	*Ph. mannii* Gamble
29	篌竹(花竹)	*Ph. nidularia* Munro
30	紫竹	*Ph. nigra* (Lodd. ex Lindl.) Munro
31	毛金竹	*Ph. nigra* var. *henonis* (Bean) Stapf ex Rendle
32	灰竹(石竹)	*Ph. nuda* McClure
33	紫蒲头灰竹	*Ph. nuda* f. *localis* Z. P. Wang et Z. H. Yu
34	安吉金竹*	*Ph. parvifolia* C. D. Chu et H. Y. Chou
35	早竹	*Ph. praecox* C. D. Chu et C. S. Chao

续表

序号		栽培竹种名称
36	早园竹	*Ph. propinqua* McClure
37	龟甲竹	*Ph. heterocycla* (Carr.) Mitford
38	毛 竹	*Ph. heterocycla* var. *pubescens* (Mazel)Ohwi
39	黄槽毛竹	*Ph. heterocycla* cv. Luteosulcata
40	花毛竹	*Ph. heterocycla* cv. Tao Kiang
41	衢县红壳竹	*Ph. rutila* Wen
42	金 竹	*Ph. sulphurea* (Carr.)A. et C. Riv.
43	绿皮黄筋竹	*Ph. sulphurea* cv. Houzeau
44	刚 竹	*Ph. sulphurea* cv. Viridis
45	乌哺鸡竹	*Ph. vivax* McClure
46	毛毛竹	*Ph.* sp.
47	苦 竹	*Pleioblastus amarus* (Keng) Keng f.
48	狭叶青苦竹(长叶苦竹)	*P. chino* var. *hisauchii* Makino
49	秋 竹	*P. gozadakensis* Nakai
50	实心苦竹	*P. solidus* S. Y. Chen
51	鹅毛竹(倭竹)	*Shibatea chinensis* Nakai

注:1. 本书出版前该名录依照《中国竹类植物图志》(朱石麟等主编,中国林业出版社 1994 年 9 月版)作了部分修订。
   2. 种名后加 * 号者,为初步筛选出的抗寒竹种。

二、北京竹林的分布特点

综观北京栽培竹林的变化,我们认为北京地区的竹林分布有其特点。

(一) 竹子的生长历史更早

虽然北京地区有竹的确切连续记载目前看来始于金代,但是竹子在这里生长的时间并非始于那时。

从历史时期气候冷暖变迁状况看,近 8 000 年来,呈现出阶段性的由暖转冷的变迁总趋势,具体气候是波动起伏变化的[37]。在温暖时代,亚热带北界曾北移到燕山南麓,当时的气候条件当优越于金元以后;从动物变迁看,野生亚洲象、巴氏丽蚌、厚美带蚌、黄蚬等热带亚热带动物曾分布到桑干河畔的阳原县(北纬 40.1°);从相邻的华北西部经济栽培竹林北界看,西周时代其分布北界的纬度远高于今天①,也高于金元时代。北京之竹的分布也不会例外。

从文献上看,金元时仅记载宫中与寺庙之竹的情况,它们的栽植当更早。元李衎《竹谱详录》所称的北瑾城山中之筀竹虽然还需对其生长的年代和是否人工栽培进行考证,但《战国策·燕策·乐毅报

---

① 文焕然《战国以来华北西部经济栽培竹林北界初探》(中国科学院地理研究所 1963 年油印稿)曾被一些著名学者引用,为飨读者,已重新整理,修改为《二千多年来华北西部经济栽培竹林之北界》,初刊于《历史地理》1993 年第 11 辑,本书亦收入。

燕王书》中所载"蓟丘之植,植于汶篁"[①],可为北京早有竹之佐证。

再看潭柘寺是北京地区最早的佛教寺院,创建于西晋(265～316 年),故有"先有潭柘,后有幽州"之说,那里的竹林似当早于金代。

综合以上情况,可以推断:北京的竹林分布早于 800 多年前的金代。

(二)分布大势稳定,与地理环境相吻合

历史文献记载与现状调查表明,北京竹林分布边界是沿北—西部浅山地区呈弧形散布的,古今基本稳定。这恰与北京北有军都山(属燕山山脉),西有西山(属太行山脉)而形成北、西高,东、南低的地势一致。各散布点的竹林虽有兴衰变化,但都沿续了下来。

在浅山区,明清时期北京地区的竹林,北起怀柔县北的红螺寺,南达房山县境的上方寺。

红螺寺建于东晋永和四年(348 年),那里的竹林,明程宗颐《游红螺寺》诗曰:"古寺倚瑶岑,森森竹径深。寒皋飞堕叶,荒渚舞翔禽。"[38]《温阳纪略》:"(红螺寺)殿西有竹一亩。"[39]康熙六十年(1721 年)《怀柔县新志·庙宇》:"资福寺:在县北二十里,红螺山麓,古大明寺也。……康熙三十二年(1693 年),圣驾临幸,设御座于山亭,亭下有竹甚茂,上命内侍记其数,凡六百余竿云。"可见明清时期红螺寺有小片竹林。该寺竹林现今仍在,作为"园池翠竹",与"帝王银杏"、"紫藤寄松"被称作该寺三绝景,由于此地竹林是我国竹林分布最北地区,更具特殊意义。这与该处北有山岭屏障寒潮,林木繁茂,又有山泉流灌,寺南有风景秀丽的红螺湖,加以寺院一般较重视保护寺林的缘故都有关系。而竹林培护不当时,也会遭受损毁。《怀柔县新志》称,由于寺僧培护欠佳,当时"仅存弱篆数竿而已"。最近,整修一新的红螺古刹又重现昔日风采。

上方寺的竹林。明孙国敉《燕都游览志》记载:

> 上方寺,一名兜率寺,凿石为磴,攀铁索而上,绝顶有泉如斗,汩汩不穷,亭有修竹千竿,清冷逼人。[40]

《长安客话·上房山》也记载:

> 自欢喜台拾级而升,凡九折,尽三百余级,始登毗卢顶,凡为寺一百二十,丹碧错落,嵌入岩际。……庵寺皆精绝,蒔花种竹,如江南人家别墅。

可见明清时代上方山诸寺已栽培有竹子。20 世纪初还有人作诗描述这里的竹子[②]。

浅山区的竹林具体分布:自红螺寺向西入昌平境内有九龙池[③]等处;由此向南到罕山(今黑山汇)、

---

① 此为公元前 284 年事。蓟丘在今北京,属燕国。说明当时(今山东)汶河流域已有竹林,似燕国人曾将蓟丘的竹子移植到那里。

　　这条史料虽可说明战国时北京有竹,但其后至金元间的文献记载待考,仅以其证金元前北京有竹。

② 民国十七年(1928 年)《房山县志》卷 8《艺文》引高书官(约 20 世纪初作)《上方寺》诗:"境比桃源信不惭,蒔花种竹似江南。"同书引罗在公(17 世纪末知县)《孤山口》诗,提到此地"家种竹数竿"。又引清齐推《红罗三嵢》诗,称:"岩簇万竿楼风竹,水分双涧卧龙潭。"反映这一带多竹。

③ 清顾炎武《昌平山水记》卷上载:九龙池在明昭陵西南,嘉靖十五年(1536 年)兴建为当时皇帝谒陵后临幸地,栽植有竹,其内"峭壁清流,茂林幽馆",是一处优美的园林。《帝京景物略》卷 8 称:"桧竹桃李,夹池丛丛。"

玉泉山，迤西达香山一带，有卧佛寺—水尽头、碧云寺、洪光寺[①]以及香山寺诸处，形成一个竹林较为集中的分布区；在此西北还有大觉寺[②]，向西南则有圆通寺（今八大处第六处香界寺）[③]；西出磨石口（今模式口）又有隆恩寺[④]、潭柘寺等；南端抵房山境内的上方山诸寺，明清时期均有竹林分布。

平原地区，虽然皇宫、园林、寺庙、住宅等处有不少零星的竹丛、竹林栽植，但是有一定面积的竹林呈现明显的沿河湖散布的特点。其分布范围：其中一条界线应从地形上看，以北部、西部山麓为限（即紧靠上述浅山区的为西北界）；另一条界线为东南界，明清约在崇文门外大通桥附近的韦公寺[⑤]、三忠祠[⑥]一带，至右安门外草桥[⑦]、南苑（元灵宫等处）[⑧]一线。

平原区沿河湖的竹林，自玉泉山以东，沿该水系形成的月湖、西湖（今昆明湖一带），明有功德寺[⑨]等处，清有清漪园（后为颐和园）；由此向东到诸水汇合的海淀一带，明有畹园（清改畅春园）、勺园等，清代创有圆明园及其属园；沿此水系向东南，白石桥到高梁桥一带，明有白石庄、真觉寺（今动物园后五塔寺）[⑩]等；过高梁桥入水关，城内沿积水潭、什刹海，明清时庙宇、私园数十处栽竹，其中龙华寺、英国公园、清恭王府花园等处竹林更盛；水入皇城称太液池（即三海），其沿岸及岛屿竹子栽培亦多。此外，前文提到的曲水园、成国公园、宜园、天宁寺（今西便门外）[⑪]等处，或靠近水源，或蓄湖池于园内。

平原区经历数百年来人世间的沧桑，生态环境的变迁，古今有很大变化，但仍有竹林栽培，反映它们分布是比较稳定的。

（三）分布地点由疏转密

金元时期北京的竹林屈指可数，明清时期仅文献明确记载的有竹地点就有数十处，今天北京的竹丛、竹林已难以详尽统计，仅北京大学蔚秀园、清华大学宿舍南楼一带近年的新宿舍楼群中各有几十丛竹；从园林名胜、楼堂馆所，到机关单位，直至普通人家院落，栽竹种花并非罕见，在可比的范围内，竹子分布点呈明显的上升趋势，竹林面积也有所扩大。

诸如西山八大处、卧佛寺旁的北京市植物园竹类园、恭王府翠锦园、中国人民大学、北京图书馆（新址）、积水潭医院、紫竹院、动物园、历史博物馆、自然博物馆、中国美术馆、中国社会科学院考古研究所、北京市人事局、中国科学院917大楼等处面积不等的竹林、竹丛即是20世纪50年代以后恢复或新植的；近年又有大观园、首都宾馆、北京市中医院、土城环岛、炎黄艺术馆、安惠北里，以及紫竹院路分车带等新的栽植竹类地点不断涌现。

（四）竹类分布以西部为主

北京竹林分布范围较广，但多在西郊和城区，以西部为主。

① 《帝京景物略》卷6《西山上·洪光寺》载明代陈沂《同文待诏登西山洪光寺》和宗发《洪光寺》两首诗提到这里的竹林。
② 张济和1978年访问大觉寺原寺僧，了解到该寺在清末以前已有竹林分布。
③ 《帝京景物略》卷6：平坡寺为明仁宗朱高炽（1424～1425年在位）敕建，"曰大圆通寺。……寺上一里宝珠洞"。同书载明程瑶《圆通寺》诗，提到当时有竹子栽培。
④ 《帝京景物略》卷7："仰山去京八十里，从磨石口（今模式口），西过隆恩寺。……一亭竹间幽朗，竹修林矣。"看来明末这里还有一定面积的竹林分布。
⑤ 《帝京景物略》卷3《城南外·韦公寺》载明代冯琦《再游韦庄》和余廷吉《游韦公寺》两诗提及此地竹。
⑥ 三忠祠在崇文门外，临通惠河，近大通桥。《帝京景物略》卷2《三忠祠》录明陈阶《夏日吴侍御邀游通惠河》诗提到竹子。
⑦ 《日下旧闻考》卷90称前文提到过的"万柳堂"、"玩芳亭"、"遂初堂"等在草桥一带。
⑧ 《日下旧闻考》卷74载乾隆十一年（1746年）御制题元灵宫后静室诗中有"松篁拥作碧云霞"句。
⑨ 《帝京景物略》卷7《西山下·功德寺》引明孙丕扬《功德废寺》诗，提到当时还有竹林残迹。
⑩ 《帝京景物略》卷5《西城外·真觉寺》载明代王樵《登真觉寺浮图》和余廷吉《游真觉寺》两诗，提到当地竹。
⑪ 《帝京景物略》卷2《天宁寺》录明宗臣《午日同李于鳞游天宁寺》诗，提到当地竹。

形成这样的竹林分布特点，主要是由于历史与自然环境要素。

金代的中都建筑在北京原始聚落旧址上，其最外的大城从东、南、西三面大大向外扩展，北城墙并未移动，即大城位于今北京城的西南。元代才在其东北筑新城为大都，明清才形成现状（当然，近年又向南、北、东扩展）。因此，北京西部开发较早，此外，金代以来皇家园林的兴建就多在西部浅山区，清代的"三山五园"均在西郊，可以推断，北京的人工栽培竹林是始于西部的。

此外，西部距西山和军都山都较近，西北高，东南低，又邻近海洋的地形，使得这一带降水量较多，冬季气温比同纬度地区偏高。林木茂盛，水源较丰沛，景色秀丽，较良好的生态环境，在不大的范围内就有畹园、勺园、圆明园、颐和园、卧佛寺、樱桃沟花园、碧云寺、大觉寺、洪光寺、香山公园、玉泉山、香界寺、大悲寺（八大处之一）等多处名园古刹，内中栽竹面积都很可观。以竹著称的紫竹院公园和北京市植物园竹种基地都在西郊。反映了西部更适宜竹类栽培。

（五）以人工栽培为主，观赏为主

北京竹林目前虽然分布在怀柔红螺寺以南，房山上方山诸寺以东，但它们多为人工栽培。这主要是因为竹类生长不耐干旱和严寒。北京是我国竹林分布最北地区，从大环境看，竹类生长的条件更差，更需人工的精心培植以作弥补。

北京特殊的地形使山前暖区带和西部浅山区成为本市热量资源最丰富的地区，年平均气温11～12 ℃，1月平均气温−4 ℃左右[①]，其≥10 ℃的积温可达4 100～4 230 ℃[41]，又因暖湿气流在此与冷空气相遇机会较多，年降水量亦在600～800 mm，高于他处[①]。这些有利因素是古今竹林分布在此范围的根本原因。但是，北京地区冬季受蒙古高气压控制，西伯利亚冷空气经常入侵，即使在山前暖区和浅山区，受大风寒潮影响亦常出现较长时间的低温与干旱，往往造成竹类的冻干害[5]，成为限制北京竹林发展的主要因素。例如东北旺苗圃，1976年自博爱引进的筇竹等，遭受当年异常低温的危害，大部分冻干而死，保存率仅1.6%[5]。一些无屏障的种竹点，虽引种栽培多年，但连年受冻干危害，影响来年出笋成竹，长期不能成林。此外，降水分配不均亦直接影响北京的竹林分布。北京竹林分布区年降水量虽不少，但集中于7～8月的一个半月雨季。因此，北京仅7月和8月的降水量大于植被蒸发势，其他各月则是植被蒸发势大于降水量[②]。而竹类需水最多的是笋体在地下生长到新竹长成的时期（北京多在3月中下旬至6月中下旬），此期正是干旱严重期（4～6月蒸发势分别大于降水量65.6 mm，112.7 mm，50.2 mm）[41]。不利的自然条件只有靠人工采取相应措施弥补。

北京竹林虽多，但各地点种植面积不大，且多为散生型、混生型的中小耐寒竹种。这些竹子固然难于与南方一眼望不到边的竹海媲美，然因其生在难竹的北国，婀娜多姿，名贵典雅，亦成为雅俗共赏，点缀园林景物的佳品。北京的栽培竹林据记载是先在皇宫、寺院、园林中，后逐步扩展。今天较高大粗壮的竹林仅故宫、紫竹院公园、卧佛寺、红螺寺、潭柘寺、北京市中医院等处有小面积栽植。观赏是北京栽培竹林的主要作用。

（六）有良好的小环境

从北京竹林的分布地点观察，它们多处于因地形、植被以及建筑物、构筑物等造成的背风、向阳、

---

① 北京市气象台1974年2月提供资料。
② 《北京地区气候与农业生产》称：由于气象台（站）的蒸发皿不能代表自然状态下土壤的蒸发和植物的蒸腾，北京市农业科学院气象室就采用适合北京地区的半经验公式，以计算出北京各区县植被蒸发势。所谓蒸发势，就是指土壤中有足够的水分供给土壤蒸发和植物蒸腾，它的数量多少以"mm"表示。

水源充足、灌溉便利的良好小环境,才得以生长繁衍。

浅山区的多竹地,一般均为三面环山或西、北两面有山,而南向或东向朝平原,形成马蹄形或扇形地势;周围一般有繁茂的林木,而且有山泉溪流,如潭柘寺有龙潭,碧云寺有卓锡泉,卧佛寺有水源头,红螺寺有珍珠泉,等等。平原地区竹林虽濒临河湖分布,但它们并非漫生于河湖沿岸,而多在临河(湖)的庙宇和园林内,靠近人工的建筑物,形成背风向阳接近水源的小环境。如圆明园的"天然图画"、"平湖秋月",颐和园听鹂馆,故宫御花园,雁栖湖畔中国科学院管理干部学院等处,竹林、竹丛在建筑群中,或在其附近。畹园既有多水的中等环境,竹林又处在"土木甚盛"的园林当中,充分反映了竹林与周围环境的密切关系。

三、发展北京竹林的原则与措施

追溯北京竹林栽培历史,研究其分布特点及与周围环境的关系,结合 20 世纪 50 年代以来,特别是近 10 年来北京竹子引种和扩大栽培的实践经验,我们认为北京栽培竹林的发展应遵循的原则和采取的主要措施是:

(一)因地制宜,适当发展

竹,虚心劲节,气毅色严,经冬不凋,潇洒拔俗,向为人们所赞赏;其生长在少竹的北国,更为人们所珍视,成为点缀庭园的上品,其在北京有悠久的栽培历史。随着竹亚科植物在北京引种成果的推出和竹子在城市美化绿化中的成功应用,更展示出栽培竹林的发展前景。然而,毕竟"燕固难竹",发展北京栽培竹林的首要原则应该是:因地制宜,适当发展。

从北京地区竹林分布的古今相似,分布范围内特定的地理、气候条件与影响栽培竹种生长发育的主要生态因子的对照分析,可以大致确定北京地区适于发展栽培竹林的范围。我们认为这一适宜范围应在长城以南,包括西、北部浅山区和山前平原,亦即密云、怀柔、平谷等县南部和顺义、昌平(东部)等县及朝阳、海淀、石景山、丰台、燕山等近郊区和城区,门头沟和房山区山前一带。在上述范围以外的西部、北部深山区(包括延庆盆地)和南部、东南部的大兴、通县(除了个别的特殊小环境外)常有冷空气堆积的地方,一般不宜发展栽培竹林。即使在适于发展的范围内,也应以背风向阳和灌溉水源充足为基本条件,择地栽培。

(二)培护原有竹林,发展利用传统竹种

在"难竹"的北京,栽培竹林对生态环境和涉及到它的人类活动尤为敏感。

历史上北京竹林曾几经沧桑,且不赘述。即使在 20 世纪后半叶,也曾发生过因山泉涸竭,溪涧断流,危及名园、古刹竹林生存的现象;甚至因管理不善,滥砍滥伐,使栽培上百年的老竹林毁于一旦的情况。值得欣慰的是,近 10 余年来由于主管部门重视,及时解决灌溉水源问题,加强养护措施,使许多传统的竹林得到了恢复和发展。而其中的经验教训,是必须继续总结吸取的。

构成这些传统竹林的竹种,如黄槽竹种系的各变型和早园竹都是刚竹属中分布纬度较高、抗寒性较强的竹种,这是自然与人工长期筛选的结果。黄槽竹和金镶玉竹以及黄秆京竹等,竹株清雅秀丽,秆部具鲜明的色彩变化,均为观赏佳种,而早园竹青翠挺拔,表现出更强的抗性。这些竹种近年来得到了程度不同的发展,特别是早园竹的应用已十分广泛。培护好现有竹林,并注意进一步发展黄槽竹种系的竹种,建设本地的母竹基地,确乎是北京地区栽培竹林发展的基础。

（三）加强以合理灌溉为核心的科学管理

北京的竹林栽培，除了以正确选择栽植地点和栽植种类为前提外，还要加强以合理灌溉为核心的科学管理。

根据北京地区降水分布和竹林年生长周期内不同阶段对水分的需要，除了雨季和土壤封冻时期外的各个月份，均需灌溉。其中关系竹林安全越冬的封冻水与解冻水尤其要适时浇透。即要把握在日平均气温稳定在 0 ℃、土壤夜冻昼消时，适时浇灌。在北京适于竹林栽培的区域，这个时间一般在 11 月 20～22 日和翌春的 3 月 2～5 日。如果具体栽植点的土壤封冻较晚而解冻较早，则还应随之推迟和提前浇水。此外，竹林在出笋、拔节、行鞭、孕笋的各个时期，也要适时适量灌溉。目前，由于竹林栽培的迅速发展，使栽培技术的普及相对滞后，实际中对灌溉环节的把握，还存在不少问题，应引起有关部门的重视。

除了灌溉以外，还应总结推广施肥、砍伐更新、栽植初期防寒等一系列科学管理经验，使栽培竹林形成具有地上地下良好结构的旺盛群体，呈现竹林特有的景观效果。

（四）引进、筛选新的竹种，尝试开辟新的应用领域

北京地区竹林栽培的历史和近 10 余年引种试验的实践，证明能够在北京地区露地栽培的散生型和混生型竹种尚较多，这就为进一步开展抗寒竹种的筛选提供了基础。因此除了优先发展在北京有长期栽培历史的竹种外，根据应用需要，继续筛选适于发展的种类是完全可能的。

就应用于城市绿化而言，我们认为重点选择的种类，除了抗寒、抗旱外，应是：秆型高大的，或竹丛密集的，或秆部和叶片有色彩变化的，或矮型灌丛乃至匍匐生长的种类，以适应风景竹林、景点竹丛、基础绿化乃至地被覆盖等不同配置形式和景观创造的需要。而北京市植物园和园林科研所等单位，近年的引种成果，已经证明这是可行的。

此外，近年来引种巴山木竹和刚竹属中一些笋用竹种的初步成功，也开辟了北京竹子应用的新领域。进一步设想，诸如为动物园饲养的大熊猫提供饲料（目前大熊猫的饲料尚需从外地调运）；为郊区蔬菜生产提供部分架竿；组织适量鲜笋生产等，都是值得探索、尝试的。

参 考 文 献

[1] 文焕然.北方之竹.东南日报（云涛周刊）,1947(9)

[2] 文焕然.历史上北京竹林的资料.竹类研究,1976(5)

[3] 北京植物园.北京植物园引种情况.竹类研究,1976(7)

[4] 北京植物园.北京植物园栽培竹类的越冬及其分析.竹类研究,1977(11)

[5] 北京市园林局植物园.竹类越冬情况观察及冻旱危害的防治.辽宁林业科技（竹子专辑）,1979(增刊)

[6] 张济和.北京植物园竹亚科植物的引种栽培.中国园林,1990,6(3)

[7] 文焕然,张济和,文榕生.北京栽培的竹林.西北林学院学报,1991,6(2)

[8] （清乾隆四年）潭柘山岫云寺志

[9] （元）孛兰肸,等.元一统志.北京：中华书局,1966

[10] （元）王士熙.玩芳亭.见：（明）蒋一葵.长安客话.卷 3.万柳堂.北京：北京古籍出版社,1980

[11] （明）王嘉谟.蓟丘集.见：（清）于敏中,等.日下旧闻考.卷 79.北京.北京古籍出版社,1981

[12] 海淀.见：（明）蒋一葵.长安客话.卷 4.北京：北京古籍出版社,1980

[13] (明)范景文. 集李戚畹园. 见:(明)刘侗,于奕正. 帝京景物略. 卷5. 海淀. 北京:北京古籍出版社,1980

[14] (明)建淹. 假半园养疴诗. 见:(明)蒋一葵. 长安客话. 卷4. 海淀. 北京:北京古籍出版社,1980

[15] (明)时向高. 过米万钟勺园. 见:(明)刘侗,于奕正. 帝京景物略. 卷5. 海淀. 北京:北京古籍出版社,1980

[16] (明)刘铎. 九月勺园. 见:(明)刘侗,于奕正. 帝京景物略. 卷5. 海淀. 北京:北京古籍出版社,1980

[17] (明)刘侗,于奕正. 帝京景物略. 卷5. 西城外. 白石庄. 北京:北京古籍出版社,1980

[18] (明)吴惟英. 九日集宜园. 见:(明)刘侗. 于奕正. 帝京景物略. 卷2. 城东内,冉驸马宜园. 北京:北京古籍出版社,1980

[19] (明)袁宏道. 适宜园小集. 见:(明)刘侗,于奕正. 帝京景物略. 卷2. 城东内. 成国公园. 北京:北京古籍出版社,1980

[20] (明)吴彦良. 重九适景园登高. 见:(明)刘侗,于奕正. 帝京景物略. 卷2. 城东内. 成国公园. 北京:北京古籍出版社,1980

[21] (明)刘侗,于奕正. 帝京景物略. 卷1. 城北内. 英国公园. 北京:北京古籍出版社,1980

[22] (清)载滢. 云林书屋诗集. 补题邸园二十景

[23] 行赐颁赐. 见:(清乾隆四年)潭柘山岫云寺志

[24] 名胜古迹,附诗. 见:(清乾隆四年)潭柘山岫云寺志

[25] (明)张一桂,于慎行. 游碧云寺. 见:(明)刘侗,于奕正. 帝京景物略. 卷6. 西山上. 碧云寺. 北京:北京古籍出版社,1980

[26] (明)王樵. 卧佛寺. 见:(明)刘侗,于奕正. 帝京景物略. 卷6. 西山上. 卧佛寺. 北京:北京古籍出版社,1980

[27] (明)邓钦文. 卧佛寺. 见:(明)刘侗,于奕正. 帝京景物略. 卷6. 西山上. 卧佛寺. 北京:北京古籍出版社,1980

[28] (明)黄耳鼎. 游卧佛寺,寻山泉发源处. 见:(明)刘侗,于奕正. 帝京景物略. 卷6. 西山上. 水尽头. 北京:北京古籍出版社,1980

[29] 山色湖光共一楼. 见:(清)佚名. 日下尊闻录. 卷2. 北京:广业书社,1925

[30] 玉玲珑馆. 见:(清)佚名. 日下尊闻录. 卷3. 北京:广业书社,1925

[31] 四面芙蓉入绿纱. 见:(清)佚名. 日下尊闻录. 卷2. 北京:广业书社,1925

[32] 石罅泉声玉细潺. 见:(清)佚名. 日下尊闻录. 卷1. 北京:广业书社,1925

[33] 康熙三十一年四月辛丑. 见:清实录. 圣祖实录. 卷155. 北京:中华书局,1986

[34] 苑囿. 见:(清)吴长元. 宸垣识略. 卷11. 北京:北京出版社,1964

[35] 云绘楼. 见:(清)佚名. 日下尊闻录. 卷2. 北京:广业书社,1925

[36] 琼岛春荫. 见:(清)佚名. 日下尊闻录. 卷2. 北京:广业书社,1925

[37] 文焕然,徐俊传. 距今8 000～2 500年前长江、黄河中下游气候冷暖变迁初探. 见:中国科学院地理研究所编. 地理集刊第18号:古地理与历史地理. 北京:科学出版社,1978

[38] 诗. 见:(清康熙六十年)怀柔县新志. 卷8

[39] 补遗. 见:(清)朱彝尊辑. 日下旧闻. 卷35

[40] 房山县. 见:(清)朱彝尊辑. 日下旧闻. 卷30

[41] 北京市农业科学院气象室. 北京地区气候与农业生产. 北京:北京人民出版社,1977

10 历史时期河南博爱竹林的分布和变化初探

文焕然

一、前 言

博爱竹林分布在河南省博爱县西部许良一带,太行山南麓以南、丹沁平原的西北部、丹河干流两岸(西岸属沁阳县),丹河的干支流及灌渠纵横其间,为灌溉竹林水分的主要来源。博爱竹林是现今华北最大的竹林,总面积在万亩以上。现今这里的竹类有斑竹(*Phyllostachys bambusoides* f. *lacrimadeae* Keng f. et Wen)、筇竹(*Ph. glauca* f. *yunzhu* J. L. Lu)、甜竹(*Ph. flexuosa* A. et C. Riviere),以及引种的毛竹[*Ph. heterocycla* var. *pubescens*(Mazel)Ohwi]等,其中以斑竹为最多,面积达9 000多亩,呈不连续片状分布,竹秆高达15 m,胸径约达10 cm,每亩年产竹量约1 000~1 500 kg,为现今华北产竹量最多地区。竹子生长迅速,产量高,轮伐期短,用途广,能代替钢材、木材和棉花,是深受人们欢迎的经济林种之一。在博爱县竹林生产比较集中的地区,竹业收入约占全年总收入的60%以上,可见竹林生产占很重要的地位。博爱竹林历史悠久,广大竹农长期以来积累了丰富的经营管理经验[①],值得总结、学习,并有所发展。现根据历史文献中的竹林资料结合目前竹林资料,对历史时期竹林的分布和变化进行了初步整理,供当前发展华北竹林作一些参考。

二、历史上博爱竹林的分布

(一)历史上博爱竹林分布的概况

博爱竹林大致在初唐(7世纪初期至8世纪中期)以前已存在。初唐时,唐王朝在怀州河内县置司竹监[1,2](官设管辖竹林机构),大致与今博爱竹林的分布范围相当。按:唐代怀州约辖今河南省焦作、沁阳、博爱、修武、武陟、获嘉等市县;河内县约辖今沁阳、博爱二县及焦作市西部。唐代怀州州治和河内县治都在今沁阳县治。初唐以后,博爱县长期是河内县的一部分。1911年后,河内县改称沁阳县,博爱县也才由沁阳县设置。

---

① 博爱县林业科学研究所《博爱斑竹生物学特性的初步观察与经营管理》,载《河南省林园学会1963年年会论文选集(二)》,1963年11月博爱县林业科学研究所铅印本。

孟祥堂《博爱地区经济栽培竹林经营管理初探》,1964年博爱县林业科学研究所铅印本。

北宋初曾废河内的司竹监①。大中祥符时期(1008～1016年),在河内县又置"竹园",位于河内县治北的崇教乡,据清初人的意见在今博爱县境②,看来与今博爱竹林的分布地区相当。北宋靖康元年(1126年),"河内之北有村曰许良巷,地尽膏腴……筑居于水竹之间,远眺遥岑,增明滴翠",号称"胜游之所"③。按:当时许良巷,即今博爱县许良,由此可知12世纪初期,博爱竹林即分布在今许良一带。

金代河内虽未置司竹监[3],但从当时文人墨客描写博爱竹林,"冬夏有长青之竹"④,"五祖堂""竹木丛绕"⑤,官僚宴游的"沁园"有"修竹"⑥,看来金代博爱竹林区及其附近还是有一定面积的竹林分布着。

元代初改怀州为怀孟路,后来又改怀孟路为怀庆路,治所都在河内县,辖境相当今河南修武、武陟以西,黄河以北地区。元代在河内又置了司竹监[4]。元初中统二年(1261年)有人描述,河内县南岳村释迦之院"茂林修竹"[5]。按:元南岳村即今博爱竹林区的西庄。其后,至元三十年(1293年)有人记载:"覃怀天壤间,号称地之秀者,以北负行山之阳,南临天堑之阴,中则丹水分溉,沁流交润,是致竹苇之青青……宜矣。"[6]元末,至正十七年(1357年)又有人记载:"怀为卫地,其地多竹。今河内县东万村三王庄(今博爱县三王庄乡)竹尤夥。有□(原文空白)翠筠观(今博爱县三王庄乡的赵庄、郭庄之间)者,其观四周皆种竹,色倩质美,因以名焉。观之基,太行枕其北,丹、沁二水萦其南……"[7]按:这里所谓"覃怀"及"怀"的竹林,主要都是指博爱竹林而言,可见元代博爱竹林的分布以太行山以南、丹河流域为主,与今大致相当。站在竹林区以北、太行山南麓的月山寺(在今许良东北),可俯瞰博爱竹林全景,所谓"川连水竹人家近"⑦,就是指此。看来,元代博爱竹林是当时华北大竹林之一⑧。

明代改怀庆路为府,明清时期,河内县属怀庆府。当时该县竹林仍然重要,竹和笋是该县著名土产之一⑨。清初,博爱之竹曾作为"贡竹"⑩。明清时期,博爱竹林仍然大致分布在丹河沿岸,而丹河以东的许良村一带尤多⑪。明代万历时期(1573～1619年)该村属万北乡,万北乡是当时河内县产竹最

---

① 《太平寰宇记·司竹监》:宋初废怀州河内司竹监。《元丰九域志》《舆地广记》《宋史·地理志》均只称陕西凤翔府有"司竹监"或"司竹园"。

② 明成化《河南总志》卷8《怀庆府·古迹·竹园》:"(竹园)在本府城(河内县治)外,旧崇教乡,宋大中祥符置。"清顺治《怀庆府志》卷8《古迹·竹园》,康熙府志卷3,乾隆府志卷4及道光《河内县志》卷18,基本上同。不过称崇教乡位于河内城北。

据康熙府志,清人绘《河内县古迹图》将宋竹园绘在丹河入沁河口的东岸附近,即今博爱县境。

③ 金人撰《南怀州河内县北村创修汤王庙记》(清道光《河内县志》卷21《金石志》引)。按:南怀州即唐、五代、北宋时之怀州,金天会六年(1128年)加"南"字,金天德三年(1151年)去"南"字。

④ 金人撰《怀州明月山大明禅院记》(清道光《河内县志》卷21《金石志》引)记载了金正隆三年(1158年)他到明月山时看到的博爱竹林概况。

⑤ 金人撰《新建五祖堂记》(清道光《河内县志·金石志》引),记载明昌六年十二月十二日(1196年1月24日)以前河内县中道村五祖堂竹林分布概况。按:中道村在今博爱县境内。

⑥ 清乾隆《怀庆府志》卷4《舆地志·古迹·沁园》:"在府城东北三十里,沁河北岸,金时官僚游宴之地。"说明金代沁园在博爱县境。又清人所绘《河内县古迹图》将沁园绘在博爱县治南,丹河以东,沁河以北。

⑦ 《永乐大典》卷13824《寺字·月山寺条》引《元一统志》。

⑧ 《元典章》卷22《户部·竹课·腹里竹课依旧江南亦通行》:至元二十三年(1286年):"据怀、洛、关西等处平川见有竹园约五百余顷……"这里所称"怀",当以博爱竹林为主。

又《元史·世祖纪》至元二十九年(1292年),提到怀孟路每年竹税达1093锭之多。按:其中主要来自博爱之竹。

从上述两点,可见博爱竹林是当时华北大竹林之一。

⑨ 《明一统志》卷28《怀庆府·土产》,明成化《河南总志》卷8《怀庆府·土产》,清顺治《怀庆府志》,康熙《怀庆府志》《嘉庆重修一统志》,明万历《河内县志》,清康熙《河内县志》,道光《河内县志》等。

⑩ 清康熙《怀庆府志》卷2《物产》嘉庆重修一统志》卷204《河南怀庆府·土产·竹》,道光《河内县志》卷10《风土志》。

⑪ 明成化《河南总志》及明、清的《怀庆府志》和《河内县志》记载博爱竹林分布的史料颇多,并在疆域图中标示了竹林分布的大势。

多地区[①]。明代许良村处竹林中,已有"竹坞"之称。该处"地多水竹,最称清幽",在明代已为河内胜景之一[②]。明清时人吟咏这一带竹林的诗很多,例如:明朝有人从宁郭驿(今武陟县治西北)赴山西,经过清化镇(今博爱县城关),描述博爱竹林沿河渠分布,所谓"夹溪修竹带青葱"[③]就是指此。清代有人咏诗,提到博爱竹林区为"村村门外水,处处竹为家"[8]。看来,历史上博爱竹林区,沟渠纵横,风光秀丽,宛如"江南",与今博爱竹林的分布大势相当,因此,博爱、沁阳等地向有"小江南"[9]之称。清代博爱竹林的面积,从当时人的一些诗文记载来看,是相当广大的[④]。

关于历史时期博爱的竹种问题,由于文献记载简略,多不可考。据《竹谱详录》卷3《竹品谱·甜竹条》记载当时河内司竹监的竹林中有"甜竹",又名"筆竹","甜竹生河内,卫辉、孟津[⑤]皆有之,叶类淡竹,亦繁茂。大者径三四寸,小者中笔管,尤细者可作扫帚。笋味极甘美……"当时博爱竹林区"甜竹"中大的围径"三四寸",看来就是现今博爱的甜竹。这样,博爱甜竹生长的历史至少有600多年了[⑥]。

至于现今博爱的斑竹,到清初,才有明确的记载。大约在17世纪60~80年代有吟咏博爱竹林区的诗句:"万派甘泉注几村,腴田百顷长尤孙(笋),养成斑竹如椽大,到处湘帘有泪痕"[⑦]。从这首诗中提到当时博爱"斑竹"具有"如椽大"和"泪痕"这二特点来看,那竹就是现今的斑竹。这样的话,斑竹在博爱生长的历史至少有300年左右了。斑竹是博爱竹种中产量最高、质量最好、面积最大的竹种,并经过17世纪末以来300年左右的寒冷冬季及大旱等自然灾害的"考验"[10,11],宜于在华北自然条件相类似的地区发展。

(二)历史上博爱竹林分布地区的大势比较稳定

为什么博爱竹林能长期存在,并发展成为华北最大的竹林呢? 这是历史时期长期以来,博爱竹农利用自然、改造自然,特别是兴修水利、辛勤栽培和护养的结果。

一般地说,植物的生态因子,最重要的是水和温度,竹类也是一样。博爱夏季炎热,不减于秦岭、

---

① 明万历《河内县志》卷1《地里(理)志·物产》中提到当时河内县的特产之一为"竹"。本注:"出万北乡"。又据道光《河内县志》卷8《疆域志》明代许良属万北乡。

② 如明成化《河南总志》卷8《怀庆府·景致》,提到"许良竹坞"为河内胜景之一。

明万历《河内县志》卷1《地里(理)志·景致》:"许良竹坞,在县北三十里许良村,地多水竹,最称清幽。"清初人撰《饮许良竹坞得月》诗(康熙《河内县志》卷5引)亦吟咏过许良竹坞的竹林。

③ 明朝人撰《弇州山人四部稿》卷51《由宁郭抵新(清)化镇即事》诗(北京图书馆特藏组藏万历五年刻本)。按:这首诗是隆庆四年(1570年)该文作者从江苏赴山西,路过博爱竹林而作的(同书卷78《适晋纪行》)。

④ 清乾隆《怀庆府志》卷28《艺文志》中清初人《覃怀竹枝》诗,提到清初丹河灌溉的博爱、沁阳竹林区的竹林面积相当大。道光《河内县志》卷22《文词志》同。

清人撰《丹林集》卷6《月山寺》诗和《同邑侯李丹麓游月山寺》诗,也提到清初博爱竹林区的竹林面积相当大。

又《行水金鉴》卷137《运河水》引《河防志》:康熙二十九年(1690年)?人的奏折提到博爱、沁阳一带人引丹水种竹溉地,约计一千四百余顷。按:其中一部分当为博爱竹林。

⑤ 《竹谱详录》这条所提到的河内、孟津是元代的县,卫辉是路,元中统元年(1260年)升卫州置卫辉路,辖境约相当今河南新乡、汲县、获嘉、辉县等市县及延津县北部。至元元年(1264年)以后并辖今淇县地。至于元孟津县治约在今河南孟津县治东。看来《竹谱详录》所指"甜竹"(包括"大者"、"小者"、"尤细者"在内)的分布约在当时豫北南部及其邻近的孟津一带。

⑥ 按:《竹谱详录》的作者自序于元大德三年(1299年),别人序于延祐六年(1319年),看来成书年代约为1319年。

⑦ 清乾隆《怀庆府志·艺文志》清初人撰《覃怀竹枝》诗(道光《河内县志·文词志》同)。

按:该诗作者顺治九至十二年(1652~1655年)到过北京,约于顺治十二年以后南归浙江嘉善(见雍正《嘉善县志》卷8,嘉庆《嘉善县志》卷13)。康熙三年(1664年)到过河内等县(见康熙年间人辑《清百名家诗》卷19《甲辰谷雨日游怀州张和雅南尚村居》诗,按:甲辰是康熙三年),又曾参加过修康熙十六年(1677年)《嘉善县志》的一些工作(见康熙十六年《嘉善县志》),约逝于康熙二十一至二十三年(1682~1684年)(见清人撰康熙二十三年《续修嘉善县志序》,雍正《嘉善县志》卷21《艺文志》)。看来《覃怀竹枝》诗约作于康熙三年(1664年)前后到康熙二十三年(1684年)以前,也就是大致在17世纪60~80年代作的。

淮河以南,6、7、8这3个月平均气温分别为26.1 ℃、27.8 ℃、26.1 ℃,都在26 ℃以上[①]。暖季的热量对于竹林生长是十分充足的。冬季较冷,但由于北面有太行山对北来冷空气的屏障作用,因而博爱冬季气温较其以东河南境内没有山地阻挡冷空气的同纬度地区稍高,风力也较小,博爱1月平均气温为—0.6 ℃,全年极端最低气温为—17.9 ℃(出现于1969年1月31日)。有的年代低温造成部分幼竹地上部分冻死。就20世纪说,30年代(约1937年或1938年)博爱竹林地上部分曾有过冻死现象。至于历史上博爱特大寒冷年代,如明弘治六年(1493年)冬"雪深丈余"[12],看来气温更低,不过文献上缺乏该年博爱竹林冻死和竹秆被压断等情况的记载。总的来说,博爱的热量条件是充足的,基本上能满足竹林生长的需要。

博爱的年平均降水量为593.8 mm,夏季降水最多,平均降水量为314.6 mm,约占年平均降水量的52.9%;冬季最少,平均降水量为24.3 mm,约占年平均的4.1%。和秦岭、淮河以南天然竹林区的降水量相比较,博爱的降水量是较少的。加以逐年逐月的变化较大,特别是竹林在5~6月需水较多,但降水量不多,气温增高快,相对湿度小,蒸发旺盛,蒸发量远大于降水量,以致更感水分不足,因此博爱竹林必须灌溉。如果干旱严重,可导致竹林开花败园,如近10多年来就发生过。历史上博爱大旱发生过多次[10~12],不过文献上缺乏博爱竹林开花败园的记载。可以这样说,水分是影响博爱竹林的首要生态因子,没有丰富而比较稳定的水源和良好的灌溉条件,就很难有大面积的竹林长期存在。

水利是博爱竹林的命脉。灌溉博爱竹林的主要水源来自丹河,丹河在历史上叫丹水,又叫大丹河,是沁河的支流,属黄河水系。丹河的干支流分布在博爱、沁阳二县境内。该河干流在山路坪(沁阳县)年平均径流量为3.385亿m³[②];7~8月是多水月份,这两个月的平均径流量约占全年平均径流量的30%;5~6月是竹子急需水分时期,但这两月平均径流量约占全年平均径流量的12.7%;加以逐年逐月的径流量和流量的变化又大,霖潦则形成洪水,少雨或不雨则干旱成灾,均不利于竹林和农业生产。

历史上,博爱人为了控制丹河水量的变化,引水灌溉竹林和农田,就在丹河出山口外建筑一些堰渠来分水灌溉。明代,筑堰九道,称为九道堰(在许良西北),并开凿了一系列大小灌渠[13~16](其中部分利用丹河的天然支流),形成了丹河灌溉网。据文献记载,博爱、沁阳一带人兴修丹河水利始于唐广德二年(764年)以前[③],后来多次兴修。从广德二年(764年)到清代以前,规模较大的兴修丹河水利有两次:第一次约在广德二年至大历二年(764~767年),曾"浚决古沟,引丹水以溉田,田之圩莱,遂为沃野"[17]。第二次约在明隆庆三年(1569年),先是由于"其渠堰湮废,水脉阏(淤)塞者,且过半",而使生产受到严重影响。经兴修水利,"其旧丹、沁支河之可葺理者,悉为之启其塞,畅其流焉"[18]。这两次兴修水利都未明确指出灌溉竹林,但前述元至元三十年(1293年)河内有人记载:"覃怀天壤间,号称地之秀者,以北负行山之阳,南临天堑之阴,中则丹水分溉,沁流交润,是致竹苇之青青,桑麻之郁郁,稻麦之肥饶,果蔬之甘美也,宜矣"[6],明确指出引丹、沁二河灌溉博爱、沁阳等县的竹林和农田。

又《明一统志》卷38《怀庆府·山川·丹河条》提到:天顺二至五年(1458~1461年)以前,"近(丹)河多竹木,田园皆引此水灌溉,为利最溥"。

---

① 据河南省气象局《河南气候资料·累年值部分》(1972年);有关博爱县气温和降水的资料都来自博爱县气象站(北纬35°11′,东经113°3′,海拔129 m),记录年代是1956~1970年,整年年数为15年。
本文博爱等地气温和降水等资料主要据此。

② 本文所用现代水文资料都是根据山路坪水文站计算的,记录年代为1956~1970年,整年年数为15年。

③ 北魏郦道元《水经注·清水注》记载沁水支流丹水(即大丹河)分出的长明沟,即大致相当于后来的小丹河。《水经注》虽未明指它是人工开凿的灌渠,不过从《水经注》记载的体例,可以看出它是人工灌渠,加以它又流经大致初唐以来的博爱竹林区,因此,我们推断它是引以灌溉竹林。当然,小丹河初与白沟相通,后来通卫济漕,被作其他用途。

还有明代人记载嘉靖(1522～1566 年)时,万北乡(包括今许良一带)等地,"地傍有水渠,果木、竹园、药物肥茂可观"[19]。

又明末人称:"志云……(丹水)出至丹河口,南流三十里入沁河。岸傍多竹木田圃,皆引水以灌溉。"[20]

这些更明确指出当时博爱竹林引丹河灌渠的水进行灌溉。可见历史上博爱竹林一向是靠引丹河水灌溉,才得以长期存在,分布比较稳定,并逐渐发展成为华北最大竹林的。博爱竹林是人工灌溉竹林,与秦岭、淮河以南不需人工灌溉的天然竹林是大不相同的。

明万历时《均粮移稿》曾分析过当时河内县竹园、果木、药物的分布与灌溉及土壤的关系:

河内八十三里,惟万北、利下一带,地傍有水渠,果木、竹园、药物肥茂可观,然此特十之一耳。其余若清下、宽平诸乡,一望寥廓。有砂者,咸者,瘠者,山石磊磊,顷不抵亩者[19]。

按:前面提到过当时万北乡约指今博爱县许良一带,这是当时河内县的主要竹林区,与今博爱竹林区的分布大势相似。当时利下乡约指今沁阳县西北部紫陵和今博爱县西南部一带。当时万北、利下二乡的水渠还多,灌溉尚便利;看来,土壤条件也还好,即非"砂者,咸者,瘠者,山石磊磊,顷不抵亩者",而一般应该是古籍所称"沃野"[①],或"沃壤"[②]之类,因此"果木、竹园、药物肥茂可观"。

至于当时清下乡约相当今焦作市西部等地,当时宽平乡大致相当今沁阳县治以南部分地区,此外,还有当时河内县的一些其他地区,地旁一般缺乏水渠;加以有的是砂土,有的是盐碱土,有的土壤贫瘠,有的"山石磊磊,顷不抵亩",因而不利于竹林、果木、药物的生长。这说明当时河内县竹林之所以主要集中分布在万北乡一带,是与灌溉及土壤有关的。

不过必须指出,对于竹类的分布,土壤因素并非关键性因子。现今河南其他平原地区,如中牟县等中性偏碱的砂质壤土,亦生长有竹子,近年修武县毛竹亦能引种成活。

历史时期,博爱竹林分布地区的大势之所以比较稳定,固在于许良一带热量条件基本上宜于竹林的发展;坐落在丹沁平原的北部,平地相当宽广;又接近丹河的出山口,便于兴修堰渠,利于灌溉;加以土层比较深厚,排水较为良好,又近于中性土质,因此有利于竹林的生长和发展。更在于历史时期长期以来,博爱竹林得到竹农辛勤培育,特别是多次兴修水利,认真护养,长期积累了一整套经营管理经验,尤其是灌溉措施和合理采伐,等等[③],并培育了一些较毛竹等南方竹类更耐寒、耐旱、耐轻度盐碱的斑竹等竹类,才逐渐发展成为华北最大的竹林。

三、博爱竹林的变化

历史上,博爱竹林的分布大势是比较稳定的,但是它的总面积和总产量也发生过多次较大的变

---

① 唐人撰《故怀州刺史太子少傅杨公"遗爱"碑》提到广德二年至大历二年,博爱、沁阳一带曾"浚决古沟,引丹水以溉田,田之圩莱,遂为沃野"。这里所称博爱、沁阳一带丹水灌溉地区成为"沃野",看来,其中包括当时的博爱竹林区,也就是大致包括当时河内县司竹监的竹林区。

② 清康熙《河内县志》卷5《诗》载清初人撰《饮许良竹坞得月》诗称:"山阳区沃壤,满地青琅玕。雅与淇园近……萧疏宜傍水,深翠欲生寒。……"这里提到清初许良一带竹林区的土壤为"沃壤"。

③ 博爱县林业科学研究所《博爱斑竹生物学特性的初步观察与经营管理》,载《河南省林园学会1963年年会论文选集(二)》,1963年11月博爱县林业科学研究所铅印本。

孟祥堂《博爱地区经济栽培竹林经营管理初探》,1964年博爱县林业科学研究所铅印本。

化。例如：元初（约13世纪下半期），博爱竹林的面积一度缩小十之六七到八九，产竹量也大减[21]；20世纪30～40年代竹林面积曾大为缩小，产竹量也曾大幅度下降。此外，大约唐广德二年至大历二年（764～767年）以前一段时期[17]，北宋末金初（12世纪初期）①，明隆庆三年（1569年）以前一段时期[18]及明末②，清初（17世纪中期及末期）③，这里的竹林变化都较大。

这些时期，博爱竹林变化较大的原因：

（1）就目前所知，唐广德二年（764年）至大历二年（767年）以前一段时期，以及明隆庆三年（1569年）以前一段时期，主要是水利失修，导致竹林严重缺水造成的。

（2）统治者垄断水源，限制灌溉，因而使得竹林生产受到严重破坏。如清初，清王朝为了南粮北调，用引丹济卫的办法来解决漕运问题，苛刻地限制博爱一带田地的灌溉用水；康熙二十九年（1690年）干旱严重时，为了漕运，禁止用水灌田，使农业绝收④，竹林生产也受很大影响。

（3）历史上，战事也影响竹林的生产。如12世纪初，宋金两军在河内地区作战时，博爱的农业生产受到破坏，竹林也相应受到影响①；又如抗日战争时期，日寇将博爱大片竹林破坏或烧毁。

（4）历史时期人为的乱砍滥伐破坏竹林亦屡见不鲜。如元初博爱竹林面积大减，主要是由于官僚对竹林"竭园伐取"，以致"竹日益耗"[22]。

（5）历史时期博爱竹林的变化与自然灾害也有一定关系，在自然灾害中，以干旱的影响比较显著。如元初中统初到至元二十九年（1292年）的33年中博爱有3年旱（中统初，至元十七年和二十二年），4年蝗（至元三年、八年、二十六年及二十九年）[23~24]。明末崇祯十一至十三年（1638～1640年）博爱连年干旱或特大旱，崇祯十二年七月至十三年八月始雨，十二年与十三年"沁水竭"，十二年秋无收，十三年"五谷种不入土"，春又无收，十四年蝗②，可见当时干旱的严重。12世纪初期博爱蝗灾严重①，看来也可能发生过干旱。清初从顺治元年（1644年）到康熙二十九年（1690年）的47年中，博爱有7年旱（顺治二年和十七年，康熙二十二、二十三年、二十七年、二十八年、二十九年），其中康熙二十二年至二十三年，二十七年至二十九年两次连年干旱，二十二年、二十三年、二十八年都是大旱，二十九年"春夏大旱"，"沁水竭"，旱情更重[10,11]。这些干旱年代，博爱竹林相应受到影响，也会减少面积和产量。此外，历史时期比较寒冷的冬季，伴随着强大或比较强大寒潮而发生的冰、雪、霜冻、低温等灾害性天气，

① 金人撰《南怀州河内县北村创修汤王庙记》提到12世纪初期，宋金两军在河内地区作战时，博爱许良一带"蝗螟□生"，"田野之□，尽成荆棘"。看来，当时许良一带农业生产遭受严重破坏，竹林也可能受到一定的影响。

② 明末崇祯十一至十三年（1638～1640年）连年干旱或特大旱，十四年（1641年）蝗，可能曾经旱。崇祯十一年"旱，六月蝗"。（清乾隆《怀庆府志》卷32《杂记·物异》引《旧志》，道光《河内县志》卷11《祥异志》）

"十二年旱，沁水竭，蝗蔽天。"（清乾隆《怀庆府志》引《旧志》）"从十二年七月到十三年八月始雨"（道光《河内县志》），"五谷种不入土"（乾隆《怀庆府志》，道光《河内县志》）。

崇祯十四年，"蝗螟生"，"地荒过半"（道光《河内县志》）。

又崇祯十三年三月二十五日《恭进怀庆府河内县灾伤图序》附16图。

崇祯十四年四月九日《恭进灾伤图后序》（载《救荒疏图》的帖中，藏郑州河南省图书馆）详细描述了崇祯十二至十四年河内旱蝗等灾害情况，并提到十二年"无秋"，十三年"无春"。

又《丹林集》卷1《（顺治）怀庆府志·户口志序》提到明末，怀庆府"烟火几绝"，亦可大致反映当时博爱一带农业生产遭受严重影响，甚至绝收情况，竹林变化可能亦大。

③ 清康熙《河内县志》卷2《水利·丹河水利》提到康熙二十九年（1690年）四月，博爱、沁阳一带一些地方官书信中谈及"东作方殷，稍愆节溉，沃壤变为荒瘠"；"谷黍菱草二麦非得水，无以发越根苗，结实子粒"。可见当时博爱、沁阳一带农业减产是严重的。

又乾隆《怀庆府志》卷29《艺文志》清人撰《上大中丞取丹水书》称博爱、沁阳一带，"膏腴之地化为刍牧之场"，"无饮之苦甚于无食"，也反映了一些农业减产和干旱的情况。虽未指明具体年代，但从该文作者曾参加修康熙三十四年（1695年）《怀庆府志》（乾隆《怀庆府志》卷21）来看，他这文所指也许是康熙二十九年。

④ 清康熙《河内县志》卷2《水利·丹河水利》提到康熙二十九年四月，清王朝为了漕运，于小丹河口下"横河筑坝，加草加土，民田涓滴，不沾水泽"。一些官员书信中也提到，"东作方殷，稍愆节溉，沃壤变为荒瘠"；"谷黍菱草二麦非得水，无以发越根苗，结实子粒"。可见当时博爱、沁阳一带田地无水可灌，农业生产受影响是严重的。

对竹类的生长也有所不利。不过历史文献中尚缺乏有害天气、干旱、蝗虫等对竹林生产影响情况的具体记载。必须指出,历史上博爱竹林虽然遭受过多次大旱、特大旱、特大寒等自然灾害侵袭,但是博爱竹林不仅没有被彻底毁灭,反而茁壮成长,发展成为华北最大的竹林。这首先是由于广大竹农的精心培护、管理,同时也反映出博爱的"斑竹"、"甜竹"等竹种具有不同程度的耐寒、耐旱、耐轻度盐碱,适应性强的优点。

(6)不同的生产关系,也对博爱的竹林有不同的影响。到 20 世纪 40 年代末,博爱的竹林已残败不堪,当时百业俱废,竹林也受到严重的破坏。50 年代以来,党和政府对发展博爱竹林生产十分重视,加以因地制宜,发挥本地产竹优势,竹林生产得到迅速的恢复和发展,产量不断提高,展现出一派欣欣向荣的大好形势。

博爱的竹器业也有了飞跃的发展,不仅品种大为增多,编造的技巧也有很大的提高,为发展农业提供了大量资金,发挥了以副促农的作用。

四、结　语

综观上述历史时期博爱竹林的分布和变化,可以初步得出如下 3 点看法:

(1)博爱竹林历史悠久。据文献推测,至少已有 1 000 多年历史,初唐时就大致是唐王朝直接管辖的华北大竹林之一,称为"司竹监"。不过据文物记载到北宋靖康元年(1126 年)许良巷(今许良)一带才有竹林分布。此后逐渐发展成为华北最大的竹林。

(2)历史时期,博爱竹林分布地区的大势是比较稳定的。其所以比较稳定,并逐渐发展成为华北最大竹林,固然在于这里的热量等自然条件基本上宜于竹林的生长和发展;更在于博爱人民长期以来利用自然、改造自然,特别是兴修水利、辛勤栽培、认真护养、培育良种等的努力。但是,历史上博爱竹林的面积和产量也发生过多次较大的变化。其变化的原因是由于人为的破坏。此外,水利灌溉、干旱天气等对其也有不同程度的影响。

(3)历史时期长期以来,博爱竹农的生产实践证明,斑竹在博爱栽种的历史至少有 300 年左右,它是博爱竹种中的优良品种,可在自然条件与博爱竹林区相类似的华北其他地区试种并推广。

(原载《河南农学院科技通讯(竹子专辑)》1974 年第 2 期,以"史棣祖"署名;本次发表时对个别
　　内容作了校订,略有删节,并恢复个人署名)

参考文献

[1] 司竹监.见:(唐)张九龄,等.唐六典.台北:文海出版社,1968

[2] 司竹监.见:(宋)乐史.太平寰宇记.关西道.凤翔府.上海:商务印书馆,1936

[3] 百官志.见:(元)脱脱,等修.金史.卷 57.上海:中华书局,1936

[4] 食货志.见:(明)宋濂,等.元史.卷 94.上海:中华书局,1936

[5] (元人撰)元怀州河内县南岳村尼首座崇明修释迦之院记.见:(清道光)河内县志.金石志

[6] (元人撰)明月山大明寺新印大藏经记.见:(清道光)河内县志.金石志

[7] (元)重修翠筠观记.见:(清道光)河内县志.金石志

[8] 同窦云明信步丹林道中纳凉僧舍.见:(清)萧家芝.丹林集.卷 6

[9] 汴梁杂事.见:(宋)周密.癸辛杂识.别集上.上海:商务印书馆,1922

[10] 物异.见:(清乾隆)怀庆府志.卷 32,杂记

[11] 祥异志. 见:(清道光)河内县志. 卷 11

[12] 附灾祥. 见:(清康熙)河内县志. 卷 1. 星野

[13] 丹河水利. 见:(清康熙)河内县志. 卷 2. 水利

[14] 丹河今水利. 见:(清康熙)怀庆府志. 卷 3. 河渠

[15] 小丹河. 见:(清)张鹏翮. 河防志. 卷 2. 考订. 台北:文海出版社,1969

[16] (清人撰)上大中丞取丹水书. 见:(清乾隆)怀庆府志. 卷 29. 艺文志

[17] (唐人撰)故怀州刺史太子少傅杨公"遗爱"碑. 见:(清康熙)河内县志. 卷 4. 碑记

[18] (明)张盘凤. 怀庆府修建河内县河渠记. 见:(明)陈子龙,等. 明经世文编. 卷 373. 北京:中华书局,1959

[19] (明人撰)均粮移稿. 见:(明万历)河内县志. 卷 4. 艺文

[20] 河内县. 见:(明)曹学佺. 明一统名胜志. 河南. 怀庆府

[21] 民间疾苦状. 见:(元)胡祗遹. 紫山大全集. 卷 23. 杂著. [出版地不详]:河南官书局,1923

[22] 少中大夫孙公神道碑. 见:(元)姚燧. 牧庵集. 卷 24. 上海:商务印书馆,1936

[23] 世祖记. 见:(明)宋濂. 元史. 上海:中华书局,1936

[24] 五行志. 见:(明)宋濂. 元史. 上海:中华书局,1936

11 从秦汉时代中国的柑橘、荔枝地理分布大势之史料来初步推断当时黄河中下游南部的常年气候

文焕然

一、引　言

　　黄河流域在人类历史时期的气候情况是我国古气候、中国自然地理及中国历史自然地理研究中未解决的主要问题之一，这对黄河流域生产建设的规划关系重大，作者曾于1956年8月在中国地理学会宣读过论文《汉代黄河中下游气候的初步研究》（发表时改为《文献中汉代黄河中下游的气候变迁》）中提出过。

　　笔者认为要解决这个问题，在研究对象上，应该从气候的各个方面着眼；在研究资料上，应该史料与自然观察相结合。因为气候的研究对象，就地区范围说，有大区域和局部的不同。本文所谓黄河中下游是指陇山以东，北山以南，太行山、小五台山、西山及燕山等山脉以东以南，秦岭、淮河以北，渤海、黄海及山东丘陵以西的地区；而太行、崤、函中亘，成为中下游的分界。就自然区域说，中游包括渭河平原和豫西丘陵的西部；下游拥有豫西丘陵的东部、华北平原及山东丘陵。就汉代的行政区域讲，中游约当三辅和弘农，下游则约为豫、兖、冀3州全部，司隶东部，徐州的南部，青州的西部以及幽州的南部和中部①。在此广大地区内的现今气候可说大同小异，其所以小异，就是由于局部的各种地方因素——地势、方位、土壤条件、土壤状况或植物覆盖层特性等等的不同——影响而形成的[1]。就气候的性质说，又有常年与变迁的差异。研究气候即是探讨某一地区大气过程的规律性，这种大气过程的规律性是由于该地的太阳辐射、大气环流和地面的状况，多年相互作用的结果而产生的，它使该地具有一定的气候特性。这种特性中有一般情况，就是常年气候；同时也有变动情况，就是短期的变迁（指季节变化和季节内的变化），较长期的变迁（指世纪内的变化）及长期的变迁（指世纪的或世纪以上的，甚至数千年的变化）。笔者的《汉代黄河中下游气候的初步研究》是讨论当时河域（黄河中下游的简称，以下同）气候变迁情况的论文，至于本文却是讨论当时河域气候的一般情况之论文。无论从大区域或局部来研究人类历史时期的气候，从一般情况或变迁情况来推断人类历史时期的气候，都由于角度不同，只可说明某一地区的人类历史时期气候之一部分，因此要全面了解某一地区某一历史时代的气候，最好从各个角度来研究。

　　至于研究历史时期的气候，除了自然现象的观察，如山岳冰川形成的终碛，湖泊水位的升降，沼泽的变化，沉积物的变化，土壤的变化（如泥炭土、盐渍土等），动物的变化，植被的变化，树木年轮的变化，物候的变化等，可从不同的方面、不同的程度反映气候的常态或变态外，还应该大力收集史料。在

---

　　①　文焕然：《汉代黄河中下游气候的初步研究》，中国地理学会学术报告会结合第二次全国会员代表大会学术论文，1956（油印本）。

历史悠久、文献丰富的国家,特别是我们祖国史料的丰富超过世界其他国家,更应重视史料收集。不过从自然现象和史料所得气候变迁的证据,由于自然现象的分布和说明问题等的局限性,史料的科学性和可靠程度,如果仅根据一个或少数论据来推断历史时期的气候,往往会使得结论存在不同程度的问题,因此研究人类历史时期的气候,最好是史料与自然观察相结合,慎重地、全面地、系统地进行分析。

为此,笔者在史料和自然观察相结合的原则下,写过《汉代黄河中下游气候的初步研究》来推断当时的气候变迁,又曾从秦汉时代河域的物候、盐渍土、竹类、柑橘、荔枝、稻米及湖沼等的情况和现今河域的情况,运用比较分析的方法,来推断过秦汉时代河域的常年气候与现今河域气候之异同。兹先将柑橘、荔枝部分修改发表。

论植物反映气候的情况,应以自然植物为准,原始植物群落更为适当。秦汉时代中国在河域以外有相当多的地方是有原始植物群落存在的,可是当时文献缺乏记载。至于河域则在人类活动的影响下,原始植物群落很少存在,广大地区已经垦为田地,栽培植物却已成为当时河域的主要植被了,即令有稀少的原始植物群落,也由于文献缺乏记载,已难考证了。

气候只是影响栽培植物分布的条件之一,栽培植物通常与各国、各区的开发迟早,生产方式,生产力发展水平以及与之相适应的居民生活和人口密度等也有关,且这些条件的改变可以远较气候为快、为大,其对栽培植物的影响可能更深,故以栽培植物来推断气候不一定适当。不过上述条件在各国、各地的各时代,对各种栽培植物的作用是不同的。为此,以受气候条件的影响较为显著,受人工改变的影响较小的柑橘、荔枝等栽培植物的分布史料,紧密地配合现今柑橘、荔枝的分布环境,特别是气候条件,全面地、系统地进行具体分析,来作为推断秦汉时代黄河中下游南部的常年气候的旁证之一。

二、现今柑橘、荔枝的生存条件和分布概况

柑橘在植物分类学上属芸香科(Rutaceae),供栽培和砧木用的有柑橘(Citrus Linn.)、枳(亦称枸橘,Poncirus Raf.)、金柑(亦称金橘,Fortunella Swingle)3属数百种[①],古籍所称秦汉时代中国的柑、黄柑、橙、橘、柚、枳、楱都是其中的一种。大抵黄柑、柑、橙、橘、柚属于柑橘属;枳相当于今植物分类学上的枳属;楱相当于今植物分类学上的金柑属的一个种[②]。它们对生态环境的要求不同,因而分布地区也不一致。

关于柑橘的生态目前尚缺乏实验和观察,柑橘的具体分布也缺乏精确的调查。据初步了解,柑、黄柑、楱、橙、橘、柚为亚热带果树,大都为常绿乔木,橘类(Citrus reticutala Blanco)为常绿小乔木,楱

---

① 章文才《实用柑橘栽培学》(商务农学丛书,1935年版)称:柑橘有60多种,但据陈培坤、陈文训、吴惠《福建柑橘》(1954年11月28日《福建日报》)一文认为,近年研究柑橘有几百种。

② 古籍所称的柑橘相当今植物分类学上的属、种,有的可以勉强确定。据福建农学院陈文训面告笔者,一般古籍所称橘,大致相当于今植物分类学上的橘类(Citrus reticutala Blanco),柚相当于今柚类(Citrus grandis),枳相当于今枳属。至于楱,据胡昌炽意见相当于今圆金柑(Fortunella japonica)(见《中国柑橘栽培之历史与分布》,载《中华农学会报》第126和127合期,1934年8月中华农学会出版),据查《中国植物志》,它属金柑属。

古籍所称柑、橙,由于描述过简,陈文训面告笔者,大致可属于柑橘属,但属何种待研究。黄柑大致也属于柑橘属,具体种,现代来说,川、赣是指甜橙(Citrus sinensis Osbeck),滇、黔指柑(Citrus reticutala Blanco)(陈文训面告笔者,据 Webber 等的分类,橘类与柑类的学名相同),司马相如是四川人,当时他所指的甜橙呢,还是其他? 待考。

至于《上林赋》所称卢橘,学者或认为是橘类的一种(《齐民要术》卷10引《吴录地理志》《事关赋》卷27引《魏王花木志》《史记·司马相如传》集解与索引);或认为是非橘类(朱翌猗《觉寮杂记》卷上引苏东坡和唐子西诗,《古今岭南谚语》都称枇杷为卢橘,英语称枇杷为 loquat)。按主张卢橘为橘说者所叙述卢橘与橘的性状多不足据,笔者赞同卢橘非橘说,吴耕民和陈文训都同意这种看法。又《初学记》卷20引李尤"七叹"所称"卢橘"大概也不是柑橘。

（*Fortunella japonica*）则为多枝灌木，它们都适宜在温湿的环境中生长，不耐长期的过低温度或过高温度；可是又需有一定季节的较低温度，以便休眠，贮藏养分，利于孕育花芽，开花结果。

　　最适于柑橘生存的气温条件，年平均气温在我国一般为 18～24 ℃（世界其他地区可能稍高些），最冷月平均气温大致在 10～15 ℃，年平均降水量为 1 000～1 500 mm。一般来说，年平均气温在 16 ℃左右以下，或在最冷月平均气温低于 0 ℃的地区，柑橘就会生长不好（枳例外）。个别夜晚气温在 −4～−6 ℃不会妨碍柑橘生长（如 1955 年 1 月福州的霜）。但是气温达到 −8 ℃仅数小时，柑橘就会发生落叶现象；气温达到 −8 ℃较久，或遇到更低的气温，柑橘就会冻死。反之，如果白昼气温数周达 38 ℃以上，柑橘就会患火热病，叶和果皮焦枯；湿度小的地区，甚至几小时的高温即会使柑橘焦枯；在湿度较大的地区，38 ℃的高温却影响不大。雨量不足而灌溉便利的地区，或湿度、雾及土壤中水分可资补偿的区域，也可栽培柑橘。以无霜多雨，夏季湿热，冬较干寒的区域；或雨量较少而水源充沛的地区，栽植柑橘尤为有利。因此，现今我国上述几种柑橘地理分布大致以秦岭、淮河为北界，此界线以北，非经特殊栽培，柑橘难以成长。

　　笔者于 1956 年 8 月赴北京开会，乘火车经过济南、天津、保定、郑州等地时，曾注意观察车站附近的栽培植物，未见过柑橘。在北京停留期间，到过一些地方，也未见柑橘。为了深入了解，曾托北京大学地质地理系王恩涌调查北京一带的柑橘栽培情况。据他 1956 年 11 月回信，亦称少见，只是在温室中略有栽种，供实验而已（学名不详）。

　　据耿福昌面告笔者，抗战时期他在西安、洛阳一带见过花盆栽种的柑橘（学名不详）。但是数量稀少，冬季移入室内温处；并且植株矮小，果实也很小，供观赏而已（看来是盆栽金柑）。西北大学雷明德 1956 年 10 月 23 日复函，也称西安及其附近就目前所知尚无人种植柑橘[1]。

　　由上所述，可见现今黄河中下游很少栽培柑橘，除非特别保护，才可成长；且生长发育不佳，供观赏或实验而已。

　　秦岭、淮河以南则与以北大不相同，在一定的海拔以下，一般不需特殊保护，可以种植柑橘。大概陕甘境内秦岭南坡的柑橘产区是我国现今柑橘分布纬度最高的，不需人工特殊保护的经济栽培地区（约在北纬 33°余）。就目前所知，如甘肃的成县一带和陕西城固县的升仙村，都有柑橘生产，而升仙村尤为著名。据耿福昌抗战时期在该村进行地理考察，该村有相当广的柑橘林，树种颇多（学名不详），植株可达 3 m 以上，果实颇大，味甜美，和四川所产的相似，过去为贡品，现代远销西安、兰州等地[2]。

　　至于广东、福建的大陆沿海，在一定海拔以下地区[3]柑橘的生长条件，特别是气候条件较为有利，这一地区不仅是我国，并且是世界上栽培柑橘最好、最多的地区。此区以南终年湿热的热带气候区域，柑橘的植株生长虽然很快，但是发育却差，花少果劣，反而不及亚热带沿海地区所产的柑橘果实甘美。

　　应该指出，柑、黄柑、榛、橙、橘、柚虽然都是亚热带果树，可是它们的品种不同，因而它们的生长条

---

[1]　关于现代河南、山东栽培柑橘的情况在调查中。

[2]　据耿福昌面告笔者，升仙村位于城固县城南面秦岭南坡的冲积扇上，约当北纬 33°多，橘林所在地离开汉江北岸的支流有一定距离，坡度还缓，背风向阳，地下水面不会太深。

　　按城固位于谷地，该地的年平均气温在 15 ℃以上，1 月平均气温在 3 ℃以上，年降水量为 868.1 mm［郑勉.陕南植物概观.华东师大学报，1956(3)］。升仙村的海拔与城固差不多，温度相差应该不大，降水量也差不多。

　　兰州大学地理系王德基 1956 年 11 月 9 日转告该校植物地理教师调查现今陕甘一带柑橘栽培情况："武都之南，成县之北一带有柑橘分布。武都街上有卖橘者。又陕南城固升仙村一带（仅此一处）产橘子，畅销到兰州，系人工抚育，果实较小，味甘美。他处在陕南，虽人工抚育亦不佳。"

　　杨赐福面告笔者，他于 1933～1934 年在陕西咸阳任教时，曾种树苗作为冬季发育用，由于渭河平原冬季的气温低，在室外不可进行。用近代装备的温室和烧煤增温，实验结果才良好，室外的树苗却到春暖才发出来。可见现代渭河平原冬季的寒冷。

[3]　柑橘栽植达到海拔 360 m 时既不开花，也不结果。

件也不一致。如橘(*Citrus reticutala* Blanco)的耐寒力大于橙(*C. sinensis* Osbeck),可分布于较后者温度低的地区;橙的耐寒力又大于酸橙(*C. aurantium* Linn.),又可分布于较其后者温度低的地区;酸橙的耐寒力既低于前二者,故只能分布在更暖的地区。

至于影响上述几种柑橘的自然条件是错综复杂的,例如在近海或濒大湖而气候可受海洋或大湖调节的地区;或有其他因素,使其成为较温暖湿润的区域,则柑橘的分布可达到纬度更高的地域,欧洲的地中海,苏联的黑海、里海沿岸的部分地区,柑橘分布的地区纬度达北纬 44°许,就是显著的例证。总括地说,柑橘分布地区的纬度在欧亚大陆东西岸是不同的,东岸较低(北纬 33°多),西岸较高。

枳为落叶灌木或小乔木,较上述几种柑橘耐干寒,在我国年平均气温在 16 ℃以下,或最冷月平均气温在 0 ℃以下地区还可生存。枳在全休眠期,气温短期降至−20 ℃也不会冻死;如系长期低温,则受不利影响,如发芽困难等现象会发生;气温更低,则无法生存。因此,枳在现代的华北南部还有栽培,例如青岛即有少量栽培[①]。

柑橘的生存条件虽略如上述,但是经过人工优选,杂交培育耐寒品种,加上御寒设备,可以使柑橘新杂交种栽培到纬度更高、更为寒冷的地区。比如苏联培育的柑橘杂交种,是一种矮小的、匍匐的、落叶的木本植物,其耐寒力较枳还大;加以挖壕栽种,冬季在壕上盖竹帘、茅草等保温,所以它能在北纬 50°以上、更为寒冷的地区种植。不过毕竟新杂交种的性质既已改变,而该处环境的条件也大不同,所以该种柑橘不仅形态特殊,它的果实品质也较差,与我国闽粤大陆沿海柑橘的植株高大、果实甘美相比,还是不可同日而语。

荔枝(*Litchi chinensis*),古籍或作离支,亦作荔支,为无患子科(Sapindaceae)常绿乔木。荔枝的生态和具体分布,亦如柑橘,目前了解也很不够。大致地说,它属亚热带季风区植物,与柑橘中若干品种同是我国华南大陆沿海地区的特产之一;所以荔枝的生存条件在某些方面和柑橘相似,如适宜于温湿的气候条件,不耐长期的过低温度或过高温度,但又需经一定季节的较低温度,以利开花结果。在较为干寒的地区,如果不改良品种,或缺乏人工御寒手段,或不采取灌溉的措施,固然生长发育不好,甚至无法生存。在终年湿热的热带区域,荔枝生长较为迅速,植株高大。但是,如在西印度群岛的波多黎各(Puerto Rico),3~4 年才结实一次,且品质不良;又如我国海南岛的荔枝,果实的核大,肉薄且酸,当地人们把它的植株作为薪炭用材砍伐[2]。可见荔枝所要求的生存条件,较一般柑橘为严格,突出地表现在温度条件上。荔枝虽也需有较为干寒季节,但是它的耐寒力却较柑橘为低,夜间很短时间(几小时)遇−4~−6 ℃的低温虽无显著影响,但是时间较为长久,或遇更低的温度,则使其生长发育受不良影响,甚至死亡。正由于这样,我国华南大陆沿海就不仅成为现今我国,而且是世界上栽培荔枝最多、最好的地区。长江流域中仅川江河谷的南部,如泸州一带种植尚多,其他地区在人工保护下勉强可栽培;秦岭、淮河以北没有栽种[②]。

三、秦汉时代我国柑橘、荔枝的分布
大致与现代相类似

秦汉时代我国柑橘、荔枝的分布与现代相似,柑橘不需人工特别保护可成经济栽培区的北限为秦

---

① 据陈文训提供资料。
② 据笔者 1956 年夏季赴京开会的旅途观察和访问。
　据雷明德调查,1956 年 10 月 23 日复信称,目前所知西安及其附近地区尚栽植荔枝。
　据王恩涌 1956 年 11 月函称,现今北京一带未见荔枝。

岭、淮河,荔枝的主要经济栽培区在广东大陆沿海一带,此中情况,文献可以证明。

古籍中虽然称秦汉时代秦岭、淮河以北有柑橘、荔枝可食①,东汉光武帝并曾赐予匈奴单于②,汉代长安、洛阳附近且多皇家园林与私园苑,培植奇花异果③,但是西汉武帝以前河域君主、贵族所吃的荔枝来自岭南,如《西京杂记》卷3称,南越王赵佗献汉高祖荔枝。

汉武帝在当时长安的上林苑种植柑橘、荔枝,是文献可考河域种植相当数量的柑橘(枳例外)和荔枝的开始。《西京杂记》卷1称:"初修上林苑,群臣远方各献名果异树……有橙十株"云云。平津馆本《三辅黄图》载:"扶荔宫,在上林苑中,元鼎六年破南越起扶荔宫,以植所得奇草异木……荔枝……甘橘之类。"(《玉海》大致相同)丛书集成本《三辅黄图》卷3道:"扶荔宫,在上林苑中,汉武帝元鼎六年,破南越,起扶荔宫(本注:'宫以荔枝得名')以植所得奇草异木……荔枝……甘橘,皆百余本。"④

汉代长安、洛阳一带栽种柑橘、荔枝的成绩怎样呢?据司马相如《上林赋》称长安一带的柑橘生长发育情况:"卢橘夏熟,黄柑、橙、楱、枇杷、㮈、柿、楟柰、厚朴、樗枣、杨梅、樱桃、蒲陶、隐夫薁、棣、答遝、离枝⑤,罗乎后宫,列乎北园"。东汉洛阳亦有柑橘,《艺文类聚》卷62引李尤德阳殿赋说:"橘柚含桃,甘果成丛。"好像当时长安、洛阳一带栽培柑橘、荔枝的成绩颇佳,吃的柑橘、荔枝是当地生产的。

但是晋代左思批评司马相如的《上林赋》多非实录,并指出"卢橘夏熟"一语为例证。晋灼注《汉书·司马相如传》的《上林赋》称:"此虽赋上林博引异方珍奇,不集于一也。"程大昌《雍录》卷9称:"相如之赋上林也,固尝明著其指曰:此为亡是公之言也。亡是公者无此人也。夫既本无此人,则凡其所赋之语,何往而不为乌有也。知其乌有而以实录责之,故所向驳碍也。"又称:"相如而置辞也包四海而入苑内,其在赋体,固可命为敷叙矣。而夸言飞动,正是纵臾,使为故扬雄之为劝也。"又大昌于《雍录》卷10《荔枝下》,引《三辅黄图》说法后,指出"按此即相如赋所谓答遝、离支者矣,离支之实,既至长安,而繁夥答遝,或是夸言。而谓离支有木在上林中,则自可移种,不可臆度以为无有也。"蔡襄《荔枝谱》卷1认为:"司马相如赋上林云,答遝离支,盖夸言也,无有是也。"⑥这是前人明确指出司马相如的《上林赋》所叙植物生长发育的殊多问题。程大昌和蔡襄二人更批评《上林赋》中所叙荔枝的繁茂情况是夸言。

以上两种不同说法,究竟谁是谁非呢?徐中舒认为司马相如的赋和左思的赋序都有道理,他们的不同是由于所处时代有先后,所见植物生长发育的情况当然有不同,这种不同及东汉光武的东迁,是由于"西汉以后,西北气候渐趋干寒";"东汉以后,关中气候转变至骤";"汉晋气候转变所致"[3]。

按诸实际,长卿的赋,显然是有夸张;徐氏的论调,更属牵强。

首先是左思作赋是实事求是,深入了解情况,反复修改,才行发表。如他在《三都赋》序称:

① 《西京杂记》卷4,《艺文类聚》卷86引《崔实正论》《白孔六帖》卷100引《仲长统昌言》(《御览》卷971引略同)。

② 参考《东观汉记》光武纪建武二十六年(50年)。按《后汉书·光武纪》及同书《南匈奴传》未载南匈单于来朝一事,聚珍版《东观汉记》辑本以为"此文疑误"。其实《南方草木状》《艺文类聚》卷86引《东观汉记》也略记载,不过未明指年代,因此难断为误。

③ 西汉长安、东汉洛阳附近有上林等官苑,参考《史记》《汉书》《三辅黄图》、萧统《文选》、班固《两都赋》和张衡《两京赋》等。至私苑亦多,如《西京杂记》卷3称:茂陵富人袁广汉"于北邙山下筑园,东西四里,南北五里,激流水注其内";"奇树异草,靡不具植"。王嘉《拾遗记》卷6:"汉兴至于哀平元成,尚以宫室,崇苑囿,而西京始有弘侈;东都继其繁奢,即违采椽不斫口之制,尤异灵沼遵俭之风。"表明东汉栽培奇果异木的风气也盛。

④ 刘向《列仙传》称先秦时淮北有专种荔枝而食其苗的,是神话性质,不足为据。

⑤ 四部丛刊本萧统《文选》卷8司马相如《上林赋》作此。但是黄善夫本《史记》卷117司马相如《上林赋》有几个重要的字不同,如"离支"作"荔枝",意义还相同。"答遝"则作"㯉㯏",意义不同,详后。

⑥ 《史记》裴骃集解引郭璞注,张揖注《汉书》,都解释它是果名。许慎《说文解字》六篇上木部:"㯉㯏,木也。"又说:"㯉㯏,果,似李。"郭璞、张揖大概是从《说文解字》。程大昌《雍录》的解释却不同。又蔡襄批评《上林赋》中"答遝离支"一语,所作解释似和大昌相同。这两种不同说法,是非待考。

余既思摹（慕）二京而赋三都，其山川域邑则稽之地图，其鸟兽草木则验之方志，风谣歌舞各附其俗。魁梧长者莫非其旧，何则发言为诗者，咏其所志也。升高能赋者，颂其所见也。美物者贵依其本，赞事者宜本其实。匪本匪实，览者奚信。且夫任土作贡，虞书所著，辨（辨）物居方，周易所慎。聊举其一隅，摄时体统，归诸训诂焉。

由上所述，充分地说明了左思作赋的踏实，同时也说明了左思批评长卿的赋，不仅观察了晋代情况，还查考了方志，大概追溯了汉代的书籍，有力地证明了司马相如《上林赋》中"卢橘夏熟"一语是虚构的（卢橘是枇杷，不是柑橘）。

至于长卿描述西汉长安的柑橘、荔枝的生长发育情况，有无问题，太冲未明确指出。根据四部丛刊《三辅黄图》卷2：

> 扶荔宫，在上林苑中，汉武帝元鼎六年破南越，起扶荔宫，以植所得奇草异木……荔枝……甘橘皆百余本。上木南北异宜，岁时多枯瘁。荔枝自交趾移植百株于庭，无一生者，连年犹移植不息。后数岁，偶一株稍茂，终无华实，帝亦珍惜之。一旦萎死，守吏坐诛者数十人，遂不复莳矣，其实则岁贡焉。邮传者疲毙于道，极为生民之患。至后汉安帝时，交趾郡守极陈其弊，逐罢其贡。①

可见汉代长安本来没有栽培柑橘、荔枝，西汉武帝开始移植荔枝，并且想了很多办法，大批种在皇宫的庭园内，有许多专人保护，并得充足的水源②，有御寒的设备、措施③，称栽种荔枝的宫为扶荔宫，君主的重视可以想见。结果还是由于长安缺乏荔枝的生存条件，连年移植，偶有一株生长，发育却成问题，终不能开花结实，武帝虽珍惜，仍然萎死。武帝虽然采用严刑峻法来督促栽培荔枝者，仍然无效，只好停止栽种。当时河域的君主、贵族所食荔枝贡自交趾刺史部（东汉光武末、明帝初以后改为交州刺史

---

① 古今逸史本同。丛书集成本则"上木"作"土本"较妥；"郡守"作"太守"，意义相同。按四部丛刊本等所载"上木南北异宜"，至"极为生民之患"一段，孙星衍校本虽未载，实际上，汉代岭南贡荔枝，据《西京杂记》卷3汉高祖时已有了。又据《后汉书·和帝纪》李贤注引谢承书，《艺文类聚》卷87引谢承《后汉书》等知和帝以前岭南贡生荔枝，是一种制度，"十里一置，五置一侯，奔腾阻险，死者继路"[《后汉书·和帝纪》元兴元年（105年）]。唐羌痛陈其弊，和帝才下诏停止。又《雍录》卷10引《三辅黄图》的大意相类似，足见丛书集成本《三辅黄图》容有后人窜增的地方，然所叙岭南贡荔枝一事并非虚语。

② 西汉长安上林苑的沟渠陂池颇多，灌溉便利，《史记》《汉书》《后汉书》《三辅黄图》及郦道元《水经·渭水注》等书讲得颇详。笔者存稿《长安河湖的变迁》曾详细考证。

③ 秦汉时代河域以人工增暖法而栽培不时或奇异植物的事有下列几项：
其一，秦始皇冬种瓜骊山。四库全书本《北堂书钞》卷157引古今奇字："秦时令人种瓜坑谷内温处。"孔广陶本："秦改古文，周人怨恨，秦苦天下不从，而诏诸生拜为郎，又密令种瓜坑谷内温处，乃使人人上书云：瓜冬有实。诏下诸生说之，人人各异，而为伏机，方相难不决，因发机从上填之"（《艺文类聚》卷87，《太平御览》卷86，卷987所引略同）。按瓜的生长条件需相当高的温度，并且需要一定的阳光、水分等。骊山属秦骊邑，汉为新丰县，今属临潼县。该地虽处秦岭北坡，冬季受干寒的冬季风之影响相当大，但是也会有较为避风的谷地，冬季温度可较高。冬季夜晚由于冷空气的下沉，可能使得谷中温度大为降低，不利于种瓜；但是稍加增温的措施，如坑谷内生些火，上面覆盖些防御夜晚冷空气下沉而致谷底气温大大降低的设备，有了适当的水分和光等，冬季自然可种瓜并结实。史籍说是坑谷内温处，而没有指出人工措施，可能是由于史籍记载过简所致。这并不足以证明秦代骊山一带较今为暖。人们在生产实践中早已具有这种御寒的经验是完全可能的。同时，由此也可作为秦代黄河中下游南部的气候与今没有显著差异的证据之一。
其二，西汉成帝于长安冬种葱、韭等菜。《汉书·循吏召信臣传》载："竟宁中，徵为少府，列于九卿。……太官园种冬生葱、韭、菜茹，覆以屋庑，昼夜爇蕴火，待温气乃生。信臣以为此皆不时之物，有伤于人，不宜以奉供养，及它非法食物悉奏罢，省费岁数千万。"这显然是温室的雏形。
其三，王嘉《拾遗记》卷6："汉兴至于哀平元成，尚以宫室，崇苑囿，孝哀广四时之房……及乎灵瑞嘉禽，艳卉殊木，生非其址……"四时之房，不仅在御冬寒，还可能有适应其他季节的设备。
综上所述，足见秦汉时代长安、洛阳一带有调节温度的粗陋设备，可供栽培不时或奇异的花果蔬菜；至于柑橘栽培的情形虽不详，疑也有些御寒的设备。

部)。到东汉时,才停止荔枝贡[①]。交趾刺史部是汉代中国荔枝生产最盛地区。

至于现今我国和世界生产荔枝最多、最好地区之一的福建大陆沿海,史籍记载却较晚。

汉武帝移植柑橘于长安的成绩怎样?《上林赋》明载甚佳,却不大可靠;《三辅黄图》语涉含糊,似乎说很少成效;其他载籍中未见提到。长卿作赋虽多夸词,然亦有可信的地方,且史籍有汉代以后,长安、洛阳一带种植柑橘具有些成效的记载[②]。可知汉代长安、洛阳生长柑橘并结实一事,似乎不是妄言;不过未必丰盛,果实的品种未必和秦岭、淮河以南的无别。况以柑橘较荔枝为耐寒燥,也种在皇宫内,有专人保护,得充足水源[③],有御寒设备,则其能栽培于长安、洛阳并结实,故此并不表明那时气候与今有显著差异。

《吕氏春秋·孝行览·本味篇》:"江浦之橘,云梦之柚。"《史记·货殖列传》:"蜀汉、江陵千树橘"。司马相如《子虚赋》:"(长江中游)橘柚芬芳"。桓宽《盐铁论·相刺篇》:"橘柚生于江南而民皆甘于口,味同也。"《艺文类聚》卷6引扬雄《扬州箴》:"橘柚羽贝"。王逸《楚辞》屈原赋注:"言橘受天命,生于江

---

① 关于岭南进贡荔枝的区域有2种说法:

其一,交趾刺史部七郡说。《后汉书·和帝纪》元兴元年(105年)李贤注引谢承书称:"交趾(按:'趾'是'州'之误,因为光武末、明帝初改交趾为交州,见谭其骧《中国历史地理》讲稿,又上文称交州,是)七郡",这七郡就是南海郡,约包括现今广东省的东部和中部一带;苍梧郡,约包括现今广东的西部一小块和广西东部;合浦郡,约包括现今广东西部一大块和广西南部一小块;郁林郡,约包括现今广西的中部和西部;交趾、九真、日南三郡在今越南境内(见:谭其骧.东汉郡国图.杭州:国立浙江大学史地系史地教育研究室,1944)。蔡襄《荔枝谱》、吴应逵《岭南荔枝谱》卷5引谢承《后汉书》所提也同。

其二,南海郡说。《后汉书·和帝纪》元兴元年:"旧南海献龙眼、荔枝,十里一置,五置一侯,奔腾阻险,死者继路。时临武长汝南唐羌,县接南海,乃上书陈状……由是遂省焉。"

二者虽有异,但是结合来看,都有道理。大致交趾七郡都产荔枝,都可能进贡,不过主要供给地为南海郡。可见南海郡是当时岭南荔枝的最重要产区,不仅是当时中国,并且也是当时世界生产荔枝最多、最好的地区;同时也是世界荔枝的原产地。关于原产地问题,现今广州附近的从化和广东省南部的廉江有原始荔枝存在,据陈文训估计,树龄已数千年,更是有力的证据。

至于东汉下诏停止交趾进贡荔枝的年代,却有3种说法:

其一,和帝元兴元年说。如《后汉书·和帝纪》,又李贤注引谢承书同。

其二,和帝永元十五年(103年)说。吴应逵《岭南荔枝谱》卷5引谢承《后汉书》,较上说诸书早两年。

其三,安帝时说。据《三辅黄图》卷3:"至后汉安帝时交趾郡守极陈其弊,遂罢其贡。"《雍录》作"交趾太守唐羌极陈其弊,乃始罢贡"。综观上述3种说法,停止交趾刺史部贡荔枝的年代迟早不一,上书极陈其弊者也有不同。虽然缺乏更多的资料,且与本文关系不大,待考;但是秦汉时代停止荔枝进贡是东汉事则为定论。

② 洛阳的种植柑橘见《河南府志》卷27引晋宫阁(? 阙名):"华林园橘十株",注称:"按淮南子橘生江北为枳,今洛下花木有橘,自晋时已然。"(文澜阁四库全书本)按洛阳有橘,自汉时已然,《河南府志》注语作晋代可能有误。然由晋华林园有橘,又足见橘可在洛阳生长。至于能否结实,待考。《南方草木状》:"今华林园有柑二株,遇结实,上命群臣宴饮于旁,摘而分赐焉。"如果《南方草木状》所称华林园是指洛阳的华林园,则古代洛阳栽培的柑橘不仅能生长,还能开花结果。

唐代长安的种柑橘而结实,见《说乳》卷38引《东史·杨太真外传》:"初开元末,江陵进柑橘,上以十株种于蓬莱宫。至天宝十载(751年)九月秋结实,宣赐宰臣曰:'朕近于宫中种柑子数株,今秋结实一百五十余颗,乃与江南及蜀道所贡无别,亦可谓稍异者。'群臣表贺曰:'伏以自天所育者,不能改有常之性,旷古所无者,乃可谓非常之感,是知圣人御物以元气布和,大道乘时,则殊方叶致,且橘柚所植,南北异名,实造化之有初,非阴阳之有变。陛下玄风真纪,六合一家,雨露所均,混天区而齐被,草木有性,凭地气以潜通,故兹江外之珍果,为禁中之佳实。绿带含霜,芳流绮殿,金衣烂日,色丽彤庭云云。'乃颁赐大臣。"又李德裕《李卫公会昌一品集》卷18《进瑞橘赋状》:"今月十九日[按:上文为九月二十三日,本文是否指九月,待考。又前数文题下注会昌四年(844年),此文同否,亦待考]圣恩赐臣朱橘三颗者,伏以远自湘山,移根清禁,蒙雨露之渥泽,庇日月之休光,如发素荣,俄成丹实,诚宜奉金华之宴,助玉食之甘,岂谓恩及微贱,获睹嘉瑞。……臣又伏见元宗朝,种柑结实,宣付史馆。"卷20《瑞橘赋序》:"清霜始降,上命中使赐宰臣等朱橘各三枚,盖灵囿之所植也。臣伏以度淮而枳,由地气而不迁……昔汉武致石榴于异国,灵根遐布,此西域柔服之应也。魏武植朱橘于铜雀,华实莫就,乃吴人未格之兆也。"所讲人事附会自然界中特殊现象之处,应该扬弃;但唐代长安柑橘华实至少有二是宝贵的史料。至于长安所种柑橘的果实"与江南及蜀道所贡无别",则属夸言。

③ 西汉长安上林苑的沟渠陂池颇多,灌溉便利。东汉洛阳的沟渠陂池不及西汉长安的多,然据《后汉书·张让传》:"(灵帝令毕岚)作翻车渴乌,施于桥西,用洒南北郊路,以省百姓洒道之费。"李贤注:"翻车,设机车以引水,渴乌为曲筒以气引水上也。"(按:陶元珍《三国食货志》:"渴乌当即今所谓虹吸",这种解释是正确的)《三国志·魏志·杜夔传》裴松之注:"时有扶风马钧,巧思绝世。傅玄序之曰:'马先生天下之名巧也。……居京都,城内有地可为园,患无水以灌之,乃作翻车,令童儿转之,而灌水自复,更入更出。其巧百倍于常,此二异也。'"陶元珍说:"翻车自非马钧所倡,惟毕岚但作之以洒道路,钧则应用之以灌园囿,较毕岚更进一步矣。"足见当时黄河流域灌溉的技术大为进步。

南。"许慎《说文解字》六篇上《木部》:"橘:果,出江南。"又"橙,橘属。""柚,条也,似橙而酢。"贾思勰《齐民要术》卷10引《异物志》:"橘树……江南有之,不生他所。"足见当时柑橘的大量产区皆在秦岭、淮河以南。古籍称汉代河域君主、贵族所吃柑橘也绝大部分取自秦岭、淮河以南[①]。巴郡的鱼复县(今四川省奉节县东北)[②]、朐䏰县(今四川省云阳县西北)[③],与岭南的交趾刺史部,都有橘官,为当时御橘的主要供给地[④],大致是产橘最盛的区域。又由上引《吕氏春秋》等书所载汉代柑橘的分布情况,以及《太平御览》所称东汉时蜀郡献橘,可见长江中下游一带和上游的蜀郡也是当时著名的柑橘产区。足以证明当时长安、洛阳一带所产柑橘的量少,质也较差,河域君主、贵族所吃柑橘绝大部分亦非当地所产的。然则汉代长安、洛阳一带柑橘能少量结实,并非气候较今温湿所致,而主要是人工特殊培护的结果,彰彰明甚。

然而,东汉末年曹操在黄河下游中部的邺种橘,应该也由人工加以培护,虽植株能生长,却不能开花结实。《艺文类聚》卷86引曹植《橘赋》:"朱实不衔,焉得素荣,惜寒暑之不均,嗟华实之永乖。"[⑤]

《周礼·冬官·考工记》:"橘逾淮而北为枳。"《晏子春秋·内篇·杂下》:"橘生淮南则为橘,生于淮北则为枳。"[⑥]《淮南子·原道训》:"橘树之江北,则化而为枳。"[⑦]又处于秦岭东西段间的南襄隘道之南阳部境为柑橘经济栽培区见于东汉文献[⑧]。

至于处在秦岭西段以南的汉中郡,据《史记·货殖列传》"蜀汉、江陵千树橘"来看,可知在汉代有相当数量的柑橘树栽培,生产情况和当时长江上游的蜀郡、中游的江陵并称。不过《史记》所称汉中郡的产橘区包括升仙村吗?升仙村是柑橘的原产地之一吗?何时开始栽培?何时开始进贡柑橘?汉代

① 参考《盐铁论·未通篇》御史语,《初学记》卷20引王逸《荔枝赋》《太平御览》卷966引《会稽先贤传》。

② 《汉书·地理志·巴郡鱼复县》注,常璩《华阳国志》卷1《巴志·巴郡鱼复县》均称该县有橘官。

③ 《汉书·地理志·巴郡朐䏰县》注称有橘官,顾祖禹《读史方舆纪要》卷694《四川夔州府·云阳县·五溪镇》引《舆程记》:"五峰驿南有橘官堂故址。"此外,常璩《华阳国志》卷1《巴志·巴郡·江州县》有"甘橘官"。《水经·江水注》:江州县有"官橘",不过都未明言年代,由其上文看来,似汉代已有橘官。

至《汉书·地理志·蜀郡·严道县》本注:"有木官"。汉严道县即今四川荥经县。刘逵注《文选》卷4左思《蜀都赋》"户有橘柚之园"一语时称:"地理志曰:蜀郡严道,巴郡朐䏰、鱼复二县出橘,有橘官。"罗愿尔《雅翼》卷8《释木》引《地理志·严道》的木官亦作"橘官"。王念孙据《蜀都赋》与刘逵注称"木"作"橘"为是(《读书杂志》卷4)。关于这个问题已托有关人士实地调查。

④ 《艺文类聚》卷86引《异物志》:"交趾有橘官长一人秩二百石,主贡御橘"《初学记》卷20引杨孚《异物志》同,不过"秩二百石"作"秩三百石"有异。由于这与本文关系不大,从略)。《南方草木状》卷下《果部·橘》条:"自汉武帝交趾有橘官长一人,秩二百石,主贡御橘。"可见汉武帝时,交趾已置橘官。此处所谓交趾是交趾刺史部呢,还是交趾郡?橘官治所在哪里呢?史籍虽未明确指出,但是根据自然条件来推断,交趾七郡大多可以栽种柑橘,又按生产发展情况来看,南海郡可能是重点。

⑤ 李德裕《李卫公会昌一品集》卷20《瑞橘赋序》:"魏武植朱橘于铜雀,华实莫就"云云。就是指此。

⑥ 李昉《太平广记》卷245《诙谐晏婴》《太平御览》卷966引晏子略同。《南方草木状》卷上《草部》耶悉茗引陆贾《南越行纪》《列子·汤问篇》亦略提到。

⑦ 按《淮南子》确为汉代著作外,《周官》大概是汉人作的,晏子为后人所托,《南越行纪》未必为陆贾所撰,《列子》是晋人作的。这些书虽有汉代以后作品,但是从著作时代确知的史料来看,可见秦汉时代中国不需人工保护而成橘的经济栽培区的北界之一为淮河。枳则可大量种于淮河以北,因而淮河南北柑橘与枳的分布情况不同,并非空言。又古籍解释其中原因在于"地气"或"水土"的不同,更指出了自然环境差异的影响。至于"橘变为枳",按诸学理,则属荒谬。因为柑橘与枳的形性虽然相似,但为柑橘中不同的属,前者为单身复叶,常绿灌木或小乔木;后者为复叶,落叶灌木或小乔木,必无短期变异的道理。不过,可能的解释是古代以淮北不能种橘,遂以枳为橘的砧木(胡昌炽《中国柑橘栽培之历史》,吴耕民、陈文训等亦主此说),由于橘不耐寒,致接穗(即橘的部分)死了,枳性复发。文人不察,谓为变种。后人承之,以迄于今。

又《太平御览》卷966和卷971《事类赋》卷27并且引《淮南子》"枳"作"橙",《读书杂志》卷12:"枳本作橙,此后人依考工记改之也。不知彼言橘逾淮而北为枳,此言橘树之江北则为橙,义各不同,遂主改"枳"为"橙"。刘家立《淮南集证》赞同《读书杂志》之说。实际上《淮南子》与其他书的意义虽有殊,江淮间气候较淮北虽稍温湿,但古籍所称的橙,是否相当于植物分类学上的橙类尚待研究,即令相当于橙,但橙的耐寒力较橘还低,在江北仍难以生长。古籍中将橘变为橙,亦属谬说。所以与其说橘树之江北化而为橙,不如谓化而为枳,还勉强可以用嫁接不成来解释。

⑧ 《文选》卷4张衡《南都赋》:"穰橙、邓橘。"按:穰、邓二县,当时属南阳郡,约在今河南邓县附近,正处南襄隘道的南部,为华北、华中间的过渡地带,自然景观特别是气候接近华中类型,因此具有成为柑橘经济栽培区的气候条件。

已为贡区之一吗？这些问题关系的确重大，由于《史记》记载汉中郡的橘类生长地点过简，我们对当时升仙村柑橘栽培情况与进贡情况有待进一步了解，对该地现今柑橘的栽培情况也需进一步研究，因此，对这些问题将继续探讨。

不过升仙村地处秦岭南坡，该地较长安、洛阳都要温暖湿润些。就这里汉代的自然条件，特别是气候条件说，大致和当时南阳郡境内的柑橘栽培区相差不大，都是可以肯定的。这样，升仙村一带在汉代具备栽种柑橘的自然条件，特别是气候条件，也不容置疑。就历史和经济条件说，升仙村距长安、洛阳较巴、蜀二郡固近，更较交趾刺史部近；它的开发也较巴、蜀二郡早，也更较交趾刺史部早；该村更靠近汉代巴、蜀二郡进贡柑橘北运的主要道路[①]。在汉代长安、洛阳的柑橘生产数量既少，质量又差，食用需从远方运来，而远方运输又多困难的情况下[②]，选择升仙村一带或附近地区栽培柑橘，是有很大可能性。为什么史籍记载不详呢？大概由于升仙村一带及其附近栽培柑橘的自然条件毕竟不及巴、蜀郡和交趾刺史部，因而产量和质量均较差，即令是贡橘，也只是次要地区、次要物品，难以与巴、蜀郡和交趾刺史部相比拟。

由上所述，可见秦汉时代中国一般柑橘不需人工特殊培护，成为经济栽培区的地理分布大致以秦岭、淮河为北界；枳则可在此界线以北栽培；盛产柑橘地区为蜀郡和交趾刺史部，巴郡似也有；至于现今柑橘生产最多、最好地区之一的福建大陆沿海地区却不见于记载。

四、福建大陆沿海地区柑橘、荔枝与古今气候

福建大陆沿海是荔枝的原产地吗？秦汉时代有栽培吗？史籍未见记载。古老的荔枝树留存到今的，较早的约千年左右，无法证明福建大陆沿海为荔枝原产地之一，也难以证实秦汉时代已有栽培。不过从闽、粤的地域相近，福建沿海的现今自然条件，及它与广东大陆沿海同是荔枝栽培最好、最多地区之一来看，广东大陆沿海既为世界荔枝的原产地，为汉代荔枝的主要供给地，那么福建在汉代已经开始种植荔枝是很可能的。或许由于福建沿海的冬温较广东沿海为低，古老的荔枝树不能像广东那样继续生存得久所致。

至于福建大陆沿海是否为柑橘原产地与秦汉时代有否栽种的问题，同荔枝相似，既缺乏古史为证，又由于古老的柑橘树生存期较荔枝短得多，仅 200 年许[③]，以实物证明柑橘栽植地区更困难。柑橘的寿命虽然远较荔枝为短，不过柑橘中的某些植物，如金柑属的金豆（又称山橘，*Fortunella hindsii* Swingle）在福建沿海广泛野生分布，可以作为福建大陆沿海是我国柑橘原产地之一的一个重要论据。

即使蜀郡、交趾刺史部的柑橘，交趾刺史部的荔枝，是秦汉时代中国柑橘、荔枝的主要产区和主要贡区，而福建大陆沿海的柑橘、荔枝较少，甚至没有栽培，此中主要原因也并非自然环境，特别是气候条件与今有显著差异所致，而是开发迟早不同，生产有先进、落后的差异等所致。蜀郡、交趾刺史部的某些地区开发较早，生产力较为先进，有利的自然条件为人类利用较早；相反地，福建大陆沿海地区开发较迟，生产较为落后，有利的自然条件为人类利用的较少、较晚；经过历代的移民，地方较为安定，逐渐开发，生产方式的改善，生产力的发展，以及与之相适应的人们生活水平的提高，人口密度加大等，都促进柑橘、荔枝栽培地区推广，数量也不断增加。到宋代蔡襄撰《荔枝谱》时，福建大陆沿海已成为

---

① 蜀郡位于川西，进贡长安的柑橘，以取其道汉中为较近；巴郡位于川东，柑橘可能顺江而下，采取水运。
② 汉代岭南进贡荔枝，极为生民之苦。进贡柑橘较荔枝为易贮运，但是在当时交通工具简陋的情况下，仍然相当艰难。
③ 据陈文训多年来在许多地区观察的结果。

著名的荔枝产区之一了。所谓"荔枝之于天下,唯闽粤、南粤、巴蜀有之","闽中唯四郡有之:福州最多,而兴化军最为奇特,泉、漳时亦知名,列品虽高而寂寥无几,将尤异之物,昔所未有乎? 盖亦有之而未始遇乎人也"[4]就是这样的意思。当时"福州种殖(植)(荔枝)最多,延驰原野。洪塘水西,尤其盛处,一家之有,至于万株。城中越山,当州署之北,郁为林麓。暑雨初霁,晚日照耀,绛囊翠叶,鲜明蔽映,数里之间,焜如星火,非名画之可得,而精思之可述。观揽之胜,无与为比"[4]。栽培之盛况,从中可想见。正由于荔枝产量大,自给而外,还有大量运销中外,所谓"水浮陆转,以入京师,外至北戎、西夏,其东南舟行新罗、日本、流求、大食之属,莫不爱好,重利以酬之"[4]。运销盛况,由此可概见,更反映荔枝栽植之盛。

五、结　语

综观上述,可得下列的初步结论:

秦汉时代中国柑橘、荔枝的分布大势与现代大致差不多;古今一般柑橘不需人工特殊保护而成经济栽培区的北界为秦岭、淮河;至于荔枝的分布以南岭南麓以南为主,广东大陆沿海地区为古今荔枝主要产区之一。秦岭、淮河以北的黄河中下游南部在人工特殊保护下,一般柑橘虽然少量尚可生长,但发育不良,主供观赏;荔枝汉代在人工特殊保护下也难生长,现代就目前所知,尚无人栽种。福建大陆沿海地区在秦汉时代即使尚未栽种柑橘、荔枝,此中主要原因,并非自然环境,特别是气候条件与现代有显著差异所致,而是开发、生产等方面的差异所致。这些证明说明了秦汉时代黄河中下游南部的常年气候与现今没有显著的差异。

秦汉时代河域的常年气候和现今河域的常年气候没有显著差异,并不是说当时河域的常年气候与现今完全一样;相反地,笔者认为是有差异的,不过这种差异一般是不大而已。当时黄河中下游南部的常年气候具体情况怎样? 当时的温度较今为高呢,还是低些呢? 当时的降水量较今为多些呢,还是少些呢? 前人有各种说法[①]。由于柑橘、荔枝本身的性质,它们与气候的关系及其分布方面的局限性,以致单纯从柑橘、荔枝的分布与变迁回答这类问题,证据虽有,但还不是很充分的。

笔者还曾从物候、盐渍土、竹类、稻米等在秦汉时代河域分布的史料和现今的情况,运用比较的方法,来推究秦汉时代河域气候与现今河域气候的异同,所得初步结论也是无显著的差异;并且它们所反映气候的局限情况与柑橘、荔枝不同,亦可与从柑橘、荔枝的地理分布所得结论相印证。

最后必须指出,秦汉时代黄河中下游南部大区域的常年气候虽与现今相差不大,但是局部的常年气候与现今相差的程度是不一致的。此中情况,有待进一步研究。

(原载《福建师范学院学报(自然科学版)》1956 年第 2 期,本次发表时对个别内容作了校订)

参 考 文 献

[1] 科斯晋. 气象学与气候学原理. 下册. 杜沦聪,等译. 北京:中华书局,1953

[2] 广东明年计划生产 80 万立方公尺木材. 南方日报,1956-10-04(2)

[3] 徐中舒. 古代四川之文化. 史学集刊,1940,1(1)

[4] (宋)蔡襄. 荔枝谱. 上海:商务印书馆,1930

---

① 文焕然:《汉代黄河中下游气候的初步研究》,中国地理学会学术报告会结合第二次全国会员代表大会学术论文,1956(油印本)。

历史动物地理

Historical Zoogeography

王小珊 绘

12 | 中国珍稀动物历史变迁的初步研究

文焕然　何业恒

一、多种多样的野生动物资源

在中国境内分布着多种多样的野生动物。据估计,全国约有鸟类 1 200 种,兽类 420 多种。我国土地面积只占世界陆地总面积的 6.5%,却占有世界鸟类种数的 14%和兽类种数的 12%左右。

在我国的野生动物中,有许多是我国所特有或世界所稀有的种和亚种。如鸟类中的朱鹮(*Nipponia nippon*)、褐马鸡(*Crossoptilon mantchuricum*)、黑颈鹤(*Grus nigricollis*)、丹顶鹤(*Grus japonensis*),虹雉属(*Lophophorus*),犀鸟科(Bucerotidae)等,兽类中的大熊猫(*Ailuropoda melanoleuca*)、金丝猴(*Rhino pithecus roxellanae*)、东北虎(*Panthera tigris altaicu*)、羚牛(*Budorcas taxicolor*)、亚洲象(*Elephas maximus*)、儒艮(*Dugong dugong*)、野马(*Equus przewalskii*)、双峰驼(*Camelus bactrianus*)、麋鹿(*Elaphurus davidianus*)、海南坡鹿(*Cervus eldi hainanus*)、白唇鹿(*Cervus albirostris*)、白鳍豚(*Lipotes vexillifer*)等,爬行类中的扬子鳄(*Alligator sinensis*)、鳄蜥(*Shinisaurus crocodilurus*),两栖类中的大鲵(*Andrias davidianus*)等。这些动物不仅具有经济价值,而且在科学、文化等领域内,也有很大的研究价值。

由于中国幅员辽阔,自东而西,从南到北,各地的自然条件差异很大。以植被类型来说,由沿海到内陆,依次出现森林、草原和荒漠。同是森林,由热带雨林到寒温带针叶林,情况又不一样。在各地不同的自然条件下,栖息着相应的野生动物。例如大兴安岭的驼鹿(*Alces alces*)与海南岛的坡鹿,在角的结构上就有很大的不同,前者比较复杂,后者则较简单。号称"世界屋脊"的青藏高原,有它相应的特有动物,如羚牛、牦牛(*Bos grunniens*)、藏羚(*Pantholops hodgsoni*)等。

东北的长白山,是中国的名山之一。山上有天池、瀑布、温泉等自然景物,风景极为秀丽。在茂密的原始森林里,栖息着多种野生动物。据初步调查统计,这里的脊椎动物约有 255 种,其中鸟类将近 200 种,兽类 50 多种,如东北虎、梅花鹿(*Cervus nippon*)、麝(*Moschus moschiferus*)、紫貂(*Martes zibellina*)、马鹿(*Cervus elaphus*)、鸳鸯(*Aix galericulata*)等[1],都是比较著名的。

又如四川平武王朗自然保护区,动植物均具有明显的垂直分布带,大体在海拔 2 600 m 以下,为针阔叶混交林带,栖息着猕猴(*Macaca mulatta*)、金丝猴、小熊猫(*Ailurus fulgens*)、金猫(*Felis temmincki*)、林麝(*Moschus berezowskii*)、水鹿(*Cervus unicolor*)、毛冠鹿(*Elaphodus cephalophus*)、鬣羚(*Capricornis sumatraensis*)、斑羚(*Naemorhedus goral*)、蓝马鸡(*Crossoptilon auritum*)、红腹角雉(*Tragopan temminckii*)等动物。海拔 2 600～3 800 m 为高山针叶林带,这里箭竹(*Sinarumdinarla nitida*)林茂密,乔木以紫云杉(*Picea purpurea*)、岷山冷杉(*Abies faxoniana*)为主,是大熊猫的主要

栖息地。与大熊猫一起的有棕熊（*Ursus arctos*）、黑熊（*Selenarctos thibetanus*）、林麝、毛冠鹿、羚牛等[2]。

从地质时代的第四纪以来，与中国处于同纬度的欧洲和北美，都有大陆冰川覆盖，由于寒冷，许多动物相继灭绝。中国只有一些高山冰川，受寒冷的影响较小，使一些动物的活化石如大熊猫、扬子鳄等残存到现在，更增加了中国野生动物资源的丰富性和多样性。

总之，中国丰富多样的野生动物资源，是大自然的历史遗产，与中国特殊的环境条件是密切相关的。

二、珍稀动物的变迁

中国许多动物是从地质时代演变而来的，历史时期变化更为明显，而且愈到后来，变迁更加迅速。

例如，浙江省余姚市河姆渡原始社会遗址中出土的动物遗存，有猕猴、红面猴（*Macaca specibsa*）、青羊（*Naemorhedus* sp.）、梅花鹿、麋鹿、水鹿（*Cervus unicolor*）、赤鹿（*Muntiacus muntiak*）、犀（*Rhinoceros* sp.）、亚洲象、虎（*Panthera tigris*）、黑熊、水獭（*Lutra lutra*）、大灵猫（*Viverra zibeyha*）、小灵猫（*Viverricula indica*）、鹤（*Grus* sp.）、扬子鳄、无齿蚌（*Anodonta* sp.）等共达40多种[3]，可见距今六七千年前，河姆渡一带的野生动物是不少的。

再看河南省淅川县下王岗遗址，有猕猴、黑熊、大熊猫、豹（*Panthera pardus*）、虎、苏门犀（*Didermocerus sumatrensis*）、亚洲象、斑鹿（梅花鹿）、水鹿、狍子（*Capreolus capreolus*）、苏门羚（鬣羚）、孔雀属（*Pavo*）、鳖属（*Trionyx*），龟科（Testudinidae）等30多种动物遗存[4]，说明距今6 000～3 000年前（从仰韶到西周），下王岗附近的动物与现今有很大的不同。

再如河南省安阳殷墟古生物中发掘的动物遗骨、遗齿，有狐狸、乌苏里熊（*Ursus* cf. *japouicus*）、鲸（*Cetacea* indet.）、黑鼠（*Epimys rattus*）、竹鼠（*Rhizomys* cf. *troglodytes*）、獐（*Hydropotes inermis*）、梅氏四不像鹿（*Elaphurus menziesianus* Sow.）、圣水牛（*Bubalus mephistopheles* Hopw.）、扭角羚、猴、亚洲象、犀牛、貘（*Tapirus indicus*）等[5,6]。又据殷墟出土的部分卜辞记载，当时猎获的动物有鹿、麋、兕、象、虎、狼、豕、犬、猴、雉等[7]。反映距今3 000多年前，殷墟一带的野生动物也远较现今丰富。

值得注意的是，最近我国古生物工作者在今河北省阳原县丁家堡全新统地层发掘出的动物遗存中，有貉（*Nyctereutes procyonoides*）、亚洲象、野马、披毛犀（*Coelodonta antiquitatis*）、马鹿、原始牛（*Bos primigenius*）、白鹮（*Threskiornis* cf. *aethiopicus*）、厚美带蚌（*Lepidodesma languilati*）、巴氏丽蚌（*Lamprotula bazini*）、杜氏珠蚌（*Vnio dowglasiae*）、黄蚬（*Corb cula aurea*）及圆旋螺（*Hippeutis* sp.）等[8]，说明距今三四千年前（夏代末、商代初），华北地区北部的阳原县丁家堡水库、桑干河谷一带的动物，同样与目前迥然不同。

上述事实，可见距今7 000～3 000多年前，从华北地区北部到华东地区的杭州湾南岸，野生动物资源远较现今丰富多样。几千年来，变化是非常巨大的：其中四不像鹿（麋鹿）①、犀、貘等在中国已经灭绝；象、大熊猫、孔雀、水鹿、梅花鹿、扬子鳄等虽然没有灭绝，但在分布地区上却发生了很大的变化。

再从一些珍稀动物的变迁来看，变化也是很明显的。

举世闻名的大熊猫，经历了漫长的演变。在早更新世，它由肉食性动物转化为植食性动物，那时

---

① 麋鹿原产中国，20世纪初曾在中国灭绝，近年又从英国等地引进。

其体型很小，分布地区也不大，主要在华南广西一带。到了中更新世，由于竹林繁茂，它的体型和个体数量都获得空前的发展，由小型的大熊猫逐渐发展为大型的大熊猫。主要分布在长江流域及其以南省区如四川、云南、贵州、湖北、湖南、江西、浙江、广西、广东、福建以及甘南、陕南，并且北过秦岭，到达陕中和北京。晚更新世以来，大熊猫的分布范围和个体数量一直在缩小与减少之中。例如，在新石器时代，大熊猫的遗骨，只在湖北建始、河南淅川等地有出土，说明它的分布地区已经大大缩小[9]。从新石器时代以后，大熊猫怎样缩小到现在的分布地区？历史时期江南和长江中游是否还有大熊猫分布？这些问题过去一直不明确，因而认为在新石器时代以后，大熊猫在江南和长江中游地区已经灭绝。我们查阅了明清时代鄂西、湘西北、川东一些地方志，发现湖北竹山、巴东、秭归、长阳、湖南大庸及四川酉阳①等县的一些山地，一直到18世纪或19世纪还有大熊猫分布②。长江中游和江南以外的情况，大体上也是这样。1965年在西安的汉南陵发掘出一具保存相当完整的大熊猫头骨[10]；汉代司马相如在《上林赋》中列举当时关中上林苑（为王朝开设的动植物园）饲养的许多兽类中就有大熊猫[11]，说明距今2 100多年前的西汉时代，在今西安市可能有野生的大熊猫，还有人工饲养的大熊猫。晋常璩《华阳国志》卷4《南中志》提到西汉时地处云南高原西南部的我国少数民族哀牢和东汉初的永昌郡（治今云南保山市东北）有貊（大熊猫）分布。可见大熊猫在其分布地区的缩小过程中，在一些地区消失了，而在另一些地区又保存着，经历了一个漫长的变化过程。一直到现在，大熊猫仅分布在川西邛崃山、大小相岭、岷山和甘南文县、陕南佛坪等地，而且还处于继续缩小分布地区的过程中。

四不像鹿，又名麋鹿，在中国是与大熊猫相媲美的又一珍稀动物。它的化石曾经广泛地分布于华北和长江下游平原，并且北到辽河平原，南到杭州湾南岸[12]。从殷商到战国时代，中国的麋鹿是很多的。在甲骨文中记载的猎获麋鹿的次数和数量都不少。据1944年胡厚宣对卜辞记载不完全的统计，仅武丁时，猎获的麋鹿有1 179头，其中一次猎获200头以上的就有两次[7]。《逸周书·世俘解》提到武王伐纣后，"武王狩，禽（擒）虎二十有二，猫二，麋（麋）五千二百三十五，犀十有二"③。《春秋》鲁庄公十七年（前677年）把"多麋"列为灾害之一，说明从殷到春秋时代，华北一带盛产麋鹿。《墨子·公输》载："荆有云梦，犀、兕、麋鹿满之"，反映战国时，今湖北中部的麋鹿也不少。中国人工饲养麋鹿的历史悠久④，三国魏明帝曹睿（公元227～239年）时，荥阳（今河南荥阳县东北）一带周围千多里，因人口耗散，土地荒芜，已成为狼、虎、狐、麋鹿等野兽群游生息的地方。曹睿将这一带划为禁地，不许人们擅杀一鹿；虽许人们在禁地内耕作，但野兽出没，残食生苗，危害很大⑤。中国人工饲养麋鹿的灭绝，是在1900年"八国联军"侵略中国时，把清代在北京南苑饲养的麋鹿群洗劫一空。

中国野生麋鹿灭绝的时间，由于材料根据的不同，看法还不一致，一般认为华北是在西汉以后，而长江流域则是晚于西汉千年左右的唐代。我们初步分析一些文献资料，认为野生麋鹿灭绝的时间比一般看法似乎都要晚得多。清康熙《诸城县志》卷9谈到明正德九年（1514年），"县东北境多麋，人捕食之"。咸丰《青州府志》卷63引旧志（似为道光志），正德九年，"安丘、诸城多麋，人捕食之"。可见16

---

① 今重庆酉阳。——选编者（2006年）
② 见明嘉靖与清乾隆《巴东县志·物产》，明万历《归州志·地理志·物产》，清乾隆与同治《竹山县志·物产》，同治《长阳县志·地理志·物产》，乾隆《直隶澧州志林·食货志·物产》，清嘉庆修、道光刊《永定县志·物产》，乾隆《酉阳州志·物产》，同治《酉阳直隶州续志·物产志》等。
③ 《汉魏丛书》本。
④ 《孟子·梁惠王上》："孟子见梁惠王。王立于沼上，顾鸿雁、麋鹿曰：'贤者亦乐此乎？'……文王以民力为台为沼，谓其台曰灵台，谓其沼曰灵沼，乐其有麋鹿、鱼、鳖。"说明当时梁国王家已饲养四不像鹿。《孟子·梁惠王下》称：齐宣王时，齐国王有囿方四十里，其中也有四不像鹿。
⑤ 《三国志》卷24《魏书·高柔传》及同书注引《魏名臣奏》载柔疏语。

世纪初,山东中部偏东地区还有麋鹿群存在。光绪《围场厅志》卷首《巡典》,康熙五十八年(1719年)清圣祖称:"自幼至今","用鸟枪弓矢",猎获"麋鹿十四"①。这些材料说明17世纪甚至19世纪,华北还有麋鹿分布,只是数量已经大大减少。至于长江中游地区麋鹿的灭绝,时间也相差不多。康熙《南昌郡志》卷3《舆地·物产》中记载有麋。《图书集成·方舆汇编·职方典》卷1150《襄阳府物产考》引《府志》:兽属有麋鹿。同治《续修永定县志》卷6《物产》也载有麋。按:当时永定治今湖南大庸县,可见从17世纪到19世纪,今江西、湖北、湖南境内还存在麋鹿。

现在的人很少知道,在距今3 000多年前,黄河下游一带,分布有野象、犀牛、貘和野生水牛,足见当时华北地区的野生动物与现今大不一样。现在中国的犀牛、貘和野生水牛都已灭绝,野象只有小群分布在云南省西双版纳等地的热带雨林内。

狩猎是殷商时代一种重要的经济活动。在甲骨文记载中,猎取野犀的次数不少,据最近新材料②,最多有一次猎获几百头的,说明当时黄河中下游野犀分布的数量不少。就在1 000多年前的唐代,今四川、贵州、湖北、湖南四省境内,还有许多野犀分布。以当时湖南而论,有10个州郡土产或土贡犀角,分布几乎遍布湘西、湘南和湘中。北宋以后,中国野犀分布的北界南移到南岭以南,到19世纪末或20世纪初,中国野生犀牛在云南省西南部最后灭绝[13]。

早在20世纪30年代,在河南安阳殷墟发现野象遗骨时,曾有人提出是从东南亚产象国运来的假说。这是不成立的。因为甲骨文中早有获象的记载,如果没有野生的,象又从何猎获呢?事实上,在距今三四千年前,今河北阳原县一带有野象分布;距今3 000多年前的殷商时代,黄河下游地区不仅产野象,而且还开始驯养野象。河南省简称"豫",这个"豫"字,就是一个人牵了大象的标志。殷商时代还用象作战。到了春秋时代以后,中国野象分布的北界,就由华北地区南移到秦岭、淮河以南。这个时期,长江流域从四川盆地到长江下游都有野象分布。不仅分布广,而且数量多。例如公元6世纪时,"淮南有野象数百",这个"淮南"是指今安徽当涂、芜湖、繁昌、南陵、铜陵一带,足见那时长江流域的野象不少。北宋以后,长江流域的野象趋于灭绝;而南岭以南,从今福建、两广到云南都有野象分布,比长江流域分布的更广,数量更多,古籍上称"群象"。如宋代"潮州野象数百食稼",明初太平府(治今广西崇左县)"十万山象出害稼,命南通侯率兵二万驱捕"。此外,古籍还提到岭南有的地方,"狎象而畏虎","养象以耕田",以象为"乘骑"、"象战",等等,反映岭南是历史时期我国野象最多的地区。从12世纪以后,福建、广东东部和中部的野象都相继灭绝,19世纪30年代以后,十万大山一带的野象又趋灭绝,滇西南成为全国野象唯一的残存区[14]。

现在中国的野马,可能已经绝迹,据说新疆境内可能尚有少量残存;中国野驴分布的范围较广,也仅限于西部地区。但它们1万多年前的遗骨在河南省许昌市灵井[15]、河北省阳原县虎头梁[16]和河南省新蔡县[17]等地都有发现,甚至在今阳原县丁家堡水库还发掘出距今约三四千年前的野马的遗齿[8],可见从距今一万多年到三四千年前,中国野驴与野马的分布范围都较现今远为广泛。

扬子鳄也是中国所特有而数量极少的一种珍贵动物。近六七千年来,一直分布在长江中下游地区。大体西起湖北江陵县,北到安徽合肥市、江苏扬州市,南到湖南常德市、浙江余姚市一带都有它的分布。从19世纪以来,扬子鳄的个体数量迅速减少,分布也随之缩小到今安徽、浙江、江苏3省交界地区的狭小范围以内[18]。

距今200年前后,中国广东、广西以及台湾省的澎湖岛一带,还有马来鳄(*Crocodilus porosus*)分

---

① 北京图书馆特藏善本处藏稿本。
② 中国社会科学院历史研究所胡厚宣1979年5月提供资料。

布,现在则久已绝迹了[19]。

产羚羊角的高鼻羚羊,在 20 世纪 50 年代初期,中国还有一定的数量,因为保护不力,到 1962 年前后,也已灭绝①。

此外,中国的金丝猴、长臂猿[20,21]、绿孔雀[22,23]以及鹦鹉[24]等,虽然现在尚有分布,但历史时期的变迁都是巨大的,限于篇幅,这里就不一一叙述了。

三、变迁原因的初步分析

为什么几千年来,中国一些珍稀动物的变迁这样大呢? 我们认为,主要有下列几方面的原因:

首先,是环境变迁。动物是离不开一定的生活环境的;动物的变迁,反映着环境的变迁。从安阳殷墟出土的动物遗存和卜辞记载来看,当时环境与现今大不一样。野象、犀牛、貘是热带或亚热带动物;野生水牛、竹鼠等是适宜温暖环境的动物,这些动物的存在,说明安阳一带的气温,在殷代远比现代温暖。四不像鹿(麋鹿)、象、野生水牛乃至犀牛等都是离不开水的。例如四不像鹿,就是一种沼泽动物,在古籍上称为泽兽,没有沼泽,它就无法生存。这些动物的存在,又反映当时安阳附近还有湖泊沼泽存在。虎、豹、熊等是森林动物;竹鼠主要生活在竹林里,以食竹根、竹笋为生[25];鹿是草原动物,这些动物的存在,反映当时安阳附近有森林和竹林,还有草原存在。

由上述情况,我们可以描绘出殷商时代安阳附近的地理环境。当时在太行山的东麓,有森林、竹林和草地,还有许多河湖沼泽。人们生活在这样的环境里,除了进行原始林业活动以外,还从事狩猎和耕作活动。

根据辽宁南部沉积地层和北京市平原泥炭沼泽的孢粉分析,距今 7 500～2 500 年前,中国气候变化总的趋势是这一时期为 10 000 多年来气温最温暖的时期[26,27];从湖沼和森林的大量存在,又说明当时的气候较今湿润得多。这种环境条件与动物的分布是相适应的,因而当时象、犀等野生动物能够在黄河下游栖息繁衍。从距今约 2 500 年前以来,我国气候变化总的趋势是气温较以前逐渐降低。加之,西周以后,华北地区人口不断增加,山林逐步被砍伐,湖沼也逐步被淤塞,使野生动物的生活环境发生变化,因而相继迁徙或者消失。

其次,是人类的大量捕杀。在原始时代,狩猎和采摘是人们的主要谋生手段,野兽为肉食的来源,尽管当时生产力的水平很低,但捕杀却是大量的、经常的。后来,犀角、羚羊角、鹿茸、麝香等开始在医药上利用,这虽然是个大进步,但无节制地获取,在客观上却加速了对野犀等动物的捕杀。例如,前述唐代今川、黔、湘、鄂四省交界地区土产或土贡犀角的 15 个州郡,由于长期地、经常性地捕杀,到北宋以后,其野犀都相继灭绝。孔雀和鹦鹉都是名鸟,唐宋时代在岭南一带,以孔雀为腊味,把鹦鹉腌藏来吃,由于乱捕滥杀,这些鸟类的个体数量大减。

新中国成立以来,对野生动物的保护和利用虽然做了许多工作,但由于乱捕滥猎,使得许多野生动物遭到严重的破坏。例如青海省海西蒙古族藏族自治州,1959～1960 年共捕杀野驴 7 万多匹,经过10 多年的严格保护,到 1973 年只有 4 000 匹,几乎只有当年猎捕数的 1/17。青海省玛多县在 1960 年一年内,猎捕野驴 6 900 多匹,使过去因野驴多而得名的"野马滩"(俗称野驴为野马)变成了无马滩。人为的破坏,使野生动物遭到很大的灾难。据不完全统计,四川省从 1963 年以来,共猎杀大熊猫 120多只、金丝猴 300 多只、扭角羊 1 300 多头。四川省原设立的 5 个自然保护区,在 20 世纪 60 年代后期

---

① 农林部林业局 1976 年提供资料。

至 70 年代前期遭到很大的破坏,使珍稀动物资源大大减少,有的地区甚至灭绝①。

第三,动物本身的原因。有些动物属于衰亡种,不能适应新的变化了的环境,容易被自然淘汰。例如犀牛是很笨重的动物,遇到突变的气候,就不容易适应。加之,犀牛的繁殖能力极低,孕期 400～500 多天,每胎仅产 1 仔,即使外界条件适合,发展也非常缓慢。大熊猫成年雌性个体每年仅产 1 胎,每胎产 1～2 仔,成活率不高,繁殖力也是很低的。大熊猫的食物高度特化(专食箭竹等),食物消耗量大(成年兽每只每昼夜吃嫩竹 15～20 kg 以上),失去凶猛兽类的切割能力(上下裂齿退化),以及进攻性器官的退化,都表现出它们处于衰亡的过程中[9]。

综观上述,可知历史时期中国珍稀动物变化的原因很多,但概括地说,不外自然原因和人为原因两大方面,它们对各种动物的影响是不同的,并且既是错综复杂的,又是综合而相互影响的,其中主导因素,一般地说,是人为原因的影响。

四、保护珍稀动物

新中国成立以来,党和政府对于野生动物资源的保护和合理利用非常注意,前后发出、颁布了不少通知、规定、法律等。1956 年,第一届全国人民代表大会第三次会议上,代表们提出我国自然环境和自然资源急需加以保护,并建议成立自然保护区。同年 10 月,第七次全国林业会议上,提出《狩猎管理办法(草案)》和《天然森林禁伐区(自然保护区)划定草案》。这两个草案对自然保护区和保护珍贵动物资源作了一些规定。同年,全国科学技术规划中,把自然保护和自然保护区的建立及其研究,列为基础理论研究工作之一。以后还有多次进一步的保护条例、通知和办法,1962 年国务院颁布的《关于积极保护和合理利用野生动物资源的指示》,就是其中之一。该指示明确规定了关于中国野生动物资源事业的"护、养、猎并举"的方针。

近年,国家又公布了《森林法(试行)》和《环境保护法(试行)》②,国务院还颁发了关于保护森林、制止乱砍滥伐的公告。《野生动物管理条例》和《自然保护条例》正在草拟。

(原载《湖南师院学报(自然科学版)》1981 年第 2 期,本次发表时对个别内容作了校订)

参 考 文 献

[1] 吉林省长白山自然保护区管理局科研室. 长白山自然保护区概况. 野生动物保护与利用,1979(12)

[2] 王朗自然保护区大熊猫调查组. 四川省平武县王朗自然保护区大熊猫的初步调查. 动物学报,1974,20(2)

[3] 浙江省博物馆自然组. 河姆渡遗址动物遗存的鉴定研究. 考古学报,1978(1)

[4] 贾兰坡,张振标. 河南省淅川县下王岗遗址中的动物群. 文物,1977(6)

[5] 德日进,杨钟健. 安阳殷墟之哺乳动物群. 中国古生物杂志,丙种第 12 号第 1 册,1936

[6] 杨钟健,刘东生. 安阳殷墟之哺乳动物群补遗. 中国科学院历史语言研究所专刊之十三,中国考古学报田野考古报告,第 4 册

[7] 胡厚宣. 气候变迁与殷代气候之检讨. 中国文化研究汇刊,第 4 卷上册,1944

[8] 贾兰坡,卫奇. 桑干河阳原县丁家堡水库全新统中的动物化石. 古脊椎动物与古人类,1980,18(4)

[9] 王将克. 关于大熊猫种的划分、地史分布及其演化历史的探讨. 动物学报,1974,20(2)

---

① 林业部自然保护处 1979 年提供资料。
② 《中华人民共和国森林法(试行)》1979 年 2 月 23 日第五届全国人民代表大会常务委员会第六次会议原则通过。

[10] 王学理. 两千年前西安生存过大熊猫吗? 化石,1977(1)

[11] 司马相如列传. 见:(汉)司马迁. 史记. 上海:商务印书馆,1958

[12] 曹克清. 上海附近全新世四不像鹿亚化石的发现以及我国这属动物的历史地理分布. 古脊椎动物与古人类,1975,13(1)

[13] 文焕然,何业恒,高耀亭. 中国野生犀牛的灭绝. 武汉师范学院学报(自然科学版),1981(1)

[14] 文焕然,江应梁,何业恒,等. 历史时期中国野象的初步研究. 思想战线,1979(6)

[15] 周国兴. 河南许昌灵井的石器时代遗存. 考古,1974(2)

[16] 盖培,卫奇. 虎头梁旧石器时代晚期遗址的发现. 古脊椎动物与古人类,1977,15(4)

[17] 裴文中. 河南新蔡的第四纪哺乳动物化石. 古生物学报,1956,1(4)

[18] 文焕然,黄祝坚,何业恒,等. 试论扬子鳄的地理变迁. 湘潭大学学报(自然科学版),1981(1)

[19] 文焕然,何业恒,黄祝坚,等. 历史时期中国马来鳄分布的变迁及其原因的初步研究. 上海师范大学学报(自然科学版),1980(3)

[20] 文焕然,何业恒. 我国长臂猿分布的变迁. 地理知识,1980(11)

[21] 高耀亭,文焕然,何业恒. 历史时期我国长臂猿分布的变迁. 动物学研究,1981,2(1)

[22] 文焕然,何业恒. 中国历史时期孔雀的地理分布及其变迁. 见:历史地理. 创刊号. 上海:上海人民出版社,1981

[23] 文焕然,何业恒. 中国古代的孔雀. 化石,1980(3)

[24] 何业恒,文焕然,谭耀匡. 中国鹦鹉分布的变迁. 兰州大学学报(自然科学版),1981(1)

[25] 何业恒. 中国竹鼠分布的变迁. 湘潭大学学报(社会科学版),1980(3)

[26] 中国科学院贵阳地球化学研究所第四纪孢粉组,^{14}C 组. 辽宁南部一万年来自然环境的演变. 中国科学,1977(6)

[27] 周昆叔,等. 北京市附近两个埋藏泥炭沼泽的调查及其孢粉分析. 中国第四纪研究,1965,1(4)

13 | 中国古籍有关南海诸岛动物的记载

文焕然

一、前 言

南海诸岛是中国南海中许多岛屿、沙洲、暗礁的总称,它们主要是由造礁珊瑚虫外胚层分泌石灰质骨骼在海洋中长期堆积而成的,有的露出水面,有的隐没水中,大小共达 200 余个。按其分布情况,分别叫做"东沙群岛"、"西沙群岛"、"中沙群岛"和"南沙群岛"。它们是由我国人民最早发现、最早开发,由我国政府最早进行管辖并行使主权的,自古以来就是中国领土不可分割的组成部分。这一带属于热带海洋性季风气候,温高湿重,气温年较差比较小,因而这一海域内珊瑚虫类、棘皮类、贝类、甲壳类、鱼类等动物资源甚为丰富;一些岛上热带林木终年郁郁葱葱,四周往往有沙带环绕,因此,也是爬行类、鸟类栖息繁殖的优良场所。

勤劳勇敢的中国人民从发现南海诸岛以来,世世代代克服重重困难,以这里作为生产基地,捕鱼采蚌,捉龟拣参;在岛上修屋造田,从事农业生产,以自己的汗水滋润着祖国南疆的神圣领土,为开拓和建设南海诸岛立下了不朽的功勋。在长期生产实践过程中,人们逐步积累了丰富的经验,掌握了这一带的地理情况和航海险情。正由于此,我国古籍中保存了许多有关历史时期南海诸岛动物资源,以及开发利用这些资源的记载和有关航海经验的记载。

二、中国古籍关于南海诸岛动物的记载

1. 珊瑚虫类

珊瑚虫是一种腔肠动物,它个体虽小,但其群体作用不小。不同种类的珊瑚虫能分泌各种成分不同的骨骼,即古籍和通常所称的"珊瑚"。珊瑚群体形状多样:有的呈树枝状,有的呈脑状,有的呈蘑菇状,等等。骨骼洁白或艳红,外观绚丽,不仅是我国古代著名的观赏品[①],并且一向是中药之一[②]。千百万珊瑚虫积年累月的繁殖,具有巨大的造礁作用。南海诸岛的许多珊瑚岛礁主要就是由这种微小的腔肠动物营造而成的。由于南海海域广泛分布着由这些珊瑚虫营造起来的珊瑚岛礁,所以在我国很早的古籍中就出现了有关南海诸岛"珊瑚"及"珊瑚洲"等方面的记载。如三国吴黄武四年至黄龙二年

[①] 如西汉初年,我国广东人民曾将"珊瑚"送到当时的国都长安(今陕西西安市西北)陈列。详见《西京杂记》卷 1,四部丛刊本。
[②] 详见《新修本草》[(唐)苏敬等。唐显庆四年(659 年)颁行]卷 4《珊瑚》条,不仅指出了"珊瑚"的医疗作用,并提到"珊瑚生南海"(上海科学技术出版社,1959 年影印本)。

（225～230 年），到过南海一带的（吴）康泰在《扶南传》一书称：

涨海（今南海）中倒珊瑚洲，洲底有盘石，珊瑚生其上也①。

这里所称"珊瑚洲"，就是上述由珊瑚虫营造的已经露出海平面的珊瑚岛屿和沙洲。这里所指"洲底盘石"，就是珊瑚岛屿和沙洲的底盘。文中不仅简单明了地描述了珊瑚虫在南海诸岛中的造礁作用，而且相当精确地指出了这些珊瑚岛和沙洲的形态和成因。

此后，晋裴渊在《广州记》中写道：

珊瑚，在（东莞）县南五百里，昔有人于海中捕鱼，得珊瑚。②

根据这段记载，这个位于今东莞市南面 250 km 的珊瑚洲就是现在的东沙群岛，这是我国人民早期在南海诸岛采集动物资源的例证。

2. 棘皮类

海参是古代我国南海诸岛的重要水产之一，并且也是我国古代中药之一③。正由于此，中国古籍关于南海诸岛海参的记载是很多的，如《百草镜》记载南海产海参，《药鉴》《药性考》等都指出广东海域产海参④。

到 1876 年清朝出使英国的公使郭嵩焘所著《使西纪程》中也提道：

（光绪二年十月）二十四日午正行八百三十一里，在赤道北十七度三十分，计当在琼南二三百里，船人名之曰齐纳细，犹言中国海也。……左近帕拉苏岛（即西沙群岛），出海葠（即海参）……中国属岛也。⑤

这条记载不仅直接指明西沙群岛是中国属岛，而且明确提到该岛出产海参。

此后，清宣统元年（1909 年），两广总督张人骏派广东水师提督李准巡视西沙群岛，亲临各岛，勒石命名，升旗鸣炮，公告中外，重申南海诸岛为中国领土，当时岛上尚有中国渔民多人。根据李氏的回忆，当他踏上当时命名为邻水岛的小岛上，看到文昌、陵水的渔船在这里"以石灰腌大乌参及刺参一舱"，并看到"海边之浅水内有一大乌参，长丈余，色黄如死猪然……真凉血动物也"[1]。

可见西沙群岛的海参，已成为我国渔民世代捕捞的主要对象之一，他们除了捕捞腌藏之外，还蓄养一部分于岛屿周围的浅水之处。

3. 贝类

中国古籍所载南海诸岛"砗磲"的史料，如公元 11 世纪，北宋著名科学家沈括（1031～1095 年）在《梦溪笔谈》中就记载了包括南海诸岛在内的南海一带所产"车渠"的形态和用途，该书卷 22 称：

---

① 《太平御览》卷 69 引，中华书局 1963 年影印本。
② 《太平寰宇记》卷 157《岭南道·广州·东莞县》，清光绪八年（1882 年）金陵书局刊本。
③ （明）谢肇淛《五杂俎》卷 9《物部·海参》，国学珍本文库第 1 集。
④ （清）赵学敏《本草纲目拾遗》[清乾隆三十年（1765 年）自序]卷 10《虫部·海参》引，商务印书馆 1955 年重印本。另外，写本文时，海南省尚未从广东省分出（文榕生注）。
⑤ 《小方壶斋舆地丛钞》第 11 帙。

海物有车渠,蛤属也。大者如箕,背有渠垄,如蚶壳,故(攻)以为器,致如白玉,生南海。[2]

又如南宋淳熙五年(1178年)周去非在《岭外代答》中较详细地描述南海所产"砗磲"的形态和用途,该书卷7《宝货门·砗磲》条说:

南海有蚌属曰砗磲,形如大蚶,盈三尺许,亦有盈一尺以下者,惟其大之为贵,大则隆起之处,心厚数寸,切磋其厚,可以为杯,甚大,虽以为瓶可也。其小者,犹可以为环佩花朵之属。其不盈尺者,如其形而琢磨之以为杯,名曰激滟,则无足尚矣。

再如明嘉靖十五年(1536年)黄衷《海语》卷下提道:

万里石塘在乌潴(按:指乌珠山或乌猪山一带海域,即今广东省中山市境的上川岛东一带海域)、独潴(按:指独珠山或独猪山一带的海域,即今海南省万宁县南海中独珠山一带的海域)二洋之东……其产多玞瑶……舵师脱小失势,误落石汉,数百人的生命就发生危险了。

这条记载所称"万里石塘"在今海南省万宁县南海中乌珠山一带海域以东;"石汉"指隐没在海平面下的珊瑚礁,可见《海语》所称"万里石塘"当指西沙、中沙二群岛,"玞瑶"就产于中沙、西沙二群岛一带,隐没在海平面下的珊瑚礁内外。

砗磲属砗磲科,为热带贝类,在珊瑚礁间生长,大的贝壳长度可达1 m,重量达250 kg。生长在珊瑚或珊瑚礁外的潟湖中,贝壳厚而大,绚丽,通常为白色,外被灰绿色,偶而有浅黄、柠檬黄色的外皮,可作观赏品,也可烧石灰,肉可食[3]。

上引《梦溪笔谈》所称"车渠",《岭外代答》所提到的"砗磲"和《海语》所记载的"玞瑶",就是今动物学所称砗磲。

还有乾隆《龙溪县志》卷17,乾隆四十二年(1777年)《漳州府志》卷42及卷46记载:清康熙末年至雍正年间(18世纪初期),中国福建尤溪人余士前等从印度尼西亚苏拉威西岛望加锡乘海船回国,入境后在"万里长沙"(今南沙群岛"危险地带"中某岛)船触礁破沉后,余士前等登上海岛期间,"水浅处多巨蚶,可数人舁",火炮巨蚶肉当食物。这里所称"巨蚶",其实就是砗磲。

此外,汉朱仲《相贝经》提到:"南海贝如珠砾。"[4]东晋至刘宋初徐衷《南方记》称:"珠蚌壳长三寸,在涨海中。"[4]6世纪初,梁陶弘景《名医别录》提到:海蛤,"生南海"①。

我国考古工作者近年在永乐群岛(属西沙群岛)西部的甘泉岛唐宋遗址中,还发现了有"吃剩的鸟骨与海螺壳等遗物"[5]。直到20世纪60年代,还有人"曾见到一张同治乙丑年(1865年)海门潭门港邓有吉、曾圣祖等四十二人出海在西沙群岛捕捞海螺的公凭"[6]。可见南海诸岛的贝类资源很早以来就为我国人民所利用。

4. 甲壳类

中国古籍有关南海诸岛甲壳类的记载,如公元3世纪下半叶,晋张华在《博物志》中简括地、生动地描述了当时南海"小蟹"的形态、习性及采集情况:

---

① (清)孙星衍、孙冯翼合辑《神农本草经》注引,四部备要本。

　　南海有水虫名蒯,蛤之类也。其中有小蟹,大如榆荚。蒯开甲食,则蟹亦出食;蒯合甲,蟹亦还,入为蒯。取以归,始终不相离。①

按:这里所称的"蒯",即软体动物中蛤类;"小蟹"即今豆蟹。

到1909年李准奉命巡视西沙群岛时,在晋卿岛(当时命名为伏波岛)上:

　　见沙地有红色蟹极多,与他蟹异。爪长而多,其行甚迅。以棍击之,即逃入一螺壳中而不见。拾壳起,见其爪拳屈于壳内,了无痕迹。每蟹必有一壳,大不逾二寸。有一蟹之壳,先为人拾起,致无所归,即拳伏于沙上,如死者然。余以竹筐拾归者数百枚,分赠亲友,名之曰寄生蟹。[1]

李准对清末西沙群岛的"寄生蟹"的形态、生态、习性及采集描述得也相当生动、具体,这就是今动物学所称的"寄居蟹"。

5. 鱼类

由于南海是热带海洋,海水温度较高,水温年较差较小;加以浮游生物丰富,岛礁又多,因而有利于海洋鱼类的繁殖和生长,海洋鱼类五彩缤纷,极为丰富,是祖国海洋鱼类资源中种类最多的地方,其中不少经济价值颇高,有些还是中药。中国古籍关于南海诸岛鱼类的记载也是很多的,对鱼类的种属也作了进一步的叙述。现举数例说明如下:

(1)鲨鱼　据公元17世纪末的《广东新语》卷22《鳞语·鲨虎》条载,

　　南海多鲨鱼,虎头鳖足,有黑纹,巨者二百余斤。……有虎皮……

我们《广东新语》所称的"鲨鱼",即今动物学上所称的虎鲨。

(2)"昌侯鱼"　即今泛指的鲳鱼。如公元8世纪上半叶,唐陈藏器在《本草拾遗》中提到:

　　昌侯鱼……生南海,如鲫鱼,身正圆……一名昌鼠也。②

从这条记载所述的"昌侯鱼"来看,即今泛指的鲳鱼。

(3)海马　如《本草拾遗》称:

　　海马出南海,形如马,长五六寸。[7]

这里所称"海马",即今动物学上的海马一类。

(4)飞鱼　又称"文鳐鱼"。公元8世纪上半叶,《本草拾遗》中就指出:南海有"文鳐鱼",一名"飞鱼"。该书称:

---

① 《太平御览》卷942《鳞介部·蟹》条引。
② 《政和本草》卷20引。

> 文鳐鱼……出南海,大者长尺许,有翅与尾齐,一名飞鱼。①

这条记载说明在 1 000 多年前,人们已掌握了南海"飞鱼"的形态和习性。

公元 17 世纪末,《广东新语》卷 22《鳞体·飞鱼》条说:

> 海南多飞鱼。……有两翅,飞急如鸟……烹之,味甚美。

这里对"飞鱼"的习性和经济价值等有所补充。

到公元 18 世纪初期《指南正法·独猪山》②又进而总结了古代人长期"回唐"③时航海实践的经验,记载有"贪东(按:指偏东)飞鱼"。

上述古籍所称"飞鱼"(一作"文鳐鱼"),即今燕鳐一类。大致于农历三至六月随西南暖流由南向北洄游,有追逐朽木(如破船板之类)的习性,在海上航行时,遇有朽木,放钩可钓到"飞鱼"。

(5)鲹 中国古籍有关于南海诸岛"拜浪鱼"的史料,如明万历四十五年(1617 年)《东西洋考》卷 9《舟师考·水星水醒》提到在七洲洋(今西沙一带的海域)一带航行时,说:

> 可探西水色青,多见拜浪鱼。④

这条记载所称的"拜浪鱼",即指今闽南、粤东一带海上灯光围网作业所产"巴浪鱼",即蓝圆鲹(*Decapterus maruadsi*)[8]一类。产量较多,为南海主要经济鱼类之一。

6. 爬行类

南海诸岛的爬行动物,有"海龟"、"玳瑁"及"蠵龟"等,都属于海龟一类。其中有的肉鲜美可口,营养丰富,有的甲片等可充中药。因此,自古以来,它们往往是我国渔民捕捉的对象。

千余年前,杨孚《异物志》中早就记载:

> (玳瑁,)如龟,生南海,大者如蘧篨。背上有鳞,鳞大如扇。有文章。将作器,则煮其鳞,如柔皮。⑤

1909 年李准巡视西沙群岛时,对晋卿岛上捕捉海龟的情景有一段生动的描述:

> 夜宿(晋卿)岛中,黄昏后听水中晰晰有声,(林)国祥曰:"此海中大龟将上岸下蛋也……"……月下见大龟鱼贯而上,为数不可胜计。群以灯照之,龟即缩颈不动,水手以木棍插入龟腹之下,力掀之,即仰卧沙上,约二十只。……国祥又引水手,持竹箩,在树下拨开积沙,有龟蛋无数,……其仰卧之大龟,长约丈余,宽亦六七尺……其全数重量盖四五百斤也。[1]

---

① 《政和本草》卷 20 引。
② 向达校注本,中华书局,1961 年 9 月版。
③ 古代中国人们和旅行家往往于夏季,从海路乘西南季风,由东南亚和非洲等地返回中国大陆部分,经过南海诸岛,当时称为"回唐"。
④ 商务印书馆国学基本丛书本。
⑤ 《广韵》卷 4 引。四部丛刊本。

又在领水岛：

> 见有渔船一艘于此，取玳瑁大龟，蓄养于海边浅水处，以小树枝插水内围之，而不能去。余询其渔人为何处人。据言为文昌、陵水之人，年年均到此处，趁天气晴朗，乘好风，即来此取玳瑁、海参、海带以归。[1]

可见海南岛渔民祖祖辈辈以南海诸岛为捕捞基地，而玳瑁和海龟又成为他们主要的捕获对象之一；到 20 世纪初年，又进一步发展了养殖事业。

7. 鸟类

（1）鲣鸟　鲣鸟是历史上南海诸岛数量最多的一种鸟类，一向被当地和海南岛一带人亲切地称呼为"导航鸟"，这种海鸟我国古籍早有记载。

13 世纪初年，义太初作序的《琼管志》就写道：

> 千里长沙，万里石塘（泛指南海诸岛）……舟舶往来，飞鸟附其颠颈而不惊。①

清雍正八年（1730 年）陈伦炯《海国闻见录》卷上《南澳气》②载：

> 沙有海鸟，大小不同，少见人，遇舟飞宿，人捉不识惧，搏其背吐鱼虾以为羹。

这里所称"海鸟"，当指鲣鸟科，常见的有：褐鲣鸟[*Sula Leucogaster plotus*（Forster）]，嘴绿、脚绿，羽褐，腹白；红脚鲣鸟（*S. rubripes* Gould），嘴红、脚红，羽白为主③。红脚鲣鸟除"导航"外，还是南海诸岛一带生产鸟肥资源的主要鸟类。

（2）"犬箭鸦"　清康熙三十四年（1695 年），广东长寿寺僧乘船经过七洲洋（西沙群岛一带海域）时，

> 每有犬箭鸦，飞绕樯（按：指船桅）上，尾羽若带矢状。④

按：这里所称"犬箭鸦"是指燕鸥一类的动物。

（3）"箭鸟"　包括"白鸟尾带箭"及"鸟尾带箭"。明末（约 16 世纪末）《顺风相送》、1617 年张燮《东西洋考》及清初（约 18 世纪初期）的《指南正法》三书对南海诸岛的海洋生物及飞鸟等都有比较详细的记载。值得注意的是上述 3 书在描述"出唐"（古代中国人们和旅行家往往于冬、春二季，从海路顺东北季风由中国大陆部分赴东南亚和非洲等地，经过南海诸岛，当时称为"出唐"）时，在经由南海诸岛这段航线，航海"贪东"（按：指偏东）、"贪西"（按：指偏西）及"正路"3 种情况下，有海流、鱼类、鸟类及漂流的植物或木材等方面的差异。其中关于鸟类方面，《顺风相送·定潮水消长时候》称：

---

① （宋）王象之《舆地纪胜》卷 127《广南西路·吉阳军·风俗形胜》引。咸丰五年（1855 年）伍崇曜校刊本，粤雅堂开雕舆。
② 指今东沙群岛。
③ 郑作新《中国鸟类分布目录》第 9 页。
④ 清代人撰《海外纪事》，康熙三十五年（1696 年）成书。

> 船行正路,见鸟尾带箭是正路。
>
> 若见白鸟尾带箭,便是正路……①

《东西洋考》卷9《舟师考·水星水醒》称:

> 如白鸟尾带箭,此系正针(即"正路")。

《指南正法·指南正法序》称:

> 惟箭鸟是正路。

上述4条记载简括地说明了"箭鸟"的形态和作用。

1730年《海国闻见录》上卷载:

> 七洲洋(西沙群岛一带的海域)中有一种鸟类,状似海雁而小,喙尖而红,脚短而绿,尾带一箭,长二尺许,名曰箭鸟。船到洋中,飞而来示,与人为准。

这条资料更生动地、简括地描述了"箭鸟"的形态和作用。《顺风相送》所称"鸟尾带箭"、"白鸟尾带箭",《东西洋考》所称"白鸟尾带箭"和《指南正法》所称"箭鸟",虽较简单,但从所描述鸟类形态主要特点及作用来看,与《海国闻见录》是一致的。可见"箭鸟"是明末清初及其以前,南海诸岛一带海域航行(风帆)中识别航向的标志之一,是航海人最熟悉的鸟类之一。

上述诸书所称"箭鸟"等,是指今鹱科的鸟类,这些鸟类的尾巴特长如箭,因此得名。

(4)"鸭头鸟"和"鸭鸟" 中国古籍关于南海诸岛一带海域"鸭头鸟"和"鸭鸟"的记载,如《顺风相送·定潮水消长时候》条,比较详细地描述:

> "出唐"时,"船身若贪东,则海水黑青,并鸭头鸟多"。

《东西洋考》卷9《水星水醒》称:

> 贪东则水色黑;色青……及鸭鸟声见。

《指南正法·指南正法序》也提道:

> 贪东则水色黑青,鸭头鸟成队……

这些古籍所称的"鸭头鸟"和"鸭鸟",其实就是指今水鸭。

三、结 语

综观上述我国古籍有关南海诸岛动物的记载,可以得出如下两点看法:

(1)很早以来,中国古籍就有大量关于南海诸岛动物资源的记载。如 2 000 多年前,《相贝经》就指出南海的贝类。3 世纪初期,康泰《扶南传》叙述了南海诸岛"珊瑚"的分布以及珊瑚岛屿与沙洲的形态和成因。3 世纪下半叶,张华《博物志》记载了南海"小蟹"的形态、习性及采集情况。这些不仅充分地说明了我国古籍对南海诸岛动物的记载是最早的,并且对这些动物资源的开发、利用和改造的记载也是最早的。

(2)随着历史的发展,中国古籍有关南海诸岛动物的记载,越来越多,越来越具体,越来越细致,充分地反映我国人民在南海诸岛的活动越来越频繁,经验越来越丰富。中国人民以自己的汗水浇灌了南海诸岛的土地,以辛勤的劳动开发了海域和岛上的动物等资源,这些事实是谁也无法否认的。

（原载《动物学报》1976 年第 22 卷第 1 期,以"中国科学院地理研究所历史地理组"署名,本次发表时对
　　个别内容作了校订,恢复个人署名)

参 考 文 献

[1] 李准巡海记. 大公报,1933-08-11

[2] (宋)沈括著,胡道静校注. 谬误. 见:新校正梦溪笔谈. 卷 22. 北京:中华书局,1957

[3] 张玺,等. 南海的双壳类软体动物. 北京:科学出版社,1960

[4] (唐)欧阳询. 艺文类聚. 北京:中华书局,1965

[5] 史棣祖. 南海诸岛自古就是我国领土. 光明日报,1957-11-24

[6] 陈泽宪. 十九世纪盛行的契约华工制. 历史研究,1963(1)

[7] (明)李时珍. 本草纲目. 北京:人民卫生出版社,1957

[8] 中国科学院动物研究所,等. 南海鱼类志. 北京:科学出版社,1962

14 扬子鳄的古今分布变迁

文焕然

扬子鳄(*Alligator sinensis*),又名"鼍"、"猪婆龙"、"土龙"等,是世界上 20 多种鳄类之一。它同生活在北美密西西比河流域的密西鳄属同一种,是中国特产的珍稀动物。

扬子鳄是亚热带变温动物,适应低温能力较差,冬眠时居住在土质疏松、有芦苇和竹林覆盖的河湖滩地或沼泽中。扬子鳄每年 10 月下旬入眠,次年 4 月底 5 月初出蛰,喜吃鱼虾、螺蚌、鼠、蛙之类,系食肉类动物。

近六七千年来,中国扬子鳄从黄河下游到长江中下游及浙江中南部山地丘陵等地区均有发现。几千年来,扬子鳄从黄河中下游南部逐渐南移到长江中下游,最后残存于长江下游的安徽、浙江、江苏 3 省交界地区(图 14.1)。其分布北界的变化主要分以下 3 个阶段:

(1)在 7 000 多年前至公元 200 多年这段时期内,中国的气候较暖。据《夏小正》记载,扬子鳄是"二月"出蛰。这里的"二月"是指公历 3 月,这说明当时黄河下游气候比现在暖和。特别是黄河下游、山东半岛一带(即泰安县、山东丘陵等地),既有海洋的调剂,又在山东之南,更适于鳄的生存。而且,当时这一带湖泊沼泽较多,土质疏松,人口也少,有芦苇等植被,有利于扬子鳄的栖息。因此,此阶段扬子鳄分布的北界在黄河下游南部,包括 6 000 多年前的兖州王国。4 000 多年前的分布北界为山东泰安大汶口一带,安阳殷墟也可能曾有扬子鳄分布。此外,《夏小正》记载物候中指出的"二月""剥鼍",说明淮海等地区也有扬子鳄。

(2)公元 200 多年至 19 世纪中叶,由于气候转冷,河湖沼泽也有所减少;人口增加,大量的垦殖破坏了扬子鳄的栖息地,再加上人类的捕杀,使黄河下游的扬子鳄趋于灭绝,而长江中下游广大地区适于扬子鳄生存,且人口较稀少。因此,扬子鳄的北界逐渐南移到长江中下游及浙江中部山地丘陵地区。这在魏、晋、南北朝、唐、宋、明、清的古籍中都有记载。

(3)19 世纪中叶以后,由于帝国主义势力的入侵,长江流域船舰来往频繁,再加上人们的捕杀、沿江水利工程施工和围湖造田等,破坏了扬子鳄的栖息地和生存环境,使扬子鳄的分布范围急剧缩小,数量减少,仅残存于苏、皖、浙三省交界地区,并由平原河湖滩地转移到谷地,直到现在。

扬子鳄数量的减少和分布北界的南移,是其生存习性、气候条件及人为因素综合影响的结果。近年来,国家对扬子鳄的保护和繁育十分重视。1979 年在安徽省宣城建立了一座扬子鳄养殖场。1982 年划定宣城、南陵、泾县、朗溪、广德 5 县为扬子鳄自然保护区。1986 年国务院又批准该自然保护区晋升为国家级。由于扬子鳄的保护受到极大重视,且扬子鳄繁殖能力也较强,加上人工饲养和繁育,使扬子鳄现在的数量又有所增加。

(原载《中国自然保护地图集》,北京:科学出版社,1989。原图为彩印,现按黑白图特点对原图例有所变换。本篇名是新加的)

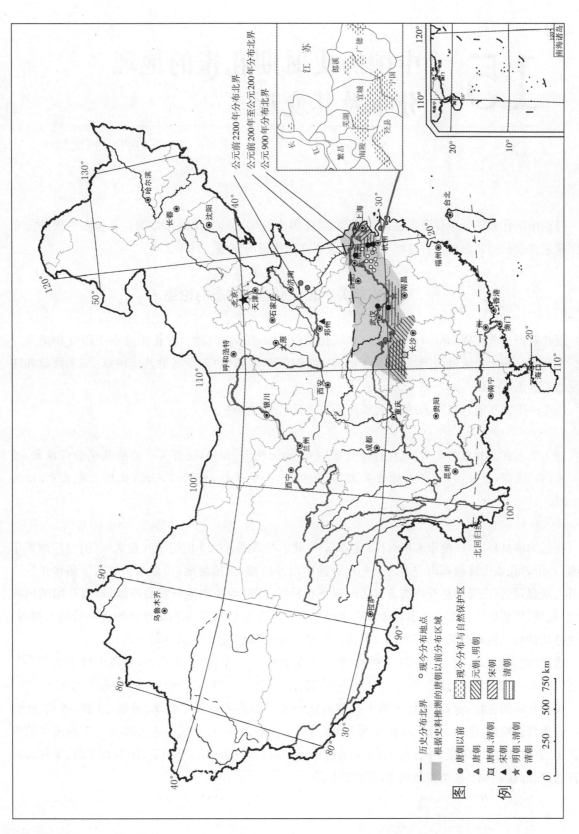

图 14.1　中国扬子鳄历史变迁图

15 | 中国历史时期孔雀的地理分布及其变迁

文焕然　何业恒

目前中国孔雀的分布仅限于云南西南部,但在历史时期远远超出这个范围。孔雀在中国的分布地区是怎样变化的? 为什么有这些变化? 这是本文所探讨的问题。

一、中国古籍关于孔雀形态和生态的论述

现在亚洲有蓝孔雀(*Pavo cristatus*)和绿孔雀(*P. muticus*)两种。蓝孔雀分布于印度和斯里兰卡。绿孔雀分布于我国滇西南外,还见于缅甸、孟加拉国、泰国、中南半岛的其他国家、马来西亚和印度尼西亚的爪哇等地[1]。

距今一千多年前,《异物志》就对孔雀的形态进行系统的描述:

> 孔雀其大如雁而足高,毛皆有斑文采(彩),形体既大,细颈,隆背……自背及尾皆作珠文,五采(彩)光耀,长短相次,羽毛皆作员文,五色相绕,如带千钱,文长二三尺,头戴三毛长寸,以为冠。①

孔雀的栖息环境,在南宋末期著作《建武志》中就已经谈到,约13世纪中叶建武军(治今广西南宁市南)一带,"孔雀生溪洞高山乔木之上……卧沙中以沙自浴,拍拍甚适,盖巢于山林而下浴沙土"[2]。据近人观察,孔雀主要栖息在海拔2 000 m以下有针叶、阔叶等树木的开阔高原地带,或开阔的稀树草地、灌丛、竹薮地带。尤喜在靠近溪河沿岸或林中空旷的地方生活,在活动地区附近一般都有耕地,以便寻找食物。树林有利它逃避敌害,但郁密的原始森林,又不适于它的活动[3]。

唐代《纪闻》记载,约8世纪时,"罗州(治今广东省廉江县北)山中多孔雀,群飞者数十为偶"[4]。据近人观察,孔雀很少单独活动,常一只雄鸟,伴随三五只雌鸟,有时还杂以幼鸟,也是成群活动。

关于孔雀的食物,清刘世馨《粤屑·孔雀》:钦州人家多畜养孔雀,"食米,或饭,或谷,或菜,皆食之……尤喜食蜈蚣、蜘蛛、韭菜,则体壮而毛鲜";"纵使食蚱蜢……"。这与近人调查云南西南部的野生孔雀,好吃棠梨(即川梨 *Pyrus pashia*)、黄泡子(*Rubus ichangensis*)等果实,稻谷和芽苗、草籽以及捕捉蟋蟀、蚱蜢、小蛾、蛙类和蜥蜴等,是相类似的。

---

① 《太平御览》卷924引。似为东汉杨孚《异物志》,已佚。

二、中国孔雀分布地区的历史变迁

历史时期中国的孔雀主要分布在长江流域及其以南地区(图 15.1 和表 15.1)。西北塔里木盆地也有孔雀的记载①，但还待验证，因此只附记在这里，暂不作为一个分布区来论述。

中国孔雀分布地区的历史变迁，大体可分为如下 3 个区。

(一) 长江流域

本区指历史时期滇东北、四川盆地及长江中游一带。

据河南省淅川县下王岗遗址第九文化层中，发现有孔雀属(*Pavo sp.*)的遗骨，说明距今五六千年前，秦岭东南端天然森林与开阔草地灌木的接触地带有野生孔雀分布[5]。

战国时《楚辞·大招》载："孔雀盈园"。汉王逸注："言园中之禽，则有孔雀群聚，盈满其中"，这里指的是饲养的孔雀，却反映距今 2 000 多年前的楚国，约相当今湖北、湖南等地，可能有野生孔雀分布。

晋左思《蜀都赋》："孔翠群翔，犀象竞驰。"唐刘良注："孔，孔雀；翠，翠鸟也"②。说明 3 世纪末，四川盆地有野象、野犀，也有野生孔雀。

《后汉书》卷 86《南蛮西南夷列传·滇》载：益州郡，"河土平敞，多出鹦鹉、孔雀，有盐池田渔之饶，金银畜产之富"，晋常璩《华阳国志·南中志》："晋宁郡，本益州也。……治滇池(今云南省晋宁县晋城)……郡土大平敞，原田多长松皋，有鹦鹉、孔雀、盐池、田渔之饶。"这些说明 1 000 多年前，滇东北一带的野生孔雀不少。

(二) 岭南

岭南产孔雀的历史记载很早。《汉书》卷 95《南粤传》，汉文帝元年(前 179 年)，南粤王赵佗遣使上书献"孔雀二双"，说明当时岭南地区有孔雀分布。

汉桓宽《盐铁论》卷 7《崇礼》载，南粤以孔雀珥门户。宋范成大《桂海虞衡志·志禽·鹦鹉》称 12 世纪末，广西"民或以鹦鹉为鲊，又以孔雀为腊，皆以其易得故也"。宋周去非《岭外代答》卷 9《禽兽门·孔雀》载："孔雀，世所常见者，中州人得一则贮之金屋；南方乃腊而食之。物之贱于所产者如此。"说明从两汉到南宋，孔雀在岭南一带为常见的飞禽，而且容易猎获，因而当作一般的食物或普通的装饰品。

根据古籍记载，按照孔雀的地理分布，可分以下 6 个地区。

1. 粤东地区

明隆庆《潮阳县志》(即今县)卷 7《民赋物产志·物产》曰："鸟兽类：种类多，同诸邑，间出孔雀……多见郡志，兹故不备载云。"所称"诸邑"，似指当时潮州府所辖海阳、揭阳、饶平、惠来、大埔、澄海、普安(万历十三年改名普宁)等县，反映 16 世纪 60～70 年代上述地方还有孔雀。在此以前，似较多，只是流传到今的文献缺乏记载而已。

2. 粤中地区

除上述《汉书·南粤传》外，南朝梁陶弘景《本草经集注》载："(孔雀)出广、益诸州"[6]。唐《新修本

---

① 《太平御览》卷 924 载："(三国)魏文帝与群臣诏曰：前于阗(今新疆和田)王所上孔雀尾万枚……"《北史》卷 97《西域传·龟兹国》：北魏时龟兹(今新疆库车)"土多孔雀，群飞山谷间，人取而食之，孳乳如鸡鹜。其王家恒有千余只云。"

② (南朝·梁)萧统《文选》卷 4，《四部丛刊》本，六臣注。

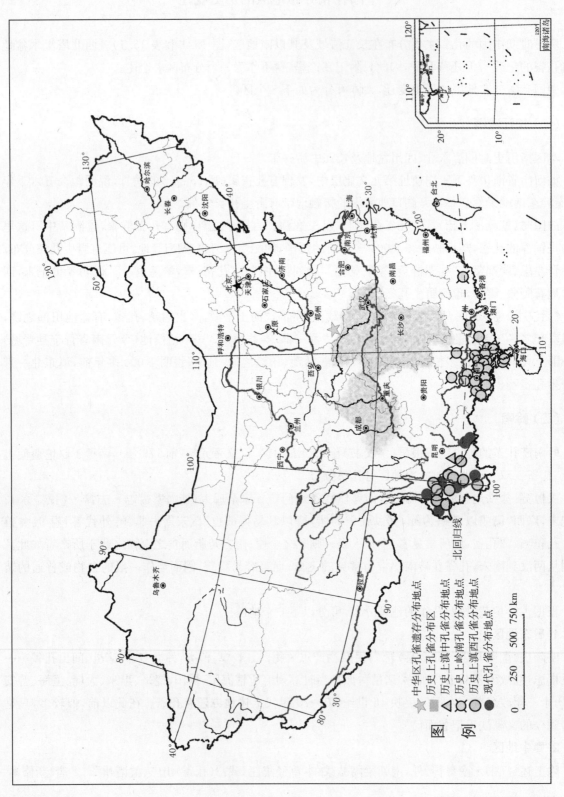

图 15.1　中国孔雀分布变迁图

表 15.1　"中国孔雀分布变迁图"所示地点一览

地　区	遗存地点	历史分布地点	现存地点
河　南	淅川县		
广　东		广州市、潮阳县（今汕头市潮阳区）、罗定县（今罗定市）、高州县（今高州市）东北、吴川县（今吴川市）西南、廉江县（今廉江市）北、海康县（今雷州市）、徐闻县	
广　西		南宁市、武鸣县、上林县、蒙山县南、玉林市（今玉林市玉州区）西北、容县、博白县、钦州市、灵山县、合浦县、防城各族自治县（今防城港市）、崇左市（今崇左市江州区）、宜山县（宜州市）	
云　南		晋宁县、元江哈尼族彝族傣族自治县、保山市（今保山市隆阳区）、普洱哈尼族彝族自治县、景东彝族自治县、镇沅彝族哈尼族拉祜族自治县、凤庆县、梁河县、盈江县、陇川县、永平县、景洪县（今景洪市）	河口瑶族自治县、蒙自县、西双版纳自治州（今辖景洪市、勐海县、勐腊县）、临沧地区临沧县（现为临沧市临翔区）、德宏傣族景颇族自治州（今辖潞西市、瑞丽市、梁河县、盈江县、陇川县）、泸水县东、凤庆县

草》："孔雀，交、广有。"[①]宋罗愿《尔雅翼》卷13《释鸟·孔雀》："孔雀生南海……盖今粤人以珥门户。"[②]

以上数条记载，所指孔雀的范围不一，地点不同，但综合来看，可反映本地区从西汉到南宋为中国野生孔雀主要分布区之一，则是一致的。

3. 云开大山及其附近地区

三国《吴录地理志》："孔雀，交趾、雷、罗诸州甚多，生高山乔木之上……数十群飞，栖游冈陵……"[7]

唐代雷、罗二州仍多野生孔雀，根据《新唐书》卷43上《地理志·岭南道》：罗州招义郡（治今廉州县北），土贡："孔雀"。同书，雷州海康郡（治今海康县，统辖约相当今雷州半岛）土贡，也有"孔雀"。值得注意的是，这里所称"土贡"，实际上反映当时雷、罗二州有不少野生孔雀。如段公路《北户录》卷1《孔雀媒》："雷、罗数州收孔雀雏养之，使极驯，拢（？）致于山野间，以物绊足，傍施罗网，伺野雀至，即倒网掩之，举无遗者。"就是明证。

北宋初乐史《太平寰宇记》卷167《岭南道》中仍指出化州（治今化州县东北）的土产："废罗州出孔雀、鹦鹉"。按当时"废罗州"仅领吴川（今县西南）一县，说明本地区南部的吴川仍然产孔雀。《岭南道》，高州（治今高州东北）土产，也有"孔雀"。这些都反映唐宋时代雷、罗、化、高等州，特别是靠近雷州半岛一带，孔雀的数量是不少的。

15世纪60年代，《明一统志》卷81《高州府·土产》犹称"孔雀，高凉石城（今廉江）出"。同书卷82《广东·雷州·土产》也载有"孔雀"。

17世纪末18世纪初，高州府人余麟杰的《孔雀赋》提到孔雀"昔产于茂，今也则无"[8]。说明17世

---

① 《政和本草》卷19《孔雀》引。(明)李时珍《本草纲目》卷49《禽部·孔雀》引作"(孔雀)交广多有"。
② 《太平御览》卷924引《南越志》："义宁县杜山多孔雀。"据道光《肇庆府志》卷2《舆地志·物产》："按：义宁县，今开平县地。"
　《太平寰宇记》卷163《岭南道·新州·新兴县》："桂山，在今新会县西南三十四里"，《南越志》云："此山鸟则翡翠、孔雀……"

纪末18世纪初,高州府茂名一带的野生孔雀已经趋于不见了[①]。

至于本地区东北部,据《明一统志》卷81《肇庆府·土产》载有"孔雀"。清吴震方《岭南杂记》卷下:"孔雀产广西,而罗定山中间或有之。"雍正八年(1730年)《罗定州志》物产部分仍有"孔雀"。看来,本地区东北部孔雀的灭绝时期,似在18世纪30年代以后[②]。

本地区西北部,据《太平寰宇记》卷165《岭南道·郁林州·南流县》:废平琴州(今玉林县境),"多翡翠、孔雀"。

又宋黄休复《茅亭客话》卷8《寓孔雀书》记载:北宋时,容(治今广西容县)、白(治今广西博白)等州山中多孔雀。南宋及明代文献都提到博白县西伏割山"多鹦鹉、孔雀"[③]。说明博白一带一直是本地区孔雀的主要产地。

4. 桂北地区

唐齐己(胡得生)《送人南游》诗曰:"且听吟赠远,君此去蒙州(治今广西蒙山县南)。……峦(蛮)花藏孔雀,野石乱(注:"一作隐")犀牛。"[9]反映唐代蒙州一带有野生孔雀分布。前引《茅亭客话》卷8,提到北宋时宜州(治今宜山县)山中多孔雀,但以后就不见于记载了。

5. 桂西南地区

据《建武志》,孔雀:"生(建武军)溪峒高山乔木之上,人采其雏育之"[2]。《元朝混一方舆胜览》下卷《湖广等处行中书省·邕州路·风土》称,产"孔雀:生溪峒高山上"。

元至元二十九年(1292年)陈孚路过昆仑关时作《过昆仑关》一诗中提到当时该地一带有野生孔雀分布[④]。

明初,武缘县(今广西武鸣县)土贡有"孔雀"[2]。明末,谢肇淛曾在广西作过官,著有《百粤风土记》,称"鹦鹉、孔雀产蛮洞中,甚多"。按他所指的范围,大致包括宜州、郁江及左、右江流域等少数民族分布地区。

清陆祚蕃《粤西偶记》谓:来宾、南宁、浔州(今桂平)一带江水腥浊,与孔雀粪有关。"水色时而碧,时而红秽,恶不可近。舟行百里无井,不得已以明矾澄清,加以消毒的雄黄,然后饮用。中毒的或泄泻,或作闷,十人中常有八九人。"说明红水河、左江、右江、郁江及黔江等流域当时分布的孔雀不少。

此外,清代广西方志等文献记载出产孔雀的资料颇多,如雍正《广西通志》卷31《物产》提到郁江流域的太平府和南宁府的各州县出孔雀,红水河流域的上林县也产孔雀。

6. 桂东南地区

本地区指广西东南部六万大山至十万大山南北一带。

前述《茅亭客话》卷8记载北宋时廉州(治今合浦县境)山中多孔雀。嘉靖《广东通志初稿》卷33《土产》载:孔雀"出廉州(治今合浦县)"。还有《明一统志》卷82《广东·廉州府·土产》载:"孔雀,钦州(今县)出。"

历史文献较具体地指出本地区野生孔雀分布的地点,主要有3个:

---

① 《嘉庆重修一统志》卷449《高州府·土产》及卷451《雷州府·土产》提到孔雀,但都是抄袭上述唐、宋或明史志,不足为据。

② 民国二十三年(1934年)《罗定县志》卷3《食货志·物产》称还有"孔雀",尚待验证。

③ (宋)王象之《舆地纪胜》卷121《广南西路·郁林州·景物下·伏割山》。
《永乐大典》卷1340《梧字·梧州府·山川·博白县》引《郁林志》或《郡县志》(赵万里辑《元一统志》作为引《元一统志》,误)。
(明)曹学佺《明一统名胜志·广西名胜志》卷4《梧州府·郁林州·博白县》。
清嘉庆《广西通志》卷108《山川略·山·直隶郁林州·博白县》:伏割山"旧产鹦鹉、孔雀"。说明清嘉庆修《广西通志》时,此山已无孔雀了。

④ 《交州藁》,载《元诗选》一作《元百家诗集》二集丙集。

一为钦州西南的孔雀山。《舆地纪胜》卷 199《广南西路·钦州·景物下·孔雀山》载:"在(钦)州西南五里,一名内三山……三峰峙立,山中多孔雀。"《元朝混一方舆胜览》卷下《广西两江道宣慰司都元帅府·山川·三山岭》也都提到此山多野生孔雀。

二为明清时期钦州西南的时罗(有的文献称"时罗都",有的称"时罗峒",约在今防城各族自治县境一带)。嘉靖《钦州志》卷 2《食货·钦州·物产·禽属》载:"孔雀,出时罗都永乐乡。"同书货属:"孔雀尾,时罗都为多。"雍正元年(1723 年)《钦州志》卷 4《户役志·物》载:"孔雀:出四峝;交趾兼界,间或有之。"《图书集成·方舆汇编·职方典》卷 1364《廉州府部物产考》引《府志》:"孔雀,出时罗,间有。"道光十三年(1833 年)《廉州府志》卷 6《物产》载"孔雀,出时罗峒。"可见 18 世纪以后,这一带的野生孔雀已逐渐减少。

三为灵山县。民国三年(1914 年)《灵山县志·生计志·动物·禽之属》载,有"孔雀"。

总之,岭南历史时期野生孔雀分布很广,分布的总趋势是北早南迟,东先西后,即两广大陆的北部、中部较南部为早,广东较广西为先;平原丘陵较早,山地较晚,广西东南部六万大山与十万大山之间的灵山县一带的野生孔雀,直到 20 世纪才趋于灭绝[①]。

(三)滇西南

滇西南是我国野生孔雀分布历史悠久地区之一。据《华阳国志·南中志》,"永昌郡,古哀牢国","土地沃腴,物产丰富",有"孔雀、犀、象"等珍禽异兽[②]。哀牢为古国名。东汉永平十二年(69 年)以其地置哀牢(今云南盈江县东)、博南(今云南永平县)两县,属永昌郡。当时永昌郡所辖范围甚广,"其地东西三千余里,南北四千八百里"[10],大体相当今大理白族自治州、保山地区、临沧地区、德宏傣族景颇族自治州及西双版纳傣族自治州等地。

蜀汉到元代,文献记载滇西南明确有野生孔雀的地方如下:

据《华阳国志·南中志》,从蜀汉到晋,永昌郡南涪县(今云南省景洪县)物产有野生孔雀。博南县:"孔雀常以二月来翔,月余而去。"这说明当时博南的孔雀是随一定时间迁徙的,其经常栖息区似在博南以南。

唐樊绰《蛮书》卷 4《名类》:"茫蛮部落……孔雀巢人家树上,象大如水牛,土俗养象以耕田,仍烧其粪。"茫蛮或称蛮施蛮,《蛮书》称它为"并是开南杂种"。《明史·土司传·芒市土司》称:"芒市,即唐史所谓茫施蛮也。"按:芒市在今德宏傣族景颇族自治州潞西县。

元代金齿百夷诸路,据《元朝混一方舆胜览》卷中载,云南等处行中书省金齿百夷诸路,产"犀牛、象、孔雀"等。元至元十三年(1276 年)改金齿安抚司为金齿宣抚司,于所辖境内分建六路,立六路总管府。这六路包括今云南保山县怒江区,德宏州潞西、镇康、永德、陇川、瑞丽、梁河及其西南部地带等。元代史志中所称的"金齿诸路",就是指这六路而言。又因境内所居住的主要是百夷(傣族),所以又称"金齿百夷诸路"。

由上所述,可知滇西南一带从汉代到元代一直有野生孔雀栖息。

明清时期本区野生孔雀的分布,据文献记载,大体限于元江、镇沅、景东、风庆、保山一线以南、以西地区。现将分布情况列于表 15.2。

---

① 《通南汇纂》载:"龙津(似今广西龙州)附近所产动物"有"孔雀"。(方光汉《分省地志·广西》,上海:中华书局,1939 年版引),尚待证实。

② 《后汉书》卷 83《哀牢》:哀牢国出"孔雀"、"犀、象"。

民国十年(1921年)《元江志稿·食货志·物产》载:"孔雀产老雾山之下箐",当时元江(今元江哈尼族彝族傣族自治县)的孔雀似已减少。1933年李拂一《车里》第四章《物产·动物》称:"鸟之常见者有……孔雀……鹦鹉……之属。"目前我国的孔雀,据现代动物工作者的调查和捕获的标本来看,仅分布在滇西南的红河哈尼族彝族自治州(蒙自县、河口瑶族自治县北)、思茅地区、西双版纳傣族自治州、临沧地区、德宏傣族景颇族自治州、怒江傈僳族自治州(泸水县东)一带①。与清代比较,虽然河口、蒙自、泸水等地是清代文献所不曾记载,但元江、镇沅、景东等县在清代都产野生孔雀,而现今却已绝灭,可见滇西南野生孔雀的分布范围,又有进一步的缩小。

综观上述,可知历史时期中国孔雀的地理分布,从北向南,从东北到西南,逐步缩小,目前云南西南部成为我国野生孔雀仅有的分布地区。

表15.2　明清时期滇西南野生孔雀分布地区简表

地　名	今　地	物　产	资料来源
元江府	治今元江哈尼族彝族傣族自治县	有"孔雀"	《明一统志》卷87《云南·元江军民府·土产》,康熙五十一年(1712年)《元江府志·物产》同
普洱府	治今普洱哈尼族彝族自治县	有"孔雀"	雍正元年(1723年)《普洱府志·物产》,光绪二十五年(1899年)《普洱府志》同
镇沅府	治今镇沅县	有"孔雀"	《明一统志》卷87《云南·镇沅府·土产》《明一统名胜志·(云南)镇沅府(志胜)·土产》《嘉庆重修一统志》卷494《云南·镇沅直隶州·土产》同
景东府	治今景东彝族自治县	有"孔雀"	雍正十年(1732年)《景东府志·物产》《嘉统志》卷495《云南·景东直隶厅·土产》同
顺宁府	治今凤庆县	"孔雀,《旧志》[按:指乾隆二十六年(1761年)志]:产深山中。""顺宁深山中颇产孔雀"	光绪三十年(1904年)《顺宁府志·食货志·物产》清刘靖《顺宁杂著》
保山县	今保山市	《过澜沧江兰津桥》诗中有"腾蛇游雾瘴氛恶,孔雀饮江烟濑清"的诗句,反映当时该地有野生孔雀"今(康熙四十一年,1702年)澜沧江浔多孔雀……"	明杨慎《升庵南中集》卷1(又载《太史升庵文集》卷30)康熙四十一年(1702年)《永昌府志》卷20《杂记》
南甸宣抚司	今梁河县	有"孔雀"	《明一统志》卷87《云南·南甸宣抚司·土产》,康熙四十一年(1702年)《永昌府志·土司》物产部分,乾隆五十五年(1790年)《云南腾越州志·边防·土司》物产部分同
陇川宣抚司	今陇川县	有"孔雀"	《明一统志》卷87《云南·陇川宣抚司·土产》《图书集成·方舆汇编·职方典·云南土司部·陇川考》物产部分同

---

①　中国科学院动物研究所藏有在蒙自、临沧采集的绿孔雀标本,武汉大学生物系藏有在勐海采集的绿孔雀标本。1979年1月华中师范学院生物系教师在云南凤庆拾得野生孔雀卵,孵化后家养,可见凤庆县还有野生孔雀分布。

林业部森林经营局自然保护处卿建华等1979年10月提供资料:现今思茅、临沧地区、德宏州还有野生孔雀分布。

《中国动物志·鸟纲》第4卷《鸡形目》绘有现今孔雀分布图。

历史时期中国孔雀的分布,实际上要较文献记载的远为丰富,这是由于早期史籍对于野生动物记载很少,有的就是记载了也很简略。例如唐宋时代,虽记载较前代为多,但一般只以列入"贡品"为标准,而不列入"贡品"的,就很难见于记载。明清以来,地方志较多,诗文集、游记、笔记等也多,因而出现前代没有记载的,明清时代反而有。例如潮阳、罗定等地的孔雀,就是一例。事实上,这些地方在明清以前,分布可能更多。20世纪50年代以来,由于我国有关孔雀的科研考察和标本采集大发展,因而也有类似情况。例如蒙自、河口、泸水的孔雀,就是明证。其实,这些地方的孔雀,在明清时期,也可能更多。

三、变迁原因初探

为什么历史时期中国孔雀分布的范围很快缩小,数量迅速减少?原因可能是多方面的。但我们认为,主要是由于人为捕杀。捕杀的主要原因有三:

(1)食用 如前所述,早在唐宋时代,岭南一带,对孔雀大量捕杀,以为食用。如"山谷夷民,烹而食之"①,"(孔雀)肉细而香,宜煎炒,然亦不可多食"②,等等。

(2)装饰用 孔雀毛及尾光翠夺目,三国魏文帝曹丕用它作为"车盖"[11];西汉时,南粤"珥门户"[12];古代还有饰船篷[13]以及扇拂之类[14]。

《顺宁杂著》曰:

> 顺宁深山中颇多孔雀,城守都司每年供上宪之用,取两翼下一层黄翎,至千余把,数百把,盖进以为御用。

(3)药用 宋唐慎微《重修政和经史证类备用本草》卷19,并引《日华子诸家本草》③提到作药用。

由于历史时期人们对孔雀的捕杀,加以对山林和草地的垦辟,破坏了孔雀的栖息环境,因而使得孔雀的数量迅速减少,分布的范围随着缩小。可见历史时期孔雀分布地区和数量的变迁是"人与生物圈"变化的反映,其中人类的活动,特别是对孔雀的大量捕杀是变迁中最主要的原因。

我国地区开发先后,大体上是长江流域较早,珠江流域次之,最后为滇西南,这样就使得孔雀分布的北界,和象、犀有相似之处,即逐渐南移。岭南野生孔雀分布变迁的趋势也大致上反映了地区开发的总趋势。

孔雀是驰名中外的观赏鸟。孔雀的翎羽几乎无一不带华丽的色彩,也是一种重要的出口商品。目前绿孔雀已列为我国的保护鸟类之一,为了防止它的迅速减少,应严禁任意捕杀。

(原载《历史地理》创刊号,上海人民出版社1981年出版。本次发表时,对个别内容作了校订)

参 考 文 献

[1] Grzimek's animal life encyclopedia. Vol. 8. New York:Van Nostrand Reinhold Co. ,1972

[2] 土产.见:(明)解缙,等辑,永乐大典.卷8507.宁字.南宁府.北京:中华书局,1960

---

① 《太平广记·禽鸟·孔雀·罗州》引《纪闻》。

② 《顺宁杂著》。

③ 北宋开宝中时人撰,不著姓名,已佚。

[3] 郑作新,等.中国动物志:鸟纲.第4卷.鸡形目.北京:科学出版社,1978

[4] 罗州.见:(宋)李昉,等编辑.太平广记.卷461.禽鸟.孔雀.北京:人民文学出版社,1959

[5] 贾兰坡,张振标.河南淅川县下王岗遗址中的动物群.文物,1977(6)

[6] (宋)唐慎微.孔雀.重修政和经史证类备用本草.卷19.北京:人民卫生出版社,1957

[7] (明)李时珍.孔雀.见:本草纲目.卷49.禽部.上海:商务印书馆,1954

[8] 艺文志.见(清道光)高州府志.卷16

[9] (清)曹寅,等编.全唐诗.(清)彭定求,等校.卷842.北京:中华书局,1960

[10] 南中志.见:(晋)常璩.华阳国志.长沙:商务印书馆,1939

[11] (宋)李昉,等辑.太平御览.卷924.北京:中华书局,1960

[12] 崇礼.见:(汉)桓宽.盐铁论.卷7.上海:商务印书馆,1936

[13] (清)王士祯.广州游览小志.见:小方壶斋舆地丛钞.第9帙

[14] 寓孔雀书.见:(宋)黄休复.茅亭客话.卷8.上海:商务印书馆,1930

16 中国鹦鹉分布的变迁

何业恒　文焕然　谭耀匡

一、鹦鹉的特点及其研究意义

鹦鹉在现代动物分类学中属于鸟纲（Aues），鹦形目（Psittaciformes），鹦鹉科（Psittacidae）。它的个体大小不一，体长 89～991 mm 不等。全世界约有 320 种鹦鹉[①]，分布于亚洲南部、澳洲、非洲、中美洲和南美洲等地，其中主要在澳洲。在亚洲南部大陆的，只有 *Psittacula* 和 *Loiculus* 两属中的 12 种；分布于我国的，就是这两属中的 6～7 种。

鹦鹉是一类典型的树栖鸟类，一般主要为绿色，具光泽。它的嘴甚短且强，上嘴钩曲而具蜡膜，犹如猛禽；上嘴并能转动，嘴钩内具有锉状构造，舌厚而为肉质。通常用嘴来攀登。头、颈短。翅形稍尖，初级飞羽 10 枚。跗蹠短健，被以细鳞。趾 4，前后各 2，呈对趾型。

鹦鹉在我国古籍中又称为鹦䳇、鹦哥或鹦鸽。早在战国时期（前 475～前 221 年）成书的《礼记·曲礼上》中，就有"鹦鹉能言，不离飞鸟"的记载。汉许叔重《说文解字·第四上》："鹦、鹦䳇，能言鸟也。从鸟，婴声。"《禽经》："鹦鹉摩背而暗。"宋罗愿《尔雅翼》卷 14《释鸟》："鹦鹉，能言之鸟，其状似鸮，绿羽赤啄足，陇右及南中皆有之。"明李时珍《本草纲目》卷 49《禽部·鹦䳇》："鹦䳇……丹味钩吻，尾长赤足，金睛深目，上下目睑，皆能眨动。舌如婴儿。其趾前后各二，异于群鸟。"可见鹦鹉与人们的关系密切，因而文献的记载很丰富，这些基本与现代的观察相一致。历史时期有关鹦鹉的诗文更多，这里就不一一叙述了。

大多数种类的鹦鹉过着群居的生活，结群活动于山林间，觅食浆果、坚果和其他各种果实以及幼芽和嫩枝等。能用足熟练地采食。叫声粗厉洪亮，较远都能听到。大都利用树洞、岩石裂隙、白蚁的巢或在地面所穿的洞穴中营巢，而产卵于其中。雏属晚成性，幼雏孵出后，需经成鸟饲养，经过一段时间，自己才能独立生存。

鹦鹉的羽毛华丽，是一种供观赏的鸟类，有些种经过驯养以后，能够善于模拟人语，是驰名中外的笼鸟。

鹦鹉与森林有着不可分离的关系；鹦鹉分布的变迁，正反映着森林分布情况的变化。研究历史时期我国鹦鹉的分布，对于我们研究生态环境的历史变迁和自然资源的保护，都有重要的参考意义。

[①]　各位鸟类学家的分类标准不一，因而产生不同的统计数字：Tyne 认为是 315 种，Gruson 认为是 328 种，Clemen 和 Forshaw 认为是 332 种，Peters 认为是 334 种（包括 7 种已灭绝，现存为 327 种）。

二、中国鹦鹉的种类及其分布现状

根据最新的科学研究成果,目前分布于我国的鹦鹉有2个属,6~7种,它们都是留鸟,终年栖居于那个地方。

(1)红领绿鹦鹉[*Psittacula krameri*(Scopoli)] 香港与澳门。福州?

(2)绯胸鹦鹉[*P. alexandri*(Linnaeus)] 由云南西南部向东至广西西南部,海南岛等地。

(3)大绯胸鹦鹉[*P. derbiana*(Fraser)] 西藏东南部林芝,四川西部和西南部,云南西北部、西部及南部。

(4)花头鹦鹉[*P. cyanocephala*(Linnaeus)] 广东、广西。云南?

(5)灰头鹦鹉[*P. himalayana*(Lesson)] 四川西部和西南部,云南西北部、西部以至东南部。

(6)长尾鹦鹉[*P. longicanda*(Boddaert)] 我国西南部和四川。恐怕是笼养,并非野生。据记载,此种在野外只见于马来半岛、苏门答腊和加里曼丹等地。

(7)短尾鹦鹉[*Loriculus vernalis*(Sparrman)] 云南西南部[1~6]。

《本草纲目·鹦鹉》还指出:

> 鹦鹉有数种:绿鹦鹉出陇蜀,而滇南交广近海诸地尤多,大如鸮鹊,数百群飞,南人以为鲊食;红鹦鹉紫赤色,大亦如之;白鹦鹉出西洋南番,大如母鸡;五色鹦鹉出海外诸国,大于白(绿)而小于绿(白)者,性尤慧利。

根据李时珍的材料,绿鹦鹉分布的范围较广,北到甘肃、四川,南到云南南部和两广近海诸地。红鹦鹉的产地没有明确指出,从文义来看,似与绿鹦鹉分布的范围大体相同。白鹦鹉与五色鹦鹉不是中国所产,都是国外来的。清吴震方《岭南杂记》卷下:

> 鹦鹉有白者,较绿者差大,顶有角毛,愤起时放花淡黄绿色,玲珑可爱。有大红者,毛赤如血。有五色者,光采(彩)陆离,皆从洋中来,洋货店中多有之。五色者少……

这里所讲的白鹦鹉和五色鹦鹉与李时珍所记的相同;而大红鹦鹉就不是李时珍所说的红鹦鹉,而是另一种。这几种鹦鹉都是从国外输入的,说明古代广东罗浮山产纯白鹦鹉[①],可能是由饲养的人家逃出变为野生化,现在中国科学院动物研究所标本室也有一个采于广西的白鹦鹉,可为旁证。

三、华北地区鹦鹉的灭绝

从19世纪开始,特别是在其下半叶,现代鸟类分类学传入我国以来,未见有任何记录华北地区的鹦鹉。但是在清中叶以前,华北一直盛产鹦鹉。华北区的鹦鹉,主要分布在黄土高原西部,集中在下列几区。

---

① 竺法真《登罗浮山记》:"山中有纯白鹦鹉"。(《太平御览》卷924《羽族部·白鹦鹉》引)

1. 兰州一带

包括今兰州市、皋兰县阿干镇，西北至甘肃省的古浪县、武威市等地，南到临洮县，西到青海省的西宁市一带。

兰州一带的鹦鹉，至少从唐代起就有记载。唐代诗人岑参《岑嘉州诗》卷3《题金城临河驿楼》诗有"庭树巢鹦鹉，园花隐麝香"之句。反映当时金城(今兰州市)一带野生鹦鹉和麝不少。清代历次的《兰州府志》[①]和《皋兰县志》都谈到皋兰县(今兰州市)出产鹦鹉[②]。道光二十三年(1843年)《皋兰县续志》卷5《古迹》载：

> 石佛沟，在阿干镇南五里大山中……入谷十余里，古木塞路，栝柏参天，无虑数千株，药草多异种。……林际多异鸟，有绿鹦鹉。

大概当时兰州一带的鹦鹉，主要是绿鹦鹉。

清代方志等记载狄道州(今临洮县)的物产有"鹦鹉"[③]。清吴镇《松崖诗录·我忆临洮好十首》有"我忆临洮好，春光满十分。牡丹开径尺，鹦鹉过成群"[④]的诗句，虽不免有些夸大，但说明当时临洮的鹦鹉是不少的。

兰州西北的河西走廊，据乾隆十四年(1749年)《五凉考治德集全志》中《武威县》和《古浪县》的《物产》中，都提到出产鹦鹉，反映当时鹦鹉分布的西北界，已经到了蒙新区的边缘。

兰州以西的西宁一带，据乾隆十二年(1747年)《西宁府新志》卷8《地理志·物产》，"合郡所同"的"禽之类"中有"鹦鹉"，可见当时西宁府(辖境约当今西宁市、门源回族自治县、互助土族自治县、化隆回族自治县、大通回族自治县、湟源县、湟中县、乐都县、民和回族自治县、贵德县、尖扎县等)有野生鹦鹉分布。光绪九年(1883年)《西宁府续志》卷1《地理志·物产》中，西宁(今市等地)、碾伯(今乐都等地)、大通(治今大通东北，辖境似尚包括他县)、贵德(今县等地)四县的物产都详见《乾隆府志》。可能这一带还有鹦鹉存在。

兰州一带虽然地处我国草原地带的西部边缘，但由于地势较高，一些山地还能受到东南季风的影响，因此降水量较多，有不少的森林分布。例如北宋末(12世纪初)，怀戎堡(今靖远县东)东的"屈吴山、大神山、小神山，皆林木森茂，峰峦耸秀"[7]。兰州东南的岔山，在清雍正以前，还是"山水清秀，竹木蓊郁，且宜耕牧"[8]。乾隆八年(1743年)《清一统志》卷164《凉州府·山川》：有松山，在武威县(今市)东，"上多古松"。青山，也在武威县(今市)东，"上多松柏，冬夏常青"。乾隆《西宁府新志·物产》称，当时西宁府的乔木有"柳、白杨、青杨、檀、榆、楸、桦、柏……柽……"；同书"山川"部分提到西宁县(今市)东南170里(85 km)的顺善林山，"产松、桦木"；大通卫北的松树塘，"青松茂草"。这些山水、林木，为野生鹦鹉的分布提供了有利条件。但自乾隆以后，有些地方人口增加，森林逐渐破坏，野生鹦鹉日趋减少。

兰州一带的绿鹦鹉，很可能就是大绯胸鹦鹉。以前分布较北，到北纬37.9°的武威市一带。后因

---

① 历代修纂地方志的人，不一定都见过野生鹦鹉，因此，地方志的物产中有关鹦鹉的记载，不一定都符合实际。对于文献资料，我们经过筛选，剔除某些可疑部分，力求符合实际。

② 如清道光《兰州府志·田赋志·物产》，乾隆《皋兰县志·物产》，光绪《皋兰县志·舆地志下·物产》等。

③ 如《图书集成·方舆汇编·职方典》卷569《临洮府物产考》引《府志》，清道光《兰州府志》卷5《田赋志·物产》，乾隆《狄道州志》卷11《物产》等。

④ 薛桂轮《西北视察日记》引。

森林破坏,加以人们捕猎,它的分布北界逐渐向南迁移,目前移至四川的宝兴一带,只在北纬 30.3°以南了。

2. 银川以西

银川以西的贺兰山等地,也一直是产鹦鹉的。清乾隆四十五年(1780 年)《宁夏府志》卷 4《地理·物产》称:"禽之属"有"鹦鹉"。民国十五年(1926 年)《朔方边志·舆地志·物产》"羽类"中,仍有"鹦鹉",并且注明:"俗名鹦哥,能言鸟也。"

这与当时贺兰山一带有森林是分不开的。明嘉靖(1522～1566 年)《宁夏新志·山川》:贺兰山在"城(银川)西六十里,峰峦苍翠,崖壁险削,延亘五百余里。……自来为居人畋猎樵牧之场"。乾隆四十五年(1780 年)《宁夏府志》卷 3《地理·山川》:贺兰山,"山之草树,远望青碧如驳马。北人谓马之驳者曰贺兰,故名贺兰";"山少土多石,树皆生石缝间,山后林木尤茂密"。一直到现在,贺兰山还有一定面积的森林分布。贺兰山是文献记载中我国鹦鹉分布最北的地区,它到达了北纬 39°附近。这一带的鹦鹉,文献中没有说明,大概也是绿鹦鹉。

3. 陇州一带

陇州因陇山得名。陇山绵亘陇州(治今陇县)、宝鸡、清水等州县境。《太平寰宇记》《明一统志》及《凤翔府志》《陇州志》都记载陇州产鹦鹉[①]。

陇山一带的鹦鹉,在东汉时就已见于记载。祢衡《鹦鹉赋》:"飞不妄集,翔必择林。绀趾丹嘴,绿衣翠衿。采采丽容,咬咬好音。……命虞人于陇坻,诏伯益于流沙。"[9]描述的就是陇山一带的鹦鹉,而且也是绿鹦鹉。唐皮日休《哀陇民》诗:"陇山千万仞,鹦鹉巢其巅"[10]。

直到明清,陇山和陇州的附近,还有不少的地方出产鹦鹉。据乾隆二十九年(1764 年)《宝鸡县志》卷 1《地理·物产》,"羽类"野禽中就有"鹦鹉"。

陇州以东的周至、户县在明、清时的方志记载中都出产鹦鹉。如明万历间《鄠县志·物产》,乾隆四十二年(1777 年)《鄠县新志》卷 3《田赋·物产》及乾隆五十八年(1793 年)《盩厔县志》卷 10《物产》中都载有鹦鹉。直到民国二十六年(1937 年)《鄠县乡土志》卷下《物产》,还把"鹦鹉"列为特产之一。

陇州以西的秦州(今天水市),在唐杜甫《山寺》(在今天水东南麦积山)诗中有"麝香服石竹,鹦鹉啄金桃"[11]的诗句,谈到当时这一带的麝和鹦鹉。《图书集成·方舆汇编·职方典》卷 558《巩昌府山川考·秦州》载:"笔峰山,在(秦)州南七十里,其峰五,苍碧如削,上有鹦鹉。"说明清雍正以前秦州南部的山地仍有鹦鹉分布。

《元和郡县图志》卷 39《陇右道上·岷州》载:开元贡:"鹦鹉鸟"。康熙四十一年(1702 年)《岷州志》卷 2《物产》也载有"鹦鹉"。乾隆八年(1743 年)《清一统志》卷 159《巩昌府·土产》:鹦鹉,"府城(陇西县)及岷州出"。万历十五年(1587 年)《宁远县志》卷 3《舆地·物产》:"羽类"有"鹦鹉"。按:明宁远即今武山。岷州、陇西、宁远都在陇州以西。

至于陇州以北的平凉、华亭、隆德一带,据《太平寰宇记》卷 151《陇右道·渭州》,"土产"有"鹦鹉"。说明北宋初渭州(治今平凉县)一带产鹦鹉。嘉靖三十九年(1560 年)《平凉府志》卷 13《隆德县·物产》:禽有"鹦鹉"。嘉庆元年(1796 年)《华亭县志·田赋志·物产》提到"禽惟……鹦鹉……等甚多,不可胜纪"。

① 《太平寰宇记》卷 32《关西道·陇州》:"土产"有"鹦鹉"。按:当时陇州治汧源(今陇县)。

《明一统志》卷 34《陕西·凤翔府·土产》:有"鹦鹉"。

清康熙四十七年(1708 年)《凤翔府志》卷 3《田赋·物产》,"羽"有"鹦鹉,陇州出"。(乾隆府志卷 4《田赋·物产》,野禽同)。康熙五十二年(1713 年)《陇州志》卷 3《田赋志·物产》与康熙府志同,乾隆州志卷 3 也同。

陇县、华亭、平凉、隆德位于陇山、六盘山附近,户县、周至、天水、武山、陇西位于秦岭、嶓冢、鸟鼠等山附近,而宝鸡则处于陇山与秦岭之间。这些山地古代不仅有茂密的森林,甚至有野生竹林分布。以陇州(治今陇县)为例,在清初陇山南部的吴山有的山峰"层峦叠翠,林壑幽窈"[12]。树种有桐、槐、楸、榆、杨、白杨、柳、棠、桑、漆、柘、荆、楮、栎、椵、橡、黄杨、青枫、"五柞"、"蔢萝"、银杏、梓、皂角、棕、松、柏、柽、桧等,并有芫花、榛等灌木,木通等藤本植物[13],植被发育十分良好。由于森林广布,不仅多鹦鹉,还有其他森林动物,如食肉类中的虎、豹,猿猴类中的"猴、狨(金丝猴)、猿"等[13]。

古代陇州一带的鹦鹉,似和兰州、银川一带的一样,大概都属于大绯胸鹦鹉。但史籍记载宋建隆二年(961年)七月己卯,陇州进黄鹦鹉,宋太祖赵匡胤认为是祥瑞[14~16]。金正大六年(1229年)五月,陇州防御史石抹冬儿又进黄鹦鹉。诏曰:"外方献珍禽异兽,违物性,损人力,令勿复进。"[17]从当时将鹦鹉作为祥瑞珍禽看,可见数量不多,这有两种可能性:一是此种鹦鹉当时已濒危,现已灭绝;二是人工饲养。

四、长江流域鹦鹉分布范围的变化

长江流域的鹦鹉,主要分布在下列地区。

1. 成都和大小金川一带
清陈克绳《西域遗闻·物产》:

> 鹦鹉巢于松石之间。食松子。结群疾飞,不可网罗。夷人于初秋生育时,取雏饲之,渐成羽毛,乃去其舌尖,五更教以人言,巧者闻声即会。味生而红,渐黑,逾年复红,羽生而翠,不杂他毛。喜洁,染油辄自拔其毛,尽而止。塞外广生,不独陇山也。①

这里所称鹦鹉的产地虽不够明确,但从本书所附吴燕绍等跋,知陈克绳是18世纪参加过金川之役,并在保县(后并入今汶川县)、茂州(今茂汶羌族自治县)、打箭炉(今康定县)等地做过官,所记鹦鹉之事应该是大小金川一带的见闻。

又清李心衡《金川琐记》[18]:

> 每岁莜麦成熟时,鹦鹉千百群飞,蔽空而下。绿羽璀璨,其声咿哑。农人持竿守护。有黠者设械穗间,俟翔集时,机发潜罥②其足,可以生擒。性极畏烟,触之,病目而死。有红嘴、黑嘴二种:一说雄者红,雌者黑;又一说由黄□③渐黑而复红,未知孰是? 总之,红嘴者习人语较易,黑嘴者差难耳。

当时大小金川的鹦鹉,似乎都不是留鸟,而只是每年到了莜麦成熟的时候,才"千百成群,蔽空而下",采食成熟的农产品。这些鹦鹉究竟是从哪里飞来的? 文献上没有谈及,可能是从大小金川及成都一带山地而来的。

---

① 1936年10月禹贡学会据江安傅氏旧藏抄本印行,边疆丛书甲集之一。
② 抄本注:"音绢,挂也,谓挂碍难行也"。
③ "□"表示古籍字迹模糊,以下同。

成都一带一直是盛产鹦鹉的。《淮南子·说山训》："鹦鹉能言,而不可使长。"汉高诱注:"鹦鹉,鸟名,出于蜀郡(治今成都市),赤喙者是,其色缥绿,能效人言。"这种鹦鹉看来也是绿鹦鹉。明何宇度《益部谈资》卷中:"鹦鹉,成都甚多,梁山诸县亦有之。春日飞鸣如阵。每过浣溪,树下停车,侧耳者久之。"可见成都一带从汉代以来一直是盛产鹦鹉的。这些鹦鹉,成群飞翔,寻找食物。到莜麦成熟时,越过邛崃等山而去大小金川,也是可能。

2. 滇东北、川西南和黔西北

晋常璩《华阳国志·南中志》:"晋宁郡,本益州也。……治滇池(今云南晋宁县晋城)……郡土大平敞,原田多长松皋,有鹦鹉、孔雀、盐池、田渔之饶。"《后汉书》卷86《南蛮西南夷列传·滇》益州郡,"河土平敞,多出鹦鹉、孔雀,有盐池、田渔之饶,金银、畜产之富"。可见滇东北一带在汉代就以产鹦鹉著名。《太平寰宇记》卷80《剑南道·嶲州》:越嶲县有"鹦鹉山,山多鹦鹉,故名"。唐末宋初的越嶲县即今四川西南部的西昌市,与滇东北相距不远。《图书集成·方舆汇编·职方典》卷645《乌蒙军民府·物产考》引《总志》:"四川乌蒙军民府(治今云南昭通县)产茶、筇竹、荔枝、姜、鹦鹉(自注:'俱本府出')"。清陈鼎《云南纪游》:"平彝县(今云南富源县)……过杨威哨(似在今云南富源、沾益间),皆如中原坦途,两山繁林木矣。又多鹦鹉诸禽,鸣声上下,颇倾客耳。"[19]可见滇东北到了清代还盛产鹦鹉。

嘉靖三十四年(1555年)《贵州通志》卷3《土产》:乌撒卫(治今贵州威宁),"羽之属:鹦鹉"。《图书集成·方舆汇编·职方典》卷1544《威宁府物产考》引《通志》:"鹦鹉,出乌撒、河渡、黑章(今赫章县)"。按当时威宁府的治所在今贵州威宁彝族回族苗族自治县。清黄元治《黔中杂记》叙述康熙二十二年(1683年)十月到二十三年二月,他在贵州平远州(今贵州织金县)的见闻,当时此州"其产则漆……山马、熊胆、麝香……鹦鹉、白鹇、箐鸡……"。平远州与威宁府的乌撒、黑章相去不远,都出产鹦鹉。

综上所述,从今贵州西北到滇东北、川西南,在地理上是连成一片的。这一带从汉代以来,一直盛产鹦鹉。现在四川西南部、康定地区,云南省北部还产鹦鹉,出产大绯胸鹦鹉、灰头鹦鹉;成都附近、大小金川、黔西北一带的鹦鹉久已绝迹;滇东北的鹦鹉,至少已经大大减少了。

3. 皖南和浙东

光绪七年(1881年)《广德州志》卷22《田赋志·物产》:"鸟之品",有"鹦鹉:山谷中有之,二三月间来,交夏则去",似乎有随季节迁徙的现象。广德位于皖南山区,与浙江省接界,当时有森林、竹林不少,适合于鹦鹉的栖息。但为什么它会随季节迁徙呢?以及它从哪里飞来,向哪里飞去? 尚待进一步研究。

明万历刻、崇祯增修《普陀山志》卷2《物产》:鸟有"鹦鹉:偶现不常"。普陀山为舟山群岛中的一个小岛,从当时有不少森林和多种森林禽兽来看,这里有野生鹦鹉分布是可能的。对于"偶现不常",可以作两种解释:一种可能是原来数量较多,后来减少了;另一种可能是放生的。

五、华南地区的鹦鹉

1. 台湾南部

乾隆二十九年(1764年)《凤山县志》卷11《杂议·物产》:"羽之属"有"鹦鹉"。凤山在今台湾高雄县南部。

2. 广东中部

《太平寰宇记》卷159载,岭南道循州(治今广东龙川县西)土产,"羽"有"鹦鹉"等鸟类。据林咨记,"循之山林,梗栅杞梓,罔不毕县"[20]。说明循州一带所以盛产鹦鹉等森林鸟类,与当时境内山地茂密的森林是分不开的。

明嘉靖三十五年(1556年)《惠州府志》卷7下《赋役志·物产附》：鸟"有鹦鹉，载《寰宇记》，今无"。反映惠州府(治今市)在北宋初以前有野生鹦鹉，到明嘉靖时已经没有了。

3. 广东南部

主要是广东南路和云开大山一带。在这一带的大森林里，一直盛产鹦鹉。唐段公路《北户录》卷1《鹦鹉瘴》：

> 广之南，新(治今新兴县)、勤(治今罗定县)、春(治今阳江县)州呼为南道，多鹦鹉。……每飞则数千百头，食木叶榕实。凡养之，俗忌以手频触其背，犯者即多病颤而卒，土人谓之鹦鹉瘴。愚亲验之。

"每飞则数千百头"，说明这一带的鹦鹉甚多。《南方异物志》：

> 广管(治今广州市)、雷(治今广东海康县)、罗(治今廉江县)、春、勤等州多鹦鹉，野者翠毛丹嘴，可效人言。但稍小，不及陇山者。每群飞皆数百只。山果熟者，遇之立尽。南中云：养之切忌以手扪摸其背，犯者即不饮不啄病而卒。[21]

北宋初，乐史《太平寰宇记》卷267《岭南道》中指出化州(治似今化州县东北)的土产："废罗州出孔雀、鹦鹉"。按当时"废罗州"仅领吴川(今县西南)一县，说明吴川仍然产鹦鹉。《明一统志》卷81《广东·高州府·土产》："鹦鹉，吴川、石城(今廉江)县出。"

所举的雷、罗、春、勤等州及吴川，石城等县都在云开大山东南，联系我国历史时期野象[22]、长臂猿[1]、孔雀[2]等在广东的分布，也以这一带为中心。可见鹦鹉在这里广泛分布，就绝非偶然了。

4. 广西中部

本地区指广西郁林州一带。南宋王象之《舆地纪胜》卷121《广南西路·郁林州·景物下》："伏割山，在博白县西四十里，多鹦鹉、孔雀、象兽，山下有伏割村，因名。"明末曹学佺《明一统明胜志·广西名胜志》卷4，仍提到伏割山多鹦鹉、孔雀。但清嘉庆《广西通志》卷108《山川略·山·直隶郁林州·博白县》载，伏割山，"旧产鹦鹉、孔雀"。说明嘉庆时，此山已无鹦鹉了。

5. 广西东南部

宋赵汝适《诸蕃志》卷下《志物·鹦鹉》："钦州有白鹦鹉、红鹦鹉"。宋周去非《岭外代答》卷9《禽兽门·鹦鹉》：

> 余在钦，尝于聂守见白鹦鹉、红鹦鹉。白鹦鹉大如小鹅，羽毛有粉，如蝴蝶。红鹦鹉，其色正红，尾如乌鸢之尾。然皆不能言，徒有其表耳。钦州富有鹦哥，颇慧易教。土人不复雅好。唯福建人在钦者，时或教之歌，乃真成闽音。此禽南州群飞如野鸟，举网掩群，商以为鲊……

---

① 文焕然、何业恒、高耀亭：《中国长臂猿分布的历史变迁》，1979年12月中国地理学会学术讨论会论文(油印稿)，已由《动物学研究》付印中。

② 文焕然、何业恒：《中国历史时期孔雀的地理分布及其变迁》《历史地理》创刊号刊登。

当时钦州一带野生鹦鹉群飞,网捕为鲊,数量之多,可以想见。直到民国三年(1914年)《灵山县志》卷4《生计志·森林》还记载"禽之属有孔雀……鹦鹉……",这也说明本地区是我国古代盛产野生鹦鹉的地区之一。

6. 广西西南部

元孛兰肹等撰、赵万里校辑《元一统志》卷10《湖广等处行中书省·邕州路》载:"鹦鹉,出[宣化(今南宁市)、武缘(今武鸣县)]两县山间,能言。"

明末谢肇淛在广西做过官,著有《百夷风土记》,指出当时:"鹦鹉、孔雀产蛮洞中,甚多。"他所指的范围,大致包括庆远府、郁江及左、右江流域等少数民族分布地区。说明元、明以来,左、右江流域一带盛产野生鹦鹉。

综观上述广东南部,广西中部、东南部及西南部是我国古代盛产野生鹦鹉地区之一,可能有红领绿鹦鹉、绯胸鹦鹉、花头鹦鹉、灰头鹦鹉等。至于白鹦鹉,非我国所产。身体主要为白色的鹦鹉,是*Cacatua*属中的9种,它们均产于东南亚群岛,亚洲大陆从未有分布过,《岭外代答》的白鹦鹉,可能是从东南亚群岛引进的。

7. 广西北部

嘉庆《广西通志》卷90《舆地略·物产·庆远府》引《南方草本状》:

> 石栗树与栗同,但生于山石罅间。开花三年方结实。其壳厚而肉少,其味似胡桃。仁熟时,或为群鹦鹉至啄食略尽,故彼人殊珍贵之。

清庆远府治今广西宜山县,辖境相当今宜山、河池、南丹、天峨、凤山、东兰、环江、忻城等地。又引《金志》(雍正《广西通志》)"石栗各州县出",似反映今宜山一带在古代曾产鹦鹉。

8. 海南省

海南省的鹦鹉分布很普遍。

乾隆《琼山县志》卷9《杂志·土产》:"禽属:燕、黄雀、鹊、鹦鹉(自注:'丹嘴绿衣,亦能人言,无异陇西之产')……"康熙三十年(1691年)及光绪四年(1878年)《定安县志》物产部分,都提到产鹦鹉等鸟类。康熙二十七年(1688年)和乾隆五十七年(1792年)《陵水县志》物产禽属中也有鹦鹉、秦吉了、倒挂。可见海南省的东北部和东南部都有鹦鹉分布。

再看看海南省的西北部。康熙四十三年(1704年)《儋州志·星野志·土产》:"禽属:鹦鹉,初乳者嘴红为鹦鹉,性灵,多巧慧,养久能言。再乳者嘴黑为墨赖,虽养之,亦不能言。"按:儋州治今儋县西北。

至于海南的最南部,乾隆《崖州志·艺文志》引张习《南山岭记》提到崖州(今三亚市)一带有翠绿的鹦鹉。李准《巡海记》:光绪三十三年(1907年)农历四月初,他(当时是广东水师提督)在崖州榆林港停泊期间,曾经赴距该港10 km的三甲港(崖州东南,榆林西北)观盐田,"沿途树林内多红绿色的鹦鹉,大小不等,白色较大而少。……"[①]

现在见于海南省的鹦鹉,只绯胸鹦鹉一种,在过去,红领绿鹦鹉、花头鹦鹉等可能都在这里分布过。

目前华南的鹦鹉,主要分布在海南省、广西西南部、香港、澳门等地,与清道光以前相比较,分布范围又进一步缩小。

---

① 1933年8月10日天津大公报。

六、云南省的鹦鹉

前面已经谈到,云南省东北部在汉代就以产鹦鹉著称。云南省的鹦鹉分布很普遍,数量也较多。唐韦齐休《云南行记》(已佚)也提到他目击的云南野生鹦鹉[①]。

明徐宏祖《徐霞客游记》卷9《滇游日记二》载:"广西府鹦鹉最多,皆三乡县所出,然止翠毛丹喙,无五色之异。"按:广西府在滇东南,治今泸西县,这里所产的鹦鹉只是绿鹦鹉,并无五色鹦鹉。

《明一统名胜志·(云南)楚雄府(志胜)·南安州》:南安州(州治今楚雄市南)西北有鹦鹉山,"平地突起,常有鹦鹉栖焉"。同书《镇南州》:"英武关在(镇南)州西七十里,即鹦鹉关。"《图书集成·方舆汇编·职方典》卷1479《楚雄府·山川考》引《通志》:镇南州(今南华县)"鹦鹉山在(镇南)州西南一里,林木丛蔚,鹦鹉巢其上"。上述楚雄市和南华县都在云南北部,这一带历来是多鹦鹉的。清檀萃《滇海虞衡志》卷6《志禽》:"鹦鹉多(产)于金沙江边……"可见从楚雄、南华一带到金沙江边有很多鹦鹉分布。

明清时代,记载云南省产鹦鹉的州府颇多,为了便于了解,现将这些府州县的情况列于表16.1,并将滇东北的府州县合并在这里。

表16.1　明清时代云南省产鹦鹉的府州县表

府州县名称	治　所	物　产	资料来源
乌蒙军民府	今昭通市昭阳区	鹦鹉等	《图书集成·方舆汇编·职方典》卷654
杨威哨(平彝、沾益间)	平彝为今富源县	鹦鹉等	(清)陈鼎《云南纪游》(《滇系》五之二引)
曲靖府	今曲靖市麒麟区	鹦鹉等	《滇志·地理志》物产部分
云南府	今昆明市	鹦鹉等	万历《云南通志·地理志》《滇志·地理志》物产部分
徵江府	今澄江县	鹦鹉等	万历《云南通志·地理志》
武定府	今武定县	鹦鹉等	康熙二十八年(1689年)《武定府志》物产部分
南安州的鹦鹉山	南安州(治今楚雄市南)	鹦鹉	《明一统名胜志·楚雄府·南安州》
镇南州的鹦鹉山	镇南州(治今南华县)	鹦鹉	《图书集成·方舆汇编·职方典》卷1479
姚安军民府	今姚安县	鹦鹉	万历《云南通志·地理志》《滇志·地理志》物产部分
蒙化府	今巍山县	鹦鹉等	万历《云南通志·地理志》《滇志·地理志》物产部分
大理府	今大理市	鹦鹉等	万历《云南通志·地理志》《滇志·地理志》物产部分
横岭(梓备、永平间)	今永平县附近	鹦鹉	明杨慎《滇程记》(《杨升庵杂著》)
永昌府	今保山市隆阳区	鹦鹉等	万历《云南通志·地理志》,康熙《永昌府志》卷10《物产》
鹤庆军民府	今鹤庆县	鹦鹉等	万历《云南通志·地理志》

---

① 《太平御览》卷924《羽族部·鹦鹉》引《云南行记》:"瞿苲馆磴道崎危,又过两种高山,上下各十四五里,山顶平,四望无人烟,多鹦鹉。"又说:"新安城路多缦山,尽是松林,其上多鹦鹉飞鸣。"

按:《云南行记》的作者为唐代韦齐休。齐休长庆三年(823年)从韦审规使云南,记其往来道里及见闻。(此系云南大学历史系徐永德1978年6月提供资料)

续表

府州县名称	治　所	物　产	资料来源
德宏州	今潞西市	鹦鹉	(明)钱古训《百夷传》
陇川宣抚司	今陇川县	鹦鹉	万历《云南通志·地理志》
顺宁州	今凤庆县	鹦鹉	万历《云南通志·地理志》
景东府	今景东县	鹦鹉等	万历《云南通志·地理志》
者乐甸长官司	今镇沅县东北的恩乐	鹦鹉等	万历《云南通志·地理志》
新化州	今新平县新化	鹦鹉等	万历《云南通志·地理志》
沅江军民府	今元江哈尼族彝族傣族自治县	鹦鹉等	万历《云南通志·地理志》
建水州	今建水县	鹦鹉等	雍正《建水州志·物产》
广西府	今泸水县	鹦鹉	《徐霞客游记·滇游日记二》

表16.1所列是明清时代云南产鹦鹉的一些府州县,这些府州县主要分布在云南省北部,而南部则较少。可能还有一些府州县出产鹦鹉,只是不见于文献记载。这些说明当时云南省的鹦鹉,分布几乎遍及全省。

在我国记载的7种鹦鹉中,除红绿鹦鹉和花头鹦鹉外,云南省都有出产。可能这两种鹦鹉,历史上在云南也曾经分布过,只是也没有见于文献记载。云南是我国鹦鹉种类分布最多的地区。

七、结　语

综上所述,我们可以得出如下看法:

(1)历史时期我国鹦鹉分布变迁是巨大的。从分布的纬度来说,从北纬39°南移到约北纬31°以南。从分布的地区来说,在清道光以前,黄土高原西部兰州、贺兰山、陇山一带都有鹦鹉分布,现在则久已灭绝;长江流域从滇东北、黔西北、成都附近、安徽南部、浙江东部在清初及其以前都有鹦鹉分布,现在也已绝迹;就是华南、滇南的鹦鹉,分布范围也有很大的缩小,数量更远不及以前那样多了。

(2)我国鹦鹉分布的变迁。在一定程度上反映了我国森林的变迁。鹦鹉是森林鸟类,栖息树上。失去森林,便使鹦鹉失去天然生存条件。古代我国是个多林的国家,在黄土高原西部、长江上游、滇西北、黔西北、皖南一带,都有不少的森林。清乾隆以后,特别是近百年来,这些地区的森林不断遭到破坏,也使这些地区的鹦鹉随之逐渐绝迹。

历史时期我国鹦鹉分布的变迁,数量的减少,与人类的捕猎活动也有密切的关系。早在宋代范成大《桂海虞衡志·志禽·鹦鹉》中就曾指出,岭南地区"民或以鹦鹉为鲊,又以孔雀为腊"。由于大量捕猎,促使它的数量迅速减少。

(原载《兰州大学学报(自然科学版)》1981年第1期,本次发表时对个别内容作了校订)

参 考 文 献

[1] 郑作新主编. 中国经济动物志. 鸟类. 北京:科学出版社,1963

[2] 郑作新. 中国鸟类分布名录. 第2版. 北京:科学出版社,1976

［3］Clements L F. Birds of the world. A check list. LTD,1974

［4］Forshaw J M. Parrots of the world. New York:Doubleday & Company Inc. ,1973

［5］Gruson E S. Chesklist of the birds of the world. London:William Collins Sons & Co. ,1978

［6］Tyne J V,Berger A J. Fundamentals of ornithology. 2nd ed. New York:John Wiley & Sons,1976

［7］(宋)张安泰. 建设怀戎堡碑记. 见:(清道光)靖远县志. 卷6. 碑记

［8］(清)陈梦雷,等编. 图书集成. 方舆汇编. 职方典. 卷567. 上海:中华书局,1934

［9］全后汉文. 见:(清)严可均校辑. 全上古三代秦汉三国六朝文. 卷87. 北京:中华书局,1958

［10］(唐)皮日休. 皮子文薮. 卷10. 北京:中华书局,1959

［11］(唐)杜甫撰,(清)仇兆鳌注. 杜少陵集详注. 卷7. 北京:北京文学古籍刊行社,1955

［12］山川. 见:(清康熙二十五年)陇州志. 卷1. 方舆志

［13］物产. 见:(清康熙二十五年)陇州志. 卷3. 田赋志

［14］(宋)王应麟. 玉海. 卷199

［15］太祖本纪. 见:(元)脱脱,等. 宋史. 卷1. 北京:中华书局,1977

［16］王著传. 见:(元)脱脱,等. 宋史. 卷269. 北京:中华书局,1977

［17］哀宗本纪上. 见:(元)脱脱,等. 金史. 卷17. 北京:中华书局,1975

［18］小方壶斋舆地丛钞. 第8帙

［19］(清)师范. 山川. 见:滇系. 五之二

［20］风俗形胜. 见:(宋)王象之. 舆地纪胜. 卷91. 广南东路. 循州. 台北:文海出版社,1971

［21］鹦鹉. 见:(宋)李昉,等辑. 太平御览. 卷924. 羽族部. 北京:中华书局,1960

［22］文焕然,江应梁,何业恒,等. 历史时期中国野象的初步研究. 思想战线,1979(6)

17 | 历史时期中国野象的初步研究

文焕然 江应梁 何业恒 高耀亭

一、引 言

关于历史时期中国野象的研究,前人做了许多工作,并且取得了不少成绩[1~3]。但由于当时作者的着眼点不同,因此对野象在历史时期分布的范围,野象分布变迁的情况及其原因,看法还有差别。我们在前人工作的基础上,试从历史动物地理的角度出发,初步整理分析了历史文献,结合地理、动物、考古、文物、甲骨文、金石等方面的资料,辅以云南西南部等地的调查访问,着重探讨近六七千年来中国野象分布的变迁及其原因。

二、亚洲象和我国野象的现状

近六七千年来我国的野象,在动物学上都属于亚洲象(*Elephas maximus*)。在研究中国历史时期野象资源的地理分布变迁之前,有必要了解一下现今亚洲象的形态、生态及其地理分布。

象属于长鼻哺乳类,是现代世界上比较稀有的和孤立的一类动物,只有两种,即亚洲象和非洲象,分别生活在亚洲和非洲的热带地区。

亚洲象具有硕大身躯、伸缩自如的长鼻及牙齿构造三大特点。现在野生的亚洲象分布在印度、斯里兰卡、缅甸、泰国、老挝、越南、印尼的苏门答腊等国家和地区,我国现在野生的亚洲象仅限于云南西南部。

亚洲象成体硕大,尾长 1.2~1.5 m,肩高 2.5~3 m,体重可超过 5 000 kg;象牙长 3 m 左右,重 20~75 kg。为现今世界上最大的陆栖动物。

亚洲象的头大、沉重,额扁平,头顶高耸,耳三角形,下角最尖。

亚洲象的全身体毛极稀少,仅尾端具簇毛,全身灰棕色,四肢粗长呈柱状。

亚洲象的雄性上门齿特长,露出口外,呈獠牙。雌性不呈獠牙状。

亚洲象栖息在海拔较低的山坡、沟谷、河边等处的热带森林、稀树草原及竹阔混交林中,一般说来,林中较为开朗,树的密度不大,适于野象庞大身躯走动。在海拔较高的山坡上,较少见到它们的活动痕迹,在陡坡上则完全没有。

象喜群居,以家族或小群活动,由十数只到数十只不等。孤象则为老雄象,单独行动,凶猛,伤害人类。

象畏寒,不喜阳光直晒,性喜水,每天除饮水外,尚需洗浴以降低体温,平均体温为 39.9 ℃。象既能涉水渡河,更喜在水边活动。特别是干旱季节,母象携小象,更是嬉戏水旁,居留溪边。

象的听觉最为灵敏,嗅觉亦强,视觉较差。

象的主要食物是董棕(*Caryota urens* L.)树干内的柔软部分和树叶、野芭蕉(*Musa* sp.)及棘竹(*Bambuza* sp.)的尖端部分,还有草、叶、嫩芽、水果等。有时潜入村寨,盗食瓜果、粮食等作物。

亚洲象的驯养,早在公元前 3500 年,在印度河谷开始。现在象在东南亚各国仍驯养,是有用的家畜,多用于开荒、筑路、搬运粗木等。最适于林区和江河地区工作,每只象可抵 20～30 人的劳动,每只象可劳动 20 年。现在世界驯养亚洲象最多的国家为印度。

历史时期中国的亚洲象是从地质时代演化而来的。亚洲象化石在我国秦岭、淮河以南更新世中、晚期地层中有发现,已报道的化石虽很少,但是追溯到中世纪,长鼻类化石的分布却是很广的[4]。

距今三四千年前中国野象的遗骨,早在 20 世纪 30 年代,据古生物发掘,在河南安阳殷墟就有发现[5,6]。近年来在一些新石器时代遗址的考古发掘中,又发现有近六七千年来的亚洲象遗骨[7~10]。殷墟出土的甲骨文也有野象的记载[11,12]。中国历史文献对野象更有大量的材料。根据考古发掘、历史文献、甲骨文、金石和古生物等方面的资料,可以看出近六七千年来中国野象分布变迁的历史。现将野象分布北界的变迁情况,分为四个阶段论述。

三、以殷(今河南安阳市殷墟)一带为北界的阶段
(距今六七千年前至距今 2 500 年前左右)

早在 20 世纪 30 年代河南安阳殷墟发现象遗骨时,曾被认为是从东南亚输入的[5]。换言之,即那里的象是人工饲养的,而不是自然分布的。这种看法是否正确?为了回答这个问题,首先必须弄清提出这个论断的时代背景。20 世纪 30 年代,我国还只有安阳殷墟有象遗骨的发现;而且过去认为在有文字记载的历史时期,亚洲象在我国境内早已灭绝,故才有"从东南亚输入"论。以后由于大量的事实材料出现,否定了这种看法。实际上,据新中国成立后了解,在云南西南部西双版纳等地常有野生的亚洲象出没于热带森林、稀树草原及竹阔混交林中。就是从殷墟出土的甲骨文中,发现有获象的记载[11,12],以象骨作卜骨也不是没有的,还发现用象祭祖先的①,这些都充分说明安阳殷墟出土的象骨,既不是外来的,也不是饲养的,而是野生的、自然分布的。

文献记载有本阶段黄河下游野象分布情况。《吕氏春秋·古乐》:"商人服象,为虐于东夷。"《孟子·滕文公下》:"周公相成王","驱虎豹犀象而远之"。公元前 7 世纪,淮水下游南北近海一带,当时部族"淮夷"向鲁国(今山东曲阜县治)送了宝物,有"元龟象齿"②反映当时淮水下游有野象活动。从古代地名及一些字义来看,徐中舒认为"《禹贡》豫州之豫,为象邑二字合文","其命名之义","豫当以产象得名,与秦时之象郡以产象得名者相同,此又为河域产象之一证"[1]。胡厚宣认为,河南一带在《禹贡》《周礼·职方》等书中称为"豫州",这个"豫"字,从象,予声,就是一个人牵了大象的标志[12]。王国

---

① 过去曾有人提过,殷墟甲骨文有用象祭祖先的记载,经过多数人否定,最近胡厚宣从实际考察卜骨的结果,认为还是可能的(1979 年 10 月胡厚宣提供资料)。

② 《诗经·鲁颂·泮水》。

《毛诗正义》认为:《禹贡》徐州"淮夷"鲁蠙珠暨鱼,其土不出龟象,鲁僖公伐而克之,以其国宝来献,非淮夷之地出此物。似乎当时"淮夷"地区不产野象。实际上,《禹贡》是战国时代或战国中期以后成书,远在《泮水》篇以后,且根据当时气候等条件来看,淮域有野象栖息是完全可能的。因此,我们认为:不能以《禹贡》未载,即认为没有。

维认为"爲"字从爪象,或从服象之意引申而来[①]。闻一多也从文字和音韵方面考证了商代黄河流域有象分布[②]。看来商代黄河下游以象为畜力,似在服牛乘马以前[②]。当时象不仅为家畜之一,有时打仗还出动象队,所以说"商人服象,为虐于东夷"。从上述资料看,当时黄河下游有野象栖息已是无可否认的事实。

本阶段长江流域及其以南的野象,根据浙江省余姚市河姆渡遗址第四文化层中出土的亚洲象遗骨[7],河南淅川县下王岗第九文化层中出土的亚洲象遗骨[8],广西南宁市豹子头等地贝丘遗址的亚洲象遗骨[9]及福建闽侯县昙石山遗址亚洲象遗骨[10]等等,反映距今7 000～6 000年前到3 000多年前,长江、余姚江、闽江及两江等流域一带的森林,都有野象的分布。

《国语·楚语上》叙述公元前6世纪初,楚国号称:"巴浦之犀、牦、兕、象,其可尽乎?"[③]晋常璩《华阳国志·蜀志》称,古代蜀国之宝有犀、象。由此可见,当时四川等地也有野象分布。周敬王十四年(鲁定公四年,公元前506年),楚人也曾经用象作战[④]。

此外,据古籍记载,本阶段一些器物有用象的齿骨制成或镶造的,如商代的象簪、象珥、象掭等,周代的象床、象笏、象觚、象环、象栉等[2]。

总之,从考古、古生物、甲骨文及古籍记载等,可知距今7 000～6 000年到2 500年左右以前,我国从殷(约北纬36°)一带以南,不少地区有野象分布。而现在我国云南西南部德宏州盈江县(约北纬24.6°)以南才有野象栖息,南北纬度相差约达11.4°。历史时期我国野象分布变迁之大,可以想见。

为什么本阶段我国野象分布的北界可达殷一带呢?

如前所述,野象对气温的变化是比较敏感的。它怕寒冷。它的体型大,为植食类,食量也大。天气冷了,一方面野象的御寒能力较低,较难忍受;另一方面,草木枯萎,也影响它们的食料来源。

距今7 000～6 000年至距今2 500年左右前,野象的分布北界所以能达到中纬度,这显然是由于当时气候较今为暖,并且这与近年来我国东部许多全新世孢粉分析的结论是相一致的[⑤],反过来进一步证实了本阶段黄河流域有野象分布这一事实。

联系本阶段中国马来貘的分布也以殷一带为北界[12],孔雀分布以河南淅川一带为北界[8],这些热带动物分布的纬度也远较今为高。

另外,与当时这一带人口密度小,天然植被广布,野象的食料既充足又易于取给也有密切关系。当时这一带天然植被有森林,有草原,有水生植被,还有沼泽植被等。在较今为暖湿的气候条件下,是野象栖息、繁殖的良好场所。直到西周和春秋时代,这一带人口密度仍然较小[13],人口少,人们对野象的捕杀当然也少。因此,殷一带成为当时中国野象分布最北的地区,就非偶然了。

---

① 王国维《王忠悫公遗书·初集·观堂别集·补遗·敉卣跋》。
　　罗振玉《殷虚书契》卷5第30页,以及《后编下》第10页。
　　罗振玉《增订殷虚书契考释》卷中象字下及为字下。
　　徐中舒《殷人服象及象之南迁》65页引罗振玉说,也涉及这一问题。
② 《古典新义·释□》。
③ 白公子张对楚灵王(公元前540～前529年)语,可能是公元前529年事。
④ 《左传》定公四年:"五战及郢(今湖北江陵县西北),己卯,楚子取其妹季芈畀我以出,涉睢(水名,至湖北枝江县入江)。鍼尹固与王同舟,王使执燧象以奔吴师"。按:"燧,火燧也。以火(燧)系象尾,使奔吴师"(朱东润选注《左传选》,上海古典文学出版社1956年版),企图使吴师受惊退却。徐中舒认为"楚王奔随,使子期执燧象,此必随地产象,不然仓猝之间,从何得此"(《殷人服象及象之南迁》),我们认为《左传》这条记载反映公元前506年这一带似有象。
⑤ 如近年来对辽宁南部6个全新世沉积物的沉积层序、孢粉组合和放射性碳年代的分析,对吉林敦化全新世沼泽的孢粉分析,对北京市平原泥炭沼的孢粉分析,对安徽怀宁打捞长江水下古木的古土样的孢粉分析,对江西南昌西山洗药湖泥炭的孢粉分析,对浙江余姚河姆渡第四文化层的孢粉分析,对贵州梵净山的孢粉分析,对云南滇池的孢粉分析,等等。

四、以秦岭、淮河为北界的阶段(距今
2 500 年左右至 1050 年左右)

本阶段野象栖息地区限于秦岭、淮河以南,即在长江流域及其以南地区,偶尔移动到淮河以北一带,但并不过冬;而且一到淮北,就被当地人们捕获。如东魏天平四年八月(公元 537 年 8 月 22 日~9 月 19 日)有巨象至南兖州[治所在小黄(今安徽亳县)]砀郡[治所在下邑城(今安徽砀山县)],天象元年正月丁卯(538 年)以前送至邺(今河南安阳县境)①。

这只巨象究竟是从哪里来的? 古籍没有明确说明。联系到当时长江以南的皖南一带,野象很多,可以提供一些线索。据《南史》卷 8《梁本纪下》,"南朝梁承圣元年十二月(553 年 12 月 31 日至 554 年 1 月 29 日),淮南[郡名,东晋咸和初,侨置淮南郡于丹阳郡于湖县(今安徽当涂县),后割于湖、芜湖两县为实土,辖境相当今铜陵市及当涂、芜湖、繁昌、南陵、铜陵等县地]有野象数百"①,看来有不少野象群出现。这些野象群在"淮南"到处寻找食物,"坏人室庐"②。在草木生长茂盛的日子里,它们还可能从长江附近,渡过淮河,进入淮北。到了草木枯黄季节,在比较温暖的日子里,野象也偶尔能达到淮北③。但这与上阶段野象在黄河下游长期栖息,毕竟大不相同。值得注意的是,当时淮河下游正处南北朝接触地带,战争频繁,人口稀少,荒地较多,有不少灌木丛、草地等次生植被,也有利野象的迁徙。

南来的野象不仅能从长江附近或淮南到淮北,还可沿江而上到达南阳盆地。如《宋史》卷 66《五行志》:

> 建隆三年(962 年),有象至黄陂县(今湖北武汉市黄陂县北),匿林中,食民苗稼;又至安(今湖北安陆县)、复(今湖北天门县)、襄(今湖北襄樊市)、唐州(今河南唐河县),践民田,遣使捕之。明年(乾德元年)十二月(公元 964 年 1 月 18 日至 2 月 15 日),于南阳县(今河南南阳市)获之,献其齿革。④

据《宋会要辑稿·食货七十》,在北宋治平(1064~1067 年)以前,今河南南阳、唐河到湖北襄樊一带,"地多山林,人少耕殖"。从地形和植被看,也适于野象的移动。

本阶段野象在长江流域及其以南地区的活动情况,可以概括出如下几个特点。

第一,栖息的地区广大,栖息的历史也悠久。

仅以长江流域而言,大致可以分为:

(1)四川盆地区 北有秦岭、大巴山的阻挡,东有巫山的纵列和三峡之险,南和西均为高原,地形比较闭塞,但盆地内的年平均温度和冬季的气温一般较其以东同纬度的长江中下游平原为高,植物繁茂,更适于野象的栖息。由于地形比较闭塞,野象在四川盆地的活动与长江中下游不同,它们的流动主要在区内,区际之间的流动较难。

四川盆地野象栖息的历史很早,除前述《国语·楚语上》和《华阳国志·蜀志》外,汉扬雄《蜀都赋》

---

① 《魏书》卷 112 下《灵征志》,同书卷 12《孝静帝纪·天象元年》;《资治通鉴》卷 158《梁纪·武帝大同四年》。
② 这是根据《南史》(点校本)和元马端临《文献通考》卷 311《物异考·毛虫之异》。但是有的历史文献如《佩文韵府》卷 52 引《南史·梁世祖纪》记载该年象的活动地区却多"吴郡"二字。
③ 如近年来对辽宁南部 6 个全新世沉积物的沉积层序、孢粉组合和放射性碳年代的分析,对吉林敦化全新世沼泽的孢粉分析,对北京市平原泥炭沼的孢粉分析,对安徽怀宁打捞长江水下古木的古土样的孢粉分析,对江西南昌西山洗药湖泥炭的孢粉分析,对浙江余姚河姆渡第四文化层的孢粉分析,对贵州梵净山的孢粉分析,对云南滇池的孢粉分析,等等。
④ 《宋史》卷 1《太祖纪》提到当时象入南阳事。

也指出四川盆地有犀、象[14]。晋左思《蜀都赋》提到四川盆地"犀象竞驰","拔象齿,戾犀角"[15]。联系起来看,可以说明一个问题,就是从战国到晋代,四川盆地野象分布的北界仍在长江以北。但似晋以后逐渐变化,到唐代及其以后,野象分布的范围主要限于长江以南。例如在《太平寰宇记》卷122《江南西道》的南、溱二州的土产中都提到象牙,溱州的象牙下还自注"贡"。当时南州的治所在南川县(今四川省綦江县①城关镇北岸),还领三溪县(今四川省綦江县东南)。当时溱州的治所在荣懿县(今四川省重庆市南桐区境),还领扶欢县(今四川省綦江县东南)。《太平寰宇记》中还提到西高州[治所在夜郎(今贵州正安县)]的土产有"象齿",也可印证当时四川盆地的南缘、贵州高原的北缘产野象。

这样看来,野象在四川盆地的活动,大致可以分为两个阶段,晋以前,分布的北界仍在长江以北;唐代及其以后,主要限于川东江南,尤其是今重庆市区到綦江一带。

(2)长江中游区 野象分布范围的变化也可分为两个阶段:大致在晋代以前,野象可以在长江以北长期栖息;以后则限于江南。前述淅川县下王岗遗址发掘的亚洲象遗骨和《国语·楚语上》就是它们在长江以北栖息的明证。

战国时屈原《楚辞·天问》提到当时楚国有象。汉司马相如《子虚赋》也谈到战国时代楚国云梦游猎区,"兕象野犀"。《子虚赋》中虽不无夸大,但说明当时长江中游有野象、野犀的分布却是一个事实。汉桓宽《盐铁论》卷1《本议》(前81年)称:"荆、杨(扬)之皮革骨象"。汉扬雄《荆州箴》指出当时荆州物产有"象齿元龟"[14],反映到汉代长江中游还有野象分布。

南朝宋元嘉元年十二月(425年1月6日至2月3日),"象见零陵洮阳(今广西全州县北)"[16];元嘉六年(429年)三月乙亥,"白象九头见武昌(今湖北鄂州市)"[17]。说明晋代以后,南朝宋、齐时长江中游仍有野象活动,但野象的主要栖息地已限于江南了。

野象在长江中游栖息的北界从江北移到江南,并不是截然分开的,其中也有一个南北移动的反复过程,正如前述从黄河下游移到淮南一样,而且这样的反复是多次的。如上文涉及宋建隆三年(962年),野象不仅仍在江北出没,到达襄、唐,而且还向北到了南阳盆地。《宋史》卷66《五行志》还提道:

> 建隆二年(961年)五月,有象至澧阳(今湖南澧县)、安乡(今县)等县。又有象涉江,入华容县(今县),直过阛阓五门。又有象至澧州澧阳城北。

这里虽然所指都在江南,但是也可反映野象的移动是比较复杂的。

(3)长江下游区 本区北到江淮之间,南到杭州湾一带。这一带平原丘陵多,江湖河汊也多,水草丰美,适于野象的栖息。除前述浙江余姚河姆渡野象的遗骨外,《竹书纪年》下:"越王使公师隅来献……犀角、象齿",反映魏襄王七年(前312年),我国越部族时代,今浙江绍兴一带仍有野象和野犀分布。上述《盐铁论·本议》提到汉代本区还产野象。

长江下游是个以平原为主的地区,它的北面与黄淮平原相连,没有大山阻挡北来的寒潮,野象栖息的北界从江北移到江南不明显,栖息地区可能一直以皖南、浙东为主。但是野象的移动,却是复杂的、频繁的。可以概括为两种情况:一种可能是从长江附近移到淮南,又由淮南移到淮北,如前引《魏书》卷112下《灵征志》和卷12《孝静帝纪·天象元年》等是。另一种可能是由更南的地方移到长江附近来,如《南齐书》卷19《五行志》和同书卷40中《南海王子罕传》,南朝齐永明十至十一年(492～493年),"有象至广陵(今江苏扬州市)";《文献通考》卷311《物异考·毛虫之异》,南朝梁天监六年(507

---

① 1997年重庆直辖后綦江归属重庆直辖市。——选编者(2006年)

年)三月,"有三象人建邺(即建业,今江苏南京市)"。这种情况,与前文论及的长江中游情形很相类似。

由于长江下游在长江流域中开发较早,皖南地区的野象从6世纪50年代以后就不见于文献记载。根据《十国春秋》卷78《吴越武肃王世家》下,"宝正六年(931年)秋七月,有象人信安(今浙江衢州市)境,王命兵士取之,圈而育焉"。据《吴越备史》卷4,后周广顺三年(953年),"东阳(今县)有大象自南方来"。大概从17世纪30年代起,本区野象所达的北界,就只限于浙江钱塘江以南。实际上,已经超出长江下游的范围了。

第二,野象能在长江流域过冬。

前面说到本阶段长江流域野象的分布范围广,而且数量众多。这样分布广而且数量多的野象,足可以说明一个事实,就是当时野象能在长江流域过冬,不仅能在江南过冬,在晋代以前,还可以在江北过冬,前述云梦游猎区,就是一个明显的例子。除此以外,还可以从另一个侧面加以说明。例如唐代曾将东南亚热带国家所送驯象放过生,放生地点不在黄河流域,而是在长江流域——荆山以南[①]。这充分说明本阶段,中国野象的分布是以秦岭、淮河为北界的。当然,本阶段长江流域的野象也有从更南的地区来的,如上文提到的"象见零陵洮阳","东阳有大象自南方来",就是具体的例子。但这毕竟是少量的,较之当时长江流域野象分布广、数量多,就微不足道了。

为什么本阶段长江流域的野象数量多,分布广?为什么当时野象能在长江流域过冬?这显然是与本阶段秦岭、淮河以南冬季气温变化的总趋势较今为暖紧密相联系的。据我们初步研究,距今2 500年左右以前至1050年左右,我国冬半年气温变化的总趋势的确是较今为暖。野象是适应温暖气候环境的动物,它惧怕寒冷,如果当时长江流域的冬半年气温也和现在一样,那么,野象不仅不能在这里过冬,而且也就无法在这里广泛分布了,这是很明显的事实。由于具体气候是波状起伏、冷暖交错的,在冬半年气温较高的年间和日子里,野象也可以越过淮河到达以北地区。

长江流域虽然开发较晚,但"江南卑湿",黄河流域的人口经东汉末年、西晋末年、南北朝几次大量南移,有些人不习惯于长江流域的生活环境,不久又大量北返。一直到唐代"安史之乱",特别是北宋靖康之乱后,长江流域的人口才大量增加。因此,在本阶段中长江流域人烟较为稀少,天然植被特别是天然森林分布较广,野象的食料较充足、较易取得,这也有密切的关系。

五、以漳州、武平象洞、始兴、郁林
一带为北界的阶段(1050年左右至19世纪30年代)

1050年左右以后,秦岭、淮河一线以南的野象趋于灭绝,但岭南地区,由于气候湿热,热带森林广布,到宋代仍然号称"山林翳密"[②],因而野生动物以多犀象为特征之一[③]。根据上述一线以南地区野象的分布及其变迁情况,可分为如下3个区。

(一)岭南东区

本区指潮州[治所在海阳(今广东潮州市)]、梅州[治所在程乡(今广东梅县市)]、漳州[唐代治所

---

① (唐)苏鹗《杜阳杂编》《旧唐书》卷12《德宗纪》大历十四年闰五月丁亥。
② 《隋书》卷31《地理志》关于岭南地区的情况;《宋史》卷90《地理志》关于广南东、西路的情况等。
③ 《淮南子·人间训》提到秦始皇三十三年(前217年)时的情况,《汉书》卷28下《地理志》朱赣论各地风俗中关于粤地,《盐铁论》卷1《崇礼》等。

初在漳浦(今福建云霄县),后移于今福建漳浦县,乾元初移治龙溪(今福建龙海县西)]、汀州[治所在长汀(今福建长汀县)]、武平(今县)象洞一带。

本区在1050年左右以前多野象,唐刘恂《岭表录异》卷上称:

> 广之属郡潮、循州[治所在归善(今广东惠州市)],多野象,潮循人或捕得象,争食其鼻,云肥脆,尤堪作炙。

说明9世纪末、10世纪初,从相当于今潮州市一带到惠州市一带,野象是很多的。这里还提出一个特点,就是捕杀野象的技术较高,捕杀野象的数量也逐步增多。不仅捕杀,而且以象鼻作佳肴。根据文献记载本区各地野象灭绝的时间顺序,下面逐一叙述各地情况。

武平象洞。在唐宋时代汀州,此地的野象情况,据宋叶廷珪《海录碎事》卷6《饮食器用部·酒门·象洞酒》称,

> 象洞在潮梅之间,今属武平县。昔未开拓时,群象止于其中,乃谓之象洞。其地膏腴,稼穑滋茂,有美酝,邑人重之,曰象洞酒。

还有洪武《临汀志》(已佚)记载:象洞,

> 林木荟翳,旧传象出其间,故名,后渐刊木诛茅,遇萦纡怀(环)抱之地,即为一聚落,如是者九十九洞。[1]

武平象洞坐落在唐潮州(当时梅州为潮州程乡县),宋潮、梅二州以北,为当时恶溪(今韩江)上游(今梅江的上游),历史时期这里的野象群,可能是唐到北宋政和年间(1111~1117年),从潮州一带沿着恶溪上游河谷而去的,在这里的森林中栖息、繁衍。唐在该地设置了武平场[2]或镇[3],宋淳化五年(994年)才升为武平县,宋政和置象洞巡检寨[4]。行政区划的设置、归并及升降,在一定程度上反映了武平一带唐代人口曾经有所增加,到唐末、五代曾经减少,到宋代又逐渐增加。又从宋在象洞置巡检寨以前,象洞这一地区早已开发,"稼穑滋茂",产象洞酒[5]来看,再联系淳熙《三山志》卷41等所载大观四年十二月二十日至二十四日(1111年1月31日~2月4日)福州、泉州一带的特大寒潮,可见象洞的野象群可能是在唐武平设治以前较多;唐宋设治以后,人口增加,毁林开荒,野象有所减少,再经大观四年十二月下旬的特大寒潮,野象才趋于灭绝。

潮州。潮州的野象栖息历史悠久,数量不少,除上文已涉及的史料外,还有宋阙名[6]《墨客挥犀》

---

① 《永乐大典》,卷7891《汀字·象洞》引。
　　据实地调查,此"洞",是指四周高,中间低的山窝窝而言,还兼指三面闭合,南面有缺口的马蹄形山窝窝。是村落未开发时或开发初期时的通称,取其"洞天乐土"之意,过去武平、上杭一带以洞为名的村落很多(如武平"黎畲洞"现称十方),有的已把"洞"名改变了,惟象洞还留有一个"洞"字。
② 《舆地纪胜》卷132引《图经》。
③ 《舆地纪胜》卷132引《郏川志》《嘉庆重修一统志》卷434。
④ 《舆地纪胜》卷132,《永乐大典》引洪武《临汀志》同。
⑤ 《海录碎事》,洪武《临汀志》等。
⑥ 一般认为《墨客挥犀》的作者为彭乘;但据《梦溪笔谈校正》(上海:中华书局,1960)考证,《墨客挥犀》的作者并非彭乘,也不知是谁,因此,作为"宋阙名"较妥。

（1095～1126 年）：

> 漳州漳浦县地连潮阳（今广东潮州市），素多象，往往十数为群，然不为害。惟独象遇之，逐人踩践，至骨肉糜碎乃去。盖独象乃众象中最犷悍者，不为群所害。故遇之，则踩而害人。

反映北宋末、南宋初与潮阳毗连的漳州，素多野象，以象群为多，也有独象；当时潮州的潮阳县也有相似情形。

《宋史》卷 66《五行志》：

> 乾道七年（1171 年），潮州野象数百食稼，农设阱田间，象不得食，率其群围行道车马，敛谷食之，乃去。

此后，历史文献就没有提到潮州有野象的活动了。

漳州。除前述《墨客挥犀》外，万历元年（1573 年）《漳州府志》卷首《历年志序》宋李纶《淳熙〈临漳志〉序》（1178 年）记载，宋淳熙三至五年（1176～1178 年），赵公绸知漳州时：

> 岩栖谷饮之民，耕植多踩哺于象，有能以机阱弓矢毙之者，方喜害去，而官责输蹄齿，则又甚焉。民宁忍于象毒，而不敢杀。近有献齿者，公以还之民，且令自今毙象之家，得自有其齿，民知毙象之有祸也，深林巨麓将见其变而禾黍矣。[①]

可见北宋末、南宋初以前，漳州漳浦一带（约包括今漳州地区的漳州、龙海、漳浦、云霄、诏安等市县）与潮州潮阳一带山地丘陵的森林有野象群活动。到宋淳熙三至五年或许至十一年（1176～1178 或 1184 年），主要是由于这一带人们采取了"机阱、弓矢"等捕杀手段，才使漳州一带野象趋于灭绝。另外，与淳熙《三山志》卷 41 载淳熙五年（1178 年）冬，福州一带强大寒潮也有一定关系。

梅州。唐到北宋时，梅州以南的潮州和以北的武平象洞，都有野象群栖息，那么地处其间的梅州程乡县一带，也应有野象分布，只是流传到现在的历史文献缺乏明确记载而已。

（二）岭南中区

本区包括唐循州［治所在归善（今广东惠州市）］、广州［治所在今广东广州市番禺区、南海（今广东广州市）］、恩州［唐治所在恩平（似今县北），宋庆历八年（1048 年）加"南"字，称为南恩州，移治阳江（今县）］、韶州［治所在曲江（今广东韶关市西南，五代南汉移治今市）］的始兴（似今县）等地。

近年有半石化象头骨，在广东南海县官山乡民乐"龙头田"（池塘）黑胶泥中底部和中沙型接触处出土（现在西樵山展览室陈列），还有象胫骨在高要县金利埠塘黑胶泥中发现，可能是从汉到唐代的遗物[②]。东莞市在 20 世纪 60 年代还有镇象塔。五代南汉大宝五年（961 年）及其以前，东莞"每秋有群象

---

① 明万历元年（1573 年）《漳州府志》卷 4 提到南宋淳熙三年至十一年（1176～1184 年），赵公绸知漳州时，"先是象害民稼"，漳州人民捕象事。

② 广东师范学院地理系曾昭璇 1979 年 9 月提供资料。

食田禾",捕杀象后,聚骨建塔以示镇压[①],可见当时东莞一带野象群之多,为害农作物的严重。

本区北部,据南朝宋王韶之(380～435年)《始兴记》载:

> [始兴郡(治所在曲江,今韶关市)]伊水口(约相当今韶关市浈水入北江口一带)有长洲,洲广十里,平林蔚然,有群象、野牛。

说明南朝宋元嘉初(5世纪20年代),伊水口一带野象分布,似与"平林蔚然"有关。

本区南部,野象分布更为广泛。除上述珠江三角洲出土的野象遗骨和东莞的镇象塔外,唐段公路《北户录》卷2《象鼻炙》载:

> 广之属城循州、雷州皆产黑象,牙小而红,堪为笏裁,亦不下舶来者。土人捕之,争食其鼻,云:肥脆偏,堪为炙,滋味类小猪……

指出了9世纪60～70年代,循州产黑象。9世纪末、10世纪初,唐刘恂《岭表录异》卷上也有类似记载,可见唐代循州为本区野象栖息地之一。

北宋初,据《宋会要辑稿·刑法二》,

> [淳化二年(991年)]四月二十七日,诏:"雷、化、新、白、惠、恩等州山林中有群象,民能取其牙,官禁不得卖。今许令送官,以半价偿之。有敢藏匿及私市与人者,论如法"。[②]

10世纪末以后,未见古籍提到本区产象,13世纪初王象之撰《舆地纪胜》记载本区各州景物颇详,但没有提到野象。

南宋淳熙元年(1174年)陆佃撰《埤雅》提到:始兴(今县)、阳山(今县)俗呼象为大客,这似可以说明公元1174年及其以前这一带有野象出没;到12世纪末,本区野象逐渐灭绝。

(三) 岭南西区

本区包括雷州[治所在海康(今广东海康县)]、藤州[治镡津(今广西藤县)]、郁林州[唐乾封元年(666年)改郁州置,治所在石南(今广西玉林市西北),宋至道时移治南流(今玉林市)]的博白县(今广西博白县)、思明府(似治今广西宁明县东)、太平府[治所在崇善(今广西崇左县)]、钦州[治所初在钦江(今广西钦州市东北),曾移治灵山(今广西灵山县西),后移治安远(今钦州市)]、廉州[唐贞观八年(634年)改越州置,治所在合浦(今县东北),宋初移今治]及其所属的合浦、灵山等县,也就是相当今广西南部到广东雷州半岛一带。

雷州。上文引《北户录》卷2和《宋会要辑稿·刑法二》提道,唐、宋时,雷州即以产象著名。《明实录·太祖实录》卷195,洪武二十二年(1389年)正月戊寅:"广东雷州卫进象一百三十二"。乾隆《尤溪县志》卷16载明代杨表任雷州知府时(约在嘉靖四至九年,即约1525～1530年)[18],雷州曾有"猛象"

---

① 《舆地纪胜》卷89《广南东路·广州·景物下》,明成化《广州志》卷25《寺观类·东莞县·寺·镇象塔》,崇祯《东莞县志》[民国十年(1921年)《东莞县志》卷89《金石略·镇象塔引》],嘉庆《东莞县志》卷42《古迹·镇象塔》等。

② 《宋史》卷278《李昌龄传》有类似记载。

出没。

藤、蔑、澳等山。《明太祖实录》卷226,洪武二十一年(1388年)三月壬戌:

> 驯象卫[在横州(今县)]进象。先是诏思明、太平、田州、龙州诸土官领兵会驯象卫官军往钦、廉、藤、蔑、澳等山捕象,豢养驯狎,至是以进。

按:这里指的蔑、澳等山待考;钦、廉、藤等山可能指的是十万大山、六万大山、大容山、勾漏山、大廉山等地方,就是今广西南部一带。

郁林州博白县(今县)。前述《宋会要辑稿·刑法二》提到北宋时白州(今广西博白县)“山林中有群象”。南宋王象之《舆地纪胜》卷121《广南西路·郁林州·景物下》:“伏割山:在博白县西四十里,多鹦鹉、孔雀、象兽,山下有伏割村,因名。”[①]明末曹学佺《明一统名胜志·广西名胜志》卷4,称伏割山多鹦鹉、孔雀,但未提到象兽,大概17世纪这里无野象了。

太平府、思明府。《太平府志》载:

> 象,洪武十八平(1385年),十万山象出害稼,命南通侯率兵二万驱捕,立驯象卫于郡。[②]

《明太祖实录》卷179,洪武十九年十一月(1386年11月22日至12月21日)己卯[③]:

> 遣行人(官名)往广西思明府,访其山象往来水草之处,凡旁近山溪与“蛮”洞相接者,悉具图以闻。

这些反映太平府、思明府在明初及以前是多野象的。

横州(今横县)。据乾隆《横州志》卷2称,万历十五年(1587年)秋,“有象出北乡,害稼”。

钦州。据宋周去非《岭外代答》卷9《禽兽门·象》,“钦州境内亦有之(象)”。雍正《钦州志》卷1:“(万历二十二年,即1594年),擒郡(群)象。象由灵山地方来(钦州)辛立乡,践踏田禾,触害百姓。……设策擒之,民始安耕。”[④]明王临亨《粤剑编》卷3《志物产》提到万历二十九年(1601年)钦州多象。

廉州。前已提到明初及其以前廉州山地野象的活动。《图书集成·方舆汇编·职方典·廉州部物产考》引《府志》记载该府物产兽属,“间有象”。

廉州府合浦县大廉山(今广西浦北县东南角):据明李文凤《月山丛谈》(已佚)载,

> 嘉靖丁未(明嘉靖二十六年,公元1547年)[⑤],大廉山群象践民稼,逐之不去。太守胡公鳌拉乡士夫率其乡民捕之,预令联木为簰[⑥]栅,以一丈为一段,数人舁之。俟群象伏小山[⑦],一时簰栅四

---

① 《元一统志》(《永乐大典》卷2340《梧字·梧州府·山川·博白县》引)基本相同。
② 清嘉庆《广西通志》卷93《舆地略·物产·太平府》引。
③ 按该年十一月庚寅朔,无己卯。
④ 清乾隆《廉州府志》卷5,基本相同。
⑤ 清乾隆《廉州府志》卷5,作“八月”。
⑥ 清乾隆《廉州府志》卷5,作“牌”,是。
⑦ 清乾隆《廉州府志》卷5,“小山”作“山坡”。

合,瞬息而办。栅外深堑,环以弓矢长枪,令不得破藩机而逸。令人俟[1]间伐栅中木,从日中火攻之,象畏热,不三四日皆毙,凡得十余只。象围中生一子,生致之。以献灵山巡道,中途而毙。生才数日,已大如水牛矣。[2]

廉州府灵山县。据《图书集成·方舆汇编·职方典》卷1361《廉州府部山川考》,灵山县西南二百四十里(120 km)那墓(暮)山产象,"每秋熟,辄成群出食,民甚苦之"。乾隆十八年(1753年)《廉州府志》:那暮山,"一名博峨山,……曾产象,秋出食田禾,为害[3]。联系道光十三年(1833年)《廉州府志》称该府物产中"象""间有",看来可能是指19世纪30年代灵山县那暮山还有野象活动。

岭南东、中二区的野象在12世纪末趋于灭绝,本区则12世纪末以后尚有野象长期栖息。不过本区各地野象灭绝的时间也先后不一,大致东部较早,西部较迟(东部的雷州约在16世纪30年代以后渐趋灭绝);北部较早,南部较迟(北部郁林州的博白县约在17世纪前期以前就渐趋灭绝);平原较早,山地丘陵较迟。最晚灭绝的地区为南部灵山县的十万大山一带,约在19世纪30年代以后才渐趋灭绝。

为什么本区为岭南野象灭绝最晚地区?

一般地说,本区是岭南大陆部分最湿热的地区,加以本区又是岭南三区开发最晚的地区,古代人口比较稀少,因而天然热带森林破坏较少、较晚,这些都有利于野象的栖息和繁衍。因此,本区是岭南野象分布广、数量多、灭绝时间最晚的一区。

12世纪以来,岭南地区的"特大寒"等对本区野象的灭绝也有一定的影响。《岭外代答》卷4《风土门·雪雹》记载:"钦之父老云:'数十年前,冬常有雪,岁乃大灾'","一或有雪,则万木僵死",这是指约1110～1111年冬前后多年钦州一带特大寒潮侵袭的结果,难道适应温暖而畏惧寒冷的野象能例外吗?

1050年左右以后,岭南地区冬半年曾经出现过不少冰雪、霜冻等寒冷现象,1506～1507年、1655～1656年、1892～1893年的冬半年就曾经出现过"特大寒"。这些严寒出现时,对野象的影响如何,虽然缺乏明确的记载,但是由古籍曾经描述过的部分寒冷天气出现时,对人类及动植物的影响也可见一斑。例如1892～1893年冬,岭南地区"特大寒",据《陆川县志》载,光绪十八年十一月二十七日,"大雪,厚二尺余,竹木多陨折,鳞介亦冻死";民国三年(1914年)《钦县志》,光绪十八年十一月二十八日,"大雪,平地若敷棉花,檐瓦如挂玻璃;空气刺骨,牛羊冻死无数,为空前未有之奇"。总之,1050年左右以来,岭南地区的寒冷天气出现频繁,且更为严重,因而使得椰子等植物分布的北界逐渐南移。这些都间接说明12世纪以来,特别是1050年左右以来岭南地区的寒冷现象,对本区的野象发生过多次程度不同的影响。

既然本区的野象受寒冷天气的影响,为什么本区到14世纪末野象的分布仍然较广、数量较多,看不出显著的变迁呢?这主要由于当时本区的野象即使冬季冻死,到了夏季又有其他地区的来补充。

另外,明王朝曾在本区设置过驯化野象的机构,叫"驯象卫"。原意是对付麓川(今云南德宏州境的陇川、猛卯、遮放等地)的象阵[2];后来征服了麓川,就成为供明王朝朝会用象[4]。卫址几度迁徙,但主要是在横州[3]。

① 清乾隆《廉州府志》卷5,"俟"作"饲"。
② 《图书集成·方舆汇编·职方典》卷1366《廉州府部杂录》引。
③ 清道光十三年(1833年)《廉州府志》引《旧志》。
④ 《明太祖实录》卷188,洪武二十一年(1388年)正月甲午。

六、历史时期云南野象的变迁

云南产象历史记载很早。《史记·大宛列传》：

> 昆明之属无君长……辄杀掠汉使，终莫得通，然闻其西千余里，有乘象国，曰滇越。

这个"昆明"不是现在的地名，而是族名，分布地在金沙江西岸至洱海、滇池之间，"其西千余里"，正是现在德宏州境。乾隆《腾越州志》中，张骞所称的滇越，即云南腾越（今腾冲县）。说明早在西汉，今腾冲以南一带，不仅产象，且以象为乘骑，因而称为"乘象国"。

西汉时，在滇西南一带的少数民族哀牢境，据《华阳国志·南中志》载，"永昌郡，古哀牢国"，"土地沃腴，"有"孔雀、犀、象"等珍禽异兽①。哀牢为古国名。东汉永平十二年（69年）以其地置哀牢（今云南盈江县东）、博南（今永平县）两县，属永昌郡。当时永昌郡所辖范围甚广，"其地东西三千余里，南北四千八百里[19]。大体相当今大理州、保山、临沧地区、德宏州及西双版纳州等地。

唐樊绰《蛮书》卷4《名类》载："茫蛮部落……孔雀巢人家树上，象大如水牛，土俗养象以耕田，仍烧其粪。"茫蛮或称茫施蛮，《蛮书》称它为"并是开南杂种"。《明史·土司传·芒市土司》称："芒市，即唐史所谓茫施蛮也。"按：芒市属今云南德宏傣族景颇族自治州潞西县。同书卷7《云南管内物产》载："象，开南已（以）南多有之，或捉得人家多养之，以代耕田也。"开南为南诏蒙氏银生府治所在地，《明史·地理志》称："景东府北有开南州"，即今云南景东县境，"开南已（以）南"指景东以南广大的百夷地区。

宋范成大《桂海虞衡志·志器》载：蛮甲，"惟大理国最工。甲胄皆同象皮。……"同书又载：云南刀，"即大理所作。……以象皮为鞘……"《岭外代答》卷7："诸蛮唯大理甲胄以象皮为之……"按：大理国约相当于现在的云南全省，都城苴咩（今大理市），在洱海西岸，不产象，象皮当来自南部百夷地区，属大理国南部边境。

《元朝混一方舆胜览》卷中载，云南等处行中书省金齿百夷诸路，产"犀牛、象、孔雀"等，按元至元十三年（1276年）改金齿安抚司为金齿宣抚司，于所辖境内分为6路，立6路总管府，6路的名称区域是：①柔远路，即明清时的潞江安抚司，今云南保山市怒江区；②茫施路，即明清时的芒市安抚司，今云南德宏州潞西县芒市；③镇康路，即今云南镇康、耿马一带；④镇西路，即明清时的干崖宣抚司，今云南德宏州盈江县；⑤平缅路，即明清时的南甸宣抚司，今云南德宏州梁河县及其西南部地带；⑥麓川路，即明清时的陇川宣抚司，遮放副宣抚司，猛卯安抚司，今云南德宏州陇川县、瑞丽县及潞西县所属的遮放区。元代史志所称的"金齿诸路"，就是指这六路而言。因为境内所居住的主要是百夷（傣族），所以又称为"金齿百夷诸路"。这些地区，从元代开始贡象，如《元史·世祖纪》载：至元七年（1270年），金齿、骠国内附，"献驯象三"；《元史·成宗纪》：至元三十一年（1294年），"云南金齿路进驯象三"，等等。"贡象"虽然是驯象，但也可反映野象的一些分布情况，所以也顺便叙述一下。

到了明代，有关云南产象的史料很多，为了便于了解，现在分区加以说明。

元江（今县）、广南（今县）一带。指哀牢山以东，云南省东南部。《明太祖实录》卷231载：洪武二十七年（1394年）正月辛丑朔：

---

① 《后汉书》卷86《哀牢》，哀牢国出"孔雀"、"犀、象"。

云南麓川平缅宣慰使司宣慰使思伦发及元江府土官知府那荣,因远罗必甸长官司白文玉等五十处土官来朝,各贡马、象、衣物。

按因远罗必甸在元江境。清顾炎武《天下郡国利病书》原编第 31 册《云贵土官氏元江府》载:嘉靖中,土官那鉴争立,篡杀为乱,布政使司徐樾率兵征讨,"鉴纵象马躏我兵,徐公中流矢卒"。《明一统名胜志·(云南)广南府(志胜)》:"土人狎象而畏虎"。说明当时这一带有象分布。

景东、威远、顺宁一带。在哀牢山以西,今把边江、威远江、澜沧江等地。《明太祖实录》卷 143 载,洪武十五年(1382 年)闰二月乙酉:"景东(今县)土司俄陶献马一百六十四,银三千一百两,驯象二。诏置景东府,以俄陶知府事"。天启《滇志》:景东府知事姜固宗,"以象、马入贡"。《明史·云南土司传·景东》:"景东部皆僰种(傣族),性淳朴,习弩射,以象战"。说明直到 17 世纪上半叶,景东府有象分布,以象作战。据《明实录·英宗实录》卷 76,正统六年(1441 年)二月辛巳,礼部奏:"窃意木邦……威远(今云南景谷傣族彝族自治县)等处吏人,与麓川接境,今自备象马米刍,与大军刻日夷吏兵分头间道先进。"说明当时威远产象。明徐宏祖《徐霞客游记》卷 14《滇游日记七》,崇祯十二年(1639 年)二月十日日记中称:"盖鹤庆以北,多牦牛,顺宁(今云南凤庆县)以南,多象,南北各一异兽。"反映 17 世纪的 30 年代顺宁以南还是多象的。

德宏境。明钱古训《百夷传》载:

> 百夷在云南西南数千里。……贵者衣绮丽,每出入,象马仆从满途。象以银镜数十联缀于羁靮,缘以银钉,鞍上有阑如交椅状,借以祵褥,上设绵障盖,下悬铜响铃,坐一奴鞍后,执长钩驱止之。

按:《百夷传》为钱古训在今云南德宏州根据亲见亲闻写出,所记 600 年前德宏境内傣族及其他少数民族情况,全为最珍贵的第一手材料。《百夷传》还提到德宏境内所产珍物有"犀、象、鹦鹉、孔雀、鳞蛇脑(胆)"等,象是百夷战争中用兽,"兵行不整,先后不一,多以象为雄势,战则缚身象上"。所以明王朝与百夷间的战争,主要是如何对待象阵的问题,《明太祖实录》卷 189:

> 洪武二十一年(1388 年)三月,时思伦发悉举其众,号三十万,象百余只,复寇定边(今云南省南涧彝族自治县)。沐英选骁骑三万与之对垒。贼悉众出营,结阵以待,其酋长、把事、招纲之属,皆乘象,象皆披甲,背复战楼若阑楯,悬竹筒子两旁,置短槊其中,以备击刺。阵既交,群象冲突而前……贼众大败,象死者过半,生获三十有七。

西双版纳。据《泐史》①上卷,西双版纳十二代"召片领"(车里宣慰)奢陇法于明正统十一年(1446 年)明王朝败猛卯(麓川)兵后,猛卯有总理一人退至猛泐(西双版纳景洪),奢陇法杀之,送其首级于明王朝,"天朝(明王朝)皇帝大加荣宠,被称为'把守天子金门之能者'。各地酋长均备礼来贺,计猛乍贡象一头,高九肘②……"《明实录·神宗实录》卷 161:万历十三年(1585 年)五月丙申,"云南车里宣慰刀

---

① 《泐史》是西双版纳傣族用老傣文写的一部傣族史记,内容记述西双版纳历代世袭"召片领"(后之车里宣慰使)的事迹,自 1180 年(宋淳熙七年)第一代召片领:"叭真"统一西双版纳各部起,至 1864 年(清同治三年)三十二代"召片领"刀正综止。有李拂一翻译的汉文本,1947 年由云南大学西南文化研究室出版。

② "肘"是傣族量制,约一尺二寸(约 40 cm)。

糯猛来降,献驯象"。《泐史》中卷:1845 年,缅王扣留车里副宣慰使刀承综于阿瓦,宣慰刀正综派代表赍贡礼,并白眼黑马 1 匹,黑眼白马 1 匹,象 2 头,至缅,缅王收下象 2 头,放回副宣慰刀承综母子。这些也可说明历史时期西双版纳有象分布。

清朝初期,据查继佐《罪惟录·李定国传》:"定国善用象战,象十三头,俱命名,封以大将军,所向必碎。"按:1647 年(清顺治四年),张献忠部将孙可望、李定国率大西军自川入滇,在云南建立抗清根据地,坚持抗清至 1662 年(康熙元年)。李定国等率云南各族义军转战湘、桂、粤,军中有战象,都是从云南傣族中征得,而滇黔道上军粮运送,也多是利用象只。李定国与清军作战还使用了象只,江应梁所著《李定国与少数民族》中记载较详。

以上是云南产象基本情况。根据这些情况,可以概括出如下特点:

(1)自汉以来,云南野象,一直沿着广南到元江、景东、凤庆、腾冲一线以南分布,其中滇西南德宏州和西双版纳州一直是产象最主要的地区。目前云南的野象分布在思茅地区(西盟)、西双版纳州(景洪、勐腊)、临沧地区(沧源)及德宏州(盈江)一带,这一区域应为全国野象唯一的残存区。

(2)历史时期,云南使用象的情况,主要是用于乘骑、耕田、战斗、运输等。这些在前述各区各时期中也有过,但以云南使用最完备,使用时间最悠久。象战就是其中比较突出的。《李定国与少数民族》:"查东山国语粤语徽语说,李定国用兵'仿昔者滇南象法'。"

(3)上述各种使象的方式,主要都是傣族等兄弟民族运用,例如李定国的象战,也学自傣族人民,这些事实充分反映象与傣族等人民生产与生活的密切关系。

历史时期,云南西南部野象分布广,一直残存到现在,与云南西南部的生态环境条件是分不开的。这里是全国气温较高的地区之一,受冬季寒潮的影响较小。热带森林、热带稀树干草原以及竹阔混交林分布较广,适于野象栖息。也与傣族人民爱象、使象的悠久历史有关。

明代以来,云南野象的减少,与移民开垦有很大的关系。明代是向云南移民的高潮时期,据考证,明初征云南大军 27 万,多数留戍,20 个卫所戍军连同军属 33 万余,此外,官吏谪戍、民屯、商屯、工商流寓,矿冶开采,均有大量外地人迁来,而金齿至元江以下,为移居重点区,德宏一带是"地多宝藏,商贾辐辏",车里是"鱼盐之利,贸易之便",伊洛瓦底江岸则"闽、广、江、蜀居货游艺者数万人"[①],仅江西在云南经商而留寓者就有数十万人[②]。今云南人追溯祖籍,大多说是明代迁来,这是有一定的事实根据的。300 年来对边疆地区的积极开发,使野象无生存地区,逼得它们向南迁徙,明中叶以后,云南象只已经要向缅甸、暹罗购买了。

七、结 语

我们已经把历史时期中国野象的地理分布作了初步的论述,并且将各个阶段野象分布变迁的原因,进行了一些分析。据此,我们可以得出这样一个情况,就是愈向南,野象的数量愈多,灭绝的时间愈迟。随着历史时期的推进,中国野象分布北界逐渐南移。讲详细一点,距今 3 000 年前至距今 2 500 年左右,野象的北界到了黄河下游的殷(今河南安阳殷墟)一带(北纬 36°);距今 2 500 年前左右至 1050 年左右,野象的北界南移到秦岭、淮河以南,从 1050 年左右以后,逐渐移到南岭以南地区;19 世纪 30 年代以后,野象分布仅限于云南西南部,前后历时六七千年,南移的纬度约达 11.4°。在中国历

---

① 《西南夷风土记》。
② (清)刘崑《南中杂记》。

史时期中,野象分布北界的变迁是中国野生珍稀动物中最大的一个。必须指出,中国野象北界的南移是逐渐的,又是有阶段的;既不能截然分开,又曾经是多次反复的。

从野象分布的变迁中,可以看出:

(1)历史时期中国气候的冷暖变化是相当大的。大致在距今 7 000～6 000 年前至距今 2 500 年前左右,温度变化总的趋势是此期为近六七千年来最温暖的时代,较今暖和得多,因而野象能在黄河下游栖息;从距今 2 500 年前左右至 1050 年左右,温度变化的总趋势是有所降低,但还是比较温暖,故野象能在长江流域繁衍;1050 年左右以后温度变化的总趋势是逐渐转冷,野象分布北界也逐步南移。可见野象分布北界的逐渐南移,正反映了我国温度变化总趋势是阶段式地逐渐转冷,具体气候是冷暖交替的、波状起伏的。

(2)野象的逐渐南移也反映了我国各地开发时间的先后。大体先从黄河流域开发,进而长江流域,然后岭南地区,最后滇西南一带。这也是历史时期中国野象逐渐南移的主要原因。

野象曾经是我国分布广、数量多的一种野生动物,现在仅滇西南成为唯一残存区。为了进行科研和经济建设,我们建议加强西双版纳等自然保护区的工作,使野象这种珍稀动物资源能在我国长期保存并发展。

(原载《思想战线》1979 年第 6 期,本次发表时对个别内容作了校订)

参 考 文 献

[1] 徐中舒. 殷人服象及象之南迁. 中央研究院历史语言研究所集刊. 第 2 本. 第 1 分册,1930

[2] 姚宝猷. 中国历史上气候变迁之另一研究:象和鳄鱼产地变迁的旁证. 中山大学研究院文科研究所历史学部史学专刊,1935,1(1)

[3] 江应梁. 云南产象史话. 云南日报,1962-09-10

[4] 周明镇,张玉萍. 中国的象化石. 北京:科学出版社,1974

[5] 德日进,杨钟健. 安阳殷墟之哺乳动物群. 中国古生物杂志,丙种第 12 号第 1 册,1936

[6] 杨钟健. 刘东生. 安阳殷墟之哺乳动物群补遗. 中国科学院历史语言研究所专刊之十三,中国考古学报,第 4 册

[7] 浙江省博物馆自然组. 河姆渡遗址动植物遗存的鉴定研究. 考古学报,1978(1)

[8] 贾兰坡,张振标. 河南淅川县下王岗遗址中的动物群. 文物,1977(6)

[9] 广西壮族自治区文物考古训练班,广西壮族自治区文物工作队. 广西南宁地区新石器时代贝丘遗址. 考古,1975(5)

[10] 福建省博物馆. 闽侯县昙石山遗址第六次发掘报告. 考古学报,1976(1)

[11] 胡厚宣. 卜辞中所见之殷代农业. 见:甲骨学商史论丛. 济南:齐鲁大学国学研究所,1943

[12] 胡厚宣. 气候变迁与殷代气候之检讨. 中国文化研究汇刊,1944,4(1)

[13] 童书业. 春秋史. 上海:开明书店,1946

[14] 全汉文. 见:(清)严可均校辑. 全上古三代秦汉三国六朝文. 卷 51,卷 54. 北京:中华书局,1958

[15] 全晋文. 见:(清)严可均校辑. 全上古三代秦汉三国六朝文. 卷 74. 北京:中华书局,1958

[16] 符瑞志. 见:(梁)沈约. 宋书. 卷 28. 北京:中华书局,1974

[17] 祥瑞志. 见:(梁)萧子显. 南齐书. 卷 18. 北京:中华书局,1972

[18] (清嘉庆)雷州府志. 卷 6,卷 7,卷 10

[19] 南中志. 见:(晋)常璩. 华阳国志. 长沙:商务印书馆,1939

18 再探历史时期的中国野象分布^①

文焕然遗稿　文榕生整理

本文所谓中国野象,即中国境内在自然状态下生存,非人工驯养的亚洲象(*Elephas maximus*,别名印度象、野象、老象等),以下简称为野象。

一、历史时期野象的分布

野象今天在我国分布限于滇南的盈江县、沧源佤族自治县、西盟佤族自治县、景洪县,勐腊县这5县以南的部分地区。据现代动物工作者1960～1975年间10多次考察访问,野象总数仅有168只(近据报道:"西双版纳、南滚河两自然保护区统计,大象已增至400多头"^②),是国家一级保护动物。

然而7 000多年以来,我国野象的分布曾北起河北阳原盆地(北纬40°06′),南达雷州半岛南端(约北纬19°多),南北跨纬度约20°多;东起长江三角洲的上海马桥附近(约东经121°多),西至云南高原盈江县西的中缅国境线(约东经97°多),东西跨经度24°许。在此范围内曾多处、大量分布栖息着野象,研究证明:

(1)这些地点不仅有野象化石、遗存的发现,而且有历史文献的记载(如:河南安阳殷墟、江苏扬州、浙江绍兴、广西灵山等),表明该地区在较长的历史时期有野象生存。

(2)有些地点有多次历史文献记载(如:福建的漳州、漳浦,广东的潮州、潮阳、汕头、惠州、恩平、海康,广西的博白等地),表明野象在该地区历史时期活动频繁。

(3)野象化石发掘地点及历史文献记载点由北向南的增多,表明野象分布由北向南迁移的总趋势(距今愈近,历史文献记载愈详)。

(4)云南不仅有野象化石的发现,而且有历史文献的记载,更有现今野象的分布,表明此地区向为野象适宜的生存、栖息地,野象并非由他处迁移而去。

二、野象分布北界的迁移

(一)野象分布变迁的阶段

野象分布变迁的总趋势是分布北界的南移(其间有反复),按它们变迁的情况,可分为8个阶段。

①　"初探"之文,系指文焕然、江应梁、何业恒、高耀亭所撰《历史时期中国野象的初步研究》一文,该文载于《思想战线》1979年第6期。

②　据1988年7月17日中央电视台晚间新闻报道。由于此5县地处我国边境地区,野象迁移不受国境限制,统计数字实难精确。

第一阶段(公元前5000~前900多年):以黄河中下游以北毗连地带的阳原丁家堡水库及化稍营大渡口村附近,向东推断到北京、天津,向西推断到(山西)晋中盆地及今西安稍北为北界,以阳原盆地及黄河下游等地为野象分布最北地区。

第二阶段(公元前900多年~前700多年):以淮河、秦岭为北界。以长江流域为最北地区。

第三阶段(公元前700多年~前200多年):以淮河下游干流近海一带以北、秦岭为北界。以淮河下游干流近海南北地区为最北地区。

第四阶段(公元前200多年~580多年):以淮河、秦岭为北界。又以长江流域为最北地区。

第五阶段(公元580多年~1050年):以杭州湾、钱塘江下游干流北岸,经湖口,转北到淮河上游,再转西接秦岭一小段,到今淅川稍西,又转南经今宜昌,至今澧县稍西,再转西到长江干流南岸为北界,呈"冂"字形,以长江上、中游及浙江中南部、福建中北部山地丘陵为最北地区。以公元908年为界,此阶段又可分为前后两个时期。

第六阶段(公元1050~1450年左右):以南岭[阳山、南朝宋始兴郡伊水口(今韶关市)、始兴北境]、武平、上杭等地稍北为北界。以闽南、岭南大陆部分为最北地区。

第七阶段(公元1450年左右~1830多年稍后):此阶段又可分为东、西两部分。

(1)东部 以雷州府(包括今雷州半岛)、博白、横州(今横县)的北境,十万大山一线为一条北界。以雷、博、横、廉、钦地区为最北地区之一。

(2)西部 以广南府(今广南县一带)、元江府(今元江哈尼族彝族傣族自治县一带)、景东府(今景东县一带)、顺宁府(今凤庆县一带)、盈江县的北境为另一北界。以云南高原南部为另一最北地区。

第八阶段(公元1830多年稍后到现在):野象分布北界逐渐南移到滇南的勐腊、景洪、西盟佤族自治县、沧源佤族自治县、盈江这5县的北境。最北地区逐渐缩小到滇南5县以南的部分地方。

(二)各阶段野象的分布概况

第一阶段 野象分布最北地区在阳原盆地及黄河中下游地区。

近年,在黄河中下游以北毗连地带的河北省阳原县丁家堡水库第一阶地全新统地层中发掘出的动物群遗存中发现有亚洲象、赤麂、厚美带蚌、巴氏带蚌、黄蚬等,在其东面的化稍营公社大渡口村也发现有亚洲象的遗存[1],这些是迄今为止所发现的野象化石的最北地区。研究表明,公元前2000~前1000年,阳原盆地确有野象栖息。同时出土的3种河蚌化石其现生种主要分布在长江以南地区,表明当时此地区气候温暖湿润,适宜野象生存。

距今3000多年前商代的国都所在地——殷(今河南省安阳市西北的殷墟),经发掘也发现与丁家堡遗存相同的亚洲象化石[2,3]。从殷墟出土的甲骨文中也有不少关于象的记载[4],还有多片卜辞提到猎象活动,可见其为野生象。历史文献中关于驯象和使用象的记载表明:当时野生象与人工饲养象并存;野象有一定种群数量,并非一两只;野象能在当地野外过冬。

经古生物工作者发掘、鉴定,山西省襄汾县丁村人类遗址(北纬36°多)的古动物群中也有亚洲象化石,这说明在晚更新世早期,也就是旧石器中期[5],位于黄河中游中部的襄汾一带已有野象栖息着。

从北京西郊和三河县中全新世泥炭沼的孢粉组合中发现了泥炭层为阔叶树花粉的最大量出现带[6];在燕山南麓中全新世泥炭孢粉组合中也发现适应温暖的阔叶树种[7];更重要的是,近年发现在天津①、北京附近的西府村和大王庄[8]等地中全新世地层都含有水蕨科的孢子,表明今北京、天津一带

---

① 华北地质研究所第四纪孢粉室:《全新世时期天津古地理和气候》。

中全新世为北亚热带北缘，可能有野象分布。

山西晋中盆地处于阳原盆地的西南，中全新世的气候似较阳原盆地为暖，其东面以太行山脉为主体，西面以吕梁山为主体，沿桑干河上游、滹沱河上游、汾河流域形成天然通道，可能为黄河下游与阳原盆地野象往来的途径之一；而从阳原向西南，晋中盆地与西安稍北一带为公元前2000～前1000年野象分布北界的一部分。

据历史时期动植物分布的变迁及孢粉组合分析，物候记载等综合分析，我们认为此阶段为中国近8000年来的温暖时期[9]，称之为仰韶西周初期暖期，阳原盆地及黄河下游等地属于北亚热带北缘。这一地区为我们目前所知的野象分布的最北地区。

第二阶段　野象分布最北地区在长江流域。

根据云南昭通后海子，河南淅川下王岗，江苏扬州、泰州、吴江黎里乌金漾、苏州，上海嘉定方泰、马桥，浙江湖州（吴兴）邱城、湖州（吴兴）菱湖镇、桐乡罗家角、萧山、绍兴、余姚河姆渡等地遗址中发现的象遗骨、遗存，反映出公元前7000多年～前700多年间野象即栖息于长江流域及宁绍平原等广大地区。

从历史文献记载中亦可见本阶段野象的分布情况。例如《吕氏春秋·古乐》称"商人服象"；《孟子·滕文公下》提到："周公相成王"，"驱虎豹犀象而远之"，等等，"初探"一文中记载较详，不复赘述。

历年出土的大量青铜礼器上，各种大象形象的写实花纹和铸成的象尊盛行于商末和西周初期[10]。

另据文献记载，商周时代有一些器物是用象的齿骨制成或镶造而成的。如商代的象簪、象珥、象捣等，周代的象床、象笏、象觚、象环、象栉等[11]。商周时代人们的活动主要在黄河、长江中下游流域地区，用这些地区的野象齿骨镶制成器物不仅是可能的，而且亦可作为长江流域野象栖息的佐证（从历史上前后期本区北南都曾有野象分布着，本阶段在本区有野象分布亦非偶然）。

近8000年来气候冷暖的研究表明，此阶段气候转冷，为西周中晚期冷期，野象分布的最北地区属于北亚热带北缘[9]。气候的变冷，使得植被发生变化；野象的栖息环境的恶化，逼使畏寒的野象由阳原盆地及黄河下游向南迁徙到较为温暖湿润的长江流域。

本阶段黄河下游可能无野象分布，从出土的青铜礼器上各种大象形象的写实花纹和铸成的象尊至西周中期以后逐渐被淘汰[10]，也是佐证之一。

第三阶段　野象分布最北地区在淮河下游干流近海南北地区。

近8000年来气候冷暖的变迁表明，此阶段气候有所回升转暖，为春秋战国暖期，野象分布的最北地区还属于北亚热带。

《尔雅》一书约从战国时代就已开始汇集，到西汉才告完成。其中，《绎地》在记叙我国古代一些地区的著名物产时称："南方之美者，有梁山之犀、象焉。""南方"是指我国秦岭、淮河以南的广大地区。关于"梁山"今地的说法很多，其中比较正确的有三说，即浙江绍兴一带[12]，四川盆地中梁山县高梁山一带[13]及福建省漳浦县梁山一带[14]。其实《尔雅》是大概泛指战国到西汉时代秦岭、淮河以南许多山地、丘陵的著名物产中有野象、野犀。这意味着春秋末战国初时的野象分布北界已移至秦岭、淮河一线了。

四川盆地一带野象栖息的历史悠久，由于地形比较封塞，野象活动以区内为主，区际移动较难。晋常璩在《华阳国志·蜀志》中提到东周时代蜀国之宝有犀象。

《国语·楚语》下中记载：楚国王孙圉聘于晋，晋定公（前511年～前475年）飨之，王孙圉回答赵简子问，提到楚国之宝时说："又有薮曰云连徒洲，金、木、竹、箭之所生也。龟、珠、齿、角、皮革、羽毛，所以备赋用，以戒不虞者也，所以供币帛，以实享于诸侯者也。""云连徒洲"，据谭其骧考证，约指楚国云梦游猎区(约指今湖北的东部和中部广大地区)①。

《竹书纪年》下载:魏襄王七年(前312年),"越王使公师隅来献……犀角象牙"。

公元前7世纪,淮水下游南北近海一带,当时我国少数民族("淮夷")向鲁国(今山东曲阜市治)送了宝物,有"元龟象齿"②,说明当时淮水下游有野象活动。

本阶段气候转暖,气候带北移,野象亦有从长江流域向淮河下游干流近海南北地区北返的可能。

第四阶段　野象分布最北地区在长江流域。

地处长江上游的四川盆地野象栖息情况,除前述《华阳国志·蜀志》外,汉扬雄《蜀都赋》和晋左思《蜀都赋》都提到"象",说明从战国到晋代,四川的野象分布北界仍在长江以北,但似晋以后逐渐变化,到唐代及其以后,野象分布主要限于川东江南,尤其是相当于今重庆市区到綦江一带。

长江中游地区,从河南淅川下王岗遗址发掘的野象遗骨,《国语·楚语上》中的记载,到战国时屈原《楚辞·天问》都反映这一带有野象长期栖息。汉司马相如《子虚赋》、汉桓宽《盐铁论》、汉扬雄《荆州箴》、汉高诱注《淮南子》《尔雅》《宋书·符瑞志》《南齐书·祥瑞志》等记载都说明长江中游有野象分布,并由江北移至江南,其中也有一个南北移动的反复过程,晋代以后野象的主要栖息地已限于江南了。

长江下游是以平原为主的地区,其北面与黄淮平原相连,没有大山屏障北来的寒潮,野象栖息的北界由江北移到江南不明显,但却是复杂的、频繁的,栖息地区可能一直以皖南、浙东为主。

以近8 000年来气候冷暖变迁情况看,此时期气候转冷,为秦汉南北朝冷期,野象分布最北地区属北亚热带北缘。

第五阶段　野象分布最北地区在长江上、中游及浙江中南部、福建中北部山地丘陵。

本阶段以公元908年左右为界,可分为前后两时期。

前期,长江下游未见有关野象的记载,似已无野象分布。至于长江中游北部,据载唐高宗上元(674～676年)年间有象至华容(今湖南华容县)[15];唐大历十四年(779年)曾有将长安皇宫动物园饲养的象只在长江中游北部的荆山之南放生的记载[16,17];又有唐施州清化郡(今湖北省恩施市一带)"产犀"[18]的记载。这些都可作为当时长江中游北部可能有象的旁证。从近8 000年来气候变迁看,此时期为隋唐暖期,野象分布的最北地区主要属于北亚热带,气候带向北移动,这与野象的北返相吻合。

后期,长江下游已无野象,长江上游的野象分布如上文所述,已退缩到川南黔北一带。

长江中游北部,据《宋史·五行志》记载,"建隆三年(962年),有象至黄陂县(今县北),匿林中,食民苗稼;又至安(州名,治今湖北安陆县)、复(州名,治今天门县)、襄(州名,治今襄樊市)、唐(治今河南唐河县)州,践民田,遣使捕之。明年(乾德元年)十二月(964年1月18日～2月15日),于南阳县(今为市)获之,献其齿革。"同书卷1《太祖纪》也提到当时野象入南阳事。

又据《宋史·五行志》记载:"乾德二年(964年)五月,有象至澧阳(今湖南澧县)、安乡(今县)等县。又有象涉江,入华容县(今县),直过阛阓门。又有象至澧州澧阳城北。"

又据《宋史·五行志》载,"乾德……五年(967年)有象自至京师(今河南开封)。"

综上所述,可知:作为例证之一的长江中游北部的1只野象,曾经1年多的时间,沿着汉水干支流河谷,经过不少地方,而达秦岭东、西段之间的南阳盆地(或称南襄隘道),系长距离流动性质。野象在1年多内经4个州,过两个冬的江北流动,最后被捕杀,说明此时江北冬暖,并且有天然植被供野象栖

---

①　复旦大学中国历史地理研究所谭其骧1977年提供资料。
②　见:《魏书》卷112下《灵征志》,同书卷12《孝静帝纪·天象元年》,以及《资治通鉴》卷158《梁纪·武帝大同四年》。

· 224 ·

息,仍然适宜野象活动。

作为例证二的野象涉江入华容县等,表明江北并非孤象1只;并表明野象南北迁移的多次反复。澧阳、安乡等地多"有象至",亦表明这些地方附近是有成群的野象栖息。

作为例证三的黄河岸边的开封,在北宋初期也有野象活动,亦说明野象北移的深入。

后期的气候为五代北宋初暖期,野象分布的北部地区主要属于北亚热带,逐渐南移到中亚热带,气候带的北移与同时期野象北界的北返又相吻合。

第六阶段　野象分布最北地区在闽南、岭南大陆部分。

闽南、岭南多野象的历史悠久,从多处发掘出土的野象遗骨、遗存(如:福建的闽侯昙石山、惠安,广东的封开黄岩洞、高要金利琅塘、南海官山西樵山,广西的柳江四案甘前岩、都安九㶟山、南宁豹子头、灵山龙武山乞丐岩等)可为一证。

《淮南子·坠(地)形训》中记载四方及中央的气候、物产等:"南方阳气之所积,暑湿居之。……其地宜稻,多兕象。"同书《人间训》记载秦始皇三十三年(前214年)统一岭南时,粤有"犀角、象齿、翡翠、珠玑"。这个"粤"是指两广等地,这意味着秦朝初年,由于岭南一带野象、野犀众多,所以"犀角、象齿"才能作为主要特产提出。

其后,本地区一直为野象的栖息地。

到本阶段,野象的分布点及历史文献记载仍然很多,"初探"文论述较详。但到了本阶段中期(约1200年前后)野象的分布有所减少。

本阶段的气候在近8000年来冷暖变迁中呈现北宋至明初前期转冷、后期转暖现象,野象分布的北部地区属于南亚热带北部。

第七阶段　野象分布的最北地区有二,即东部在雷、博、横、廉、钦地区与西部在云南高原南部地区。

本阶段在近8000年来气候冷暖变迁中出现了明清小冰期,野象分布地区属于南亚热带南部或北热带。

东部地区的野象分布点南移至北纬23°以下小片地区,并于本阶段内相继灭绝(岭南东、中二亚区的野象于12世纪末趋于灭绝,岭南西亚区的野象约在19世纪30年代以后渐趋灭绝。详见"初探"文)。

西部地区的野象自汉朝以来一直沿着广南到元江、景东、凤庆、腾冲一线以南分布("初探"文论述较详)。

第八阶段　经生物工作者的多次实地考察,证实野象分布地区逐渐缩小到滇南的勐腊县,景洪县(今市)、西盟佤族自治县、沧源佤族自治县、盈江县及以南部分地区;野象的分布北界也逐渐南移到这5县北境。

三、野象分布北界南移的原因

造成野象分布北界南移的总趋势之原因是多方面的,主要还在于野象的自身习性的限制、自然环境的变化以及人类活动的影响等,这些因素相互联系,又相互制约,对野象变迁产生综合作用。

野象经5000多万年的进化,已达到高度特化水平,使它们对温度、阳光、水分、食物来源等要求较高,对外界环境的适应能力降低。一旦环境改变,野象就难以安居,自然环境和人类活动影响的剧烈变化,更使野象难以应付。

生态环境,尤其是中国历史时期(近 8 000 年来)的气候由暖阶段式地转冷的过程[9]与野象分布北界南移多相吻合。气候是影响动植物分布的重要因素,对野象来说同样可以证明这一点。

如果说气候变迁的逐渐寒冷的大趋势(其间有反复),使已经特化了的野象难以适应,造成它们生存范围的不断缩小,分布北界的不断南移;人类活动造成生态的恶化,又使野象处于濒危状态;那么,人类对野象的大肆捕杀,更使它们陷于灭顶之灾。

四、结 语

野象盛衰变化的历史过程和规律,将是研究古今气候、生态变化的重要资料,也将是研究社会科学诸多问题的重要侧面。我们应认真总结,深入研究,尤其对滇南残存的野象应积极采取精心保护、合理开发的紧急措施,以达承续利用之目的。

(原载《思想战线》1990 年第 5 期)

参 考 文 献

[1] 贾兰坡,卫奇. 桑干河阳原县丁家堡水库全新世中的动物化石. 古脊椎动物与古人类,1980,18(4)

[2] 德日进,杨钟健. 安阳殷墟之哺乳动物群. 中国古生物杂志,丙种第 12 号第 1 册,1936

[3] 杨钟健,刘东生. 安阳殷墟之哺乳动物群补遗. 中国科学院历史语言研究所专刊之十三,中国考古学报,第 4 册

[4] 陈梦家. 殷墟卜辞综述. 北京:科学出版社,1965

[5] 斐文中主编. 山西襄汾县丁村旧石器时代遗址发掘报告. 中国科学院古脊椎与古人类研究所甲种专刊. 第 2 号

[6] 周昆叔,等. 对北京市附近两个埋藏泥炭沼的调查及其孢粉分析. 中国第四纪研究,1965,4(1)

[7] 刘金陵,李文漪. 燕山南麓泥炭的孢粉组合. 中国第四纪研究. 1965,4(1)

[8] 张子斌,等. 北京地区一万三千年来自然环境的演变. 地质学报,1981(3)

[9] 文焕然,徐俊传. 距今约 8 000~2 500 年前长江、黄河中下游气候冷暖变迁初探. 见:中国科学院地理研究所编. 地理集刊第 18 号:古地理与历史地理. 北京:科学出版社,1987

[10] 容庚. 商周彝器通考. 哈佛燕京学社,1941

[11] 姚宝猷. 中国历史上气候变迁之另一研究:象和鳄鱼产地变迁的旁证. 中山大学研究院文科研究所历史学部史学专刊,1935,1(1)

[12] (汉)高诱注. 地形训. 见:(汉)刘安,等编. 淮南子(四部丛刊本). 上海:商务印书馆,1929

[13] 黄仲琴. 尔雅"尔雅梁山之犀象考". 中山大学语言历史研究所周刊,1928,1(10)

[14] 叶国庆. 尔雅梁山产象考. 中山大学语言历史研究所周刊,1928,2(14)

[15] (唐)张鷟. 朝野签载. 见:(宋)李昉,等编辑. 太平广记. 卷 441. 畜兽类. 象. 华容庄象. 北京:人民文学出版社,1959

[16] (唐)苏鹗. 杜阳杂编. 长沙:商务印书馆,1939

[17] 德宗纪. 见:(后晋)刘昫监修. 旧唐书. 北京:中华书局,1975

[18] 地理志. 见:(宋)欧阳修,宋祁,等. 新唐书. 卷 41. 北京:中华书局,1975

19 | 再探历史时期中国野象的变迁[①]

文焕然遗稿　文榕生整理

中国野生象在本文中是指在中国境内,自然状态下栖息、繁衍的亚洲象(*Elephas maximus*),以下称野象。

多年来,我们在历史时期野象分布变迁问题上继续深入探索,并汲取各有关学科的新成果,对野象的分布变迁情况及其原因作了新的探讨。

一、历史时期野象的分布

今天,野象在我国的分布仅限于滇南的盈江县、沧源佤族自治县、西盟佤族自治县、景洪县、勐腊县等5县以南的部分地区。

然而,在7 000多年前的历史时期,我国野象的分布北自河北阳原盆地(北纬40°06′),南达雷州半岛南端(约北纬19°),南北跨纬度约20°;东起长江三角洲的上海马桥附近(约东经121°),西至云南高原盈江县西的中缅国境线(约东经97°),东西跨经度24°许。野象曾在华北、华东、华中、华南、西南的广阔地区栖息繁衍(图19.1,图19.2和表19.1),分布地区随着时光的流逝而逐渐缩小。

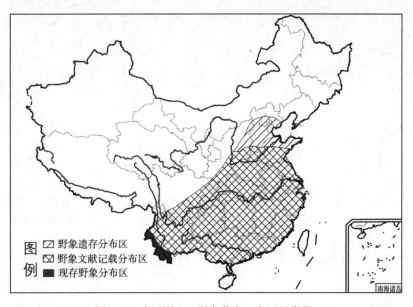

图19.1　中国野生亚洲象分布区变迁示意图

① "初探"系指《历史时期中国野象的初步研究》。见:文焕然,江应梁,何业恒,高耀亭.思想战线,1979(6):43～57

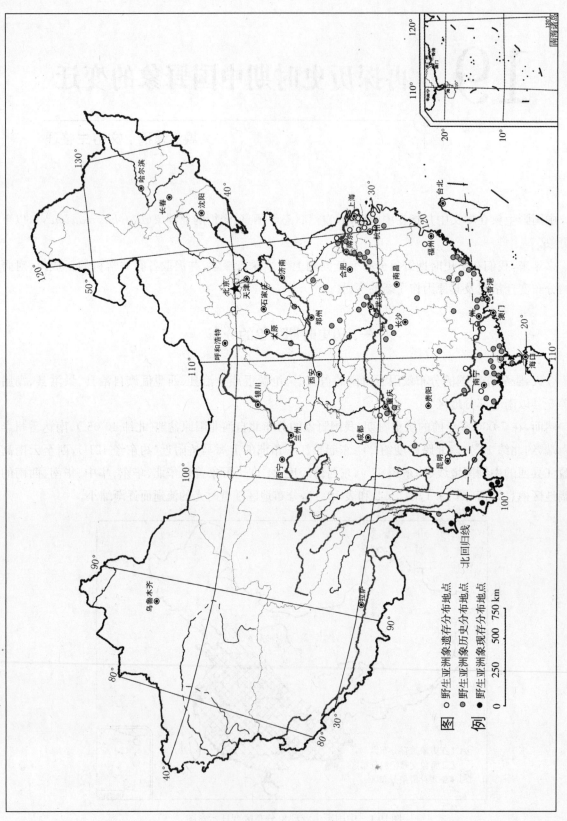

图19.2 中国野生亚洲象古今分布变迁图

表 19.1　"中国野生亚洲象古今分布变迁图"所示地点一览

地　区	遗存地点	历史分布地点	现存地点
北　京	北京城区（东城、西城、崇文、宣武）		
河　北	阳原县		
山　西	襄汾县		
上　海	马桥（属闵行区）、松江县（今松江区）、青浦县（今青浦区）		
江　苏	泰州市、苏州市、吴江县（今市）	南京市、扬州市	
浙　江	萧山县（今杭州市萧山区）、湖州市、桐乡市、余姚市	绍兴县（今绍兴市越城区）、东阳县（今东阳市）	
安　徽		砀山县、亳县（今亳州市谯城区）、当涂县、芜湖市、繁昌县、南陵县、铜陵市	
福　建	闽侯县、惠安县	漳州市、龙海县（今龙海市）、云霄县、漳浦县、诏安县、武平县	
江　西		安福县	
河　南	安阳市、淅川县	安阳市、南阳市、唐河县	
湖　北		黄陂县（今武汉市黄陂区）、襄樊市、安陆县（今安陆市）、鄂州市、沔阳县（今仙桃市）	
湖　南		安乡县、澧县、华容县	
广　东	南海县（今佛山市南海区）、高要县（今高要市）、封开县	韶关市、梅县市（今梅州市梅江区）、潮州市（今潮州市湘桥区）、汕头市、潮阳县（今汕头市潮阳区）、惠州市、惠阳市（今惠州市惠阳区）、东莞市、恩平县（今恩平市）、新兴县、阳江县（今阳江市江城区）、化州县（今化州市）、海康县（今雷州市）	
广　西	南宁市、柳江县、灵山县、都安县	横县、全州县、藤县、博白县、钦州市、灵山县、浦北县、合浦县、崇左县（今崇左市江州区）、宁明县、都安县	
重　庆	铜梁区	重庆市、綦江县	
云　南	昆明市	元江哈尼族彝族傣族自治县、腾冲县、昭通市（今昭通市昭阳区）、景东彝族自治县、西盟佤族自治县、沧源佤族自治县、盈江县、个旧市、广南县、勐养（属今景洪市）、勐腊县、易武（属今勐腊县）	西盟佤族自治县、沧源佤族自治县、盈江县、勐养（属今景洪市）、勐腊县、易武（属今勐腊县）

说明：1. 北京国会街的野象遗骨标本可能是人工饲养的。
　　　2. 襄汾的一个标本特征介于纳玛象（*Palaeoloxodon namadious*）和亚洲象（*Elephas maximus*）之间。

二、野象分布北界的迁移

野象分布北界由河北阳原盆地（野象遗存出自丁家堡水库与化稍营大渡口村）[1]南移至云南高原的盈江以南，按照历史时期野象分布北界的南北移动情况，可分为 8 个阶段（图 19.3）。

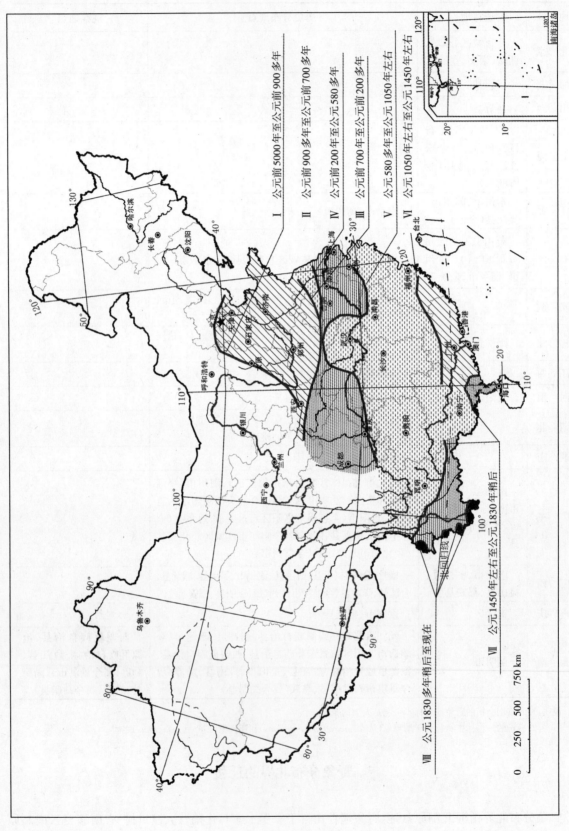

图19.3 中国野生亚洲象分布北界变迁示意图

I 公元前5000年至公元前900多年
II 公元前900多年至公元前700多年
IV 公元前200年至公元前580多年
III 公元前700年至公元前200多年
V 公元580多年至公元1050年左右
VI 公元1050年左右至公元1450年左右
VII 公元1450年左右至公元1830年稍后
VIII 公元1830多年稍后至现在

从图 19.3 可以清楚看出,野象分布北界总趋势是呈南移;然而至少在公元前 700 多年至公元前 200 多年、公元 580～908 年、公元 908～1050 年这 3 段时间内,似曾出现野象的多次北返现象,分布北界也几度北移[①]。

三、野象分布北界迁移的原因

历史时期野象变迁的总趋势是:分布北界不断南移(其间曾有反复),活动范围不断缩小,生存数量不断减少,以致成为目前我国的一级重点保护野生动物,究其原因,不外乎野象的自身习性的限制,生态环境的变化,人类活动的影响等,它们既相互联系,又相互制约,是综合作用的结果。

(一) 生活习性的局限

从最初的始祖象开始,5 000 多万年(即从始新世起)以来,象类进化的总趋势大致是:肩高体重都有所增加;鼻伸长;第二门齿变为硕大的"象牙"(亚洲象只限于雄象才突出口外,形成獠牙),牙齿数目减少,且臼齿由低冠齿变为高冠齿,24 枚臼齿分 6 批轮流出现直至晚年。

亚洲象体型大,肩高有达 3.2 m,体重有超过 5 t 者,是现今亚洲大陆上最大的陆生动物。它不能适应寒冷和阳光直射;嗜水,能涉水渡河,适宜于温暖湿润的森林、草地及河湖沼泽环境。它目前主要分布在我国云南及南亚和东南亚的印度、孟加拉国、马来西亚、泰国、缅甸、老挝、柬埔寨、越南等国的部分地区,这些地区大都是热带雨林和季雨林傍水之地。

我国滇南的现代野生象主要分布在北热带和南亚热带森林的复合类型之沟谷、山坡等地带。野象的活动区域随着旱、雨季气温的季节变化而呈垂直迁徙。11 月至次年 4 月的旱季里,气温较低,野象主要活动在避风而较暖的低沟谷林内;5～10 月的雨季时节,由于低沟谷气候炎热,野象则向上迁居到高达海拔 1 000 m 左右较凉爽的山坡台地林间水塘旁,常在塘内嬉水游戏。亚洲象的听觉最为敏锐,嗅觉亦强,因此具有一定的躲避敌害及适应气候变化等能力,至今仍未灭绝。

由于亚洲象体躯过大,视觉较差,生活、生育以及逃避敌害等又都有一定困难;况其孕期长达 650 天左右,每胎 1 仔,相隔约 6 年,繁殖率低,很难在短时期内大量增添数量。特别是它的食量极大,每天需大量的草本和木本食料及饮大量的水,过着群居生活(孤象则为老雄象),只有在人口比较稀少,气候较为暖湿的广大森林、沼泽地区,它们才能较好地生活。总之,大型、特化使得亚洲象适应能力降低,只能生活于一定环境,一旦环境改变,它就难以安居。

(二) 生态环境的变化

野象是一种对气候与生态环境变化比较敏感的动物。当外界条件发生较大变化,往往造成野象分布变迁,在一些地区灭绝。

在马家滨文化遗址里,大多发现有野象的遗骸和大量的兽骨,那时野象的分布范围也较广。稍晚的山东大汶口遗址里,有象牙雕刻的艺术品出土。到了良渚文化时期的遗址中,兽骨锐减,象的遗骸在杭嘉湖地区目前仅发现两例。这固然与农业经济的发展、狩猎经济的退化有关,还可能与当时的气候变化有一定的联系。

从考古、孢粉、[14]C 测定年代、传说、文献记载、物候观测及现代科学资料等相互印证,通过典型的

[①] 详情见本书第 18 篇《再探历史时期的中国野象分布》。

热带动植物分布北界的变迁,表明我国近8 000年来的气候变迁总趋势是阶段式由暖转冷(其间有反复)[2]。气候带的由北向南迁移的总趋势(其间有反复)与野象分布北界由北向南迁移的总趋势(其间有反复),有着密切的联系(图19.3)。

良渚文化的中晚期与传说中的尧舜禹治水时代相当。《竹书纪年》记载,当时"三苗将亡,天雨,夏有水",水灾连年,现代科学资料证明:雨水多,意味着气候寒冷,也是太阳黑子多的年份,或者是九大行星会合前后。考古发掘资料证明了这一点,在马家滨文化遗址的表面,有一层呈水平状的含沼铁冲积层,或较低的淤土冲积层;良渚文化时期,文化层的海拔高程显著提高,这可能与当时雨水多、地下水位增高有关。夏代晚期,气候转向炎热。《竹书纪年》称:"帝廑(帝胤甲)八年,天有妖孽,十日并出。"笔者以为,古代对寒暑的感觉很难表达,可能用日之倍数来反映寒暑的程度,后来传说或神化,而变成几日并出了。这样冷热异常的气候,不能不严重地影响着野象的分布迁移。

商代继续保持着温暖的气候,"在殷墟发现的十万多件甲骨,其中有数千件是与求雨或求雪有关的。在能确定日期的甲骨中,有137件是求雨雪的,有14件是记载降雨的"[3]。由于当时气候炎热,所以需求普降雨雪。而商代中原地区野象是很活跃的。

西周时期气候转向寒冷,《汉书·五行志》记载,周灵王末:"有黑如日者五。是岁蚤(早)霜,灵王崩。"很可能是太阳黑子的记录。太阳黑子的增多,大气径向环流增强,风暴增加,气候转寒。这和"幽王四年六月陨霜"的记载是一致的。当时中原地区野象显然减少。

两宋是历史上较寒冷的时期之一,前后319年中有寒冷记载的年份有41次,平均7.8年就有1次,而且寒冷程度严重。北宋政和元年(1111年),太湖出现第一次结冰记载,冬天大雪积丈余①。北宋末年的杭州出现"天久雨且寒,有扇莫售"②的异常。南宋绍兴二年(1132年),太湖出现第二次结冰记载,使"来船不到山(洞庭山)中,山民多饿死"③;"乾道元年(1165年)二月,大雪,三月暴寒,损苗稼。二年春,大雨,寒至于三月";淳熙十二年(1185年)正月,"台州雪丈余,冻死者甚众";"绍熙元年(1190年)三月留寒至夏不退,十二月建宁府大雪,深数尺……民避入山者多冻死"④。两宋时太阳黑子最为频繁,径向环流最为盛行,北方冷空气一直遥伸至近海热带地区。范成大在淳熙二年(1175年)写道:"南州冬无雪霜,草木皆不致柯易。独桂林岁岁得雪,或腊中之白,然不及北州之多。"在这样寒冷的气候条件下,野象的生存受到了严重的威胁。

随着气候的进一步转冷,野象的活动范围更加缩小。明清小冰期,使常暖无冬的岭南也多次遭受强冷空气的侵袭,多次发生"草木枯"、"树木枯死过半"、"槟榔尽枯"、"竹木多陨折"、"陨草"、"赤禾"、"杀薯"、"伤杂粮",以及为害人类和兽畜鱼鸟等的严重寒冻之害,甚至远在海南的万州(今万宁市,北纬18°48′)都不能幸免于难[4]。野象不能忍受如此严酷的寒冷,最后逐渐蜷局于易于避开寒冻的滇南部分地区。

然而,从近8 000年来的气候变迁来看,气候带并非直线式地南移;在春秋战国、隋唐以及五代至北宋初这3个时期较为温暖,气候带出现北移。这与野象分布变迁的第三与第五阶段(图19.3)3次北返是吻合的。

生态环境的变化与社会的进步、生产关系的改变、生产力的提高、人口的增长等对野象的分布变迁都产生重大的影响。

---

① 见《江苏省太湖备考》。台北:成文出版社,1970。
② 见《说乳》卷29《东坡书扇》。
③ 见(宋)叶梦得《石林燕语》。长沙:商务印书馆,1939。
④ 见《宋史》卷65《五行志》。

春秋战国时期是我国社会大变革时期,中原地区由于铁器优先用于农业,牛耕的推广,使大批荒地开垦成农田。生产力的提高,生产的发展,更促进了人口的增长,进而大大加速了荒地的开垦。中原地区封建制比较早,井田制崩溃之后,土地逐步变成私田,这又对土地的开发利用,改善土地的肥力提供了条件。《禹贡》曾列举天下九州的土地,并分了等:黄河流域的雍州属上上,徐州属上中,青州属上下,豫州属中上,冀州属中中,兖州属中下,土地的肥熟都属于中等偏上。而这些地方正是野象灭绝较早之处。当时扬州一带的田是下下等,荆州一带的田是下中等,是所谓黏湿的"涂泥"。有相当大的地区还没有很好开发,这一地区纬度较低,气候又相对温暖,比较湿润,这为野象的生存提供了有利条件。

秦汉直至唐代,生产力得到很大提高,但连年的战乱,僵化的生产关系阻碍着人口的发展。到唐天宝十四年(755 年)人口为唐代最多的时期,仅 5 000 余万人,尚不如西汉元始二年(公元 2 年)与东汉永寿三年(157 年)的人口多,约 6 000 万人[5](其中有逃匿、隐瞒现象)。这段时期的税赋一般按人口计算。唐代推行租庸调制,"庸调之征愈增,则户口之数愈减";"昔晚唐民务稼穑则增其租,故播种少"①。播种少,荒地必然多。又加上当时气候相对比较温暖,从秦汉至唐代,扬荆地区还是野象生存的繁盛时期,是提供象牙、犀革的主要产地。

宋初奖励开荒,天下生齿益蕃,辟田益广①。从景德中(1006 年)至元符二年(1099 年)其间 90 余年中,"率而计之,则天下垦田无虑三千万顷"①。赵构南渡建立南宋以后,加速了江南的开发,特别是"中原之民流寓东南",人口剧增,土地问题更为尖锐突出。隆兴年间,扬州知州晁公武奏:"佃户开荒田止输旧税。"因而,南宋开荒地和围湖造田的规模是空前的,这就引起了连锁反应,加速了植被的破坏,使森林大为缩小,以致毁灭;同时加速了水土的流失,使众多的湖河水面大为缩小、淤塞,导致生态环境恶化,野象难以适应。象喜水,适宜在森林水草丰美的地方繁衍生息,其交配必须在水中进行;它庞大而笨拙,视能较差,失去了森林依托之后,已无躲藏栖息之所,出则受到围猎;在人口稠密的江南,经不起人们围堵捕杀。所以,到南宋时野象不得不退居到两广、云贵一带。元明清时代气候没有发生较大的变化,元代气候略有回升,所以,在云贵、两广地区,由于水草丰美,森林密布,气候炎热,是野象暂且栖息的理想之地。

(三)人类活动的影响

人类活动造成野象的生态环境恶化,已使它们处于濒危状态;而人类对野象的大肆捕杀,更使它们遭受灭顶之灾,野象的遗骸往往是与石器时代的遗址共存的。可以认为,自从有了人类活动,就意味着捕象的开始,不过当时纯粹是为了获得食物。

新石器时代的早期,随着原始艺术的进步,出现了象牙雕刻的工具、饰品和器皿。余姚河姆渡遗址出土用象牙雕成的牙匕,还有装饰用的牙笄等,这应该是食其象肉后的副产品。

奴隶社会时期,奴隶工匠制作的大批珍奇玩好,象牙雕刻制品就是其中之一。商代晚期的"妇好"墓出土精美的象牙觚、杯。文献记载殷纣王所用"象箸五杯"亦可为证。春秋时期,象牙之珍贵已闻名于世。《左传·襄公二十四年》道:"象有牙以焚其身,贿也"。野象因其牙而遭杀身之祸。当时象牙已用于朝笏。《事始》称:百官执笏之制,周以前已有,"天子以玉,诸侯以象齿,大夫以尾须,文士以竹"。

秦以前,皆以金、玉、银、犀、象等为珍品。当时犀角、象牙制品已很流行,所以,李斯在《谏逐客书》中说:"犀象之器不为玩好"。由于象牙的稀有广用,当时已成为一种特殊商品。

---

① 见:《宋史》卷 126《食货上一》。

汉代,在儒学和谶纬学的影响下,象牙还成了驱怪避邪的灵物。《周礼》认为:"欲杀其神者,以樟木贯象齿而沉之,则神死,而渊为陵。"注云:"以象齿作十字,贯以木沉之,则龙罔象之类死也。"象牙的这种迷信用途,在考古中也有迹象可寻,马王堆一号汉墓曾出土过木制的象牙和犀角。

南北朝时期,象牙的用途又有了扩大。从北朝后期开始,令文武百官都执笏,五品以上执的是象笏。在服饰中则用犀角、象牙为簪导。

隋唐两宋时期的礼制承前启后,采用周礼。车舆制度中,天子有"五辂","以象饰诸末",除天子外,亲王及武职一品也可乘之。象牙除了官用之外,用于其他装饰的更加繁多。《翰林志》提到皇帝赐给群臣"铜镜漆奁,大小象篦、象梳"。《说乳·书断》记述当时善书的欧阳通(欧阳询之子),"书必以象牙犀角为笔管",否则谢绝应酬。

由于宋代印刷术的发明,北宋开宝、大观、政和等年代曾几次增订《本草》,其中把象的药用知识在较大范围内进行了传播。由于象牙及象身的各个部分在医药上有很高的价值,特别是对金属入肉和收敛伤口有特殊功效。象皮坚厚又可制铠甲和刀鞘。这在封建社会战争频繁的时代,进一步提高了象的身价,增加了对象的需求。

宋代全国产的象牙已供不应求,开宝四年(971年)置市舶司于广州,后又于杭州等地置司与东南亚各国贸易,在换取诸番物品中就有犀角、象牙之类。太宗时曾下诏,禁止商贾私相贸易犀象等八种物品。天圣(1023年)以后,象犀之物已有较多库存,不时将多余的出售。元祐三年(1088年)广南、福建、淮、浙商人不断把犀象等物走私贩运到京东、河北、河东等地。

象的用途不断扩大,人们对野象的需求不断增加,这与野象的不断缩减无不有直接的关系。象的全身,特别是象牙在商品价值规律中已占有重要地位。而时人鉴定象牙的优劣,以"夺取者上也,身死者次之,出之以山中多年者下矣"。就更引起人们大量捕杀野象。宋代捕象的方法就有:掘陷阱坠象,悬挂巨石压象,采用"象鞋"套象,以雌象作饵诱捕雄象等,各种方法、手段不一而足。英国剑桥大学生物学家斯图易特·埃尔特林厄姆不久前指出:"如果不立即采取保护措施,那么到20世纪末,象就可能绝迹。目前,亚洲象的处境特别严重,只剩下2 800~4 200头,而且还在继续下降。"

只要人类采取有效的保护措施,野象完全有可能免于灭绝。近据报道,西双版纳、南滚河两自然保护区统计,大象已增至400余头[①]。

四、结　语

近7 000余年来,我国野象分布北界的变迁状况可分为8个阶段;变迁的总趋势是自北向南,从东往西的移动;分布北界南移近16°;分布范围也由华北、华东、华中、华南、西南缩至滇南之一隅。

野象的分布变迁是我国珍稀动物资源巨大变化的代表之一。野象这种盛衰变化的历史过程和规律,将是研究古今多种生态因子变化的重要资料,也将是研究社会科学诸多问题的重要侧面。我们今天,尤其是滇南野象残存地区应认真总结,深入研究,并积极采取精心保护、合理开发的紧急措施,以达到承续利用之目的。

(原载《西南师范大学学报(自然科学版)》1990年第15卷第2期,本次发表时对个别内容作了校订)

---

① 据1988年7月17日中央电视台晚间新闻报道。由于滇南野象残存区地处边境地区,野象迁移不受国境限制,统计数字实难精确。

参 考 文 献

[1] 贾兰坡,卫奇.桑干河阳原县丁家堡水库全新世中的动物化石.古脊椎动物与古人类,1980,18(4):327~333

[2] 文焕然,徐俊传.距今约 8 000~2 500 年前长江、黄河中下游气候冷暖变迁初探.见:中国科学院地理研究所编.地理集刊第 18 号:古地理与历史地理.北京:科学出版社,1987:116~129

[3] 竺可桢.竺可桢文集.北京:科学出版社,1979:475~489

[4] 文焕然.历史时期中国森林的分布及其变化.云南林业调查规划,1980(增刊):34~36

[5] 梁方仲.中国历代户口、田地、田赋统计.上海:上海人民出版社,1980:4~6

20 中国野生犀牛的灭绝

文焕然　何业恒　高耀亭

一、犀的一般特征和中国犀的研究意义

犀，或称犀牛，具有硕大的体躯和头部，它的肩高在 1.5 m 以上，身长 2.5～3.5 m，体重可达 1～2 t，是仅次于大象的最大陆栖兽类之一。现今全世界范围内，犀类共有 5 种，其中 2 种产于非洲，3 种产于亚洲。

野犀体大，腹部浑圆，颈粗，腿短。前肢或后肢具奇数指（趾）。3 个指（趾）均较细小，末端为扁爪。所以犀牛与野马、野驴同属奇蹄类动物。

在犀粗大的头部上，它的眼睛所占比例极小。上唇显著伸长，能自由运动，为重要的摄食器官。在颜面前方，鼻骨部生有 1～2 个角，俗称犀角，是为显著特征之一。犀类的角既与先茸后枯的鹿角不同，又与角质鞘的牛、羊角有别。犀角仅由皮肤的角质化纤维变化而成，与头骨并无直接联系。独角犀的角生在鼻骨上。双角犀则为一前一后，鼻骨部角大，额骨部的角常小。

犀的皮肤颇厚，除耳缘及尾末梢部以外，体毛极少，几近裸露。又硬又厚的皮肤类似甲胄，在肩胛、颈下及四肢关节处有宽大的褶缝，以保持活动的灵活性。

野犀生活在热带、亚热带潮湿密林地区，既见于湿地平野；又可见于海拔 2 000 m 的山岳地带。经常逗留在沼泽及泥塘等处。每日需洗浴或泥浴，以避蚊虫叮咬。食物以灌木的鲜枝、嫩芽和各种果实为主。嗅觉和听觉较好，而视觉较差。独栖，夜行性。性怯弱，易受人们攻击[1]。

犀牛的经济价值颇大。特别是犀角，在传统中药内与鹿茸、麝香和羚羊角合称为四大动物名药。随着犀牛的数量日益稀少，犀角越来越昂贵。目前，犀角的单位重量价格可与同等重量的黄金相比。

中国现代的犀类是更新世以来犀类的残存。据研究，中国第四纪的犀类，包括分属于独角犀亚科、双角犀亚科、板齿犀亚科 3 个亚科中的 4 个属、9 个种。除板齿犀亚科灭绝于中更新世，披毛犀灭绝于晚更新世以外，双角犀和独角犀属中的一些种类都延续到全新世和历史时期[2]。

历史时期野犀的遗骨在我国多处都有发现，甲骨文和中国古籍所载捕猎野犀的事实颇多，这些都充分地证明野犀在中国曾经大量地存在过，而且分布的地区较广大。20 世纪 50 年代以来的 30 年中，我国动物学工作者在不少地区开展了野生动物调查工作，但均未获任何一种犀牛标本，晚近野犀似乎已在中国绝迹。野生犀牛过去在中国是如何分布的？后来又是怎样灭绝的？颇有研究的必要。特别是在全世界野犀趋于灭绝，拯救犀牛的呼声日益高涨的今天，研究历史时期中国野犀的分布及其变迁，就更有必要了。

对于中国野生犀牛灭绝的探讨，不仅可为历史动物地理、"人与生物圈"及"自然资源保护"等研究

提供必要的参考,而且对我国今后在南方引种、驯化犀牛,也可能提供某些依据。

我们对古籍中关于我国犀牛的记叙,均依照现代亚洲犀牛的形态、生态要点,以及分布的环境条件,加以筛选并正确地区分种属,以求得到比较正确的认识。

二、中国野犀的种属及其形态、生态的异同

大独角犀(*Rhinoceros unicornis*),又称印度犀(图 20.1)。现栖息于印度的阿萨姆,尼泊尔和不丹一带。由于设有自然保护区,大独角犀保存数量较多。本种为亚洲犀牛中体型最大的,肩高 1.50～1.75 m,身长约 3.15 m,体重 2 t 以上。雌、雄鼻骨部均有大角 1 个,角呈圆锥形,末端不甚尖锐,长达30～40 cm。皮肤上有许多瘤状突起,中国古籍称之为“珠甲”[3]。头、肩、腰、腿等部,皮肤皱襞显著,体色黑灰。

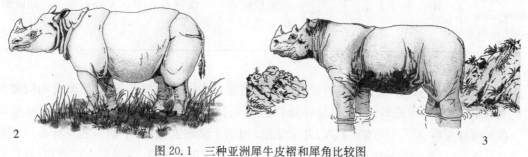

图 20.1　三种亚洲犀牛皮褶和犀角比较图

1. 大独角犀(印度犀)　2. 小独角犀(爪哇犀)　3. 苏门答腊犀(双角犀)

大独角犀喜栖息于河沼等岸边、水草繁生的湿地,喜欢在河沼里洗浴,中国古籍中的“水犀”[3]即指此种。它的食物以河沼边的草类为常食。白天隐蔽在草丛中休息或睡眠,夜间出来觅食。平时分散独栖。

小独角犀(*Rhinoceros sondaicus*),又称爪哇犀。栖居于锡金①、印度阿萨姆、孟加拉国、缅甸、泰国、中南半岛的其他国家、马来西亚以及印度尼西亚的苏门答腊、爪哇和加里曼丹等地。现在仅残存于爪哇岛,数量很少。小独角犀的体型较大独角犀为小。角较短,雌者多缺。皮肤也无毛,并没有大独角犀那样的瘤状突起,皱襞也没有那样显著。体色为暗灰色。这种暗灰色粗看起来像青色或苍色。《尔雅·释兽》:“兕似牛”。晋郭璞注:“一角,青色!……”显系指此。

---

①　今印度共和国锡金邦。——选编者(2006 年)

小独角犀多栖息于森林地带,平时多栖息在丘陵地,有时也能发现在较高的山地。

苏门答腊犀(*Diicerorhiuus sumatrensis*),又称双角犀。现在存于印度的阿萨姆、缅甸、泰国、中南半岛的其他国家、马来西亚及印度尼西亚的苏门答腊和加里曼丹等地,数量稀少。苏门答腊犀为犀类中最小者,肩高 1.10～1.36 m,身长 2.5～2.8 m。苏门答腊犀最显著的特点是全身披着粗毛,毛为褐色或黑色。雌、雄均具 2 角(雌性者前角高约 150 mm,后角 50 mm;雄性的角约比雌性长 3 倍)。皮肤皱襞仅肩部外方一处。唐刘恂《岭表录异》(约 9 世纪末 10 世纪初)卷中称:"岭表(今南岭以南一带)所产犀牛,大约似牛而猪头,脚似象,蹄有三甲。首有二角,一在额上……一在鼻上,较小……",称为"毛犀",就是指此。

苏门答腊犀多栖息于丘陵地的森林中,比较容易驯服。

为了便于比较,现将生存于亚洲的 3 种野犀的特征列出,如表 20.1。

表 20.1　现生亚洲野犀特征简表

种　名	特　征					栖息地
大独角犀 *Rhinoceros unicornis*	较大,♀♂均具 1 角	体型大,体色黑	除耳、尾外,全身几无毛	颈、肩、腰、腿,具有显著褶皱	全身皮肤上,有许多类似铆钉头的瘤状突起	河沼岸边,食草、水草等
小独角犀 *Rhinoceros sondaicus*	较小,♀♂均具 1 角或缺	体型较小,体色暗灰	除耳、尾外,全身几无毛	颈、肩、腰、腿,有褶皱,但不显著	无瘤状突起,但具有多数鳞状小圆突起	居丘陵地,在森林多而草地少处,食树叶、小枝
苏门答腊犀 *Diicerorhiuus sumatrensis*	较小,♀♂均具双角	体型最小,体色土色或黑色	全身较多毛	仅肩部一处有褶皱	无任何突起	丘陵地的森林中

从出土文物、古生物等资料来看,历史时期 3 种野犀在中国似乎都有分布:河南安阳殷墟发掘出的动物遗骨中,就有犀牛遗骨[4,5]。近年在浙江余姚市河姆渡遗址第四文化层发现有独角犀的遗骨[6]。在河南省淅川县下王岗遗址第八、九文化层(相当于仰韶文化早、中期),发现有苏门答腊犀的遗骨[7]。另外,在广西南宁地区新石器时代贝丘遗址中(南宁市豹子头、扶绥县左江西岸、扶绥县敢造等遗址)也发现有犀、象的遗骨[8,9],等等。都是近六七千年来,野犀存在于中国的有力见证。

古籍记载野犀,在不同的时期和产地用字往往不同。大约自本草著作问世以前,人们对北方野犀常用"兕"称之,而自东汉的《神农本草经》以后多用犀角字样代表南方的野犀①。在本草著作中最杰出的要算《本草纲目》,作者李时珍在犀角项下的《集解》中,所区分的犀种,以现代资料对照起来,基本上是正确的。他说:

> (犀)有山犀、水犀、兕犀三种……山犀居山林,人多得之。水犀出入水中,最为难得。并有二角,鼻角长而额角短。水犀皮有珠甲,而山犀无之。兕犀即犀之牸(♀)者,亦曰沙犀,止有一角在顶……

---

① (明)李时珍《本草纲目》卷 51《犀·释名》:"古人多言兕,后人多言犀,北音多言兕,南音兕多言犀。"

然而,李时珍将长双角的犀牛误作"水犀",实际上水犀为大独角犀,而山犀为苏门答腊犀,苏门答腊犀雌雄性才均具双角,只是雌性的双角短些。由此可见,兕犀不是雌性,实为小独角犀。所谓沙犀之名亦符合小独角犀的粗糙体表。

　　总之,历史时期中国的野犀有独角犀,也有双角犀,但以苏门答腊犀和小独角犀为主,它们分布的地区很广,变迁巨大。因此,本文论列,也以它们为主。至于大独角犀尚有待于考古与古生物研究的进一步印证。

三、中国古代野犀分布地界的变迁

(一) 从殷代到战国时代以前

　　安阳殷墟的野犀遗骨,究竟是小独角犀还是苏门答腊犀,或二者均有? 有待进一步研究。甲骨文中记载狩猎野犀的情况不少,其中在殷及其以南太行山南麓等地"获兕"或"擒兕"的记载就有多次,甚至有"获白兕"[10]的记载。猎获的数量也较象为多,有多达几十头的,根据最近发现的卜辞,其实还不止此数①。这些在一定程度上反映当时殷及太行山南麓野犀分布的数量也超过了野象。

　　除出土遗骨和甲骨文外,古籍的记载也可印证。《孟子·滕文公下》提道:"周公相成王","驱虎豹犀象而远之",说明当时黄河下游有野犀分布。《国语·晋语》:"昔我先君唐叔射兕于徒林,殪以为大甲,以封于晋。"《诗经·小雅·南有嘉鱼之什·吉日》:"发彼小豝,殪此大兕。"《诗经·小雅·鱼藻之什·何草不黄》:"匪虎匪兕,率彼旷野。"反映西周初年至幽王(前781~前771年)时,今山西西南部到渭河下游镐京(包括今西安市西南沣河以、户县以东地一带)均有野犀的存在。

　　至于长江流域,除见前述淅川下王岗遗址的苏门答腊犀遗骨外,又见古籍记载。《国语·楚语上》载,白公子张对楚灵王(前540~前529年)说:楚国有"巴浦之犀、氂、兕、象,其可尽乎?"②晋常璩《华阳国志·蜀志》提到古代蜀国之宝有犀、象。同书卷1《巴志》还提到当时巴国的"巨犀"为贡物之一。

　　这个时期捕猎野犀,除食用其肉以外,还有两个用途:一是用它的皮作甲,为战争服务,即前述"殪以为大甲"。二是用它的角为盛酒器,就是战国时代著作《考工记》所说的"以兕角为觥"。

(二) 从战国至北宋

1. 四川盆地和贵州高原北部

　　野犀栖息历史悠久,除上文所述的《国语》和《华阳国志》外,汉扬雄《蜀都赋》也提到四川盆地有犀、象分布[11]。晋左思《蜀都赋》称四川盆地"犀象竞驰","拔象齿,戾犀角"[12]。可见古代四川盆地的野犀不少。到了唐代,除松州[治所在嘉城(今四川松潘县进安)]于开元(713~741年)贡"犀"③外;广德元年(763年)冬,剑南东川留后"发猛士三千人"打猎,约在梓州(今四川三台县)附近东西南北百里间,"生致九青兕"④。大历二年(767年)冬夔州(治所在奉节,今四川奉节县⑤东)有"苍兕"[13]。这种"青兕"或"苍兕"大约都是小独角犀。唐宣宗(847~859年)时,"山南西道观察使奏,渠州(治所在今四

---

①　中国社会科学院历史研究所胡厚宣1979年9月提供资料。
②　《国语·楚语下》,楚国王孙圉聘于晋,晋定公(前511~前475年)飨之,王孙圉回答赵简子的话。
③　(唐)李吉甫《元和郡县图志》卷32(《丛书集成》本)。
④　(唐)杜甫著,(清)仇兆鳌注《杜少陵集详注》卷13《冬狩行》。按"生致九青兕"的"九"是"多"的意思。
⑤　1997年重庆直辖后奉节县及以下提及的四川万县、四川綦江县、四川彭水县等皆归属重庆直辖市。——选编者(2006年)

川渠县)犀牛见,差官押赴阙廷。既至,上于便殿阅之。仍月①华门外宣示百僚,上虑伤物性,命给使押还本道,复放于渠州之野"[14]。宋雍熙四年(987年)②有野犀自黔南入万州(治所在今重庆市万州区)③。

唐代川南、黔北一带有4个州有土产或土贡犀角。这些州是:

(1)南州[治所在南川(今重庆綦江区城关镇北岸)] 据《太平寰宇记》卷122,"原领县二:南川、三溪","土产"有"象牙、犀角"。

(2)黔州黔中郡[治所在彭水(今重庆彭水县汉葭)] 据《新唐书》卷41《地理志》,辖"彭水、黔江、洪杜、泽水、信宁、都濡"6县,"土贡"有"犀角"。

(3)费州[治所在涪川(今贵州思南县治)] 据《太平寰宇记》卷121,"原领县四:涪川、城乐、多田、扶阳","土产"有"犀角"。

(4)夷州义泉郡[治所在绥阳(今贵州凤冈县)] 据《新唐书》卷41,辖"绥阳、都上、义泉、洋川、宁夷"五县,"土贡"有"犀角",但《太平寰宇记》卷121却称"土产"有"犀角"。

土产与土贡是互相联系的,土贡也可以不一定是土产,但联系唐代松州、梓州、夔州、渠州等地有野犀,以及北宋时,黔南还有野犀入万州,则唐代上述4州有野犀,应该是没有疑问的了。

2. 长江中游区

《墨子·公输》记载,公元前5世纪40年代,墨子到郢(今湖北省江陵县西北)与公输盘谈话中,曾经指出:"荆(即楚国)有云梦,犀、兕、麋鹿满之。"④《战国策·楚策》记载:楚宣王(前369~前340年)在云梦游猎时,受惊虎兕的嗥叫声有如雷霆,宣王还射中了一头狂兕。屈原《楚辞·招魂》记述屈原追随楚怀王(前328~前298年)的猎队在云梦游猎区驰骋,怀王亲自射中了一头青兕⑤。这里的"犀"似为双角犀;"兕"、"狂兕"、"青兕"可能是小独角犀。当时可能有大独角犀[10]。

《神农本草经》(原书已佚,此系二孙辑本的注)载:犀角,"出南郡,上价八千,中价三千,下价一千"⑥。按:南郡[治所在江陵(今县)]汉辖境相当今粉青河及襄樊市以南,荆门、洪湖以西,长江和清江流域以北,西至四川巫山,主要在鄂西江北。此记载反映东汉初以前,本区的犀角主要也产于鄂西江北。到了东汉末年,犀角的主要产地也可能移到江南了。高诱注《淮南子·地形训》:"长沙、湘南有犀角、象牙,皆物之珍也。"按:长沙,郡名,治所在临湘县(今长沙市)。湘南所指范围更广,包括今衡阳、永州、郴州等地区。

三国《吴录地理志》载:"武陵沅南县以南皆有犀"⑦。按:武陵沅南县即今桃源县。沅南县以南的沅水流域野犀分布很广。南朝梁陶弘景《本草经集注》:犀牛,"今出武陵、交州、宁州诸远山"⑧。当时武陵,治所在临沅(今湖南常德市西),辖境主要在湘西沅水流域、澧水流域及鄂西南、黔东南部分地区。

到了唐代,古籍记载较为详细具体,从今鄂西南、湘西,到湘中、湘南共有11个州郡土产或土贡犀

---

① 据北京图书馆善本组藏明抄本《东观奏记》卷下。但《图书集成·博物汇编·禽虫典》卷69《犀兕部纪事》引《东观奏记》(上海中华书局影印本)无"月"字,却多"命三"二字,似较妥当。

② 《宋会要辑稿·刑法二》作雍熙四年正月十四,宋太宗赵炅以万州所获犀皮及蹄角示近臣;《宋史》卷66《五行志》大意同,这些说明野犀入万州似在雍熙三年。《文献通考》卷311,犀入万州作雍熙四年五月。

③ 《宋史·五行志》和《文献通考》称犀自黔南入万州,《宋会要辑稿》则作入忠、万之境。

④ 《战国策·宋策》大意同。

⑤ 《梦辞·招魂》还提到张仪说楚怀王和秦,楚遣车百乘,"献鸡骇之犀,夜光之璧于秦王。""鸡骇之犀"据晋葛洪《抱朴子》的解释,似为大独角犀。

⑥ 《太平御览》卷890引范子计然同。

⑦ 《宋》邢昺《尔雅·释兽·疏》引。

⑧ (唐)苏敬、李勣等《新修本草》卷15《犀角》(唐卷于子本)引。

角。为了便于明了当时分布,现将各州郡土产或土贡犀角简述如下:

(1)施州(辖今湖北恩施、利川、建始、巴东、宣恩、咸丰、来凤、鹤峰、五峰等地)清化郡〔治所在清江(今湖北恩施市)〕 据《新唐书》卷41,辖清化、建始二县,"土贡"有"犀角"。

(2)溪州(辖今湖南保靖、古丈、永顺、龙山等地)灵溪郡〔治所在大乡(今湖南永顺县东)〕 据《新唐书》卷41,辖大乡、三亭二县,"土贡"有"犀角"。但《太平寰宇记补阙》卷119引《元和郡县图志》作"土产"有"犀角"。

(3)澧州(辖今湖南澧县、临澧、安乡、石门、慈利、桑植、张家界一带)澧阳郡〔治所在澧阳(今湖南澧县东南)〕 据《新唐书》卷40,辖澧阳、安乡、石门、慈利四县,"土贡"有"犀角"。

(4)朗州(辖今湖南常德、桃源、汉寿)武陵郡〔治所在武陵(今湖南常德市)〕 据《新唐书》卷40,辖武陵、龙阳二县,"土贡"有"犀角"。

(5)辰州(辖今湖南沅陵、辰溪、溆浦、泸溪等地)泸溪郡〔治所在沅陵(今县)〕 据《元和郡县图志》卷30,辰州"贡赋":"开元贡"有"犀角"。《太平寰宇记补阙》卷119引《元和郡县图志》作"土产"有"犀角"。《新唐书》卷41,辖沅陵、泸溪、溆浦、麻阳、辰溪五县,"土贡"有"犀角"。

(6)锦州(辖今湖南花垣、凤凰、麻阳与贵州松桃、铜仁等地)卢阳郡〔治所在卢阳(今湖南麻阳县西南)〕 据《新唐书》卷41,辖卢阳、招谕、渭阳、常丰、洛浦五县,"土贡"有"犀角"。

(7)奖州(亦为"业州",辖今湖南新晃与贵州玉屏等地)龙溪①郡〔治所在峨山(今湖南芷江县西)〕 据《新唐书》卷41,辖峨山、渭溪、梓姜三县,"土贡"有"犀角"。

(8)初为巫州(辖今湖南怀化、中方、会同、芷江、靖州、通道与贵州天柱等地),后为叙州潭阳郡〔治所在龙标(今湖南黔阳县西南黔城)〕 据《唐六典》卷3《尚书户部·郎中员外郎》,开元二十五年(737年),江南道:"厥贡……犀角……"。自注:巫等州"麸金、犀角"。《元和郡县图志》提到叙州土产有"犀角"。其后的《太平寰宇记补阙》卷119:叙州领龙标、朗溪、潭阳三县,"风俗、人物、土产与辰州同",可见仍有犀。《新唐书》卷41:"土贡"也有"犀角"。

(9)邵州〔辖今湖南邵阳、邵东、新邵、隆回、洞口、绥宁、新宁、城步、冷水滩、新化等地,治所在邵阳(今湖南邵阳市)〕 《新唐书》卷41:辖邵阳、武冈二县,"土贡"有"犀角"②。

(10)衡州〔辖今湖南衡阳、常宁、耒阳、衡南、衡山、衡东、攸县、茶陵、炎陵、安仁等地,治所在衡阳(今湖南衡阳市)〕 《唐六典》卷3,开元二十五年(737年)贡,江南道,"犀角"。自注:衡等州"麸金、犀角"。

(11)道州(辖今湖南道县、宁远、双牌、新田、江永、江华等地)江华郡〔治所在弘道(今湖南道县)〕 据《新唐书》卷51,辖弘道、延唐、江华、永明、大历五县,"土贡"有"犀角"。

这些材料虽不免枯燥一些,但对于了解唐代长江中游江南野犀分布和灭绝的具体情况却大有好处。这11个州郡,加上四川盆地南缘和贵州高原北缘的4个州郡,共有15个州郡③,它们恰好连成一片,说明唐代湖南、贵州、湖北、四川4省交界地区是当时全国犀角的一个主要产区,也反映这一带是全国野犀主要的分布区之一。

---

① 《新唐书点校本校勘记》称:"'溪',《元和郡县图志》卷30、《太平寰宇记》卷122同,《通典》卷183、《旧唐书》卷41《地理志》作'标'。"

② 光绪《湖南通志·食货志·物产》引《元和郡县图志》卷30:"邵州土贡犀牛角一株。"查今本《元和郡县图志》卷30,无邵州贡犀角事。

③ 鄯州西平郡据《新唐书》卷40《地理志》,辖县三:湟水(今青海省乐都县)、龙支(今青海省民和县东南)、鄯城(今青海省西宁市)。"土贡:牸犀角",尚待验订。

到了宋代则发生巨大变化,除湖南的衡州和宝庆府①以外,4省广大地区再无野犀或犀角可贡了。

3. 长江下游区

《竹书纪年》提到魏襄王七年(前312年),越部族即今浙江绍兴一带有野犀分布。值得注意的是,汉代以后,文献中一直没有涉及本区的野犀。看来本区野犀灭绝的时间,不仅比四川盆地和长江中游为早,也较本区野象的灭绝要早,这与本区开发较早是分不开的。

(三)南宋到 19 世纪 30 年代

岭南地区,古代气候湿热,热带森林广布,多野犀。前述《盐铁论·力耕》曰:"珠玑犀象出桂林(郡治在今广西桂平县西南)"。唐齐己(胡得生)《送人南游》诗云:"且听吟赠送,君此去蒙州(治所在今广西蒙山县南)。……峦(蛮)花藏孔雀,野石乱(注:一作'隐')犀牛"②。《太平寰宇记·岭南道》载:广州[治所在南海(今广州市)]土产"文犀";英州[治所在浈阳(今英德县)]"风俗、土产,并与广州同"。同书载郁林州[治所在石南(今玉林市西北)]南流县(今玉林市)土产"犀牛",并解释称:"有角在额上,其鼻上又有一角。"可见它是苏门答腊犀。这些都说明唐以前,桂林、蒙州、广州、英州及郁林州南流县等地都有野犀分布,其中有的是苏门答腊犀。

据唐刘恂《岭表录异》,当时岭南一带的野犀约有2种:一为"胡帽犀"或"牯犀",都是"毛犀",有"二角",指今动物学上的双角犀;一为"兕犀",似指小独角犀。另外传闻有"辟水犀",即水犀,似指大独角犀。

宋王辟之《渑水燕谈录》(1089~1095年)卷8《事志》提到邕管(治所在今南宁市南,辖境约指今广西南部百色、南宁、横县、玉林、梧州等地一带)产犀。宋王象之《舆地纪胜·广西南路·郁林州·景物上》又称:郁林州[治所在南流(今玉林市)]的"犀牛","有角在额上,其鼻上又有一角",指苏门答腊犀。

《宋史·高宗纪》绍兴二十五年十二月(1155年12月26日~1156年1月23日),"禁闽、浙、川、广贡真珠文犀"。南宋以后岭南野犀日少,仅限于廉州府(治所在今广西合浦县),而且不常有。《图书集成·方舆汇编·职方典·廉州府部汇考》引《府志》:"山犀,间有";清道光十三年(1833年)《廉州府志·物产》大意相同。19世纪30年代,两广一带的野犀渐趋灭绝③。

四、云南野犀的变迁

历史时期云南野犀分布颇广,以滇西南为主④。

《华阳国志·南中志》道,"永昌郡,古哀牢国","土地沃腴,物产丰富",有"孔雀、犀、象"等珍禽异兽⑤。哀牢为古国名。东汉永平十二年(69年)以其地置哀牢(今云南盈江东)、博南(今永平)两县,属永昌郡。当时永昌郡所辖范围甚广,"其地东西三千余里,南北四千八百里"[15]。大体相当今大理州、

① 《宋史》卷88《地理志·荆湖南路》,衡州衡阳郡领衡阳、耒阳、常宁、安仁、茶陵五县,其中茶陵,"南渡后升为军"。衡阳县贡"犀"。同书,"宝庆府,本邵州,即邵阳郡……大观九年升为望郡。宝庆元年,以理宗潜藩,升府。……贡犀角……"

② 《全唐诗》卷842。

③ 民国三年(1914年)《灵山县志》卷21上《生计志·动物·鸟兽·兽之属》未提犀、象。另外,方汉光《分省地志·广西》(1939年)称:广西野兽有犀。

④ 东汉成书的《名医别录》:犀角"生永昌[治所在不韦(今云南保山市东北)]山谷及益州"(宋唐慎微《重修政和经史证类备用本草》卷17《兽部·犀角》引)。按:这个东汉益州是指益州郡而不是益州刺史部,当时益州郡治所在滇池(今云南晋宁县晋城)。辖境约相当今滇东北部分地区为主。晋常璩《华阳国志·蜀志·会元县》:"产犀牛",东汉到西晋时的会元县即在今四川省会理县治稍西,也与滇东北相连。

⑤ 《后汉书》卷86《哀牢》:哀牢国出"孔雀"、"犀"、"象"。

保山、临沧地区、德宏州及西双版纳州等地。《新唐书·南蛮上》提到唐贞元十年(794年),南诏向唐王朝献"象牙、犀角"等物。当时南诏以太和城(今云南大理旧城南)为首府,辖境以今云南为主,所献犀角可能也来自滇西南一带。就历史文献记载情况,本地区又可分为下列两区:

1. 滇西南保山地区、德宏州一带

除上述《华阳国志·南中志》外,梁祚《魏国统》(已佚,可能是三国至两晋成书)提到:"西南有夷名曰尼(尾)濮"(约今保山地区、临沧地区、德宏州一带)[①],其地出"犀、象"[15]。晋郭义恭《广志》(已佚):墨觥濮(永昌西南,可能包括今永德、镇康二县)[②]"出"犀、象"[②]。唐樊绰《蛮书·云南管内物产·第七》:"犀出越睒(似在今腾冲一带)、丽水(疑为今瑞丽江上游),其人以陷阱取之。"同书还提到这一带产"犀皮"。《元朝混一方舆胜览》卷中《云南等处行中书省·金齿百夷诸路》:产"犀牛、象、孔雀"等。据江应梁考证,元至元十三年(1276年)改金齿安抚司为金齿宣抚司,于所辖境内分建六路,立六路总管府。这六路包括今云南保山市怒江区、德宏、傣族景颇族自治州与临沧地区的潞西县芒市、镇康、耿马、勐定街,盈江县、梁河县及其西南部地带以及陇川、瑞丽等地。元代史志中所称的"金齿诸路",就是指这六路而言。又因境内所居住的主要是百夷(傣族),所以又称"金齿百夷诸路"[16]。《明实录·太祖实录》卷238载,洪武二十八年(1395年)四月戊寅,"麓川平缅宣慰使思伦发遣刀越孟等贡犀、象方物"。说明历史时期滇西南一带特别是德宏州,一直是野犀的主要产地。

2. 西双版纳州、思茅等地区

本区在历史时期一直出产野犀。前述东汉以后的永昌郡和南诏,都包括本区在内。清咸丰元年(1851年)《普洱府志》卷8《物产》载:兽属有"犀",产自车里(治所在今景洪县东北)。同书货属有"犀角"。可见19世纪中叶西双版纳一带似尚有野犀分布[③]。

云南可能是我国野犀灭绝的最后地区。灭绝的时间,大约在19世纪末到20世纪初。据北京动物园的同志介绍,他们从1955年到60年代中在西双版纳狩猎,没有看到也没有听到境内有野犀的事;昆明动物园的同志所谈的情况也相同,说明云南已经没有野犀了。

五、变迁原因的初步分析

近六七千年来,我国野犀分布的北界从河南北部安阳殷墟一带(北纬36°)逐渐南移,到20世纪初,在云南西双版纳最后趋于灭绝。它的变迁之大,超过野象。

历史时期,野犀分布的地区,也较野象更为广大。例如在黄河中下游,除下游安阳一带和太行山东南麓以外,还深入到黄河中游晋西南与渭河下游等地。在长江流域,还在青藏高原东缘、贵州高原北缘、鄂西南山地、湘西山地以及湘中、湘南等地区广泛分布过。

野犀分布变迁的原因,与野象基本相似,但也有它的特殊性。这里主要分析下列几点:

首先,野犀是适应温暖气候的热带、亚热带动物。温度对它的影响肯定是巨大的,冬季低温的影响更为重要。据北京动物园饲养人员介绍,大独角犀(尼泊尔所送的)初来时,冬季要求最低温度在

---

① 云南大学历史系尤中1979年6月提供资料。

② 《太平御览》卷791引。

③ 民国十一年(1922年)《元江志稿》卷7《食货志·物产》称当时元江县(今元江哈尼族彝族自治县)特产有"犀牛","产南乡山箐中,大如牛,鼻端有小角",似为小独角犀。

据李拂一《车里》一书记载,1924年车里宣慰司(治所在九龙江外流沙河汇入九龙江处东南1.5 km许地方),刀承恩命其子栋梁率各地土司晋昆明观光,进犀角、象牙等物(上海商务印书馆1930年版)。又据同书第四章《物产》,到1930年,西双版纳物产中兽有"象、犀",另外,"象之牙"、"犀之角",仍有输入内地者。

20 ℃以上。经过一段时期,适应性增强,也需 15 ℃以上的温度才能适应。犀牛笨重迟钝,遇到气候的突然变化,尤其是特大寒潮骤然来临,容易因温度过低而死亡。

历史时期我国气候变化总的趋势是:距今 7 000～6 000 年前至 2 500 年前左右,气温较今温暖得多,所以犀牛能在黄河中下游栖息;从距今 2 500 年左右至公元 1050 年左右,气温变化总的趋势有所降低,但还比较温暖,故野犀能在长江流域繁衍。唐贞元年间,热带国家所送驯犀在长安皇家动物园中饲养,过了三四个冬季,到贞元十三年(797 年)冬季寒甚,竟然冻死[①]。贞元末(9 世纪初),长安皇宫饲养的驯犀又冻死[②]。唐建中初(约 8 世纪 80 年代初),将东南亚热带的林邑所送驯犀,生还放回该国[③];前述唐宣宗时,渠州所献野犀也仍押还渠州放生。为什么以前能在黄河流域大量分布,而现在却一再冻死? 为什么驯犀不在黄河流域放生,而要到秦岭、淮河以南放生呢? 这些都说明当时黄河中下游的冬季气温已经较过去为低,犀牛只能在相对温暖的长江流域及其以南过冬了。从公元 1050 年左右以后,气温变化的总趋势是逐渐寒冷。《太平寰宇记·岭南道》谈到广西郁林州的苏门答腊犀,"冬月,掘地藏身而出鼻……",为什么到了岭南郁林州的冬季,野犀竟如此过冬呢? 正说明公元 1050 年以后,岭南地区气温有降低趋势。

野犀分布北界的逐渐南移,在一定程度上正反映我国冬季气温逐渐降低的变化。

其次,小环境的变化。野犀栖息的地方主要是森林、森林附近的草地及湿润草地。这些地区既有利于满足野犀食料(草、小灌木及树叶等)的来源,也有利于它的藏身。例如距今三四千年前,地处太行山东麓山地丘陵以南的殷和太行山东南麓一带,由于附近森林广布,不仅可以避风,较为暖湿;又由于有湖沼、草地存在,也有利于调节小气候,使野犀能安然过冬。在这些因素的综合影响下,当时的野犀能在殷和太行山东南麓一带栖息。由于赖以生存的小环境的变化,也使野犀分布的北界不得不逐渐南移。

再次,大量的捕猎。前面已经谈到,野犀较易被捕杀。历史时期捕杀野犀的记载很多,许多州郡土产或土贡犀角,就是捕杀的部分记录。捕杀野犀的目的,除取用它的皮肉以外,更主要的是为了采取犀角。以犀角作为传统中药,是我国利用动物资源的范例之一[④],但在客观上又是招致犀牛灭绝的一个原因。由于滥无止境的捕杀,野犀的分布范围迅速缩小,数量也随着锐减。例如唐代今湘、黔、川、鄂 4 省交界地区有 15 个州郡产野犀,到了宋代,见于文献记载的只剩下一二个州郡,就是明显的证据。

最后,犀牛的怀孕期长,约 400～550 天,每产又仅 1 仔,繁殖能力极低,即使外界条件适宜,人类的捕杀活动禁止,由于繁殖力所限,野犀的数量也难于得到较快的补充和恢复。

总之,历史上多方面的原因,致使我国犀牛资源逐渐枯竭以致灭绝。

---

① (唐)白居易《白氏长庆集》卷 3《讽谕·新乐府·驯犀》:"驯犀驯犀通天犀,躯貌骇人角骇鸡。海蛮闻有明天子,驱犀乘传来万里。……驯犀生处南方热,秋天白露冬无雪。一入上林三四年,又逢今岁严寒月。饮冰卧霰苦蜷局,角骨冻伤鳞甲缩。"

《白氏长庆集》卷 4 自注引李传云:"贞元丙子岁(唐贞元十二年,公元 796 年),南海来贡(驯犀),唐贞元十三年,公元 797 年冬,苦寒,死于苑中。"

《旧唐书·德宗纪》:"(贞元十二年)十二月己未,大雪,平地二尺,竹柏多死。环王国所献犀牛,甚珍爱之,是冬亦死。"(《唐会要》卷 44,《文献通考》卷 305,大意同)。

② 《白氏长庆集》卷 3《驯犀》:"君不见贞元末驯犀冻死蛮儿泣。"

③ 《白氏长庆集》卷 3《驯犀》:"君不见建中初驯犀生还放林邑。"

④ 《神农本草经》(《重修政和本草》卷 17《兽部·犀角》引),东汉编成的《名医别录》(《重修政和本草》卷 17 引),(南朝·梁)陶弘景《本草经集注》(《重修政和本草》卷 17 引),(唐)苏敬等《新修本草》(公元 659 年)卷 15,(唐)陈藏器《本草拾遗》(《重修政和本草》卷 17 引),宋《嘉祐本草图经》(《重修政和本草》卷 17 引),(明)李时珍《本草纲目》卷 51 等。

六、野犀的引种和驯化问题

亚洲现生的 3 种野犀，在我国都长期存在过。目前它们分布的地区又与我国云南西南部、西藏东南部相接近。这些地区无疑是适合野犀栖息、繁衍的。在这些地区引种野犀，实质上是犀牛回"老家"的问题。因此，我们建议选择适当地点，引种和驯化野犀，不仅可以避免自然界中野犀的灭绝，而且可以提供犀角和犀皮，还可以作为科学研究的基地。

（原载《武汉师范学院学报（自然科学版）》1981 年第 1 期，本次发表时对个别内容作了校订）

参 考 文 献

[1] Grzimek's animal life encyclopedia. Vol. 13. New York：Van Nostrand Reinhold Co. ，1972

[2] 周本雄. 周口店第一地点的犀类化石. 古脊椎动物与古人类，1979，17(3)

[3] 越语. 见：(三国·吴)韦昭注. 国语. 上海：商务印书馆，1931

[4] 德日进，杨钟健. 安阳殷墟之哺乳动物群. 中国古生物杂志，丙种第 12 号第 1 册，1936

[5] 杨钟健，刘东生. 安阳殷墟之哺乳动物群补遗 . 中国科学院历史语言研究所专刊之十三，中国考古学报，第 4 册

[6] 浙江省博物馆自然组. 河姆渡遗址动植物遗存的鉴定研究. 考古学报，1978(1)

[7] 贾兰坡，张振标. 河南淅川县下王岗遗址中的动物群. 文物，1977(6)

[8] 广西壮族自治区文化考古训练班，广西壮族自治区文物工作队. 广西南宁地区新石器时代贝丘遗址. 考古，1975(5)

[9] 安志敏. 论三十年来我国的新石器时代考古. 考古，1979(5)

[10] 李学勤. 殷代地理简论. 北京：科学出版社，1959

[11] 全汉文. 见：(清)严可均校辑. 全上古三代秦汉三国六朝文. 卷 51. 北京：中华书局，1958

[12] 全晋文. 见：(清)严可均校辑. 全上古三代秦汉三国六朝文. 卷 74. 北京：中华书局，1958

[13] 复阴. 见：(唐)杜甫著，(清)仇兆鳌注 . 杜少陵集详注. 卷 21. 北京：北京文学古籍刊行社，1955

[14] (唐)裴庭裕. 东观奏记. 上海：商务印书馆，1940

[15] 南中志. 见：(晋)常璩. 华阳国志. 长沙：商务印书馆，1939

[16] 文焕然，江应梁，何业恒，等. 历史时期中国野象的初步研究. 思想战线，1979(6)

21 中国野生犀牛的古今分布变迁*

文焕然

7 000 多年来,中国季风区中南部等地区出现过的犀牛,主要属于现存于东南亚、南亚的印度犀(*Rhinoceros unicornis*)、爪哇犀(*Rhinoceros sondaicus*)和苏门答腊犀(*Diicerorhiuus sumatrensis*)。三四千年前的披毛犀仅在山西、(河北)阳原发现过。而现在,这些犀牛早已在中国境内绝迹。

历史时期中国野生犀牛的分布变迁与亚洲象大同小异。在总的南迁过程中,有过短暂而小范围的北返。具体南迁过程可分为 5 个时期:

(1)距今三四千年以前,犀牛分布北界曾达河南安阳殷墟。

(2)公元前 900～前 200 年期间,其分布北界曾在秦岭、淮河一线南北变迁。

(3)公元 580 年前后,北界从杭州湾、钱塘江下游北岸,向西经(江西)湖口,再转北至淮河上游,西延至秦岭一线。

(4)公元 1000 年左右,以南岭及(福建)武平、上杭等地为北界。

(5)公元 1450 年左右,北界之一为(广西)玉林(现玉林市玉州区)以西,横县以北,灵山以西至十万大山一线;西部北界为(云南)广南府(今广南县一带)、元江府(今元江哈尼族彝族傣族自治县)一带,及盈江县稍北一线。

犀牛属热带、亚热带的食草类动物,是更新世以来古老大型陆栖脊椎动物的残存。它适应环境变化的能力较弱,对于寒冷的天气,特别是寒潮难以适应。此外,犀牛的繁殖力很低,每胎 1 仔,且隔多年才生育一次。因此,在自然环境变化、人类对其生存条件的破坏和捕杀的影响下,犀牛在不断向南迁徙的同时,数量骤减,最后终于在中国境内灭绝了。

中国野生犀牛的历史分布变迁情况如图 21.1 所示。

---

* 原载《中国自然保护地图集》,北京:科学出版社,1989。原图为彩印,现按黑白图特点对原图例有所变换。本篇名是新加的。——选编者

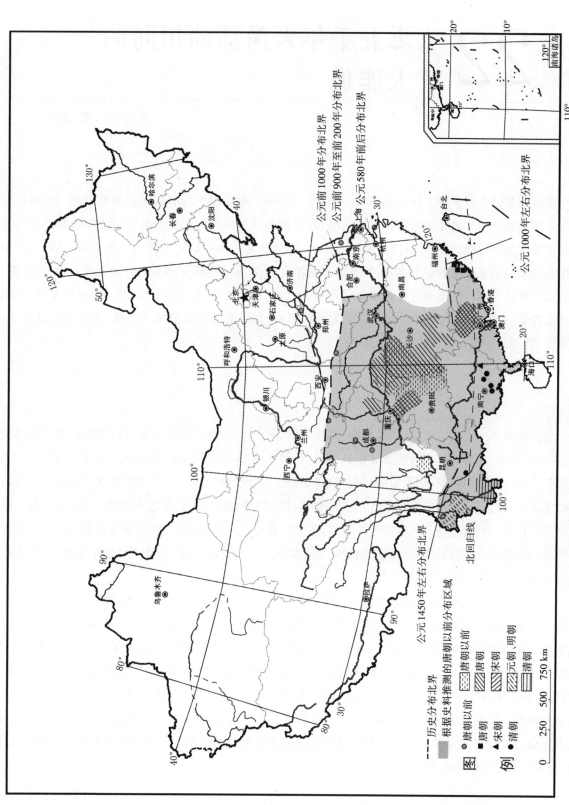

图21.1 中国野生犀牛历史变迁图

文焕然　何业恒

举世闻名的大熊猫(*Ailuropoda melanoleuca* David)，是我国所特有的珍贵稀有动物。它现在仅分布于四川盆地西北边缘山地及其相邻的陕南、甘南部分地区。但在更新世中、晚期，曾经广泛分布于长江流域及其以南地区，并且向北延伸到陕西、山西和北京的周口店一带[1]。更新世以后，大熊猫无论在分布范围或个体数量上，都大大地缩小或者减少了，开始逐渐走向衰亡。进入更新世、全新世，大熊猫怎样从分布广泛逐渐变化到现在分布区的，我们试从历史动物地理的角度，以历史文献为主，结合动物学、古动物学、考古学和地理学等方面的资料，辅以湘西北部分地区调查，初步探索近 5 000 年来豫、鄂、湘、川间大熊猫的分布及其变化。

一

大熊猫在中国古籍上有貘、貊等名称，又通称㺉、貘①。《尔雅·释兽·貘》曰："貘；白豹。"晋郭璞注："似熊，小头，庳脚，黑白驳，能舐食铜铁及竹骨，骨节强直，中实少髓，皮辟湿。"汉许慎《说文解字》九篇下："貘，似熊，而黄黑色，出蜀中。"晋左思《蜀都赋》："戟食铁之兽"[2]。唐刘良注："貊兽，毛黑白，臆似熊而小，以舌舐铁，须臾便数十斤。"这些材料，谈到大熊猫的形态、毛色和产地，具有古老的动物文献的价值[3]。但其中也有一些误传的地方，甚至以讹传讹。例如，说大熊猫舐食铜器就是舐食铜铁等饮具内的食品之误，而并不是舐食铜铁等饮具本身。一直到现在，在大熊猫的分布地区内，仍有盗食饭菜等现象，就是明显的例证。

大熊猫属于高山动物[4]，现今的栖息地多在海拔 2 000～4 000 m 之间；它喜欢在一些山沟头或山腰比较平缓的地方活动，因为这些地方的箭竹长势良好，是它的主要食物基地。其次是海拔较高，且较僻静的河谷阶地，洪积冲积扇形地、平缓上升的山脊以及较平的山顶，也是它采食活动的场所。根据以往一些调查材料[5]②，大熊猫的生活地区，受海拔高度直接的影响较小，受食物条件的影响较大。这就是说，如果食物充足，隐蔽的条件又好，分布的高度就低，反之则较高。人类社会出现后更受到人类活动的深刻影响。在古代，由于地广人稀，植被覆盖较今良好，大熊猫的分布高度比现代要低。现代大熊猫主要分布在海拔 2 000 m 以上的山地，这是历史发展的结果。因为在海拔 2 000 m 以下的山地，受人类活动的影响越来越大。

---

① 分别见（清）郝懿行《尔雅义疏》下之六《释兽·貘》、（清）郝懿行《山海经笺疏·西山经》郭璞注猛豹、（清）段玉裁《说文解字》卷17《貘》注。

② 四川省林业局：《大熊猫》，载《四川珍贵动物资源调查报告》。

大熊猫栖息地区的植被类型,主要是冷杉、云杉林或常绿阔叶、落叶阔叶林区,林下丛生箭竹、刚竹、黑竹、龙竹和拐棍竹。这些竹类,既是大熊猫主要的食物来源,又是良好的隐蔽条件,高大的乔木还是大熊猫在危急时上树逃生的去处。

大熊猫的食物,最主要的是箭竹。竹笋和一二年生的幼竹是它最喜欢,而营养又丰富的食物。它的活动范围与箭竹的分布关系颇为密切。同时,这些地方水源一般都比较丰富,以适应大熊猫嗜水的习性。

总之,影响大熊猫分布的因素有地貌、植被、食物、水源与其本身的特性等[6]。除上述自然因素以外,大熊猫的分布受人类活动的影响更为深刻。

与大熊猫栖息习性相关的动物有猕猴、金丝猴、小熊猫、金猫……毛冠鹿、水鹿、羚牛,等等。

二

大熊猫的化石,在豫、鄂;湘、川间已有多处发现。20 世纪 50 年代以前,在四川省万县①盐井沟就有大熊猫的化石出土[7,8]。1961 年,在湖北省建始县花坪、恩施市鲁竹坝和五峰土家族自治县长乐坪发现了大熊猫的牙齿化石。这些牙齿的大小和华南山洞中大熊猫的牙齿相同,结构也颇相似,应归于同一属[9]。从位于湖北省五峰土家族自治县长乐坪之南的湖南省石门县,又发现有大熊猫头骨下颌化石。此外,在湖北省秭归、长阳土家族自治县等县[10],也发现有大熊猫的遗骨。这些发现,说明更新世中、晚期,豫、鄂、湘、川间大熊猫的分布是比较广泛的。

到了全新世的新石器时代,大熊猫的遗骨在本区仍有多处发现。前述建始县花坪发现的大熊猫牙齿化石,其中有的还含有机质,石化程度很浅或者没有石化,应该是代表大熊猫现代的种属。

在河南省淅川县下王岗遗址的第八文化层(仰韶文化中期)[11]中发现一块大熊猫右上颌骨,保存有上第三前臼齿到第二臼齿,反映距今四五千年前,淅川县附近的野生竹林中,曾有大熊猫栖息过。

上述材料表明,大熊猫的现生种就是从上述原产的化石种直接遗留下的。

近 5 000 年来,在江南地区,特别是长江中游一带是否还有大熊猫生存? 过去一般的看法,认为已经没有了[12]。针对这个问题,我们查阅了不少有关的地方志等古籍,从有关大熊猫的大量记载中,可以证实这一带的大熊猫,至少一直持续到 19 世纪,可能到 20 世纪初才逐渐绝迹的。

1. 河南淅川县

淅川县位于河南省西南角的山区,距今四五千年前,这一带有大熊猫分布。以后,这里的大熊猫逐渐消失,消失的时间,尚待进一步研究。

2. 湖北竹山县

竹山县位于大巴山的东段,清代时这里仍有大熊猫分布。乾隆五十年(1785 年)《竹山县志》卷 11《物产》:"兽属:……貘……猿、猴、兔、鹿、獐、麂、獾……羚羊……麞牛、毛鼠、毫猪(豪猪)……麋。"同治四年(1865 年)《竹山县志》卷 6《物产》:"兽属"有"……貘……猿、猕猴、鼺(即金丝猴)、兔、獐、鹿、獾……果狸、□②羊……豪猪(猪)、野猪、刺猬……麋、竹鼺"等。这两种县志中所指的貘,都是大熊猫。从同治志所记载的兽属与乾隆志所记载的有所不同,说明后志并不是照抄前志,反映 19 世纪中叶以后,竹山一带仍有大熊猫分布。

---

① 1997 年重庆直辖市后万县归属重庆直辖市。——选编者(2006 年)
② "□"系原书印刷字迹不清楚,以下同。

3. 湖北巴东、秭归、长阳等县

明嘉靖三十年(1551年)《巴东县志》卷1《物产》："毛之类"有"鹿、狍、獐……貊、猿、猴"。清乾隆五十年(1785年)《巴东县志》卷2《风土志·物产》："兽属：……猿猴、狸(自注：'有虎狸、□九节狸')、□(疑为貊，字迹模糊不清)、獾、豪猪……麋□，麂……鼺(自注：'音□，竹鼠')……"但是，同治五年(1866年)《巴东县志》卷11《物产志》中"毛类"，就没有记载貊了，大概从19世纪中叶以来，巴东一带的大熊猫可能已经趋于灭绝。

明万历三十一年(1603年)《归州志》卷1《地理志·物产》："兽则有……麋、鹿、獐、狍(自注：'有青、黄二种')……貊、鼺、山羊……野猪、豪猪……猪獾、獾……狗獾(笔者按，似即狗獾)。"根据此志的《凡例》："归州"只指今湖北省秭归县。

另外，今神农架林区(湖北省直辖)，约相当清代的神龙山一带，一名神龙架[①]，当时"北隶房县，西隶巴东，东南隶兴山，为三邑界山"[13]。大概主要在兴山县境[14,15]。历史上此山应有大熊猫分布，但地方志对此山和动物记载很简略。例如光绪十一年(1885年)《兴山县志》卷8《山志》提到神龙山，"高寒，为一邑最幽深险阻，多猛兽，产百药"。大概是由于人迹罕至的关系[②]。

清同治五年(1866年)《长阳县志》卷1《地理志·物产》："毛之属……獐、鹿、麋……猴、貉……野豕、豪猪、貘、猫(自注：'猪獾')……山羊"等。

4. 湖南澧州大庸等县

清乾隆十五年(1750年)《直隶澧州志林》卷8《食货志·物产》："动类"有"猿、山牛、山羊(自注：'出永定')、貊(自注：'多力，好食竹，皮大毛粗，黄黑色，可为籍寝之，有警则毛竖，永定间有之')、飞虎、野猪、豪猪……獭、鲮鲤、刺猬"等。按：当时澧州辖今澧县、安乡、石门、慈利、大庸等县市。貊即大熊猫，可见当时永定(今大庸市)县还有分布。

清嘉庆二十一年(1816年)修志，道光三年(1823年)刊《永定县志·物产》："毛兽：……貊(自注：'……邑多有之')。"同治八年(1869年)《续修永定县志》卷6《物产》："动类：……麂、麋、麝……獾……猿(自注：'长臂通膊，善攀缘……不独生，好群处茂木间……善啸……鸣三声，啼数声，众猿腾掷')，犀(?)、山牛、山羊、貊(自注：'……永定间尤多')……野猪、豪猪"，等等。

上述几种地方志中关于貊在形态和生态特点方面的记载都是一样，不免辗转抄袭。但《永定县志》："邑多有之"或"永定间尤多"，与《澧州志》："永定间有之"，在数量上是有明显的区别，按照《永定县志》的提法，似乎当时大熊猫的产地不仅限于今大庸一市地，只是以这里较多罢了。

5. 重庆酉阳

清乾隆三十九年(1774年)《酉阳州志·酉阳州志总目·物产》："兽亦有獐……有鹿，有兔，有貘……有豪猪，有麋鹿，有猕猴(自注：'黄、黑二种')……有獾，有飞虎"等。同治二年(1863年)《酉阳直隶州续志》卷19《物产志》："兽有……獐……鹿、猴、兔……豪猪……山羊……貘[自注：'食铁兽也，国(清)初时，州北小坝等地有之']……麝、鼺鼠"等。乾隆州志总目物产部分所载酉阳州有貘，即指今酉阳土家族苗族自治县产大熊猫；同治州志也提到清初州北小坝等地产大熊猫。这一带大熊猫的灭绝，似在乾隆期间或稍后时期。

综上所述，可知近5000年来，从湘西北、渝东南和鄂西南的武陵山北段，经鄂西巫山山地，到鄂西

---

① 光绪《兴山县志·山志》略提到了神龙山及神龙架，至于《房县志》和《巴东县志》却根本没有提到。

② 光绪《兴山县志·山志》："光绪十年三月，邑廪生陈宏庆，经采溪远望神龙积雪；询之土人，云：山上常八月雨雪，至明年六月，始消，又常六月飞霜，久雨初霁，峰峦隐现，有如城郭林落。"

北的大巴山地,甚至豫西南山区,都有过大熊猫的分布。除淅川附近外,其他地区一直持续到18～19世纪。由于过去地方志编纂者的着眼点不同,材料的取舍有别,可能使某些有大熊猫分布的地方,却不见于文献的记载。例如竹山县的大熊猫,就不见于清嘉庆十年(1805年)的《竹山县志》。又如鄂西的神农架山、湘西北桑植县的八大公山^①,可能都有过大熊猫的分布,也不见于文献记载。可见历史时期这一带的大熊猫,实际上可能要比地方志所记载的为多。

<h1 style="text-align:center">三</h1>

近5 000年来,鄂、湘、渝三省(市)边境所以长期有大熊猫分布,与这一带的自然环境及开发较迟有着密切的关系。

从自然条件来说,这一带是大山区,地势高峻,有不少的山峰海拔在1 500～2 000 m,甚至在3 000 m以上。例如湘西北桑植县的八大公山,海拔1 800多m;湖南石门县与湖北五峰土家族自治县间的壶瓶山,海拔2 200多m;巴东县的乌云顶,海拔2 000多m;竹山县的圣母山,海拔1 800多m;鄂西的大神农架,海拔3 053 m。这些山地为大熊猫的长期栖居提供了有利的地貌条件。

这一带的气候情况,如南部桑植的八大公山海拔1 500 m左右一带,年平均气温约12 ℃,7月平均气温22 ℃左右,1月平均气温0.3 ℃;年降水量1 600～1 800 mm,年平均相对湿度在80％以上;雾多,日照短,全年约800 h。中部神农架海拔1 800 m以上的地方,经常云雾弥漫,晴空常在9～10点钟才出现,湿度特别大。降雪从9月到次年3月底止,即使7～8月也始终保持在25 ℃以内,早晚还得着棉衣。这种温凉阴湿的气候,为多种林木,特别是一些竹林如箭竹等的生长提供了有利条件。

根据河南淅川县下王岗遗址各文化层中都有大量竹炭发现的事实,反映出从仰韶到西周,下王岗附近除有茂盛的森林以外,还有大片的竹林存在。

西周以来,这一带一直是多森林、多竹的地方。据东汉张衡《南都赋》记载,仅这里的竹就有"箖箊、篁箂、篾箨、篍箈"^[16]等多种。

明清许多文献提到大巴山一带"林菁蒙密"^[17],"猿、鹿多"^[18],"古木参天,丛篁遍地",素称"巴山老林"^[19],反映出北亚热带植被的特色。

湘西北慈利、大庸一带,在清代中叶,还是"丛林密箐"^[20],"古木槎枒"^[21],多箭竹、水竹、斑竹、苦竹、方竹、楠竹。大庸、桑植间的张家界,现在还是"古树异石耸云天"的地方。除竹类、毛红椿、香果树等竹木外,还有白猴、金丝猴、岩羊、背水鸡等珍禽异兽。在桑植县八大公山海拔1 500 m以上地方,现在还有大片的光叶水青冈、箭竹、水竹林。

明万历《归州志》卷1《地理志·物产》记载当时归州一带的物产中"木则有椿、杉(自注:'一名水,一名黄瓜米')、松(自注:'马尾')、杞、梓、楠(自注:'生穷山,有数种,无合抱者')、槐、枣、桂、檀(自注:'有青、黄二种')、杨、柏、樟、梧、楸、棚、枫、栎、桐、株、柳、柞、楮、桑、柘、白果、红豆、水红、血柏、榛、香果……白杨、黄杨、花栗、白反、丝栗、黄连"等40多种。其中水杉、红豆杉、香果树、血柏等名贵树种10多种。这里的竹子有"荆竹、筀竹、苦竹、水竹、慈竹、紫竹、斑竹、甜竹、箭竹、刺竹"等10多种。这些竹林,除提供竹鼲的食物外,也是大熊猫的很好的食料。

现在神农架的主峰附近,就是一望无际的竹海。竹海中以箭竹为最多,还有拐棍竹等。箭竹澄黄放亮,成竹生长,分外稠密。据估计,每平方米可达120多根。在无际的箭竹林中,还有一片片的冷杉

---

① 据桑植八大公山一些老人回忆,20世纪50年代以前这里曾有过大熊猫。

林,挺拔苍翠,有如竹海中的绿岛,这种环境是比较适合于大熊猫生长的。

由于这一带降水多,湿度大,植被覆盖较好,山地的水源较充沛,也有利于大熊猫在此栖息。

从社会条件来看,由于这一带是山区,开发较迟。在明末清初以前,虽然曾经由于外地人口多次大量移入,因而本区有过较大垦殖,使得本区森林、竹林的面积曾经大为缩小,但是又由于封建王朝为了维护其统治,推行"封禁"政策,镇压农民起义,加之时有自然灾害发生;以致本区人口锐减,次生植被又有发展。一直到清初,这些地区还是"地阔人稀","林木盛而禽兽多"的地方[22],尤其是一些较高的山地,更是人迹罕至,有利于大熊猫的栖息繁衍。

<h2 style="text-align:center">四</h2>

为什么本区的大熊猫到 19 世纪,甚至 20 世纪初才逐渐灭绝呢？其因素是多方面的。

就自然因素来说,大熊猫是高度特化了的一种肉食性动物(野生大熊猫以食箭竹等竹类为主),繁殖力不高(雌性成熟个体每年繁殖 1 胎,每胎 1～2 仔,成活率低),消耗食物量大(成兽个体每昼夜食嫩竹 15～20 kg 以上),失去了凶猛食肉兽的切割能力(上下裂齿退化)[23],等等。由于生理上和生态上的缺陷,使它难以适应自然的或者因人类活动而导致的环境巨大变化。例如,竹子开花,就可能导致大熊猫缺少食物而死亡或迁移他处。在这些情况下,迫使大熊猫只有逐渐地缩小其分布范围。

但是,更主要的还是人类活动的缘故。在清代中叶及其以前,这一带的人口变化虽有过波动,不过,总的趋势还是人烟比较稀少,有利于大熊猫的栖息。而到了清代中叶,人口有了显著的增加,致使山林遭到日益垦殖,使大熊猫的生活环境发生了剧烈的变化。据清乾隆《直隶澧州志林》卷 5《食货志》前言,"承平百年[约指清顺治元年(1644 年)至乾隆十五年(1750 年)],生齿日繁。凡水之所滋,陆之所产,人力之所经营,皆数十倍于前。"以澧州户口为例,清初有户 8 356,口 4 倍。到乾隆十一年(1746 年),户 41 623,口 209 291。较之清初,户数增加 4 倍,口数增加 5 倍多;由于人口的急剧增加,因而在乾隆《直隶澧州志林》的《户口》前言中提到,澧州在清初"土旷人稀",至乾隆十五年(1750 年),发展到"深山穷谷,炊烟鳞比"。所说虽不免夸大,但百年之间,人口大量增加,确实是个显著的事实。再看看光绪二十二年(1896 年)《慈利县志》卷 6《食货》:"嘉(庆)道(光)以往,县饶材料薪炭;自顷,民多耕山,山日童然。二汛发浚、澧上游,桴筏蔽江出利,亦尚不赀云。"人口增多了,平原耕地有限,在不合理的土地利用下,必然使山地的森林、竹林不断地遭到破坏。光绪《慈利县志》还提到:"野猪、獾子、猴盗稼,每秋日包谷垂实,山农枞金炬火,警逐之声,彻夜不绝。"这里反映了初期"耕山"的情况,谈的虽是野猪、獾、猴子,但发展下去,必然使其他动物资源日益枯竭。

清乾隆《酉阳州志·酉阳州志总目·风俗》:雍正十三年(1735 年)改土归流后 40 年来,"无如境内居民土著稀少,率皆黔楚及江右人流寓兹土。垦荒邱,刊深箐,附谷依山,结芽庐,竖板屋,并有以树皮盖者"。说明从 18 世纪 30 年代以后,酉阳人口日见增加。同治《酉阳直隶州续志》卷 6《户口志》:乾隆三年(1738 年)清查新旧户 4 299,"丁如之"。到咸丰十一年(1861 年),"清厘户口",共 70 666 户,男女共 327 772 丁口。前后 123 年中,户口增加十几倍。增加的原因,主要还是贵州、两湖等地的移民。人口大增,给环境带来巨大变化。

归州、竹山等地的情况,也大体相似。同治《竹山县志》卷 7《风俗志》记载清初这里"土浮于人",竹木茂盛,动物资源丰富。"后因五方聚处,渐至于人浮于土,木拔道通,虽高岩峻岭,皆成禾稼"[22],使大熊猫等野生动物渐趋于灭绝。这就是人类打破大熊猫的生态平衡,所受到的大自然的严厉惩罚之一。

总之,历史时期本区大熊猫灭绝的因素是多方面的,并且是综合而相互影响造成的,但是其中主导因素应该是人类活动的影响。

五

近 5 000 年来,大熊猫在鄂、湘、川 3 省边界的一些山地并没有消失,而是一直保存到 19 世纪,甚至 20 世纪初。保存的地点,不是一二个县内,而是六七个县内,这些事实,雄辩地证明历史时期大熊猫在江南地区并没有灭绝。

清代中叶以前,鄂、湘、川 3 省边界地区,林木茂盛,竹子多,人口比较稀少,开发较迟,生态环境基本上适合于大熊猫的栖息繁衍。但自清中叶以后,由于人口激增,山地森林、竹林不断开发,逐渐打破了大熊猫等野生动物的生态平衡,使得不少珍稀动物,尤其是高度特化的大熊猫逐渐灭绝,可见人类活动的影响是本区历史时期大熊猫灭绝的主导因素。

(原载《西南师范学院学报(自然科学版)》1981 年第 1 期,本次发表时对个别内容作了校订)

参考文献

[1] 裴文中. 大熊猫发展简史. 动物学报,1974,2(2)

[2] (南朝·梁)萧统. 文选. 卷 4. 北京:商务印书馆,1959

[3] 高耀亭. 我国古籍中对大熊猫的记载. 动物利用与防治,1973(4)

[4] 寿振黄,等. 中国经济动物志:兽类. 北京:科学出版社,1962

[5] 王朗自然保护区大熊猫调查组. 四川省平武王朗自然保护区大熊猫的初步调查. 动物学报,1980,12(2)

[6] 北京动物园. 大熊猫的人工饲养. 动物学报 1980,12(2)

[7] 裴文中. 广西柳城巨猿洞及其他山洞的第四纪哺乳动物. 古脊椎动物与古人类,1962,6(3)

[8] 卡尔克 H D. 关于中国南方剑齿象:熊猫动物群和巨猿的时代. 古脊椎动物与古人类,1961(2)

[9] 邱中郎,等. 湖北省清江地区洞穴中的哺乳类动物报导. 古脊椎动物与古人类,1961(2)

[10] 王善才. 湖北秭归发现一处哺乳动物化石地点. 古脊椎动物与古人类,1962,6(3)

[11] 贾兰坡,张振标. 河南淅川县下王岗遗址中的动物群. 文物,1977(6)

[12] 裴文中. 关于第四纪哺乳动物体型增大和缩小的初步讨论. 古脊椎动物与古人类,1965,9(1)

[13] 山志,见:(清光绪十一年)兴山县志. 卷 8

[14] (清道光元年)直隶澧州志. 卷 8

[15] (清同治八年)重修直隶澧州志. 卷 6

[16] 全后汉文. 见:(清)严可均校辑. 全上古三代秦汉三国六朝文. 卷 53. 北京:中华书局,1958

[17] (明)高岱. 开设郧陌. 见:鸿猷录. 卷 11. 上海:商务印书馆,1937

[18] (明)赵贞吉. 郧陌追祀抚治大理少卿吴公记. 见:(明)陈子龙,等. 明经世文编. 卷 255. 北京:中华书局,1959

[19] (清)严如煜. 三省山内风土杂识. 上海:商务印书馆,1936

[20] (清乾隆十五年)直隶澧州志林. 舆地志. 风俗

[21] (清同治)直隶澧州志. 山. 永定县. 百丈峡

[22] 风俗志. 见:(清同治)竹山县志. 卷 7

[23] 王将克. 关于大熊猫种的划分、地史分布及其演化历史的探讨. 动物学报,1980,12(2)

23 | 历史时期中国野马、野驴的分布变迁

文焕然遗稿　文榕生整理

现在中国境内的野马（*Equus przewalskii*）与野驴（*E. hemionus*）同属马科（Equidae），马属（*Equus*），是奇蹄目中蹄行的一类，极善于奔跑。

据考古发掘与古生物学家研究表明，更新世以来我国曾生存着数种野马，然而绝大部分都在很早以前先后灭绝[1]，仅存的普氏野马（*E. przewalskii* Poliakov，又称蒙古草原野马，即本文所称野马）在欧洲野马（泰班野马）于20世纪初灭绝后，更成为现今世上唯一生存的野马，又由于它现在处于完全灭绝的边缘，因而备受人们重视，在学术上也有重要的意义。

野驴现存的种群虽然较野马多，分布较广，但本文所谓野驴系指在自然状态下生存于我国境内的亚洲野驴两亚种：①蒙古野驴，又称蒙驴（*E. hemionus kulan* Pallas）；②西藏野驴，又称康驴（*E. hemionus kiang* Pallas）。它们并非波斯野驴、土库曼野驴等，现今也已稀少，被列为国家一类保护动物。

用野马和野驴进行改良和培育新的马、驴和骡种，都有很大的实用价值。

一、野马、野驴的形态与生态

野马酷似家马，但体躯较一般家马稍小；头部较大，耳小，鬣毛短而直立，额毛很短，吻部为乳白色；尾毛从根及两侧向下，长大而显著，几乎垂及地面；蹄较小而高，呈圆形；背部为赤灰色，鬣、尾及四肢的前面为黑色，体的下面为白色。

野马栖息于环境较恶劣的荒漠、草原、丘陵、戈壁及多水草地带。春夏季节常结群，游移生活；冬季结成大群以御狼群袭击和共同寻找食料。食物以禾本科、豆科、菊科、莎草科等为主，诸如节节草、琐琐柴、艾草、野葱、芦苇等的茎叶，等等。

野驴并非家驴的先祖。野驴体小而长，头短而宽，耳较家驴的短小，鬣毛短而直立；背纹明显，较宽；尾粗毛长，但尾基部无长毛；蹄较大；叫声较似马嘶；毛色多为草黄色或淡褐色，下体白色。两亚种中西藏野驴（现存西藏及青海中部、南部等地）体型较大些，肩高1.35 m左右，体长超过2.20 m，毛色深，且背腹毛色分界在腹侧较低处；而蒙古野驴（现存内蒙古、甘肃、青海北部、新疆等地）的体型较小些，毛色发灰，背腹毛色分界在腹侧上部。

野驴栖息于环境更为恶劣的高原、山地、荒漠、草原等多种地形。野驴在高山，就食于高山植物；在沙漠内则以柽柳、节节草、芦苇、百合科等植物为生，可数日不饮。野驴亦以群体游移活动，白天在水源附近的草场上吃草饮水，傍晚回到沙漠深处以避敌害；春夏季为小群，秋冬季则结成大群活动；能游水，喜在溪流中洗浴。

野马和野驴的视觉、听觉、嗅觉都十分灵敏，奔跑能力均强，而且性野猛烈，难以接近，不易驯服。

它们同属马科,在形态和生态上有许多相似之处,粗看起来往往不易区分,因此古籍中所称的野马,有许多实属野驴。直到现在,西北仍有称野驴为野马。本文将二者一起论述,并试做一些区分。

尽管野马与野驴相似处甚多,认真研究之后,区分它们并非无能为力。暂不论生态环境方面,较显著的外形区分在于:鬣毛有无逆生,尾毛是否从尾基分开,背纹的窄宽及鲜明程度等,是野马与野驴的显著差异。

二、现今与地质时代野马、野驴的分布概况

野马据说在新疆准噶尔盆地向东至北塔山附近地区,巴里坤、伊吾两县一带,塔里木盆地以南,甘肃的马鬃山,内蒙古的额济纳旗等地可能有残存,但近年来进行过多次调查,均未发现令人信服的确切证据。为免野马灭绝,人工饲养又会使其失去野性,已将原产我国的普氏野马在新疆的吉木萨尔等地放归自然野生繁衍[1]①。

野驴今天在新疆(青河、奇台、且末、若羌等县地)、内蒙古(额济纳旗等地)、甘肃(祁连山及阿克塞、肃北等县地)、青海(阿尔金山、柴达木盆地、巴颜喀拉山及玉树县等地)、西藏(喜马拉雅山、昌都、唐古拉山等)等地都有分布。仅在新疆就已建立了卡拉麦里山和阿尔金山两个以保护野驴等为主的自然保护区。

从图23.1的野马、野驴现存区域可较清楚地看到:野马主要在新疆东北部、甘肃西北部与内蒙古西北部一带;野驴主要在青海中部、西北部、南部,西藏东北部,四川西北及新疆东南部,甘肃西南部一带。

然而在地质时代,野马、野驴的分布地区远较今天广得多。

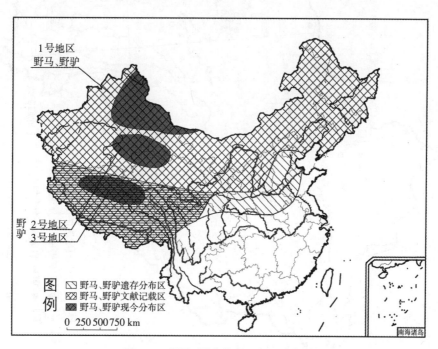

图23.1　野马、野驴分布区变迁示意图

---

①　据中央人民广播电台1988年7月23日晨新闻广播。

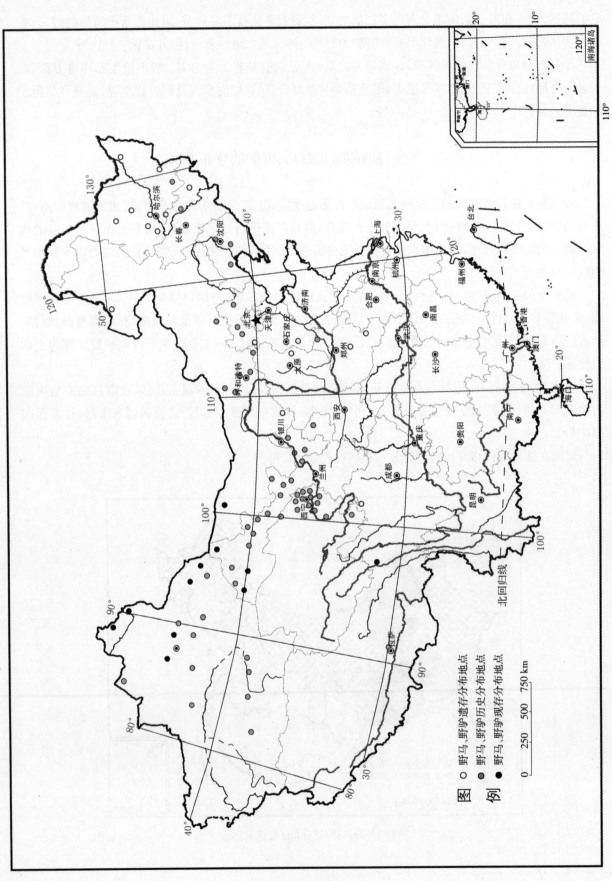

图23.2 野马、野驴分布变迁示意图

　　20 世纪 50 年代以来,在黑龙江(哈尔滨、北安及阿城、肇源、肇东、绥棱、穆棱、富锦等市县)[①]、吉林(安图、榆树等县)[3,4]、河北(邢台、阳原等市县)[5,6]、山西(阳高、朔县、和顺、永济等)[7]、内蒙古(乌审旗、扎赉诺尔等地)[8]、河南(许昌、新蔡等市县)[9]、四川(阿坝等地)[②]、甘肃等地陆续发掘出晚更新世和全新世的野马(除肇源、邢台等外)与野驴的遗存、化石(图 23.2 和表 23.1)。这些实物有力地表明了,地质时代晚期至历史时代早期,野马、野驴曾广泛分布于四川盆地以西,秦岭、淮河以北的大片地区。

表 23.1　"野马、野驴分布变迁示意图"所示地点一览

地　区	遗存地点	历史分布地点	现存地点
河　北	阳原县、邢台市	张家口市、赤城县、承德市	
山　西	和顺县	阳高县	
内蒙古	扎赉诺尔(属满洲里市)、乌审旗	呼和浩特市、和林格尔县、固阳县、达尔罕茂明安联合旗、杭锦旗、多伦县、额济纳旗、狼山(在乌拉特中旗与乌拉特后旗)	额济纳旗
辽　宁		沈阳市、辽阳市、锦州市(今凌海市)	
吉　林	榆树县(今榆树市)、安图县	吉林市	
黑龙江	哈尔滨市、阿城县(今阿城市)、北安市、肇源县、富锦县(今富锦市)、穆棱县(今穆棱市)、肇东县(今肇东市)、绥棱县	宁安县(今宁安市)	
河　南	许昌市(今许昌市魏都区)、新蔡县	安阳市	
四　川	阿坝州		
西　藏		拉萨市、昌都县	昌都县
甘　肃		兰州市、永昌县、靖远县、武威市(今武威市凉州区)、民勤县、古浪县、酒泉市(今酒泉市肃州区)、玉门市、敦煌县(今敦煌市)、金塔县、安西县、肃北蒙古族自治县、阿克塞哈萨克族自治县、张掖市(今张掖市甘州区)、高台县、庆城(今庆阳县)、马鬃山(属肃北蒙古族自治县)	肃北蒙古族自治县、阿克塞哈萨克族自治县、马鬃山(属肃北蒙古族自治县)
青　海		西宁市、大通县、湟源县、湟中县、乐都县、民和回族土族自治县、互助土族自治县、化隆回族自治县、祁连县、共和县、贵德县、尖扎县、玛多县、玉树县	
宁　夏		灵武(县)、中卫县(今中卫市沙坡头区)、海原县	
新　疆		库车县、于田县、吐鲁番市、鄯善县、哈密市、伊吾县、巴里坤哈萨克自治县、昌吉市、奇台县、若羌县、雅克托克拉克(属且末县)、且末县、吉木萨尔县、焉耆县、塔城市、阿勒泰市、青河县	伊吾县、巴里坤哈萨克自治县、昌吉市、吉木萨尔县、阿勒泰市、青河县

---

① 《东北地区古生物图册》,黑龙江省博物馆扬大山 1981 年提供。

② 宋冠福、徐钦琦:《四川阿坝藏族自治州第四纪哺乳动物化石》,载《青藏高原研究·横断山考察专集(2)》,北京科学技术出版社,1986 年。

　　按此处"野马"似为早已绝迹的云南野马(*Equus yuinanensis*)。

三、历史时期野马、野驴的分布变迁

与现今比较,历史时期野马、野驴的分布变迁是很大的,经度西移 30°以上。历史文献记载野马、野驴的不少,虽然明确指出其特征,详细描述的寥寥,但进行综合分析,仍可看出变迁的大势。为了叙述方便,试划分数个地区加以说明。

(一) 东北地区

本区包括今黑龙江、吉林、辽宁三省和内蒙古东部及河北北部这一广大区域。

据《后汉书·鲜卑传》《三国志·魏书·鲜卑传》,南朝宋裴松之注引《魏书》等记载,距今近 2 000 年前分布在本区的少数民族——鲜卑(秦汉时游牧于西拉木伦河与洮儿河之间)所见到的野兽中与中原地区不同的就有野马。

明嘉靖十六年(1537 年)《辽东志·地理志·物产·兽》也提到野马。说明到明代,东北仍有野马分布。

明李时珍《本草纲目·兽部》提道:"女直(真)辽东出野驴,似驴而色驳,鬃尾长,骨骼大,食之功与驴同。"还说辽东山中有野马。按:野马与野驴栖息的环境有些差异,此处野马可能也是野驴。

清代记载得较详细具体,《图书集成·方舆汇编·职方典》卷 168《盛京物产考下·兽之属》既提到马与驴,又提到野马、野驴,并指出:"野马之形如马而小,边外有之。"并引《本草纲目》来说明野驴。可见这里的野马、野驴与今所指没有混淆。《图书集成》的该卷题目下注:"留都(治今沈阳市)、奉(今辽阳市)、锦(治今锦州市)二郡及乌喇(治今吉林市)、宁古塔(治今宁安县)物产皆同,故今以物产入于总部。"看来辽、吉、黑三省当时野马、野驴分布仍广,但也出现了向南缩小范围的景象。光绪十七年(1891 年)《吉林通志·食货志·兽类》仍提到野驴,说明本区北部到 19 世纪末还有野驴出没。

清康熙二十年(1681 年)《辽阳州志·物产·兽之属》,康熙二十一年(1682 年)《锦州府志·田赋志·物产·兽之属》,乾隆四十六年(1781 年)《热河志·物产》,道光刊、光绪重订《承德府志·物产》都提到当时各自境内物产中有"野马"(其中可能有不少是野驴)。按康熙时辽阳州(治今辽宁辽阳市)、锦州府(治今辽宁锦州市);乾隆时北口 3 厅,即张家口厅(治今河北张家口市)、独石口厅(治今河北赤城与沽源之间)及多伦诺尔厅(治今内蒙古多伦县);热河(治今河北承德市),这相当大范围都出"野马",表明在今辽中、冀北、内蒙古东南一带,亦即本区的南部 18 世纪以前野马、野驴分布比较普遍,19 世纪有些地方还残存,以后逐渐趋于灭绝。

历史时期,本区的西北、北部、东部被大、小兴安岭及长白山地茂密的森林所覆盖,环绕,虎、豹、狼、熊等猛兽出没其间[10]。这些地带并非野马、野驴栖息的理想之地,它们在本区主要游移于林区边缘及东北平原、燕山山地、内蒙古高原东部一带的森林草原、草原地带。本区多处发现野马、野驴的遗存、化石;文献记载也较丰富;加以自古良马多出在温度较低,海拔较高的地方,这与本区也相符。本区的白山黑水间,自古即为游牧渔猎区;北方的扶余国以产良马著称;鲜卑族擅长骑马;契丹、女真族的兴起也是倚于马之兴盛;明清在本区广设马市、马监、马苑、马厂(场);现今有鄂伦春马及三河马、铁岭挽马、吉林马、黑龙江马、黑河马等,几乎全国良马品种之一半均出自本区,使本区"终于一跃而为我国现代首屈一指的马匹资源地"[1]。这些从另一角度表明本区在历史时期也是野马的一个主要分布区。家驴在汉代才大量从西方引入关中,清顾炎武称:"自秦以上,传记无言驴者,意其虽有而非人家所常畜也。"汉初陆贾《新语》中,常将家驴与珠玉、珊瑚并列,说明其少而珍贵。本区发现的野驴遗存与文献记载的野驴出没,亦可反证历史时期本区早有野驴,并长期栖息。生态环境的变化及人类活动的影响,使本区的野马、野驴在现代已灭绝。

(二)北部地区

本文指内蒙古中部、陕西北部、山西北部、宁夏、甘肃东部及河南北部一带。

本区产野马、野驴的记载很早就有[①],分布也较广。甲骨文中记载有野马,反映距今三四千年前河南安阳一带有野马存在(但消失得较早,后未见记载,似与春秋战国时期这一带的人类活动不无关系);近年来对阴山西段狼山地区的古代岩画进行研究,其中有野驴等动物[②],就是很好的见证。

东汉时,晋北代郡(治今山西阳高县)一带还有野马活动的记载[③]。

《史记·匈奴列传》和《汉书·匈奴传》都提到汉代及其以前,今内蒙古一带一直是产骆驼、(野)驴、骡、野马等奇畜的地区。晋郭璞《尔雅·释兽·野马》注:"(野马)如马而小,出塞外。"

宋彭大雅曾到过蒙古高原,所著《黑挞事略》称:"食其肉而不粒,猎而得者有野马"("如驴之状")。

明《译语》提到蒙古高原,"其土产曰马,曰橐驼,曰野马,曰野骡,曰羱羊"。《本草纲目·兽部·野马》还进一步指出:"(野马),今西夏、甘肃及辽东山中亦有之,取其皮为裘,食其肉,云如家马肉。"

这些文献所称,似兼指历史时期蒙古高原的野马和野驴。

历史文献中更有指明今内蒙古中部一带野马(包括野驴)具体产地的记载。如《北史·魏本纪·太宗纪》:"泰常四年十二月癸亥(公元 420 年 1 月),西巡,至云中,逾白道(在今呼和浩特市西北,为阴山南北重要道口之一),以猎野马于辱孤山(今达尔罕茂明安联合旗南)。"《魏书·世祖纪》:"太延二年(437 年)冬,幸椅阳(今固阳县),驱马于云中,置野马苑。"按:云中治今和林格尔县一带,从北魏太宗到世祖不过 20 年间,竟两次在这一带大猎或驱野马,并置野马苑,可见当时这一带野马、野驴不少。

唐杜佑《通典》:单于都护府(治今和林格尔县土城子)贡"野马胯皮十二斤"。《新唐书·地理志·关内道》:单于大都护府,土贡"野马胯革"。说明当时这里野马(包括野驴)还不少。单于都护府本名云中都护府,乾隆四十七年(1782 年)《大同府志·风土·物产》却称:"唐云中都护府贡野马胯革,今无。"

《新唐书·地理志·关内道》:安北大都护府(治所迁徙)[④]土贡,"野马胯革"。《元和郡县图志·关内道》:丰州(今杭锦后旗境内)开元贡"野马皮"。《新唐书》和《太平寰宇记》都载丰州的土贡、土产有"野马胯革"、"野马"。

可见在今内蒙古中部到晋北、陕北一带,一直产野马、野驴,到清乾隆以后,已大大减少或趋于灭绝了。

宁夏也一直是野马、野驴的产地。《元和郡县图志》《新唐书》《太平寰宇记》都记载唐宋的灵州(今灵武县西南)土贡、土产有"野马皮"、"野马"。明万历四十二年(1614 年)《朔方新志·物产·兽之属》载有"野马"。按:朔方亦即灵武县一带。清嘉庆三年(1798 年)《灵州志迹·风俗物产·物产·兽之

---

① 《战国策》:"智伯欲伐卫,遗卫君野马四百。"似说明山西中部在战国时有不少野马。
② 洪水龙:《内蒙古阴山西段发现大批古代岩画》,光明日报,1980-02-01。
　盖山林:《内蒙古阴山山脉狼山地区岩画》,文物,1980(6)。
　按(北魏)郦道元《水经·河水注》已提到狼山地区的岩画,可见此岩壁的历史悠久,其中"野驴"似分布在内蒙古等地区。
③ 东汉成书的《名医别录》提到苁蓉生代郡,多马处便有之,是野马精落地所生,生时似肉。
④ 《新唐书》卷 37《地理志·关内道》:"安北大都护府,本燕然都护府。龙朔三年(663 年)瀚海都督府。总章二年(669 年)更名。开元二年(714 年)治中受降城(今包头市附近),十年(722 年)徙治丰(治今杭锦后旗境内)、胜(治今准格尔旗东北十二连城)二州之境,十二年(724 年)徙治天德军,(先后设于今乌拉特前旗和乌拉特中后联合旗境内)。"

属》仍有"野马"。《明一统志·陕西·宁夏中卫·山川》:"在(中卫,今县)城西五十里,因沙所积,故名",土产有"野马"等。清乾隆年间黄锡恩《中卫竹枝词》第 20 首:"羱羊野马深秋壮,利簇长枪逐猎人。"[11]光绪三十四年(1908 年)《海城县(今海原县)志》卷 7《物产·药类》有"野马药"。可见历史时期宁夏野马(包括野驴)不仅分布广,而且数量较多,19 世纪以后逐渐减少。

与宁夏毗邻的陇东南,据《元和郡县图志·陇右道上·兰州》,开元赋有"野马皮"。按:当时兰州治今兰州市。《新唐书·地理志·关内道·会州会宁郡》《太平寰宇记·关西道·会州》《明一统志·陕西·靖房卫》、清康熙《靖远卫志》都提到土产、土贡有"野马皮"、"野马革",各堡山中野兽有野马[12]。按:唐至北宋初之会州,明靖房卫与清靖远卫都是今靖远县。清道光十三年(1833 年)《靖远县志·物产·兽》还有"野马"。《图书集成·方舆汇编·职方典·庆阳府物产考》引府、县志合载,毛类中有"野马"。清乾隆二十七年(1762 年)《庆阳府志·物产·毛类》记载相同。按:当时庆阳府治今庆阳县。从地理环境看,历史时期文献记载的陇东南"野马"多为动物学上的野驴。

历史时期本区野马、野驴长期栖息着,后者的分布范围似较前者更广阔些。

(三) 西北地区

本区包括内蒙古高原西部、河西走廊、祁连山区及天山南北,是我国野马、野驴的主要产区之一,也是当今野马的唯一残存地区。

本区产野马的记载也很早。《汉书·武帝纪》:元鼎四年(前 113 年),"秋,马生渥洼水(今甘肃敦煌市西南南湖的一个人工水库[13])中"。李斐注:"南阳新野有暴利长,当武帝时遭刑,屯田敦煌界,数于此水旁见群野马中有奇(异)者,与凡马(异),来饮此水。利长先作土人,持勒靽于水旁。后马玩习,久之代土人持勒靽收得其马,献之。欲神异此马,云从水中出。"所谓"勒靽",就是套马索。说明"马生渥洼水中"是假,但这一带有野马群则是实。中国科学院动物研究所周嘉禴曾于 1981 年在敦煌壁画上看到野马,这应是古人写实而作,可为西汉敦煌有野马的旁证。河西走廊西端距现今残存有野马的准噶尔盆地东部不远,其间有宽广的低平地区相通,又都是荒漠,当时这一带人烟稀少,但水草丰富,河西走廊有野马并非妄言。据侯仁之实地考察,如今水库附近林木稀疏,野生动物已很少见。但 30 多年前景色迥然不同,遍地林木,野生动物也很多①,可为佐证。

汉代以后,文献记载本区野马、野驴的分布情况更多,再按数亚区分述。

1. 河西走廊

凉州、甘州、肃州、瓜州、沙州等地,唐代以来多有文献记载当地产或贡野马的(表 23.2)。

清顺治十四年(1657 年)《甘镇志·物产》提到"野马"。按:甘肃镇为明九边之一,治所在今张掖市甘州区,辖境包括河西走廊在内。

乾隆二年(1737 年)《肃州新志·肃州第陆册·物产》载:毛类,"野马,皮可为裘。《通志》:野马皮,肃州革"。按:当时肃州治今酒泉市肃州区。同书《沙州卫上册·物产》载:兽类,有"野马"。按:当时沙州卫治今敦煌市西。乾隆八年(1743 年)《清一统志·甘州产·土产》:"野马皮:《唐书·地理志》:甘州土贡野马革。《通志》:可为裘。"同书《凉州府·土产》:"野马皮:《唐书·地理志》:凉州贡。"

乾隆十四年(1749 年)《五凉治德集全志·镇番县志·地理志·物产》:兽类有"野马,产者少,其肉可食"。按:镇番县治今民勤县。同书《古浪县志·山川》:"野马墩台:离(古浪)县东南七十里。"同书卷 3《永昌县志》中载:"野马川,(永昌)县西南境外二百八十里。"按:古浪(今县)和永昌(今县)皆在河

---

① 据说 30 多年前,敦煌南湖一带林中还有"野马"活动,不过这时的"野马"可能是今动物学上的野驴。

西走廊东部,上述的武威市凉州区在此二县间,曾有"野马"记载,此二县含有"野马"的地名,亦可认为曾有过野马聚居。

表 23.2　唐宋文献所载河西五州土贡、土产之野马

州　郡　名	今　　地	土贡或土产	资料来源
凉州 凉州　武威郡 凉州	治今武威市凉州区 治今武威市凉州区 治今武威市凉州区	贡赋:开元贡"野马皮五张" 土贡:野马革 土产:野马皮	《元和郡县图志》 《新唐书》 《太平寰宇记》
甘州 甘州　张掖郡 甘州	治今张掖市甘州区 治今张掖市甘州区 治今张掖市甘州区	贡赋:开元贡"野马皮" 土贡:野马革 土产:野马皮	《元和郡县图志》 《新唐书》 《太平寰宇记》
肃州 肃州　酒泉郡 肃州	治今酒泉市肃州区 治今酒泉市肃州区 治今酒泉市肃州区	贡赋:开元贡"野马皮" 土贡:野马革 土产:野马皮	《元和郡县图志》 《新唐书》 《太平寰宇记》
瓜州 瓜州　晋昌郡 瓜州	治今安西县东南 治今安西县东南 治今安西县东南	土贡:野马革 土产:野马皮	《元和郡县图志》 《新唐书》 《太平寰宇记》
沙州 沙州　敦煌郡 沙州	治今敦煌市西南 治今敦煌市西南 治今敦煌市西南	贡赋:野马皮	《元和郡县图志》 《新唐书》 《太平寰宇记》

乾隆四十四年(1779 年)《甘州府志·食货·物产》:兽之属有"野马、野骡"等。同书《杂纂》:"扁豆口南五十里,有野马川,出野马,古所称骡骎者也。俗呼野骡子。唐贡其革曰野马革。"看来此"野马"为今动物学上的野驴。民国三十七年(1948 年)《张掖县志·物产》中仍有野马记载。

嘉庆九年(1804 年)《玉门县志·土产》野畜有"野马"、"野骆驼"等[①]。按:玉门县即治今玉门市西北东达里图。

道光十年(1830 年)《敦煌县志·杂类志·物产》:毛类中有"野马"等。按:敦煌即今市。

民国十年(1921 年)《高台县志·舆地志下·物产》:山中兽有"野马、野骡、野驴"等。高台亦即今县。

河西走廊,特别是西段,联系这一带有野马山、野马南山、野马河、野马街(在金塔县有野马街气象站)等地名,反映出过去这里的野马、野驴是不少的[②]。

---

① 中国科学院图书馆社会科学部藏清抄本。

② 1929 年 8 月间,刘文海从酒泉到新疆旅行,其《西行见闻记》中记述了一些有关"野马"的情况,现节录附此:

8 月 13 日,"宿处有数泉,水味皆甘,是日所经多山地;天气乍寒,虽重裘犹不觉暖,到处皆雨后积潦。停住后,余徒步攀一小山顶,乍见附近山麓处有数百头状似土色骒之野牲,屈项就地啜草,颇觉奇异,遂下山奔回,遍告同伴;据随驼者云,此乃野马。一曰野骡子,多见新疆、内蒙古、青海各处,蒙古人喜猎之,取食其肉,从此往前,可遇之机会正多。"

18 日,"宿沙滩,地无水,恰当二山之间,东西距山各约七十余里。驻足后,一野马环行而观……"

21 日,"至一地曰野马泉,盖野马常饮水于此,驼夫见之,因得名"。

22 日,"又遥望野马奔驰天际"。

1917 年 2 月 17 日,谢彬等往安西,在其《新疆游记》中附汉玉门阳关古道路程:

"前清新抚刘毅斋、魏午庆先后遣人裹粮探南北道,各有图说,惜皆艰涩不可读。兹分记其程途,并集诸说,加以疏证,以备留心西域路政者之参考云。"

"阳关南道……(自敦煌西南行约四百六十多里,在甘肃境内),野马泉,皆沙泥平地,多野马,有水草,可屯田。"

本亚区西邻现今的野马、野驴产地;地理环境亦曾适宜它们栖息;文献中虽称"野马"为多,但亦有"野驴"、"野骡"的记载,联系西北俗称"野马"中包括野驴,或错称野驴,可以确认本亚区历史时期是野马、野驴的产地之一。本亚区东部的野马、野驴消失得较早,西部野驴尚残存,野马已灭绝。

2. 天山以北

天山以北现在仍有野驴,准噶尔盆地及其以东大片地区是现今野马的残存地之一。

《五代史·四裔传》提到:回鹘出牦牛、绿野马、独峰驼、白貂鼠、羚羊角。按:此处所提的回鹘应该是高昌回鹘;它的地域包括原唐朝伊(治今哈密市)、丙(治今吐鲁番东南)、庭(治今奇台县西北)三州及焉耆(治今焉耆回族自治县西南)、龟兹(治今库车县)二都督府之地。此外还统有一些别的民族或部落,如南突厥、北突厥、大众熨、小众熨、割禄、样磨、黠戛斯(古柯尔克孜)等。众熨又作仲云,据说是小月氏的后代,分布在罗布淖尔一带[14]。可见五代时天山东段南北一带似有野马、野驴的记载。

本亚区虽然清代以前有关野马、野驴的记载较少,但19世纪末,普尔热瓦尔斯基(H. M. Пржевадъский)所获并得以命名的普氏野马标本,即是在准噶尔盆地采集的,这是该地历史上有野马栖息的力证。

清末王树枏(楠)等纂《新疆图志·山脉二·天山二》:"额布图之岭……多野马、黄羊、青羊、麋鹿。""额林哈毕尔噶之山……山兽多虎、豹、獐、麂、狐、鹿、熊、罴、骃骏、野牛、野骡、野豕。"同书《北山二·塔尔巴哈台境内支山》:"博古图水出焉,有兽牝如马,骡鬃,驴尾,千百其群,土人谓之野马。"按:北山即今天山山脉,塔尔巴哈台即今塔城,可见到清末,天山以北还有野马、野驴。

1916年,贾树模在《新疆杂记》中提道:"野马:状如马,骡鬃,驴尾,千百成群,产于塔城之博古图山,于阗之克里雅山及焉耆之额布图山,性野,纵获之亦不易驯,皮甚坚韧,为贵重之革料。"按:于阗即今南疆的于田县,焉耆即今焉耆回族自治县。

1917年11月4日,谢彬到塔城,在其《新疆游记》中记述:"博古图河两山产野马(自注:马身首,骡鬃耳,驴蹄尾,俗呼三不像)骃骏踶跋,其群千百,土人搤罜而服食之,转相斥卖……"

20世纪初,准噶尔盆地西部塔城的博古图山野马成群,到50年代末,北塔山东数十千米的戈壁中,仍然人迹罕见,是野驴经常活动之地,当时有人还捕过野驴[15]。1982年在昌吉、阿勒泰建立了面积达170万hm² 的卡拉麦里山自然保护区,以保护野驴为主的有蹄类野生动物。本亚区有野驴是毫无疑义的。

1899～1900年,俄、德两国曾在今蒙古最西部靠近新疆的科布多附近捕获59匹野马,目前各国动物园饲养的野马基本上是它们的后裔。1947年又在内蒙古西部捕获一匹从新疆跑过来的野马。此后40余年来中外动物学家数次组队前往考察寻觅,均未见捕获过确凿的野马。然而,50年代以来多次有人遇见过单独或成群(多达七八匹)的野马。因为东准噶尔盆地既是最初野马标本的获得地,又与内蒙古西部毗连;这一带是荒漠,"几百里内阒无人迹";"野马的数量是很少很少的,现存总数可能不会超过两位","野马的毛色米黄或灰黄,较家马稍小,马尾很明显","野驴背脊有一条黑色条纹,从头到尾十分醒目,野马则无。野驴蹄印也远不及野马大"。这些关于野马的发现地点、数目、形态、生态等方面的记述符合濒危的野马情况;现在放归自然的野马也选择在本亚区,可以认为中国现在还有野马,它们主要分布在本亚区。

3. 天山以南

天山以南的一些地点也是延续至今的野驴等珍稀动物残存地。

清俞浩《西域考古录·镇西府·辟展县》:

黑山,今名丁谷,山中有唐时古寺及诸碑刻。按欧阳圭斋《高昌偰氏家传》云:高昌者,今哈喇和绰也。和绰本汉言高昌,高之音近和。昌之音近绰,遂为和绰也。哈喇黑也,其地有黑山也。所言高昌最详,今名哈喇和卓,即元明之火州,其地炎热异常。曲文泰所谓暑风如烧,寒风如刀者也。东南一带沙山绝无草木,日光照射,尤不可耐……其东有达木沁池,一小回村也,水极清澈。其南即荒漠,野马百十成群。

按:辟展县即今鄯善县,高昌故址在今吐鲁番市东南约 20 余 km 哈拉和卓堡西南,俞浩描述了那一带景象并提到有野马群。

18 世纪下半叶,椿园曾到过南疆多处,其《回疆风土记》载:"野驼、野马"在天山南路等地都有,深山荒漠之中"往往成群"。

福庆在 18 世纪也到过新疆,其描述新疆一带自然环境和自然资源等情况的《竹枝词》卷 1《新疆》自注提到:吐鲁番以南的荒漠中,"野驼、野马","往往百十为群"。

19 世纪末,萧雄在新疆游踪很广,1889 年著《西疆杂述诗·鸟兽》自注称:

哈密(今市),大戈壁中,马莲井子多野马,常百十为群,觅水草于滩,状与黄骠无辨,遇之不伤人;但捉获不能驾御,腰脊无力,唯勇直前。

光绪三十四年(1908 年)《若羌县乡土志·物产》载有"野牛、野马"等。按:这里"野牛"可能是野牦牛,"野马"可能是野马和野驴。

《新疆图志·山脉志四·南山·于阗境内支山》:

克里雅之山,克里雅河水出焉……多牦牛,多猞猁狲,多野牛、野马。

上文贾树模《新疆杂记》提到于阗(今于田县)的克里雅山及焉耆的额布图山也产"野马"。按:额布图山为天山山地的一部分,克里雅山为昆仑山的一部分,后者在自然地理上属于青藏高原的北缘。此"野马"似为野驴。

若羌与且末间距雅可托和拉克(雅喀托格拉克)85 里(42.5 km)有"野马井子",意味着这一带曾有野马和野驴。

谢彬《新疆游记》记述 1918 年 8 月他到且末所见,"南山产猞猁、狐皮及野牛马皮,颇有佳者"。按:且末的南山即阿尔金山,在自然地理上也属于青藏高原北缘,所称"野牛马"应是野牦牛和野驴。

1983 年在且末、若羌建立了面积 450 万 hm² 的国家级阿尔金山自然保护区,以保护高寒荒漠野生动物野驴、野牦牛等。

本亚区与野马的最后残存地北疆及陇西北部毗连;本亚区的大片沙漠戈壁也适于野马栖息,然野驴的适应性更强。因而文献记载本亚区的"野马"多指或包括野驴,历史时期野马确曾在此活动,现似已基本消失了。

(四)青藏高原地区

青藏高原一直是我国野驴(多为西藏野驴)的主要产区之一。

元潘昂霄《河源记》记载,至元十七年(1280 年)都实奉元世祖命探黄河源,河源一带人口稀少,"山皆不穷峻,水亦散漫。兽有牦牛、野马、狼、狍、羱羊之类"。

《明一统志·陕西·陕西行都指挥司·土产》:"野马","皮可为裘","出西宁卫"。按:西宁卫治今青海省西宁市。

清乾隆八年(1743年)《清一统志·陕西·西宁府·土产》、乾隆十二年(1747年)《西宁新府志·地理志·物产》:"合郡所用"的"兽之类"中都有"野马"。这明确指出当时西宁府(辖境约今西宁市与大通回族自治县、互助土族自治县、湟源、乐都、湟中、民和回族土族自治县、贵德、化隆回族自治县、尖扎等县)有野驴分布。光绪九年(1883年)《西宁府续志》记载类同。

1914年冬,周希武从兰州赴玉树,经过黄河源一带,在其《玉树土司调查记·宁海纪行》中记述:

> 11月6日,"自班禅玉池[在卡卜恰(治今共和县)西南265里]起程,缘西山麓,循扎棱拉水南行,连过九溪(自注:'溪水均出西山,东注扎棱拉水,内有一温泉,水颇盛'),于西山见野马二群,群各数十,有黄、黑二种,项下腹腿皆白色,长颈,休耳,顾视轩昂,见人侧仁立观望,近之,始逸去"。
>
> 11月8日,宿钦科奢马(在班禅玉池西南100里),"宿地在西山坡,坡前大滩广十余里,遥见野马数匹,载坤与同行数人往猎,以距离太远,放射无烟枪数弹,中二弹。终未倒,而远扬甚矣,野马之健也"。
>
> 11月14日,"宿地名江云(在黄河南50里),译名野马滩也"。

玉树一带,据宣统二年(1910年)《丹噶尔厅志·动物产》,

> 野马皮,实系野驴,肩有十字纹,纯系土黄色,生于青海一带,常以百数十头麇聚原野,蒙番、玉树等猎取其皮,售于本境(丹噶尔厅),转售外路商贩,或制成股皮而远售焉。

《玉树调查记·实业》特别输出土产有:"野牲皮:各族皆产虎、豹、熊、狼、鹿、狐、沙狐、猞猁、马鹿、野牛、野马、野羊皮,皆有。"按:这里"各族"指玉树25族,分布在今青海玉树藏族自治州的中部和东部。

上述文献记载,从"野马"的形态、生态及周围环境的描述分析,应为野驴,从记载时间的远久、保留的地名等分析,青藏高原东北部、中部的野驴长久分布,范围较广,直至20世纪初在许多地方仍存在。

拉萨一带,据道光二十五年(1845年)《拉萨厅志·物产》,"兽类:虎、金钱豹、白豹、麝、熊、狐狸、沙狐、野牛、野马、兔、驼(?)、鹿、猞猁(猁)、猴。"表明也有野驴。

羌塘高原一带,瑞典斯文·赫定20世纪初前曾多次进行过旅行和考察,《我的探险生涯》中多次提到他亲睹青藏高原的野驴:

> 1900年7月18日,"在第一个驻扎的地方,我们经过两个通道以后,已经高出海面一万三千呎了,四野牦牛、野驴、鼹鼠和鹏鸪等时时在我们四周。酷热的炎夏刚刚过去,天气已经转入了冬季"。
>
> 9月2日,"我骑着马向南走了十七哩路,经过一个荒野地方,那里有很多的野驴、牦牛、羚羊、野兔、田鼠、鼹鼠、野鹅、狐狸和狼。有几个山坡上满是牦牛"。

1908 年 2 月 16 日，"我们在一个美丽的大山谷中看见无数成群的野驴,至少共有一千只。极远处又有五群,其中一群有一百三十三头……"

这里的描写不无夸大,但羌塘高原人烟稀少,野驴较多,数百成群,确实有之。

柴达木盆地的情况,1912 年就有记载:

野马身小,善奔逸,能越沟,识泉脉,觅水者,视□□①蹄浐掘之,泉见焉。行沙漠中,遇风群伏,埋鼻沙中以护之。猎人诱之入栅,跑掷奔蹴,数日不食而倒,不易驯服。[16]

1943 年,许公武《青海志略·猎业·野马》:

野马产于柴达木等地。状如马,骡□而驴尾。千百成群,身小善奔逸,能越沟。识泉脉觅水。行沙漠中,遇风群伏,埋鼻沙中以护之。猎人诱之入栅,跳掷奔蹴,不易驯服,终不食而死。肉可供食,皮可为贵重之革料。

1959～1960 年经中国科学院青海甘肃综合考察队调查,在《青海甘肃兽类调查报告》中指出:柴达木盆地东部、中部和西部有野驴分布。

直至 1987 年,青海环境科学学会副理事长仍在呼吁认真保护柴达木盆地的野驴、野牛等高原珍贵野生动物群[17]。

1959～1960 年中国科学院青海甘肃综合考察队在祁连山调查,发现祁连山东、西段均有野驴,东段祁连县东南的默勒一带曾见小群。

本区主要是野驴的分布区,柴达木盆地似曾有过野马,现今已消失。

四、影响野马、野驴分布变迁的主要因素

地质时代野马、野驴在我国的分布甚广;经过较长时期,到历史时代分布有所缩小;然而在短短的数千年历史时代,尤其是 18～19 世纪以来,野马、野驴分布范围急剧缩小,数量也大幅度减少。造成这样后果的原因主要是由于野马、野驴自身习性的限制,生态环境的变化以及人类活动的影响。

野马、野驴都是植食性动物,肉食猛兽是它们的天敌,老弱病幼畜往往成为猛兽的口中物;野马、野驴的妊娠期都长达 11 个月,每胎 1 仔,不可能在短期内增多;它们的性情猛烈,驯化困难,亦说明生态环境的重大变化是它们难以适应的;野驴的适应能力较强一些,诸如海拔高的祁连山地、青藏高原、高山草甸等地都是野马不到之处。

野马、野驴栖息于荒漠、半荒漠地区,生态环境恶劣,植被的载畜量限制了它们的大量发展;一旦发生旱、冻、鼠等严重灾害,植被大量死亡,它们亦难逃厄运;历史时期气候由暖转冷的趋势[18]是造成植被减少的原因之一,也使它们不断直接或间接地受到损害;豺狼等猛兽的袭击,也使它们的数量减少。

相比之下,人类的活动对野马、野驴的分布与生存造成更重大的、直接的威胁,同时也改变着它们的生态环境。前述唐宋河西五州郡都产"野马";其中凉州似较少,开元贡仅"野马皮五张"。从《元和

---

①　"□"为原书印刷不清,下同。

郡县图志》《新唐书》《太平寰宇记》《旧唐书》所载唐代的户数来看,当时凉州户数 2 万多,其他 4 州郡都只有数千。既反映当时河西地旷人稀,有不少水草丰美宜于野马(包括野驴)栖息之地,又说明凉州一带人口较密,野马(包括野驴)则较少。历史时期农耕的兴起,人口的增长,占据了昔日野马、野驴的乐园。我国的地区开发大致上是从中原向南、向北发展,由东向西推进,这与野马、野驴的分布从东向西,由南而北的缩小、减少是一致的。18~19 世纪以来我国人口迅速上升(图 23.3),而野马、野驴在同期急剧下降,难道这种明显的反比是巧合吗?

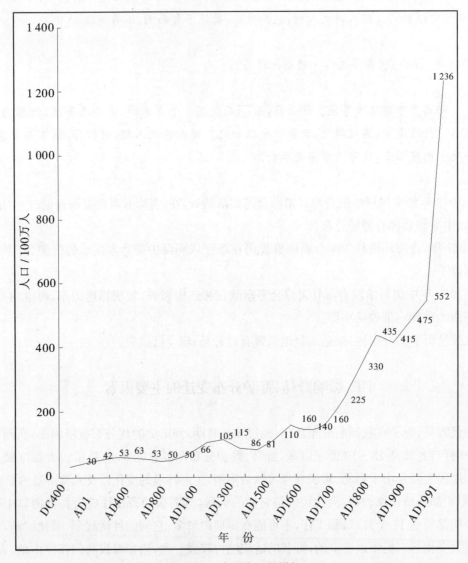

图 23.3　中国人口的增长

　　人类的乱捕滥猎,更是陷野马、野驴于灭顶之灾。历代的许多记载中贡赋、土产都以野马皮(革)的形式出现,反映人们主要是捕杀野马、野驴取其贵重之皮革,其间不乏数次大规模的滥猎。20 世纪中期,滥猎之风未止,仅青海省而论,玛多县 1960 年就猎杀野驴 6 900 多匹,"使过去因野驴多而得名的野马滩变成了无马滩"[19],海西蒙古族藏族哈萨克族自治州,1959~1960 年共捕杀野驴 7 万多匹,经过 10 多年的严格保护,到 1973 年还只有 4 000 匹,几乎只有当年猎捕数的 1/17[20]。

五、结 论

综上所述,我们可以明确以下几点:

其一,我国的野马、野驴分布曾相当广阔。它们的分布南界:地质时代,东段在秦岭淮河以北;西段,野驴在青藏高原东缘以西,野马在青藏高原北缘(柴达木盆地例外)以北。历史时代,野驴、野马的西段南界基本如以往;东段野驴南界北移至陇东南、陕北、晋北、冀北一线以北,野马的南界北移至河西走廊、陕北、晋北、冀北一线以北。现代野驴残存于新疆东北,陇西北,内蒙古西北,新疆东南,陇西南,青海西北,藏东北,青海中部、南部,川西北;野马残存于新疆东北、陇西北、内蒙古西北。

其二,野马、野驴的分布变迁虽然历时长久,但急剧缩减主要在 18 世纪以后,尤其 20 世纪初以来,它们趋向濒危,野马的处境更为严重,几达绝灭。

其三,野马、野驴由兴盛到衰败以致濒危的变化过程,主要是由于它们自身习性的限制,生态环境的变化以及人类活动的影响。

(原载《历史地理》第 10 辑,上海:上海人民出版社,1992)

参考文献

[1] 中国家畜家禽品种志编委会,中国马驴品种志编写组. 中国马驴品种志. 上海:上海科学技术出版社,1987

[2] 野生动物保护管理. 见:中国林业年鉴 1949～1986. 北京:中国林业出版社,1986

[3] 姜鹏. 吉林安图晚更新世洞穴堆积. 古脊椎动物化石与古人类,1975(3)

[4] 中国科学院古脊椎动物研究所. 东北第四纪哺乳动物化石. 北京:科学出版社,1959

[5] 盖培,卫奇. 虎头梁旧石器时代晚期遗址的发现. 古脊椎动物化石与古人类,1977(4)

[6] 贾兰坡,卫奇. 桑干河阳原县丁家堡水库全新统中的动物化石. 古脊椎动物与古人类,1980(4)

[7] 吴志清,孙炳亮. 山西和顺当城旧石器时代洞穴遗址群初步研究. 古人类学学报,1989(1)

[8] 祁国琴. 内蒙古萨拉乌苏河流域第四纪哺乳动物化石. 古脊椎动物化石与古人类,1975(4)

[9] 裴文中. 河南新蔡的第四纪哺乳动物化石. 古生物学报,1956(1)

[10] 文焕然. 历史时期中国森林的分布及其变迁. 云南林业调查规划,1980(增刊)

[11] 记. 见:(清乾隆二十六年)中卫县志. 卷 9. 艺文编

[12] 物产. 见:(清道光十三年)靖远县志. 卷 5

[13] 侯仁之. 我国西北风沙区历史地理管窥. 见:1979 年"三北"防护林体系建设学术讨论会论文集. 北京:中国林学会,1980

[14] 新疆社会科学院民族研究所. 新疆简史. 乌鲁木齐:新疆人民出版社,1980

[15] 梁佩荃. 新疆捕野驴. 旅行家,1958(11)

[16] 生入. 羌海杂志. 地学杂志,1918(2～3)～1919(1)

[17] 田庆华. 青海省环境科学学会副理事长呼吁要认真保护青海湖和柴达木盆地的生态环境. 中国环境报,1987-07-04

[18] 文焕然,徐俊传. 距今约 8 000～2 500 年前长江、黄河中下游气候冷暖变迁初探. 见:中国科学院地理研究所编. 地理集刊第 18 号:古地理与历史地理. 北京:科学出版社,1987

[19] 谭邦杰. 世界珍兽图说. 北京:科学普及出版社,1987

[20] 文焕然,何业恒. 中国珍稀动物历史变迁的初步研究. 湖南师院学报(自然科学版),1981(2)

24 | 历史时期中国野骆驼分布变迁的初步研究

文焕然遗稿　文榕生整理

野骆驼是世界稀有野生动物,本文系指中国境内野生状态的双峰驼(*Camelus bactrianus*),属偶蹄目(Artiodactyla),骆驼科(Camelidae)。

一、野骆驼的形态、生态主要特征和现今分布

野骆驼与家骆驼形态相似,但认真观察,还是有所区别。野骆驼头较小,耳较短小;颈较长,体躯较高大(不肥),尾较短,尾毛较稀,四肢较细长,脚掌较狭,趾甲长,善奔跑,毛多呈浅棕黄色,但颈毛和尾毛色较深,最明显的是驼峰较小,呈锥形,峰毛亦短。

现今,野骆驼大部分栖息于我国西北海拔 1 700～2 800 m 的荒漠和半荒漠区域,这里处于亚欧大陆腹地,远离海洋,加以周环高山或高原,呈现极端大陆性特色。夏季气温高达 55 ℃,冬季降至－30 ℃,昼夜温差 30 ℃以上;雨量稀少(平均降水量多在 50 mm 以下),蒸发量远大于降水量;经常狂风大作,飞沙走石;渺无人迹,动植物稀少。但在河湖畔及地下水较丰富之处,生长着水草,甚至木本植物,是野骆驼生息较集中的地方。野骆驼为避敌害,选择了这样恶劣的环境生存。它们具有以下特点:

(1)明显的迁移现象　野骆驼的迁移与气候的季节变化和水源、食物的变化有关,表现为不同季节与昼夜间游移。有的野骆驼夏季从罗布泊低平地区迁徙到阿尔金山等较高地区避暑;冬季则相反;昼夜作较长距离的移动,短时可达 100 km[1,2]。

(2)食性较广　野骆驼取食来自荒漠、半荒漠中的植物,以含淀粉较高的骆驼刺为主,以及柽柳、红砂、梭梭、白刺、苏枸杞、麻黄、芦苇、野葱的茎叶与嫩枝等。

(3)耐饥渴　野骆驼的驼峰内蓄积脂肪,以备缺食;其胃分 3 室,第一胃附生 20～30 个水胞,作贮水用;野骆驼的血液成分也与其他哺乳动物不同,便于保持水分。野骆驼饱食后,静卧反刍;一次饮水,可维持较长时间,新鲜食物中的汁液,一般即可满足它对水分之需。

(4)感觉灵敏,动作迅速　野骆驼善辨方向,能在 1～10 km 外发现水源,奔跑速度快,善避天敌。

此外,成熟雌性野骆驼妊娠期长达 14 个月左右,每胎仅产 1 仔。

现今我国约有野骆驼千余峰[3]。然而,世界野生生物基金会 1988 年底曾警告说:未来的 40 年内,双峰驼、亚洲象等上 10 种珍稀野生动物将从中国大陆消失[4]。

据调查,我国野骆驼目前集中于:①塔里木河中下游以南的古河道。约在库车、沙雅、轮台、尉犁等县南部一带。②罗布泊地区。即库鲁克塔格山以南,阿尔金山以北,罗布沙漠以东,玉门关以西(今敦煌市西北),尤以疏勒河故道[戛顺戈壁(北山)—罗布泊地区]更集中。③甘肃与内蒙古地区。包括河西走廊西南部[阿克塞的安南坝(在新疆境内的飞地)]和北部[马鬃山(在安西县境内的飞地)]及额

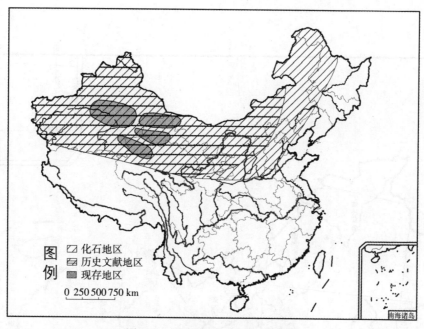

图24.1　野骆驼分布区变迁示意图

济纳旗的荒漠区以及与蒙古交界地区。④青海与新疆交界地区(图 24.1)。

值得注意的是:虽然现在野骆驼分布范围还不小,但是它们奔跑迁徙不定,种群密度很低(即使在高密度区的阿奇克谷地,680 km 的线路统计,也仅 5.1~6.4 峰/100 km²)[3],没有较大的种群了。

二、历史时期野骆驼分布的变迁

根据初步整理的历史文献和近百年来的一些考察资料,并适当追溯到地质时代,与今对比,显而易见,几千年来,尤以近百年来,我国野骆驼分布变迁是巨大的(图 24.2 和表 24.1)。

骆驼起源于北美大陆,到上新世中期有些骆驼才离开故乡,有些经白令陆桥迁徙到旧大陆的各洲,亚洲的双峰驼即是它们的后裔之一[5]。

在哈尔滨①、山西东部、河南、北京周口店及萨拉乌苏河流域(内蒙古乌审旗一带)的更新统及晚更新统中-晚期的地层中先后发现骆驼化石,其中有现生骆驼的较早祖先或是现生双峰驼的近祖[6~8]。

历史时期我国野骆驼分布地区远较今为广,并且远在今界以东。按其分布大势,约可分为以下3 区。

(一) 内蒙古东部区

据历代文献记载,从汉以前迄今,蒙古高原一带一直有骆驼广泛分布②,同时也应有野骆驼存在,只是指明野骆驼及其具体地点的史料不多。

---

　① 《东北地区古生物图册·哺乳纲·骆驼科》,由黑龙江省博物馆杨大山提供。
　② 如《后汉书·南匈奴传》《魏书,高车传与蠕蠕传》《周书·突厥传》《旧唐书·突厥传、铁勒传及回鹘传》《新唐书·突厥传、回鹘传》《资治通鉴》《黑挞》《译语》《续资治通鉴》,清宣统《甘肃新通志》,民国二十四年(1935 年)《察哈尔通志》等。

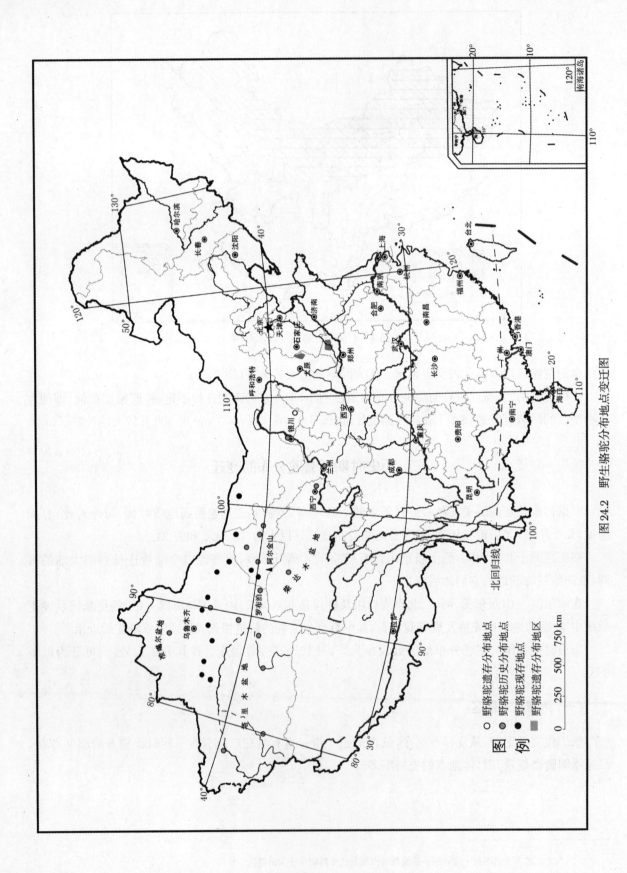

图24.2 野生骆驼分布地点变迁图

表 24.1 "野生骆驼分布地点变迁图"所示地点一览

地 区	遗存地点	历史分布地点	现存地点
北 京	周口店(属今房山区)		
山 西	山西东部		
内蒙古	乌审旗	闪电河(正蓝旗东)、额济纳旗	额济纳旗
河 南	河南北部		
陕 西		神木县	
甘 肃		酒泉市(今酒泉市肃州区)、玉门市、敦煌县(今敦煌市)、安西县、肃北蒙古族自治县、阿克塞哈萨克族自治县、马鬃山(属肃北蒙古族自治县)	敦煌县(今敦煌市)、阿克塞哈萨克族自治县、马鬃山(属肃北蒙古族自治县)
青 海		乐都县、柴达木盆地	
宁 夏		银川市	
新 疆		麦盖提县、库车县、沙雅县、和田市、吐鲁番市、鄯善县、克鲁沁(属鄯善县)、库米什(属托克逊县)、哈密市、星星峡(属哈密市)、轮台县、尉犁县、若羌县、塔他让(属且末县)、楼兰遗址、准噶尔盆地、阿尔金山	库车县、沙雅县、吐鲁番市、鄯善县、库米什(属托克逊县)、哈密市、星星峡(属哈密市)、轮台县、尉犁县

《开宝本草》(974 年,已佚):"野驼脂……脂在两峰内,生塞北,河西。"①当时"塞北",约指蒙古高原一带;"河西",即河西走廊。说明 10 世纪中叶,蒙古高原与河西走廊一带有野骆驼分布。

《嘉祐本草图经》(1061 年,已佚)却称:"野驼出塞北、河西,今惟西北蕃界有之"[9],此谓"西北蕃界"即当时地处我国西北的西夏。

寇宗奭《本草衍义·野驼》(1116 年成书)道:野骆驼"生西北界等处"。此"西北界"亦是指西夏。

西夏是唐宋时代党项族所建地方政权,政治中心在兴庆府(今宁夏银川市)。到 1111 年,西夏辖境东起北宋麟州(今陕西神木县北)东北,西到古玉门关(今甘肃敦煌市西北)稍西;南自北宋兰州(今甘肃兰州市)稍北,北达黑威福军司(今内蒙古额济纳旗)以北。除了包括今宁夏大部分地区外,尚辖有今河西走廊,内蒙古的阿拉善盟、乌海市及巴彦淖尔盟和伊克昭盟的大部(此二盟的东部不在内)等。

如将《嘉祐本草图经》和《本草衍义》的有关记载与《开宝本草》对比来看,80 多年后的 11 世纪 60 年代,野骆驼分布即似以西北(河西走廊和内蒙古西部等地)为主,但实际上内蒙古东部等地仍有野骆驼分布。元代文献就提到上都[今内蒙古正蓝旗东约 20 km 处的闪电河(滦河上游)北岸]附近还有野骆驼,可以为证。

元至治元年(1321 年)秋,柳贯在上都国子监任教时作《滦水秋风词》4 首,第四首提到当时上都附近有几群野骆驼出没[10]。

元白珽(1248～1328 年)《湛渊诗薹》卷中《续演雅十诗》第八首自注:"谓迤北八珍也"。所谓"八珍",即当时宴席上的八种珍贵食物,其中有野骆驼蹄[11]。它能被列为当时贵族官僚宴席上的"八珍"之一,可见其稀少而珍贵。白珽的此诗又为清乾隆《口北三厅志·艺文志》所引,既指野骆驼来自元上

---

① (宋)唐慎微《重修政和经史证类备用本草》卷 18《野驼脂》引。(明)李时珍《本草纲目》卷 50《兽部·驼·集解》引马志曰:"野驼、家驼生塞北,河西,其脂在两峰内,入药俱可。"大意与《开宝本草》同。据中医研究院医史文献室马继兴的意见,李时珍撰《本草纲目》时,《开宝本草》已佚,他所见到的也是《重修政和经史证类备用本草》,马志即《开宝本草》一书重要编纂者之一。

都以北，又可印证柳贯称上都附近有野骆驼群存在的记述。

（二）内蒙古西部、河西走廊及柴达木盆地等地区

上文已提到汉代以前迄今，在内蒙古西部、河西走廊等地应有野骆驼分布，再看例证。

较早指明河西走廊有野骆驼的当属唐代岑参，他在 8 世纪曾到西北干旱地区，《岑嘉州诗》中不少脍炙人口的写实诗句，有两首即是指此。《玉门关盖将军歌》中有"金铛乱点野驼酥"之句，反映当时玉门关（今甘肃安西县双塔堡附近）盖将军以附近捕获后饲养的野骆驼乳作酥。《酒泉太守席上醉后作》中也有"浑炙犁牛烹野驼（？ 驼）"诗句，描述当时酒泉（治今酒泉市肃州区）官宴上有烹野骆驼，也说明野骆驼在附近是不少的。

清嘉庆九年（1804 年）《玉门县志·土产·野畜》中有"野骆驼"①。当时玉门县治今玉门市西北的玉门镇。

20 世纪 70 年代，甘肃省调查过本省的珍贵动物资源后认为：河西走廊的野骆驼仅在西南部的阿克塞的安南坝和肃北的野马南山还有残存。

内蒙古西部的野骆驼，近几十年来也有记载。1927 年 11 月，西北科学考察团在噶顺诺尔（今属额济纳旗）调查时，看到野骆驼有时到湖滨活动[12]。50 年代以来，在额济纳旗曾捕获过野骆驼[13]。

柴达木盆地及其以西阿尔金山一带与塔里木盆地及河西走廊等地毗连，又是人烟稀少的广阔荒漠草原地区，历史上早有骆驼分布的记载②，应该也有野骆驼分布，只是文献中未指明。50 年代末有人曾在青海与新疆交界的山谷中（约东经 90°30′，北纬 37°43′）发现过 3 峰野骆驼，尚待进一步验证③。

（三）新疆地区

新疆骆驼分布的历史也很悠久④，野骆驼的栖息应更早，亦因文献缺少记载，有待考古和古生物发掘进一步证实。

较早指出新疆野骆驼分布的见之于 18 世纪下半叶，椿园到过天山南路许多地方，其《回疆风土记》称：野骆驼在天山南路等地都有，深山荒漠中"往往成群"。

福庆 18 世纪末也到新疆，所作描述那里自然环境和资源等的《竹枝词》卷 1《新疆》自注提道：吐鲁番以南的荒漠中，野骆驼"往往百十为群"。

费恩斯（O. A. Finsch）1876 年称，野骆驼大概生存于哈萨克—新疆边境的斋桑（今哈萨克斯坦境内，额尔齐斯河的斋桑泊南）东南 200 俄里（约合 214 km）处[14]，看来，当时天山北路的准噶尔盆地西部一带也有野骆驼分布。如今这一带野骆驼早已趋于灭绝了。

天山山地的野骆驼除福庆指出的外，普尔热瓦尔斯基（И. М. Пржвалъский）1876 年到天山南路调查时，也指出库鲁克塔格有野骆驼[1]。陶保廉 1891 年亲身经历后所著《辛卯侍行记》记载："（吐鲁番）厅城（今为市）东南一百三十里鲁克沁……第十程乌鲁铁漫吐（自注：'此蒙语，言有野驼也'），据罗

---

① 中国科学院图书馆社会科学部藏抄本。

② 《北史》卷 96《吐谷浑传》提到北魏文成帝拓跋濬（452～465 年在位）派兵攻吐谷浑主拾寅，拾寅走南山，保白兰（在柴达木盆地以南），获驼马 20 余万。按当时吐谷浑包括柴达木盆地及其以西的阿尔金山一带，荒漠平原产骆驼。其南奔时，当然携带了不少骆驼。《太平寰宇记》卷 151《陇右道·鄯州（自注："废"）》："土产"：有"驰（驼）"。按唐鄯州治湟水（今青海乐都县），唐上元二年（761 年）为吐蕃所得，因此废置。

③ 青海省农林厅陈维国 1981 年 8 月 9 日提供资料。

④ 除前文提及外，还有《汉书·西域传》《北史·西域传》《隋书·西域传》《旧唐书·西域传》《新唐书·西域传、沙陀传》《宋史·高昌、回鹘、龟兹传》《明史》卷 329《西域传一》、卷 332《西域传四》，清乾隆《西域图志》，宣统《新疆图志》等。

布淖尔译者意斯朗云：猎于此五度矣。"说明到 19 世纪末，天山东延部分一直有野骆驼活动。

今吐鲁番、鄯善、哈密以南，库鲁克塔格及其以北，库米什以东，星星峡以西，还有野骆驼分布[15]。

塔里木盆地的野骆驼，18 世纪末以前，分布广，数量较多。到 19 世纪末、20 世纪初仍然分布颇广，但有的地方数量却已大减。

地处塔克拉玛干沙漠西部的叶尔羌中游麦盖提附近，别夫错夫（М. В. Певцов）1890 年提到这里的野骆驼活动[16]。如今这一带野骆驼早已踪迹皆无。

普尔热瓦尔斯基 1886 年亲眼所见"沿和田河有很茂盛的胡杨林，有马鹿、老虎，经常看到有 5～7 只一群的野骆驼"[17]。现在它们也早已销声匿迹。

在赫定（S. Hedin）等人 1896 年从和田到沙雅旅行前，中国的猎人早在捕杀塔克拉玛干沙漠中成群的野骆驼，并用驼蹄的皮指（趾）甲等制鞋。赫定等穿越这里时，还看见不少小群或单峰的野骆驼，并制作了标本[18]。赫定绘制的塔里木盆地野骆驼分布图显示尼雅、安迪尔等河下游以北的塔克拉玛干沙漠里有一大片似有野骆驼分布的地区[2]。

据中国科学院新疆生物土壤沙漠研究所等单位的意见，现今库车、沙雅、轮台、尉犁等县塔里木河岸以南的古河道等地带还有野骆驼分布。

别夫错夫描述了百年以前塔克拉玛干沙漠东部车尔臣河沿岸无边的胡杨、灌木、芦苇等植被繁茂，野猪、野鸡、马鹿、野骆驼等出没中的生动景象[16]。随着胡杨林等植被遭破坏，尤其是人类的捕杀，使野骆驼等动物渐趋灭迹。

罗布泊地区 19 世纪中叶以前，野骆驼数量还很多。若羌的猎户曾见过几十，甚至百余峰一群的野骆驼，有的老猎人一支枪曾射杀百余峰野骆驼。到 1876 年普尔热瓦尔斯基游历罗布泊时，有些地方野骆驼则大减。若羌附近有时一年也难遇到一峰野骆驼，也许在夏秋季节，猎户们幸运的可猎到五六峰。普氏最终还是得到了野骆驼等动物标本[1]。

19 世纪末 20 世纪初赫定考察罗布泊时，见过不少野骆驼，有的 10 多峰一群。赫定的图显示：楼兰遗址附近，从库鲁克塔格以南到罗布泊，罗布泊以东的盐碱地和疏勒河故道一带，罗布泊以南到阿尔金山北麓等地都是野骆驼分布较集中的地方[2]。

1959 年，石油勘察队员在罗布泊以东的盐碱地区还常见到成群或单独的野骆驼，并曾活捉、击毙野骆驼各 1 峰[19]。

陈汝国曾亲自参加了 1980 年中国科学院新疆分院夏季和 11 月两次组织的多学科综合考察，据他告知：在罗布泊地区见过野骆驼 10 余峰一群。疏勒河故道地下水较丰富，植物较多。夏季，红柳、罗布麻、芦苇等形成现今罗布泊地区唯一较大绿色带，与荒秃无盖的北山和库姆塔格沙漠形成了鲜明对照。不仅有飞鸟、野兔、狐狸、黄羊等动物，野骆驼更是这里真正的主人。考察队员曾多次望见数峰一群或孤独的野骆驼。可见疏勒河故道与罗布泊南侧既是罗布泊地区，也是现今中国野骆驼较集中之地。戛顺戈壁及罗布泊北岸只偶尔见到野骆驼的踪影。罗布泊以西的楼兰地区却未见野骆驼行迹，说明这些地区如今野骆驼很少了。

可见新疆野骆驼历史上曾分布很广，似以天山南路为主，罗布泊地区尤为重要。近百年来，天山北路野骆驼灭绝较早。天山南路野骆驼减少趋势大致是西早东迟，罗布泊地区亦然。新疆、青海、甘肃、宁夏、内蒙古等地野骆驼也主要是近百年逐渐被挤到荒漠地区去的。

三、历史时期野骆驼分布变迁的原因

因何历史时期野骆驼分布变迁如此巨大？

就栖居环境而论,野骆驼虽然是草原荒漠的野生动物,但那里的自然条件较严酷,环境变迁巨大,植被载畜量限制了野骆驼的数量。每当严重的旱蝗、暴风雪等灾害发生,都使野骆驼数量骤减。1世纪40年代,匈奴地区"连年旱蝗,赤地数千里,草木尽枯,人畜饥疫,死耗大半"[20]。1248年蒙古高原"是岁大旱,河水尽涸,野草自焚,牛马十死八九,人不聊生"①。面临如此严重的灾害,野骆驼同样难免厄运,或死,或逃;到水草茂盛处寻觅食物,又将遭豺狼、猞猁等天敌伤害。

以人类影响而言,开发利用自然资源是人类生存之需,也是历史进步的表现,但因人类长期的无知与忽视,造成不少地方生态失衡。随着生产发展、人口增加,垦殖、樵采、放牧、副业等需要,一些大小绿洲上的草木以及叶尔羌、塔里木、车尔臣等河岸的胡杨林相继被毁坏,生产场所替代了天然植被。近几十年来,人口增长更快,六七十年代以来,滥垦、滥樵、滥牧、滥挖药材等愈演愈烈,沿河的胡杨林,甚至荒漠中的梭梭等面积大大缩小。野骆驼等野生动物栖息地也愈来愈少[21~23]。野骆驼全身是宝,是人类捕杀的重要对象。人类活动的影响集中反映在地区开发上,内蒙古东部及河西走廊东部和中部开发都较早,人口增长较快,这一带野骆驼灭迹也较早;而罗布泊、安南坝、马鬃山及额济纳旗与蒙古交界地区,亚欧大陆荒漠的腹地,自然条件更为严酷,人类往往避而远之,这些地方受人类活动的影响较晚、较少,现在还有野骆驼分布。地质时期数百万年,野骆驼却一直大量广泛分布;而历史时期仅数千年,野骆驼就数量剧减,分布地区骤缩,濒临灭绝,更说明人类不仅直接威胁野骆驼生存(捕杀),而且产生间接伤害(破坏它们的生存环境),使它们趋向绝迹。

野骆驼的减少与生物间的相互制约有关,野骆驼缺乏积极的防御能力,难免天敌伤害它们。成熟的雌性野骆驼孕期长,繁殖力低,迅速恢复较大的种群比较困难。

历史时期野骆驼分布变迁之大,是环境变化、人类活动影响以及野骆驼自身弱点等综合作用,相互影响的结果,以人类活动的影响为甚。

四、结 语

综观我国历史时期野骆驼的分布变迁,我们有如下几点初步看法:

(1)历史时期野骆驼分布较广,在约占我国1/3的北部和西北地区。范围大致东起闪电河附近(约东经116°),西至叶尔羌河流域(约东经75°);南自兰州附近(北纬约36°),北达额尔齐斯河上游(北纬约48°)。仅数千年间,野骆驼的分布范围就骤缩至新疆东南、内蒙古西部、甘肃西部、青海西北几小块地区,仅存千余峰,并且情况还在恶化。残存的野骆驼以罗布泊地区疏勒河故道最为集中。1982年以来,已在甘肃阿克塞的安南坝和新疆若羌的阿尔金山分别建立了野骆驼自然保护区。

(2)野骆驼分布变化巨大,早期分布区连成一大片,后来逐渐缩小,现成为斑点状。野骆驼在东部消失先于西部,最后缩至荒漠深处。

(3)生态环境的变化、人类活动的影响与野骆驼特性等综合作用,相互影响,造成野骆驼分布古今迥异。

(4)野骆驼是世界珍兽,对研究骆驼起源和演化很有价值,又是研究我国草原荒漠地区环境变迁的标志动物之一,也是罕有的展览动物,我国已将其列为一类保护珍稀动物,挽救濒危的野骆驼刻不

---

① 《元史》卷2《定宗纪》。此外,《汉书·匈奴传上》,公元前71年匈奴奴隶主贵族奴役的附属部落乘机起来反抗,丁零攻其北,乌桓入其东,乌孙再击其西,匈奴人畜大损,加上大雪,牲畜冻死,人饿死的占3/10。

容缓！

（原载《湘潭大学自然科学学报》1990年第12卷第1期，本次发表时对个别文字作了改动）

参考文献

[1] Пржевалвский И М. От кулвджи за тянъ-шаиь и на лоъ-нор. Москва，1947

[2] Hedin S. Scientific results of a journey in Central Asia：1899～1902. Stokholm：Lithographic Institute of the General Staff of the Swedish Army，1905

[3] 黄冬元. 我国境内约有野生骆驼一千峰. 光明日报，1985-04-07

[4] 黄天祥. 不能只剩下人. 中国青年报，1989-03-02

[5] 科尔伯特 E H. 脊椎动物的进化：各时代脊椎动物的历史. 周明镇，等译. 北京：地质出版社，1969

[6] 中国脊椎动物化石手册编写组. 中国脊椎动物化石手册. 增订版. 北京：科学出版社，1979

[7] 史庆礼. 沙漠之舟. 化石，1979(1)

[8] 吴志清，孙炳亮. 山西和顺当城旧石器时代洞穴遗址群初步研究. 古人类学学报，1989，8(1)

[9] 野驼脂. 见：(宋)唐慎微. 重修政和经史证类备用本草. 卷18. 北京：人民卫生出版社，1957

[10] (元)柳贯. 上京纪行诗. 影印. 北平：故宫博物院图书馆，1930

[11] (元)白珽. 续演雅十诗. 见：湛渊遗稿. 扬州：江苏广陵古籍刻印社，1985

[12] 赫定 S. 亚洲腹地旅行社. 李述礼译. 上海：开明书店，1934

[13] 牧之. 沙漠之舟. 旅行家，1981(2)

[14] Finsch O. A letter on the supposed ecistence of the wild camel in Central Asia. London：Proceeding Zoo Society，1876

[15] 赵子允. 野骆驼生活的地方. 地理知识，1978(7)

[16] Певцов М В. Путешествие в кашгарию и кун-лунъ. Москва，1949

[17] Пржевальский Н М. Четвертое путешествие в центральной азии. 1888

[18] 赫定 S. 我的探险生涯. 孙仲宽译. 西北科学考察团，1933

[19] 李崇儒. 罗布诺尔见闻. 旅行家，1960(3)

[20] 南匈奴传. 见：(刘宋)范晔. 后汉书. 北京：中华书局，1965

[21] 文焕然，何业恒. 历史时期"三北"防护林区的森林. 河南师大学报(自然科学版)，1980(1)

[22] 宝音，陈必寿. 应大力保护沙区天然林. 光明日报，1979-09-13

[23] 黄冬元. 经科技人员航空观察和实地考察查明塔里木盆地有天然胡杨林二十八万公顷. 光明日报，1980-02-15

25 历史时期中国长臂猿分布的变迁

高耀亭　文焕然　何业恒

一、长臂猿的分类及其形态、生态

长臂猿属高等灵长类动物,它和猩猩、大猩猩、黑猩猩等统称为类人猿。它们的姿势为半直立。无尾,颜面部裸出,富表情。

长臂猿是树栖的类人猿,体型小而细长。身长44~88 cm,体重仅5~10 kg。前肢颇长,其前臂长于上臂,手掌亦颇长,超过足掌。若直立时,双手下垂几乎可及地面,故名长臂猿。其两臂伸开来,可达1.5 m左右。这是长臂猿形态上的最大特点,依此可区别于其他一切猿猴类。

长臂猿亦称臂行者,很少下到地面活动。它以钩形长手悬垂在树枝上,双臂交替作荡秋千状运动。单独一次荡越可移动3 m,若连续跨越行进,每次荡越的距离可达9 m。在行动中,长臂猿身手极其灵活,疾如飞鸟,是任何其他猿类所不及的。

长臂猿的另一特点是善于鸣叫,又具有呼应齐鸣的习性。它们的喉部具有囊状物,与喉头腔相通,作用有如鸣囊,用以扩大叫声。通常由10只左右的个体,组成类似家族式的小群。每日清晨常作集体大声鸣叫,音调清晰,高昂而响亮,震动山谷,据实地考察研究,云南省西双版纳黑长臂猿鸣声初为"hoo-hoo-hoo,hoo,hoo",且较稀疏,此起彼落。随后便交错嘈杂,此时整群的齐鸣声最大,最远可声闻于数千米外。每次鸣叫持续约10~20 min。在每天清晨朝雾消失前,约9时左右,每群长臂猿可齐鸣数次。每群的鸣声常从固定方位的山地高处传来。间或在傍晚前也有鸣叫的。但阴雨天气则保持沉默,全天不鸣叫[1]。

长臂猿的呼应鸣叫习性,既是群内互相联系的信息,也是对外显示本群存在的信号。

据Walker统计,在全世界范围内,长臂猿属(*Hylobates*)共有6种,均分布于亚洲东南部[2]。不同种类的长臂猿,毛色不尽相向。就是同一种内,由于性别和年龄的差异,也分别具有不同毛色。例如黑长臂猿,成年雄性全身黑色,头顶略显茸毛。成年雌猿通身淡金黄色,但头顶为黑色。其初生幼仔,不论性别,均为黑色。只有雌体可随年龄增长而蜕变成黄色,但头顶黑色保留不褪。

二、中国长臂猿的种类和现代分布

根据20世纪50年代以来多次的实地调查,并综合Allen[3]和寿振黄[4]等的记载,在我国云南、广东(包括现分出的海南省)等省的热带雨林和季雨林中,分布有3种长臂猿。

(1)黑长臂猿(*Hylobates concolor*)或称黑冠长臂猿　分布于云南南部和海南省。有2个地理亚种:

模式亚种（*Hylobates concolor concolor*）或称海南长臂猿，见于海南岛南部和五指山区，云南的无量山、景东彝族自治县和保山等地。其标本保存于中国科学院昆明动物研究所、广东省昆虫研究所、复旦大学、武汉大学生物系等。

云南亚种（*Hylobates concolor leucogenys*），见于云南西双版纳勐腊县一带，或称白颊长臂猿。雄猿通体黑色，面颊两旁各有一块白色毛，如白颊状。标本存于中国科学院动物研究所、中国科学院昆明动物研究所。

（2）白眉长臂猿（*Hylobates hoolock*）　分布于云南省腾冲县。雄性猿褐黑色或赤褐色，眼上有白色眉纹颇显著。标本存于中国科学院动物研究所、中国科学院昆明动物研究所。

（3）白掌长臂猿（*Hylobates lar*）　分布于云南省西南隅的孟连傣族拉祜族佤族自治县。前肢与后肢的掌部均生有白色毛。标本存于中国科学院昆明动物研究所。

我国各类古籍对长臂猿记叙颇多，可谓连篇累牍。面对众多的资料，我们几度严格筛选，切实按照上文所提及的鸣叫习性和形态、生态特点，只选取正确无误的长臂猿记载或显系亲自阅历的第一手资料。不仅剔除掉疑似其他猿类的记叙，甚至对"长臂善啸"之类的不完善记叙，也暂作为可能是长臂猿看待，以待今后更进一步探讨。

我们初步整理的历史文献和地方志等，可上溯至 4 世纪的晋朝，距今约 1 600 年。发现我国长臂猿的分布，北达长江三峡地区。与现今分布对比，其变迁是颇为巨大的（图 25.1 和表 25.1），几乎从长江以南的南中国退居于南部边缘。本文对揭示自然资源和重要动物资源的历史性消退问题、保护问题，以及对我国西南部地区生态环境的历史变迁，都具有一定的参考意义。

三、古代长江三峡一带的长臂猿

长江三峡是指从重庆市奉节县[①]至湖北省宜昌县（今市）的高山深谷地区。长江切穿巴山山系的巫山山地，形成瞿塘峡、巫峡和西陵峡三个大峡谷。这里，两岸绵延峭壁，江水急流迂曲。特别是对三峡猿声的记叙，在古人的各类文字中极多。现节录突出的代表性作品如下。

《水经注》一书是我国古代经典性科学著作，作者郦道元（466 或 472？～527 年）专程访问过三峡。他在《水经注》一书内写出三峡一节，曾引述前代 4 世纪下半期至 5 世纪上半期的两篇名著。

其一，晋袁山松《宜都山川记》[②]：

> 自黄牛滩东入西陵界……两岸高山重嶂……林木高茂，略尽冬春，猿鸣至清，山谷传响，泠泠不绝，所谓三峡此其一也。

其二，南朝宋盛弘之《荆州记》[③]：

> 三峡七百里中，两岸连山，略无阙处，重岩叠嶂，隐天蔽日……有时朝发白帝，暮到江陵，其间一千二百里，虽乘奔御风，不以疾也。……每至晴初霜旦，林寒涧肃，常有高猿长啸，属引凄异，空

[①] 1997 年重庆直辖后奉节归属重庆直辖市。——选编者（2006 年）
[②] 《晋书》卷 83《袁松山传》称袁卒于晋隆安五年（401 年），可见其所著《宜都山川记》（已佚）应在公元 4 世纪下半期。
[③] 南朝宋盛弘之在荆州做官多年，《荆州记》写于公元 432～439 年。

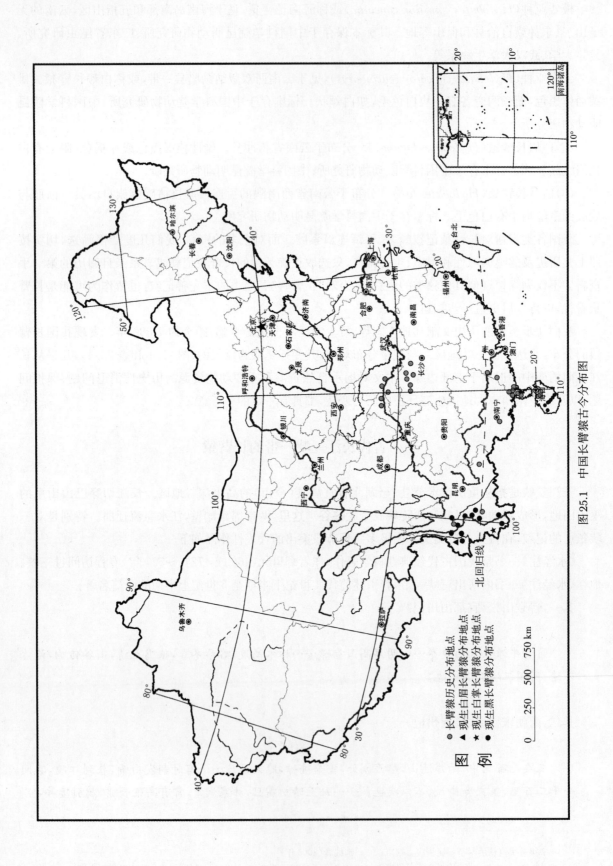

图 25.1 中国长臂猿古今分布图

图
例

● 长臂猿历史分布地点
▲ 现生白眉长臂猿分布地点
★ 现生白掌长臂猿分布地点
● 现生黑长臂猿分布地点

北回归线

0 250 500 750 km

表 25.1 "我国长臂猿古今分布图"所示地点一览

地 区	历史分布地点	现存地点
湖 北	宜昌市、秭归县、巴东县	
湖 南	大庸市(今张家界市)、慈利县、安乡县、澧县、临澧县、石门县	
广 东	封开县、罗定县(今罗定市)、茂名市、高州县(今高州市)、电白县、廉江县(今廉江市)	
广 西	南宁市、横县	
海 南	琼山县(今海口市区)、文昌县(今文昌市)、五指山市、东方市、定安县、白沙县、陵水县、保亭县	五指山市、东方县(今东方市)、白沙县、陵水县、保亭县
重 庆	巫山县、奉节县	
云 南	元江哈尼族彝族傣族自治县、保山市(今保山市隆阳区)、施甸县、腾冲县、龙陵县、昌宁县、普洱县、景东彝族自治县、景谷傣族彝族自治县、镇沅彝族哈尼族拉祜族自治县、孟连傣族拉祜族自治县、凤庆县、南涧彝族自治县、广南县、景洪县(今景洪市)、勐海县、勐腊县	元江哈尼族彝族傣族自治县、保山市(今保山市隆阳区)、施甸县、腾冲县、龙陵县、昌宁县、景东彝族自治县、景谷傣族彝族自治县、镇沅彝族哈尼族拉祜族自治县、孟连傣族拉祜族自治县、南涧彝族自治县、景洪县(今景洪市)、勐海县、勐腊县

岫传响,哀转久绝,故渔者歌曰:"巴东三峡巫峡长,猿鸣三声泪沾裳"。

唐开元十三年(725 年)李白从白帝城到江陵,作《早发白帝城》[5],千古传诵:

> 朝辞白帝采(彩)云间,千里江陵一日还。
> 两岸猿声啼不住,轻舟已过万重山。

唐刘禹锡经过三峡到夔州,于公元 882 年作《竹枝词九篇·第八篇》[6]:

> 巫峡苍苍烟树时,清猿啼在最高枝。
> 笥里愁人肠自断,由来不是此声悲。

宋范成大赴四川成都,过三峡,在八场坪,1174 年作《八场坪闲猿》[7]:

> 清猿泠泠鸣玉箫,三声两声高树梢。
> 子母联拳传枝去,忽作衰厉长鸣号。

宋徐照《猿皮》[8]:

> 路逢巴客卖猿皮,一片蒙茸似黑丝。
> 常向小窗铺坐处,却思空谷听啼时。

上述文献表明,猿啼的时间为清晨,猿啼的地点为长"七百里"的三峡。啼声为山谷传响,哀转久绝。

条件为乘船顺流而下。另外,渔歌可证明历来三峡地区存在着猿啼。

我们所引用的诗文,首先着重在古文献记叙基础上所起的补充作用,着眼于其字面的写实性。例如,刘禹锡正确地说明猿声不悲,从而能更正存在于大量记叙文中的所谓猿啼是悲声的传奇色彩。范成大指出啼猿的飞跃树枝间的活动方式。徐照的黑色猿皮的毛色等均有着亲自耳闻目睹的事实基础。至于李白的名句,更是纪实性的航行三峡一日记,是对《荆州记》一文概括性的再现。

从上文记叙的情况看,啼猿何以被认为是长臂猿呢?我们认为当时三峡地区,一定也栖息着其他猿猴类。但三峡崖陡水急,除长臂猿以外,没有任何其他种类的猿啼声,能盖过舟行峡谷的急流水声。在滩险水喧声中,只有长臂猿的呼应性齐鸣,才能成为当时航行三峡地区听猿啼的一大特色。所以三峡的著名啼猿应是长臂猿,此其一。

其二,紧接长江三峡地区的湖南省西北部,曾分布有长臂猿。具体地点为今安乡、澧县、临澧、石门、慈利和张家界等地,清朝时为澧州所辖范围。

乾隆十五年(1750年)《直隶澧州志林·食货志·物产》载:"猿,似猴而大,有青、白、玄、黄、绯数种。长臂通膊,善攀缘……好群处茂木间。……一鸣三声,啼数声,众猿腾掷。……臂骨作笛,甚清亮。"另同治七年(1868年)《澧州直隶志》,同治十一年(1872年)《石门县志》和《续修永定县志》都有同样记载。

这里所记的啼声与众猿情况,应属长臂猿。用臂骨作笛,可见其臂颇长。另诸志中,同治《澧州直隶志·景物·永定县(今大庸县)》载:"县北五十里最多猿,舟过其下,啼声数十里不绝,有发白帝趋江陵之概。"

最后,从环境、植被条件看。三峡是著名的高山深谷地区,谷地气温较高,适于长臂猿栖息。从重庆奉节、巫山到湖北的兴山一带,属于巴山老林的一部分,林木高茂。由于森林的屡遭破坏,邻近地区森林面积缩小。食料来源和栖息条件的恶化,致使长臂猿的种群数量减少,因而趋向灭绝或被迫迁离。

关于三峡长臂猿啼叫的文字记载,约从公元4世纪,晋朝《女儿子》[9]起,到16世纪,何宇度《益部谈资》卷下:"未闻啼声"[10]为止。也可能在12世纪的宋代,这一带的长臂猿已渐趋灭绝。

三峡地区的长臂猿在历史分布上,可能属于断裂分布。与当时南部栖居有长臂猿的诸省,可能并不一定存在着连续分布。从已有记载看,三峡的种群,栖居在巴山和长江河谷区——三峡。湘西北者,栖居在澧水河谷及其上游山地。类似这样历史上断裂分布的现象,在今天,无论从猿猴类和三峡地区来看,均存在着类似的现象。

例如,猕猴(*Macaca mulatta*),直至20世纪50年代后,仍孤立分布于北京东北的河北省兴隆县,与豫北、晋南的猕猴呈现着断裂分布。在三峡地区,最近发现椰子狸(*Paradoxurus hermaphroditus*)独栖于重庆东部的三峡河谷,与广东、广西、云南各省的椰子狸呈现长距离断裂分布。

四、广东、广西、海南、云南等省的长臂猿

广东省高州、电白、茂名等市县:唐段公路《北户录》卷1载:

公路咸通十年(869年)往高凉(治今高州县东北)次青山镇。其山多猿……啼数声,则众猿叫啸腾掷,如相去呼焉,……愚因召猎者扑而养之,目为巴儿,极驯不贪食。于树杪(梢)间,呼之则至,但臂长,身不便于行,未见通膊者也。

这是一段较早记载广东长臂猿的文字。通过饲养观察,有力说明长臂猿虽被称做通臂猿,仅仅是形容其臂长的不确切名称,段公路早已明确指出长臂猿的两臂不相通。

广东省封开县:县内封川镇为明、清时的封川县。清屈大均《广东新语》卷21《兽部·猿》载:

> 封川之北三十里有猿岭,多猿……或云,纯黑者雄,金丝者雌,雄能啸,雌不能……

说明在17世纪末,封川一带曾有长臂猿。

广东省罗定县、廉江县:清时分别为罗定州和石城县。清康熙年间(1662～1723年)吴震方《岭南杂记》卷下:

> 乌猿出罗定州及石城……短身,长臂,臂长于身。……余携归畜之……有黑身白眉者,有连鬓白者……好居树上,跳越如飞,捕之者逐使下地,在无树木之处,则束手受缚矣。

这一记载是亲自饲养的经历,系重要资料,连鬓白者是黑长臂猿的云南亚种,说明这一亚种的分布较广泛。黑身白眉者为白眉长臂猿,在现在动物学资料中,白眉长臂猿只见于云南省,且数量稀少。由此可见,在18世纪以前,广东不仅有长臂猿分布,并且种类亦多。其消退则始于18世纪之后。

海南省:现今海南长臂猿仅残存于海南岛南部和五指山深山区。但在19世纪50年代以前,曾分布较广。

清康熙三十年(1691年)《定安县志》及《琼山县志》(1747年)、《琼州县志》(1774年)、《陵水县志》(1792年)、《文昌县志》(1858年)等均有记载海南的长臂猿。

《琼州府(辖今海南省)志》卷1下《舆地志·物产》引《桂海虞衡志》:"猿有3种,金丝者黄,玉面者黑,纯黑者面亦黑。金丝、玉面皆难得。"这里所说的3种猿,都是一种海南长臂猿,实际上为性别、年龄的毛色差异。纯黑者为成年的雄猿,金丝者为成年的雌猿,玉面黑者为猿之幼体或半成体。

黑长臂猿的每一群体,一般只存有一只成年雌猿。多数个体为雄猿。其中幼体或半成年雌性数量极少。

由于海南岛北部开发较早,森林面积减少较快。晚近,南部的垦殖活动加强。因此,海南长臂猿现仅少量残存在深山区天然林中。

广西壮族自治区横县:明清时期称横州,地处十万大山东北,当时有不少文献记载这一带出产长臂猿。例如,明朝郎英1566年前的《七修类稿》卷43《事物类·鹿猿》:"又我友王济为横州判官时,朝命取猿。因知猿无通臂者,小皆黑色,而雌久则变苍……"

另清乾隆《横州志》卷6《户产志·物产》亦记有长臂猿分布。

广西南宁市以南的左、右江流域:南宋末年《建武志》载建武军(治所在今南宁市南)土产:

> 猿有三种,金丝者黄,玉面者黑,纯黑者面亦黑。……或云纯黑者雄,金钱者雌,又云雄能啸,雌不能也。……猿性不耐着地……登木好以两臂攀枝上,不甚用足,终日累累然,两江溪洞俱有之[11]。

亦记载有长臂猿形态、生态及分布地区。

云南省:广西府(治今泸西县)、广南府(治今广南县)、元江府(治今元江哈尼族彝族傣族自治县)、普洱府(治今普洱哈尼族彝族自治县)、顺宁府(治今凤庆县)、龙陵县等地的府、县志^①，均简略记载有玉面猿等。有待今后进一步深入研究。

此外，尚见有"长臂善啸者"等记载，疑似长臂猿，亦需进一步深入探讨。其记载的分布地区是：

浙江省安吉县、天目山一带：明万历二年(1574年)《安吉州志·物产》有所记载。

福建省福州市：清乾隆三年(1738年)《福建通志》卷10《物产·福州府》有所记载。

台湾省彰化县：清道光十四年(1834年)《彰化县志》卷10《物产志·毛之属》有所记载。

五、结　语

综观上述，关于我国长臂猿的分布，在历史文献记载上，约从4世纪的晋朝开始。当时分布的北界为长江三峡地区，甚至包括湖南省西北部。以后，长臂猿的分布北界逐渐南移至广东、广西省(区)的十万大山和云开大山一带。在清朝以前(约18世纪以前)，云南和两广地区可能连续分布有白眉长臂猿和黑长臂猿。现在它们的分布则仅见于海南省和云南省南缘，在分布地区上已大大缩小。

长臂猿的变迁主要与原始森林的逐步遭受破坏，以及宋朝时期气候由暖变冷[12]有关。长臂猿对森林有着很大的依赖性，森林不仅是它们的栖息场所，而且是向它们提供浆果、树枝芽等食料的来源。森林的砍伐使长臂猿失去赖以生存的条件，以致分布范围逐渐向南缩小。

20世纪50年代以来，长臂猿虽早已被列为国家一类保护动物，但随着人们对热带雨林、季雨林的开发，加剧了它的历史消退趋势。例如海南省东方县，在50年代仍有长臂猿500多只[13]；至80年代时，经多次普查仅见2只。

云南省西双版纳勐腊县一带，1958年笔者在县城中心时，每日清晨都能听到从附近几个方位传来的长臂猿鸣声。到70年代后期，笔者重返勐腊，据了解全县仅残存少数零散个体，早已难听见它们鸣叫。

我们从历史角度，结合新中国成立后的多次调查，以古为今用的原则，企图说明我国长臂猿从历史记载上的消退。今天，我国长臂猿已成为濒危种，即濒临绝种危险的种类。著名资源动物长臂猿的存在，标志着它所占据的热带森林的原貌保存较好，特别是热带乔木的大面积的丰富存在。濒危种长臂猿的现况，表明我国南缘热带野生动、植物区系正经历着较快、较大的变化。

我们建议：今后应切实抓好西双版纳勐腊、勐伦和勐养3个自然保护区和海南省坝王岭自然保护区的工作，以保护和挽救我国热带动植物区系和珍贵动物资源，有力地阻止住这种历史性的消退现象。

(原载《动物学研究》1981年第2卷第1期，本次发表时对个别内容作了校订)

参考文献

[1] 高耀亭,等. 云南西双版纳兽类调查报告. 动物学报,1962(14)

[2] Walker E R. Mammals of the world. 1964

[3] Allen G M. The mammals of China and Mongolia. 1938

---

① 见：清康熙五十三年(1714年)《广西府志》,清康熙五十一年(1712年)《广南府志》,清康熙五十一年(1712年)《元江府志》,清光绪二十五年(1899年)《普洱府志》,清雍正三年(1725年)《顺宁府志》,清乾隆二十六年(1761年)《顺宁府志》,清光绪三十年(1904年)《顺宁府志》,民国六年(1917年)《龙陵县志》。

［4］寿振黄,等.中国经济动物态:兽类.北京:科学出版社,1962

［5］(唐)李白.李太白全集.(清)王琦辑注.卷22.北京:中华书局,1977

［6］(唐)刘禹锡.刘禹锡集.卷27.上海:上海人民出版社,1975

［7］(宋)范成大.范石湖诗集.卷15.上海:商务印书馆,1937

［8］(清)陈梦雷,等编.图书集成.博物汇编.禽虫典.卷85.上海:中华书店,1934

［9］(晋)无名氏.女儿子.见:(宋)郭茂倩.乐府诗集.卷49

［10］(明)何宇度.益部谈资.上海:商务印书馆,1936

［11］土产.见:(明)解缙,等编辑.永乐大典.卷8507.宁字.南宁府.北京:中华书局,1960

［12］竺可桢.中国近五千年来气候变迁的初步研究.中国科学,1973(2)

［13］保护野生珍贵动物:东方县黑冠长臂猿濒于绝种.人民日报,1980-01-06

附录

Appendix

王 念 绘

A | 现存鳄类与扬子鳄盛衰

文榕生

一、硕果仅存的珍品

我国历史上曾有 3 种现生鳄——扬子鳄、湾鳄和马来鳄，延续至今的仅扬子鳄[1~3]。扬子鳄既是全球现存 23 种鳄类（表 A1）中数量最少的物种，又是仅处亚热带的两种淡水鳄之一（另一为密河鳄，分布于北美洲）。鳄类是中生代曾不可一世的恐龙类近亲，沧桑巨变，它闯过无数劫难，"硕果"仅存，故其在动物演化史和学术上都有重要意义。

表 A1　现存世界鳄类概况　（据 James Perran Ross 编 *Crocodiles* 修改）

序号	鳄鱼名称	地理分布	体长/m
1	密河鳄（美洲鳄，短吻鳄） *Alligator mississipiensis* Mississipi Alligator	美国东南部。北卡罗莱纳、俄克拉何马东南、得克萨斯至佛罗里达的密西西比河流域	5.0
2	扬子鳄（鼍） *Alligator sinensis* Chinese Alligator	中国东中部偏南。安徽省黄山山系以北的皖南丘陵地带、沿江平原及苏浙皖 3 省交界处	1.5~2.0
3	环纹凯门鳄（南美眼镜鳄） *Caiman crocodilus* Common Caiman	中、南美洲。巴西、哥伦比亚、哥斯达黎加、厄瓜多尔、萨尔瓦多、法属圭亚那、圭亚那、危地马拉、洪都拉斯、墨西哥、尼加拉瓜、巴拿马、秘鲁、苏里南、特立尼达和多巴哥、委内瑞拉	2.8
4	宽吻凯门鳄（宽吻眼镜鳄，南美短吻鳄） *Caiman latirostris* Broad-nosed Caiman	南美中南部。巴西东部圣弗兰西斯科河至巴拉圭和阿根廷东北部巴拉圭河与巴拉那河	2.3~3.0
5	亚卡雷凯门鳄（巴拉圭眼镜鳄） *Caiman yacare* Yacare	南美中部。巴西南部巴拉圭河上、中游，玻利维亚、巴拉圭一带	2.5
6	大黑凯门鳄（黑鳄） *Melanosuchus niger* Black Caiman	南美北部。秘鲁、玻利维亚、巴西、哥伦比亚东部、委内瑞拉、圭亚那的亚马逊河流域	6.0
7	盾吻南美鳄 *Paleosuchus palpebrosus* Dwarf Caiman	中、南美洲。玻利维亚、巴西、哥伦比亚、厄瓜多尔、法属圭亚那、圭亚那、巴拉圭、秘鲁、苏里南、委内瑞拉	1.8

续表

序号	鳄鱼名称	地理分布	体长/m
8	锥吻南美鳄 *Paleosuchus trigonatus* Smooth-fronted Caiman	中、南美洲。玻利维亚、巴西、哥伦比亚、厄瓜多尔、法属圭亚那、圭亚那、秘鲁、苏里南、委内瑞拉	2.3
9	美洲鳄(窄吻鳄) *Crocodylus acutus* American Crocodile	中、南美部分地区及加勒比地区。美国佛罗里达和墨西哥南部,经中美洲到南美洲哥伦比亚、委内瑞拉沿海岸,西印度群岛古巴和牙买加	4.6
10	尖吻鳄(非洲窄吻鳄) *Crocodylus cataphractus* African Slender-snouted Crocodile	非洲中、西部。西非塞内加尔河、尼日尔河、刚果河流域,东非坦桑尼亚的坦噶尼喀湖	4.0
11	中介鳄(奥里诺科河鳄) *Crocodylus intermedius* Orinoco Crocodile	南美洲奥里诺科河流域。哥伦比亚东部和委内瑞拉的奥里诺科河一带	6.0
12	澳洲鳄(澳大利亚鳄) *Crocodylus johnsoni* Australian Freshwater Crocodile	澳大利亚。澳大利亚北部河流	3.0~4.0
13	菲律宾鳄 *Crocodylus mindorensis* Philippines Crocodile	菲律宾。菲律宾的吕宋岛、民都洛岛及棉兰老岛	3.0
14	佩藤鳄(毛氏鳄,墨西哥鳄) *Crocodylus moreletii* Morelet's Crocodile	中美洲。墨西哥经尤卡坦半岛到危地马拉和洪都拉斯一带	3.0
15	尼罗鳄 *Crocodylus niloticus* Nile Crocodile	非洲。除撒哈拉沙漠外,非洲大部地区	5.0
16	伊里安鳄(新几内亚鳄) *Crocodylus novaeguineae* New Guinea Crocodile	亚洲南部。巴布亚新几内亚及印尼伊里安岛	3.5
17	恒河鳄(泽鳄) *Crocodylus palustris* Mugger	亚洲南部。尼泊尔、印度、巴基斯坦、伊朗、斯里兰卡低地与平原	6.0~7.0
18	湾鳄 *Crocodylus porosus* Estuarine Crocodile	东南亚。印度东海岸往南到南亚半岛南端、斯里兰卡、中南半岛(除越南)海岸,马来半岛及马来群岛、巽他群岛、菲律宾群岛、马鲁古群岛,直到巴布亚新几内亚、澳大利亚北部海岸、所罗门群岛和斐济群岛	6.0~10.0
19	菱斑鳄(古巴鳄) *Crocodylus rhombifer* Cuban Crocodile	古巴。古巴中部沼泽地带	3.5
20	暹罗鳄(泰国鳄) *Crocodylus siamensis* Siamese Crocodile	东南亚。泰国中部、柬埔寨、马来半岛北部	4.0
21	短吻鳄(侏鳄,刚果骨喉鳄) *Osteolaemus tetraspis* African Dwarf Crocodile	非洲中、西部。撒哈拉南部、刚果河西北部	2.0
22	马来鳄 *Tomistoma schlegelii* False Gharial	东南亚。越南、马来半岛、苏门答腊、加里曼丹一带	6.0~7.0
23	印度食鱼鳄(恒河鳄,食鱼鳄) *Gavialis gangeticus* Gharial	亚洲南部。尼泊尔、印度、巴基斯坦、孟加拉的印度河、曼亨那底河、恒河、布拉马普特拉河及卡拉顿河一带	6.0

扬子鳄之珍稀,不仅因其为我国特有物种,还由于其濒危程度甚至超过大熊猫。它现仅分布在长江南岸与安徽省黄山山系以北的皖南丘陵地带、沿江平原及苏浙皖交界一带(北纬30.5°~31.5°、东经117.5°~120°)的较小范围内,呈点状分布;20世纪80年代初,经数次考察、调查统计及卫星遥感数据分析,野生种群仅残存约500条[4];1972年即被列为国家一级保护动物。

二、古今沧桑的巨变

自白垩纪迄今,鳄类演化成扬子鳄的遗存仅在中国发现[3],证明曾在北纬18°~44°、东经87°~122°(即东起上海和余姚,西达准噶尔盆地南缘呼图壁;南自儋州,北止呼图壁)分布;文献记载比起遗存,其分布范围有所缩小,但仍较今兴盛得多;现今,其分布范围大大缩小,仅限于苏浙皖等部分地区(图A1和表A2)[1~3,5,6]。

可见历史时期扬子鳄分布北界变迁为:距今6 000年以前在北纬37°,距今3 500年以前在北纬35°,距今2 000年以前在北纬33°,距今1 000年以前在北纬32°,现今在北纬31.5°,呈现南移趋势(平均每千年南移0.9°)。

三、生态与环境的影响

科学家推断,新生代至中更新世温暖气候,鼍属得以经白令陆桥从北美传播到东亚;随后大幅度降温,白令陆桥又一次断开,东亚与北美演变成两个不同的生物地理区,鼍属长期隔离太平洋两岸无缘交流而演变成完全不同的物种——扬子鳄和密河鳄[7]。扬子鳄舌腺保存排泄氯化钠功能[8],也表明其并非原生于淡水环境的物种。

扬子鳄经长期演化已特化,是水陆两栖型爬行动物。它爬行时像似笨拙,但捕食动作极其迅猛、果断;耐饥性较强,蛰伏时深居洞穴,双目紧闭,爬伏不动。较强的适应能力使其分布较广。而变温性使它对外界气温十分敏感,以至关系到其生存、发育、繁衍(孵化时2~3 ℃的温差甚至是决定雏鳄性别的关键)[9],只有适宜的温度环境才能使它栖息、繁衍。

冬眠既是扬子鳄保存体能,避开寒冷、饥饿、疾病等不利环境的自救方式,也是其性腺发育的重要阶段。但其对温度降低程度与持续长度又有一定的适应范围(这还关系到其耐受能力、营养补充等),否则,将迫使它们改变分布。我国近8 000年来冬半年气候变迁呈现阶段性由暖转冷趋势,与扬子鳄的分布北界不断南移是吻合的。

历史上,我国闽粤桂琼等地曾有野生湾鳄和马来鳄分布[10],现今它们的野生种在我国已灭绝,分布北界都南移至东南亚等地。

古人早已认识并善于利用扬子鳄。考古发现了7 000年前先民食用扬子鳄的遗弃物,结合从《礼记》《本草图经》《埤雅》到《本草纲目》等食用和药用记载,反映捕食扬子鳄之久远;商周彝器上鼍甲变形的"龙纹"与写实的鼍状"龙"[11],是先民喜见的扬子鳄的形象;襄汾龙山文化墓地及安阳等地多件鼍鼓出土,反映4 300年前先民食鳄肉之余用其皮革蒙鼓,从西周《诗经·灵台》《夏小正·王会》《庄子·达生》《山海经·中山经》《吕氏春秋·季夏纪》《史记·李斯列传》直至宋代《通志略》等,记载了鼍鼓这一古乐器的史实。

人类捕杀扬子鳄,或掘穴挖取,或沸汤灌烫,或以饵钓捕,或专设吊弓等。明初,朱元璋更荒唐地将扬子鳄(亦称猪婆龙)与其姓氏相联系,以辱没罪剿灭之,更使江浙,尤其南京地区的扬子鳄惨遭灭顶之灾。动物园、博物馆等竞购扬子鳄作为珍品,更使已稀少的扬子鳄雪上加霜。

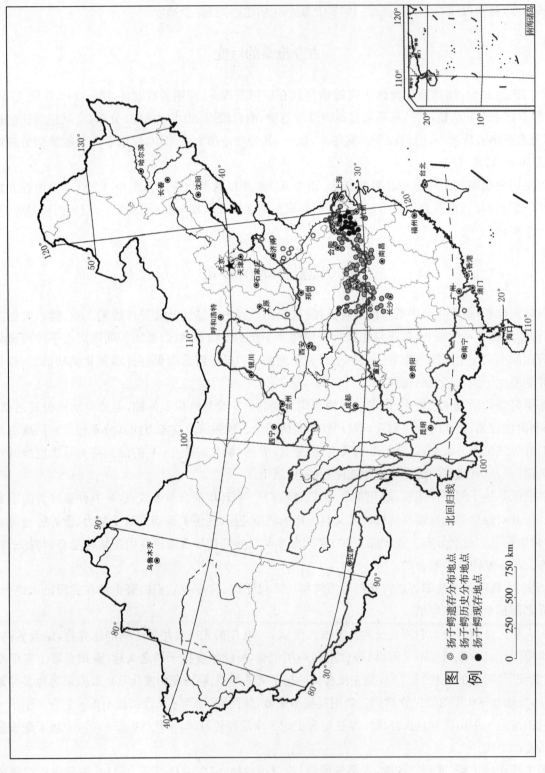

图A1 历史时期扬子鳄分布变迁图

表 A2　扬子鳄古今分布地点一览表

地　区	遗存分布地点	历史分布地点	现存地点
河　北		邢台市	
山　西	襄汾县	石楼县	
内蒙古	乌审旗		
上　海	闵行区		
江　苏	南京市、泗洪县	南京市、高淳县、扬州市、镇江市、镇江市丹徒区、丹阳市、常州市、常州市武进区、金坛市、溧阳市、无锡市、宜兴市、苏州市	溧阳市、宜兴市
浙　江	余姚市	建德市、湖州市、长兴县、德清县、安吉县、绍兴市越城区	湖州市、长兴县、安吉县
安　徽	怀宁县、和县	合肥市、马鞍山市、当涂县、芜湖市、繁昌县、南陵县、安庆市、太湖县、宿松县、望江县、舒城县、巢湖市居巢区、庐江县、无为县、和县、池州市贵池区、石台县、青阳县、宣城市宣州区、宁国市、郎溪县、广德县、泾县	马鞍山市、当涂县、芜湖市、南陵县、宣城市宣州区、宁国市、郎溪县、广德县、泾县
江　西		九江市、瑞昌市、德安县、星子县、都昌县、湖口县、彭泽县	
山　东	广饶县、临朐县、枣庄市、滕州市、兖州市、汶上县、泗水县、泰安市	曲阜市、梁山县	
河　南	安阳市、舞阳县	郑州市、安阳市、内黄县、开封市	
湖　北		武汉市、武汉市黄陂区、武汉市新洲区、宜城市、南漳县、荆门市、钟祥市、京山县、孝感市孝南区、应城市、孝昌县、云梦县、黄冈市黄州区、麻城市、武穴市、红安县、罗田县、浠水县、蕲春县、黄梅县、大冶市、咸宁市咸安区、赤壁市、荆州市、石首市、洪湖市、松滋市、公安县、监利县、枝江市、当阳市、远安县、仙桃市、天门市、潜江市	
湖　南		长沙市、常德市、汉寿县、澧县、桃源县、石门县、岳阳市、临湘市、华容县、湘阴县	
广　东	南雄市、罗定市		
广　西	都安县		
海　南	儋州市		
陕　西		西安市、户县	
新　疆	呼图壁县		

扬子鳄栖居于气候温和、植被繁茂的水旁,形成植物→动物→无机物→植物→动物……良性循环的生物链,并保持生态平衡。扬子鳄曾主要分布在黄河中下游、淮河流域、长江中下游一带。人口增长,地区开发范围扩展和开发力度加大,打破了其栖息平静。尤其是西晋末年、唐中期和宋金之际的3次黄河流域向长江流域大规模移民(强度分别达到90万人,650万人和1 000万人)[12,13],加速了江南的开发。人口剧增,土地问题更为尖锐突出。南宋时开荒和围湖造田规模空前,引起连锁反应,加速了天然植被的破坏,加重了对扬子鳄生存的危害。明清以来,我国人口直线上升,20世纪后半叶人口增长速度更甚,人与扬子鳄等野生动物之间争夺空间、资源、环境等愈演愈烈。历史上河漫滩荒地鳄吼蛙鸣般此伏彼起,被农田和村庄取代之后,它们便销声匿迹了。大规模使用农药,不仅伤害小动物而且断绝了扬子鳄的食物来源,更直接毒害扬子鳄,使之难以幸免。

特化,使扬子鳄只能适应一定的生态环境。如果说气候变化与人类破坏生态环境对特化的扬子鳄还只是间接危害,那么乱捕滥杀则直接陷扬子鳄于灭顶之灾。正是由于内外因素的综合作用,造成扬子鳄由兴盛走向衰败。

四、柳暗花明又一村

生物多样性可持续发展的核心在于保护与合理利用生物资源,而无节制地乱捕滥杀动物与呵护有加地任其发展,都是片面的、不可取的做法,最终都将走向其反面。

古人捕杀扬子鳄时,就注意到保护它,反映在《荀子·王制篇》:"圣王之制也,鼋鼍鱼鳖孕别之时,网罟毒药不入其泽,不夭其生,不绝其长也。"当时人口稀少,捕鳄有限,并有所选择;特别是扬子鳄被尊为"土龙"而顶礼膜拜,人们捕杀有所顾忌,还要将其放生;加之扬子鳄产卵多,繁殖能力较强,使这一物种得以延续。

清初实行退耕还牧,天然植被有所恢复,曾使扬子鳄栖息地扩大,种群数量有所回升。

20世纪80年代以来,我国对扬子鳄采取了多种保护举措。人们保护珍稀野生动物的意识日益增强,科研工作取得了积极成效,仅安徽省扬子鳄繁殖研究中心的种群现已发展到7 000余条,年繁育幼鳄2 000多条并进行"计划生育",1992年人工繁殖的子二代扬子鳄获准进行商业化运作。

扬子鳄在短期内由极度濒危转向商品开发、综合利用,走出了一条积极保护、合理开发利用珍稀野生动物的成功之路。

参 考 文 献

[1] 文焕然,黄祝坚,何业恒,等.试论扬子鳄的地理变迁.湘潭大学学报(自然科学版),1981(1):1~12

[2] 文焕然.中国扬子鳄历史变迁图文字说明.见:中国自然保护地图集.北京:科学出版社,1989

[3] 张孟闻,等.中国动物志:爬行纲.第1卷 总论、龟鳖目、鳄形目.北京:科学出版社,1998

[4] 陈壁辉.扬子鳄现状.动物学杂志,1986(6):34~36

[5] 谭其骧.云梦与云梦泽.见:中国科学技术文库:院士卷.3.北京:科学技术文献出版社,1998

[6] 文焕然,文榕生.中国历史时期冬半年气候冷暖变迁.北京:科学出版社,1996

[7] 徐钦琦,黄祝坚.试论晚白垩纪以来气候、地理等因素的变化对鼍类的进化及地理分布等影响.古脊椎动物学报,1984(1):49~53

[8] 陈壁辉,等.扬子鳄(*Alligator sinensis*)的舌腺.动物学报,1989,35(1):28~32

[9] 汪仁平,等.扬子鳄生活习性与环境温度的关系.动物学杂志,1998,33(2):32~35

［10］文焕然,何业恒,黄祝坚,等.历史时期中国马来鳄分布的变迁及其原因的初步研究.华东师大学报(自然科学版),
　　　　1980(3):109~121

［11］容庚.商周彝器通考.北平:哈佛燕京学社,1941

［12］谭其骧.永嘉丧乱后之民族迁从.燕京学报,1934(15)

［13］邹逸麟.关于加强人地关系历史研究的思考.光明日报,1998-11-06(7)

B 历史时期中国野生麝的分布变迁[①]

文榕生

一、引 言

麝(*Moschus*)是东亚地区特有的野生动物,它不仅具有很高的经济价值,而且在物种演化史上也具有特殊意义。

据研究,麝是在渐新世到中新世后期,由分布于欧洲的欧鹿(*Dremotherium*)演化而来的并保持着原始形态——体型小,头骨上没有角,上犬齿发达形成獠牙[1~3]。我国已发现上新世以来多处不同地质时代的麝化石,历史时期的麝更分布于全国各大区范围不等,现代我国麝的分布区域范围与种群数量仍然居于亚洲之首。因而,从某种意义上也可以说,麝是中国原产并延续至今的特有动物。

二、麝的特征与不同称谓

麝是偶蹄类鹿科动物。最显著的特征是:雄麝,有发达的上犬齿,呈獠牙伸出唇外;腹部的脐与生殖孔之间有麝香腺囊,在发情期特别发达。

麝有多种不同的称谓,仅见文献中记载就有:獐、麝父、香獐、土麝、麝鹿、香狍子、香驴、山驴子、香包子、香子、麝羊、香羊、野羊、石羊及拉瓦(藏语)、乌支克(满语)、勒(彝族称林麝)、贡拉(藏族称马麝)、呼德日(蒙族称原麝)等。

三、历史时期的麝类分布

在自然环境中栖息的野麝仅在亚洲东部的俄罗斯、蒙古、朝鲜、中国、阿富汗、印度、巴基斯坦、尼泊尔、锡金(今印度共和国锡金邦)、不丹、缅甸、越南等国有所分布,以中国占绝对优势。

东北、华北、中南、西南不少地点发现麝化石(图 B1)可以证明,历史时期我国麝曾十分兴盛。

大量的文献中有关于麝的记载,更生动地反映出麝在我国的兴衰(图 B2 和表 B1)。

四、麝类的分布变迁

古往今来,麝的生理形态相对稳定,适应能力较强。历史上麝在我国的分布为:西起东经 79°48′(西

---

① 与本文相关的更详细的论述将刊于上海科技教育出版社《中国重点保护野生动物研究丛书》之一《麝研究》。

图 B1　麝化石分布图

藏札达),东至东经 130°42′(黑龙江桦川);北自北纬 53°00′(黑龙江漠河),南达北纬 21°30′(广西北海)。

　　麝是适应温凉气候的野生动物,其栖息地随纬度降低而海拔趋高,在高原、山地森林地带都有分布。像地处中亚热带广西的花坪自然保护区(北纬 25°12′～25°42′),海拔在 600 m 以上,最高的地方扒塘达 1 838 m;麝分布南界之一的南岭(约北纬 25°),一般海拔高度约 1 000 m;20 世纪 80～90 年代麝香产量占全国总产量 20% 左右的武陵山,一般海拔约 1 000 m,最高峰梵净山 2 494 m。我国的青藏、云贵、黄土、内蒙古 4 大高原都有麝栖息,从北到南的许多山地(如大兴安岭、小兴安岭、完达山、张广才岭、老爷岭、长白山、阿尔泰山、太行山、吕梁山、贺兰山、祁连山、拉脊山、伏牛山、秦岭、西倾山、大别山、黄山、大巴山、岷山、邛崃山、巴颜喀拉山、仙霞岭、武夷山、雪峰山、武陵山、大娄山、大凉山、横断山、喜马拉雅山、南岭、哀牢山等)都有麝分布。

　　现有资料反映,麝起源于华北,然后向四周扩散。其种群数量与生态环境的恶劣程度相吻合,如忽略人类活动的干扰,可看出它们向干寒、荒漠或湿热地区呈递减状态。

　　至今,麝在我国分布的大范围没有十分显著的变化,但具体到各个分布区中其种群数量呈下降趋势,有相当部分区域中麝的分布地点在消失。从大区看,华东、华北一些省(直辖市)的麝已经较早灭绝,东北的麝也已处于极度濒危。

五、影响麝类分布变迁的原因

　　历史时期的气候变迁对于那些敏感于冷暖、干湿气候的动物分布变迁确实是一个重要的影响因素,而麝能够适应温带、亚热带以及高原等多种水平或垂直变化的气候。因此,影响古今麝的分布变迁主要因素则是人类活动的干扰与破坏。

　　直接因素是由于雄麝所产麝香一直具有较高的经济价值。麝香不仅有兴奋中枢神经、强心、抗炎、抑制等疗效,而且有独特、柔和而幽雅的香气,其扩散和透发力极强,具良好的提香作用和极佳的定香能力,适宜做香料珍品。所以,麝一直是重点贸易对象,更是人类的重点猎物。

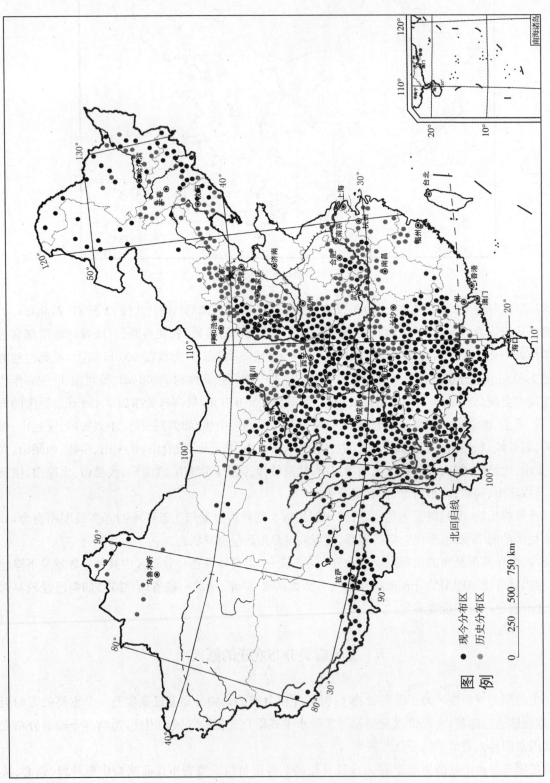

图 B2　野生麝古今分布图

表 B1　历史时期麝类分布地点

地 区	化石地点	历史分布地点	现存地点
北 京	房 山	丰台、房山、昌平、大兴、怀柔、延庆、密云	已灭绝
天 津		武清、静海	已灭绝
河 北	磁 县 徐 水	井陉、行唐、灵寿、深泽、赞皇、张家口、宣化、怀安、怀来、涿鹿、赤城、承德、兴隆、平泉、滦平、隆化、丰宁、宽城、围场、抚宁、卢龙、唐山、迁安、滦县、滦南、迁西、廊坊、保定、涿州、安国、易县、涞源、唐县、涞水、河间、武安、涉县、永年	已灭绝
山 西		太原、古交、清徐、阳曲、娄烦、大同、阳高、天镇、广灵、灵丘、浑源、朔州、山阴、应县、怀仁、阳泉、平定、孟县、长治、长子、武乡、沁县、沁源、晋城、高平、泽州、沁水、阳城、陵川、忻府、原平、定襄、五台、代县、繁峙、宁武、静乐、神池、五寨、苛岚、保德、榆次、介休、榆社、左权、和顺、昔阳、寿阳、太谷、祁县、平遥、灵石、尧都、翼城、洪洞、古县、安泽、浮山、吉县、蒲县、大宁、永和、隰县、汾西、盐湖、永济、芮城、新绛、稷山、闻喜、夏县、绛县、平陆、垣曲、离石、孝义、汾阳、文水、中阳、兴县、临县、方山、柳林、岚县、交口、交城、石楼	太原、古交、清徐、阳曲、娄烦、广灵、浑源、朔州、平定、武乡、沁县、晋城、沁水、阳城、原平、五台、代县、繁峙、宁武、静乐、神池、五寨、苛岚、介休、榆社、和顺、祁县、平遥、灵石、翼城、古县、吉县、蒲县、隰县、汾西、盐湖、永济、芮城、夏县、绛县、平陆、垣曲、离石、汾阳、文水、中阳、方山、岚县、交口、交城
内蒙古	化 德	呼和浩特、武川、巴林左旗、扎鲁特旗、科尔沁左翼后旗、新巴尔虎左旗、鄂伦春、扎兰屯、牙克石、根河、额尔古纳、鄂温克、集宁、丰镇、卓资、兴和、察哈尔右翼前旗、察哈尔右翼中旗、阿尔山、科尔沁右翼前旗、科尔沁右翼中旗、扎赉特旗、多伦、阿拉善左旗	巴林左旗、扎鲁特旗、新巴尔虎左旗、鄂伦春、扎兰屯、牙克石、根河、额尔古纳、鄂温克、阿尔山、科尔沁右翼中旗、扎赉特旗、阿拉善左旗
辽 宁	本溪、辽阳、海城、大连、大石桥	沈阳、朝阳、北票、凌源、建平、喀喇沁左翼、阜新、铁岭、开原、新宾、清原、本溪、桓仁、辽阳、岫岩、丹东、东港、凤城、宽甸、锦州、建昌	新宾、清原、本溪、桓仁、凤城、宽甸
吉 林	榆 树 农 安	洮北、大安、洮南、镇赉、通榆、扶余、长岭、乾安、前郭尔罗斯、辽源、通化、梅河口、集安、通化、辉南、柳河、八道江、临江、江源、抚松、靖宇、长白、敦化、珲春、龙井、和龙、汪清、安图	辽源、通化、梅河口、柳河、八道江、临江、江源、抚松、长白、和龙、敦化、珲春、龙井、和龙、汪清、安图
黑龙江		哈尔滨、尚志、五常、呼兰、依兰、方正、宾县、延寿、爱辉、逊克、伊春、铁力、嘉荫、鹤岗、萝北、佳木斯、桦南、桦川、双鸭山、鸡西、牡丹江、海林、宁安、海伦、庆安、绥棱、呼玛、塔河、漠河	哈尔滨、五常、宾县、延寿、逊克、伊春、铁力、嘉荫、鹤岗、萝北、佳木斯、桦南、鸡西、牡丹江、庆安、呼玛、塔河、漠河
江 苏		东台、如皋	已灭绝
浙 江		临安、建德、安吉、鄞州、泰顺、缙云	已灭绝
安 徽	淮 南	滁州、来安、当涂、安庆、桐城、怀宁、枞阳、潜山、太湖、宿松、望江、岳西、黄山、歙县、休宁、黟县、祁门、六安、舒城、金寨、霍山、绩溪	滁州、桐城、潜山、太湖、宿松、岳西、歙县、舒城、金寨、霍山、绩溪
福 建		福清、武夷山、建瓯、建阳、浦城、松溪、政和、永安	已灭绝
江 西		武宁、修水、永修、星子、都昌、安远、龙南、婺源、临川	安远、龙南

续表

地 区	化石地点	历史分布地点	现存地点
河 南	淅 川	登封、三门峡、灵宝、渑池、陕县、卢氏、新安、栾川、嵩县、汝阳、洛宁、焦作、沁阳、修武、长垣、浚县、安阳、林州、滑县、内黄、华龙、清丰、南乐、襄城、平顶山、汝州、宝丰、叶县、鲁山、郏县、邓州、南召、方城、西峡、镇平、内乡、淅川、桐柏、潢川、光山、固始、商城、罗山、新县、确山、济源	灵宝、渑池、陕县、卢氏、新安、栾川、嵩县、汝阳、洛宁、焦作、沁阳、鲁山、南召、方城、西峡、内乡、淅川、桐柏、商城、济源
湖 北	长 阳 神农架	十堰、丹江口、郧县、竹山、房县、郧西、竹溪、襄樊、老河口、宜城、南漳、谷城、保康、大悟、武穴、红安、罗田、英山、浠水、蕲春、黄梅、黄石、嘉鱼、崇阳、通山、荆州、石首、松滋、江陵、公安、监利、宜昌、枝江、远安、兴山、秭归、五峰、曾都、广水、神农架、恩施、利川、建始、巴东、宣恩、咸丰、来凤、鹤峰	十堰、丹江口、郧县、竹山、房县、郧西、竹溪、襄樊、老河口、宜城、南漳、谷城、保康、罗田、英山、黄石、宜昌、枝江、远安、兴山、五峰、神农架、恩施、利川、建始、巴东、宣恩、咸丰、来凤、鹤峰
湖 南		张家界、慈利、桑植、津市、安乡、澧县、临澧、石门、南县、汨罗、湘阴、炎陵、湘乡、湘潭、衡阳、常宁、耒阳、衡南、衡山、衡东、祁东、资兴、桂阳、宜章、桂东、道县、宁远、江永、蓝山、双牌、江华、邵阳、武冈、邵东、新邵、隆回、洞口、绥宁、新宁、城步、怀化、沅陵、辰溪、溆浦、中方、会同、麻阳、新晃、靖州、冷水江、新化、吉首、泸溪、凤凰、花垣、保靖、古丈、永顺、龙山	张家界、桑植、汨罗、湘阴、炎陵、湘乡、衡阳、常宁、耒阳、衡南、衡山、衡东、祁东、资兴、宜章、桂东、道县、宁远、江永、蓝山、双牌、江华、邵阳、武冈、邵东、新邵、隆回、洞口、绥宁、新宁、城步、怀化、辰溪、溆浦、中方、会同、麻阳、新晃、靖州、新化、泸溪、凤凰、花垣、永顺
广 东		连州、阳山、连山、韶关、乐昌、曲江、始兴、乳源、怀集	连州、阳山、连山、韶关、乐昌、曲江、始兴、乳源、怀集
广 西	桂 林	南宁、邕宁、武鸣、横县、宾阳、上林、隆安、马山、阳朔、临桂、灵川、全州、兴安、永福、灌阳、资源、平乐、荔浦、龙胜、恭城、柳州、柳江、柳城、鹿寨、融安、三江、融水、梧州、岑溪、苍梧、藤县、蒙山、贵港、桂平、平南、玉州、兴业、容县、陆川、博白、钦州、灵山、浦北、北海、合浦、防城港、上思、江州、凭祥、扶绥、大新、天等、宁明、龙州、右江、田东、平果、德保、靖西、那坡、凌云、乐业、西林、田林、隆林、金城江、宜州、南丹、天峨、凤山、东兰、巴马、都安、罗城、环江、兴宾、象州、武宣、忻城、金秀、八步、昭平、钟山、富川	邕宁、武鸣、宾阳、上林、隆安、马山、阳朔、临桂、灵川、全州、兴安、永福、灌阳、资源、平乐、荔浦、龙胜、恭城、柳州、柳江、柳城、鹿寨、融安、三江、融水、蒙山、贵港、桂平、博白、钦州、灵山、浦北、北海、合浦、防城港、上思、江州、凭祥、扶绥、大新、天等、宁明、龙州、右江、平果、德保、靖西、那坡、凌云、乐业、西林、田林、隆林、金城江、宜州、南丹、天峨、凤山、东兰、巴马、都安、罗城、环江、兴宾、象州、武宣、忻城、金秀、八步、昭平、钟山、富川
重 庆	万 州	渝北、巴南、万州、涪陵、黔江、长寿、合川、永川、江津、南川、綦江、铜梁、大足、荣昌、璧山、垫江、武隆、丰都、城口、梁平、开县、巫溪、巫山、奉节、云阳、忠县、石柱、彭水、酉阳、秀山	江北、巴南、万州、涪陵、黔江、长寿、合川、南川、綦江、璧山、垫江、武隆、丰都、城口、梁平、开县、巫溪、巫山、奉节、云阳、忠县、石柱、彭水、酉阳、秀山

续表

地　区	化石地点	历史分布地点	现存地点
四　川	雁　江	成都、崇州、邛崃、都江堰、彭州、金堂、双流、郫县、大邑、蒲江、新津、广元、旺苍、青川、剑阁、苍溪、绵阳、江油、安县、梓潼、北川、平武、旌阳、什郁、绵竹、罗江、南充、阆中、南部、蓬安、仪陇、武胜、邻水、遂宁、内江、威远、资中、隆昌、乐山、峨眉山、犍为、井研、夹江、沐川、峨边、马边、自贡、荣县、富顺、泸州、合江、叙永、古蔺、翠屏、宜宾、南溪、江安、长宁、高县、筠连、珙县、屏山、攀枝花、米易、盐边、巴州、通江、南江、平昌、通川、万源、达县、宣汉、开江、大竹、渠县、雁江、简阳、东坡、仁寿、洪雅、丹棱、雨城、名山、荥经、汉源、石棉、天全、芦山、宝兴、马尔康、汶川、理县、茂县、松潘、九寨沟、金川、小金、黑水、壤塘、阿坝、若尔盖、红原、康定、泸定、丹巴、九龙、雅江、道孚、炉霍、甘孜、新龙、德格、白玉、石渠、色达、理塘、巴塘、乡城、稻城、得荣、西昌、盐源、德昌、会理、会东、宁南、普格、布拖、金阳、昭觉、喜德、冕宁、越西、甘洛、美姑、雷波、木里	崇州、邛崃、都江堰、彭州、大邑、蒲江、广元、旺苍、青川、剑阁、苍溪、江油、安县、梓潼、北川、平武、什邡、绵竹、阆中、蓬安、邻水、隆昌、乐山、峨眉山、犍为、沐川、峨边、马边、自贡、富顺、泸州、合江、叙永、古蔺、宜宾、江安、高县、珙县、屏山、米易、盐边、巴州、通江、南江、平昌、通川、万源、达县、宣汉、开江、大竹、渠县、洪雅、丹棱、雨城、名山、荥经、汉源、石棉、天全、芦山、宝兴、马尔康、汶川、理县、茂县、松潘、九寨沟、金川、小金、黑水、阿坝、若尔盖、红原、康定、泸定、丹巴、九龙、雅江、炉霍、甘孜、新龙、德格、白玉、石渠、色达、理塘、巴塘、乡城、稻城、得荣、西昌、盐源、德昌、会理、会东、宁南、普格、布拖、金阳、昭觉、喜德、冕宁、越西、甘洛、美姑、雷波、木里
贵　州	盘　县 桐　梓	贵阳、清镇、开阳、修文、息烽、盘县、水城、遵义、仁怀、桐梓、绥阳、正安、凤冈、湄潭、余庆、习水、道真、务川、西秀、平坝、普定、大方、黔西、金沙、织金、纳雍、赫章、威宁、江口、石阡、思南、德江、玉屏、印江、沿河、松桃、凯里、黄平、施秉、镇远、岑巩、天柱、锦屏、剑河、台江、黎平、榕江、雷山、麻江、丹寨、都匀、福泉、荔波、贵定、瓮安、独山、罗甸、长顺、龙里、惠水、三都、兴义、普安、册亨、安龙	清镇、修文、盘县、水城、仁怀、桐梓、绥阳、正安、凤冈、余庆、务川、西秀、大方、黔西、金沙、织金、纳雍、赫章、威宁、江口、石阡、德江、印江、沿河、松桃、凯里、黄平、施秉、镇远、岑巩、天柱、锦屏、剑河、台江、榕江、雷山、丹寨、福泉、荔波、贵定、瓮安、独山、长顺、龙里、兴义、册亨
云　南		昆明、安宁、呈贡、晋宁、富民、宜良、嵩明、石林、禄劝、寻甸、麒麟、宣威、马龙、沾益、富源、罗平、师宗、陆良、会泽、红塔、江川、澄江、通海、华宁、易门、峨山、新平、元江、隆阳、施甸、腾冲、龙陵、昌宁、昭阳、巧家、盐津、大关、永善、绥江、彝良、威信、水富、古城、永胜、华坪、玉龙、宁蒗、墨江、景东、镇沅、孟连、澜沧、西盟、临翔、凤庆、云县、永德、镇康、双江、耿马、沧源、潞西、瑞丽、梁河、盈江、陇川、泸水、福贡、贡山、兰坪、香格里拉、德钦、维西、大理、祥云、宾川、弥渡、永平、云龙、洱源、剑川、鹤庆、漾濞、南涧、巍山、楚雄、双柏、牟定、南华、姚安、永仁、元谋、禄丰、蒙自、个旧、开远、绿春、建水、石屏、弥勒、泸西、元阳、红河、金平、河口、文山、砚山、麻栗坡、马关、丘北、广南、富宁、勐海	呈贡、宜良、嵩明、石林、禄劝、麒麟、宣威、马龙、罗平、通海、新平、元江、隆阳、施甸、腾冲、龙陵、昌宁、昭阳、巧家、盐津、大关、永善、绥江、彝良、威信、水富、古城、永胜、华坪、玉龙、宁蒗、墨江、景东、镇沅、澜沧、临翔、云县、泸水、福贡、香格里拉、德钦、维西、大理、祥云、宾川、永平、云龙、洱源、鹤庆、漾濞、南涧、巍山、双柏、南华、永仁、蒙自、个旧、开远、绿春、建水、弥勒、泸西、元阳、红河、河口、砚山、麻栗坡、马关、丘北、勐海

续表

地 区	化石地点	历史分布地点	现存地点
西 藏		城关、林周、当雄、尼木、曲水、堆龙德庆、达孜、墨竹工卡、那曲、嘉黎、比如、安多、索县、巴青、昌都、江达、贡觉、类乌齐、丁青、察雅、八宿、左贡、芒康、洛隆、边坝、林芝、工布江达、米林、墨脱、波密、察隅、朗县、乃东、扎囊、贡嘎、桑日、琼结、曲松、措美、洛扎、加查、隆子、错那、浪卡子、日喀则、南木林、江孜、定日、萨迦、拉孜、昂仁、谢通门、白朗、仁布、康马、定结、亚东、吉隆、聂拉木、噶尔、普兰、札达、日土、革吉	城关、林周、当雄、尼木、曲水、堆龙德庆、达孜、墨竹工卡、那曲、嘉黎、比如、安多、索县、巴青、昌都、江达、贡觉、类乌齐、丁青、察雅、八宿、左贡、芒康、洛隆、边坝、林芝、工布江达、米林、墨脱、波密、察隅、朗县、乃东、扎囊、贡嘎、桑日、琼结、曲松、措美、洛扎、加查、隆子、错那、浪卡子、日喀则、南木林、江孜、萨迦、拉孜、昂仁、谢通门、白朗、仁布、定结、亚东、吉隆、聂拉木、普兰、札达
陕 西	蓝 田 宝 鸡	西安、蓝田、周至、户县、高陵、宝塔、延长、延川、子长、安塞、志丹、吴旗、甘泉、洛川、宜川、黄陵、铜川、临渭、华阴、韩城、华县、潼关、大荔、蒲城、澄城、白水、合阳、富平、咸阳、兴平、三原、泾阳、礼泉、永寿、旬邑、宝鸡、凤翔、岐山、扶风、眉县、陇县、千阳、麟游、凤县、太白、汉台、南郑、城固、洋县、西乡、勉县、宁强、略阳、镇巴、留坝、佛坪、定边、汉滨、汉阴、石泉、宁陕、紫阳、岚皋、平利、镇坪、旬阳、白河、商州、洛南、丹凤、商南、山阳、镇安、柞水	蓝田、周至、户县、铜川、华阴、潼关、咸阳、旬邑、宝鸡、眉县、陇县、麟游、凤县、太白、南郑、城固、洋县、西乡、勉县、略阳、镇巴、留坝、佛坪、汉滨、汉阴、石泉、宁陕、紫阳、岚皋、平利、镇坪、旬阳、白河、商州、洛南、丹凤、商南、山阳、镇安、柞水
甘 肃		兰州、永登、皋兰、榆中、嘉峪关、金川、永昌、白银、靖远、会宁、景泰、天水、清水、秦安、甘谷、武山、张家川、凉州、民勤、古浪、天祝、肃州、敦煌、金塔、肃北、阿克塞、甘州、民乐、临泽、高台、山丹、肃南、西峰、庆城、环县、华池、合水、正宁、宁县、崆峒、华亭、庄浪、静宁、安定、通渭、临洮、漳县、岷县、渭源、陇西、武都、成县、宕昌、康县、文县、西和、礼县、两当、徽县、临夏、康乐、永靖、广河、和政、东乡、积石山、合作、临潭、卓尼、舟曲、迭部、玛曲、碌曲、夏河	兰州、永登、皋兰、榆中、金川、永昌、白银、靖远、会宁、景泰、天水、清水、甘谷、张家川、凉州、古浪、天祝、肃北、阿克塞、甘州、民乐、肃南、崆峒、华亭、静宁、岷县、渭源、武都、宕昌、康县、文县、西和、礼县、两当、徽县、临夏、康乐、永靖、和政、临潭、卓尼、舟曲、迭部、玛曲、碌曲、夏河
青 海		西宁、大通、湟源、湟中、平安、乐都、民和、互助、化隆、循化、海晏、祁连、刚察、门源、共和、同德、贵德、兴海、贵南、同仁、尖扎、泽库、河南、玛沁、班玛、甘德、达日、久治、玛多、玉树、杂多、称多、治多、囊谦、曲麻莱、德令哈、格尔木、乌兰、都兰、天峻	西宁、大通、湟中、互助、化隆、循化、海晏、祁连、刚察、门源、共和、同德、贵德、兴海、贵南、同仁、尖扎、泽库、河南、玛沁、班玛、甘德、达日、久治、玛多、玉树、杂多、称多、治多、囊谦、曲麻莱、德令哈、格尔木、乌兰、都兰、天峻
宁 夏		银川、灵武、永宁、贺兰、石嘴山、平罗、利通、青铜峡、盐池、同心、原州、西吉、隆德、泾源、彭阳、沙坡头、中宁、海原	银川、永宁、贺兰、石嘴山、平罗、利通、原州、西吉、隆德、泾源
新 疆		库车、沙雅、精河、阜康、玛纳斯、奇台、焉耆、伊宁、霍城、塔城、乌苏、额敏、阿勒泰、布尔津、富蕴、福海、哈巴河、青河、吉木乃	阿勒泰、青河、富蕴

人口增长、区域开发、气候变化等对动植物的影响,也间接影响麝的分布。

世界上麝的种群数量呈持续下降趋势,它们在某些地区已罕见,濒于灭绝甚至消失。我国麝的数量也在减少,根据各方面数据分析,目前中国麝的资源量约有50万头。

据国家环境保护总局发布的《全国自然保护区统计》,截至2004年底,我国设立的自然保护区有2 194个,其中132个有麝栖息,占6%。这固然是保护自然资源(尤其是处于濒危状态的麝资源)和生态环境最重要、最有效的措施,是维护生态安全,促进生态文明,实现经济全面、协调、可持续发展和人与自然和谐共存的重要保障;然而,更为重要的是要提高全民认识,并付诸行动,才能够真正挽救麝。

参 考 文 献

[1] 杨钟健. 脊椎动物的演化. 北京:科学出版社,1955:308~309

[2] 科尔伯特 E H. 脊椎动物的进化. 周明镇,等译. 北京:地质出版社,1976:436~437

[3] 盛和林,等. 中国鹿类动物. 上海:华东师范大学出版社,1992:13

C 历史时期中国野生獐的分布变迁[①]

文榕生

一、野生獐概况

獐(*Hydropotes inermis*),又称河麂、牙獐、麕、麇等,是哺乳动物偶蹄目鹿科动物中獐亚科的唯一属种,由渐新世晚期的古鹿亚科进化而成[1,2]。

獐的外形与麝相似,但比麝略大;最显著的差异是它不产麝香。

獐是植食性动物,既栖息于芦苇或茅草丛生的海滩、河岸、湖边、湖中心草滩,也活动在低丘和海岛林缘草灌丛处,或附近有水的草滩或稀疏灌丛生境中。它们擅长泅渡,能在岛屿与岛屿或岛屿与沙滩间迁移。在山丘、岛屿,獐虽能在灌丛中栖息,但更多地选择草丛。

獐的繁殖力强,性成熟早,产仔多。除了交配与哺乳期,獐多为独自活动,并不集群。

二、野生獐的古今分布

獐是东亚特有动物,自然分布仅限于中国与朝鲜半岛。迄今,我国各大行政区都有獐的遗存发现(图 C1),反映它曾经分布范围比较广阔。

窃以为,尽管西藏昌都卡若遗址发现的獐化石可以代表 2～3 个中青年獐个体[3],但毕竟它们在同一分布点,只可视为孤证;且这一分布点处于獐与麝同域分布区之外相当远处,还需要证实卡若遗址周围还有獐或扩大獐与麝同域分布区才可更令人信服。

文献记载獐的资料也可证实,尽管历史上獐的分布区比起獐遗存的范围有所缩小,但依然比现今范围广(图 C2 和表 C1)。

三、野生獐的分布变迁

王利华研究了中古华北的鹿类动物后,认为:当时华北东部獐的分布较多[4]。这不无道理。因为从獐的历史分布看,獐的原产地在东亚地区的我国东部与朝鲜半岛;尤其在我国的东部地区,从北到南都曾有獐栖息;随着外部环境(主要是气候与人类活动的影响)的变化,獐的分布随之变迁(图 C3)。

根据现有资料,獐的古今分布变化巨大:獐的最大分布曾处于北纬 45°42′(黑龙江哈尔滨)～18°24′(海南陵水),东经 97°6′(西藏昌都)～122°24′(浙江嵊泗);到 20 世纪 80 年代中则缩至北纬34°6′

---

① 由于篇幅限制,本文只能简略地介绍一些研究情况。

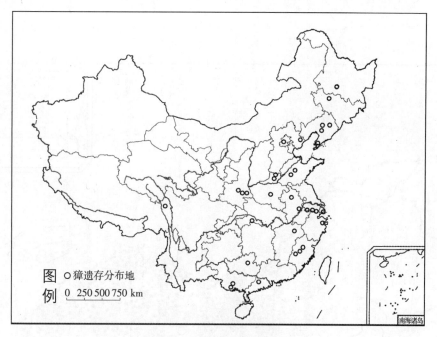

图 C1　野生獐遗存分布图

(江苏沭阳)～21°30′(广东电白),东经 107°6′(广西天峨)以东范围内。

　　早期,獐的分布曾达到(黑)哈尔滨(45°42′N,126°36′E)—(吉)农安(44°24′N,125°6′E)—(辽)辽阳(41°12′N,123°12′E)—(京)密云(40°18′N,116°48′E)—(陕)宝鸡(34°18′N,107°6′E)—(藏)昌都(31°6′N,97°6′E)一线以南、以东。

　　元末明初,獐的分布已经缩至(冀)遵化(40°6′N,117°54′E)—(津)蓟县(40°0′N,117°18′E)—(京)平谷(40°6′N,117°6′E)—(京)密云(40°18′N,116°48′E)—(冀)涉县(36°30′N,113°36′E)—(豫)林州(36°0′N,113°48′E)—(豫)沁阳(35°0′N,112°54′E)—(豫)淅川(33°6′N,111°26′E)—(鄂)郧西(32°54′N,110°24′E)—(鄂)巴东(31°0′N,110°18′E)—(鄂)利川(30°18′N,108°54′E)—(湘)花垣(28°30′N,109°24′E)—(湘)新晃(27°18′N,109°6′E)—(湘)通道(26°6′N,109°42′E)—(桂)天峨(25°0′N,107°6′E)—(桂)西林(24°30′N,105°0′E)—(桂)那坡(23°24′N,105°48′E)—(桂)大新(22°48′N,107°6′E)—(桂)上思(22°6′N,107°54′E)—(桂)博白(22°12′N,109°54′E)—(粤)廉江(21°36′N,110°12′E)一线以南、以东。

　　20 世纪初期,獐的分布北界:基本上处于淮河以南,但在山东中部还有残存,亦即处于(苏)连云港(34°36′N,119°6′E)—(鲁)泰安(36°12′N,117°6′E)—(皖)蚌埠(32°54′N,117°18′E)—(皖)金寨(31°36′N,115°48′E)—(豫)光山(32°0′N,114°54′E)—郧西(32°54′N,110°24′E)一线以南。

　　20 世纪 80 年代中期,獐的分布区域范围:从黄海边的(苏)滨海(34°0′N,119°48′E)—(苏)沭阳(34°6′N,118°42′E)—(皖)泗县(33°24′N,117°48′E)—(皖)定远(32°30′N,117°30′E)—(皖)金寨(31°36′N,115°48′E)—罗田(31°6′N,115°18′E)—(鄂)郧西(32°54′N,110°24′E)—(鄂)巴东(31°0′N,110°18′E)—(鄂)利川(30°18′N,108°54′E)—(湘)花垣(28°30′N,109°24′E)—(湘)新晃(27°18′N,109°6′E)—(湘)通道(26°6′N,109°42′E)—(桂)天峨(25°0′N,107°6′E)—(桂)融安(23°6′N,107°36′E)—(桂)上思(22°6′N,107°54′E)—(桂)灵山(22°24′N,109°12′E)—[此处有一个上湾:(桂)金秀(24°6′N,110°6′E)—(桂)八步(24°24′N,111°30′E)]—(粤)廉江(21°36′N,110°12′E)—(粤)电白(21°30′N,110°54′E)—(粤)揭西(23°24′N,115°48′E)—(闽)诏安(23°42′N,117°6′E)到东海。

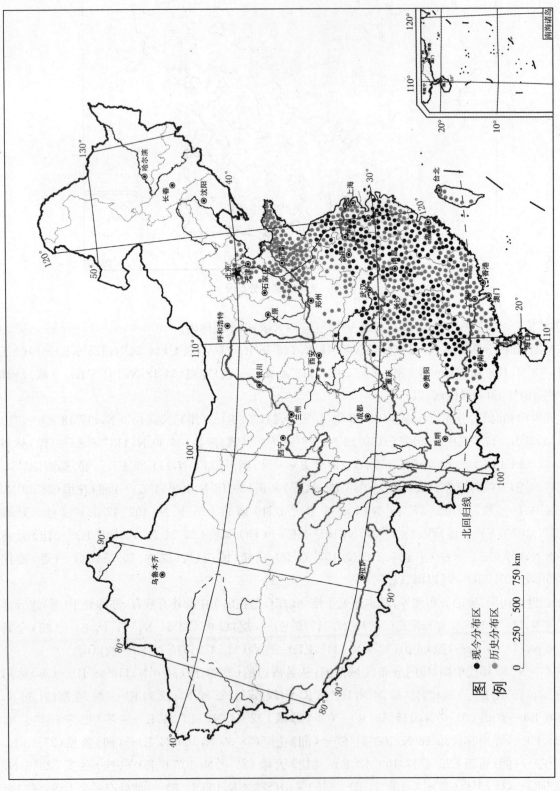

图 C2　野生獐古今分布图

表 C1　历史时期中国野生獐分布地点变化概览

地 区	化石地点	历史分布地点	现存地点
北 京	房 山	朝阳、丰台、海淀、房山、通州、顺义、昌平、大兴、平谷	已灭绝
天 津		武清、宝坻、蓟县、宁河	已灭绝
河 北	抚 宁	卢龙、唐山、遵化、玉田、廊坊、霸州、三河、固安、永清、香河、大城、文安、大厂、保定、涿州、河间、吴桥、临漳、大名、涉县、磁县、魏县	已灭绝
辽 宁	本　溪 辽　阳 大　连 大石桥		已灭绝
吉 林	农 安		已灭绝
黑龙江	哈尔滨		已灭绝
上 海	闵　行 青　浦	金山、松江、青浦、南汇、奉贤、崇明	已灭绝
江 苏	常　州 苏　州	南京、溧水、高淳、徐州、邳州、新沂、睢宁、沛县、连云港、赣榆、灌云、东海、灌南、宿城、宿豫、沭阳、泗阳、泗洪、淮安、盱眙、洪泽、涟水、盐城、东台、大丰、射阳、阜宁、滨海、响水、建湖、扬州、仪征、江都、高邮、宝应、泰州、靖江、泰兴、姜堰、兴化、南通、海门、启东、通州、如皋、海安、镇江、丹阳、句容、常州、金坛、溧阳、无锡、江阴、宜兴、苏州、昆山、常熟	南京、沭阳、淮安、盱眙、洪泽、涟水、盐城、东台、大丰、射阳、滨海、建湖、高邮、兴化、启东、句容、金坛、溧阳、宜兴、苏州
浙 江	余 姚	杭州、临安、富阳、建德、桐庐、淳安、湖州、长兴、德清、安吉、平湖、海宁、桐乡、海盐、舟山、岱山、嵊泗、宁波、慈溪、余姚、奉化、宁海、象山、越城、诸暨、嵊州、衢州、江山、常山、开化、龙游、金华、兰溪、永康、义乌、东阳、武义、浦江、磐安、台州、临海、温岭、三门、天台、仙居、玉环、温州、瑞安、乐清、永嘉、文成、平阳、泰顺、洞头、苍南、莲都、龙泉、缙云、青田、云和、遂昌、松阳、庆元、景宁	杭州、建德、淳安、安吉、海宁、桐乡、舟山、岱山、宁波、余姚、奉化、宁海、象山、越城、衢州、江山、金华、永康、义乌、浦江、磐安、三门、缙云、青田、遂昌、松阳
安 徽	蒙　城 和　县	合肥、肥东、肥西、埇桥、砀山、萧县、泗县、阜阳、颍上、蒙城、怀远、滁州、明光、来安、全椒、定远、凤阳、当涂、芜湖、繁昌、南陵、铜陵、安庆、桐城、怀宁、枞阳、潜山、太湖、宿松、望江、岳西、黄山、歙县、休宁、黟县、祁门、六安、霍邱、舒城、金寨、霍山、居巢、庐江、无为、含山、和县、贵池、东至、石台、青阳、宣州、宁国、郎溪、广德、泾县、旌德、绩溪	泗县、滁州、明光、来安、全椒、定远、芜湖、安庆、桐城、潜山、太湖、岳西、黄山、歙县、休宁、黟县、六安、舒城、金寨、霍山、无为、和县、贵池、青阳、宣州、宁国、郎溪、广德、泾县、绩溪
福 建	明　溪 清　流 将　乐	福州、福清、长乐、闽侯、连江、罗源、闽清、永泰、平潭、延平、邵武、武夷山、建瓯、建阳、顺昌、浦城、光泽、松溪、政和、三明、永安、明溪、清流、宁化、大田、尤溪、沙县、将乐、泰宁、建宁、莆田、仙游、泉州、惠安、安溪、永春、德化、金门、厦门、漳州、龙海、云霄、漳浦、诏安、长泰、东山、南靖、平和、华安、新罗、漳平、长汀、永定、上杭、武平、连城、蕉城、福安、福鼎、寿宁、霞浦、拓荣、屏南、古田、周宁	闽清、永泰、武夷山、建瓯、顺昌、松溪、政和、明溪、清流、宁化、大田、沙县、将乐、泰宁、建宁、莆田、仙游、永春、德化、厦门、龙海、云霄、漳浦、诏安、南靖、平和、华安、漳平、武平、连城、寿宁、拓荣、屏南、古田、周宁

续表

地 区	化石地点	历史分布地点	现存地点
江 西	万 年	南昌、新建、安义、进贤、九江、瑞昌、武宁、修水、永修、德安、星子、都昌、湖口、景德镇、乐平、浮梁、月湖、贵溪、余江、渝水、分宜、萍乡、莲花、上栗、芦溪、章贡、瑞金、南康、赣县、信丰、大余、上犹、崇义、安远、龙南、定南、全南、宁都、于都、兴国、会昌、寻乌、石城、信州、德兴、上饶、广丰、玉山、铅山、横峰、弋阳、余干、鄱阳、万年、婺源、临川、南城、黎川、南丰、崇仁、乐安、宜黄、金溪、资溪、东乡、广昌、袁州、丰城、樟树、高安、奉新、万载、上高、宜丰、靖安、铜鼓、吉安、井冈山、吉水、峡江、新干、永丰、泰和、遂川、永新	新建、安义、九江、永修、德安、星子、都昌、乐平、浮梁、贵溪、渝水、分宜、萍乡、瑞金、大余、上犹、崇义、全南、石城、德兴、上饶、铅山、婺源、崇仁、资溪、袁州、丰城、高安、万载、吉安、井冈山、新干、泰和、遂川、永新
山 东	兖 州 泰 安	济南、章丘、平阴、济阳、商河、莘县、东阿、德城、禹城、陵县、平原、夏津、武城、齐河、临邑、东营、利津、广饶、淄博、桓台、高青、沂源、潍坊、安丘、昌邑、高密、青州、诸城、寿光、临朐、昌乐、烟台、栖霞、海阳、龙口、莱阳、莱州、蓬莱、招远、长岛、环翠、荣成、乳山、文登、胶州、平度、莱西、东港、五莲、莒县、临沂、郯城、苍山、莒南、沂水、蒙阴、费县、临沭、枣庄、滕州、济宁、曲阜、兖州、邹城、微山、鱼台、金乡、嘉祥、汶上、泗水、梁山、泰安、新泰、肥城、宁阳、东平、莱芜、博兴、牡丹、曹县、定陶、成武、单县、巨野、郓城	已灭绝
河 南	安 阳 汤 阴 舞 阳	沁阳、卫辉、浚县、安阳、林州、汤阴、滑县、内黄、南乐、商丘、魏都、南阳、南召、内乡、淅川、新野、信阳、潢川、光山、固始、商城、新县、确山、汝南	已灭绝
湖 北	长 阳 神农架	武汉、十堰、丹江口、郧县、竹山、房县、郧西、竹溪、襄樊、老河口、枣阳、宜城、南漳、谷城、荆门、钟祥、京山、孝南、安陆、汉川、大悟、黄州、麻城、武穴、红安、罗田、英山、浠水、蕲春、黄梅、团风、黄石、大冶、咸安、赤壁、嘉鱼、通城、通山、荆州、石首、洪湖、松滋、江陵、公安、监利、宜昌、枝江、宜都、当阳、远安、兴山、秭归、长阳、五峰、广水、仙桃、天门、潜江、神农架、恩施、利川、建始、巴东、宣恩、咸丰、来凤、鹤峰	武汉、竹山、郧西、宜城、京山、汉川、罗田、蕲春、黄梅、黄石、咸安、嘉鱼、通城、洪湖、监利、宜昌、宜都、当阳、兴山、秭归、五峰、天门、恩施、利川、巴东、来凤
湖 南		长沙、浏阳、望城、宁乡、张家界、慈利、桑植、常德、津市、安乡、汉寿、澧县、临澧、桃源、石门、益阳、沅江、南县、桃江、安化、岳阳、汨罗、临湘、华容、湘阴、平江、株洲、醴陵、攸县、茶陵、炎陵、湘潭、湘乡、韶山、衡阳、常宁、耒阳、衡南、衡山、衡东、祁东、郴州、资兴、桂阳、永兴、宜章、嘉禾、临武、汝城、桂东、安仁、永州、东安、道县、宁远、江永、蓝山、新田、双牌、祁阳、江华、邵阳、武冈、邵东、新邵、隆回、洞口、绥宁、新宁、城步、鹤城、洪江、沅陵、辰溪、溆浦、中方、会同、麻阳、新晃、芷江、靖州、通道、娄星、冷水江、涟源、双峰、新化、吉首、凤凰、花垣、保靖、古丈、永顺、龙山	长沙、望城、澧县、岳阳、平江、株洲、醴陵、茶陵、炎陵、湘潭、湘乡、衡阳、常宁、耒阳、衡南、衡山、衡东、祁东、郴州、宜章、汝城、安仁、道县、宁远、江永、蓝山、祁阳、武冈、新邵、绥宁、新宁、城步、鹤城、溆浦、中方、会同、麻阳、新晃、芷江、靖州、通道、花垣

续表

地 区	化石地点	历史分布地点	现存地点
广 东	罗 定	广州、增城、从化、清城、英德、连州、佛冈、阳山、清新、韶关、乐昌、南雄、曲江、始兴、仁化、翁源、新丰、乳源、源城、紫金、龙川、连平、和平、东源、梅江、兴宁、梅县、大埔、丰顺、五华、平远、蕉岭、湘桥、潮安、饶平、汕头、南澳、榕城、普宁、揭东、揭西、惠来、城区(汕尾市)、陆丰、海丰、陆河、惠州、博罗、惠东、龙门、东莞、深圳、珠海、中山、江门、恩平、台山、鹤山、佛山、肇庆、高要、四会、广宁、怀集、封开、德庆、新兴、江城、阳春、阳西、阳东、电白、湛江、廉江、雷州、遂溪、徐闻	连州、阳山、乐昌、始兴、兴宁、蕉岭、揭西、电白、廉江
广 西	南 宁 桂 林 扶 绥	南宁、邕宁、武鸣、横县、宾阳、上林、隆安、马山、阳朔、临桂、灵川、全州、兴安、永福、灌阳、资源、平乐、龙胜、恭城、柳州、柳江、柳城、鹿寨、融安、三江、融水、梧州、岑溪、苍梧、藤县、平南、兴业、容县、博白、灵山、上思、扶绥、大新、天等、田东、德保、靖西、那坡、凌云、西林、金城江、南丹、天峨、东兰、罗城、环江、兴宾、合山、象州、武宣、金秀、八步、昭平、钟山、富川	武鸣、宾阳、上林、马山、阳朔、临桂、灵川、全州、兴安、永福、灌阳、资源、平乐、龙胜、恭城、柳州、柳江、柳城、鹿寨、融安、三江、融水、平南、兴业、灵山、上思、扶绥、金城江、南丹、天峨、东兰、环江、兴宾、合山、象州、武宣、金秀、八步、昭平、钟山、富川
海 南		海口、琼海、万宁、儋州、定安、陵水	已灭绝
西 藏	昌 都		已灭绝
陕 西	西安、蓝田、商州	西安、大荔、宝鸡、凤翔、岐山、眉县、麟游、太白	已灭绝
台 湾		高雄、台中、宜兰、桃园、新竹、苗栗、嘉义、彰化、屏东	已灭绝

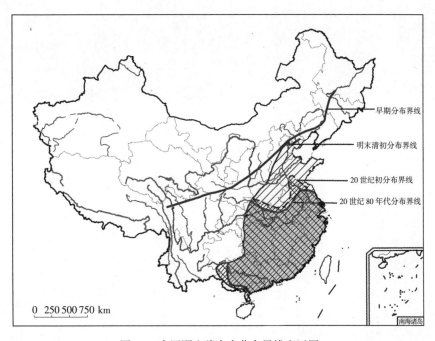

图 C3　中国野生獐古今分布界线变迁图

参 考 文 献

［1］杨钟健.脊椎动物的演化.北京:科学出版社,1955:308~309

［2］盛和林,等.中国鹿类动物.上海:华东师范大学出版社,1992:10

［3］黄万波.西藏昌都卡若新石器时代遗址动物群.古脊椎动物与古人类,1980,18(2):162~167

［4］王利华.中古华北的鹿类动物与生态环境.中国社会科学,2002(3):188~200

D | 历史时期中国麝与獐的区分[①]

文榕生

一、引 言

麝（Moschus）与獐（Hydropotes inermis）都是东亚地区特有的野生动物，它们不仅在物种演化史上具有特殊意义，而且麝还具有很高的经济价值。

古今物种名称存在同物异名、异物同名现象并不罕见，尤其是相当一些人对麝与獐的分布认识模糊，值得探讨和区分。

二、麝与獐的主要区分

尽管麝与獐的相似之处颇多，但仍然可从以下几方面加以区分。

（1）形态特征 有无角是判断麝或獐与其他鹿科动物的显著标志之一，麝和獐头骨上均无角；有无麝香则是区分麝与獐的显著特征之一。

（2）生态环境 獐栖息于暖湿环境。麝适应性较强，虽适宜于温凉气候，但其分布区的海拔高度却随纬度降低而升高。故在一些地区呈现獐与麝同域分布现象，亦即"同域分布区"的西界不是麝的界线，而是獐分布的西界；"同域分布区"的东界不是獐的界线，而是麝分布的东界；"同域分布区"的北界不是麝的界线，而是獐分布的北界；"同域分布区"的南界不是獐的界线，而是麝分布的南界。

（3）分布空间 在我国，麝几乎遍布于大陆各省、自治区、直辖市[②]，獐则主要分布于东部与南部各省、自治区、直辖市[③]。

（4）分布时间 麝与獐的空间分布在不同历史时期有所差异，这主要是由于气候变迁、人类活动以及动物的适应能力等的影响。尤其獐是典型东洋界动物，对气候的冷暖、干湿变化比较敏感，故在鉴别文献所记载的古今有所混淆的"獐"分布时，时间与空间的结合是关键之一。

三、麝与獐的单纯分布区

尽管麝的适应性较强，分布区比较广阔，但气候、地貌、植被等生态环境的差异，尤其是生态环境

[①] 较详细的相关内容参见将刊于《中国历史地理论丛》2006 年第 3 期的《刍议历史时期中国麝与獐的区分》一文。
[②] 参见本书附录 B:《历史时期中国野生麝的分布变迁》。
[③] 参见本书附录 C:《历史时期中国野生獐的分布变迁》。

的动态变化,使得麝与獐不仅各自保留有一定范围的单纯分布区,而且分布区也有变化。

(一)麝的单纯分布区

从麝的分布大势看,呈现出逐步向比较湿润、温热、低海拔地区减少的趋势。我国西部、北部以及中部部分地区是历史时期麝的单纯分布区。

麝与獐的分布用比较明确的界线表示,有两条线(图D1)。

其一(亦即主要):哈尔滨(45°42′N,126°36′E)—农安(44°24′N,125°6′E)—辽阳(41°12′N,123°12′E)—密云(40°18′N,116°48′E)—涉县(36°30′N,113°36′E)—林州(36°0′N,113°48′E)—沁阳(35°0′N,112°54′E)—淅川(33°6′N,111°26′E)—郧西(32°54′N,110°24′E)—巴东(31°0′N,110°18′E)—利川(30°18′N,108°54′E)—花垣(28°30′N,109°24′E)—新晃(27°18′N,109°6′E)—通道(26°6′N,109°42′E)—天峨(25°0′N,107°6′E)—西林(24°30′N,105°0′E)—那坡(23°24′N,105°48′E)—大新(22°48′N,107°6′E)—上思(22°6′N,107°54′E)—博白(22°12′N,109°54′E)—廉江(21°36′N,110°12′E)一线。此线以西、以北为麝的单纯分布区。

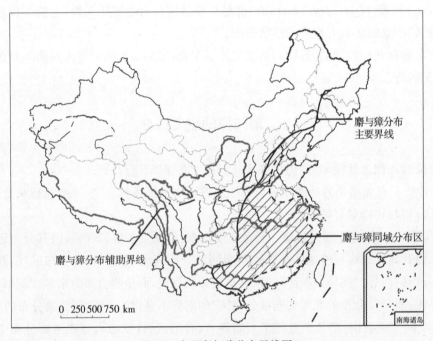

图D1　中国麝与獐分布界线图

另一界线:由于陕西关中一带唐代还有獐分布,西藏昌都有獐化石出土,故可绘出另一辅助线(前部是与第一条线重合的实线,后部用虚线表示,它从"密云"向西南分岔):哈尔滨—农安—辽阳—密云—宝鸡(34°18′N,107°6′E)—昌都(31°6′N,97°6′E)一线。此线以西、以北,应当说毫无獐的踪迹出现,自然这一区域更是麝的单纯分布区。

只是这两条线之间,目前尚缺乏更多的獐分布点。

(二)獐的单纯分布区

獐的单纯分布区亦即麝的分布区东界与南界(也是麝与獐混合分布区的东部与南部),在图D1中用短虚线表示,处于我国东部与南部,亦即在此线以东、以南没有发现麝分布。

从獐的分布大势看,也呈现出逐步向比较干旱、温凉、高海拔地区减少的趋势。我国的东部与东南部边缘,尚未见到记载"麝"的情况。台湾、海南、舟山群岛、崇明等大小岛屿上,没有麝的踪影;就是沿海一带,麝也罕至;山东与上海尚未发现有麝的确切证据;江苏与浙江的麝分布点,皆屈指可数;福建的麝分布点偏于西北部,广东的麝分布点偏于北部,都是与毗邻省共同组成麝分布区。

四、麝与獐的混合分布区

由麝的单纯分布区界线与獐的单纯分布区界线闭合形成的广大区域,既有麝繁衍栖息,也有獐活动觅食,是它们共同分布的区域。

混合(獐与麝同域)分布地带,可以通过麝与獐的实物(遗存)、文献记述情况、科学考察、区域调查、不同时期环境状况、前后联系等确定。

(一)遗存反映的分布状况

北京、河北、辽宁、吉林、黑龙江、上海、江苏、浙江、安徽、福建、江西、山东、河南、湖北、广东、广西、西藏、陕西等地发掘出獐遗存,证实曾有獐分布。

北京、河北、内蒙古、辽宁、吉林、安徽、河南、湖北、广西、重庆、四川、贵州、陕西等地发掘出麝遗存,亦可证实曾有麝分布。

对照上述二者,可见:①有相当多的地点是两物种都有分布,无疑是同域分布;②有的尽管只有单一物种遗存出土,但它处于另一物种传统分布区内,也可推断为同域分布(如其他共生物种可以证实黑龙江出土的动物遗存有獐,而明清以来的文献与现代物种分布又证实此段时期只有麝而无獐);③只有单一物种遗存出土,且处于同一物种传统分布区内,则进一步证实该物种的单纯分布(如内蒙古、重庆、四川、贵州是麝的单纯分布区,而上海、山东则是獐的传统分布区)。

(二)明代以前的分布状况

文献记载涉及到麝的今地域有:北京、河北、山西、辽宁、安徽、河南、湖北、广西、四川、贵州、云南、陕西、甘肃、青海、宁夏、新疆等地。

文献记载涉及到獐的今地域有:北京、河北、江苏、浙江、安徽、福建、江西、山东、河南、湖北、湖南、广东、陕西等地。

尽管迄今所见文献记载此阶段麝与獐存在遗漏现象,但还是展示出同域分布的南北交界带(北京、河北、安徽、河南、湖北、陕西等),以及麝、獐各单纯分布区概貌。

(三)明清至今獐、麝混淆的偏差

以现代科学考察为主,历史状况分析为辅,还是可以鉴别清楚文献记载的京津冀地带、山西南部、河南、重庆、四川、贵州、云南、西藏、西北地区等出现将獐、麝混淆的偏差。

五、结　语

古脊椎动物鉴定尽管依靠实物,但发掘残留的动物遗存往往十分破碎,故古脊椎动物学家多依靠动物牙齿的比对确认物种。如果不能综合考虑与之相关的情况并进行综合分析,不仅可能误差较大,就是搞错动物物种的例子以往也时有发生。

对"獐"这一古今存在歧义的动物鉴别,又一次表明:人类对客观外界的认识永远不会停留在一个水平上,准确判断物种是研究具体动物的基础。

尽管人类对动物的认识经历了外部特征→整体外貌→外貌＋解剖→外貌＋解剖＋DNA 这样由表及里、从粗到精的过程,准确性不断提高,但对于历史上动物识别则无法照搬这样的模式,更不能仅凭物种的某名称而简单断定,而往往需要综合物种特性、生态环境、古今传承等相关情况做出分析、判断。

"有无麝香"是区分麝与獐成年雄兽的最简便且显著的特征。麝有香,而獐无,是绝对不会变化的。

獐只能在暖湿环境栖息,分布于我国东部与南部。而麝适宜于温凉气候,尽管我国北部、西部与西南部的生态环境更适宜它们栖息,但由于它的适应性较强,在我国有较大分布区。故此形成在獐与麝最适宜栖息地带有各自的单纯分布区,而在二物种共处地带出现同域分布现象。

历史时期气候由暖转冷的变化趋势,使得对气候变化敏感的獐的分布北界也呈现南迁现象,而麝的分布变迁并不能反映气候变化。

E | 历史时期中国金丝猴的分布变迁[①]

文榕生

一、金丝猴的种群特征与现状

金丝猴是东亚特有灵长类、仰鼻猴属(*Rhinopithecus*)动物总称,现仅中国与越南有残存,共有 4 种(或含亚种),不同类群不仅形态、毛色、生活习性等有差异,而且其分布区也不重叠。它们是:

(1)川金丝猴[*Rhinopithecus roxellanae* Milne-Edwards(1870)] 或称金丝猴。它们身披细密光亮如丝的金黄色长毛;主要分布在四川和甘肃的岷山、邛崃山、大小凉山山脉,陕西秦岭山脉以及湖北神农架等地常绿落叶阔叶林、针阔叶混交林或针叶林中,属树栖动物;现存不止 25 000 只。

(2)黔金丝猴[*Rhinopithecus roxellanae brelichi* Thomas (1930)] 又称灰金丝猴。它们的体背毛并不长,主要是灰色,尾巴是仰鼻猴属中最长的;仅分布在贵州梵净山一带海拔 1 400~1 800 m 的阔叶林中,亦属树栖型动物;现有 800 只左右。

(3)滇金丝猴[*Rhinopithecus bieti* Milne-Edwards(1897)] 亦称黑金丝猴。它们的毛呈黑色,体背毛长约 20 cm,毛色随年龄增长而加深变黑;主要分布在云南和西藏的横断山脉中段的云岭山脉,海拔 3 200~4 200 m 的高山暗针叶林中,是当今分布海拔最高的灵长类动物;虽是树栖动物,但也经常到地面活动;估计有 1 000~1 500 只[1~4]。

(4)越南金丝猴[*Rhinopithecus avunculus* Dollman(1912)] 或称东京仰鼻猴。它们的体背黑色,腹面及四肢内侧黄白色,尾端黄白色;分布在越南北部的河宣、北太省一带,是分布最南的一种金丝猴;数量不到 200 只。

二、金丝猴的不同称谓

化石标本证明,我国早在距今 100 多万年前的更新世就有金丝猴分布。人们早在距今 2 700 多年前春秋、战国时代,就对它们有所认识,并根据自己的知识储备与此物种的形态、生态等特点,以及地区、时间差异等采用不同的称谓,但某些称谓又存在一定的局限性。

尽管古文献中对金丝猴称谓主要有狖、蜼、果然、猓然、猱、狨、猕猴、宗彝、金线狨、丝狨、狨子、金

---

① 本文主要内容发表于:1)文榕生.历史时期中国金丝猴的分布与变迁.见:全国强,谢家骅主编.金丝猴研究.上海:上海科技教育出版社,2002.17~61;2)文榕生.金丝猴的考辨与古今分布.自然杂志,2003(1):41~46;3)文榕生.金狨究竟是什么动物.北京青年报,2003-03-11(B4)等处。现略作介绍,并有所修订与补充。

绵狨、倒鼻猴、狮子鼻、长尾子、白肩猴、白肩仰鼻猴、牛尾猴、花猴、青猴、雪猴、飞猴，以及"知解"（藏语），"扎密普扎"（傈僳族语），"摆药"（白族语）等，但我们主要根据金丝猴的古今分布关系以及"仰鼻"、"长尾"、身披"金毳"、"毛柔长如绒"等特征，加以鉴别、区分。

值得讨论的是古动物名称——"独"。宋代陆佃《埤雅·释兽·猨》说："独，猨类也，似猨而大，食猨，今俗谓之独猨。盖猨性群，独性特；猨鸣三，独鸣一，是以谓之独也。"专家在《辞海》（1979年版）评价《埤雅》道："除征引古书外，并探求其得名之由来。但引书不注明出处，且多穿凿附会之说。"《本草纲目》释："……似猴而长臂者猨也。似猨而金尾者狨也。似猨而大能食猨猴者独也。"又释："独似猨而大，其性独，一鸣即止，能食猨猴。"清乾隆《广州府志》："（《岭南杂记》）岭南有狨，似猿猴而大，毛深厚而金色，以猿猴为粮。每啸则群猴皆集列跪其前。狨一一手按之，验其肥瘦。视肥者，以石戴其顶，此猴跪拜不敢动，余乃散去。戴石之猴随狨至水次，入水洗濯，又自拔毛，净讫，乃卧而听狨食之。"纂志者又记："东粤山中有狨，大小类猿，尾绝自爱。"清同治《竹山县志》则更明确地为"狨"注："金丝猴，食猿猴者。"清代《东湖县（今宜昌市）志》与今《宜昌县志》[5]都确认"独"与"金丝猴"是同一物种。清同治五年《巴东县志》也记载有"独"，且巴东县至今仍有金丝猴。古文献所称的"独"似为金丝猴一别称。然而，金丝猴虽然食性杂，但未见有捕食灵长类报道；且金丝猴是以雌性为主体的家族性社群为基本单元，这又与"独"的生态有距离。

三、金丝猴的现今分布

现今金丝猴的分布区已大大缩小，形成5片，其中川金丝猴有3片地区（即鄂西与渝东地区、陕南地区、甘南与川中地区），黔金丝猴有1片地区（即黔东北地区），滇金丝猴有1片地区（即藏东南与滇西北地区），呈孤岛状（图E1）。

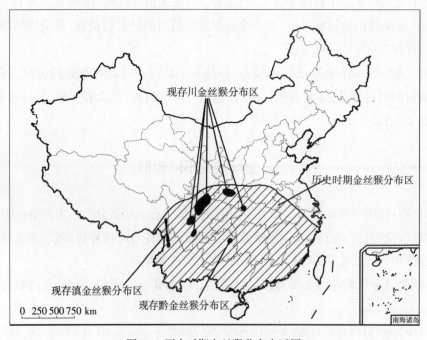

图 E1　历史时期金丝猴分布变迁图

　　值得注意的是,20 世纪 80 年代以来新修地方志记载的当地野生动物,不仅物种名称较规范,区分较细致,且相当部分物种似还经过调查确认。然而,有些金丝猴记载尚未为现代动物工作者野外调查的文献所证实。这究竟是因二者调查时间段或机遇差异,还是物种混淆、道听途说记载所致,值得进一步证实或排除。限于篇幅,简略提出:

　　(1) 江西　今《上犹县志》①记"金丝猴"等,不仅用现代动物学称谓,而且指明有两种灵长类,但未见今江西动物调查报告提及。从现代动物分布规律分析,金丝猴不可能出现在上犹。

　　(2) 广西　《宁明县志》载:"虎……豹……白头叶猴、金丝猴、猕猴、乌猿(20 世纪七八十年代未发现)。"[6]《靖西县志》不仅"旧志还载有人熊、马熊……长臂猿、老虎、金丝猴、玉面猴",且今还有"蜂猴、黑叶猴(乌猿)、黑熊、云豹、熊猴、金丝猴、林麝、水鹿……"[7]从记载之详(灵长类有多种,有的注有别称,有的注明存在的时间),再对比《容县志》"虎……豹……猴(解放初有恒河猴、金丝猴出没②,60 年代后已绝)"[8],似是经考证,且为当地当时物种状态。宁明、靖西毗邻越南,现方志所称仍有金丝猴残存,是否曾为越南金丝猴? 待查证。

　　(3) 重庆　《黔江县志》载:"国家保护动物有:黑金丝猴、毛冠鹿、红腹角雉、鸳鸯、大鲵、猕猴、黔江灰金丝猴……"[9]灵长类既有猕猴,又有黑金丝猴(滇金丝猴)和灰金丝猴(黔金丝猴)。黔江虽处今神农架与梵净山隔离的金丝猴分布区间,但未得动物工作者调查证实。相反,却有"贵州东北和重庆市东南一小片地区的黔金丝猴"[10],具体到重庆市的当为南川市[11],实际调查金佛山保护区有黑叶猴种群[12],但无金丝猴。同时武隆、秀山与酉阳间也有黑叶猴[13]。

　　(4) 四川　《马尔康县志》载:"主要有野驴、牛羚、藏原羚、藏羚、斑羚、野牦牛、盘羊、岩羊、金丝猴、猕猴、短尾猴、白唇鹿、水鹿……"[14]《阿坝县志》有:"川金丝猴、云豹、豹、雪豹、西藏野驴、白唇鹿、藏羚羊 7 种。"[15]《金川县志》:"珍稀有金丝猴、豹、扭角羚、鹿……(以上一级)"[16]《康定县志》:"国家一类保护动物:大熊猫、金丝猴、白唇鹿、牛羚……"[17]《甘孜州志》有"四川金丝猴(长尾猴)"[18]。这些方志用现代规范物种名称,区分出灵长类种名,甚至明确川金丝猴及其别称、保护等级,较认真负责。但所称"金丝猴"尚缺乏动物工作者的调查和确认。

　　(5) 云南　《水富县志》有:"金钱豹、黑熊、水獭、滇金丝猴、野牛、水鹿、羚羊、岩羊、野猪、猕猴……"[19]《西盟佤族自治县志》:"有金丝猴、懒猴、穿山甲、猴面鹰……"[20]《永德县志》有:"……小灵猫、猕猴、麂子、苏门羚、野猪、金丝猴、水鹿……"[21]《施甸县志》有"豹(铜钱花豹、草豹)、野羊(岩羊)……水貂、飞貂、猴类(含大青猴、金丝猴、小苦猴、青猴、黄猴)……"[22]《绿春县志》有:"蜂猴、金丝猴、长臂猿……"[23]《勐腊县志》:"金钱豹、灵猫、小熊猫、长臂猿、蜂猴、熊猴、金丝猴、犀鸟、白颊长臂猿……"[24]灵长类皆区分出多物种。此外,《红河州志》有"长臂猿、金丝猴、虎、懒猴、灰叶猴、毛冠鹿"[25]等记载,尽管《红河县志》中无金丝猴[26],但《绿春县志》却有。《德宏州志》:"现有国家规定的一类保护动物:绿孔雀……双角犀鸟、蜂猴(即懒猴,所有种)、叶猴(所有种)、金丝猴(所有种)、熊猴、豚尾猴、马来熊……"又提:"……云南豪猪、猕猴、金丝猴、灰叶猴、短尾猴、平顶猴、熊猴(大青猴)、菲氏叶猴(青猴或长尾猴)、白眉长臂猿、苏门羚(山驴)……"[27]据查,该州同期的瑞丽市和盈江县方志中皆无金丝猴记载。上述地区曾有科学院动物专业考察队发表多篇研究报告,均没有提到金丝猴。故以上方志是否存在将猕猴称为金丝猴加以记录,造成同名异物的错误,待考。当然,也有符合实际的方

　　① 1992 年《上犹县志》(准印证:戆地内〔1992〕218 号)载:"列入国家保护的珍稀动物有华南虎、金钱豹、短尾猴、金丝猴、鸳鸯、白鹇、穿山甲"等。
　　② 容县位于大容山东麓,记述当地有恒河猴(即猕猴)和金丝猴分布,似可排除是将猕猴误作金丝猴的记载,只是此为孤证,尚待进一步查证。

志,如《丽江地区林业志》载:"树栖性动物有滇金丝猴、藏马鸡等。"[28]据查,该地区同期的华坪和宁蒗两地方志中均未记有金丝猴,符合实际情况。动物学家认为滇金丝猴现代分布区仅限于云龙县北部以北的澜沧江与金沙江之间,那么,地方志记载的情况与前者有出入,需进一步查证。

(6)甘肃省 《西和县志》称:"建国初金丝猴、竹鼬、花马鸡等偶见市上出售,今成罕见物。"[29]对照《迭部县志》中"金丝猴(灭绝)"[30]的记载,后者已肯定历史上曾有金丝猴;前者尚难决断当地金丝猴是否已灭绝,需进一步查证。当然,前者记述并非规范的动物学名,似并非动物工作者撰写或经过他们审定;另外,市场偶有金丝猴出售,是否为当地所产的金丝猴,也有待查证。

四、历史时期金丝猴的分布变迁

金丝猴在历史时期的分布要比现今宽广得多,其范围大致在秦岭—淮河一线及其以南、青藏高原以东,古今分布变迁较大(图 E2 和表 E1)。

金丝猴历史上在江西分布地点不多。值得注意的是,明正德九年(1514 年)《袁州府志》载灵长类有"猿、猴、白猿、金线猿"①数种,并注明:"金线猿""出木平山,每啼有佳客至"。《图书集成·袁州府物产考》记载与此同。明代的袁州府治所在今江西宜春市,并辖今萍乡市和万载、分宜县,府境内有武功山。明嘉靖四年(1525 年)《江西通志·袁州府》、清康熙五十九年(1720 年)《江西志·袁州府》,以及清康熙二十二年(1683 年)至清同治十年(1871 年)《宜春县志》都有相似记载。反映在这一带历史上曾有金丝猴分布,并且它们延续到 19 世纪后半叶。

---

① 古文献所记载的"猿"与"白猿"似为长臂猿,而"金线猿"可能是金丝猴。因为尽管它们具备某些特点[长臂猿雌雄异色,甚至黑长臂猿雌体背毛呈灰黄、棕黄或橙黄色,但头顶有棱形或多角形黑褐色冠斑;而川金丝猴肩背具长毛,色泽金黄,更接近"金线"的描述。善啼确是长臂猿一个特点,但其啼叫有时间性,有规律,并非"客至"才啼叫(若此,应为人工驯养,而非野生状态),而金丝猴也会发出尖锐的叫声。清乾隆《潮州府志》转引(唐)殷尧藩《送海阳张明府诗》中有:"猿共果然啼"之句,"果然"即现今的金丝猴],却又缺乏明确的、绝无仅有的区分特点(如长臂猿无尾,前肢明显长于后肢;金丝猴仰鼻,体背毛长呈披状),暂且作为多种灵长类同域分布。

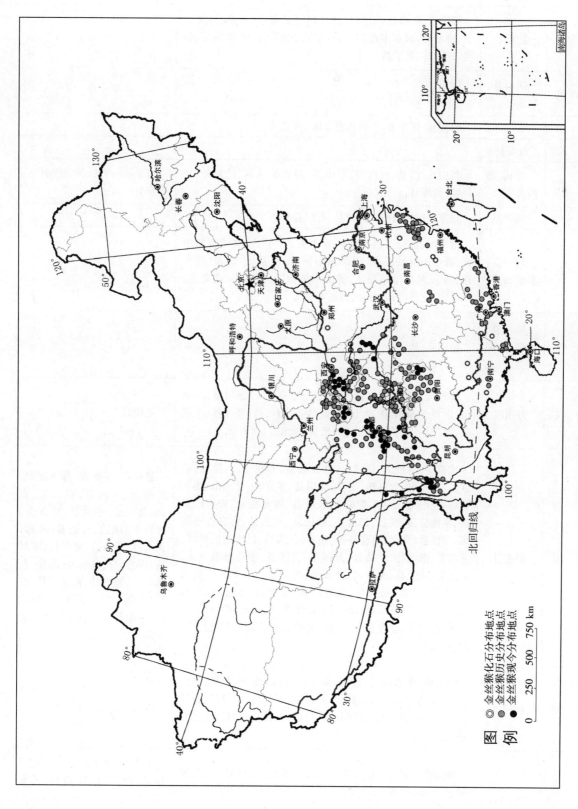

图 E2　中国金丝猴分布变迁状况图

表 E1　中国金丝猴分布变迁状况

地　区	遗存地点	历史分布地点	现存地点
浙　江	金华市	海宁市、临海市、天台县、仙居县、温州市、永嘉县、文成县、泰顺县、丽水市莲都区、龙泉市、缙云县、青田县、云和县、庆元县、景宁县	
福　建	明溪县、将乐县	建瓯市	
江　西		分宜县、萍乡市、宜春市袁州区、万载县	
河　南	新安县		
湖　北	郧县、郧西县	竹山县、房县、宜昌市、兴山县、神农架林区、巴东县、来凤县、鹤峰县	房县、兴山县、神农架林区、巴东县
湖　南	慈利县	张家界市、慈利县、桑植县、石门县	
广　东	封开县、罗定市	增城市、从化市、新丰县、连平县、和平县、潮州市湘桥区、揭阳市榕城区、惠州市惠阳区、博罗县、中山市、恩平市、佛山、佛山市南海区、佛山市顺德区、肇庆市、高要市、茂名市、化州市、电白县、吴川市	
广　西	柳江县、大新县、都安县	马山县、扶绥县	
重　庆	万州区	渝北区、万州区、涪陵区、黔江区、长寿区、合川市、江津市、南川市、铜梁县、大足县、荣昌县、璧山县、垫江县、丰都县、城口县、梁平县、巫山县、忠县、彭水县、酉阳县	巫山县
四　川	炉霍县	成都市、崇州市、邛崃市、都江堰市、彭州市、大邑县、蒲江县、广元市、青川县、安县、北川县、平武县、什邡市、绵竹市、南充市、营山县、蓬安县、仪陇县、西充县、广安市广安区、岳池县、武胜县、邻水县、峨边县、马边县、宜宾市翠屏区、南溪县、高县、筠连县、屏山县、盐边县、巴中市巴州区、通江县、南江县、平昌县、万源市、洪雅县、雅安市雨城区、名山县、荥经县、天全县、芦山县、宝兴县、马尔康县、汶川县、理县、茂县、松潘县、九寨沟县、金川县、小金县、黑水县、若尔盖县、红原县、康定县、泸定县、得荣县、西昌市、盐源县、德昌县、会理县、冕宁县、越西县、甘洛县、雷波县、木里县、美姑县	崇州市、邛崃市、都江堰市、彭州市、大邑县、青川县、安县、北川县、平武县、什邡市、绵竹市、峨边、马边县、洪雅、天全县、芦山县、宝兴县、汶川县、理县(?)、茂县、松潘县、九寨沟县、黑水县、若尔盖县、红原县、康定(?)、泸定县、理塘县、得荣县(?)、冕宁县(?)、美姑县
贵　州	桐梓县	遵义市、赤水市、仁怀市、桐梓县、绥阳县、正安县、湄潭县、余庆县、习水县、道真县、务川县、铜仁市、江口县、石阡县、思南县、德江县、印江县、沿河县、松桃县、福泉市、瓮安县	江口县、印江县、松桃县
云　南		丽江市古城区、玉龙县、兰坪县、德钦县、维西县、大理市、祥云县、弥渡县、永平县、云龙县、剑川县、漾濞县	丽江市古城区、玉龙县、兰坪县、德钦县、维西县、云龙县、剑川县
西　藏		芒康县	芒康县

续表

地 区	遗存地点	历史分布地点	现存地点
陕 西	蓝田县	西安市、西安市长安区、周至县、户县、宝鸡市、凤翔县、岐山县、扶风县、眉县、陇县、千阳县、麟游县、凤县、太白县、南郑县、城固县、洋县、西乡县、勉县、略阳县、镇巴县、佛坪县、安康市汉滨区、汉阴县、石泉县、宁陕县、紫阳县、岚皋县、平利县、旬阳县	周至县、宝鸡市、眉县、陇县、太白县、洋县、西乡县、佛坪县、石泉县、宁陕县
甘 肃		天水市、清水县、秦安县、甘谷县、岷县、陇南市武都区、成县、宕昌县、康县、文县、西和县、礼县、两当县、徽县、舟曲县、迭部县	陇南市武都区、康县、文县、舟曲县

注：金丝猴的现存地点又参考张荣祖等[31]资料修订。

参 考 文 献

[1] 潘文石,雍严格. 金丝猴的生物学. 野生动物,1985(6):10～13

[2] 邹淑荃,白寿昌. 滇金丝猴:世界珍稀灵长类动物. 动物学杂志,1990,25(1):35～37

[3] 顾海军,周继武. 打开金丝猴王国之门的密匙. 野生动物,2000(4):2～3

[4] 邓其祥,胡锦矗,余志伟. 金丝猴的生态生物学特性及其分布. 南充师院学报(自然科学版),1981(3):75～85

[5] 湖北省宜昌县地方志编纂委员会编纂. 宜昌县志. 北京:冶金工业出版社,1993

[6] 宁明县志编纂委员会编. 宁明县志. 北京:中央民族学院出版社,1988

[7] 靖西县志编纂委员会编. 靖西县志. 南宁:广西人民出版社,2000

[8] 容县志编委会编. 容县志. 南宁:广西人民出版社,1993

[9] 四川省黔江土家族苗族自治县志编纂委员会编. 黔江县志. 北京:中国社会出版社,1994

[10] 黄健民. 长江三峡地理. 重庆:重庆出版社,1999

[11] 胡锦矗,王酉之. 四川资源动物志:第一卷 总论 哺乳纲. 成都:四川人民出版社,1982

[12] 张含藻,等. 金佛山自然保护区首次发现白颊黑叶猴. 四川动物,1992,11(4):30

[13] 全国强,等. 西南地区懒猴科及猴科灵长类资源. 见:宋大祥主编. 西南武陵山地区动物资源和评价. 北京:科学出版社,1994:304～316

[14] 四川省马尔康县地方志编纂委员会编纂. 马尔康县志. 成都:四川人民出版社,1995

[15] 阿坝县地方志编纂委员会编. 阿坝县志. 北京:民族出版社,1993

[16] 金川县地方志编纂委员会编. 金川县志. 北京:民族出版社,1994

[17] 四川省康定县志编纂委员会编纂. 康定县志. 成都:四川辞书出版社,1995

[18] 甘孜州志编纂委员会编. 甘孜州志. 成都:四川人民出版社,1997

[19] 水富县志编纂委员会编纂. 水富县志. 昆明:云南人民出版社,1996

[20] 西盟佤族自治县志编纂委员会编. 西盟佤族自治县志. 昆明:云南人民出版社,1997

[21] 云南省永德县志编纂委员会编. 永德县志. 昆明:云南人民出版社,1994

[22] 云南省施甸县志编纂委员会编. 施甸县志. 北京:新华出版社,1997

[23] 云南省绿春县志编纂委员会编纂. 绿春县志. 昆明:云南人民出版社,1992

[24] 云南省勐腊县志编纂委员会编纂. 勐腊县志. 昆明:云南人民出版社,1994

[25] 红河哈尼族彝族自治州志编纂委员会编. 红河州志. 北京:生活·读书·新知三联书店,1994

[26] 红河县志编纂委员会编纂. 红河县志. 昆明:云南人民出版社,1992

［27］德宏傣族景颇族自治州志编纂委员会编.德宏州志：综合卷.潞西：德宏民族出版社,1994

［28］丽江地区行政公署林业局编撰.丽江地区林业志.昆明：云南民族出版社,1998

［29］西和县志编纂委员会编.西和县志.西安：陕西人民出版社,1997

［30］迭部县志编纂委员会编.迭部县志.兰州：兰州大学出版社,1998

［31］张荣祖,等.中国灵长类生物地理与自然保护：过去、现在与未来.北京：中国林业出版社,2002

F｜历史时期虎在中国分布变迁研究新进展

文榕生

一、引　言

虎是亚洲特有珍稀野生动物,虽为猫科大型猛兽,却只有一个种,多个亚种。2010 年,中、俄等现有野生虎分布的 13 个国家领导人和代表通过了《全球野生虎分布国政府首脑宣言》和《保护老虎和恢复老虎数量全球战略》,使国际社会对单一濒危物种重视程度达到空前高度。

笔者曾对我国历史上的虎分布与变迁进行过初步探讨[1],得到多学科学者重视。后在解答"东北虎"等咨询时,发现国内外不少专家、学者、国际组织对虎的起源、扩散及历史上分布等众说纷纭,莫衷一是,甚至出现误导性说法占主流的反常现象,遂再度研究,又有一些新发现。限于客观条件,已完成的多个虎专题研究成果难以短期推出,或难按最佳方式展示,谨先行披露部分,以飨关注者。

二、虎的起源与扩散

尽管虎的起源、扩散与历史时期的分布变迁各有侧重,但又可以相互印证。

(一)主要不同观点的溯源

历史上虎分布变迁的误导性传播不少,仅选其中较具代表性的展示:

至此时,我们依然可见世界自然基金会发布的"全球虎古今分布图"。暂且忽略其细节,该图主要呈现中间存在广阔隔离地域的两片虎分布状态,亦即西亚地区的小片与东北亚延续到南亚的大片。这显然并不符合实际。该图显示,在中国部分的虎分布与"全球虎古今分布图"大体相似。尤其值得注意的是,在该图左下方的图注:"资料来源:Viatisiaw Mazák. Der Tiger,1979"。故此,我们不难断定,其后出现的历史上全球虎分布图,凡与其大致相似者,皆主要是根据 Der Tiger 资料。何业恒对历史时期全国虎分布变迁的研究成果 1996 年问世,尽管其中某些观点待商榷,但这是历史动物地理学者的早期研究,也证实 Mazák 关于中国历史时期虎分布的功课还差相当大火候,而国内外不少研究虎的专家则是盲从于 Mazák。

在追溯 WWF[①] 这一误导时,我们发现有若干值得商榷的说法。

罗述金在 2010 年提道:

---

① WWF 之图. http://article. yeeyan. org/view/104422/81907

现今所知的最早的虎化石可追溯到 200 万年前,发现于中国北部和印度尼西亚的爪哇岛。不过现今所有虎种群的最近共同祖先的历史则要比 200 万年要近许多,可追溯大约距今 72 000～108 000 年前,其证据反映在老虎相对低的遗传多样性水平上(Luo et al. ,2004)。老虎至少在 200 万年前就已经存在,然而史前虎种群显然曾经遭遇过一次种群减少的"瓶颈"效应,所以现今的虎种群的共同祖先的时间距今在 10 万年左右。该瓶颈效应有可能与 7.3 万年前发生的一次最近 200 万年来已知最大的一次火山爆发亦即苏门答腊托巴(Toba)火山爆发有关。现存的老虎被分为 6 个亚种:阿穆尔虎(又称东北虎或西伯利亚虎)、印支虎、马来虎、苏门答腊虎、孟加拉虎以及中国的华南虎(Luo et al. ,2004)[2]。

按:据此论述,罗述金既提到虎发源于 200 万年前的"中国北部"和"印度尼西亚的爪哇岛",又称"现今的虎种群的共同祖先的时间距今在 10 万年左右",颇令人费解。

2010 年,《虎年谈虎"色"犹变》[3]指出:

目前比较公认的观点认为:虎 200 万年前起源于亚洲东部,也就是我国东部地区(长江下游),然后沿着两个主要方向扩散,即沿着西北方向的森林和河流进入亚洲西南部;沿南和西南方向进入东南亚及印度次大陆,一部分最终进入印度尼西亚群岛。

按:提出虎起源于中国长江下游(缺乏更具体地点);同时指出虎扩散的 2 条主要方向——"西北方向"与"沿南和西南方向"。仅就虎的扩散而言,恰恰遗漏了向东北亚扩展的重要一支(东北亚虎)。

2003 年的专著《虎研究》就虎起源论述:

关于虎的起源说法不一,有些学者认为虎可能起源于亚洲东北部的西伯利亚和中国的东北平原一带(Jon. R. Luma,1987;谢钟,1996)。在虎的各个亚种中,华南虎是各亚种的祖先,它们的头骨结构最接近于原始的虎[4]。

按:此固是两种截然不同的虎起源,但作者倾向性在之一为顾问的《东北虎林园建园 10 周年纪念册》中表露道:

虎起源于我国东北和俄罗斯西伯利亚地区,在其漫长的进化过程中,向西和向南两大主流迁移,进而演变进化为 8 个亚种。[5]

直至杰克逊(Peter. Jackson)①《野外的老虎》中展现的"古今虎分布图"与其左下方图注:"资料来源:Viatisiaw Mazák. Der Tiger,1979"。至此,古今虎分布变迁图溯源可暂告一段落,因为我们见到不少古今虎分布变迁图与此相似,而它们基本上皆源于 Mazák 在 1979 年发表的著作。

虎模式亚种的拉丁学名是瑞典博物学家林奈 1758 年命名的。在 1950 年代前,基本上是国外学者从事虎的现代动物学研究,包括虎在我国分布情况。而到 1970 年代末,我国动物学家才较多涉及

---

① 据介绍,杰克逊时任"世纪自然保护联盟猫科动物专家小组主席,从事老虎存护工作 27 年,其中 8 年担任世界自然基金会拯救老虎行动的首席项目主任"。

虎研究。我国不仅疆域辽阔,历史上虎分布极广,而且具有最丰富且延续数千年不间断的虎分布记录。据笔者参与《中华大典・生物学典・动物分典》编纂工作,进一步了解到,我国古籍中记载的野生动物资料,按物种论,无出其右者。

正是由于这些中外专家、学者对我国古籍中记载的虎分布资料,或不了解,或未能充分利用,故古动物与现代动物学研究缺失重要的中间环节——历史动物地理学研究成果,而对某些情况难以自圆其说。

(二)证实起源与早期的扩散

物种遗存(迄今,研究者已利用动物的骨骼、牙齿、脑、粪便、足印、痕迹等)不仅是实证,而且含有空间、时间与环境等大量信息;尤其是成序列的遗存,更是探讨物种起源与地理分布变迁的有力证据。

据迄今在我国 27 个省级政区、105 地、129 点出土的遗存(表 F1,图 F1)看:更新世早期虎化石就有渑池[6]、蓝田[7,8]、东乡[9] 3 地,尤其渑池与东乡的古中华虎(*Panthera palaeosinensis*)化石距今 200 万年前[①],蓝田虎(*Panthera tigris*)化石为距今 110 万年前遗物。此外,中更新世虎化石 46 地,晚更新世虎化石 37 地,全新世虎遗存 18 地。分布广且成序列的遗存确证虎起源于更新世早期,首先在我国的黄河中游一带出现,然后才扩散开。

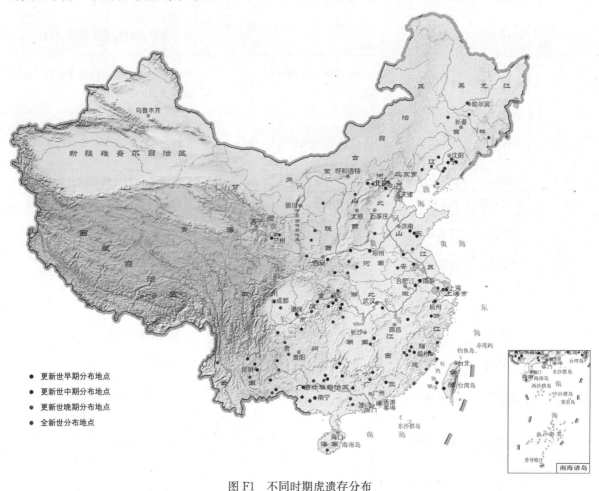

● 更新世早期分布地点
● 更新世中期分布地点
● 更新世晚期分布地点
● 全新世分布地点

图 F1　不同时期虎遗存分布

---

① 邱占祥等(2004)提道:"如果单从哺乳动物群的进化程度判断,龙担动物群的地质时代以 2.2 Ma 左右为宜。"

表 F1　不同时期的虎遗存分布状况

地区	省级政区	市、县、区	遗址地点	时期	遗存	资料来源
华北	北京	房山区	周口店（第一地点，3、5、6、7、8~9、10~11层）	中更新世中期~中更新世末期	化石	贾兰坡等,1959;卡尔克,1961;邱中郎等,1973;徐钦琦等,1982;胡长康,1985
			周口店（山顶洞）	旧石器时代晚期	化石	山顶洞人,网络
			周口店（第十五地点）	晚更新世中末期	化石	鸽子洞发掘队,1975
			周口店（第二十三地点,鱼眼坡）	中更新世中期~中更新世末期	化石	贾兰坡等,1959
		昌平区	张营遗址	夏末~中商时期	遗骨	黄蕴平,2010
	河北	阳原县	泥河湾村	晚更新世中期	化石	胡长康等,1978;泥河湾遗址群
			侯家窑	晚更新世早期	化石	尤玉柱等,1981
	山西	阳高县	许家窑	中更新世晚期	化石	贾兰坡等,1979
		朔州市	峙峪村	更新世晚期	化石（左股骨上半段）	贾兰坡等,1972
	内蒙古	乌审旗	杨四沟	晚更新世早~中期	化石（后半身骨架）	祁国琴,1975;尤玉柱等,1981
东北	辽宁	喀拉沁左翼蒙古族自治县	鸽子洞遗址	晚更新世中期之末	化石	鸽子洞发掘队,1975;张镇洪,1981;傅仁义,1992
		大石桥市	金牛山遗址	中更新世晚期	化石	金牛山联合发掘队,1976;吕遵谔,1989;祁国琴,1989;尤玉柱等,1993;黄蕴平,1996
		凌海市	沈家台遗址	晚更新世中期	化石	张镇洪,1981;魏海波,1986
		瓦房店市	古龙山洞穴	晚更新世	化石	周信学等,1984;尤玉柱等,1985
		本溪市	湖东洞穴	晚更新世	化石（完整的右上犬齿）	黄学诗等,1973
		本溪县	庙后山遗址	约和北京猿人同期	化石	张镇洪,1981
		辽阳市	安平南山	更新世中期	化石（2个被压扁的头骨）	张镇洪等,1980
		海城市	小孤山洞穴（前称仙人洞）	晚更新世	化石	张镇洪等,1985
		黑山县	姜家屯	旧石器时代	化石	佟柱臣,1947
	吉林	榆树市	周家油坊	晚更新世及全新世	化石	孙建中等,1981
		乾安县	大布苏泡子	晚更新世	化石（完整下颌骨、左下颌骨）	汤卓炜等,2003
		安图县	明月镇石门山村东大洞等洞穴	更新世晚期	化石（左下颌骨碎片）	姜鹏,1975;姜鹏,1982
	黑龙江	哈尔滨市	顾乡屯	晚更新世	化石	包诺索夫,1938;孙建中,1977

续表

地区	省级政区	市、县、区	遗址地点	时期	遗存	资料来源
华东	上海	闵行区	崧泽遗址	新石器时代	亚化石	黄象洪等,1978;袁靖等,1997
		青浦区	崧泽遗址	新石器时代	亚化石	黄象洪等,1978;袁靖等,1997
	江苏	南京市	葫芦洞小洞	中更新世中期	化石	房迎三,2000;黄万波等,2012
		铜山县	大黑山石灰岩裂隙	中更新世晚期	化石	林玉芬,1981
		泗洪县	下草湾遗址	中更新世	化石	卡尔克,1961
		苏州市	三山岛	更新世晚期	化石	张祖方等,1987;苏州市地方志编纂委员会,1995
	浙江	杭州市	凤凰山东坡	与马坝人相当		韩德芬等,1978
		金华市	双龙洞	更新世中晚期~早全新世	化石	马安成等,1992
	安徽	蒙城县	尉迟寺遗址	新石器时代	虎骨	中国社会科学院考古研究所,2001
		和县	龙潭洞"和县猿人"遗址	旧石器时代早期	化石(虎齿)	黄万波等,2012;善厚镇龙潭洞"和县猿人"遗址项目简介,2011
	福建	闽侯县	昙石山遗址	新石器时代	虎骨	祁国琴,1977
		平潭县	壳坵头遗址	新石器时代	虎骨	福建省地方志编纂委员会,2004
		三明市	万寿岩船帆洞及支洞3处	中更新世晚期~全新世	化石	范雪春等,2006
		明溪县	剪刀墘洞	晚更新世	化石	尤玉柱等,1996;范雪春等,2006
		清流县	龙津洞3号裂隙	晚更新世	化石	中国考古学会,1993;尤玉柱等,1996;中国考古学会,1993
			狐狸洞	晚更新世	化石	中国考古学会,1993;尤玉柱等,1996;范雪春等,2006
		宁化县	石子崠洞、老虎洞	晚更新世	化石	尤玉柱等,1996;范雪春等,2006
			湖村老虎洞	晚更新世中~晚期	化石	杨启成等,1975;余生富等,2008;范雪春等,2006
		将乐县	岩仔洞(上层洞与下层洞)	晚更新世	化石	中国考古学会,1993;尤玉柱等,1996;范雪春等,2006
		石狮市	台湾海峡	晚更新世	化石	范雪春等,2006
		东山县	大帽山遗址	新石器时代	骨骼	黄蕴平,2010
			台湾海峡	晚更新世	化石	范雪春等,2006
		霞浦县	黄瓜山遗址	新石器时代	虎骨	福建省地方志编纂委员会,2004
	江西	乐平市	山下溶洞	中更新世~晚更新世	化石(虎齿)	罗祥瑞,1992
		萍乡市	竹山园洞	更新世中期~晚期	化石	李家和等,1992

续表

地区	省级政区	市、县、区	遗址地点	时期	遗存	资料来源
华东	山东	沂源县		更新世中期～晚期	化石	吕遵谔等,1989;尤玉柱等,1996
		莒县	前小村沭河右岸	中更新世	化石	尤玉柱等,1996
		郯城县	马陵山	晚更新世	化石	尤玉柱等,1996
		沂水县		更新世中期～晚期	化石	吕遵谔等,1989;尤玉柱等,1996
	台湾	台南市	菜寮溪	更新世中期	化石(虎白齿)	小五生捡40万年虎化石,2006
				晚更新世	化石(虎头盖骨)	台湾的化石(虎、象、鳄、鲸等),2006;台湾的化石,2014;左镇人
		澎湖县	澎湖海沟	更新世晚期	化石	何传坤等,1997
中南	河南	郑州市	西山遗址	新石器时代～西周时期	虎骨	陈全家,2006
		渑池县	兰沟	早更新世	化石(虎头骨、下颌骨、肢骨等)	邱占祥,1998
		栾川县	蝙蝠洞	晚更新世早期	化石	桂娟,2010
		安阳市	殷墟	商朝中晚期	骨骸(头骨若干,有完整的头骨与下颌骨及肢骨等)	德日进等,1936;杨钟健等,1949
		南召县	杏花山下	中更新世	化石	邱中郎等,1982
		淅川县	下王岗遗址	仰韶文化中期	虎骨	贾兰坡等,1977;河南文物考古研究所等,1989
	湖北	郧西县	神雾岭白龙洞	中更新世早期	化石	湘江,1977
			黄龙洞古人类遗址	更新世中晚期	化石	中国考古学会,2006
		大冶市	石龙头遗址	中更新世	化石(残破的右上颌骨1块)	李炎贤等,1974
		长阳土家族自治县	大堰乡下钟家湾	更新世中期的后期	化石	贾兰坡,1957
		五峰土家族自治县	长乐坪	更新世中期～晚期	化石	邱中郎等,1961
		神农架林区	犀牛洞	晚更新世早期	化石	武仙竹,1998;中国考古学会,2000
		恩施市	鲁竹坝	更新世中期～晚期	化石	邱中郎等,1961
		建始县	花坪	更新世中期～晚期	化石	邱中郎等,1961

续表

地区	省级政区	市、县、区	遗址地点	时期	遗存	资料来源
	湖北	巴东县	店子头遗址	新石器中晚期	化石	湖北省文物考古研究所,2004
	湖南	慈利县	笔架山硝洞	晚更新世	化石	何业恒,1996
		攸县	店背溶洞	晚更新世	化石	何业恒,1996
		永顺县	不二门商周遗址	商周时期	虎骨	中国考古学会,2004
	广东	英德市	牛栏洞动物群	更新世晚期	化石	张镇洪等,1998b;曹菁等,2012
			九龙礼堂山动物群	更新世晚期	化石	张镇洪等,1998a;刘海军,2007
		韶关市	马坝狮子岩洞穴	中更新世	化石	卡尔克,1961;宋方义等,1985;谭文斌,1992
			马坝人遗址	晚更新世	化石	中国考古学会,1985
		东源县	必寿洞	中更新世晚期~晚更新世早期	化石	黄东等,2008
		封开县	渔涝罗沙岩遗址	旧石器时代	化石	张镇洪等,1994
		罗定市	苹塘下山洞	晚更新世晚期	化石	黄万波等,1988
		阳春市	独石山仙人洞	晚更新世	化石	中国考古学会,1997a
中南	广西	南宁市	豹子头贝丘遗址	新石器时代晚期	虎骨	广西壮族自治区文物考古训练班等,1975
		桂林市	新开村	中更新世	化石	卡尔克,1961
			穿山月岩东岩洞	更新世晚期	化石	吴新智等,1962
		兴安县		中更新世	化石	裴文中,1960
		平乐县	石排后山盘古庙	更新世中期~晚期	化石	吴新智等,1962
		柳州市	笔架山	中更新世	化石	黄万波,1979
		柳江县	人洞(通天岩)	晚更新世	化石	黄万波,1979
			四案咁前山洞穴	更新世晚期	化石	李有恒等,1984
		柳城县	巨猿洞	中更新世	化石	卡尔克,1961;裴文中,1960
		扶绥县	左江西岸、敢造等地	新石器时代晚期	虎骨	广西壮族自治区文物考古训练班等,1975
		大新县	牛睡山黑洞	中更新世	化石	卡尔克,1961;裴文中,1960
			下雷马鞍山	晚更新世	化石	顾玉珉等,1986
		田东县	雾云山	中更新世或晚更新世早期	化石	陈耿娇,2002
		都安瑶族自治县	地苏乡	晚更新世	化石	赵仲如等,1981
	海南	三亚市	落笔洞遗址	属于旧石器时代末期新石器时代初期	化石	中国考古学会,1997b;郝思德,1997;郝思德等,2004
西南	重庆	沙坪坝区	歌乐山	中更新世	化石	卡尔克,1961;邱占祥,1998
		万州区	盐井沟	中更新世	化石	卡尔克,1961
		丰都县	玉溪遗址	新石器时代中期	骨骼	黄蕴平,2010

续表

地区	省级政区	市、县、区	遗址地点	时期	遗存	资料来源
西南	重庆	巫山县	大溪文化遗址	新石器时代	虎骨	王家德,1994
	四川	成都市	方池街遗址	新石器时代晚期~商周时期	虎骨	周尔泰,2003;徐鹏章,2003
		筠连县	灯杆洞	中更新世~晚更新世	化石	王正新,1991学报,29(1):71
			拱猪洞哺乳动物群	晚更新世后期	化石	筠连县县志编纂委员会,1998
		雁江区	黄鳝溪	中更新世	化石	卡尔克,1961
	贵州	盘县	十里坪大洞	中更新世后期~晚更新世	化石	斯信强等,1993
		桐梓县	柴山岗南坡	中更新世~晚更新世	化石	吴茂霖等,1975
			马鞍山南洞	晚更新世后期	化石	黄泗亭等,1992
		普定县	白岩脚洞	晚更新世中~晚期	化石	李炎贤等,1986
		毕节市	周家桥扁扁洞	晚更新世早期	化石	蔡回阳等,1991
		兴义市	张口洞遗址	晚更新世后期	化石	中国考古学会,1988a
	云南	昆明市	花红洞、野猫洞	更新世中期~晚期	化石	张兴永,1973;胡绍锦,1985
		富民县	河上洞	更新世中期~晚期	化石	Yong,1932;Teilhard,1938;卡尔克,1961
		峨山彝族自治县	老龙洞	更新世晚期	化石	白子麒,1998
		隆阳区	龙王塘动物群	早全新世	化石	耿德铭,1995
			塘子沟遗址	旧石器时代晚期	虎骨	中国考古学会,1988b
		元谋县		中更新世	化石	尤玉柱等,1973
		西畴县	仙人洞	更新世中期~晚期	化石	张兴永,1973;陈德珍等,1978
		马关县	九龙口	晚更新世	化石	陈德珍等,1978
		丘北县	大龙山洞	旧石器时代	化石	卡尔克,1961
西北	陕西	蓝田县	公王岭	早于陈家窝	化石	胡长康等,1978;邱占祥,1998;公王岭动物群,网络
			泄湖镇陈家窝村	与北京人相当	化石	周明镇,1964;周明镇等,1965
			厚镇涝池河	晚更新世中期	化石	计宏祥,1974;胡长康等,1978
		宝鸡市	福临堡遗址	仰韶文化中期		吴家炎,1993;吴家炎等,1993
	甘肃	榆中县	上花岔乡上苦水村	晚更新世中晚期	化石	颉光普等,1994
		西峰区	西峰区	更新世晚期	化石	胡长康,1962
		华池县	柔远镇	晚更新世	化石	谢骏义等,1988
		东乡族自治县	龙担动物群	早更新世	化石（中年个体头骨吻部P4前尖以前）	邱占祥等,2002;邱占祥等,2004

通过图 F1 可以看出：

①黄河流域，除早更新世遗存外，还有中、晚更新世与全新世遗存形成序列，说明该区的虎是一脉相承。

②中更新世遗存（早超出"距今在 10 万年左右"的"现今的虎种群的共同祖先的时间"节点）地点占出土虎遗存总数 44%；已扩散到辽河、淮河、长江、珠江等流域，甚至达到台南市，远非"华南虎"分布区可覆盖。

③虎向东北方的扩散路线比较清晰，亦即先在今辽宁出土中更新世遗存（也有晚更新世遗存），然后在今吉林与黑龙江出土晚更新世遗存。

④虎是第四纪出现的物种，尽管迄今在西北出土的动物遗存中有虎的并不多，但可借助古地理图反映的环境判断虎向西北方的扩散大势。

（三）古地理环境的变迁佐证虎的扩散

《中国古地理图集》中的两幅更新世古地图（图 F2，图 F3），正是虎起源与扩散早期相当，较形象而直观地复原了当时地形环境。

中国早更新世古地理图

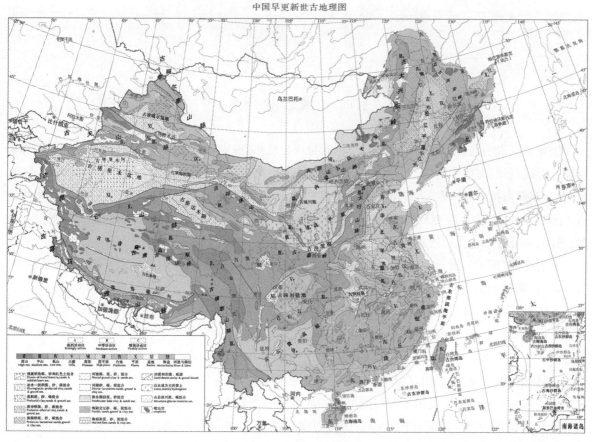

图 F2 早更新世古地图

中国中、晚更新世古地理图

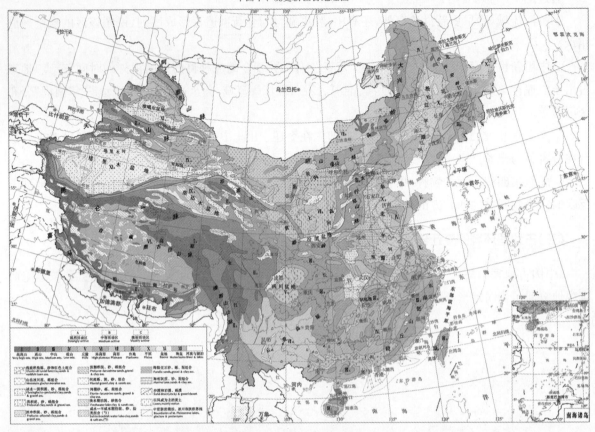

图 F3　中、晚更新世古地图

据此二图说表述,早更新世,海陆分布轮廓与现今已相近;青藏地区开始大面积、大幅度地整体断块隆起形成高原,海拔平均约为 2 500 米,喜马拉雅山平均海拔 3 300 米,喀喇昆仑山平均海拔 4 500米;黄土高原海拔 800 米左右,属微弱活动的高平原;秦岭强烈上升,其幅度可达 500 米以上,平均海拔 1 000 米左右。中—晚更新世,青藏高原继续迅猛隆起,上升幅度达 1 000～2 500 米;中—晚更新世时,黄河、长江基本上接近现貌[10]。

察看 2 图(图 F2,图 F3)的某些细部差异:早更新世时,在内蒙古、黄土及山西一带是"高平原"与"台地";古阿尔泰山山麓下已呈现"低地",今伊犁谷地一带则是"平原"。到中—晚更新世时,内蒙古、黄土及山西一带的"高平原"与"冰水—洪积泥、砂、砾组合"基本如故,而"台地"呈破碎状;今阿尔泰山山麓下的"低地"扩大;今伊犁谷地一带也变为扩大的"低地";此外,在今塔城一带又新出现了较大片"低地"。

上述地形的变化,使虎向北与向西北扩散处于畅通状态。

而虎向西南扩散主要受阻于恰与虎出现同期处于强烈隆起、难以逾越的青藏高原。故其扩散当是选择间接绕行,因而,分布于中南半岛(旧称印度支那半岛、中印半岛)及其以西的南亚次大陆(又称印度次大陆)的虎似晚于"华南虎"出现。

(四)文献记载证实虎的地理分布变迁

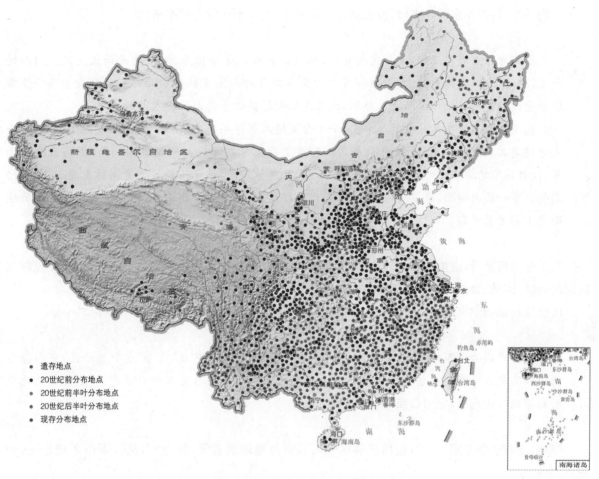

图 F4　不同时期虎的分布变迁图

　　笔者对 2009《虎的分布变迁》修订与增补,据约 2 600 种文献记载(绝大部分在发表的论著中列出,不再重复),今我国县、市级政区在历史上有虎分布地(不含不同时期的重复)约达 1 960 余个,约占政区的 82%。这些虎分布(图 F4),既是 200 余万年来古中华虎不间断延续至今的证明,也展示了虎分布变迁大势:20 世纪前,今省级政区皆有虎栖息;到 20 世纪前半叶,今北京、河北、山西、内蒙古、辽宁、吉林、黑龙江、江苏、浙江、安徽、福建、江西、山东、河南、湖北、湖南、广东、广西、香港、重庆、四川、贵州、云南、西藏、陕西、甘肃、青海、新疆等省级政区仍多寡不等地有虎存在。这恰恰填补了似沿用国外学者 20 世纪 70 年代末资料的空白,既复原虎早期是连成大片的状态,也更符合物种演化过程中先集中,后才出现分布隔离,产生亚种的客观规律。

三、我国两大海岛上的虎

　　台湾与海南现既是我国 2 个省级政区,也是 2 大海岛,向被认为是无虎分布地区。如今,此论断已被突破。

(一)"无虎论"代表观点

动物学家、科普作家谭邦杰(教授级高级工程师)在其关于虎的专书中指出:

> 虎起源于亚洲东北部,逐步向南发展,从我国东北地区分化为向西、向南两大主流。向西的一支,通过蒙古,我国内蒙古、新疆和苏联中亚各加盟共和国直抵伊朗北部和高加索南部。没有能够向西越过阿拉伯沙漠而进入非洲,也没有能越过高加索高山而进入欧洲。
>
> 向南发展的一支又分为两个分支,一个分支进入朝鲜半岛,直达朝鲜南部,受阻于大海;另一支通过华北、华中、华南,进入中南半岛。到这里后又分成两股。一股继续向南,沿马来半岛南下,渡过狭窄的海峡,分别登上苏门答腊、爪哇、巴厘等岛,但再也不能渡过宽阔的大海,进入其他岛屿。另一股则向西,通过缅甸、孟加拉而进入印度,直抵印度半岛南端,但也没能渡过保克海峡而登上斯里兰卡岛。

从上述分析来看,虎虽能游过较狭窄的海峡,出现在厦门、香港这样的岛屿上,但却不能渡过较宽较深的海峡,因此,台湾岛和海南岛自古以来便没有虎[11]。

历史地理动物学家何业恒教授在《中国虎与中国熊的历史变迁》中得出的主要结论之一是:

> 虎在中国的分布极广:在全国 31 个省级行政区(3 个直辖市、23 个省、5 个自治区)中[①],除台湾省和海南省一直没有老虎的分布外,其余都曾有过。海南与台湾其所以没有虎,这是因为地质时期等到有老虎时,它们已经与大陆分离了。[12]

当然,还有一些专家、学者,包括从事这一区域自然地理学者等,皆持"台湾与海南无虎论"这种观点。

(二)台湾曾有虎的证据

历史上,台湾曾有虎的证据较多。

虎遗存有:澎湖海沟获取更新世晚期"虎(左下颌骨与右上犬齿)",左下颌骨明显较 *P. tigris* 小而比 *P. pardus* 大,与 *P. tigris* 更相近[13];台南县盐水溪晚更新世晚期虎头盖骨化石[②](1)[标明"*Panthera* sp. (cf. *tigris*)"][③],约有 2 万至 3 万年之久[④];台南县菜寮溪畔至少 40 万年前的成年台湾虎臼齿化石[⑤]。

明万历三十一年(1603 年)《东番记》中记载"有虎"。明崇祯元年(1628 年),Georgius Candidus 在《福尔摩沙岛记略》中称:"那里也有虎"。清康熙二十三年(1684 年)《澎湖,台湾纪略》中记:"兽有:虎",则是指"台湾"。这些文献记载虽可证明直到明末清初,台湾还有虎分布,但遗憾的是,皆缺乏更

---

① 其时,香港与澳门尚未回归;批准重庆设立直辖市,是 1997 年 3 月 14 日第八届全国人民代表大会第五次会议通过。
② 台湾的化石(虎、象、鳄、鲸等).[2006—12—12]. http://www.oursci.org/bbs/sinodino/viewthread.php? tid=4846
③ 台湾的化石.[2014—12—09]. http://gis.geo.ncu.edu.tw/earth/fossils/FOSSILS9. HTM
④ 左镇人. http://baike.baidu.com/link? url = ol1SqCBvEKfhCZ1VHMDUKC0fYphd2kIeSYxrP54bpx _ v — Es — dFYSYx5ndNkhHxKWVFlHmNmK0ch9byLmSQrfhq
⑤ 据专业人员张钧翔介绍,"依牙齿大小,推论与东北虎差不多,身长约有一点八公尺至三点五公尺,体重约达一百八十至三百四十公斤。"据,小五生捡 40 万年虎化石.[2006—12—12]. http://forums.perak.org/cn/simple/index.php? t31936. html

具体虎分布地点。故在历史时期虎的分布变迁图上(图 F4)暂以台北市代为标点。

(三)海南曾有虎的证据

海南历史上也有虎分布。

三亚市落笔洞遗址出土"华南虎"[①]等 10 000 年前遗物[14~16],证实海南曾有虎栖息。

虽《汉书·地理志》记载:"儋耳、珠厓郡。……亡马与虎",但《桂海虞衡志》《岭外代答》与清道光二年(1822 年)《广东通志》皆称黎母山"虎豹守险,无路可攀"。

虽有人以《汉书》与琼籍的丘浚[②]皆认为"海南无虎"为证,但前者只是泛指;后者不仅故乡与黎母山并非近邻[③],而且约在 26 岁即赴京会试、为官;更有曾任职儋州(即汉之"儋耳",今儋州市;地处黎母山北麓)的《海槎余录》作者顾岕,也认可范成大记述可信;尤其不可忽视的是黎母山,山势险峻,地形复杂,"虽黎人亦不可至也"。黎母山是海南岛绵延最长的一组山地,位于岛中部偏西南一带,以琼中黎族苗族自治县与白沙黎族自治县、五指山市交界地带的鹦哥岭为主体。

据上述资料综合分析,窃以为,至少到宋代,海南仍有虎残存。

(四)佐证两海岛曾有虎

现掌握的直接证据虽不多,并不妨通过间接证据加以佐证。

观境外的虎分布,虽菲律宾未见有虎的记载,但延伸到约南纬 9°印尼爪哇岛有虎栖息。

看境内的虎分布,与台湾省隔海相望的福建省,据文献与野外调查,历史上,全省皆有虎分布;沿海一带,到 20 世纪上半叶,福州市、福清市、长乐市、闽侯县、连江县、诏安县、长泰县仍有虎;到 20 世纪下半叶,莆田市、仙游县、安溪县、龙海市、云霄县还有虎;至今,据调查报道,永春县、德化县、厦门市依然有虎[17,18]。

与海南隔海相望的两广地区,据文献与野外调查,历史上,也皆有虎分布;清初,屈大均《广东新语》即称:"高、雷、廉三郡多虎。"此 3 郡正是海南北临的两广南部,"多虎"即反映并非一般的有虎分布,而至少是虎的数量较多;距海南较近地带,仅见徐闻县在 20 世纪 60 年代有虎残存[19]。

环境变迁既是影响野生动物分布的主要因素,也可反用于印证野生动物分布状况。《中国古地理图集》描述:

> 晚更新世晚期,大约距今 2.5 万年时,气候急剧变冷,整个东部海面大幅度下降,到距今 1.8 万年时,海面下降到最低位置,大约在现代海面以下 150 米左右。在华南沿海形成宽达上千公里的辽阔滨海平原,其上发育古土壤层、风化壳和泥炭,与此同时很多河流一直延伸到滨海平原的外缘。大约在距今 1 万年左右,气候复又转暖,海面回升到海深 25~30 米处,接近现代海面。[10]

按:与大陆阻隔的两大海峡各有特点:台湾海峡虽宽约 130~410 km,但其最深处不到 80 m。琼州海峡虽平均水深 44 m,最大深度 114 m,但宽仅 18~40 km。这对利用晚更新世海退机遇且善于泅渡的虎来说,由大陆扩散而达两海岛,即履平地。

---

① 即使认为全新世时,海南岛已与大陆隔离,但当地的虎也不是"华南虎",而是海南虎。
② 丘浚《南溟奇甸赋》中有:"天下皆有於菟,兹独无之。"所称"於菟",乃虎的别称。
③ 据现今测量,海口市与琼中黎族苗族自治县的距离也约有 143 km。

秦蕴珊等也认为,末次冰期时由于海平面的下降,台湾浅滩必然出露成陆,并成为大陆人类和动物通往群湖列岛直至台湾的桥梁[20]。

尤玉柱等进一步提出,台湾海峡西部海域哺乳动物化石是由于自福建东山岛和广东南澳岛以东确有一条向澎湖列岛延伸的浅滩,即台湾浅滩,其宽 10 余 km,长约 130 km,大多水深不及百米,在"骸筒骨洲"附近,水深仅有 10 m。该浅滩是东海陆架盆地和南海盆地的分水岭,海底地形由分水岭向东北和西南倾斜。在分水岭处,佛昙组地层隆起,上覆的上更新统和下全新统很薄,这是渔民打捞时容易采到化石的原因[21]。

文焕然[①]等根据中国历史时期森林植被、多种对气候敏感的动植物分布变迁,结合海洋生物、土壤、海岸等多方面资料,认为我国近 8 000 年来冬半年气候变迁呈现阶段性由暖转冷总趋势(图 F5),气温变化的峰谷之差约 5 ℃[22]。亦即反映在此时期,就是发生海退,其程度也远不如晚更新世剧烈。进而可推断,虎扩散到两海岛当是在此之前。

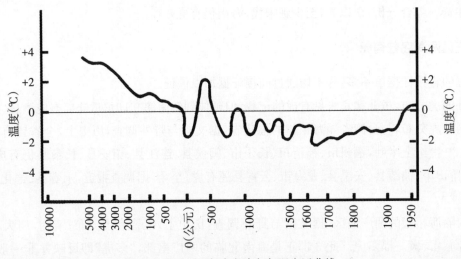

图 F5　近 8 000 年来冬半年气温变迁曲线

四、我国的虎亚种概况

长久以来,人们对虎亚种众说纷纭,莫衷一是,尤其是对"亚种"的误解与缺乏可靠的分布划分,使之成为虎研究的难点之一。

诚然,何业恒是最早全面研究历史时期我国虎分布的学者,但他在《中国虎的历史变迁》[12]中套用了《中国动物志》[23]的 6 个虎亚种分述它们的历史分布;更有古动物学者用虎亚种称其所发掘出的虎化石,尽管它们可以与现今的虎亚种分布地对应,但并不符合生态环境与虎分布的变化。

(一)"亚种"定义

根据《地球科学大辞典》对"亚种"的诠释,亚种有 2 种[24]:

(1)年代亚种:古生物学中将由于时代分布上的不同而使同一种内在形态特征上与其他居群有所

---

① 文焕然研究员是我国第一位从事历史自然地理研究的学者,出版我国首批历史气候专著,开创我国历史生物地理分支学科。这是他毕生研究历史气候变迁留下的对近 8 000 年来冬半年气候变迁的最终观点。

不同的居群,也称为亚种。

(2)地理亚种:与同一种内的其他居群在地理分布上界线明显、形态特征上有一定差异的居群。亚种由于进一步的地理隔离导致生殖隔离而发展成为新的物种。

上文提及最早的"古中华虎",即是年代亚种。而较早因环境变迁出现地理分布隔离,在台湾与海南两孤岛上的虎——台湾虎与海南虎则是地理亚种。

(二)虎亚种数量

据研究,我国历史上曾有 9 个虎亚种。

《中国动物志·兽纲·食肉目》列举出我国分布的 6 个虎亚种,分别是:①指名亚种(*Panthera tigris tigris*),又称孟加拉虎、印度虎等;②东北亚种(*Panthera tigris altaica*),又称东北虎、西伯利亚虎、乌苏里虎、满洲虎、朝鲜虎等;③华北亚种(*Panthera tigris coreensis*),又称华北虎等;④西北亚种(*Panthera tigris lecoqi*),又称新疆虎等;⑤华南亚种(*Panthera tigris amoyensis*),又称华南虎等;⑥云南亚种(*Panthera tigris corbetti*),又称云南虎、印支虎等。

加上 2 个海岛虎亚种:台湾亚种(台湾虎)与海南亚种(海南虎),新疆实际曾有的 2 个虎亚种(见下文)。

(三)虎亚种名称的规范

纵观虎已出现的亚种命名,有以人物(命名者或纪念者)、形态、分布地等多种形式。窃以为,应综合考虑古今它们各自分布范围与涉及地域,尽量采用自然地理名称。对 9 个虎亚种,建议规范它们的名称分别为:

印度虎:主要指分布于印度次大陆(又称南亚次大陆)的不丹、孟加拉、尼泊尔、印度、缅甸、中国等国的虎亚种,而不仅是"印度共和国"或"孟加拉人民共和国"存在者。

东北亚虎:不仅在我国东北地区,古今还涉及到俄罗斯、朝鲜、韩国等处于东北亚地区的虎亚种。其拉丁学名中的"*altaica*"乃"阿尔泰"地区,显然与之南辕北辙。

华北虎:是我国特有的虎亚种之一,处于新疆分布的虎以东、东北亚虎以西、华南虎以北。其拉丁学名中的"*coreensis*"乃"朝鲜"半岛,称其标本取自"朝鲜",就是从地理分布角度看,显然也不合适。

塔里木虎:鉴于新疆历史上曾有 2 个虎亚种存在;又有曹志红根据一些资料记述对"新疆虎"与"里海虎"进行 3 项比对,认为二者在"毛被色型"与"条纹型式"两项有差异,进而提出它们不是同一亚种的观点[25],而仅凭笔者个人之力对世间仍存在新疆与其周边分布的虎标本进行鉴定力不从心,暂将南疆分布的虎亚种作此称谓。

阿尔泰虎:由于北疆的虎亚种历史上还包括周边的今哈萨克斯坦与以阿尔泰山为主的俄罗斯、蒙古等[26],故采用曾误用于东北亚虎的"阿尔泰虎"较适宜。

华南虎:也是我国特有的虎亚种之一,与其交界的虎亚种有华北虎、印度虎与印支虎。

印支虎:不仅我国云南有分布,在印度支那半岛的柬埔寨、老挝、缅甸、泰王、越南等国家也有;"印度支那半岛"虽是旧称,但比起称"中南半岛"(中南虎)或"中印半岛"(中印虎)更便于区分①。

台湾虎:我国特有的虎亚种之一,已绝迹。

海南虎:我国特有的虎亚种之一,已绝迹。

---

① 前者易于与中国的"中南地区"区分,后者易避免误解为"只在中国与印度分布的虎亚种"。

(四)虎亚种的分布

9 个虎亚种的分布状况(图 F6)经鉴别、研究,初步确定[27]。

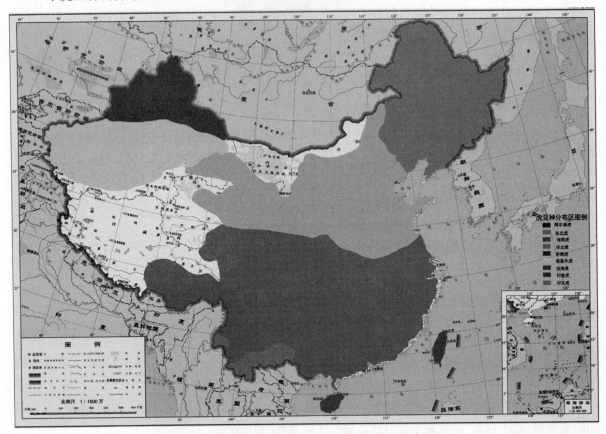

图 F6 历史时期我国分化出的 9 个虎亚种及其分布大势

五、新疆分布的虎问题

虽然人们对现今新疆是否有虎存在有争议,但历史上新疆有虎分布,不仅通过现存的古岩画、战国时期成书的《穆天子传》等古籍记载以及近代外国探险家的标本与记录,现代野外考察等多方得到证实,而且获得国际上认可,我们见到的外国学者绘制的历史时期虎分布图上就显示有新疆分布的虎信息。

根据天山南北的生态各异,古籍中同一文献曾有"约勒巴尔斯"与"巴尔"两种虎称谓,形态上出现较华南虎"身小,毛色淡浅稀疏"与"皮毛甚丰,皮值颇昂"不同特征,可以认为历史上新疆存在两种虎亚种[28]。

尽管北疆的纬度略低于东北地区,但由于其海拔高于后者,故二者的生态环境颇多相似,二地区的虎亚种也有较多相似特征。没有证据表明虎在我国北部的分布出现对接,外国学者的图上也显示这一重要信息。这既可以证明虎不能适应草原、沙漠、戈壁、高山等环境,也说明阿尔泰虎与东北亚虎处于天然隔离,还可佐证新疆分布的虎早期扩散并非源于遥远的东北。

不仅虎向北与向西北扩散处于畅通状态,而且也打开了某些虎越出现今国境向中亚扩散的通道。从而证明新疆分布的虎既是来自黄土高原,又成为再向境外扩散的中节点。而"高加索虎向东迁徙的子遗"的认识，显然是本末倒置。

六、云南的虎亚种状况

云南既是虎向境外扩散的重要通道之一，又由于生态环境多样，成为虎亚种最多（唯一并存 3 个亚种）的省级政区。尤其是以往文献，对该省虎亚种记载随意，更有必要理性地从历史地理角度梳理清楚它们的分布状况。

我们根据较俱权威性资料调查云南分布的 3 个虎亚种情况，结果较明显问题有：

①有文献称是历史上分布的虎亚种，但后却又记载当时存在物种，甚至现今仍然有虎存在。

②同一地的不同文献记载出现不同虎种名与亚种名现象，不足为奇，由于人们的认识不同。但同一文献记载同一地却既有虎种名又亚种名，就比较费解：因为从逻辑上说，虎种名与亚种名是"属"、"种"关系，前者可以包含多个所属的不同后者，后者却只能隶属唯一的直系前者。

③不同文献记载同一地采用同物异名现象，也不足为奇，也由于人们的认识不同。但同一文献记载同一地（县级政区）却出现不同亚种，就更令人费解了：在自然环境中不存在亚种的重叠。

现生物种的分布，通常经过实地调查便可证实。对于本身就并不易见到的珍稀野生动物，往往要靠机遇与遗迹来证实。而对于珍稀野生动物在历史时期的分布，则需要综合直接或间接的多方情况推理验证。笔者尝试将云南省的虎亚种分布与界线进行梳理与显示（图 F7）[1]。

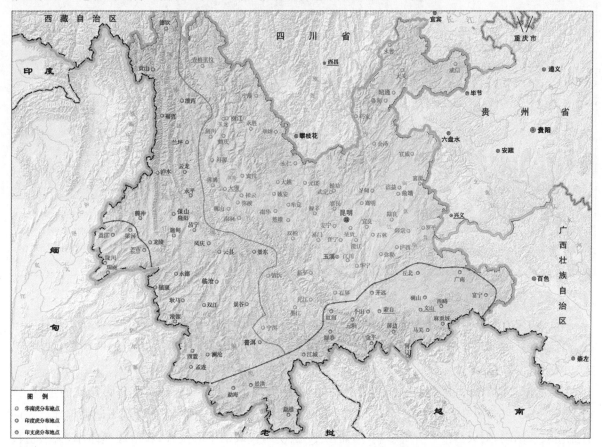

图 F7　云南三个虎亚种的分布概况及其界线

---

①　详见拙稿《探究云南省分布的虎（*Panthera tigris*）3 个亚种》（本书附录 G）。

七、东北的虎分布变迁

根据虎的地理分布变迁全程（图 F8）看，东北[①]分布的虎与东北亚虎（现所称"东北虎"）是两个不同概念。

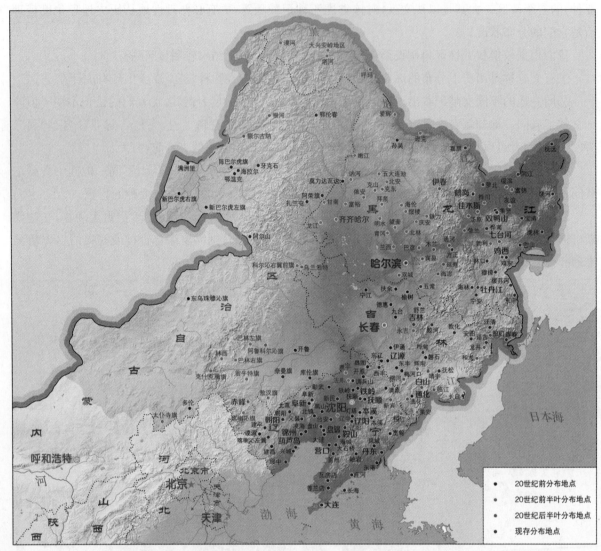

图 F8　历史时期东北的虎分布变迁概况

我国历史时期气候由温暖向寒冷的阶段性变迁过程中，呈现明显的气候带南移，使东北森林中一些适宜较暖环境的阔叶树种逐渐南移，或在东北消失；同时，针叶树种（尤其是北方针叶树种）增多、扩大，并在相当长时期保持完好状态。

东北地广人稀，先民早期虽展开渔猎活动，但由于尊虎为"山神"，并没有显著影响虎的生息、繁衍。从 4 000～5 000 年前至 6～7 世纪，西辽河平原、西拉木伦河与老哈河之间、辽海地区等地已先后有原始农业活动，对天然植被有所影响，然而由于元、明两代政治中心南移，农垦规模缩小，天然植被

① 此乃自然地理概念，约与今行政区域的黑龙江省、吉林省、辽宁省，以及内蒙古自治区东北部的呼伦贝尔市、兴安盟和东南部的通辽市与赤峰市相当。

逐渐有所恢复。

尤其是清朝迁都北京后,把东北划为一个特殊地带,既防止其"龙脉"受损,又保护皇室贵族所需要的人参、东珠等特产以及每年采捕供物、皇帝巡幸时围猎场,修筑一条全长 1 300 多 km 的封禁界线——柳条边,严禁民间随意迁徙、开发、砍伐、捕猎;康乾盛世时,关内人口密度达到 24 人/km²,而辽沈地区人口密度仅 1.7 人/km²,吉林与黑龙江的人口更为稀少。这些客观上保护了虎的生态环境,故两修乾隆《盛京通志》皆称:"虎:诸山皆有之。"此"盛京"是广义概念,其范围包括今辽、吉、黑大部分地方,证实了虎在东北的广泛分布。

19 世纪末,先是沙俄,随后日寇,皆疯狂掠夺森林等资源,造成东北森林满目疮痍,甚至荒山秃岭,至今仍历历在目。这些活动以及伴随而来的人口迁入与增长,关乎利益的战火硝烟等,严重地损毁了林栖动物的生态环境,既造成虎分布隔离而出现虎亚种——东北亚虎,更危及虎的生息、繁衍。

根据文献记载、野外调查及分布变迁的显著变化综合考虑,东北分布的虎之变迁可分为 4 个阶段:20 世纪前,虎基本保持原始的良好状态;20 世纪前半叶,由于分布隔离而分化成东北亚虎;20 世纪后半叶,东北亚虎逐渐沦为濒危动物;进入 21 世纪,东北亚虎的现存状况[29]。

虎的消失趋势:就方位论,呈现由西南向东北、由西北向东南 2 个方向逐步消减、消失;从地形看,首先是人口较密集的平原地带,然后是低山地带,现主要残存于山地。

推测东北分布的虎之数量。人们即使对现有虎的数量估计也出入颇大①,更何况对历史上虎数量的估计更是难点之一。笔者根据历史记载②,换算得出现今俄罗斯的虎占地 12.8～16.8 km²/只③(而不是有 10～150 km²/只多种提法),并综合考虑历史时期气候带变动、东北地区地广人稀、植被良好,生物多样性平衡时,估计历史上东北分布的虎数量不少于 13 000 只。

八、现栖息有虎的自然保护区

根据近年公布的信息调查统计,我国现栖息有虎的各级自然保护区(图 F9)约有 90 个,总面积达 4 632 364 km²。

从理论上说,这些保护区可以对栖息于其中的我国现存的 5 个虎亚种(东北亚虎、华北虎、华南虎、印度虎、印支虎)实施保护。但我们认为,更为重要的是需要采取强有力的具体措施。

---

① 如:WCS 俄罗斯科学家估计,19 世纪末,全世界东北虎的总数约有 2 000～3 000 只,而中国约有 1 200～2 400 只(东北虎. http://baike. baidu. com/link? url=5fgUgszBtuG8eOCACtsw1WwHTQxqbyxSeN0PDvuFHvXXbw)。

又如:虎在食物丰富的热带地区,繁殖雌性个体的领域为 15～51 km²,个体之间重叠很小(小于 10%);在食物较少的黑龙江地区领域达到 300～1 000 km²,个体之间领域重叠很大(但不在同一时间)。(美)史密斯(Smith,A. T.),解焱主编. 中国兽类野外手册. 长沙:湖南教育出版社,2009

② 诸如:《元史》称:"松州(今内蒙古赤峰市松山区)知州布萨图格(仆散秃哥)前后射虎万计,赐号万虎将军"。康熙仅在哈达城(今西丰县境内)就"杀虎数十"。民国《吉林省地理志》记:"虎林县是山川皆以虎得名,产虎最多,其各大山亦有之。"民国《汤原县志略》载:"猎户入山,每年共得五六只。""每年"尚且如此,野外实际生存的虎数量至少要高出数倍。民国《临江县志》称:"虎:临江深山中极多。"采用"极多"来形容当地野生动物,这在方志中十分罕见。

③ 彼得·杰克逊. 野外的老虎:一九九六世界自然基金会物种研究报告. 世界自然基金会,1996

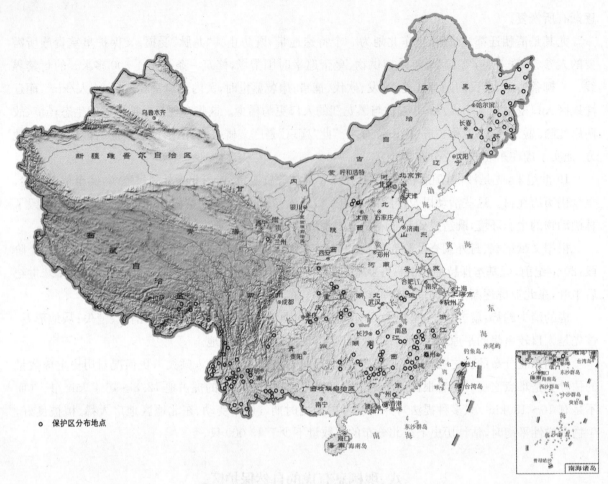

图 F9　栖息有虎的自然保护区分布大势

九、结　语

综上研究，我们可以得出以下认识：

虎起源于我国黄河中游一带，随后主要向东北、西北、南方等扩散，再后则越出今国境分布到亚洲其他国家境内，成为亚洲特有物种。

在虎兴盛时，其栖息地曾遍布现今全国省级政区，各国只能瞠乎其后。

虎从分布广阔到现今成分散隔离小区，甚至出现孤立的点状分布，变化显著。

虎的数量变化，据尝试，从东北分布的虎数量曾不少于 13 000 只到现今 20 余只看，亦即不超过历史上的 1% 左右。

虎的分布变迁之所以没有形成明显的界线，主要是由于虎是广布型物种，对气候与自然环境变化不是十分敏感；但虎的分布变迁受限于人类活动产生的直接或间接影响较大。

虎在我国的分布长久呈现大面积整体分布，但随环境变化而出现分布隔离而产生 9 个亚种。

9 个虎亚种的产生与部分灭绝并非同一时间，而大部分亚种的出现时间并不久远。

虎的分布总趋势是从西北部向东南部退缩，其中的分隔、断裂距离越来越大。

在虎最兴盛时期，按今县级及其以上政区比较，其分布广度超过现政区的 82%；而现今，约占 9%，高低十分悬殊。

尽管笔者再次对历史时期中国分布的虎进行研究并有所收获,但依然有不少疑难问题不解,或尚未考虑成熟。也就是说仅虎这一"明星"物种,尚有不少未解之谜,期待更多有志者加盟破解。

历史动物地理研究路漫漫,历史地理泰斗谭其骧院士1991年最后留给我们语重心长的一段话语依然警醒着笔者:

> 最近一二十年看到一些论著,往往免不了有这两方面的缺点。有的地理学家不重视资料工作,不是误用了第二手的或错误的资料,就是对资料作了不正确的理解,或者把最重要的时间、地点搞错了。尽管他们运用的理论和手段是先进的,所得出的结论和找到的"规律"却根本靠不住。还有一些研究人员在文献资料上尽了很大的努力,却不会运用科学的研究方法,只能做些简单的归纳和排比;或者不懂科学原理,使不少有可能取得的成果失之交臂。[30]

参考文献

[1] 文榕生.虎的分布变迁//文榕生.中国珍稀野生动物分布变迁.济南:山东科学技术出版社,2009

[2] 罗述金.中国虎的概况.生物学通报,2010,45(1):1—5

[3] 张亚平,梁爱萍.虎年谈虎"色"犹变.大自然,2010(1):刊首

[4] 马建章,金崑,等.虎研究.上海:上海科技教育出版社,2003:16—17

[5] 马建章.跨世纪救虎:中国在行动//东北虎林园建园10周年纪念册.哈尔滨:黑龙江省东北虎林园,2006

[6] 邱占祥.虎年谈虎的起源.大自然,1998(1):9—10

[7] 周明镇.陕西蓝田中更新世哺乳类化石.古脊椎动物与古人类,1964,8(3):301—305

[8] 胡长康,齐陶.陕西蓝田公王岭更新世哺乳动物群.北京:科学出版社,1978

[9] 邱占祥,等.甘肃东乡龙担早更新世哺乳动物群.北京:科学出版社,2004

[10] 中国地质科学院地质研究所,武汉地质学院编制.中国古地理图集.北京:地图出版社,1985

[11] 谭邦杰.虎.北京:科学普及出版社,1979

[12] 何业恒.中国虎与中国熊的历史变迁.长沙:湖南师范大学出版社,1996

[13] 何传坤,祁国琴,张钧翔.台湾澎湖海沟更新世晚期食肉类化石的初步研究.台湾省立博物馆年刊,1997(40):195—224

[14] 郝思德.三亚落笔洞洞穴遗址文化初探.南方文物,1997(1):94—99

[15] 郝思德,王明忠.海南史前文化遗存经济生活初探.南方文物,2004(4):28—34

[16] 郝思德,黄万波.三亚落笔洞遗址.海口:南方出版社,2008

[17] 同安县地方志编纂委员会编.同安县志.北京:中华书局,2000

[18] 国家林业局主编.中国重点陆生野生动物资源调查.北京:中国林业出版社,2008

[19] 徐闻县地方志编纂委员会编.徐闻县志.广州:广东人民出版社,2000

[20] 秦蕴珊,赵拙龄.中国陆架沉积模式研究新进展//梁名胜,张吉林.中国海陆第四纪对比研究.北京:科学出版社,1991:23—39

[21] 尤玉柱,蔡保全.台湾海峡西部海域哺乳动物化石.古脊椎动物学报,1995,33(3):231—237

[22] 文焕然,文榕生.中国历史时期冬半年气候冷暖变迁.北京:科学出版社,1996

[23] 高耀亭,等.中国动物志:兽纲.第八卷,食肉目.北京:科学出版社,1987

[24] 《地球科学大辞典》编委会编.地球科学大辞典:基础学科卷.北京:地质出版社,2006:520

[25] 曹志红.老虎与人:中国虎地理分布和历史变迁的人文影响因素研究.西安:陕西师范大学2010年博士论文

[26] A.A.斯卢德斯基;刘鸿麟译.苏联的虎//中国科学院动物研究所编.狩猎、驯养、自然保护.北京:科学出版社,

1959:51—56

[27] 文榕生,张明海.中国历史上的虎(Pantheratigris)亚种名称及分布地.野生动物学报,2016,37(1):5—14

[28] 文榕生.再探历史时期新疆分布的虎.四川动物 2016,35(2):311—320

[29] 文榕生.诸山皆有虎:中国"东北虎"古代变迁史.人与生物圈,2014(6):18—22

[30] 谭其骧.谭其骧序//文焕然,文榕生.中国历史时期冬半年气候冷暖变迁.北京:科学出版社,1996

G | 历史时期云南省虎亚种及其分布界线

文榕生

一、分布虎亚种最多的省级政区

虎（*Panthera tigris*）是亚洲特有的珍稀野生动物，虽为大型猛兽，却只有一个种，多个亚种。据笔者研究，历史时期在我国分布的虎分化为 7~9 个亚种（有专文论述）。

《中国动物志》中虽列举出在我国分布的 6 个（指名、东北、华北、西北、华南、云南）亚种，但明确分布在云南省的只有云南亚种。何业恒是最早全面研究历史时期我国虎分布的学者，他在《中国虎和中国熊的历史变迁》中也按《中国动物志》的 6 个虎亚种分述它们的历史分布，却增加了华南亚种在云南省分布[1]。比较明确云南省有 3 个虎亚种的是罗铿馥，指出：

> 虎……按亚种来分，分布在我省南滚河及腾冲古永的为孟加拉虎，体长 1.7 公尺，尾长 85 公分，体重 170 公斤。西双版纳勐腊县以及思茅等地的是印度支那虎。过去滇东北曾发现过华南虎。[2]

由此可见：①人们认识云南省分布的虎亚种是逐步增多的，达到 3 个，是数量最多的省级行政区；②在不同时期，文献表述的当地虎亚种不尽相同；③迄今为止，人们对当地虎的认识不仅是东鳞西爪，而且还存在误解、误用，尤其是对 3 个亚种的界线一直不清楚，值得探究。

古籍中，对虎约有 50 个不同称谓，加之人们对虎亚种的几十种称谓，本文除保留引文原称外，谨将云南省分布的 3 个虎亚种规范且便于区分为：印度虎（通常称指名亚种、孟加拉虎，但其主要分布于印度次大陆）、华南虎、印支虎（通常称印度支那虎；其主要分布于印度支那半岛）。

二、对云南分布虎亚种的众说纷纭

尽管印支虎的形态与印度虎非常相似，直到 1968 年，兽类专家 V. Mazak 博士根据一具产自越南广治的头骨，才把印支虎从原泛称"孟加拉虎"中分化出来，作为新的亚种，但直至世纪之交，云南省出版的两部画册依然对该省的虎问题王顾左右而言他。

1999 年出版的《中国云南野生动物》在《概述》中介绍："虎（*Panthera tigris*）在滇西南活动范围宽大，常栖息在热带雨林和季雨林中"。在《虎（*Panthera tigris*）》中称："省内现仅分布于滇西和滇南，数量极少。"

2000 年出版的《中国云南珍稀动物》在《孟加拉虎(*Panthera tigris corbette*)》则提道:"云南省内分布于滇西和滇南。"

前者只泛称"虎",后者具体到 1 个亚种——印度虎,显然皆有不足之处。

二者皆只提到滇西和滇南有虎,而现今滇东北仍有虎(华南虎)分布的记载,如:

2000 年出版的《昭通市志》就记载今昭通市昭阳区有虎及"云豹、藏酋猴、林麝、狼、红豺、鹿、兔、野猪、豪猪、鼠、松鼠、黄鼠狼、岩羊、狐、獭猫、金钱豹、黑熊、小灵猫、金猫、斑羚"等野兽。

巧家县境内的药山国家级自然保护区仍称有虎、豹、熊、豺、牛羚、野猪、金猫等,出没林莽杂丛间。

永善县东北部的小岩方市级自然保护区,也称在原始森林里有虎、豹、熊等国家一、二类保护动物。

三、汇集诸说

我们根据云南省森林部门与野生动物资源考察组的多次考察资料调查云南分布的 3 个虎亚种情况,结果(表 G1)却是众说纷纭,莫衷一是,甚至有的还相互矛盾。

表 G1　1994 年至今资料中描述的云南省分布的 3 个虎亚种情况

有虎分布地点①	拟用③	何晓瑞,1994[3]	何业恒,1996[1]	1980 年代后新方志④	王珏,2005[4]	2009 年云南全面调查印支虎⑤	2012 年,维基百科⑥	网上地方介绍⑦	保护区⑧
石林彝族自治县	HNH②			H					
寻甸回族彝族自治县	HNH			H(1734)					
麒麟区	HNH			H(清)					
沾益县	HNH			H(清)					
罗平县	HNH			H(清)					
新平彝族傣族自治县	HNH							M	M
隆阳区	M		Y(L)				Y		M
施甸县	M		Y(L)						
腾冲县	M	Y	Y(L)				Y	H	M
龙陵县	M	Y	Y(L)	H				H	
昭通市				H					
昭阳区	HNH			H					
鲁甸县	HNH			H					
巧家县	HNH			H					H
大关县	HNH			H					
永善县	HNH			H					H
威信县	HNH			H(1950 年代)					
丽江市				H					
玉龙纳西族自治县	HNH	Y		H(曾有)					

续表

有虎分布地点①	拟用③	何晓瑞，1994[3]	何业恒，1996[1]	1980年代后新方志④	王珏，2005[4]	2009年云南全面调查印支虎⑤	2012年，维基百科⑥	网上地方介绍⑦	保护区⑧
宁蒗彝族自治县	HNH			H					
翠云区	HNH	Y	Y	H					
宁洱哈尼族彝族自治县	HNH		Y	H					
墨江哈尼族自治县	HNH		Y(L)					H	
景东彝族自治县	M	Y						M	M
景谷傣族彝族自治县	M		Y(L)						
镇沅彝族哈尼族拉祜族自治县	HNH			H				M,H	
江城哈尼族彝族自治县	Y		Y					H	
孟连傣族拉祜族佤族自治县	M	Y	Y	M				H	
澜沧拉祜族自治县	M	Y	Y	H					
西盟佤族自治县志	M	Y	Y	H				H	
临沧市								M	
临翔区	M		Y(L)	H(1949年前)	H				
凤庆县	M		Y(L)	H					
云县	M		Y(L)	H					
永德县	M	Y		M				M	
镇康县	M	Y	Y?	Y					
双江拉祜族佤族布朗族傣族自治县	M	Y		Y	H				
耿马傣族佤族自治县	M	Y	Y?	Y	H	Y	Y	M	M
沧源佤族自治县	M	Y	Y			Y	Y	H	M
德宏傣族景颇族自治州				H,Y,M				M	
潞西市	Y	Y	Y(L)	H,Y,M					
瑞丽市	Y	Y	Y(L)	H		Y	Y		Y
梁河县	Y		Y(L)	Y,M					
盈江县	Y	Y	Y	Y		Y	Y	Y	Y
陇川县	Y					Y	Y		
怒江傈僳族自治州								Y	
泸水县	M					Y		H	M
福贡县	M	Y				Y		H	M
贡山独龙族怒族自治县	M	Y				Y			M
兰坪白族普米族自治县	M			H				H	H
香格里拉县	HNH	Y							

续表

有虎分布地点①	拟用③	何晓瑞，1994[3]	何业恒，1996[1]	1980年代后新方志④	王珏，2005[4]	2009年云南全面调查印支虎⑤	2012年，维基百科⑥	网上地方介绍⑦	保护区⑧
德钦县	M	Y						H	
维西傈僳族自治县	M			H					
大理市	HNH								M
弥渡县	HNH							H	
永平县	M								
云龙县	M			H				M	
鹤庆县	HNH			H(旧县志)					
漾濞彝族自治县	HNH			H					
南涧彝族自治县	HNH							M	M
巍山彝族回族自治县	HNH								H
楚雄彝族自治州				Y					
楚雄市	HNH							M	M
双柏县	HNH			Y,M				M	M
南华县	HNH			Y					
大姚县	HNH			Y				HNH	
永仁县	HNH			Y					
红河哈尼族彝族自治州				Y					
蒙自县	Y		Y(L)	H					H
个旧市	Y		Y(L)						H
开远市	Y			H(明嘉靖)					
绿春县	Y	Y	Y(L)	Y		Y	Y	H	Y
泸西县	HNH			H(民国)					
元阳县	Y		Y(L)						
金平苗族瑶族自治县	Y	Y	Y(L)	H			Y		H
河口瑶族自治县	Y		Y(L)	H					H
屏边苗族自治县	Y	Y	Y(L)	H					H
文山县	Y		Y(L)	H					Y
西畴县	Y		Y(L)	H					Y
麻栗坡县	Y			H					
马关县	Y		Y(L)						
丘北县	Y			H					
广南县	Y			H					
富宁县	Y			H					
西双版纳傣族自治州				Y,M				Y	

续表

有虎分布地点①	拟用③	何晓瑞，1994[3]	何业恒，1996[1]	1980年代后新方志④	王珏，2005[4]	2009年云南全面调查印支虎⑤	2012年，维基百科⑥	网上地方介绍⑦	保护区⑧
景洪市	Y	Y	Y			Y	Y	Y	Y
勐海县	Y	Y	Y	Y		Y	Y	H	Y
勐腊县	Y	Y	Y			Y	Y	M, DN YH(Y)②	Y

注：①表中所列地点皆现有或曾有虎分布，按具体文献涉及地。删除原作者不确定的分布[如何晓瑞称："谭邦杰，刘振河(1983)则
认为广西虎不属印支虎而是华南虎"；《中国动物志》称：云南亚种在"广西西南部"]。

②表中代码是根据具体文献所称虎或亚种名称："Y"表示印支虎(或云南亚种)，"M"表示孟加拉虎(即印度虎)，"H"表示虎，
"HNH"表示华南虎，"DNYH"表示东南亚虎；"L"表示历史上有。

③"拟用"是综合相关情况考虑后，拟定采用的虎亚种。

④指1980年代后新出的"方志"，具体文献名皆对应所列地名。

⑤刘娟. 云南全面调查印支虎分布状况. http://www.yn.xinhuanet.com/newscenter/2009-02/17/content_15711618.htm

⑥印支虎. http://zh.wikipedia.org/wiki/印度支那虎

⑦网上的各地方介绍，可对应所列地名。

⑧网上介绍的各自然保护区，如云南哀牢山、高黎贡山、无量山、永德大雪山、南滚河、铜壁关、兰坪云岭、金光寺、青华绿孔雀、
云南大围山、黄连山、文山、西双版纳等自然保护区。

从表G1所反映的虎亚种记载情况，可见存在的较明显问题有：

①有文献称是历史上分布的虎亚种(如隆阳区、腾冲县、龙陵县、墨江哈尼族自治县、瑞丽市、蒙自县、个旧市、绿春县、金平苗族瑶族自治县、河口瑶族自治县、屏边苗族自治县、文山县、西畴县等10余地)，但后却又记载当时存在虎，甚至现今仍然有虎存在。

②同一地的不同文献记载出现不同虎种名与亚种名现象，不足为奇，这是由于人们的认识不同。但同一文献记载同一地却既有虎种名又亚种名，就比较费解：因为从逻辑上说，虎种名与亚种名是"属"、"种"关系，前者可以包含多个所属的不同后者，后者却只能隶属唯一的直系前者。

③不同文献记载同一地采用同物异名现象，也不足为奇，这也是由于人们的认识不同。但同一文献记载同一地(县级政区)却出现不同亚种，就更令人费解了：因为"亚种"的产生是由于地理分布隔离，使得物种逐渐适应不同的生态环境产生变异的结果，故在自然环境中不存在亚种的重叠。

四、对资料的辨析

现生物种的分布，通常经过实地调查便可证实。对于本身就并不易见到的珍稀野生动物，往往要靠机遇与遗迹来证实；而对于珍稀野生动物在历史时期的分布，则需要综合直接或间接的多方情况推理验证。

(一)云南分布的虎由来

由河南渑池、甘肃东乡与陕西蓝田出土的早更新世虎化石(约200万年前)，表明虎起源于我国黄河中游一带，然后向外扩散[5](图G1)。再由中更新世的昆明市、富民县、元谋县、西畴县、丘北县，晚更新世的峨山彝族自治县、马关县，全新世的隆阳区等地出土的不同时期虎遗存表明早在中更新世一

全新世,虎不仅已经扩散到今云南省,而且跨出国境达到印度支那半岛,甚至印度次大陆。这种已成序列化、不同时期虎遗存清晰分布状况的实证,颠覆了现盛行的虎 mtDNA 估计虎是 7.2 万～10.8 万年才分化出来,虎起源于中国华南地区,虎起源于中国东北地区与俄罗斯西伯利亚地区,印支虎是现代虎的起源……多种说法。

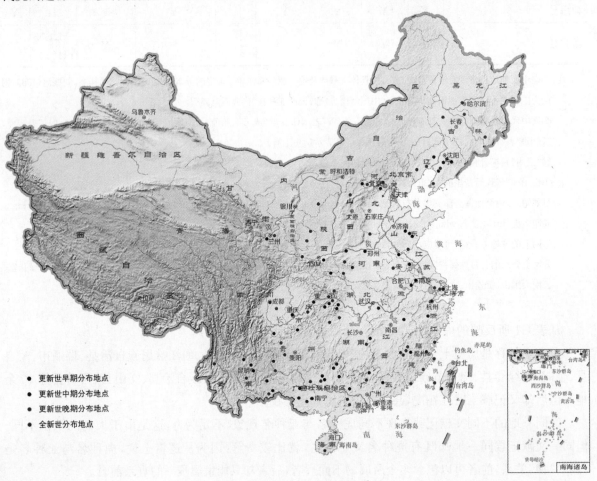

图 G1　不同时期的虎遗存分布状况

可为佐证的是,由于青藏地区在虎初面世的早更新世就已开始大面积、大幅度地整体断块隆起形成高原,上升幅度高达 1 000 m 以上,高原面海拔平均约为 2 500 m;中—晚更新世时,继续迅猛隆起,上升幅度达 1 000～2 500 m,随着地势的升高,气候逐渐向寒冷、干燥的方向发展[6]。这使虎在向西南方向扩展时受到难以逾越的青藏高原阻挡,而云南便成为虎向此方向扩散且处于我国的最西南通道。至于西藏南部栖息的印度虎,当是虎先经云南外出后北返的孑遗。

经过笔者对 2009 年出版的《中国珍稀野生动物分布变迁》[7]进行修订与增补,根据约 2 600 种文献记载(绝大部分在已发表的论著中列出,不再重复),今我国县、市级政区在历史上有虎分布地(不含不同时期的重复)约达 1 960 余个,约占我国政区的 82%。如此大面积且连片的虎分布说明虎的早中期地理分布尚未出现隔离,因此也没有产生亚种。前文提到的何业恒著作套用了现代虎亚种的分布模式来论述整个历史时期的虎分布,显然是误解。

窃以为,就是现代动物地理区划也不适宜历史时期的动物分布,其中最为关键的一点就是生态环境差异。尽管我们可以从历史时期一些对气温敏感野生动物的分布北界曾北移(扬子鳄曾达到北纬

37°的河北邢台,移动5.3°[8];犀牛曾达到北纬36°的河南安阳,移动11.7°[9];亚洲象曾达到北纬40.1°的河北阳原盆地,移动15.5°)研究,反映气候带有所变动;但比较更新世的气候变迁,才是小巫见大巫。就以距今1.8万年来的沧桑巨变(其时,海面下降到最低位置,大约在现代海面以下150 m,在华南沿海形成宽达上千千米的辽阔滨海平原。而台湾海峡最深处不到80 m,琼州海峡最大深度也仅114 m。这对利用晚更新世海退机遇且善于泅渡的虎来说,由大陆扩散而达这两海岛,并不存在障碍)[10],现代动物地理区划是难以应对的。虎是广布物种,在古北界与东洋界皆有分布,更值得注意的是,虎直到晚近分化出亚种,它们才与现代动物地理区划的某些级次能够对应。

(二)虎分布变迁显现分布隔离

历史上,虎在云南省的县、市级政区分布高达92%,这种状况远高于全国平均水平。故此再次说明,在早中期的相当长阶段,虎还是单一独立物种,并未分化出亚种;而将历史时期分布的虎过早地按照晚近才分化出的亚种分布情况对待,显然是"关公战秦琼"。

虎并不畏水,一般的水域难以成为阻隔虎分布的障碍。而沙漠不仅干旱荒芜,而且生物稀少,才成为虎分布的天然屏障。故而,尽管我国北疆一带与东北的生态环境相似,但由于荒漠之阻隔,虎在最北的分布区(亦即蒙古高原以北,西伯利亚南部一带)并未出现对接,而在南部又形成有华北虎的相当广隔离地带,最终演化出比较接近的2亚种虎(即塔里木虎与新疆虎;另有专文论述),却是由黄河中游发源的虎向东北与西北反向扩散并与华北虎出现分布隔离后的结果。

我国历史环境变迁研究是文焕然毕生从事的研究之一,最早正式出版气候变迁专著,他最终认为我国近8 000年来冬半年气候变迁呈现阶段性由暖转冷总趋势(图G2),气温变化的峰谷之差约5 ℃[11]。这与专家张家诚的观点(一般说,百年尺度气候变化的幅度约为1 ℃温度变幅和100 mm降水变幅;千年尺度的气候变化则有约3℃的温度变幅和300 mm的降水变幅)[12]基本一致。进而说明在此阶段,虎的分布变迁并未显现剧烈盈缩起伏变化,而台湾与海南的虎是此前由大陆扩散去,并在海进后,这2个居群逐渐由于地理分布而隔离形成2个虎亚种;又由于它们较早灭绝而使不少人误认为自古以来即是"台湾无虎"、"海南无虎"。

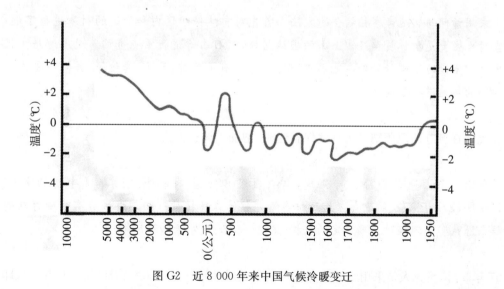

图G2　近8 000年来中国气候冷暖变迁

近2 400年来的中国人口变化显示:最初,全国人口仅约3 000万人,并在相当长时期保持在低增长状态;直到清代,全国人口才突破 16 000 万人,并呈现较快增长趋势;而 20 世纪以来,全国人口在 40 000 多万人基础上迅速增长;20 世纪 50 年代后,更呈现陡然增长趋势。我国虎的分布变迁与人口变化相吻合,云南省分布的虎变迁状态也大同小异。

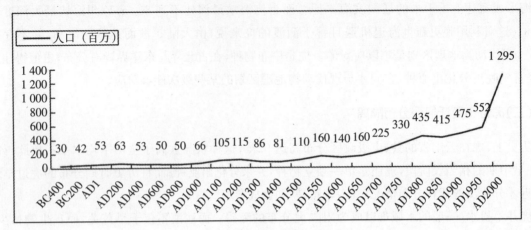

图 G3　历史时期中国人口变化

正是由于生态环境的间接影响(人口剧增,地区开发力度加大,侵占了包括虎在内的野生动物栖息地,出现虎的食物链断裂等)与捕杀(20 世纪 50 年代后一段时期,更是有组织的大肆猎捕)的直接影响。在云南省,也显现出虎的居群虽与省境或国境外的分布相连,但在省内出现隔离带,形成 3 个亚种。

(三)野外调查印证现存虎亚种

专业调查人员在野外贸然直面猛虎已是十分凶险,马建章在近期播出的电视采访中就提及他们遇虎的狼狈逃窜窘态,哪还顾得上摄制影像。故通常是采取访问,尤其是野外调查证实虎亚种的存在,如胡健生等在调查印支虎的方式:

采用访问与实地考察相结合的方法。首先对自然保护区内和附近的村寨进行了逐个访问,调查对象主要是护林员和经常上山的当地居民,对目击者进行重点查询。对当地居民报告的印支虎经常活动地区进行野外实地调查,研究、确定有关足迹、卧迹、粪便等,并对印支虎捕食家畜(水牛)的场地进行了实地观察。[13]

冯利民等在调查西双版纳尚勇自然保护区时,增加了调查方式:

判断一个区域是否存在野生虎,需要具备以下基本条件:(1)非常丰富的大中型有蹄类。……(2)本区域及周边存在大面积连续完整的森林植被;(3)邻近区域有明确存在的野生虎种群来源;(4)发现经过正确鉴定的证据(足迹、标记、野外活体照片等)。[14]

2007 年 5 月,研究人员采用红外感应相机拍摄到雌性印支虎;2009 年春节后,即有一只印支虎被猎杀。当然,其后还发现有印支虎的遗迹[15]。这些更确切的证据表明西双版纳的虎亚种就是印支虎。

既然地处文山县和西畴县境内的文山国家级自然保护区就明确有印支虎与蜂猴、倭蜂猴、熊猴、云豹等珍稀野生动物栖息,那么,与西畴县接壤的广南县有"虎",显然也是同一亚种——印支虎。

表 G1 中德宏州的虎资料多记载的虎亚种是"印支虎",但也有称"孟加拉虎"就值得鉴别:

> 经调查,德宏本土特有野生动物资源从 1970 年后急剧减少,濒临灭绝,主要的物种有亚洲象、孟加拉虎、白眉长臂猿、绿孔雀、犀鸟等等。这些物种,都是典型的热带、亚热带森林动物。其中,亚洲象、孟加拉虎已经在德宏州销声匿迹近 20 年。[16]

而地处盈江、陇川、瑞丽县西部的铜壁关省级自然保护区位于高黎贡山支系尖高山向西南延伸的余脉,这一带是我国热带区域的最西部,与缅甸接壤,靠近印度的东阿萨姆,是我国唯一具有伊洛瓦底江水系热带生物区系的地区。据报道,保护区内有国家保护动物 15 种。一级有印支虎与蜂猴、白眉长臂猿、野牛、云豹、豹、熊猴、绿孔雀,二级有猕猴、穿山甲、水鹿、白鹇、大绯胸鹦鹉等。窃以为,此调查更可信。此外,就笔者对我国麝属各独立物种的分布状况研究,尽管麝属的林麝、马麝、黑麝与喜马拉雅麝存在分布重叠现象,尽管德宏州与保山市接壤,但却在德宏州与保山市存在较明显的界线,似可作为佐证。

由于长期处于不同的生态环境,并逐渐适应,使得虎亚种在形态、生态等方面有所差异,云南分布的 3 个亚种可作对比(表 G2)。

表 G2 云南分布的 3 个虎亚种概况

中文学名	拉丁学名	体长(m)	被毛	体重(kg)	栖息环境
印度虎	Panthera tigris tigris	雄虎平均约 1.88,雌虎平均约 1.66	毛稀短,杏黄色,黑色条纹较窄;老体颊部生有鬃毛,腹部呈白色,头部条纹则较密,耳背为黑色,有白斑	雄虎 150～228,雌虎 109～163	栖息地较广,红树林、雨林和草原里都有它的踪迹
华南虎	Panthera tigris amoyensis	雄虎约 2.5,雌虎约 2.3	胸腹部杂有较多的乳白色,全身橙黄色并布满黑色横纹;毛皮上有既短又窄的条纹,条纹的间距较印度虎、东北亚种的大,体侧还常出现菱形纹	雄虎约 150,雌虎约 120	典型的山地林栖动物,栖息在中国南方的热带雨林、常绿阔叶林,也常出没于山脊、矮林灌丛和岩石较多或砾石塘等山地落叶阔叶林和针阔叶混交林
印支虎	Panthera tigris corbetti	雄虎平均 2.4～3.0,雌虎平均 2～2.2	毛色更深,条纹更狭窄,密集而细长,吻长而脸宽,胡须虎中较长	雄虎平均 130～180,雌虎平均 110～130	在亚洲东南部的热带雨林和亚热带常绿阔叶林中

五、3 个虎亚种在云南的分布界线

动物地理分布的基本原理是:有确定物种的"点"(分布点)→"线"(2 个以上相同物种分布点相连而不闭合)→"区"(多相同物种的外围分布点相连成闭合圈,形成区)。我们由虎各亚种的多个分布点聚合成分布区,再充分考虑到自然环境的差异与一些特殊自然地理分界线,进而划分出不同亚种之间的大致界线。

由三个虎亚种的分布概况及其界线(图 G4)看:

● 为突出云南虎情况,本图仅标示出该省内(不含其周边)历史时期的虎分布点,亦即大部分在表 G1 出现的县(市)政区点(不作时间区分)。

● 黑色界线是印支虎与印度虎,印支虎与印度虎—华南虎的界线;蓝色界线是印度虎与华南虎的界线。

● 云南的华南虎是与毗邻的四川、贵州,乃至我国秦岭—淮河以南大片的华南虎分布区相连的。

● 印支虎在云南呈现似为隔离的 2 分布区(①滇西南隅的德宏州一带;②滇南西双版纳州、红河州与文山州一带),实际上则是与境外接壤的印支半岛分布的该亚种共同形成一个分布区。

● 印支虎是 1968 年才分化出来,故人们在此前与其后一段时间对其误认不足为奇;但在 20～30 年后,还有动物学家误认,就值得探究了;尤其是有称"昆明西山区黑林铺伤人印支虎",从时间与空间判断,难以置信。因为虎亚种既不存在重叠分布(垂直分布)现象,也不存在同域分布(水平分布)现象,更不能如飞禽可以出现地面不相连而从空中飞跃状况。

● 在我国,印度虎仅分布于云南西南部(约云岭—盘山—无量山以西地带)与西藏东南部,相连成为分布区,也是与境外的该亚种相连成片的。

根据统计,我国现有虎栖息的自然保护区数量,按省级政区排名,云南省雄踞榜首(有 36 个,约占 29%),主要处于哀牢山脉及其以西地区,也就是说该省三个虎亚种的栖息地都有所涵盖。

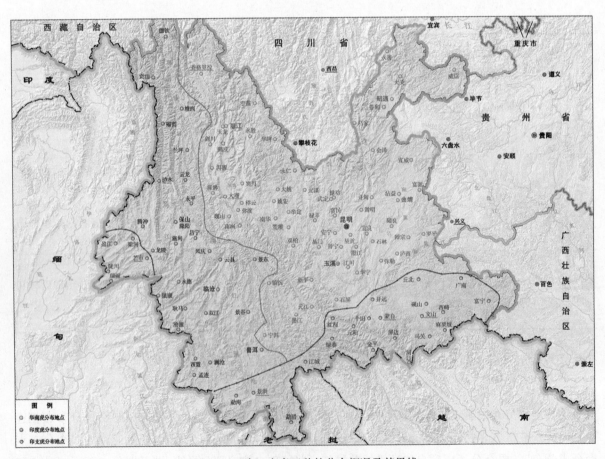

图 G4　云南三个虎亚种的分布概况及其界线

界线　Ｇ

六、结　语

纵观古今云南的分布变迁,可以看出:

● 中更新世时,虎已经由其发源地黄河中游一带扩散到达云南高原。

● 在中更新世、晚更新世直至全新世,云南皆有虎遗存发现,说明现境外也存在的印支虎与孟加拉虎皆是从我国境内(其中包括云南部分)扩散出去的,而不是从境外扩散进来的(西藏则可能是返回的)。

● 华南虎、印度虎与印支虎这 3 个虎亚种的出现,并不久远,可能就是百余年历史。

● 印支虎的界线有 2 段(西部约是德宏傣族景颇族自治州的瑞丽市、盈江县、陇川县等地,东部则在西双版纳傣族自治州、红河哈尼族彝族自治州、文山壮族苗族自治州一带),但它们是与境外的同亚种形成相连的分布区。

参考文献

[1] 何业恒. 中国虎与中国熊的历史变迁[M]. 长沙:湖南师范大学出版社,1996

[2] 罗铿馥. 云南珍稀野生动物的种类及分布[J]. 国图绿化,1999(5):39—45

[3] 何晓瑞. 云南广西虎的初步探查及其保护对策[J]. 西南林学院学报,1994,14(2):128—136

[4] 王珏. 云南临沧澜沧江自然保护区双江片区生态旅游开发探索[J]. 陕西林业科技,2005,(2):35—38

[5] 马逸清,文榕生. 虎(*Panthera tigris*)的起源与地理分布变迁[J]. 野生动物学报,2015,36(2):134—145,封三

[6] 中国地质科学院地质研究所,武汉地质学院编制. 中国古地理图集[M]. 北京:地图出版社,1985

[7] 文榕生. 中国珍稀野生动物分布变迁[M]. 济南:山东科学技术出版社,2009

[8] 文榕生. 扬子鳄简史[J]. 人与生物圈,2012(5):26—29

[9] 文焕然. 中国野生犀牛的古今分布变迁//中国科学院长春地理研究所主编. 中国自然保护地图集[C]. 北京:科学出版社,1989

[10] 文榕生. 对虎在我国两大岛屿上分布的历史考察[J]. 晋中学院学报(社会科学版),2015,32(2):74—79

[11] 文焕然,文榕生. 中国历史时期冬半年气候冷暖变迁[M]. 北京:科学出版社,1996.

[12] 张家诚. 气候变化对中国农业生产的影响初探[J]. 地理研究,1982(2):8—15

[13] 胡健生,等. 西双版纳印支虎的现状[J]. 野生动物,1999(2):18—19

[14] 冯利民,等. 西双版纳尚勇自然保护区野生印支虎及其三种主要有蹄类猎物种群现状调查[J]. 兽类学报,2013,33(4):308—318

[15] 张子渊,许云峰. 中国"最后一只印支虎"的死亡迷局[J]. 中外文摘,2010(7):8—11

[16] 杨卫琳,高陞. 德宏野生动物资源保护中存在的问题[J]. 德宏师范高等专科学校学报,2013,22(1):111—114

H | 中国历史动物地理学的研究[①]

文榕生

　　学界将文焕然曾以集体名义发表《我国古籍有关南海诸岛动物的记载》[1]作为历史动物地理学之发轫，而筹划并开展此研究则要早得多。据此而论，历史动物地理学正式出现已40余年，成果不少，却依然不是显学，值得论说。

一、守望历史动物地理学

　　早在20世纪40年代，文焕然便立志并终身从事历史自然地理学研究。1947年师从谭其骧研究生毕业后，他便被国立海疆学校破格聘任副教授，并曾任代理教务主任及校长等职；1962年前，在福建师范学院任副教授[2]。1959年，其《秦汉时代黄河中下游气候研究》是我国最早正式出版的气候变迁专著之一。

　　中科院副院长竺可桢在1956年筹建独立学科建制的历史地理学科组时提出："要把作为历史学附庸的历史地理学改造为现代地理学分支学科，建成现代科学历史地理学；要为社会主义建设服务，走中国道路"指导思想颇具高瞻远瞩。尽管斗转星移，时代变迁，竺可桢的远见卓识仍显生命力。

　　1962年，文焕然奉调进京，在中科院地理所被任命为学科组长，意味着历史自然地理被作为重要研究方向[3]。尽管后来有"文革"动乱等干扰，但文焕然终生坚守并锲而不舍地开展历史自然地理多领域（涉及气候、土壤、植物、植被、动物、疫病等）研究，触类旁通而开拓历史动物地理学新领域。故"如果说竺可桢先生是中国历史气候与历史自然地理的开创者，那么，文焕然则是第一位长期坚持历史自然地理研究方向的学者"的评价毫不过分。晚年，他在双目已完全无法辨认文字情况下，仍坚持《中华人民共和国国家历史地图集》编图工作；甚至在去世当天上午，仍与《图集》设计室刘宗弼主任磋商动物图的编绘。可以说，他是在科研工作岗位上倒下的。

　　不能忘却的有中国历史地理学主要奠基人谭其骧、侯仁之、史念海等诸位先贤对这一分支学科的支持与扶持。尤其是谭其骧，尽管自己长于历史人文地理学研究，以编制历史地图集享誉中外，却支持文焕然选择了当时几乎无人问津的历史自然地理学研究方向。谨举二例佐证：①在1980年代初编绘《中华人民共和国国家历史地图集》时，作为主编的谭其骧毅然将破土而出的历史动物地理分布变迁作为独立图组之一，由文焕然担任动物图组负责人。②据刊发《历史时期中国野骆驼分布变迁的初步研究》编辑部披露谭其骧1989年的审稿意见：

---

　　① 本稿原为纪念先父文焕然研究员开创历史动物地理40周年暨逝世30周年而作。

作者文焕然(已故)对我国各种稀有动物在历史时期的分布变迁,做过长期细致的研究,累积了大量资料,曾发表过论文多篇,其学术价值向为学术界所称许。本文是他一篇未定稿的遗作,兹由其子文榕生整理成文。资料丰富,论证严密,也是一篇科学性很强的高质量学术论文,适宜于公开发表。

不能忘却的还有何业恒加盟,他不仅在文焕然晚年与之共同推进历史动物地理学研究,而且在文焕然去世后,依然在这一领域辛勤耕耘,撰写出一系列著作,为历史动物地理学的发展作出重要贡献。

诚然,有些学者也涉猎到历史动物地理学研究,不少人虽由于种种原因而浅尝辄止,或转向其他研究领域,但不争的事实是,他们即使短暂的研究成果也为创建历史动物地理学作出贡献。

时光荏苒,岁月如梭,迄今这一分支学科虽已至不惑之年,成果斐然,而涉足者依然屈指可数,更反映综合性研究的难度非比寻常。史念海指出:

> 地形、水文以及植被等和气候、土壤等,研究者甚多,成就亦殊不少,独于动物的变化问津者却甚稀少。这当然是较为困难的工作。[4]

谭其骧更一针见血地指出:

> 由于这是一个新的研究领域,既缺乏现成的经验,又没有捷径可走,取得的成果也不一定能在短期内得到学术界的承认和肯定,所以具备了这两方面条件(重视资料工作,采用一手资料,准确理解;运用科学的研究方法)的学者而又愿意选择这一研究方向的,更是屈指可数了。[5]

研究历史动物地理学,我国具备得天独厚条件:幅员辽阔,东西延续近 70 经度,南北跨 50 余纬度;地貌丰富多彩,尤其是地球第三极主要处于我国境内;生态环境的多样性产生并繁育着种类繁多的动物,使得研究对象众多并可相互印证;更为重要的是中华民族的文明没有中断,文字记载可以延续 3 500 多年,与古生物、考古研究可以相衔接。这些优势,使得世界上不少学者对此研究只能望而兴叹。

对此,中国学者更有责任与义务承担起研究、复原本国历史环境重任,也是对世界环境变迁的贡献。

二、独树一帜,不可替代

尽管历史动物地理学只是现代科学体系中细小分支,然而仅就迄今的研究成果看,却反映出其既不可小觑,也难以替代。

(一)明确定位

实际上,历史动物地理学的名称本身就已明确无误地概况了其研究定位。

郑度诠释(现代)动物地理道:

> 作为自然地理学的重要分支,动物地理学研究陆地表层动物的分布、迁移及其生态地理规

律,以及动物区系的形成演化和发展。正如地理学前辈黄秉维先生所指出,"研究和解决可持续发展问题,不能不在自然的综合及自然与社会的综合中包括动物在内"。在实践上,动物地理研究可以应用于动物资源的合理利用与保护、自然保护区规划与建设、自然环境的变迁、动物疫情流行和自然疫源地研究等领域。[6]

历史动物地理学则是在时间段上与其有所区分,研究介于地质时代与现代二者之间的中间环节——历史时期,对动物(非特指,即默认为野生动物)的空间分布状况与分布区的盈缩变化规律等及其原因进行探索,在学术上和实践上均有重要意义。

诚然,谭其骧等大家划定以"人类文明"作为古地理与历史地理的分水岭,当代地理亦即"今地理",并指明不同的基本研究方法[7]。窃以为,这种划分,只是规划出不同的研究侧重点,并不存在不可逾越的界限,而往往出现交错现象。在时间方面,我们的研究都有可能出现一定程度的前伸或后延,这是由于自然界的变化实际上是连续性的,而我们的研究只能截取其中某一片段;并且,我们的研究以往目的都是为了指导现实或将来的行为。至于研究的对象,一般来说,处于时序在后的,我们往往可以采取更多的方法,获取的资料也更加丰富、详细,准确度更高。因此,我们从事历史地理研究,并不能拘泥于前人的模式,而应有所发展,既可利用流传下来的文字记录,也可利用没有文字记录的其他科学手段。

(二)环境变迁组成部分

尽管现代科学研究已经明确,动物的繁衍与栖息是处于一定的时间、空间中,它们与地貌、气候、水文、土壤、植被、其他动物等的多样性相适应,在特定的生态系统演变过程中,当对立因素通过食物链的相互制约,或物质循环和能量交换,达到相对稳定状态,从而保持了生态环境的稳定和平衡。但如果环境负载超过了生态系统所能承受的极限,就可能导致生态系统的弱化或衰竭。但当外部环境发生复杂性或剧烈突变时,不仅造成动物种群数量的增减,而且使得它们分布出现变化,甚至发生物种灭绝,或产生变异,出现亚种或新物种。随着人类活动日益呈现广度扩展,力度增大,也直接或间接影响动物分布变迁。

正是由于环境各要素既相互影响,又可以相互印证,故在获取直接数据困难的历史时期,往往可以通过获取代用数据,综合分析,来复原或重建当时的环境状况。例如,通过仅栖息于某类特殊环境的动物或物种组合的分布研究(代用数据),就有可能了解与其相对应时空的地貌、气候、水文、土壤、植被、其他动物等某一或多方面情况。

● 竹类是大熊猫的主要食物,故"无竹分布地区不可能有大熊猫栖息"的论点本身并无差错。但既要注意具体的时间与空间范围,又不能反推臆断有竹类分布地就有大熊猫。

● 虎是肉食性动物,主要捕食野猪、马鹿、狍、麝、麂、青羊等有蹄类动物。据调查,野猪占东北虎食物总量56%,在野猪集群和越冬地,常有虎分布。无论是古动物发掘,还是古文献记载与现代野生动物调查,在虎的伴生动物名单上往往都有野猪。虽难以用有否野猪来推断虎的存在,但其可作为查证历史上虎分布的重要线索之一。现今虎的分布地已屈指可数,但野猪却分布较广,甚至时有其成灾而不得不捕杀一部分以维持生态平衡的报道。

● 扬子鳄、野生亚洲象、野生犀牛等皆为对气温敏感且历史上分布变迁界限较明显的物种,根据扬子鳄(在最寒冷的季节,其卧台上温度也有10℃左右)、野生亚洲象(在15℃以下的低温中,就难以忍受;若温度低于10℃,可使其丧生。而高温湿热或烈日暴晒也是其难以忍耐,并极力逃避的)、印度犀(就是经过一段时期适应,冬季也需 15℃以上的温度)等特点,可以根据它们的分布北界变迁状况,作为历史气候变迁重要的代用指标之一。

● 伊懋可(Mark Elvin)教授《象之隐退:中国环境史》[8]中引用文焕然等亚洲象分布变迁[9~11]不少于 16 处,该专著被誉为"中国环境史研究中谁也绕不开的里程碑式的著作",2005 年获得国际汉学界的"诺贝尔奖"之称的儒莲奖(Prix Stanislas Julien)。笔者在《四川动物》发表新疆虎研究[12]不到一周,便有素不相识的德国学者一日 3 次发来邮件咨询有关问题。

(三)填补古代与现代动物分布间空白

动物分布变迁固然是由于多方面因素造成的,其中包括生态环境及动物分布变迁,对于珍稀物种而言,其分布区古今差异显著,值得研究。以马来熊为例:

马来熊(*Helarctos malayanus*)是我国现生熊科动物中最珍稀物种,仅在低于 29.6°N 的云南省南部与西藏自治区东南部少数地方有残存。尽管迄今出土熊科遗存不少,但明确鉴定出马来熊的仅见于武乡县(邱占祥告知)早上新世布氏太阳熊(*Helarctos böckhi*)化石[13]与其较为密切,亦即说明马来熊分布最北达到 36.8°N。

马来熊古今分布存在纬度 7.2°以上、经度则更大范围,这一空白长久未见有人考察、填补。何业恒是首位对此进行过研究的学者,虽认为历史时期马来熊分布达到 30°N 以内,即今福建、台湾、广东、海南、广西、云南等省区较多[14],但没有形成分布变迁图。

我们根据新发现的证据:①将马来熊历史时期的分布范围扩展到墨脱县(95.3°E)—宜兰县(121.7°E),绵延经度 26.4°;武乡县(36.8°N)—三亚市(18.2°N),纵跨纬度 18.2°。②历史上主要分布于秦岭—淮河以南,涉及 17 个省级政区;更接近布氏太阳熊化石地点。③历史上,其在我国县级以其以上政区的分布将近 400 个,约占全国的 17%。④其远不是人们曾认为的是仅生息繁衍于热带地区的物种。⑤形成《历史时期中国马来熊分布变迁图》。

(四)验证并供解决史前悬案参考

历史动物地理学的成果可以验证或向史前研究的悬案提供参考。

将大熊猫遗存的界线画到台湾中西部。所见最早持这一画法的,是标到"高雄"[15];但又见同作者另一文没有跨海[16]。笔者 2006 年 3 月 27 日特咨询,答复:"以《学报》为准。"为何会出现大熊猫化石"跨海分布"或地点语焉不详现象? 既缺参考文献查考,又未见相关说明,笔者揣测,可能是将"大熊猫"与"大熊猫—剑齿象动物群"的概念混淆而致,因前者确定是"大熊猫"物种,而后者只要包含其中主要物种即可。

● 古生物学者在研究更新世长臂猿化石[17,18]难以决断时,就引用历史时期的长臂猿分布[19]印证。这说明动物,尤其是哺乳动物的分布变迁不仅存在前后关联密切关系,而且在空间位置首先是相连而后才出现隔离。

● 獐(河麂;*Hydropotes inermis*)与麝属(*Moschus spp.*)不仅在称谓上易混,而且在地理分布存在重叠,就是在解剖学上也有相似处。对于卡若新石器时代"獐"齿与骨尽管有描述[20],但察看古生物学者对獐与麝的齿、骨比较,有差异还与时间有较大关系[21~23];尤其是二者历史上分布变迁状况综合考察,我们更对卡若遗址的"獐"存疑[24],因西藏现生多种麝皆有"獐"之称谓,而卡若遗址的"獐"只是孤独地远离我们所知的獐(*Hydropotes inermis*)西界。

● "鹳"是古人对鹳属(*Ciconia spp.*)的通称,而我国现生有 3 种——东方白鹳(*Ciconia boyci-*

ana)、白鹳(*Ciconia ciconia*)与黑鹳(*Ciconia nigra*)。区分清各具体物种的分布区域与变迁过程也是难点之一。尽管一般说来,东方白鹳与白鹳存在比较明确的地理分布隔离,但东方白鹳与黑鹳、白鹳与黑鹳,甚至少数东方白鹳与白鹳则存在同域分布现象,更何况这可能只是一个多世纪以来的状况。若要将现今的鹳属分布情况套用到更长久的历史时期,我们以为应当更慎重一些,至少更早时期的生态环境显然与百余年来并不相同。

● 尽管古生物学者论证出渑池、东乡和蓝田出土早更新世虎化石,但由于未梳理出不同时期序列化的虎遗存分布,更缺乏历史时期的虎分布变迁资料,致使国内外不少专家、学者、国际组织对虎的起源、扩散及历史时期的分布众说纷纭,莫衷一是;更有至今依然沿用外国学者30年前缺乏根据的结论。如果将它们与笔者研究地图比较,结果将不言而喻:虎首先起源于中国黄河中游一带,然后向四处扩散[25,26]。

(五)验证现代动物地理分布

历史动物地理学对于现代动物地理分布等也可发挥验证作用。

《中国动物志·两栖纲》上卷《总论、蚓螈目、有尾目》记载大鲵的分布[27]。

> 地理分布 河北(?),河南(卢氏、淇县、商城、西峡、嵩县、栾川、内乡、济原[济源市]、林州、辉县、大别山、太行山),山西(垣曲),陕西(洋县、太白、洛南、宁强、岚皋、佛坪、丹凤、汉中、商南、柞水、留坝),甘肃(临洮、天水、文县、武县[武都区]、康县、两当、徽县、成县、兰州、平凉),青海(曲麻莱),四川(宝兴、雅安、洪雅、峨眉、乐山、马边、屏山、合江、叙永、武平[平武]、南坪[九寨沟县]、城口、青川),重庆(巫溪、巫山、奉节、黔江、武隆、彭水、酉阳、秀山),贵州(贵阳、雷山、正安、凤冈、道真、桐梓、务川、湄潭、余庆、罗甸、惠水、长顺、都匀、平塘、龙里、贵定、福泉、江口、松桃、玉屏、德江、黄平、凯里、施秉、镇远、岑巩、榕江、锦屏、金沙、黔西),云南(奕良[彝良县]),湖北(均县、神农架、宜昌、巴东、恩施、利川、咸丰),安徽(金寨、霍山、岳西、休宁、祁门),江苏(苏州、徐州?),上海(?),浙江(杭州、龙泉、遂昌、丽水、开化、新安江、云和、淳安、庆元),江西(井冈山、靖安),湖南[大庸(张家界)、桑植、凤凰、长沙、沅陵、城步、炎陵、江永、衡山],福建(厦门?),广东(广州、北部),广西(金秀、西林、那坡、桂平、玉林、梧州、花坪)。

据研究与之比较,在"20世纪"阶段的,就约有510地,是《中国动物志》3.8倍。就是"现今(即21世纪初)"阶段,调查到有大鲵的自然保护区达168处,也超过《中国动物志》;而列出的县级及其以上政区大鲵分布地更有274地,是《中国动物志》的2.1倍。此外,上述分布地记载还存在:①文字差错(对照文中"[ ]"内容);②旧名未更改(对照文中"[ ]"内容);③将方位误作地名("广州、北部"的多义);④张冠李戴(将福建省"武平县",错入四川省;将重庆市城口县,误属四川省);⑤自然地名难置换成政区名;⑥误用其他物种资料(1940年代就否定了厦门的物种是"大鲵")[28]。

《中国动物志·兽纲》第八卷《食肉目》在各论"虎(*Panthera tigris*)"时,列举出我国分布的6个亚种(指名亚种、东北亚种、华北亚种、西北亚种、华南亚种、云南亚种)[29]。

从虎亚种数量上看,基本上符合现代情况;但若推敲,值得商榷:

①我国历史时期分化出的虎亚种,除已有6个外,另有3个,亦即达到7~9个。若因台湾与海南亚种消失较早,可排除在现代之外;那新疆的2个亚种在20世纪上半叶依然存在,在记载现代虎著作中也涉及[30]。

②虎亚种的拉丁学名中部分值得商榷,主要是采用地名形式。"东北亚种(*P. t. altaica*)"用"阿尔泰"与其分布区不符,而曾用于该亚种的多个拉丁文中,还是"*Panthera tigris longipilis*"(有"长毛"特征)比较适用。"华北亚种(*P. t. coreensis*)"的标本取自"朝鲜",就是从地理分布角度看,显然也不合适。

③虎亚种的中文学名中大部分值得商榷,主要是采用地名形式时,要摒弃狭隘的观念。在虎亚种名中尽量选取其分布地名,既易于区分,又便于了解其分布地域[31]。

三、广度可见,深度莫测

不同于一般学科的研究,历史动物地理学研究的广度是可估计知的。曾见有人提出,历史动物地理学要研究所有动物的历史时期情况,这显然是不负责任的信口开河。且不论全球已知动物达130万种(脊椎动物约占5%);就是我国动物,也有20余万种(无脊椎动物5万余种、昆虫15万种、脊椎动物6 280种);仅脊椎动物中也大约有兽类500种、鸟类1 258种、爬行类376种、两栖类284种、鱼类3 862种。如此大量的物种要进行研究,不是一拍脑袋就可实现的。

况且,历史动物地理学研究最主要的是需要有丰富的古籍资料支撑。据《中华大典·生物学典·动物分典》编纂统计,我国历史时期有文字记载且可辨认的动物约有1 276种,隶属于14门、49纲、197目、557科,即使难免有遗漏,但出入不会很大。如果我们从中再选择具有研究价值的物种,数量就更加屈指可数了。

尽管如此,历史动物地理学研究的深度难测。

仅以研究"虎"为例。已见有多位学者或就某一历史阶段,或就某一地区的虎为主体的研究成果。而就历史时期全国范围而言,何业恒率先在1996年发表10余万言的《中国虎的历史变迁》,笔者后在2009年发表约25万字的《虎的分布变迁》研究[25],曹志红[32]也发表了《老虎与人》的博士论文(将一些内容以论文另行发表),尤其是后者更多从人文方面切入研究,有独特见解。而笔者再度对虎展开研究,又有一些突破:

①虎的起源与扩散。根据迄今分布于我国27个省级政区、105地、129点出土的更新世—全新世虎遗存看,更新世早期就有3地,中更新世在46地,晚更新世在38地,全新世在18地。这些分布广阔且成序列的虎遗存充分证明虎是起源于更新世早期,首先在我国的黄河流域出现,然后才扩散开的。

②虎的主要扩散方向。a)在黄河流域,虎是一脉相承的。b)虎向东北方的扩散较清晰,亦即先在今辽宁,然后在吉林与黑龙江向东北亚一带扩散。c)尽管迄今西北出土动物遗存中有虎的并不多,但可借助古地理图反映的环境判断虎向西北方扩散大势,证明新疆的虎既是来自黄土高原,又成为再向境外扩散的中节点。d)相对而言,虎向南扩散比较顺畅,在中更新世便南抵台粤桂滇一线。e)虎向西南扩散主要受阻于恰与虎出现同期处于强烈隆起、难以逾越的青藏高原。故其扩散当选择间接绕行,故分布于中南半岛及南亚次大陆的虎似晚于华南的虎出现。

③台湾与海南历史上有虎。虎在中更新世时,就已扩散到东南沿海一带[33]。

④虎的亚种问题。今我国县、市级政区在历史上有虎分布地(不含不同时期的重复)约占政区的82%。如此大面积且连片的虎分布说明虎的早、中期地理分布尚未出现隔离,因此也没有产生亚种[12]。

⑤新疆有虎的2个亚种。新疆的虎早在清代以前就基本上与河西走廊的虎处于分布隔离状态,亦即由此产生虎亚种;天山南北的生态环境迥异、古籍中出现不同虎的名称、形态记载等,皆表明存在

2个亚种[12]。

⑥"东北虎"的由来。"东北分布的'虎'"与"东北虎"虽是2个不同概念,但前者可以涵盖后者,而后者只是特定时期的称谓。虎在演化过程中,虽皆处于"东北"地区,但在不同时期才出现的动物种名与亚种名。东北分布的虎之兴盛持续到清末,由于生态环境破坏严重,既造成虎分布隔离而出现虎亚种,更危及虎的生息、繁衍[34]。

⑦云南存在虎的3个亚种及界线。云南既是虎向境外扩散的重要通道之一,又由于生态环境多样,成为虎亚种最多的省级政区。有必要理性地从历史地理角度梳理清楚它们的分布状况①。

四、借鉴虽多,辩证施用

诚然,研究历史动物地理完全可以借鉴多学科的理论、方法、成果,但需要注意的是把握住历史动物地理之本质,尤其汲取其他学科的合理理念,而不是机械地照搬。

(一)正确看待现代动物系统分类学与动物区系

历史动物地理研究全新世存在的物种,绝大部分在现生种中可以找到它们的踪迹,故应当尽可能归入现代动物系统分类中。尽管我国在先秦时就产生了动物分类,但古今类目并不完全对应,从《尔雅》可窥其一斑。

表 H1　《尔雅》记载动物的古今分类异同

	释虫	释鱼	释鸟	释兽	释畜	释地·五方	古代分类合计
环节动物	1	1					2
软体动物		17					17
甲壳动物	2	1					3
唇足动物	1						1
倍足动物	1						1
蛛形动物	6						6
昆虫	70	1					71
鱼类		20				1	21
两栖动物	1	4					5
爬行动物		25					26
鸟类			102		4	1	107
哺乳动物		1	3	68	85		158
现代分类合计	82	70	105	68	89	4	418

注释:①成体与幼体等并列时,按1种统计;②个别重复出现的,皆统计;③不区分野生种与饲养种;④神话、传说动物也统计。

古今相当部分物名不同,又由于描述或不多,或有一定偏差,或新分化出种(我国1987年才将东方白鹳作为鹳属独立种)等原因,不可能完全与现生物种对应,有的只能对应到属(如"野马"或"野

---

① 见本书附录 G。

驴")、科(亚科)(如古籍中的"豹"现分3个属)。在没有确凿证据时,暂且不作区分可能更妥当。

虽然动物"种"与"亚种"的定义有多点,但对于历史地理而言,窃以为,关键在于:前者是相互之间存在生殖隔离(不能繁衍后代),但在分布上可以重叠;后者是由于分布隔离而出现异化。

动物区系指在一定历史条件下形成的适应某种自然环境的动物群,由分布范围大体一致的多物种组成。明确"一定历史条件下"与"适应某种自然环境"两特定条件。张荣祖等划定我国动物区系,是以现代较稳定的自然环境为基础,适用于一般动物情况。历史气候变迁表明曾有多次气候带变动,故历史动物分布不宜套用现代动物区系。

(二)同物异名

动物名称实际上是代码,存在繁杂的同物异名状况,古今中外概莫能外,拉丁学名也不能完全避免。故用异名同物种资料反映其地理分布本无问题,但笔者曾撰就《历史时期大熊猫分布变迁再探索》,是在前人基础上发掘新资料与认识文稿。编辑部转述审稿者意见有2条(谨作为不同思维实例提出),其一:

> 以前有人将"白虎"、"貘"、"驺虞"、"角端"、"猛豹"等都看成是大熊猫,是有争议的,而本文从之,未作令人信服的考辨,由此将许多名实有争议的动物分布都当作大熊猫的分布,恐有不妥。故在文献的运用上,有些地方的推论应再加斟酌。

对此,笔者当时申述:

①拙稿中所提:古人所称"貘"(通"狛"、"貊"、"狛"、"獏"、"貊")、"白豹"、"食铁兽"等就是大熊猫的古称谓。是文焕然、何业恒[35]明确,并得到动物地理学家张荣祖教授等的肯定,他在《中国动物地理》中特指出:"……还有少数经过考证,可以确认无误的,如鼍为鳄(张孟闻1978),狛为大熊猫(文焕然等1981)"[36]。我国研究大熊猫的专家基本上也都认同这些情况,如果需要,我还可以列举。因此,我认为大札所转达的审稿专家提出人们有争议的说法,这就需要看是哪些人? 有多少? 是否确实有道理?

②拙稿中有提:胡锦矗又认为对古文献中记载的"貔貅"、"白狐"、"角端"、"驺虞"、"猛氏兽"、"猛豹"等也是今大熊猫的古称谓[37]。我认为也有一定道理,但同时对他的某些提法、说明有所保留。

③因为1、2条是他人先论述,并已有公开发表的文章,故我认为只要列出参考文献即可。而我此次提出的某些"白虎"、"驺虞",也是大熊猫。古人对物种的认识、描述存在偏差是难免的,就是现今的人们对物种名称也存在误用(2006年在贵刊上刊登的拙文可以说明)。此次投贵刊的拙稿中之所以没有更多论述大熊猫古称的考证:其一,是受篇幅限制(拙文稿已近4万字);其二,此文的重点在于古今大熊猫的分布变迁全貌(如所列大熊猫遗存都有可靠的文献出处,并且比较完整,这也是有别于所见已发表关于大熊猫的其他作品之一)。我还另外写了一篇1.2万余字的《大熊猫的古称考》,已经被中科院古脊椎动物与古人类所刊物录用,主编告知,尽管文字不少,他们还是要用,分2~3期连载。这可以说明我的相关看法得到更专业的专家认可。

古人绘制的大熊猫图形,流传至今的,简直难以使人将它们与真实的大熊猫联系起来。但他们的绘制并非无中生有,考证古人的文字论述,皆有来源。故我选出的8幅各时代古人绘制的大熊猫图被《大熊猫：人类共有的自然遗产》采用。该书虽由赵学敏主编，但其中特约作者、提供资料者名单看，绝大多数是我国从事大熊猫研究的较著名专家、学者[38]。这可作为研究大熊猫的现代动物学家对我所做的有关研究的认可佐证。

直至最近，历史地理学家王守春在《重要珍稀动物地理分布的变化·大熊猫》中更进一步提道[39]：

在中国古代文献中，大熊猫有多种称谓："貘"、"貘豹"、"白豹"、"猛豹"、"貊"或"貊兽"、"㺊"、"花熊"等诸多称谓。

按：据此看，则有更多不同的大熊猫别称出现。此外，

①对于"㺊"，出自《大明一统志·天全六番招讨使司》。虽未见对其的描述，但从当地（今四川天全县）发现有大熊猫遗存，且自1950年代以来调查一直有大熊猫活体，故认为"㺊"是大熊猫别称，不无道理。

②对于"貔貅"，窃以为需要具体分析。周建人记述《关于熊猫》[40]：

据调查者说，本地人叫它"白熊"。这名称也对，因为它的体毛大部分呈白色，形态又像熊的缘故。但我们现在称北极熊为白熊，两个名称容易混淆，现在就通叫它熊猫，不叫它白熊了。《辞源》的编者、读书极广博的傅运森先生曾经对我说过，古时候所谓貔貅大概便是指这动物。他说时虽没有十分断定，但这里不妨记一笔。

③《峨眉山志》记述[41]：

大熊猫：……大熊猫别名较多，又名白熊、花熊、竹熊、银狗、大浣熊、貔、貊、貘等。属食肉目，大熊猫科，自成一科。……

典籍中早有记载，宋人罗愿的《尔雅翼》说，大熊猫"出蜀中，今蜀人云，峨眉山多有之"。峨眉山古称"貔貅"，据清代大学士胡世安《译峨籁》载，"貔貅，自木皮殿以上林间有之。形类犬，黄质白章，庞赘迟钝，见人不惊，群犬常侮之，声訇訇，似念'陀佛'。能援树，食杉松巅并实，夜卧高篱上。古老传名'皮裘'，纪游者易以'貔貅'。此兽却不猛"。木皮殿即今大乘寺，海拔2300米。

从大乘寺至山顶，在针阔叶混交林、常绿针叶林中，生长着丰茂的箭竹等竹类，是大熊猫最喜爱的主食，尤其是竹笋，有时它也食其他一些植物。大熊猫通常过着孤独生活，繁殖能力（力）低，发情期为每年的3～6月，分娩期多在9～10月，每胎产1仔。它的产量极为稀少，极难发现它的踪迹。

早在1943年，河北一家报纸有峨眉山大熊猫的报道。1948年12月18日，《东南日报》也报道，当年8月中旬，在峨眉山获一雄性幼仔大熊猫，重12公斤，训练4个月后准备展出，因故未成。据峨眉山市有关部门透露，70年代修建峨眉山后公路时，有一位民工在雷洞坪附近、海拔2355米的双水井捕杀过一只大熊猫；80年代，在山麓的高桥乡张沟村（摄身岩下）和千佛岩下的龙池，以及张山等地，也有当地村民捕杀或发现过大熊猫。

按：仅从以上摘录看，不仅确是大熊猫，而且从宋代以来一直有记载；此"貔貅"，是由古名"皮裘"转称；

峨眉山位于今四川省峨眉山市,至今仍有大熊猫分布。窃以为,将此貔貅与大熊猫画等号,难道还要争议吗?

限于篇幅,不多论述,有兴趣读者可参见笔者关于大熊猫古称的争议观点[42]。

(三)同名异物

古往今来,人们不仅对相当多并不了解且缺乏详细描述之物名不知所云,而且由于大量存在同物异名、异物同名现象,使得一些研究者如雾里看花,由于不辨真伪而造成张冠李戴,就是现代也并不罕见。

例如:麝属(*Moschus*)的多个种在我国不少地方被称为"獐",如仅凭名称则容易与同是偶蹄目的"獐(*Hydropotes inermis*)"混淆。"有无麝香"虽是区分麝与獐的显著特征之一,但雌麝与幼麝也无香,还是有被误认而错记。獐仅适宜栖息于暖湿环境,今主要处于淮河以南地区。麝适应性较强,虽适宜温凉气候环境,但其分布区的海拔高度却随纬度降低而升高。故而,在一些地区呈现獐与麝重叠分布现象;进而呈现二者重叠分布的北界即獐的分布北界,重叠分布的南界即麝的分布南界;重叠分布的西界即獐的分布西界,重叠分布的东界即麝的分布东界[43]。

又如:大鲵(*Andrias davidianus*)常见别名有"娃娃鱼",而在甘肃省临夏州与甘南州一带有将小鲵科山溪鲵属山溪鲵(*Batrachuperus pinchonii*)也俗称为"娃娃鱼"。尽管大鲵与山溪鲵皆是有尾、有足的两栖类动物,但见到实物还是比较容易区分的:大鲵个体大要比山溪鲵大得多;即使是大鲵幼体,也可通过前后足指、趾的差异(大鲵为前4指,后5趾。山溪鲵则皆为4个指、趾)鉴别[28]。

由此可见,不仅要知道物种名称,而且要掌握其形态特征、习性以及时间、空间、环境等,也只有同时或基本具备这些要素,才可鉴别与获取令人信服的野生动物地理分布证据。

(四)称谓僵化

所谓"称谓僵化",是指不能辩证地对待动物的"同物异名"或"同名异物"实际,只是固守同一称谓,并用其去套取所有物,或否定所有物。这种现象笔者时有所见。

例如:笔者参与《中华大典·生物学典·动物分典》,承担猫科动物等编纂工作,在提交"虎(*Panthera tiger*)"文稿时,审稿专家将其中名为"野兽"的资料一律删除,并以现代动物学概念的"野兽"(家畜以外的兽类)作为解释。殊不知,唐高祖李渊之祖父名叫李虎。唐代讳"虎"字,皆作"武"或作"兽"。现存古方志中《灾异》等记载的"兽"、"野兽"绝大部分也是指"虎"。若按审稿者原意,虎岂不在唐宋之际突然"消失"?

再如:古籍中出现的"白虎",约有4种含义,不能一概而论:

①四灵之一,并非实际动物种类。即《礼记·曲礼》称:"行:前朱雀,后玄武,左青龙,右白虎,招摇在上。"

古人认为虎乃山君,具威猛和降服鬼怪能力,使之成为属阳神兽。而白虎也是战神、杀伐之神,具有避邪、禳灾、祈丰及惩恶扬善、发财致富、喜结良缘等多种神力,成为四灵之一,由星宿变成。在二十八星宿中,西方七宿(奎、娄、胃、昴、毕、觜、参)恰构成虎形;而西方在五行中属金,色白,故成为白虎。此"白虎"之形差异颇大。

②大熊猫。不仅所描述其形态、神态等方面,如:"貌首,虎躯,白质,黑章","其性甚驯","玄灵之文,玉雪之质","双瞳炯目"等,更接近大熊猫;且在记载出现时间、地点方面,也更接近大熊猫遗存发现地,同时其环境也符合现生大熊猫的生态条件。

③白化虎。实际确有白化的虎,故并不排除古籍中记载的"白虎"无一是实。动物的白化现象,不仅古今皆有,而且并非少数种类。但是,存在"白"的程度与古人认同、记载的差异。

④现实中的虎。应当不是白化虎,而是古人记载之误差。如:清乾隆二十七年《福宁府(辖今宁德市蕉城区、福安、福鼎、寿宁、霞浦、柘荣、周宁等地)志》中2条记载:

> 嘉靖元年(1522年),痘症大作,殇者千人。二年(1523年),亦然。有白虎咆哮伤人,旋入福安。县民戴姓格杀之。

> 十五年(1536年),旱。宁德地震。六月,两虎往来西南门,五日不去。知县程世鹏为文告城隍神,数日遁(林文迁《两虎行》:风生惨淡鹊噪枝,两两驰逐相追随。牛羊狗彘俱辟易,饥肠饱饫肉成糜。蝗蟊税亩旱仍灾,可怜焦土堪涕垂。藩篱失守破还撤,昼防夜警相凭危。街童里妪不省事,负隙垂蟀窃管窥。雪毛白额尽丑类,无由可借张良椎。谁能冯妇善攘臂,安得毙之寝其皮。去奸除暴职不任,我有一剑光陆离。用之不减斩马快,旁观袖手无从施。往来窥伺甚可畏,看女肆暴能几时。吾闻苛政猛于虎,兽心人面哪得知。

试分析之:①宁德市地处中亚热带,降水量丰沛,植被繁茂;地势西、北部高,东、南部低,中部隆起;地貌以山地丘陵为主,其间杂有山间盆地,沿海一带为狭长的滨海冲积平原,鹫峰山和太姥山脉分别斜贯西北部、中部,千米高峰连绵,以海拔1 649 m的寿宁县平尖山为最高。历史上适宜华南虎等动物栖息。②伤害人畜,当时现实中的虎。③所称非人工繁殖的"白虎"(前者直呼,后者描述为"雪毛白额")在13年的短期内再次现身,值得怀疑是"白化虎"。④这2条资料记载的虎出现,皆与异常的灾害相关,当是华南虎的"不得已"而为。

(五)对古动物图的认识

古人绘制的动物图形象多注重神似,甚至捕风捉影,即使是比较严谨的中草药图谱中也难避免,这固然有种种主客观原因。如果求全责备,则将否定相当一部分自然界实际存在的物种。

图H1 麝(《尔雅音图》)

图H2 在树上的林麝

例如:笔者编纂《中华大典·生物学典·动物分典》提交了一幅宋人绘制的"麝"(图H1)[44],并将其鉴定为林麝(*Moschus berezovskii*),却遭到审稿专家质疑。因为我国现生的麝中,唯有林麝"能登上倾斜的树干,站立于树枝上"[45],况且现代还有摄制的林麝在树上的照片(图 H2)[46]。

又如:我国历史上曾有苏门答腊犀牛(简称苏门犀,又称双角犀;*Didermocerus sumatrensis*),印度犀牛(简称印度犀,又称大独角犀;*Rhinoceros unicornis*),爪哇犀(简称爪哇犀,又称小独角犀 *Rhinoceros sondaicus*),但它们的形象在历史上曾出现逼真→失真→逼真的反复:到战国时期,制作的犀牛形器物还比较逼真,但其时也开始出现走样的犀牛形象,并且延续到清代后期,有的"犀牛"形象还十分离奇;直到清末,绘制的犀牛形象才又归真;这与犀牛的分布变迁是吻合的[42]。

我们不能苛求古人对野生动物描述(无论是文字还是形象)的绝对准确,尤其是那些难以常见或近距离观察的物种。否则,我们不是无法充分利用延绵数千年来古人对野生动物记载进行研究,就是容易因不辨真伪而造成张冠李戴。

(六)不可忽视古人的思维

一些学者对于古籍中出现的"鹤"与"白鹤"的定种十分纠结,这往往是将现代人的思维强加于古人。

笔者根据①《故宫鸟谱》中清人绘制的 4 幅有关"鹤"的彩图(分别标明"鹤"、"灰鹤"、"小灰鹤"、"蓝")与文字,经现代动物学者鉴定:"鹤"即丹顶鹤(*Grus japonensis*),"灰鹤"为灰鹤(*Grus grus*)或白头鹮(*Mycteria leucocephalus*),"小灰鹤"为蓑羽鹤(*Anthropoides virgo*),"蓝"为白鹤(*Grus leucogeranus*)或白枕鹤(*Grus vipio*)。②参看方志中记载有关"鹤"的不同情况(表 H2),亦可窥古人的思维。

表 H2 方志中各种"鹤"记载实例

所属地区	出处	相关内容	分析说明
华北	明嘉靖九年《通州志》	鹤(出吕四场芦苇中,白水荡多有之。又有野鹤,色灰,似鹤而小)	不仅有"鹤"(丹顶鹤),并有"野鹤,色灰",且与"鹤"(丹顶鹤)比较
	明嘉靖十九年《河间府志》	鹤……灰鹤(又谓之玄鹤,又谓之青鸟)	前者"鹤",即是丹顶鹤
	清光绪四年《唐县志》	山鸟有:石鸡、灰鹤……	十分明确,并非丹顶鹤
东北	民国二十年《安东县志》	鹤(高二三尺,嘴及颈、脚皆长,体色纯白,丹顶,额、颊及自咽喉至颈色黑,翼尖亦黑,尾羽白。鸣声高朗,喜食鱼。滨海芦塘中有之。一种灰色者,俗名土鹤)	"鹤"中之前者,显然就是丹顶鹤。"土鹤",似指灰鹤
	民国十七年《桦川县志》	鹤(有灰色者飞自江北。桦川或有见之者)	"鹤"中含有丹顶鹤。而"灰色者",似指灰鹤
华东	清光绪五年《丹徒县志》	鹤(宋雍熙四年十月,知润州程文庆献鹤,颈毛如垂缨)	此"鹤"有"颈毛如垂缨"特征,似为"小灰鹤、水鹤、丹歌",亦即蓑羽鹤(*Anthropoides virgo*)

续表

所属地区	出处	相关内容	分析说明
华东	清光绪八年《宜兴荆溪县志》	东南之涧,有翔鹤之洞(张公山后白鹤洞有白鹤飞翔,故名。《相鹤经》云:鹤乃羽族之宗,仙人之骥。千六百年乃胎产。据此,则谓鹤不卵生者,误也。鹤初生多灰色,年久,渐白。至大,毛落而氄毛生,则白如雪矣。又一种似鹭而头无丝,脚黄色,俗名白鹤子。色红者,名红鹤。皆非鹤而冒鹤名者)	此处所称先灰后白之"鹤",虽不尽准确,但基本上还是指丹顶鹤。而"似鹭而头无丝,脚黄色"的"白鹤子"与"色红者,名红鹤"者,明确"非鹤而冒鹤名者";而后者为朱鹮(Nipponia nippon)
	清光绪十一年《庐州府志》	青鹤	仅有一种"鹤"。十分明确,并非丹顶鹤
	明嘉靖九年《惠安县志》	苍鹤(似鹤而色苍,可驯畜)……鹤(鹤相唳)	记载有2种鹤,后者似为丹顶鹤
	明嘉靖十七年《福宁州志》	鹤(又有扬鹤)	"扬鹤",似指"扬州鹤",原似出自(南朝梁)殷芸《小说》:"有客相从,各言所志,或愿为扬州刺史,或愿多货财,或愿骑鹤上升。其一人曰,腰缠十万贯,骑鹤上扬州,欲兼三者。"从其描述看,当是丹顶鹤;著名的产丹顶鹤地"吕四场",即在"扬州府"
	明嘉靖二十四年《清流县志》	鹤(有灰、青、白色。丹顶,其寿最久)	记载有3种鹤。其中"丹顶"当是"白色"者,亦即丹顶鹤
	明崇祯六年《海澄县志》	鹤顶(刘安期曰:鹲,水鸟。黄喙,长尺余,南人以为酒器。即今鹤顶也。按《华夷考》:海鹤,大者修顶,五尺许翅足称是。昼啄于海。春暮,宿岩谷间。岛夷以小镖伏于鹤常宿所刺之,剥其顶售于舶估。又南番有鱼,顶中鲜红如血,名鹤鱼,以为带号鹤顶红。有人在达官处见其鹤顶红带,云是鹤顶剪碎,夹打而成)	非丹顶鹤,有人认为是盔犀鸟(Helmeted hornbill)
	清光绪二十年《闽县乡土志》	海鹤(粪能化石)	非丹顶鹤,有人认为是盔犀鸟(Helmeted hornbill)
	清光绪十二年《日照县志》	鹤(《旧志》云,止有灰鹤)	既然仅有一种"鹤",且明确为"灰鹤",显然不是丹顶鹤
	1971年《屏东县志》	白鹤	尽管该志出版已属现代,但台湾并无白鹤(Grus leucogeranus)记录,且现代白鹤在中国主要分布在从东北到长江中下游。
中南	明嘉靖三十年《巴东县志》	鹤……白鹤	疑皆是丹顶鹤。可参见"鸳鸯"文,古人将"鸳鸯"与"䴔鹉"分为2物种,实际皆为鸳鸯
	明嘉靖四十三年《归州志》	鹤(有黑、白二色)……红鹤(色桃红。鸣于咽)	"鹤"中白色者,似丹顶鹤。"红鹤"是朱鹮(Nipponia nippon)
	明嘉靖二十七年《香山县志》	鹤(灰白二种,皆丹顶)	此指出灰鹤(Grus grus)与丹顶鹤"皆丹顶"是准确的

所属地区	出处	相关内容	分析说明
中南	清道光十年《西宁县志》	鹤(邑产者灰色,苍色。亦有白者,颈有酱色毛。又有蓑衣鹤,半颈以上毛俱酱色,足青《采访册》)	据此注释,不足证明有丹顶鹤
	清同治十年《番愚县志》	鹤(一种水鹤。状如白鹭。其性通风雨,有风雨则鸣而上山;否则鸣而下海。寻常多在榕树上)	含有丹顶鹤,而"水鹤"特征很明确(可对照《故宫鸟谱》)
	清同治十二年《海丰县志》	水鹤	非丹顶鹤,乃蓑羽鹤(Anthropoides virgo)
	清光绪六年《清远县志》	鹤(有灰色、苍色。一种似白鹭者,水鹤也《采访册》)	此"鹤",据注释看,并无丹顶鹤
	清光绪七年《惠州府志》	鹤(亦有鹭鸶)	"鹤"中含有丹顶鹤。此注释中出现"亦有鹭鸶",似指"水鹤"(蓑羽鹤)
	清光绪十五年《高州府志》	鹤(凡数种。有通身洁白者,曰白鹤。有缟衣,丹顶者。有通身灰色者,俗呼蓑衣鹤。土产无鹤,所见均非真鹤也)	此时已至清末,并得现代动物学启蒙;且在明确有丹顶鹤之外,仍有"通身洁白者,曰白鹤",当就是白鹤(Grus leucogeranus)
	清宣统三年《高要县志》	鹳鹤(南方之鹤皆灰色,白者则少。此盖鹳雀俗呼为鹤耳。《正字通》:鹳雀似鹤,顶无丹,项无乌带,长颈,赤喙,翅、尾黑者,是。城上披云楼,左右有大树数株,向栖灰鹤,即鹳雀也。千百为群,夜出饮啄,黎明即回城中。人因其飞鸣而知夜之早晚。若有兵事,往往不知所往。事定,则聚集如故《采访册》)	尽管此"鹳鹤"似主要指"鹳属",但其中提及"南方之鹤皆灰色,白者则少",不能排除没有丹顶鹤;尤其是康熙十二年《高要县志》同时记载"灰鹤"和"丹顶鹤"。故此"鹳鹤",疑似"鹳"与"鹤"二物种之误
	民国十年《东莞县志》	鹤(有白,有元,有黄,有苍《嘉祐本草》。灰鹤大如鹤,通身灰色,去顶二寸许毛始丹,及颈之半,亦能歌舞《桂海虞衡志》。南方之鹤皆灰色。白者则小。有水鹤,[亦小,状]类白鹭。其性通风雨,有风雨则鸣而上山,否则鸣而下海,寻常多在榕树。广人以其顶丹可贵,故曰丹歌。有诗:丹歌时引舞)	从"鹤"的描述看,其中既有丹顶鹤,也有蓑羽鹤
	民国二十二年《开平县志》	鹤(有黄,有苍,有白。白而颈长者,声最高。其颈短、灰色者,名灰鹤,是鹤之别种)	多种"鹤"。其中"白而颈长者,声最高"者,是丹顶鹤
	民国二十三年《恩平县志》	鹤(有白,有玄,有黄,有苍。或取其雏饲之,翔步阶除有闲客态,甚驯扰可观。 南方之鹤皆灰色,白者则少有。水鹤类白鹭,其性通风雨。有风雨则鸣而山上,否则鸣而下海《广东新语》。又,鹤灰色,谓之海鹤。水鹤尤小,自春深至秋中,相率以千百至,鸣声彻晓夜。昔尝栖止于邑境水洲陂。弋人张网以待,时有所获,名为鹤垱。今则鹤已少至《采访册》)、灰鹤(一名寒鹤。颈短。能知更。 大如鹤,通身灰色,去顶二寸许毛始丹,及颈之半,亦能鸣舞《虞衡志》)	明确分为两种鹤("鹤"与"灰鹤"),就是"鹤"中,包括有丹顶鹤
	明嘉靖十八年《钦州志》	鹤(灰色,不如扬州之雪白)	此虽用"鹤",但加注释,相当于"灰鹤"

续表

所属地区	出处	相关内容	分析说明
中南	民国十三年《陆川县志》	野鹤(陆川鹤洞山有野鹤)……鹤(有黄、白、玄、青各色。又有高大而顶有翎者,俗呼为大水鹤)、夜鹤(或云,即野鹤)	此"鹤"中有丹顶鹤,而"水鹤"的特征类蓑羽鹤
	民国二十三年《贺县志》	水鹤……白鹤	前者"水鹤"是蓑羽鹤,后者"白鹤"是丹顶鹤
	明正德六年《琼台志》	蓑衣鹤(俗名牛奴)	物名即表明并非丹顶鹤。"蓑衣鹤"究竟是今何物,待探究
	明万历年《琼州府志》	蓑衣鹤……鹤(通身灰色,去[顶二]寸许,毛始丹。[亦能]鸣舞。其色白,顶丹者,则传自广)	"鹤"中,前者似灰鹤,后者乃丹顶鹤
	清康熙四十七年《琼山县志》	老鹤……蓑衣鹤	既然万历年《琼州府志》已有丹顶鹤,那么此"老鹤"似指此(古人有将"白色"作为"老";如:东方白鹳即称"老鹳")
	清光绪十六年《琼州府志》	鹤(粤中最少鹤,惟琼州则元裳,缟衣,丹顶。其余,灰鹤居多。又有蓑衣鹤,俗名牛奴《通志》)	"鹤"中有丹顶鹤、灰鹤、"蓑衣鹤"
西北	清嘉庆二十四年《崆峒山志》	元鹤(栖东台岩洞之中。丹顶,皂身,白腹,朱啄,旴老者色深黑)	尽管描述不是很准确,但其中的"丹顶,皂身,白腹"仅丹顶鹤较符合(《尔雅翼》将元鹤释为"鹤之老者"),且在其周边有丹顶鹤栖息
	民国二十四年《灵台县志》	水鹤(似鹄,长颈,高脚,纯白,丹顶。食于水)	尽管此称"水鹤",但"纯白,丹顶"显然是丹顶鹤

窃以为,古人并未尽识现生我国的 2 属 9 种鹤;他们所称"鹤"或"白鹤"等多指丹顶鹤(现代中文学名);若将古人称"鹤"领悟成是类名(亦即含有多种鹤。就是有此意的,所见多有注释),则缺乏更有力的证据。

(七)自然地域名称与政区名称

常见动物分布使用自然地名与政区地名,虽二者各有千秋,窃以为,从涉及较大范围而最终要标注到地图(尤其是小比例尺图)上,或历史动物分布变迁(在资料来源与处理政区变迁等方面)等方面考虑,政区地名更胜一筹。

值得注意的是,即使在同时段,自然地名与政区地名不仅各自有同名异义现象,而且相互之间也有异名同义现象,应注意区分。在文字描述过程中,不同概念的地名混用尚影响不大;而到分布图标注,其空间位置往往是唯一的,需要表达隐含的逻辑关系,便于读者领悟。

在地图上标注动物分布,一般是采用经审定的标准底图,依然是"点"、"线"、"面"三种形式。政区地名可以按治所标"点",自然地名的山也可按其主峰标"点",而河流的显示就难度较大。

例如:对"秦岭"就有二说:①其主体位于陕西省中部的,亦即狭义的"秦岭"。②"秦岭山脉",也简称"秦岭"。其西起甘肃南部,经陕西南部到湖北、河南西部,长约 1 600 多 km。为黄河支流渭河与长江支流嘉陵江、汉水的分水岭。秦岭—淮河一线是中国地理上最重要的南北分界线。这是广义的"秦岭"。

又如:《中国动物志·鸟纲》第一卷记述白鹳"国内分布于新疆喀什、天山、伊犁"[47]。根据该书白鹳分布图左上方的标注情况看,由上而下的三处应是"伊犁"、"天山"与"喀什"。但笔者对照《中华人民共和国分省地图集》[48]察看实际标注,由上而下的三处则似是①托里县与裕民县一带;②我国境内天山的哈尔克山一带,或现伊犁哈萨克自治州的伊宁市一带;③公格尔山与慕士塔格山一带,或阿克陶县与塔什库尔干塔吉克自治县一带。

尽管"喀什地区"与其所属"喀什市"皆可简称为"喀什",尽管"天山"有广义(东西横贯横跨中国、哈萨克斯坦、吉尔吉斯斯坦和乌兹别克斯坦等国)与狭义(横贯新疆维吾尔自治区中部)二说,但"伊犁"则只是地级的"伊犁地区"或"伊犁哈萨克自治州"驻伊宁市,由此看来,"喀什"也是广义,"天山"则应指国内部分。

(八)时间的重要性

历史时期动物虽是介于古动物与现生动物的中间环节,但在具体研究中往往在时间段方面要有所前伸或后延,才能达到更佳效果。

鉴别特异情况,不得不考虑到具体时段。尽管上文已有所涉及,但还有一例可以说明:有人将动物古称"貘"与现今动物"貘属"对应,进而否认其为大熊猫别称之一。窃以为,由于其未注意到两相关事物的时间差异,得出错误结论,难以信服:①我国出土的动物遗存中确有多处含有貘属,然笔者对于"河南安阳殷墟附近也曾出土过商代晚期的貘的残骨"的提法颇疑惑:殷墟发掘出 10 余万片契刻有文字的甲骨,固然是商代文献;但在那里出土的马来貘化石,并不意味也是商代遗物。它们是两个概念,亦即在同一地点,既可是同时段,也可是不同时段的遗物。如不注意区分,有可能在出现"关公战秦琼"的笑话。②张之杰提到"许是明治初年,日本学者将 tapir 译为貘的依据吧"[49]。"明治"乃日本睦仁天皇的年号(1867~1912 年),其"初年"恰在清同治年间(1862~1874 年)。而在此之前,古人就已使用"貘"来称大熊猫了。③还有多种其他理由[50]。

剔除虚假的时间,还原事物本来面目。笔者见到的一些动物分布变迁图、名录存在有两方面问题:①不合逻辑的夸大,或者是"以点带面"(时间并不久远),或者信口开河。例如,称朱鹮历史上除新疆与西藏外,全国皆有分布。但我们没有看到其论据中有点滴朱鹮在云南的分布信息,并且从历史上朱鹮的分布情况看,其西北界线达到青海东北部—甘肃中部(固然可以排除新疆有所分布),其西南界线则在四川中部—贵州东南部—广西西南部一线(固然可以排除西藏有所分布,但其分布同样也达不到云南)。②毫无时间观念地罗列分布地,相当部分沿用百余年前外国学者的调查资料。朱鹮的分布变迁颇具代表性,不少外国学者的记录固然可以与古方志记载相互印证,但到 20 世纪 70 年代,甚至21 世纪依然毫无时间区分的单纯地点(还有不少只是笼统到省级政区),显然不符合事实。尽管我国古代朱鹮分布十分广阔,但到 20 世纪初就急剧缩减,到 20 世纪 80 年代野外仅 5 地(而不是通常说仅洋县 1 地)有残存。显然 20 世纪 70 年代以来记载的不少朱鹮分布地至少是几十年前的状况,尤其应当注意区分。

反映历史动物地理研究成果也离不开时间观念。就笔者研究过的物种看,清中期以来,尤其是近百年来,它们的分布状况变化巨大。如果说在文字记述方面尚不显现这种现象的话,而通过分布变迁图显示相当一段时期的动物分布,如果缺少时段,难免使人疑惑,或造成误导效果。就是狭义的"动物地理"与"动物分布",亦即人们默认的"现代动物地理"与"现代动物地理分布",至今也有百余年历史,动物分布变迁更为显著。

(九)综合判断

对于一些难解问题,往往需要根据若干相关情况做出综合判断。

例如:编辑部转述审稿者对《历史时期大熊猫分布变迁再探索》文稿的第2条意见是:

> 文中关于山西、黄土高原、东北等地的大熊猫的分布,也缺乏说服力,因为大熊猫以竹为食,而这些区域是无竹类的,作者没有考虑大熊猫的食料问题。

笔者对此申述道:

①何业恒教授还提出:"据我们估计,到17世纪,全国还约有100个县为大熊猫的栖息地。这100个县地跨现在的华北(北京、河北、山西)、西北……"[51]提到的大熊猫分布地与拙稿中的应当是相当。

②拙稿所认为历史上山西有大熊猫分布的根据在:a)平陆县嵩店村出土有大熊猫化石;b)根据文献记载,晋南曾有大熊猫,并且与陕西中东部的分布点毗邻,而现今秦岭仍是大熊猫的分布区之一;c)晋北代县一带曾有大熊猫,虽然证据不是十分充分,但纬度甚至低于后来河北的分布点,应当还是可能的。

③至于历史上竹类分布,纬度较高且可考的有:北京怀柔、内蒙古准格尔旗、山西太原、陕西陇县、宁夏海原、甘肃张掖等处[52,53]。可以说,历史上可考的竹林分布地与大熊猫分布地点是对应的,甚至前者的北界还高于后者。如果审稿专家认为历史上"山西、黄土高原等地无竹类"分布,恐怕是不太了解情况。因为就是现今,这些区域的部分地方还是有竹;以您们所处的××(也是黄土高原的一部分),就有竹与大熊猫的事实,可以证明。

④对于"东北历史上分布的大熊猫",在拙稿中只是作为"讨论"提出的,并没有列入"表3"中(古今分布变迁图上也不会显示),而且也只占很小比例的篇幅。即使审稿专家认为有碍,删去即可。若作为拙稿不宜采用的重要理由,是否过于牵强?

⑤此外,古今大熊猫分布差异还与气候变迁有关。如果仅用现今情况来判断历史时期,难免会产生认识偏差。

又如:有人就涉及亚洲象遗存等讨论历史气候[39]时,提出:

> 阳原发现野象遗存只是一个象齿,并不是完整的骨骼,尚不能完全排除异地带入的可能性。退一步说,肯定它的原生性,也不能排除在某些特殊的年份或时期,少数的野象活动到这个地区,因为野象具有短期内长途活动的能力。显然,阳原的野象遗存目前尚不能证实当时阳原是野象稳定分布的北界。事实上,出现在华北的喜暖的生物成分也绝非仅野象一例,如北京、天津、白洋淀等地发现的水蕨孢子,以及滦河下游发现的柞木和杨梅的花粉,都是典型的亚热带地区植物。这些发现也都没有被认同为是当时亚热带北界的标志,而仅是一些特例。

窃以为值得商榷:

①据研究者贾兰坡等[54](贾兰坡等,1980)记述,a)河北阳原县出土的亚洲象是相距约30 km的两

处(其方位与距离见图 H3)。b)前者是丁家堡水库东距约 30 km 的花稍营公社(现化稍营镇)大渡口村,确实仅出土"一枚象的第三臼齿"。c)而后者则是阳原县东约 14km 的井儿沟公社(现井儿沟乡)上八角村和浮图讲公社(现浮图讲乡)丁家堡村之间的丁家堡水库,"亚洲象(*Elephas maximus*)材料是一枚右上臼齿和一枚右下第三臼齿,还有一些肢骨。"d)"发现不少几乎尚未碳化的树干朽木,经中国科学院古脊椎动物与古人类研究所和北京大学历史系的¹⁴C 实验室测定年代分别得为(3630±90)年 B. P. 和(3830±85)年 B. P. ",亦即"三四千年以前我国夏、商时代"。

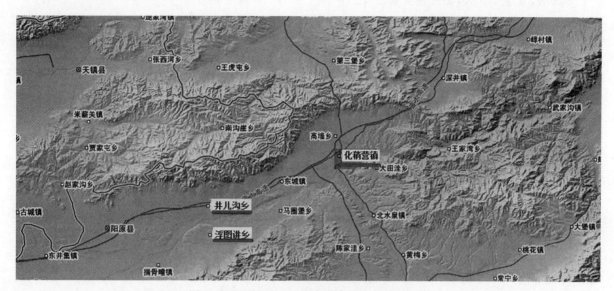

图 H3 阳原县出土亚洲象遗存地点及周围环境

②对象遗存的鉴别:a)根据第一手资料反映,阳原出土的象遗存是相距 30 km 的两处;而非"只是一个象齿"。b)丁家堡水库出土的象遗存至少含有 5 枚标本。c)现生哺乳动物长鼻目象科只有 2 种——分别栖息于亚非两大洲的亚洲象与非洲象。阳原的标本出自全新统地层,显然就是亚洲象。d)标本中没有珍贵的"上颌门齿",而只见数枚"臼齿"。

③对象遗存分析:a)丁家堡水库的象标本虽未见多枚相同部位遗骸,但如果它们呈分离状态(值得探究),还是可以反映不止是同一只象。b)动物遗存需要具备易于保存的硬体,有某种沉积作用把它迅速埋藏起来,在一定时间内经过固结、充填、换质等石化作用等综合条件;并且其成功的概率极低,比照大鲵情况(仅见 1 地出土遗存)便可想而知。c)尽管古生物学家估计大渡口村丁家堡水库的象遗存是同一地层产物,但它们的实际年代差异也相当大,起码并非同年出现。d)与就目前状况,也可证明阳原在夏商时期有较多象栖息。e)古代所称"象齿"是指珍贵的工艺品原材料,现特区分为"象牙"或"獠牙"等称谓。阳原既没有发现此物,也毫无"异地带入"的蛛丝马迹,故可认为是野生亚洲象。

结论:窃以为,既然在夏商时期的不同年代有野象在阳原栖息并非偶尔一次,既然只有相当长期生存才会出现的柞木和杨梅的花粉存在,并且都是典型的亚热带地区动植物,依然表明这一带曾有一段时期呈现亚热带气候环境。然而,一些研究者却得出"仅是一些特例"的结论,令人费解。

五、瞻前顾后,合理推断

推断是历史动物地理研究中采用的研究方法之一,主要是由于种种原因缺少直接证据而通过旁证来确定,但其前提是要瞻前顾后,合理推断。

● 推断未见记载地有虎。尽管仅广西的隆林各族自治县与大化瑶族自治县未见有明确的虎分布记载,但不妨通过其周边情况分析,此2地皆处山丘地带,周围各地历史上皆有虎分布。

具体看隆林各族自治县的东邻,《田林县志》记载[55]:

1953年……牛、马、猪、羊受虎豹害1 005头(匹)。这年,打死虎豹106只,野猪412头,箭猪356头,黄麂443头,其他兽类422头。

1959年,央边公社(今板桃乡)共打死各种兽类2 805只,其中野猪510头,箭猪159只,虎豹4只,黄麂964头。

按:从记述看,田林县不仅有丰富的供虎食用有蹄类动物,而且虎的数量也非常大。更值得注意的是当地现今仍有虎栖息。

再看大化瑶族自治县,则是1988年10月由当时河池地区都安瑶族自治县、巴马瑶族自治县以及南宁地区的边缘结合部组成年代并不久远的县。尽管历史资料稀少,但我们可以从当地乌龙岭地区尚有野猪、黄猄、野山羊、猴子、山鸡、毛鸡、果子狸、穿山甲、竹鼠、蛤蚧、蛇类、剑鱼、巴马纯唇鱼、暗岩鱼、长尾唇等动物组合看到仍有虎的食物存在。大化瑶族自治县北毗邻的《都安瑶族自治县志》记载[56]:

1952年县内发生虎患,计咬死黄牛54头,山羊749只,生猪130头,咬伤14人,咬死1人。

1953年各族群众除兽保苗畜禽,打死老虎21只,黄猄31只,猴子197只,泥猪191只,箭猪350只,团猪318只,鸟兽老鼠所得更多,无法统计。

按:据此看来,在20世纪50年代,都安瑶族自治县不仅也有可供虎捕食的丰富有蹄类,而且当地人打死虎亦不在少数。就是大化瑶族自治县西北的巴马瑶族自治县,至今仍有虎存在。

● 推测东北分布的虎之数量。WCS俄罗斯科学家与史密斯等[57]即使对现有虎的数量估计也出入颇大,更何况对历史上虎数量的估计更是难点之一。笔者根据历史记载,换算得出现今俄罗斯的虎占地12.8~16.8 km²/只[58](而不是有10~150 km²/只多种提法),并综合考虑历史时期气候带变动、东北地区地广人稀、植被良好,生物多样性平衡时,估计历史上东北分布的虎数量不少于13 000只。

六、结 语

窃以为,研究历史动物地理毕竟远离现实,验证的难度更大,人们对其中若干问题见仁见智,或采取较为审慎态度(而不是裹足不前),或大胆推断(在有相当依据基础上),各有千秋。一方面,我们对于这一新兴、前无古人的探索性研究,应持更加宽容态度,只有容许失误,容许误断,方能鼓励研究者进一步解放思想,更自由地展开想象力,创新出更多成果,达到殊途同归之目的。另一方面,历史动物地理尽管是不断汲取多学科精华之综合性分支学科,但其也有若干独特之处,研究者若忽视这一点,则往往功亏一篑,甚至造成背道而驰,劳而无功。

历史动物地理学研究路漫漫,谭其骧1991年最后留给我们语重心长的一段话语依然警醒着笔者[5]:

最近一二十年看到一些论著,往往免不了有这两方面的缺点。有的地理学家不重视资料工作,不是误用了第二手的或错误的资料,就是对资料作了不正确的理解,或者把最重要的时间、地点搞错了。尽管他们运用的理论和手段是先进的,所得出的结论和找到的"规律"却根本靠不住。还有一些研究人员在文献资料上尽了很大的努力,却不会运用科学的研究方法,只能做些简单的归纳和排比;或者不懂科学原理,使不少有可能取得的成果失之交臂。

参考文献

[1] 中国科学院地理研究所历史地理组. 我国古籍有关南海诸岛动物的记载[J]. 动物学报,1976(1):58—65

[2] 地理研究所古地理历史地理研究室. 悼念文焕然先生[J]. 地理研究,1987,6(1):61

[3] 王守春. 中国历史地理学的回归与展望:建所70周年历史地理学研究成果与发展前景[J]. 地理科学进展,2011(4):442—451

[4] 史念海. 史念海序//文焕然,等. 中国历史时期冬植物与动物变迁研究[M]. 重庆:重庆出版社,1995

[5] 谭其骧. 谭其骧序//文焕然,文榕生. 中国历史时期冬半年气候冷暖变迁[M]. 北京:科学出版社,1996

[6] 郑度.《中国古代野生动物地理分布》推荐书//文榕生. 中国古代野生动物地理分布[M]. 济南:山东科学技术出版社,2013

[7] 葛剑雄. 创建考古地理学的有益尝试//高蒙河. 长江下游考古地理[M]. 上海:复旦大学出版社,2005

[8] Elvin,Mark. The Retreat of the Elephants:An Environmental History of China[M]. London:Yae University Press,2004

[9] 文焕然,等. 历史时期中国野象的初步研究[J]. 思想战线,1979(6):43—57

[10] 文焕然. 再探历史时期的中国野象分布[J]. 思想战线,1990(5):86—91

[11] 文焕然,文榕生. 再探历史时期中国野象的变迁[J]. 西南师范大学学报(自然科学版),1990(2):224—232

[12] 文榕生. 再探历史时期新疆分布的虎[J]. 四川动物,2016,35(2):311—320

[13] 中国科学院古脊椎动物与古人类研究所《中国脊椎动物化石手册》编写组编. 中国脊椎动物化石手册:增订版[M]. 北京:科学出版社,1979

[14] 何业恒,中国虎与中国熊的历史变迁[M]. 长沙:湖南师范大学出版社,1996

[15] 黄万波. 化石大熊猫//四川省动物学会编. 大熊猫:四川省动物学会学术论文集物学会学术论文集[C]. 成都:四川科学技术出版社,1985

[16] 黄万波. 大熊猫颅骨,下颌骨及牙齿特征在进化上的意义[J]. 古脊椎动物学报,1993(3):191—207

[17] 顾玉珉. 我国更新世长臂猿化石的初步研究[J]. 人类学学报,1986(3):208—219

[18] 顾玉珉,等. 广东罗定更新世灵长类化石[J]. 古脊椎动物学报,1996(3):235—250

[19] 高耀亭,文焕然,等. 历史时期我国长臂猿分布的变迁[J]. 动物学研究,1981(1):1—7

[20] 黄万波. 西藏昌都卡若新石器时代遗址动物群[J]. 古脊椎动物与古人类,1980(2):163—168

[21] 李有恒,韩德芬. 陕西西安半坡新石器时代遗址中之兽类骨骼[J]. 古脊椎动物与古人类,1959(4):174—185

[22] 计宏祥. 陕西蓝田涝池河晚更新世哺乳动物化石[J]. 古脊椎动物与古人类,1974(3):222—227

[23] 董为,李占扬. 河南许昌灵井遗址的晚更新世偶蹄类[J]. 人类学学报,2008(1):31—50

[24] 文榕生. 獐的分布变迁//文榕生. 中国珍稀野生动物分布变迁[M]. 济南:山东科学技术出版社,2009

[25] 文榕生. 虎的分布变迁//文榕生. 中国珍稀野生动物分布变迁[M]. 济南:山东科学技术出版社,2009

[26] 马逸清,文榕生. 虎(Panthera tigris)的起源与地理分布变迁[J]. 野生动物学报,2015(2):134—145,封3

[27] 费梁,等. 中国动物志·两栖纲. 上卷,总论、蚓螈目、有尾目[M]. 北京:科学出版社,2006

[28] 文榕生. 野生中国大鲵地理分布及讨论[J]. 历史地理,2015(31):86—98

[29] 高耀亭,等. 中国动物志·兽纲. 第八卷,食肉目[M]. 北京:科学出版社,1987

[30] 张荣祖,等. 中国哺乳动物分布[M]. 北京:中国林业出版社,1997

[31] 文榕生,张明海. 中国历史上的虎(Panthera tigris)亚种名称及分布地[J]. 野生动物学报,2016,37(1):5—14

[32] 曹志红. 老虎与人:中国虎地理分布和历史变迁的人文影响因素研究(博士论文)[D]. 西安:陕西师范大学,2010

[33] 文榕生. 对虎在我国两大岛屿上分布的历史考察[J]. 晋中学院学报(社会科学版),2015,32(2):74—79

[34] 文榕生. 诸山皆有虎. 人与生物圈[J],2014(6):18—22

[35] 文焕然,何业恒. 近五千年来豫鄂相川间的大熊猫[J]. 西南师范学院学报(自然科学版),1981(1):87—93

[36] 张荣祖. 中国动物地理[M]. 北京:科学出版社,1999

[37] 胡锦矗. 大熊猫的历史记载//胡锦矗. 大熊猫生物学研究与进展[M]. 成都:四川科学技术出版社,1990

[38] 赵学敏. 大熊猫:人类共有的自然遗产[M]. 北京:中国林业出版社,2006

[39] 邹逸麟,张修桂. 中国历史自然地理[M]. 北京:科学出版社,2013

[40] 周建人. 关于大熊猫//中国作家协会. 1956 散文小品选[M]. 北京:人民文学出版社,1957

[41] 《峨眉山志》编纂委员会. 峨眉山志[M]. 成都:四川科学技术出版社,1997

[42] 文榕生. 中国古代野生动物地理分布[M]. 济南:山东科学技术出版社,2013

[43] 文榕生. 麝与獐的区分//文焕然,文榕生. 中国珍稀野生动物分布变迁[M]. 济南:山东科学技术出版社,2009

[44] (晋)郭璞. 尔雅音图[M]. 北京:北京市中国书店,1985

[45] 盛和林,刘志霄. 中国麝科动物[M]. 上海:上海科学技术出版社,2007

[46] 盛和林,等. 中国野生哺乳动物[M]. 北京:中国林业出版社,1999

[47] 郑作新,等. 中国动物志·鸟纲. 第一卷[M]. 北京:科学出版社,1997

[48] 地图出版社. 中华人民共和国分省地图集[M]. 北京:地图出版社,1974

[49] 张之杰. 郭璞、大卫和露丝:猫熊故事三部曲[J]. 科学月刊,2008(8)

[50] 文榕生. 大熊猫的区分// 文榕生. 中国珍稀野生动物分布变迁[M]. 济南:山东科学技术出版社,2009

[51] 何业恒,何立庠. 稀世珍宝大熊猫[M]. 重庆:重庆出版社,2000

[52] 文焕然. 二千多年来华北西部经济栽培竹林之北界[J]. 历史地理,1993(11):246—258

[53] 文焕然,张济和. 北京栽培竹林初探//文焕然,文榕生. 中国历史时期植物与动物变迁研究[M]. 重庆:重庆出版社,2006

[54] 贾兰坡,卫奇. 桑干河阳原县丁家堡水库全新统中的动物化石[J]. 古脊椎动物与古人类,1980(4):327—333

[55] 田林县地方志编纂委员会编. 田林县志[M]. 南宁:广西人民出版社,1996

[56] 都安瑶族自治县志编纂委员会编. 都安瑶族自治县志[M]. 南宁:广西人民出版社,1993

[57] (美)史密斯,解焱,译. 中国兽类野外手册[M]. 长沙:湖南教育出版社,2009

[58] 彼得·杰克逊. 野外的老虎:世界自然基金会 1996 物种研究报告[R],1996

I 悼念文焕然先生[①]

地理研究所古地理历史地理研究室

著名历史地理学家,中国科学院、国家计委地理研究所研究员,中国地理学会历史地理专业委员会委员,中国农工民主党党员文焕然先生于1986年12月12日在北京病逝,享年68岁。

文焕然先生是湖南省益阳县人[②],出身于教师家庭[③]。1939年湖南蓝田长郡中学高中部毕业后,考入浙江大学文学院史地系;毕业后,考取浙江大学史地研究所谭其骧教授的研究生。

1947年至1949年,任福建晋江国立海疆学校地理学副教授。1949年至1950年,仍留任该校地理学副教授,任代理教务主任及校长等职。1950年8月至1962年在福建师范学院任副教授,先后担任该校地理系中国地理教学组组长和区域自然地理教研组主任等职务,为国家培养了许多急需的人才;同时,他还潜心于学术研究,撰写若干历史地理方面的论文和著作。1962年8月,文焕然先生调来中国科学院地理研究所历史地理组工作,曾担任该组组长职务。从此,文焕然先生把他的全部精力贡献到历史地理学研究事业上去,直到生命的最后一刻。

文焕然先生长期以历史时期中国自然环境变迁为主要研究方向,为历史地理学作出宝贵贡献。他不仅在历史时期气候变迁等研究领域作出成绩,特别是在野生珍贵稀有动物的分布变迁、历史时期我国森林分布变迁等研究领域做出了开创性的工作,受到国内外学者的重视和较高评价。在数十年科学研究工作中,文焕然先生先后完成了3部著作、55篇论文、8篇专题学术报告,累计字数达百万之多。其中,《秦汉时代黄河中下游气候研究》《历史时期中国森林的分布及其变迁》《历史时期"三北"防护林地区森林的变迁》《历史时期竹子分布北界的变迁》[④]《历史时期中国野象的初步研究》《历史时期中国马来鳄分布的变迁及其原因的初步研究》《中国野生犀牛的灭绝》《近五千年来鄂、豫、湘、川间的大熊猫》等论著,成了文焕然先生留给我国学术界的宝贵遗产。

---

① 原文发表于:地理研究,1987.6(1)。此次发表有所校对,并增加一些注释。

② 据《桃江县志·人物传记》中有文士员(文焕然之父)、文士桢(中国桃江. http://www. taojiang. gov. cn/art/2013/7/15/art_ 52_56400. html);"中华文氏宗亲网"称:"地理学家文士员,桃江沾溪贺家坪人,中国著名地理学家。他在湖南省立第一师范读书期间,与毛泽东是同学,后在国立武昌师范大学史地系深造,毕业后一直从事教育事业。"(中华文氏宗亲网—专家学者. www. wxzqw. cn/ wsrw/zjxz/ 2013—02—23)。又据关于文焕然叔父文士桢(文士桢. http://www. library. hn. cn/hxrw/xdrw/sbjld/wenshizhen. htm) 的介绍,为今益阳市赫山区人。综合情况,我们认为是在益阳市赫山区与桃江县一带,皆属于"益阳市"。

③ 文焕然之父文士员在新中国成立前曾在湖北、湖南两省多所大中学校担任地理教学工作40余年,是著名地理教师;同时还是我国早期出版地图的专家之一,他在亚新地学社兼任编辑30余年。新中国成立后,文士员最初还在育群中学等任教,后担任湖南省文物保管委员会委员、湖南省政协委员、湖南省志编纂委员会委员兼地理组组长、湖南省人民政府科学工作委员会地理组组长、中国地理学会湖南省分会常务理事、湖南省文史馆研究员等职,成为著名地理学家。

④ 似指中科院地理所1963年油印《战国以来华北西部经济栽培竹林北界分布初探》,当时即为较重要历史生物地理著作;我们见到其内容为不少人采用,但有未标明出处者。该文后经文榕生修改(因原文篇幅较长,难以正式发表)为《战国以来华北西部经济栽培竹林北界初探》,在1993年《历史地理》第十一辑正式发表。

文焕然先生在科研工作中能紧密地与国家的建设需要结合起来,积极承担与国民经济建设密切相关的重要科研课题。因此,他的研究成果不仅具有较高的学术价值,而且对于国民经济建设中的许多重要项目有着指导意义。他完成的多项科研成果受到国家有关领导机关和有关生产业务部门的重视与好评。如《历史时期"三北"防护林地区森林的变迁》受到林业部的好评,有关历史时期珍稀动物变迁的研究则受到国务院环境办公室的重视。

　　刻苦勤奋,坚毅不拔、勇于拼搏,是文焕然先生的极为可贵的精神。文焕然先生为科学事业付出了艰辛的劳动,对所从事的事业,充满信心。多年来,他在历史时期森林分布变迁及野生珍稀动物分布变迁的研究上,锲而不舍,狠抓不放。长期以来,他不顾多种疾病缠身和视力很差,以顽强的毅力,克服难以想象的困难,孜孜不倦地坚持工作,从浩瀚的历史文献中,收集了大量史料。就是在他生命的最后一段时间,仍壮心不已,还想要拼搏一番,准备撰写大型科学专著,要为科学事业做出更多贡献。文焕然先生在工作中一贯认真负责,对每一条资料都字斟句酌,工作踏实、严肃朴实,是历史地理科学领域中一位勤奋的耕耘者。

　　文焕然先生把自己毕生精力献给了祖国历史地理学和环境变迁科学事业的发展。他那种艰苦奋斗、努力工作以及高度为科学献身的精神永远值得我们学习。

文焕然著作目录(部分)[①]

文榕生

序号	题名	作者	出处	备注
1	北方之竹	文焕然	东南日报·云涛周刊,1947(9)	
2	从地理学之观点论我国核心区域之转移	文焕然	海疆校刊,1947(1)	
3	南洋之地理特色与国际地位	文焕然	海疆校刊,1948(1)	
4	从盐碱土之分布论历史时期河域之雨量变迁	文焕然	海疆校刊,1948,1(6)	
5	从季风现象揣测古代河域之气候	文焕然	海疆校刊,1948(1)	
6	从柑橘、荔枝之地理分布蠡测秦汉时代之气候	文焕然	海疆校刊,1948	
7	从秦汉时代中国的柑橘、荔枝地理分布大势之史料来初步推断当时黄河中下游南部的常年气候	文焕然	福建师范学院学报(自然科学版),1956(2)	
8	秦汉时代黄河中下游气候研究	文焕然	商务印书馆,1959	专著
9	怎样指导中学生进行野外物候的访问和观测	文焕然	地理知识,1960(2)	
10	周秦两汉时代华北平原与渭河平原盐碱土的分布及利用改良	文焕然,林景亮	土壤学报,1964,12(1)	
11	北魏以来河北省南部盐碱土的分布和改良利用初探	文焕然,汪安球	土壤学报,1964,12(3)	
12	从历史地理看黑龙江流域	文焕然	地理知识,1974(2)	
13	历史时期河南博爱竹林的分布和变化初探	文焕然	河南农学院科技通讯·竹子专辑,1974(2)	原署:史棣祖

[①] 此目录基本上可以反映文焕然毕生的科研轨迹与研究领域。

但就我所经历,先父作品、资料曾遭受2次"大厄"。其一,主要因"文革"遭受迫害,多次抄家导致;其二,我未成年即外出插队,未能保存整理先父作品,致使其手稿、资料(包括不少学术交流信件,珍贵照片等)有相当部分散失。此目录仅据我所见或检索到的文献著录。祈望知情者奉告目录中缺失者,不胜感谢!

续表

序号	题名	作者	出处	备注
14	中国古籍有关南海诸岛动物的记载	文焕然	动物学报,1976,22(1)	原署:中国科学院地理研究所历史地理组
15	历史上北京竹林的史料	文焕然	竹类研究,1976(5)	
16	中国古代文献中有关食管癌记载初探	文焕然	食管癌防治研究,1978(1)	
17	华北最大的竹林:博爱竹林	文焕然,孟祥堂	植物杂志,1978(1)	
18	黑龙江省的气候变化	龚高法,陈恩久,文焕然	地理学报,1979(2)	
19	历史时期中国野象的初步研究	文焕然,江应梁,何业恒,高耀亭	思想战线(云南大学社会科学版),1979(6)	
20	中国森林资源分布的历史概况	文焕然,何业恒	自然资源,1979(2)	(日)川濑金次郎译.中国森林资源分布的历史概况.森林文化研究,1983.4(1)
21	试论七八千年来中国森林的分布及其变迁	文焕然	中国林学会编.(1979年)"三北"防护林体系建设学术讨论会论文集,1979	《中国大百科全书·历史植物地理》唯一提及
22	历史时期中国森林的分布及其变迁(初稿)	文焕然	云南林业调查规划,1980(增刊)	专著
23	历史时期"三北"防护林区的森林:兼论"三北"风沙危害、水土流失等自然灾害严重的由来	文焕然,何业恒	河南师大学报(自然科学版),1980(1)	
24	历史时期中国马来鳄分布的变迁及其原因的初步研究	文焕然,何业恒,黄祝坚,徐俊传	华东师范大学学报(自然科学版),1980(3)	
25	中国历史时期的野象	文焕然	博物杂志,1980(3)	
26	Les animaux rares en China et leurevolution(中国珍稀动物的变迁)	文焕然	La China en construction(中国建设),1980(18)	
27	中国古代的孔雀	文焕然,何业恒	化石,1980(3)	
28	我国长臂猿地理分布的变迁	文焕然,何业恒	地理知识,1980(11)	
29	明清时期河南省封丘县旱涝的初步研究	文焕然	黄淮海论文集,1981	
30	中国历史时期孔雀的地理分布及其变迁	文焕然,何业恒	历史地理,1981(1)	丛刊
31	中国野生犀牛的灭绝	文焕然,何业恒,高耀亭	武汉师范学院学报,1981(1)	
32	中国野犀的地理分布及其演变	文焕然	野生动物,1981(1)	
33	封丘县旱涝史	文焕然,盛福尧	黄淮海平原封丘县旱涝盐碱综合治理文集,1981	

序号	题名	作者	出处	备注
34	试论扬子鳄的地理变迁	文焕然,黄祝坚,何业恒,徐俊传	湘潭大学自然科学学报,1981(1)	
35	华北历史上的猕猴	文焕然,何业恒,徐俊传	河南师大学报(自然科学版),1981(1)	
36	宁夏历史时期的森林及其变迁	陈加良,文焕然	宁夏大学学报(自然科学版),1981(1)	
37	近五千年来豫鄂湘川间的大熊猫	文焕然,何业恒	西南师范学院学报,1981(1)	
38	历史时期中国长臂猿分布的变迁	高耀亭,文焕然,何业恒	动物学研究,1981,2(1)	
39	中国鹦鹉分布的变迁	何业恒,文焕然,谭耀匡	兰州大学学报,1981(1)	
40	试论珠江三角洲马来鳄的历史变迁及其和"人与生物圈"的关系	文焕然	活页文史(淮阴师专学报附刊),1981	
41	历史时期我国珍稀动物的地理变迁的初步研究	文焕然,何业恒	湖南师院学报(自然科学版),1981(2)	
42	石塘长沙考	文焕然,钮仲勋	韩振华编.南海诸岛史地考证论集.中华书局,1981	文集
43	历史时期华北的野象	文焕然,何业恒	地理知识,1981(7)	
44	历史时期中国有猩猩吗?	何业恒,文焕然	化石,1981(2)	
45	湘江下游森林的变迁	何业恒,文焕然	历史地理,1982(2)	丛刊
46	China Forests: Past and Present (中国森林的过去和现在)	文焕然	China Reconstructs(中国建设),1982(2)	
47	历史时期的植被变迁	文焕然,陈桥驿	中国科学院《中国自然地理》编委会.中国自然地理·历史自然地理.科学出版社,1982	专著(第3章)
48	邯郸地区近百年来旱涝情况初探	文焕然,盛福尧	中原地理研究,1982(1)	
49	历史上北京的竹林	文焕然	竹类研究,1982,1(1)	
50	北京栽培竹林的历史	文焕然	竹类研究,1984,3(1)	
51	历史时期新疆森林的分布及其特点	文焕然	历史地理,1988(6)	文榕生整理
52	距今约8 000~2 500年前长江、黄河中下游气候冷暖变迁初探	文焕然,徐俊传	地理集刊.第18号,古地理与历史地理专辑.科学出版社,1987	文集
53	动物变迁与环境保护	文焕然,文仓生	晋中师专学报,1989(1)	

续表

序号	题名	作者	出处	备注
54	中国犀牛历史变迁图	文焕然	国家环境保护局主持,中国科学院长春地理研究所主编.中国自然保护地图集·中国几种珍稀濒危动物古今分布变迁图.科学出版社,1989	图与图说
55	中国扬子鳄历史变迁图	文焕然	国家环境保护局主持,中国科学院长春地理研究所主编.中国自然保护地图集·中国几种珍稀濒危动物古今分布变迁图.科学出版社,1989	图与图说
56	中国亚洲象历史变迁图	文焕然	国家环境保护局主持,中国科学院长春地理研究所主编.中国自然保护地图集·中国几种珍稀濒危动物古今分布变迁图.科学出版社,1989	图与图说
57	森林的历史变迁	文焕然	《内蒙古森林》编辑委员会编著.内蒙古森林.中国林业出版社,1989	专 著(第2章)
58	森林的历史变迁	陈加良,文焕然	《宁夏森林》编辑委员会编著.宁夏森林.中国林业出版社,1990	专著(第2章)。陈加良原注:本文已断续写作了6年之久,几易其稿。中国科学院地理研究所研究员文焕然先生曾主持了本文最初文稿的撰写,由于健康原因,未能继续指导后来按新提纲的重写工作。现文老不幸病逝,为了纪念文老对本章的贡献,根据《宁夏森林》编委会的决定,特副署文老
59	再探历史时期的中国野象分布	文焕然	思想战线,1990(5)	文榕生整理
60	历史时期中国野骆驼分布变迁的初步研究	文焕然	湘潭大学学报(自然科学报),1990,12(1)	文榕生整理
61	再探历史时期中国野象的变迁	文焕然	西南师范大学学报(自然科学版),1990,15(2)	文榕生整理
62	北京栽培的竹林	文焕然,张济和,文榕生	西北林学院学报,1991,6(2)	
63	两广南部及海南的森林变迁	文焕然	河南大学学报(自然科学版),1992,22(1)	文榕生整理
64	内蒙古森林变迁与今后对策	文焕然	亚洲文明(第二集).安徽教育出版社,1992	丛刊,文榕生整理
65	历史时期中国野马、野驴的分布变迁	文焕然	历史地理,1992(10)	文榕生整理

序号	题名	作者	出处	备注
66	海南省一些地方志考	文焕然	内蒙古大学学报(哲学社会科学版),1992(1)	文榕生整理
67	二千多年来华北西部经济栽培竹林之北界	文焕然	历史地理,1993(11)	文榕生整理。原稿为《战国以来华北西部经济栽培竹林北界初探》,中国科学院地理研究所1963年油印
68	历史时期内蒙古的森林变迁	文焕然	文焕然等著;文榕生选编整理.中国历史时期植物与动物变迁研究.重庆出版社,1995	
69	历史时期青海的森林	文焕然	文焕然等著;文榕生选编整理.中国历史时期植物与动物变迁研究.重庆出版社,1995	
70	北京栽培竹林初探	文焕然,张济和	文焕然等著;文榕生选编整理.中国历史时期植物与动物变迁研究.重庆出版社,1995	
71	中国历史时期植物与动物变迁研究	文焕然等著;文榕生选编整理	重庆出版社,1995(2006重印)	专著(文集)
72	中国历史时期冬半年气候冷暖变迁	文焕然,文榕生著	科学出版社,1996	专著
73	历史时期宁夏的森林变迁	文焕然	文焕然等著;文榕生选编整理.中国历史时期植物与动物变迁研究.重庆出版社,2006(重印)	文榕生整理

K 专家、学者对文焕然的历史生物地理研究的评论(摘录)

按:文焕然(1919~1986)研究员是首位终身从事历史自然地理学研究的学者。尤其,历史生物地理学(其中包括历史植物地理学与历史动物地理学)是他已取得较多研究成果的研究方向之一,同时也是学术界公认他为此二分支学科开拓者。为了便于大家对文焕然在这方面研究的了解,在他诞辰100周年之际,我们特摘录一些专家、学者对于他的评论(不再重复本书已载内容。部分限于以往条件而未能发表)。限于历史久远与人们对事物的认识不断深化,从今天来看,所摘录的专家、学者中存在的某些提法虽见仁见智,也不无值得商榷之处,但我们还是力图保留历史真实性,有待大家自行判断。

一、对文焕然研究的评论

蒋有绪(著名的森林群落学家、林型学家,中国林科院森林生态环境与保护研究所研究员,国家气候委员会委员、IGBP 中国委员会委员、SCOPE 中国委员会委员,中国科学院院士)

……我国森林调查的先驱陈封怀、周映昌、文焕然、刘慎谔、郑万钧、吴中伦等都历经艰险跋涉千里留下了珍贵的记录文献,但都是以树木学、森林地理学为主。……

引自[蒋有绪.2002.忆林业生态研究进展之一二憾事.中国林业(1A):23—25]

葛剑雄[著名历史地理学家,复旦大学资深教授(历史地理专业)、中国历史地理研究所所长,上海市历史学会副会长、中国地理学会历史地理专业委员会主任、中国史学会理事、国际地圈生物圈中国委员会委员、全国政协常委,中央文史研究馆馆员]

谭其骧的第二位研究生是文焕然。他是湖南益阳人,1943年毕业于地理学本科,同年被录取为文科研究所史地学部史学研究生。文焕然为人笃实诚恳,学习异常刻苦,在谭其骧指导下,他选择了与气候变迁关系密切的动植物分布的变迁为研究方向。这是一项大海捞针式的工作,必须将浩如烟海的各类史料毫无目标地翻阅,才能发现为数有限的直接或间接的记载。但他的研究还是引起了竺可桢的关注,在竺可桢担任中国科学院副院长后不久,就将文焕然从福建调至地理研究所,在他的指导和支持下从事历史动植物变迁的研究。四十多年间,文焕然发表了数十篇重要论文,成为这一学科公认的带头人。

1982年《中华人民共和国国家历史地图集》开编,文焕然抱病请缨,担任动物图组组长。尽管他的病情日益严重,发展至行走困难,双目几近失明,但每次在北京开会或谭其骧去北京,他仍坚持参加。有一次他来看谭其骧时,在别人搀扶下还随带一只小凳,走一段歇一阵。告别时,谭其骧要我替他找车,但他婉言谢绝,还说:"要是不锻炼,以后怎么继续工作?"闻者无不动容。1986年12月13日,谭其骧知得文焕然病逝,"为之感伤无限"(当日日记)。

引自[葛剑雄.1997.悠悠长水:谭其骧传.上海:华东师范大学出版社:124—125]

钮仲勋(著名历史地理学家,中国科学院地理与资源研究所研究员,中国地理学会历史地理专业委员会副主任委员)

气候是环境变迁的主导因素,历史气候是我国历史地理学科的传统研究领域之一,自著名科学家竺可桢先生的《中国近五千年来气候变迁的初步研究》一文问世后,二十余年以来已取得较大的进展。近年来,又出现一些有质量的成果,由中国科学院科学出版基金资助、科学出版社出版的《中国历史时期冬半年气候冷暖变迁》即是其中之一。该书系我国著名历史地理学家文焕然先生的遗稿,由其哲嗣文榕生同志整理。

早在40年代,文焕然先生就选择了历史时期的气候变迁作为其研究方向。50年代,他出版了《秦汉时代黄河中下游气候研究》一书,采用了史料和自然观察相结合的研究方法。从气候的各个方面着眼来进行探试。同时,为了配合气候变迁的研究,还进行了历史时期柑橘、荔枝分布的研究。60年代,他开展了历史时期华北竹林分布研究和历史时期华北平原盐碱土分布研究。70年代,他承担《中国自然地理》系列丛书中的《历史自然地理》分册中的"历史时期植被的变迁"一章的撰写,从而对历史时期森林植被变迁进行了研究。此后,他除了继续进行森林植被变迁研究外,还开展了历史时期动物地理的研究,对10多种珍稀动物在历史时期地理分布的变化进行了探讨。

《中国历史时期冬半年气候冷暖变迁》一书的问世,可视为上述研究工作的系统总结,由于经过较长时期的研究实践和多个领域之间的相互渗透,故此项成果具有较高的学术价值,该书的出版,对历史气候来说,无疑是增添了新的研究内容和研究方法;对气候变化的研究,也提供了丰富的历史资料,从历史气候学科发展的角度来看,该书有重要的现实意义。该书的主要目的虽是为了探索历史时期气候变迁的规律,但对历史时期动植物的分布变化作了较多的探讨,以此作为气候变化的证据。植物和动物是生态系统最重要的两个组成部分。它们在历史时期的分布变化是不容忽视的问题,因此,该书对于认识历史时期生态系统的变化也有重要的意义。

引自[钮仲勋.1997.评介《中国历史时期冬半年气候冷暖变迁》.中国历史地理论丛.17(2):149—150]

梅雪芹(清华大学历史系教授,中国世界近代史研究会副会长、英国史研究会和中国史学理论研究会理事)

著名的历史地理学家文焕然(1919～1986),是"开辟我国历史植物地理和历史动物地理专题研究新领域的先驱之一"[①]。其专题论文中有二十多篇探讨了我国历史时期植物与动物的变迁过程,在身后得到整理出版,即为《中国历史时期植物与动物变迁研究》[②],从一个方面展示了一幅探索中国近几千年来大自然变迁过程的轮廓与画卷。按照史念海的看法,"焕然先生对于历史时期动物分布的研究"更值得称道,因为在历史自然地理中,"地形、水文以及植被等和气候、土壤等,研究者甚多,成就亦

---

① 文焕然等著,文榕生选编整理:《中国历史时期植物与动物变迁研究》,重庆出版社,2006年版。
② 侯仁之:《期待着文焕然先生关于历史动植物地理研究的专题论文能够以论文集的专著早日出版(代序)》,文焕然等著:《中国历史时期植物与动物变迁研究》,第Ⅰ页。

殊不少,独于动物的变化问津者却甚稀少。这当然是较为困难的工作。焕然先生却奋力向这方面发展,而且也取得了相当的成就,可以说是补苴了这个学科中的缺门项目,如何不令人称道?"[1]

引自[梅雪芹.2012.中国环境史研究的过去、现在和未来.史学月刊.6(7)]

注:引文依照原文,只是序号按摘录部分重排。

二、《中国历史时期植物与动物变迁研究》推荐书

中国科学院、国家计划委员会地理研究所业务处　推荐书

文焕然同志是我所已故历史地理学家、研究员,毕生从事历史自然地理研究工作,在历史时期动植物变迁、区域气候变迁、盐碱土分布的历史变动等方面都作出了较突出的贡献,完成论文近40篇、专著3本。

其中贡献比较突出的是历史时期动植物变迁研究。利用动植物变迁研究区域环境演变,从六七十年代起,在欧洲及中美洲取得了较突出的进展,特别是以"生态平衡"危机出现以来,科学界对近代动植物种属加速灭绝事实引起了极大的关注。但是,我国在此领域基本尚属处于空白状态。

文焕然同志用了将近20年的时间,通过对中国大量古典文献的分析、整理,对大象、犀牛、马来鳄、长臂猿、孔雀、鹦鹉、大熊猫等10多种珍稀濒危动物,以及森林植被的演变等做出了较深入的收集、整理、分析、研究工作,撰写出了一批较高水平的论文,为中国历史地理学界公认的有关此研究领域的权威学者。他的研究工作不仅填补了我国在这一研究领域的空白,而且由于独特的研究方法和特殊的资料来源,在世界这一研究领域中也占有一定地位。

1988年8月20日(首次披露)

施雅风(著名地理学家、冰川学家,中国科学院寒区旱区环境与工程研究所研究员、所长,南京地理与湖泊研究所研究员,中国科学院院士)信件

到京后悉焕然兄逝世,深为哀悼!

焕然兄毕生致力历史自然地理研究,特别(对)历代文献资料搜罗、发掘,著述宏富,贡献很大,非常钦佩。

18日追悼会本拟参加,但该日正参加科学出版社评议会,未曾与地理所取得联系,了解具体时间,以致缺席,深为抱歉。专以函迟,敬请节哀。

(1986年)12月20日(首次披露)

5月19日函悉。令尊著述宏富,已发表和因故未发表的各达50多篇,对我国历史自然地理贡献很大。惜自1947(年)至1987(年)长时间分散发表,参考困难。如能选优汇编一册,重新出版,既有利于研究,也使令尊声誉长留人间。唯今出版社出书都要补贴,如印二十万字,至少万元以上(补贴),如何筹措?

---

[1]　史念海:《史序》,文焕然等著:《中国历史时期植物与动物变迁研究》,第Ⅳ页。

……

1988 年 5 月 26 日（首次披露）

胡厚宣（著名甲骨学家、史学家，中国社会科学院历史研究所研究员，中国殷商文化学会会长）推荐书

中国科学院、国家计委地理所文焕然研究员是我国著名的历史地理学家。他一生勤学博览、态度严谨，以实地考察与采用多学科、多方法综合研究的独特方式，为我国的历史地理科学孜孜不倦，奋斗不息，论著宏富。

文教授的研究成果起自 8 000 年以来，从我国的气候、土壤、河道、生物、交通、人口、疆域诸方面的变迁，涉及到自然科学与社会科学的许多学科领域，其研究的深度与广度多超出一般学者，对历史、地理、气候、生物、生态、环境等学科有较大的参考价值，是宝贵的科学遗产。

为保存祖国这一珍贵的精神财富，为满足广大后学者系统学习研究我国历史地理之需要，为继续文教授开拓的历史生物地理的科研，若能将文教授散见各处的论著、手稿系统汇集、整理，由贵出版社出版，将是对祖国科学事业的一大贡献！

1988 年 7 月 18 日（首次披露）

冯绳武（著名地理学和历史地理学家，我国自然地理区划理论和方法研究领域的代表性人物之一，兰州大学地理系教授，中国地理学会甘肃分会理事长）推荐书

中国科学院地理研究所文焕然研究员（1919～1986）是我国当代稀有的历史自然地理学家。他以勤学博览与实地考察的综合研究，自 1947 至 1987 年间，除著有《秦汉时代黄河中下游气候研究》专书（商务印书馆，1959）外，先后在国内外各期刊及有关大学学报上发表过以历史时期气候变化影响我国主要植物和动物分布的专题论文 50 多篇。研究范围，南起我国南海诸岛，北迄黑龙江；东起福建、山东，西止新疆、西藏、云南，研究深度与广度多超出同时期一般刊物的论述。

为祖国保存晚近区域历史自然地理研究的宝贵财富，为满足广大后学系统阅读我国历史地理需要，应将上述已发表的论著，编为《文焕然历史自然地理论文集》，及早出版。至于尚未发表过的 50 多篇论著，须请专人整理后，作为续集出版。

1988 年 6 月 7 日（首次披露）

刘宗弼［著名历史地图专家，中国社会科学院历史研究所编审（研究员）］推荐书

文焕然先生毕生从事历史生物地理的研究，治学谨严。发表与未发表的论著有 100 多篇。其中，历史动物地理方面，约占 1/3；历史植物地理方面的约占 1/4；此外，尚有古今气候、古今地理、土壤以及历史疾病等。

我国目前从事历史生物地理研究的人尚少，历史生物地理方面的著作也少。文先生的论著，如能加以选编，出版成文集，将是对历史生物、气候等方面的有益贡献。

1988 年 7 月 12 日（首次披露）

朱江户（著名林业经济学家，北京林业大学教授，中国林业经济学会副理事长，中国林学会林业史学会顾问）**推荐书**

文焕然先生是我国著名的历史地理学家。他的逝世是我国学术界一大损失。

文先生长期进行有关历史时期植物、动物、气候、土壤等方面的研究。其中发表于各种刊物的多篇有关森林变迁史的文章，在林学界也颇负盛名。

他在 1979 年中国林学会召开的"三北"防护林体系建设学术讨论会上发表的《试论七八千年来中国森林的分布及其变迁》和与何业恒共同发表的《历史时期"三北"防护林区的森林——兼论"三北"风沙危害、水土流失等自然灾害严重的由来》等文章，亦为林学界所称道。他在这些文章中征引了大量的古籍，具有相当的深度和广度。特别是他尚有多篇尚未发表的专著，其中也有关于森林史的论著。如贵社能予以出版，诚为学术盛事，(也)可以填补林业史研究方面的某些空白。

1988 年 8 月 20 日（首次披露）

朱士光（著名历史地理学家，陕西师范大学西北历史环境变迁与经济社会发展研究中心教授、主任，中国古都学会会长、中国地理学会历史地理专业委员会副主任委员）**信件**

上月中，我去广州参加农史学术会议，上周末返校，始读到大札。所读拟为令尊文焕然先生选编出版文集事，私心极为赞同。文先生乃我所景仰的前辈学者，在历史地理学领域颇多建树，尤以历史动物地理方面有开创之功。出版他的文集，不仅有纪念这位著名学者的作用，更重要的是对发展历史地理学也很有意义。关于写推荐材料事，我十分乐意承担。但为保证文集更顺利地出版，建议您再请托几位知名度更高的专家一并写出，送交出版社，这样力量会更大些。推荐材料在您将文集篇目确定后，我当抓紧动手写出。

令尊著述甚丰，已发表的论著中虽拜读了不少，仍有若干篇未曾谋面。未发表的论著中，更是无缘奉读。尽管如此，仍不揣谫陋，对令尊文集选编事斗胆建言。

令尊在历史地理学的好几个分支学科领域均作出了重大贡献，尤其在历史动物地理与历史时期森林变迁方面成绩最为卓著。因此建议令尊文集可从四个方面集中编辑。

……

1988 年 6 月 6 日（首次披露）

黄盛璋（著名历史地理学家、古文字研究专家，中国科学院地理科学与资源研究所研究员，英国剑桥大学客座院士）**推荐书**

文焕然同志生前从事历史气候、植物、动物变迁的研究数十年，先后在各种杂志发表论文 50 多篇，还有 50 多篇未经发表，做出显著成就，符合"泰山基金"(2)、(3)两项要求。特别是历史动、植物变迁的研究，过去中外很少有系统的研究，具有较高学术水平的研究更属不多。文焕然同志不仅进行大量工作，同时也有自己的理论体系，首先是挖掘、积累和发展祖国科学文化遗产，填补我国在这方面的空白，可以说，当之无愧。已发表的论文证明，有些确具有学术价值，水平较高。其次，也属于边缘科学，具有开拓性。现文焕然同志已经逝世，可以选择一些具有代表性的最佳论文，结集出版，这是符合"泰山基金"的要求。故特为证明并推荐如上。

1988 年 8 月 15 日（首次披露）

黄祝坚（著名动物学家，中国科学院动物研究所研究员，国际自然和自然资源保护同盟濒危物种委员会名誉顾问、中国两栖爬行动物学会常务理事）信件

......

得知文焕然老先生准备出论文集，本人非常支持，希望能早日问世。文老教授研究历史生物地理学这一边缘学科，是一创举，并突出祖国珍稀动植物实无先例。如能编辑成册，就更有系统的方便读者，也便于国内外有关图书馆、学者收藏。

1988 年 8 月 22 日（首次披露）

盛福尧（历史地理学家，河南省科学院地理研究所研究员）推荐书

我与文焕然先生的认识是在 1964 年前后开始的，不久即与之共同研究冀南豫北的旱涝变迁。其后，又不断拜读其大作并经常向其请教，获益匪浅。感其治学为人，颇足为后世法。其在历史地理方面之成就，尤能承前启后，在科研上放一异彩。对其宏文佳作，若不专刊面世，对该业难以继承和发展。兹就浅交拙见所及，对其在科研上的主要成就，提出梗概，供出版时之参考。

一、研究方向明确。一个科研工作者，对其如何选择研究对象是很重要的。有人云，选好题目等于做好该工作的一半。文先生在选题时，首先考虑自己的学术专长，次再争取国家任务，所内的重大工作，或解决地方科研难题，由其参加《"三北"防护林区森林分布历史变迁的研究》《邯郸地区近百年来旱涝情况初探》及《黑龙江省的气候变化》等，概可知。

二、重视资料的积累。资料是研究的基础，他在搜集资料时，要最原始而准确的所谓第一手材料，并持之以恒，对各条资料都认真核对，一丝不苟。

三、注意野外调查。研究历史地理，一般偏向室内阅读，每多忽略野外工作。文先生则不然，在我与其合作时，深知其调查的认真。他在调查前，要求写好询问项目，所去部门，至后找人详谈，随作笔记，并请他们提供材料。或至某地观察，返后再分析研究。这样所写论文，自当符合实际。

四、为科研而刻苦奋斗一生。文先生为科研而拼搏的精神，为一般人所不及。他不仅夜以继日地工作，而且节假日不休息，甚至旅途、候车、会前的零碎时间，也都加以利用。即在病中，也不忘为科研而攻读。在临终时，犹念念不忘其未完成的工作。

文先生以研究方向明确，方法对头，加以个人奋斗努力，故其在科研上有突出的成就。其在研究野生珍稀动物的分布变迁、历史时期我国森林分布变迁，是有开创性的，早已蜚声国内外。《历史时期中国森林的分布及其变迁(初稿)》受到林业部的好评；他所完成的《秦汉时代黄河中下游气候研究》，更为历史气候界所传颂；其他佳作尚多，不必一一列举。总其著作中心，我感是用大量的动植物分布变迁来说明我国或某地气候之活动(变迁)。故称他为历史地理学家，不如赞他为历史气候学家。对此大儒所留下宝贵丰富遗产，自应整理刊出，以便今后继承发扬光大，使该学科得以日趋繁荣昌盛。否则，就将使该学难以为继，而且亦非表彰先进，鼓励后学之道。

1988 年 8 月 31 日（首次披露）

江应梁(著名人类学和民族史专家,云南大学历史系教授、西南边疆少数民族历史研究所所长,中国民族研究学会理事、中国百越研究学会名誉理事、中国民族学研究会顾问、中国人类学会理事主席团成员、云南省史学会理事)**信件**

来信收到,我方知你父亲已不在人世,很是哀痛。我久住云南,未能及时得知他去世的消息,甚为不安!

为你父亲整理文稿,出版文集,考虑甚为周到,我自然非常支持。至于其中涉及我与你父亲合作的文章的署名、整理及其他的有关事情的处理办法,我均同意你的意见。你可酌情具体处理。

作为你父亲的老朋友,我很希望你们出版工作顺利,并盼能早日见到文先生的文集。

1988 年 8 月 31 日(首次披露)

高耀亭(著名动物学家,中国科学院动物研究所研究员)**信件**

……

您计划出版文焕然先生论文集是很有意义的工作。以此来纪念文先生,纪念文焕然先生终生从事的历史地理学,或说生物历史地理学开拓之功。

……

1988 年 8 月 19 日(首次披露)

何业恒(著名历史地理学家,湖南师范大学地理系教授)**推荐书**

我的老友文焕然研究员一生勤勤恳恳从事历史地理的研究,在历史地理各个分支如历史气候、土壤等方面有不少成就,特别是对历史森林变迁和野生动物的变迁,建树尤多。他的许多论文对今天的建设仍有很重要的参考作用。出版文先生的论文集,不仅为纪念文先生一生忠于科学,为后人树立典范;也是今天保护森林,保护野生动物的需要。建议您社尽速出版文焕然文集。

1988 年 9 月 8 日(首次披露)

张济和(园林绿化专家,北京市园林绿化局副总工)**信件**

……信中谈及与文(焕然)先生接触的往事,更令人感慨万端。回想当年,文先生不顾体弱多病,给了我极大帮助和鼓励,这是我终生难忘的。然而遗憾的是,我因去南京出差,见到先生逝世的讣告时,追悼会已开过数天。当时亦不便去家中打扰。唯一寄托哀思的方式就在于学习先生孜孜以求,务实而严谨的治学精神和坦诚待人,提携后学的优良师德。这里首先就此次通信的机会,转致迟到太久的悼念之意!

关于《北京竹林》这篇文章,本是文先生研究并有文在先,而又发现我的一篇拙作后而提议合作的。当时我就觉得不敢当。后来,见文先生十分坦诚热心,就将当时收集的一些资料卡片和实地调查结果一并送交先生。以后,经几次反复,写成文稿,由先生找人抄写,付寄给《竹类研究》。但是文章刊出后,我发现删改太多,而又不尽合理,甚至文字也不通顺了,而且错别字很多,确难令人满意。因此来信所说署名方面的技术性问题并不重要,我完全同意您的意见。只盼如果文集出版并收录此文,务必找到原稿,以原稿为准才好。

……

1988年9月3日(首次披露)

三、《中国历史时期植物与动物变迁研究》评价

专家盛赞一部填补学术空白的重要著作《中国历史时期植物与动物变迁研究》. 四川新书报,
1997-04-17(2)

《中国历史时期植物与动物变迁研究》一书由重庆出版社科学学术著作基金资助出版后,在中外史地学界、林学界反响强烈。不少专家欣然提笔,盛赞该书的重要学术价值。该书1996年荣获第六届西南西北地区优秀科技图书一等奖,并由美国国会图书馆收藏。

张钧成(著名林业历史学家,北京林业大学教授,中国林学会林业史分会副理事长兼秘书长)

由重庆出版社出版的文焕然等人著作的《中国历史时期植物与动物变迁研究》不仅是一部历史地理学有创意、有深度的好书,而且从森林史研究角度看,也是一部有较高学术价值的专著,对填补林业史的研究有重要意义。森林资源变迁历史研究于我国已有半个多世纪以上的历史,不少林学界和历史地理学界的学者都发表过不少论述,但涉及地区之广,森林资源品种之多,当推文先生等人这部专著。此书的治学方法是严谨的,一方面扒剔钩沉于浩瀚的古籍;另一方面应用并引用了当代多学科的研究成果,并进行了大量实地野外考察,增加了此书的学术价值。与文先生生前交往中,了解他一些学术观点,其论述也散见于多种刊物,但了解得不够系统和全面。此次较全面地将其著述整理出版,不使其遗著埋没,对于历史地理学和林业历史学科的发展,是做了一件很有意义的工作。因此,我认为无论从学术水平的角度,还是从出版工作的角度,可以说是一部优秀科技图书。

陈传康(著名旅游地理学家,北京大学城市与环境学系教授,中国地理学会副理事长)

这是一部关于中国历史时期植物与动物变迁的优秀研究著作。这方面研究相当困难,作者付出很大精力搜集地区历史文献,并结合地理环境发展与变迁的规律研究,加以系统整理;对中国森林、竹林,以及柑桔(橘)、荔枝的历史地理分布,还有动物,特别是珍稀动物,以及热带动物南移,作出了实证分析,对历史时期,或断代的分布和发展变化进行了研究,结论系统准确,是一部高质量的科学著作。

张荣祖(著名生物地理与山地地理学家,中国科学院地理研究所研究员,中国动物地理教学研究会名誉理事长)

中国古籍中大量关于动、植物物产与珍奇物种的记载,是我国古人留下的、十分珍贵的有关动、植物类别、分布、生态经济(包括医药)价值的信息。但是十分困难的是这些信息大都散布在卷帙浩繁的各类古籍之中,而且由于古人的生物学知识受时代的限制,常有误认讹传。著者以数十年不懈的披沙淘金的努力,去伪存真谨慎地选择了可靠的记载,整理出许多论文,其质量是相当高的,为许多同行所引用。据我所知,其中一篇《中国森林资源分布的历史概况》曾被日本同行译为日文发表。

冯祚建（著名动物学家，中国科学院动物研究所研究员，中国兽类学会理事、中国自然资源学会理事）

文焕然先生在历史自然地理学方面是开辟我国历史动植物地理专题研究的先驱者之一，他通过自己长期的艰苦奋斗，研究清楚了我国历史时期动植物的分布变迁，以及与动植物密切相关的气候变迁。他研究的种类之多，几乎包括了主要珍稀濒危动物；地域之广，几乎涉及整个中国；而且研究方法新颖，合作方式善取众多学者之所长。所以，这本专著不仅为中国学术界做出了重大贡献，而且也为世界珍稀动植物研究提供了很有价值的科学资料。另外，本书的编辑出版、印刷工作完成得也很出色。

石泉（著名历史地理学家，武汉大学历史系历史地理研究所资深教授、所长，湖北省楚国历史文化研究会理事长、湖北省炎黄文化历史研究会副会长、湖北省考古学会副理事长）

已故中国科学院地理研究所文焕然研究员一直是我非常敬佩的知名学者。他所从事的历史生物地理学研究工作，在全国是"冷门"，但又是作为新兴边缘学科的历史地理学领域中必不可少的一门学科。正因为从事这方面研究的专家和科学成果极少，所以这本学术著作极为珍贵，特别是当前全球环境问题日益严重之际，就更显出其重要性和现实意义。这本由文先生及与他合作的学者们写出，并由文榕生同志选编整理成书的近40万字的专著，在当前我国历史地理学界，尤其是历史自然地理方面，做出了开创性的贡献，起到了填补学术空白的重要作用，也体现了中国特色和我国当前历史生物地理研究成果已达到的水平。全书论证扎实充分，记述准确生动，分析缜密透辟，结论常有新意，的确是一部学风谨严、有代表性的优秀科技专著，因而必将受到全世界同行和相关方面的重视。

四、《中国历史时期植物与动物变迁研究》评审
推荐中国科学院自然科学奖(1996 年 11 月)

贾兰坡（著名旧石器考古学家、古人类学家、第四纪地质学家，中国科学院古脊椎动物与古人类研究所研究员，中国考古学会副理事长，中国科学院院士、美国国家科学院外籍院士、第三世界科学院院士）

由文榕生先生整理的文焕然教授遗作《中国历史时期植物与动物变迁研究》是开拓中国历史植物地理和历史动物地理这两分支学科研究的重大成果。

动、植物变迁是查清、复原当时的生态环境。文焕然教授对一些珍稀濒危脊椎动物的系统变迁研究，续接了这些物种从化石到现代间不可缺少的环节，完整了它们的演化史。这对研究包括气候在内的地理环境变迁有较高参考价值，有重要的学术意义，其应用也是多方面的。然而，迄今这方面的成果寥寥。

文焕然教授的研究博采众长，新颖独特，尤其从浩如烟海的历史文献资料中沙里淘金，认真考证、分析、鉴别，没有渊博的学识，高深的造诣，锲而不舍的精神是难以取得成果的。这也是对此研究，国内外问津者稀少的原因。

文榕生先生继续其父未竟研究，刻苦钻研，增补证据，考订事实，完善遗稿，整理出版，千辛万苦完成专著，功不可没。

历史植物地理和历史动物地理研究实属新开拓的研究领域，交叉学科，研究难度大，随着其研究成果的出现，应用扩大，在国内外的影响也日益增大。此专著反映了该学科领域当前的研究水平，填

补了空白,应获得自然科学一等奖。

陈述彭(著名地理学家、地图学家、遥感地学专家,中国科学院地理研究所研究员,中国科学院院士)评审意见

我国为历史文明古国,史籍丰硕,其中涉及环境变迁与资源利用的宝贵文献,更加难数。文焕然学长与文榕生父子,历时数十年,孜孜不倦,去粗取精,去伪存真,致力于动、植物(物)种在我国的地理分布与迁移、驯化的历史轨迹。并为此进行大量考证与测年等鉴定、科学测试,总结规律,应用于指导农业布局、(森林)建设,卓有成效;而应用于全球变化、气候异常的研究方面,更独树一帜,多有创见。为重建古气候、古环境(做出)重大贡献。以现代科学观点与技术,整理文化遗产,弘扬民族文化,古为今用,推陈出新,应当受到尊重与鼓励。为此,对文榕生继承乃翁遗志,完成《中国历史时期植物与动物变迁研究》等两部专著①所作出的开拓性贡献,发扬历史(地理学)世家前赴后继的学风,本人乐于推荐申报中国科学院自然科学奖。以彰先驱,以励后辈。

1996年,中国地理学会历史地理专业委员会与北京大学联合召开的国际学术研讨会,国内外同行对此项(部)专著交口称赞,给予高度评价。

关君蔚(著名水土保持学家,北京林业大学教授,中国林学会理事,中国工程院院士)

此项研究成果的立题:"中国历史时期植物与动物变迁研究"就已突出了我国的特色。研究内容难度极大,要从遥远的地史和古老的历史进程探索我国历史时期植物和动物的发生、荣枯和兴亡的动态变化过程,恰是晚近国际上的热点,也是难点的课题。本项研究得以适时超前提出成果,值得珍视。

在研究方法上,突出将我国特有较为长期和丰富的历史文献和现代科学成就及其方法和手段紧密结合在一起,其结果就为这门新科学取得了新发展,并奠定了坚实的基础。父子两代献身于创建新科学领域,实属难能可贵。

70年代后期,"三北"防护林建设工程在国家正式立项前后,正是我国科教工作者处境万难之时,承林业部指定,我(与)第一作者文焕然老学长接触较多。在工作和生活条件极为困惑之时,作者仍能孜孜以求,不仅对"三北"防护林体系建设工程作出了贡献,实使我也受到教育和感染。文老已仙逝,附记于此。

如上,此项研究成果,应是国内领先水平,在国际上,就中国和亚洲部分也是奠基和创新。

希望文榕生等能在已有的基础上,从广度,尤其是深度上进一步充实和提高。

郑度(著名自然地理学家,中国科学院地理研究所研究员、所长,国家重点基础研究项目"青藏高原形成演化及其环境资源效应"首席科学家,中国科学院院士②)

《中国历史时期植物与动物变迁研究》是著名历史地理学家文焕然先生个人论著及与他人合著作品的汇编,包括历史植物地理和历史动物地理上下两篇,是系统地反映我国在历史生物地理领域的研究成果。这一成果有如下特点:

1. 该成果比较系统地研究竹林、荔枝、森林、亚洲象、马来鳄、孔雀、长臂猿、犀牛、扬子鳄、大熊猫、鹦鹉、猕猴、猩猩、野马、野驴、野骆驼在中国各历史时期的分布和变迁状况,北至我国北方、西北的新

---

① 此处是指该书与另一即将出版的《中国历史时期冬半年气候冷暖变迁》(北京:科学出版社,1996)。
② 在此次评审时,郑度先生尚未当选院士。

疆、内蒙古,南至云南、广西、海南,奠定了中国历史生物地理学,特别是中国历史动物地理学的基础。

2. 该成果公布和揭示了一些动物分布的历史变迁的客观事实,如距今 7 000 年前,亚洲象分布北界达(北纬)40°左右,且持续至距今 3 000 年前后;距今 2 500 年至 1 000 年间,野象还活动于长江流域一带,而今则南移至北纬 16°以南;其间有数次北返,说明与气候转暖有关。

3. 该成果以开发这个丰富的历史文献资源为主,采用古生物、考古、文献记载、现代动植物研究、实地考察,^{14}C 测年断代及孢粉分析等多学科的研究成果与多种研究方法,来探讨我国历史时期植物与动物的变迁过程。说明作者有坚实的历史学基础,能熟练运用动物学、植物学、动物地理学等的理论、方法和手段,鉴别真伪,区分正误,进行长期探索,艰苦工作的成果。该成果从植物、动物分布的变迁说明历史时期我国自然环境的变迁,在学术上有重要意义,对生物多样性及自然界等也有重要意义和价值。这类研究显示出中国的特色,是对中国历史自然地理学方面的卓越贡献。

综上所述,我认为该成果研究难度大,水平高,应申报中科院自然科学奖,给予高等级的奖励。

陈传康

这是一部中国历史时期植物与动物变迁的优秀研究著作。这方面研究相当困难,作者付出很大精力搜集地区历史文献,并结合地理环境发展与变迁的规律研究,加以系统整理;对中国森林、竹林,以及柑桔(橘)、荔枝的历史地理分布,还有动物,特别是珍稀动物,热带动物南移,作出实证分析,并得出历史时期,或断代的分布和发展变化研究,结论系统准确,是一部高质量的科学著作。推荐获自然科学一等奖。

另外,此书由文焕然先生的公子文榕生对其父亲的遗著作了系统整理、选编、校稿,使论文集具有系统专著性质。文榕生负责整理的有 9 篇文章(占全书篇幅 41%),其中 3 篇历史植物地理方面的遗著是经系统整理后首次发表的。

因此,此书是文焕然先生与其子文榕生的合力成果。

冯祚建

经文榕生先生对其父亲文焕然教授的遗稿进行整理、选编和校订,于 1995 年出版了《中国历史时期植物与动物变迁研究》专著。该部论著的面世,不仅为(历史)生物地理学的研究奠定了基础,而且也填补了这一科学领域的空白,尤其是有关野生动物地理分布之历史变迁的研究,更有着重要的学术意义和参考价值。

文焕然先生在历史自然地理学方面是开辟我国历史动植物地理专题研究的先驱者之一,对我国历史动植物地理学的发展做出了独特贡献。他通过自己长期的艰苦奋斗,研究清楚历史时期动植物的分布变迁,以及与动植物密切相关的气候变迁。其中有关动物方面,几乎包括了主要的濒危珍稀物种,研究地域几涉及全国,因此,他所研究的种类之多,地域之广,迄今尚不多见。另外,研究方法新颖,并善汲取众多学者之所长,所以该专著的出版不仅在国内学术界作出重大贡献,而且也对世界珍贵动植物的研究提供了很有价值的科学资料。

于希贤

《中国历史时期植物与动物变迁研究》学术专著是文焕然教授毕生心血的遗著,经哲嗣文榕生整理、补充出版。此书对中国近几千年来的自然环境演化,有重大意义。它开拓了中国历史植物地理和历史动物地理的研究领域。

该书比较系统地研究了竹林、荔枝、亚洲象、马来鳄、孔雀、长臂猿、犀牛、扬子鳄、大熊猫、鹦鹉、猕猴、猩猩、野马、野驴、野骆驼在中国各历史时期的分布和变迁。

研究的地域范围北至新疆、内蒙古,南至云南、广西、海南,十分广泛。

该成果揭示了一些动、植物分布变迁的客观事实。它对当今世界上研究全球环境变迁有着重大意义。中国有浩如烟海的历史文献,外国学者对此项研究,可望而不可即。因此,这是一项世界领先的优秀成果。

文焕然先生是国内外这一独特领域科学研究的开拓者和奠基者。这一研究涉及自然科学和社会科学的交叉领域。应用文献涉及古文献的考订和历史学的基础理论与方法。书中应用甲骨文、金文、考古发掘资料和世传的大量文献,又必须有古动物学、植物学、历史气候学的基础知识。文焕然先生在国际上独辟蹊径的研究,闯出了一条认识自然环境演化过程的新路,在科学发展的道路上,其功不可没。

文榕生继起,承先人遗志,孜孜不倦,进行后续整理、增补、考订事实,将部分遗稿完成,并将此科学遗著完成出版。

经陈述彭院士、贾兰坡院士,郑度所长、研究员,冯祚建研究员,陈传康教授、博士导师、地理学会副理事长,关君蔚院士和于希贤教授、博士导师七人共同评审推荐,建议此著作获中国科学院自然科学壹等奖。

五、《中国历史时期植物与动物变迁研究》书评

张家诚(著名气象学家、气候学家,中国气象科学研究院研究员、第一副院长,中国气象学会气候委员会主任委员、世界气象组织气候委员会委员)

由文焕然等著、文榕生选编整理的《中国历史时期植物与动物变迁研究》是一部有着巨大研究意义的学术专著,2006年6月重排、增补的平装本更体现出重要价值。

文焕然先生不计个人得失,以其惊人的毅力与精益求精的精神,在史籍的海洋里,长期精心耕耘,不但跟随竺可桢先生在历史气候学的研究中作出突出贡献,而且系统地搜集了中国植物与动物的演变史料,还另辟历史植物学与历史动物学的新蹊(径)。毫不夸张地说,他的研究使历史植物地理和历史动物地理学科达到了全面、严格的新的水平,为我国开创历史生物地理学科作出了重大贡献,同时也提高了我国自然环境与生物资源学术研究的总体结构水平,使之趋于成熟。

40余年来,文焕然先生系统研究获得成果的,就已涉及到森林、竹林,以及亚洲象、马来鳄、孔雀、长臂猿、犀牛、扬子鳄、大熊猫、鹦鹉、猕猴、猩猩、野马、野驴、野骆驼等许多物种,已经令人信服地描绘了它们几千年来生存地理范围的变迁,为人们弄清历史时期的生物与环境界变化提供了有力的佐证。本书精选了其中一部分成果。

文焕然先生对每个物种的变化都是倾注全部心血的。他除了广泛引用现代有关的研究成果,古代的地方志与正史外,还参阅大量私人笔记和许多写实的文学著作,并且亲赴现场进行认真考察。可谓尽其所能,达到最大的可信度。

有意义的是,文焕然先生在搜集、整理大量材料后,对每项研究的成果都要结合社会的实际情况进行总结评述,十分客观地分析造成这些变化的自然因子与社会因子,然后提出自己的建议,这就显著提高了他的研究的学术意义与应用价值。

文焕然先生的历史植物学研究,除了全国外,还对内蒙古、新疆、宁夏与青海等森林生长边缘地带

的干旱半干旱地区进行专题研究,这就更加突出了重点,起到画龙点睛的作用。在气候湿润的东南地区,他则注重作为我国森林特色的竹林,柑橘与荔枝,形成了一个能够代表我国特色的合理的历史植物学的内部结构,为这一学科提供了发展的框架。

文焕然先生根据分析的结果,作出几千年来,这些植物生长的北界没有太大变化的结论,提供了许多有科学意义的历史范例。这对认识我国合理的林木种类结构和我国林木的规划与建设有着很大的科学意义。

根据文焕然先生的研究,动物分布地区的变迁比植物的变迁要大得多,很显然,人类的影响有着巨大的作用。如亚洲象、犀牛、野马、野驴等大型动物,由于巨大的经济价值,其受到的影响更是首当其冲。由于任何物种只有在条件允许群落生存的条件下才能绵延,大型动物群体活动的地理尺度远大于森林的最低生存面积尺度,因而在出现人与其他生物犬牙交错的生存状况时,大型动物最早灭绝,这也是动物变化远大于植物的一个原因。特别有意义的是,在我国黄河中下游一带,原本是热带湿润地区代表性动物亚洲象、犀牛等与干旱地区代表性动物野马、野骆驼等的重叠分布之地,但是随着气候变化与人口密度的增大,这些野生动物的生存范围分别向人口密度最低的西南与西北方向退缩,两者的生存区不再毗邻,而是距离越来越远了。

文焕然先生的研究首次勾画出我国野生动物活动区域变化的地理轨迹与历史沿革,使我们深感在世界上它们的分布变迁也是很有特点的。尽管中国野生动物活动范围的纬度变化很大,受到的人口压力也很突出,但我国仍然是生物多样性很丰富的地区。文焕然先生的工作为我们保护和合理开发、利用生物多样性资源,发展历史生物地理学的研究,无疑奠定了十分良好的科学基础,这是值得永远记忆的。

尽管文焕然先生离开我们已经 20 年了,这对我国自然地理研究来说是无可挽回的巨大损失;然而我们也高兴地看到文榕生先生能够挺身而出,继续其父未竟研究。尤其是在此平装本中,新增选文榕生先生的一些颇有价值的独立著作,使得这方面研究在广度与深度方面都有所进步,父子两代献身于创建新科学领域,实属难能可贵。

引自［张家诚. 2006.《中国历史时期植物与动物变迁研究》的学术价值. 重庆书讯(总第 117 期第 2 版)］

王守春(著名历史地理学家,中国科学院地理与资源研究所研究员,中国地理学会历史地理专业委员会副主任委员)

在中国历史地理研究的众多成果中,最近又增添了一项极为重要的成果。这就是由重庆出版社科学学术著作出版基金资助出版的《中国历史时期植物与动物变迁研究》。该书是我国已故著名历史地理学家、中国科学院地理研究所研究员文焕然先生在他长期研究的基础上,又有多位学者参加的研究成果。

文焕然先生是我国最早开展历史生物地理研究的学者。早在 50 年代,他为了配合竺可桢先生的气候变迁研究,便进行了历史时期柑桔(橘)分布变化的研究。此后,又开展历史时期竹子分布变化研究。70 年代以后,文焕然先生承担《中国自然地理》系列丛书中的《中国历史自然地理》分册中的历史时期植被变迁的研究和撰写,为他进一步开展历史生物地理研究创造了契机。从此,他更是全力以赴地投身到这一领域的研究。他和我国其他历史地理学家一起合作,进一步开展历史时期全国森林植被的变迁研究,同时,还对某些特殊地区,主要是北方农牧交错带地区、西北干旱荒漠地区及两广南部和海南岛的热带森林的历史变迁进行了研究。他还卓有远见地开展了历史时期动物地理的研究,对

10多种野生动物在历史时期地理分布的变化进行了探讨。特别是对野生亚洲象、野生犀牛、扬子鳄、大熊猫等野生动物在历史时期地理分布的变化的研究,对气候变化和人与生物圈等诸多方面的研究都有着极为重要的意义。由于文焕然先生在动物地理方面的开拓性研究,为我国历史地理界所认同和赞颂,中国历史动物地理研究也成为一个颇受学术界重视的研究领域。

这部由文先生的哲嗣文榕生同志整理出版的著作,不仅包括了文焕然先生独自发表的著作,还包括与他人合作的已发表的文章,以及文先生尚未发表的文章。

该书的研究成果具有重要的学术意义。该书是我国第一次较全面地阐述了我国历史时期森林植被的变迁。作者的研究表明,我国古代曾经有过面积广大的森林,不仅东部湿润地区有广大森林分布,就是在内蒙古和青海等干旱半干旱地区也有面积广大的森林分布。历史时期森林分布面积的缩小,主要是由于人类的砍伐破坏的结果。作者的研究还表明,我国历史上对森林植被的破坏,最严重的是自清代后期以来,植被,特别是森林植被,是自然环境的重要组成要素。我国历史时期森林植被变迁的阐明,对于认识我国历史时期自然环境变迁具有重要意义。作者对柑桔(橘)和竹子以及对野象、犀牛等动物在历史时期地理分布变化的研究,对气候变化的研究具有重要意义。……对于认识我国历史时期生态系统的变化,对于我国自然保护区的建设等都有重要意义。

历史生物地理的研究对于当前我国经济建设也有着直接的现实意义。文焕然先生的研究成果,对我国的林业建设作出了一定贡献,受到我国有关政府部门,特别是林业部门的重视。

该书史料极为丰富。作者查阅了大量历史文献,其中不仅有正史,还有大量的方志和各种杂记。作为论述依据的史料,不仅有直接与动物和植物的地理分布有关的史料,还有大量与气候变化有关的极为宝贵的史料。除了从历史文献中查阅到大量史料外,作者还收集了大量考古资料,进行综合分析。

……对历史文献中记载的野生动物进行科学分类的鉴定是非常重要的,是使研究成果具有科学性的保证。从这一意义上说,该书具有较严格的科学性。

文焕然先生在历史生物地理研究方面的开拓性贡献,以及他顽强的毅力和坚韧不拔的精神,堪为后学者的楷模,我国历史地理界前辈和著名学者在该书序言中,也对此给予高度的评价。这一领域的研究,涉及的领域极广,要了解历史学、考古学、植物学、动物学、气候学等学科的知识和研究成果。为此,文焕然先生曾经向各有关领域专家虚心请教,吸取他人之长以补己之短。为了查阅大量历史文献,文焕然先生不辞辛劳,奔波于各大图书馆。在他生命的晚年,体弱多病,视力很弱,但他每天仍长时间伏案工作,为历史生物地理的研究,拼搏到生命的最后。文焕然先生以他辛勤的努力,为我国历史地理研究增添了丰硕的成果。

植物和动物是生态系统中最重要的两个组成部分。当前,自然生态系统正受到人类越来越严重的破坏,残存的面积越来越小,人类面临着空前的生态危机。自然界中植物和动物的种属越来越少,成为人类普遍关注的问题。文焕然先生早在二十多年前,便颇有预见性地开展了历史时期动物和植物的变迁研究。他所开拓的这一研究方向的重要意义,随着时间的发展,越来越明显了。

见物思故人,《中国历史时期植物与动物变迁研究》一书的出版,令我们怀念文焕然先生在历史生物地理研究方面的开拓,怀念他对我国历史地理学的卓越的贡献。

引自[王守春.1996.历史生物地理的开拓性研究:《中国历史时期植物与动物变迁研究》评介.地理研究.15(4)]

文焕然研究中国历史生物地理　历史生物地理领域,是由中国历史地理学家文焕然(1919~1986

年)开辟的。20世纪40年代,他开始了这一方面的研究。当时把气候变迁作为主要研究方向,着眼于对气候变化有指示意义的竹子和柑桔(橘)变迁的研究。70年代初,他承担了《中国自然地理·历史自然地理》一书中历史时期中国植被变迁的撰写任务(该部分后来由他和陈桥驿合作完成),同时还承担了国家的有关历史时期森林变迁和濒危、灭绝的动物变迁的研究任务。他与合作者进行了"三北"防护林地区、湘江下游地区、内蒙古、宁夏以及新疆等地区历史时期森林变迁的研究,以及历史时期中国野象、犀牛、大熊猫、猕猴、孔雀、马来鳄、扬子鳄、长臂猿、鹦鹉等近10种在中国濒危、灭绝的野生动物的变迁研究。他单独或与人合作发表近30篇文章。

引自(陈国达等.中国地学大事典.济南:山东科学技术出版社,1992)

历史地理学·历史自然地理学研究 ……历史生物地理,是研究某些特殊植物种类和动物在历史时期地理分布的变迁。这是中国历史自然地理研究中很有特色的研究专题。所研究的植物主要是对气温有较严格的要求,其地理分布的变迁可反映气候的变化。竺可桢早就从研究气候变化的角度注意到研究历史时期某些植物的变化,并作为气候变化的证据。50年代,文焕然注意到对历史时期柑橘和竹子地理分布变迁的研究。70年代以后,文焕然与他人合作,对历史时期植被和某些特殊植物地理分布的变化进行了较系统研究,发表了包括野象、犀牛、鳄鱼、熊猫、孔雀等珍稀动物在历史时期地理分布变化的一系列研究成果(《中国历史时期植物与动物变迁研究》,重庆出版社,1995)。……这些研究成果对全球气候变化研究有重要意义。

引自(吴传钧主编.20世纪中国学术大典:地理学.福州:福建教育出版社,2002)

乔盛西(著名气候学家,湖北省气候应用所正研级高级工程师)

已获"中国科学院自然科学奖"二等奖和"西南西北地区优秀科技图书奖"一等奖的《中国历史时期植物与动物变迁研究》,再以平装本形式重新出版,是我国第一部历史生物地理代表作,不仅具有很高的学术价值,而且对于研究中国自然环境,乃至于人与自然关系等方面,也是十分难得的参考书。特别是在国家提倡科学发展观和人与自然和谐共处的今天,更加具有特别重要的现实意义。研究大自然的现状,必须了解自然的过去,才能使人按照自然规律办事,与自然和谐相处,收到事半功倍的效果。

该书体现了文焕然先生系统研究历史植物地理的成果,涉及到森林、竹林、柑橘、荔枝等植物,关系到(生态环境)比较薄弱(脆弱)的"三北"地区(如新疆、内蒙古、宁夏、青海等地),以及既是我国最大的生物工程——"三北防护林建设"的重要组成部分,又是当前经济发展重点的中部与西部地区。文焕然先生对我国这些生态环境脆弱(而科研力量薄弱)地区的历史时期森林分布特点、变迁及其成因进行研究、分析,因此本书对造林布局、生态环境的恢复和保护都有重要的参考价值。

文焕然先生是我非常敬佩的老一辈著名学者之一。常言道,文如其人。我们从此书中可以看出,他既具有深厚的学术素养、严谨的治学态度与无私的奉献精神,终身为科学事业锲而不舍,奋力拼搏;又真诚待人,善于与多学科、多层次研究者合作研究取长补短,我认为这也是他成功的秘诀。

尽管该书起到了填补学术空白的重要作用,但毕竟还是"冷门"。文榕生先生能够对其父辈留下的科研成果进行整理,选编成书,出版发行,为传播科学知识,促进科学发展作出了很大的贡献。尤其是此平装本中,我们看到选用文榕生先生的一些独立著作作为附录,使得这方面研究在广度与深度方面又有所进步,反映父子两代献身创建新科学领域的可贵精神。我相信,该书的出版发行,将会进一步推动我国历史生物地理研究的深入发展,也为研究我国气候变化提供了新的历史资料。

本书的重新排版与重制插图等,更多地考虑到方便读者。我认为无论从学术水平的角度,还是从出版工作的角度,都可以说该书是一部优秀科技图书,值得很好地宣传,让更多人知道、看到、利用这本书,达到推动科学进步的目的。

引自[我国首部史地生代表作出版:《中国历史时期植物与动物变迁研究》出版的意义与价值.全国新书目,2006(21):24]

吴绍洪(著名自然地理学家,中国科学院地理科学与资源研究所研究员,中国科学院陆地表层格局与模拟重点实验室主任)

重庆出版社 2006 年 6 月重排出版的《中国历史时期植物与动物变迁研究》(平装本)是一部高水平的历史生物地理研究著作。……

书中,在大量野外实地考察的基础上,将我国特有的丰富的历史文献与现代科学成就及其方法、手段紧密结合在一起;论证扎实充分,记述准确生动,分析缜密透辟,许多结论具有创新性。

历史生物地理作为地理学的分支学科,其成果丰富了地理学的研究领域,也促进了地理学的发展。目前气候变化作为地理学的重要研究前沿领域,其中有两个重要研究内容与该书的研究密切相关。一是历史上气候变化如何影响生态系统,有什么样的证据?书中提供了大量的研究成果;二是气候变化与人类活动共同影响着自然生态系统,其中科学家希望能够分辨自然和人文因子所起的作用,该书在这一点上也提供了丰富例证。重排时新补充的一些内容,将为气候变化领域的研究提供丰富的代用数据。

此外,该书在我国的历史地理学界,尤其是历史自然地理方面,起到了填补学术空白的重要作用,也体现了我国当前历史动物地理研究的水平。

……尤其是我们看到该书在本次重排出版时选用了文榕生的一些独立成果(涉及扬子鳄、麝、獐、金丝猴等),使得这方面研究在广度与深度方面都有所创新与进展,相信在推动这一领域的研究中将起到重要作用。希望有更多的人阅读它,并从中有所收获。

引自[一部高水平的历史动物地理研究著作:评《中国历史时期植物与动物变迁研究》.文汇读书周报,2006-10-20(10)]

牟重行(历史气候学家,浙江省台州市椒江气象局高级工程师)

文焕然先生等一代历史生物地理研究大家所著的《中国历史时期植物与动物变迁研究》是一部我所喜欢的书,10 年前曾由重庆出版社资助出版,今重新排印,值得庆贺。新版辑补文焕然先生文章 2 篇,增加的附录为其哲嗣文榕生研究野生珍稀动物变迁的 5 篇论文,这样使得读者能够进一步了解该领域的研究成果,包括作者提供的详细参考文献信息,整部著作因此显得更加系统充实,同时新版书的装帧设计也给人一种美的享受。对于这部著作的特点或学术价值,我以为可以概括为三个方面。

首先这是一部具有代表意义的作品。在我国历史生物地理研究领域,其代表著作当首推文焕然先生及其合作者的《中国历史时期植物与动物变迁研究》,这应该无可非议。历史生物地理学是历史地理学的一个分支学科,在我国的发端大致始于 20 世纪 50 年代,本书的领衔作者文焕然先生就是主要开拓者。如书中辑录的 24 篇论文,包括文先生 1956 年发表的论著,至 1986 年辞世之遗稿,这些具有开创意义的学术成果即为奠定该学科的标志性作品。研究内容宏博,包括历史时期森林分布和珍稀动物变迁,涉及的物种地理变迁诸如竹类、柑橘、荔枝、扬子鳄、孔雀、鹦鹉、亚洲象、犀牛、大熊猫、野马、野驴、野骆驼、长臂猿等系列专题探讨。可以说,我国历史生物地理学因文焕然先生的毕生努力而取得理论到实践的不断成熟,文焕然先生的学术生命亦因该学科的发展而延续。

这部著作的第二个特点是严谨性。从事中国历史时期的动植物地理变迁研究是项艰辛而又十分枯燥的工作,就研究者来说,须兼具丰富的自然科学和社会科学素养,古文献方面的诸多专门知识等,更要有甘受寂寞的独立研究耐力。文焕然先生正具有这种真正学者的品格,他做学问之认真向为学界同仁所称道。检阅全书,作者采用的研究方法之多样、征引文献之广博、立论分析之精到,本文无须赘述,读者自可从中得到更多体会。能够说明问题的是,对于这部著作的严谨性,时间给出了最好检验。在科技发展日新月异,学术研究成果大量涌现的今天,数十年前文先生所做的中国近几千年来的森林植被分布变化研究工作,展示的 10 余种珍稀动物变迁过程的基本史实,在该学科领域至今仍无以取代或质疑,有关成果近年并进一步得到自然、社科二界的共同赞誉和奖励。这毕竟十分难得,亦足以告慰先生在天之灵。因为在科技史上,由于当时认识差距或复杂人际关系而遭"埋没"的科学创见及成果的例子并非鲜见。

这部著作的第三个特点是它的应用价值。当前全球面临环境问题严峻挑战,包括生物环境的异变,如生物多样性削减甚至消失、植被萎退、生态恶化等诸多问题,出版文焕然先生的著作具有重要的现实意义。植物和动物是自然环境中最重要的有机部分,既是人类社会繁衍的基质,又是人与自然和谐的界面,研究历史时期动植物地理变化及其具体到物种的分布演变史,实际上也是对人类自身生境变迁的一种评估。文焕然先生的学术研究填补了这方面的空白,他勾画的中国历史时期森林植被和珍稀物种地理分布变迁轮廓,与使用地质学和古生物学方法复原的第四纪生物演变史相衔接,为我们描述了中国近数千年来几乎从原生态状况至今的生物地理发生的重大变化过程。这种令人不安的剧烈变化事实,不仅为当代制订可持续发展战略和进行环境保护研究提供了重要的历史参照系,对于当前环境教育更是一份绝好的生动教材。

我与文焕然先生素昧平生,但他是位值得尊重敬仰的学者。我对先生的认识来自两个方面:一是从他的著作得到深刻印象,二由先生挚友介绍,对先生的学问情操乃有进一步了解。

1995 年重庆出版社印出该书初版,我阅后获益匪浅,尤其内中 3 篇论述华北竹类分布变化的文章,使我复多感慨。记得 80 年代初,我因考证历史气候变迁有关史实问题,其中一个重要论据需要近二千年华北竹类地理分布史料佐证,但从汗牛充栋的中国历史文献中去查找这些资料,竟有若大海捞针一般,为此搜索数年始得。我想如果当年有机缘请教文焕然先生,绝不会走这许多弯路。此后对先生的更多认知,是在 90 年代初。天津市历史博物馆资深馆员翟乾祥与文先生交游深笃,我因参与某项课题研究,在京有幸结识翟老先生。每谈及他俩多次徒步考察、共同探讨学问的往事,翟老总十分动情,并感叹故人萧然西去,许多珍贵文稿无人整理。偶及二件琐事,使我感受尤其深刻。一次翟老赴京,两人沿街长谈,文先生体力不支,竟就地铺张报纸,卧躺路边,这样来继续他们的讨论;先生晚年因患病,身体日渐虚弱,犹冀奋力一搏,有时出行访学要带一条小板凳,以便气喘时随时歇息继力。

今年恰逢文焕然先生逝世 20 周年,重庆出版社重排发行《中国历史时期植物与动物变迁研究》,正是对这位前辈学者的最好纪念。文先生晚年在近于挣扎之中仍孜孜学问,在市场经济大潮中的今天或许有许多人对此不会理解,而我们却不难从他的著作中找到部分答案。书中有 9 篇文章属于文焕然先生"遗稿",另外还有一部重要的著述稿,题为《中国历史时期冬半年气候冷暖变迁》(1996 年由科学出版社正式出版），这些就是先生当时苦苦探求的学术成果，留给我们的原创性精神财富。我以为，文焕然先生虽然生前从未"显赫"过，但他体现的中国传统知识分子探求真理的至诚，可以用"高山仰止，景行行止"这句孔子名言来概括，做学问人有若斯之锲而不舍的思维境界者，方可谓精神不朽。这是我从文先生著作及其治学事迹得到的人生感悟。

引自［中国历史生物地理研究的代表著作——评文焕然等著《中国历史时期植物与动物变迁研究》. 读万卷书，行万里路（中国档案出版社）. http://zgda.com.cn/show_34_598.html］

后　记

当父亲单独撰写，或与其他专家合作写成的 20 余篇作品结集为《中国历史时期植物与动物变迁研究》一书并将付梓时，我们的心情久久不能平静。

早在 40 年代，父亲师从现代历史地理学大师谭其骧教授时，即已明确了将研究难度较大的中国历史自然地理作为自己的主攻方向。在谭老的悉心教导与始终如一的支持下，并且得到著名学者竺可桢、胡厚宣等教授的关怀和指导，经过刻苦钻研与拼搏，父亲实现了自己的理想，为历史地理科学研究贡献了自己的一生，他所做的工作得到学术界的肯定。

父亲于 1986 年 12 月过早病故，遗留下许多重要工作。我们在与许多专家的接触中，了解到父亲生前所从事的研究工作的重要性，同时认为继续父亲未竟事业是对人类的奉献，也是子女不容推辞的义务，更是纪念他的最好方式。于是，我们开始清理父亲遗物，学习研究父亲以往的作品以及其他学者的作品。在核对、查找资料，请教专家，直到整理文稿、投稿发表过程中，我们得到不少专家、学者、同事，甚至素昧平生的人们的普遍理解、热情支持。随着专家、权威们对我们所整理的父亲文稿的肯定及文稿的陆续发表，我们更坚定了信心。

奉母亲田爱玉之命，并得到姊妹兄长潭生、泉生、仓生的支持，由我主要承担本书的选编、整理工作。常宝珍同志也给予了具体帮助。

本书的选编、出版工作得到各篇原文的合作者江应梁、何业恒、谭耀匡、高耀亭、张济和等专家的全力支持。

本书科学性上的重大问题特请中国地理学会历史地理专业委员会副主任、北京大学地理系（现城市与环境学系）于希贤教授指导，并请他撰写"前言"部分，对某些问题作更深入的论述。

承蒙中国科学院学部委员、北京大学地理系（现城市与环境学系）侯仁之教授同意，特将侯老 1988 年为出版本书撰写的推荐书原文发表。其他许多专家的推荐书限于篇幅，则难以一一登载，谨致歉意。

本书编成后，又特蒙中国林学会名誉理事长、中国科学院学部委员吴中伦教授，著名中国历史地理学家、原陕西师范大学副校长史念海教授，中国地理学会历史地理专业委员会主任、浙江地理学会理事长、杭州大学地理系陈桥驿教授，国务院学位委员会委员、复旦大学中国历史地理研究所所长邹逸麟教授欣然应我们之请，拨冗作序。

本书的英文翻译部分，特蒙清华大学英语系周序鸿教授认真审校。

多年来，在整理父亲遗稿、推荐出版等问题上，除了得到上述诸位专家大力支持外，我们还得到中国科学院、国家计划委员会地理研究所，以及中国科学院学部委员、著名专家、学者马世骏、陈述彭、施雅风、贾兰坡、朱江户、冯绳武、曾昭璇、刘宗弼、李润田、范正一、徐兆奎、张荣祖、黄盛璋、钮仲勋、盛福尧、黄祝坚、胡善美、陈文芳、葛剑雄、朱士光、胡秉华、陆巍、司锡明、方慧、张钧成，还有孙惠南、许越先、李宝田、王平、王守春、奚国金、高松凡等先生的支持与帮助。

更值得提到的是，在学术著作出版十分困难的时候，本书的出版得到重庆出版社科学学术著作出版基金资助，真是雪中送炭。自1988年设立该基金以来，重庆出版社各级领导和本书责任编辑一直支持本书的出版工作，并给予许多有效的指导，付出不少心血。

各方面对我们的鼎力相助，既是对我们所进行的工作的支持，更是对科研事业的支持，难能可贵。对此，我们的感激之情难以言表。如果人们能从本书中有所得益，就是我们的最大心愿。

时光流逝，一些老先生来不及见到本书就已经作古，更有一些老专家临终前仍关心父亲遗作的出版，这种以事业为重的精神，令我们感动。我们谨以本书的出版告慰他们在天之灵。

在本书的选编、整理过程中，我们注意了保持原文的风貌，主要做了以下一些工作：

1. 征求各方面专家的意见，精选散见于各处的重要作品，进行编排；

2. 根据出版要求，按统一的体例重新誊抄各篇作品；

3. 对原作品中的笔误或排印错误进行订正；

4. 对不影响原作品内容的个别字句进行了删节；

5. 对改变了的行政区、地名等进行更正或加注释；

6. 原作品中的插图按标准重新加工；

7. 初次发表的作品曾经过我们整理，并请有关专家审阅通过；

8. 鉴于历史原因，某些作品初次发表时署名不确切，本次再发表特恢复其确切署名。

由于种种原因，还有一些父亲的重要文章未选入本书。

虽然我们对本书的出版尽了力，但是终因自己学识所限，历史地理并非自己所学专业，定有不尽如人意之处，尚赖专家与博雅之士赐教。

文榕生

1993 年 6 月 1 日

重庆出版社科学学术著作
出版基金资助书目

第一批书目

蜱螨学	李隆术	李云瑞	编著
变形体非协调理论	郭仲衡	梁浩云	编著
胶东金矿成因矿物学与找矿	陈光远 邵 伟	孙岱生	著
中国天牛幼虫		蒋书楠	著
中国近代工业史		祝慈寿	著
自动化系统设计的系统学	王永初	任秀珍	著
宏观控制论		牟以石	著
法学变革论	文正邦 程燎原 王人博	鲁天文	著

第二批书目

中国自然科学的现状与未来	全国基础性研究状况调研组 中国科学院科技政策局	编著
中国水生杂草	习正俗	著
中国细颚姬蜂属志	汤玉清	著
同伦方法引论	王则柯 高堂安	著
宇宙线环境研究	虞震东	著
难产（《头位难产》修订版）	凌萝达 顾美礼	主编
中国现代工业史	祝慈寿	著
中国古代经济史	余也非	著
劳动价值的动态定量研究	吴鸿城	著
社会主义经济增长理论	吴光辉 陈高桐 马庆泉	著
中国明代新闻传播史	尹韵公	著
现代语言学研究——理论、方法与事实	陈平	著
艺术教育学	魏传义	主编
儿童文艺心理学	姚全兴	著
从方法论看教育学的发展	毛祖桓	著

第三批书目

奇异摄动问题数值方法引论	苏煜城	吴启光	著
结构振动分析的矩阵摄动理论		陈塑寰	著
中国古代气象史稿		谢世俊	著
临床水、电解质及酸碱平衡		江正辉	主编
历代蜀词全辑		李　谊	辑校
中国企业运行的法律机制		顾培东	著
法西斯新论		朱庭光	主编
《易》与人类思维		张祥平	著

第四批书目

计算流体力学		陈材侃	著
中国北方晚更新世环境		郑洪汉等	著
质点几何学		莫绍揆	著
城市昆虫学		蒋书楠	主编
马克思主义哲学与现时代		李景源	主编
马克思主义的经济理论与中国社会主义		项启源	主编
科学社会主义在中国	李凤鸣	张海山	主编
马克思主义历史观与中华文明		王戎笙	主编
莎士比亚绪论——兼及中国莎学		王佐良	著
中国现代诗学		吕　进	著
汉语语源学		任继昉	著
中国神话的思维结构		邓启耀	著

第五批书目

重磁异常波谱分析原理及应用		刘祥重	著
烧伤病理学	陈意生	史景泉	主编
寄生虫病临床免疫学	刘约翰	赵慰先	主编
国民革命史		黄修荣	著
现代国防论	王普丰	王增铨	主编
中国农村经济法制研究		种明钊	主编
走向 21 世纪的中国法学		文正邦	主编
复杂巨系统研究方法论	顾凯平　高孟宁	李彦周	著
辽金元教育史		程方平	著

中国原始艺术精神 张晓凌 著
中国悬棺葬 陈明芳 著
乙型肝炎的发病机理及临床 张定凤 主编

第六批书目

非线性量子力学理论 庞小峰 著
胆道流变学 吴云鹏 主编
中国蚜小蜂科分类 黄建 著
中国历史时期植物与动物变迁研究 文焕然等 著 文榕生 选编整理
中国新闻传播学说史 徐培汀 裘正义 著
列宁哲学思想的历史命运 张翼星 编著
唐高僧义净及其著作论考 王邦维 著
中国远征军史 时广东 冀伯祥 著
中国民间美术史 王朝闻 主编
历代蜀词全辑续编 李谊 辑校

第七批书目

亚夸克理论 焦善庆 蓝其开 著
肝癌 江正辉 黄志强 主编
计算机系统安全 卢开澄 郭宝安 戴一奇 黄连生 编著
声韵语源字典 齐冲天 著
幼儿文学概论 张美妮 巢扬 著
黄河上游地区历史与文物 芈一之 主编
论公私财产的功能互补 忠东 著

第八批书目

长江三峡库区昆虫 杨星科 主编
小波分析与信号处理——理论、应用及软件实现 李建平 主编
世界首例独立碲矿床的成矿机理及成矿模式 银剑钊 著
临床内分泌外科学 朱预 主编
当代社会主义的若干问题
　　——国际社会主义的历史经验和中国特色社会主义 江流 徐崇温 主编
科技生产力:理论与运作 刘大椿 主编
世界语言词典 黄长著 著

第九批书目

法医昆虫学　　　　　　　　　　　　　　　　　　胡　萃　主编
储藏物昆虫学　　　　　　　　　　　　李隆术　朱文炳　编著
15 世纪以来世界主要发达国家发展历程　　　　　陈晓律等　著
重庆移民实践对中国特色移民理论的新贡献　　罗晓梅　刘福银　主编
中华人民共和国科技传播史　　　　　　　　　　　司有和　主编
巴国史　　　　　　　　　　　　　　　　　　　　段　渝　著
高原军事医学　　　　　　　　　　　　　　　　　高钰琪　主编
现代大肠癌诊断与治疗　　　　　孙世良　温海燕　张连阳　主编
城市灾害应急与管理　　　　　　　　　　王绍玉　冯百侠　著

第十批书目

当代资本主义新变化　　　　　　　　　　　　　　徐崇温　著
全球背景下的中国民主建设　　　　刘德喜　钱　镇　林　喆　著
费孝通九十新语　　　　　　　　　　　　　　　　费孝通　著
中国政治体制改革的心声　　　　　　　　　　　　高　放　著
中国铜镜史　　　　　　　　　　　　　　　　　　管维良　著
中国民间色彩民俗　　　　　　　　　　　　　　　杨健吾　著
科幻文学论　　　　　　　　　　　　　　　　　　吴　岩　著
人类体外受精和胚胎移植技术　　　黄国宁　池　玲　宋永魁　编著

第十一批书目

邓小平实践真理观研究　　　　　　　　　　　　　王强华等　著
汉唐都城规划的考古学研究　　　　　　　　　　　朱岩石　著
三峡远古时代考古文化　　　　　　　　　　　　　杨　华　著
外国散文流变史　　　　　　　　　　　　　　　　傅德岷　著
变分不等式及其相关问题　　　　　　　　　　　　张石生　著
子宫颈病变　　　　　　　　　　　　　　　　　　郎景和　主编
北京第四纪地质导论　　　　　　　　　　　　　　郭旭东　著
农作物重大生物灾害监测与预警技术　　　　　　　程登发等　著

第十二批书目

马克思主义国际政治理论发展史研究　　张中云　林德山　赵绪生　著
现代交通医学　　　　　　　　　　　　　　　　　王正国　主编
昆仑植物志　　　　　　　　　　　　　　　　　　吴玉虎　主编

"三农"续论：当代中国农业、农村、农民问题研究 　　　　　　　　　　陆学艺　著

中国古代教学活动简史 　　　　　　　　　　　　　　　熊明安　熊　焰　著

河流生态学 　　　　　　　　　　　　　　袁兴中　颜文涛　杨　华　著

第十三批书目

中国古代史学批评纵横 　　　　　　　　　　　　　　　　　瞿林东　著

大视频浪潮 　　　　　　　　　　　　　　　　　　　　何宗就　著

赋税制度的人本主义审视与建构 　　　　　　　　　　　　傅　樵　著

矿山爆破理论与实践 　　　　　　　　　　　　　　　　张志呈　著

城市幸福指数研究 　　　　　　　　　　　　　　　　　黄希庭　著